高 等 数 学

（第三版）

主　编：罗晓晖　　王晓艳
副主编：刘泮振　　侯俊林　　王军民

中国财经出版传媒集团

中国财政经济出版社

图书在版编目（CIP）数据

高等数学 / 罗晓晖，王晓艳主编 . —3 版 . —北京：中国财政经济出版社，2016.9

ISBN 978 - 7 - 5095 - 6977 - 1

Ⅰ. ①高… Ⅱ. ①罗… ②王… Ⅲ. ①高等数学 - 教材 Ⅳ. ①O13

中国版本图书馆 CIP 数据核字（2016）第 223102 号

| 责任编辑：林治滨 刘五书 | 责任校对：玉凤等 |
| 封面设计：孙俪铭 | 版式设计：董生平 |

中国财政经济出版社 出版

URL：http：// www. cfeph. cn

E - mail：cfeph @ cfeph. cn

（版权所有 翻印必究）

社址：北京市海淀区阜成路甲 28 号 邮政编码：100142

营销中心电话：88190406 北京财经书店电话：64033436 84041336

北京财经印刷厂印刷 各地新华书店经销

787×1092 毫米 16 开 30.75 印张 752 000 字

2016 年 9 月第 1 版 2016 年 9 月北京第 1 次印刷

定价：58.00 元

ISBN 978 - 7 - 5095 - 6977 - 1／O · 0054

（图书出现印装问题，本社负责调换）

质量投诉电话：88190744

打击盗版举报热线：010 - 88190492、QQ：634579818

前　　言

  本书是根据高等学校理工科数学教学大纲所编写的，全书共十一章每节后配有基础练习题，书末有习题答案。此书可作为高等学校理工科高等数学的教材或其他有关学校和有关专业的教学参考书。

  本书注重基本理论和基础知识的介绍，概念的引入力求与学生中学的知识相衔接，并适当地压缩了一些与中学知识重复的地方。每节的基础练习题有助于学生理解和消化所学内容，使学生增强对本章知识的综合应用能力，提高解题技巧，以适应高年级的考研或工作后应用的需要。

  在编写的过程中广泛参阅了国内外的有关著作，力求适用理工科不同专业的需要，以开拓学生的视野。书中＊号部分为学生选学内容，学生可视自己情况而定。

  参加本书编写工作的是河南财经学院具有多年教学经验的数学教师。王媛（第一章）、王晓艳（第二章、第三章）、耿向平（第四章）、刘泮振（第五章）、张丽丽（第六章）、侯俊林（第七章）、罗晓晖（第八章）、高丽萍（第九章）、王军民（第十章）、李海银（第十一章）。臧振春教授统审了全书，并提出了许多宝贵的意见和建议。

  本书在出版的过程中，得到了河南财经政法大学教务处及中国财政经济出版社的大力支持和帮助，在此我们表示衷心的感谢。

  限于编者水平，教材中一定存在不妥之处，希望广大读者和同行专家提出批评和指正。

编　者
2016 年 6 月 15 日

目　录

第一章　函数　极限　连续

高等数学的研究对象是变量．函数是变量之间的一种依赖关系，极限方法是研究变量的一种基本方法，连续是变量变化的一种常见形式．本章将介绍这些基本概念，以便为高等数学的学习打下坚实的基础．

第一节　函　　数

一、常量与变量

在实际问题中，我们常遇到各种各样的量，如长度、重量、时间、距离等等．这些量一般可分为两种，一种在我们考察的过程中没有变化，即保持同一数值，这种量叫做常量；另一种在考察过程中有所变化，即可以取不同的数值，这种量叫做变量．常量一般用字母 a、b、c 等表示，变量一般用 x、y、z 等表示．

常量与变量并不是绝对的．一种量在某一过程或在某一环境中是常量，而在另一过程或在另一环境中可能就是变量．如重力加速度在某一地方为常量，但在不同地方，重力加速度有不同的值．在具体研究中，有时把变化很小或对所研究的问题影响不大的量也看成常量．

常量也可看成是变量仅取一个值时的特例．

二、映射

集合是数学中的一个基本概念，不同的集合中有不同的元素．而两个集合之间往往有某种联系．

例1　某地所有机动车辆构成的集合 A 与其车牌号码构成的集合 B 之间有对应关系：每一辆车都有一个车牌号码，不同的车牌号码表示不同的车辆．

例2　某班级有 50 名学生，他们构成集合 A，某次测验后各自都有自己的成绩，若定义集合 B 为一个闭区间 ［0，100］，那么集合 A 与 B 之间也有对应关系：每个学生都有自己的成绩．

这种对应关系在数学上我们称之为映射．

定义1　设 X，Y 为两个集合，如果对 X 中的每一个元素 x，按照某种规则 f，集合 Y 中都有惟一确定的元素 y 与之对应，则称这种规则 f 为从 X 到 Y 的一个映射．

称与 x 对应的 y 为 x 的像，x 称为 y 的原像．由定义可知，X 中的每一个元素有且只有一个像，但 Y 中的某一个元素 y，可能有原像，也可能没有原像，在有原像时，原像也不一定惟一．

如果对 Y 中的每一个元素 y，至少有一个原像，则称这种映射为满射．如果对 X 中的任意两个不同元素 x_1、x_2，其像 y_1、y_2 也不相同，即有原像的元素 y 其原像惟一，则称这种映射为单射．如果一个映射既为满射又为单射，则称这种映射为一一对应．

例 1 中 A 与 B 的对应关系可建立 A 到 B 的一个映射，而且这个映射是一一对应的．

例 2 中 A 与 B 的对应关系也可建立 A 到 B 的一个映射，但这个映射不是满射，也不一定是单射．

映射的例子很多，特别是一般集合到数集的映射，如学生与学生证号，地理位置与邮政编码，各单位与电话号码等等．这种映射可以使一般集合数字化，从而充分利用数学工具，加上计算机的广泛使用，大大简化处理非数字信息的难度，增加处理速度．

将一般集合转化为数集来考虑后，数集之间的关系就显得更为重要．数集之间的关系实际上就是变量之间的关系，从数集到数集的映射就是函数．

三、函数的概念

我们经常会遇到彼此之间有依赖关系的变量，如圆的面积 y 与它的半径 r 之间有关系

$$y = \pi r^2$$

自由落体运动中，若开始下落的时刻为 $t = 0$，则落下的距离 s 与下落的时间 t 之间有关系

$$s = \frac{1}{2}gt^2$$

其中 g 为重力加速度．我们把这种依赖关系称之为函数关系．

下面给出两个变量之间的函数关系的严格定义：

定义 2 设 D 是一个非空的实数集合，有两个变量 x 和 y，如果对每一个数 $x \in D$，变量 y 按照某种确定的法则 f 有惟一确定的实数值与之对应，则称 y 是 x 的函数，称法则 f 为定义在 D 上的一个函数关系，记作

$$y = f(x) \qquad x \in D$$

x 叫做自变量，y 叫做因变量，数集 D 称为这个函数的定义域．

对于 D 中的某一个值 x_0，因变量相应的值记为 y_0，则 $y_0 = f(x_0)$，称 y_0 为函数 $y = f(x)$ 在 $x = x_0$ 时的函数值，全体函数值的集合称为这个函数的值域．

由定义可以看出，函数是从定义域到值域的一个满射．

函数符号也常用 g、ϕ、F 等．如 $y = \phi(x)$，$y = F(x)$．

在实际问题中，函数的定义域是根据实际意义确定的．如圆面积 $y = \pi r^2$ 中，半径 r 为自变量，其取值范围即函数定义域为 $D = (0, +\infty)$．

在不考虑函数实际意义的情况下，定义域指的是能使数学式子有意义的一切实数值的集合．如函数 $y = \sqrt{1 - x^2}$ 的定义域为 $D = \{x \mid -1 \leqslant x \leqslant 1\}$．

在函数定义中，强调对每一个 $x \in D$，有惟一确定的 y 与之对应，若不强调这点，仅要求有确定的 y 与之对应，则可能对某一 $x_0 \in D$，有两个甚至两个以上的函数值．有时也把这

种情况叫做函数. 为区别起见, 分别称之为单值函数和多值函数. 本书中若无特别说明, 函数都是指单值函数.

四、函数的表示法

1. 解析法（公式法）

自变量 x 和因变量 y 之间的函数关系直接用公式表示出来, 如 $y = \sin x$.

有时函数关系用两个或两个以上的数学式子分段表示, 这种函数称为分段函数.

例 3　$y = |x| = \begin{cases} x & x \geqslant 0 \\ -x & x < 0 \end{cases}$

这一函数称为绝对值函数.

例 4　$y = \operatorname{sgn} x = \begin{cases} 1 & x > 0 \\ 0 & x = 0 \\ -1 & x < 0 \end{cases}$

这一函数称为符号函数. 对任一实数 x, 显然有 $x = \operatorname{sgn} x \cdot |x|$.

例 5　$y = [x]$

这一函数称为取整函数, 它表示不超过 x 的最大整数, 如 $[-3.5] = -4$.

例 6　$y = \begin{cases} 1 & x \text{ 为有理数} \\ 0 & x \text{ 为无理数} \end{cases}$

这一函数称为狄利克雷函数.

应该注意的是, 分段函数虽然是由两个或两个以上的式子来表示, 但决不能看成是多个函数, 也不能看成是几个函数联立而成的, 它满足函数的定义, 只不过对定义域的不同区间有不同的表达式而已.

例 7　$y = f(x) = \begin{cases} 2\sqrt{x} & 0 \leqslant x < 1 \\ 1 - x & x \geqslant 1 \end{cases}$, 求 $f\left(\dfrac{1}{2}\right)$, $f(1)$, $f(2)$.

解　$f\left(\dfrac{1}{2}\right) = 2\sqrt{\dfrac{1}{2}} = \sqrt{2}$　　$f(1) = 1 - 1 = 0$　　$f(2) = 1 - 2 = -1$

还有一个特殊的函数, 称为最值函数.

例 8　$y = \min_{x \in D}\{x\}$

它表示取所有 x 中的最小者, 即 x 的最小值.

$$y = \max_{x \in D}\{x\}$$

它表示取所有 x 中的最大者, 即 x 的最大值.

2. 列表法

将一系列自变量的值与对应的函数值列成表格. 如某商店在一年内各月的销售额（单位：万元）如下：

月份（t）	1	2	3	4	5	6	7	8	9	10	11	12
销售额（y）	825	740	521	495	625	531	435	462	508	675	585	760

它表示销售额 y 随着月份 t 的变化而改变的函数关系，可以看出，春节前后（12 月、1 月和 2 月）及 5 月和 10 月为旺季，其他月份为淡季.

3. 图示法

把自变量 x 和函数 y 分别作为坐标平面上点的横坐标和纵坐标，这些平面上的点 (x, y) 所描出的平面曲线（有的函数描出一些散点）就表示了 y 与 x 的函数关系. 如某气象站利用自动记录仪测出该地一昼夜气温的变化情况，如图 1-1. 此图表示气温 T 随时间 t 变化的函数关系：

$$T = f(t)$$

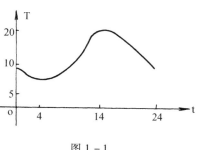

图 1-1

为了更直观地描述函数关系，通常对由解析法表示的函数，用图示法画出其图形，如本节例 3、例 4、例 5 的图形分别为图 1-2、图 1-3、图 1-4. 例 7 的图形为图 1-5.

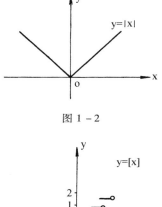

图 1-2

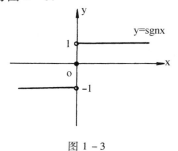

图 1-3

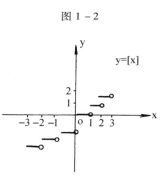

图 1-4

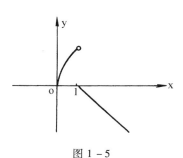

图 1-5

五、函数的几何特性

1. 单调性

设函数 $y = f(x)$ 在集合 D 上有定义，对任意的 x_1、$x_2 \in D$，当 $x_1 < x_2$ 时，若都有 $f(x_1) < f(x_2)$，则称 $f(x)$ 在 D 上单调增加；而若都有 $f(x_1) > f(x_2)$，则称 $f(x)$ 在 D 上单调减少. 单调增加或单调减少统称为函数的单调性. 在定义域集合 D 上具有单调性的函数，称为单调函数. 如 $y = x^3$ 在定义域 $(-\infty, +\infty)$ 内单调增加（如图 1-6），$y = 1 - x$ 在定义域 $(-\infty, +\infty)$ 内单调减少（如图 1-7），所以这两个函数都是单调函数.

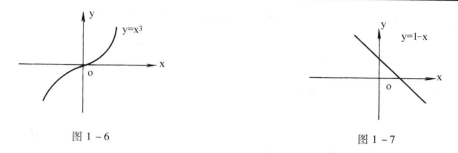

图 1-6   图 1-7

函数的单调性意味着随着自变量的增加，函数值增大或减小，从图形上看，曲线 $y = f(x)$ 是上升的或下降的.

有时函数在定义域的不同区间具有不同的单调性. 如 $y = x^2$（如图 1-8），在定义域 $(-\infty, +\infty)$ 内不具有单调性，即 $y = x^2$ 不是单调函数. 但在 $(0, +\infty)$ 内单调增加，在 $(-\infty, 0)$ 内单调减少. 我们把 $(-\infty, 0)$ 和 $(0, +\infty)$ 叫做 $y = x^2$ 的两个单调区间.

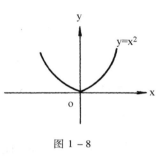

2. 有界性

设函数 $y = f(x)$ 在集合 D 上有定义，如果存在实数 k_1，对任意的 $x \in D$，都有 $f(x) \leqslant k_1$，则称 $f(x)$ 在 D 上有上界，并称 k_1 为

图 1-8

$f(x)$ 在 D 上的一个上界；如果存在实数 k_2，对任意的 $x \in D$，都有 $f(x) \geqslant k_2$，则称 $f(x)$ 在 D 上有下界，并称 k_2 为 $f(x)$ 在 D 上的一个下界. 如果存在正数 M，对任意 $x \in D$，都有 $|f(x)| \leqslant M$，则称函数 $f(x)$ 在 D 上有界，如果这样的 M 不存在，则称 $f(x)$ 在 D 上无界. 在定义域集合 D 上有界的函数称为有界函数. 如 $y = \sin x$ 对于 $x \in (-\infty, +\infty)$，有 $|\sin x| \leqslant 1$，故 $y = \sin x$ 是有界函数.

显然有界函数一定有上界又有下界，而有上界又有下界的函数一定是有界的. 上界和下界只要存在就有无穷多个.

有的函数只有下界而无上界，有的函数只有上界而无下界，这样的函数是无界函数，如 $y = e^x$ 在 $(-\infty, +\infty)$ 内无界，但它有下界 0；$y = 1 - x^2$ 在 $(-\infty, +\infty)$ 内无界，但它有上界 1.

有的函数在定义域内无界（即本身是无界函数），但可以在定义域内的某个区间上有界，如 $y = \dfrac{1}{x}$ 在定义域 $(-\infty, 0) \cup (0, +\infty)$ 内无界，但在 $(1, +\infty)$ 内有界，在 $(-\infty, -1)$ 内也有界，这样的有界区间可以有无穷多个.

函数的有界性意味着函数值在某一范围之内，从图形上看，函数 $y = f(x)$ 在 D 内的图形夹在两条直线 $y = M$ 和 $y = -M$ 之间（如图 1-9）.

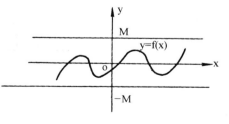

3. 奇偶性

设函数 $y = f(x)$ 在关于原点对称的集合 D 上有定义，如果对任意的 $x \in D$，都有 $f(-x) = -f(x)$ 成立，则称 $f(x)$ 为 D 上的奇函数；如果对任意的 $x \in D$，都有

图 1-9

$f(-x) = f(x)$，则称 $f(x)$ 为 D 上的偶函数. 在定义域集合 D 上的奇（偶）函数称为奇（偶）函数. 如 $y = x^3$ 是奇函数，$y = x^2$ 是偶函数.

从图形上看，奇函数 $y = f(x)$ 的曲线关于坐标原点对称，偶函数 $y = f(x)$ 的曲线关于 y 轴对称.

例 9 判断下列函数的奇偶性.

(1) $y = \dfrac{e^x + e^{-x}}{2}$ (2) $y = \ln(x + \sqrt{x^2 + 1})$ (3) $y = \dfrac{\sin x}{x} + x$

解 (1) 因为 $D = (-\infty, +\infty)$，且 $f(-x) = \dfrac{e^{-x} + e^x}{2} = f(x)$ 所以 $y = \dfrac{e^x + e^{-x}}{2}$ 是偶函数.

(2) 因为 $D = (-\infty, +\infty)$，且

$$f(-x) = \ln(-x + \sqrt{(-x)^2 + 1}) = \ln(-x + \sqrt{x^2 + 1})$$

$$= \ln \frac{(-x + \sqrt{x^2 + 1})(x + \sqrt{x^2 + 1})}{x + \sqrt{x^2 + 1}} = \ln \frac{1}{x + \sqrt{x^2 + 1}}$$

$$= -\ln(x + \sqrt{x^2 + 1}) = -f(x)$$

所以 $y = \ln(x + \sqrt{x^2 + 1})$ 是奇函数.

(3) 因为 $f(-x) = \dfrac{\sin(-x)}{-x} + (-x) = \dfrac{\sin x}{x} - x \neq f(x)$，而且 $f(-x) \neq -f(x)$，所以 $y = \dfrac{\sin x}{x} + x$ 是非奇非偶函数.

若函数 $f(x)$ 的定义域是关于原点对称的集合，则 $f(x) + f(-x)$ 一定是偶函数，而 $f(x) - f(-x)$ 一定是奇函数. 由于 $f(x) = \dfrac{f(x) + f(-x)}{2} + \dfrac{f(x) - f(-x)}{2}$，可得出结论：$f(x)$ 可表示为偶函数与奇函数之和的形式.

4. 周期性

设函数 $y = f(x)$ 的定义域为 D，如果存在一个正数 T，使对任意的 $x \in D$（同时要求 $x + T \in D$），都有 $f(x) = f(x + T)$，则称 $f(x)$ 为周期函数，称满足上式的最小正数 T 为 $f(x)$ 的周期. 如 $y = \sin x$，$y = \cos x$ 皆为周期函数，周期为 2π，$y = \tan x$ 也是周期函数，周期为 π.

从图形上看，周期函数 $y = f(x)$ 的曲线上的点在横坐标相距为 T 的两点的纵坐标相等，所以在区间 $[x, x + T]$ 上的图形与在区间 $[x + kT, x + (k+1)T]$（k 为整数）上的图形是相同的. 如图 1 - 10.

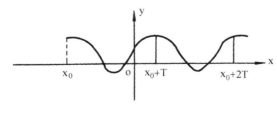

图 1 - 10

例 10 $y = x - [x]$ 是周期函数吗？画出它的图形.

解 因为对任意正整数 n，有 $f(n + x) = (n + x) - [n + x] = n + x - (n + [x]) = x - [x] = f(x)$，所以 $y = x - [x]$ 是周期 $T = 1$ 的周期函数，图形如图 1 - 11.

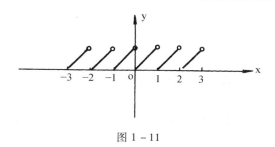

图 1 – 11

例 11 $y = A\sin(Bx + C)$ 的周期是 $\dfrac{2\pi}{|B|}$ （$B \neq 0$）．

六、反函数 复合函数 隐函数

1. 反函数

设函数 $y = f(x)$ 的定义域为 D，值域为 W，如果对 W 中的每一个数 y，在 D 中都有惟一确定的 x 与之对应，且满足 $y = f(x)$，则 x 与 y 之间有一个函数关系，记作 $x = f^{-1}(y)$，称之为函数 $y = f(x)$ 的反函数．显然 $y = f(x)$ 与 $x = f^{-1}(y)$ 互为反函数．

函数 $x = f^{-1}(y)$ 的定义域为 $y = f(x)$ 的值域 W，$x = f^{-1}(y)$ 的值域为 $y = f(x)$ 的定义域 D．

因为习惯上用 x 表示自变量，用 y 表示因变量，所以我们把函数 $x = f^{-1}(y)$ 中的 x 改为 y，y 改为 x，得到函数 $y = f^{-1}(x)$，则称 $y = f^{-1}(x)$ 与 $y = f(x)$ 互为反函数．如 $y = 2x$ 的反函数为 $x = \dfrac{y}{2}$，改写后成为 $y = \dfrac{x}{2}$，称 $y = 2x$ 与 $y = \dfrac{x}{2}$ 互为反函数．

从图形上看，$y = f(x)$ 与 $y = f^{-1}(x)$ 关于直线 $y = x$ 对称，如图 1 – 12.

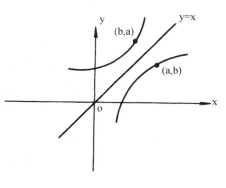

由于本章定义的函数是单值函数，所以一个函数有反函数的充分必要条件是 x 与 y 有一一对应的关系．

单调函数 $y = f(x)$ 中，x 与 y 是一一对应的，因此单调函数一定有反函数，且单调性一致．

有些函数本身无反函数，如 $y = x^2$，但在 $(0, +\infty)$ 内，$x = \sqrt{y}$，即 $y = \sqrt{x}$ 可认为是 $y = x^2$ 在 $(0, +\infty)$ 内的反函数，同样，$y = -\sqrt{x}$ 可认为是 $y = x^2$ 在 $(-\infty, 0)$ 内的反函数．

图 1 – 12

2. 复合函数

设函数 $y = f(u)$ 的定义域为 D_1，值域为 W_1，函数 $u = \phi(x)$ 的定义域为 D_2，值域为 W_2，$W_2 \cap D_1 \neq \Phi$，（如图 1 – 13）$D \subset D_2$，若对任一 $x \in D$，通过函数 $u = \phi(x)$，所对应的 $u \in W_2 \cap D_1 \subset D_1$，必有一个确定的 y 通过 $y = f(u)$ 而确定，则 x 与 y 之间有一个函数关系，称之为由 $y = f(u)$ 和 $u = \phi(x)$ 复合而成的复合函数，记作

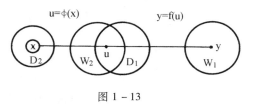

图 1 – 13

$$y = f[\phi(x)]$$

称 u 为中间变量.

显然复合函数 $y = f[\phi(x)]$ 的定义域 $D \subset D_2$, 值域 $W \subset W_1$.

如 $y = \ln(1 + x)$ 是由 $y = \ln u$, $u = 1 + x$ 复合而成的, 定义域 $D = (-1, +\infty)$, 值域 $W = (-\infty, +\infty)$.

不是任意两个函数都能构成复合函数.

复合函数也可以由两个以上的函数构成, 如 $y = \sqrt{\cos \dfrac{x}{2}}$ 由 $y = \sqrt{u}$, $u = \cos v$, $v = \dfrac{x}{2}$ 三个函数复合而成, 其中 u, v 都是中间变量.

3. 隐函数

函数通常由式子 $y = f(x)$ 表示, 这样的函数也称为显函数, 有时函数关系由一个方程来表示, 如 $x + y^3 - 1 = 0$, 实际上它可以表示为 $y = \sqrt[3]{1 - x}$. 当函数关系用方程表示时, 我们称它为隐函数.

并不是所有的隐函数都能改写成显函数的形式, 如 $\dfrac{y}{x} = \ln y$.

习题 1 – 1

1. 下列各题中, $f(x)$ 与 $g(x)$ 是否相同? 为什么?

(1) $f(x) = \dfrac{x^2}{x}$, $g(x) = x$
(2) $f(x) = e^{-\frac{1}{2}\ln x}$, $g(x) = \dfrac{1}{\sqrt{x}}$

(3) $f(x) = \sec^2 x - \tan^2 x$, $g(x) = 1$
(4) $f(x) = \ln(1 + x) - \ln(1 - x)$, $g(x) = \ln \dfrac{1 + x}{1 - x}$

(5) $f(x) = \sqrt{1 + \dfrac{1}{x^2}}$, $g(x) = \dfrac{\sqrt{1 + x^2}}{x}$

2. 计算下列各题:

(1) $f(x) = \dfrac{|x - 2|}{x + 1}$, 求 $f(0)$, $f\left(\dfrac{1}{x}\right)$
(2) $f(x) = x^2 + 1$, 求 $f(x^2)$, $[f(x)]^2$

(3) $f(x) = \begin{cases} \tan x & x > 0 \\ 0 & x \leq 0 \end{cases}$ 求 $f\left(\dfrac{\pi}{4}\right) - f\left(-\dfrac{\pi}{4}\right)$

3. 判断下列函数的奇偶性:

(1) $y = x^3 + \sin x$
(2) $y = e^{|\sin x|}$

(3) $y = xe^x$
(4) $y = \ln \dfrac{1 - x}{1 + x}$

4. 证明: 若 $f(x)$ 在 $(-1, 1)$ 内有定义, 则

(1) 当 $f(x)$ 是奇函数并在 $(0, 1)$ 内单调增加时, 它在 $(-1, 0)$ 内也单调增加.

(2) 当 $f(x)$ 是偶函数并在 $(0, 1)$ 内单调增加时, 它在 $(-1, 0)$ 内是单调减少的.

5. 下列函数哪些是周期函数? 若是, 指出其周期.

（1）$y = \cos(x - 2)$ 　　　　（2）$y = 1 + \sin\pi x$

（3）$y = x\tan x$ 　　　　　　（4）$y = \sin^2 x$

6. 求下列函数的反函数.

（1）$y = \sqrt{1 - x^2}$ 　（$-1 \leqslant x \leqslant 0$）　　（2）$y = \dfrac{x - 1}{x + 1}$

（3）$y = \dfrac{2^x}{2^x + 1}$ 　　　　　　（4）$y = 1 + \ln(x + 2)$

7. 设 $f(x) = \dfrac{x}{1 - x}$，求 $f[f(x)]$ 及其定义域.

第二节　初　等　函　数

一、基本初等函数

以下六类函数称为基本初等函数.

1. 常量函数 $y = c$

定义域为（$-\infty, +\infty$）

2. 幂函数 $y = x^\alpha$ 　（$\alpha \neq 0$）

定义域随 α 而定，但在（$0, +\infty$）内总有定义，且图形必经过（1,1）点.

常见的如 $y = x^2$，$y = x^3$，$y = \dfrac{1}{x}$（如图 1 - 14）.

3. 指数函数 $y = a^x$（$a > 0$，$a \neq 1$）

定义域为（$-\infty, +\infty$），对任意 x，$a^x > 0$，图形必经过（0,1）点.

$y = a^x$ 与 $y = \left(\dfrac{1}{a}\right)^x$ 的图形关于 y 轴对称. 如图 1 - 15.

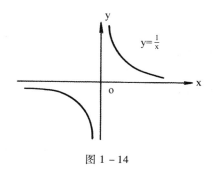

图 1 - 14

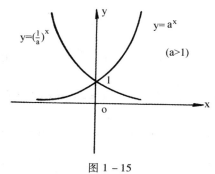

图 1 - 15

常见的如 $y = e^x$，其中 e 是无理数，$e \approx 2.71828$.

4. 对数函数 $y = \log_a x$ 　（$a > 0$，$a \neq 1$）

对数函数是指数函数的反函数，其定义域为（$0, +\infty$），图形必经过（1，0）点，如

图1－16.

当 a = 10 时，记为 y = lgx，称为常用对数；

当 a = e 时，记为 y = lnx，称为自然对数．

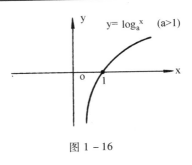

图 1 - 16

5. 三角函数

y = sinx，y = cosx，y = tanx，y = cotx，y = secx，y = cscx

共六个三角函数，分别称为正弦、余弦、正切、余切、正割、余割函数，它们的情况在初等数学中已有详尽的叙述，这里不再重复．

6. 反三角函数

反三角函数是三角函数的反函数，常用的有四个反三角函数．

（1）反正弦函数　正弦函数 y = sinx 的定义域为 $(-\infty, +\infty)$，值域为 $[-1, 1]$．由于 x 与 y 不是一一对应的，若规定 y = Arcsinx 是 y = sinx 的反函数，则 y = Arcsinx 是多值函数．因此我们选取一段，称为 y = Arcsinx 的单值支（或主值），记为 y = arcsinx，这里 $-\frac{\pi}{2} \leq$ arcsinx $\leq \frac{\pi}{2}$．因此 y = arcsinx 的定义域为 $[-1, 1]$，值域为 $\left[-\frac{\pi}{2}, \frac{\pi}{2}\right]$．如图 1 - 17.

常用的值如 arcsin0 = 0，arcsin1 = $\frac{\pi}{2}$，arcsin(-1) = $-\frac{\pi}{2}$．

（2）反余弦函数　类似地建立反余弦函数 y = arccosx，其定义域为 $[-1, 1]$，值域为 $[0, \pi]$，如图 1 - 18.

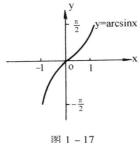

图 1 - 17

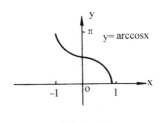

图 1 - 18

常用的值如 arccos0 = $\frac{\pi}{2}$，arccos1 = 0，arccos(-1) = π．

（3）反正切函数　y = arctanx 的定义域为 $(-\infty, +\infty)$，值域为 $\left(-\frac{\pi}{2}, \frac{\pi}{2}\right)$，如图 1 - 19.

常用的值如 arctan1 = $\frac{\pi}{4}$，arctan0 = 0．

（4）反余切函数　y = arccotx 的定义域为 $(-\infty, +\infty)$，值域为 $(0, \pi)$，如图 1 - 20.

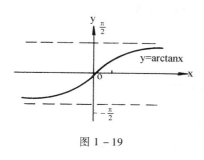

图 1-19

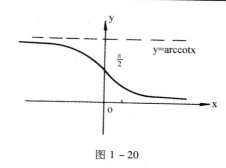

图 1-20

常用的值如 $\mathrm{arccot}0 = \dfrac{\pi}{2}$，$\mathrm{arccot}1 = \dfrac{\pi}{4}$.

二、初等函数

由基本初等函数经过有限次的四则运算和有限次的复合步骤所构成的并且能用一个式子表达的函数，称为初等函数.

如 $y = \sqrt{\dfrac{x-1}{x+1}} + \ln(1+\sin x)$ 是初等函数.

分段函数一般不是初等函数，但

$$y = |x| = \begin{cases} -x & x < 0 \\ x & x \geqslant 0 \end{cases}$$

又可表示为 $y = \sqrt{x^2}$，所以它是初等函数.

若 $f(x)$，$g(x)$ 均为初等函数，且 $f(x) > 0$，我们称函数 $f(x)^{g(x)}$ 为幂指函数，由于

$$f(x)^{g(x)} = e^{g(x)\ln f(x)}$$

因此幂指函数是初等函数，如 $y = x^x$、$y = (1+x)^{\frac{1}{x}}$，均为幂指函数.

三、双曲函数与反双曲函数

有两种初等函数分别称为双曲函数和反双曲函数.

应用上常遇到的双曲函数是：

双曲正弦 $\mathrm{sh}x = \dfrac{e^x - e^{-x}}{2}$

双曲余弦 $\mathrm{ch}x = \dfrac{e^x + e^{-x}}{2}$

双曲正切 $\mathrm{th}x = \dfrac{\mathrm{sh}x}{\mathrm{ch}x} = \dfrac{e^x - e^{-x}}{e^x + e^{-x}}$

$\mathrm{sh}x$ 的定义域为 $(-\infty, +\infty)$，它是奇函数，图形经过原点，它是单调增加函数，如图 1-21.

$\mathrm{ch}x$ 的定义域也是 $(-\infty, +\infty)$，它是偶函数，图形通过 $(0,1)$ 点，在 $(-\infty, 0)$ 内它单调减少，在 $(0, +\infty)$ 内它单调增加，$\mathrm{ch}0 = 1$ 为其最小值，如图 1-21.

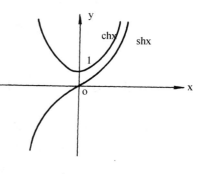

图 1-21

thx 的定义域仍是(- ∞ , + ∞),它是奇函数,图形经过原点,它是单调增加函数.
因为

$$thx = \frac{e^x - e^{-x}}{e^x + e^{-x}} = \frac{e^{2x} - 1}{e^{2x} + 1}$$

所以有 -1 < thx < 1,即 thx 的图形介于水平直线 y = -1 和 y = 1 之间,如图 1 - 22.

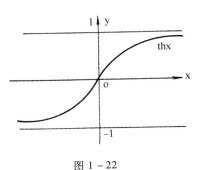

图 1 - 22

可以证明:

$$sh(x + y) = shxchy + chxshy$$
$$sh(x - y) = shxchy - chxshy$$
$$ch(x + y) = chxchy + shxshy$$
$$ch(x - y) = chxchy - shxshy$$
$$ch^2 x - sh^2 x = 1$$
$$sh2x = 2shxchx$$
$$ch2x = ch^2 x + sh^2 x$$

以上公式读者可自行证明,在记忆时可仿照三角函数的公式进行对比.

反双曲函数是双曲函数的反函数,依次为:

反双曲正弦 y = arshx

反双曲余弦 y = archx

反双曲正切 y = arthx

arshx 的定义域为(- ∞ , + ∞),它是奇函数,图形经过原点,它是单调增加函数,如图 1 - 23.

由图 1 - 21 可以看出,在 y = chx 中,x 与 y 不是一一对应的,类似于反三角函数,我们选取第一象限部分,做为反双曲余弦的主值,则 archx 的定义域为 [1, + ∞),在 [1, + ∞) 上它是单调增加的,如图 1 - 24.

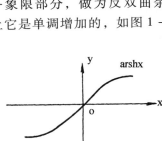

图 1 - 23

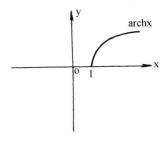

图 1 - 24

arthx 的定义域为 (-1,1),它是单调增加的奇函数,如图 1 - 25.

反双曲函数又可用自然对数来表示:

因为 y = arshx 的反函数为 x = shy,即

$$x = \frac{e^y - e^{-y}}{2}$$

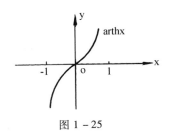

图 1 - 25

令 $u = e^y$，上式变为

$$u^2 - 2xu - 1 = 0$$

可得 $u = x \pm \sqrt{x^2 + 1}$

因 $u = e^y > 0$，故有 $u = x + \sqrt{x^2 + 1}$，即

$$e^y = x + \sqrt{x^2 + 1}$$

所以 $y = \ln\left(x + \sqrt{x^2 + 1}\right)$，即

$$\text{arsh}x = \ln\left(x + \sqrt{x^2 + 1}\right)$$

类似的有

$$y = \text{arch}x = \ln\left(x + \sqrt{x^2 - 1}\right)$$

$$y = \text{arth}x = \frac{1}{2}\ln\frac{1 + x}{1 - x}$$

（读者可自行推出上面两个公式）.

四、函数关系的建立及常用的经济函数

在用数学方法解决实际问题时，首先要给问题建立数学模型，即将问题中所关心的变量之间的依赖关系用数学式子表达出来，也就是建立变量之间的函数关系，然后用有关的数学知识或方法进行分析，以达到解决实际问题的目的.

以下给出两个建立函数关系的例子.

例 1 在半径为 R（单位：cm）的球内嵌入一内接圆柱，将此圆柱的体积表示为其高的函数.

解 设圆柱的高为 x，体积为 y，过球心且平行于圆柱母线的任一平面与圆柱相截所得的截面应是中心在球心的长方形（如图 1 – 26），此长方形的对角线长为 2R，所以圆柱的底面直径为 $\sqrt{4R^2 - x^2}$，从而圆柱的体积 y 为

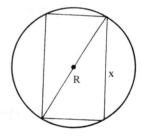

图 1 – 26

$$y = \pi\left(\frac{\sqrt{4R^2 - x^2}}{2}\right)^2 \cdot x = \frac{\pi}{4}x\left(4R^2 - x^2\right) \qquad 0 < x < 2R$$

例 2 火车站收取行李费的规定为：当行李重量不超过 50kg 时，按基本运价计算，基本运价为每 kg 收 0.15 元，当超过 50kg 时，超重部分每 kg 收 0.25 元. 求到某地行李费与行李重量之间的函数关系.

解 设行李重量为 x，行李费为 y，

据题意，有

$$y = \begin{cases} 0.15x & 0 \leqslant x \leqslant 50 \\ 7.5 + 0.25\left(x - 50\right) & x > 50 \end{cases}$$

即

$$y = \begin{cases} 0.15x & 0 \leqslant x \leqslant 50 \\ 0.25x - 5 & x > 50 \end{cases}$$

下面介绍几个常见的经济类函数.

1. 需求函数

顾客对某种商品的需求量受很多因素的影响，如人口、个人收入、商品价格、可替代商品的价格及数量等，在其他因素不变的情况下，它与价格的关系称为需求函数．通常用 Q_d 表示需求量，p 表示价格，则有

$$Q_d = f(p)$$

有时也称其反函数 $p = f^{-1}(Q_d)$ 为需求函数．

2. 供给函数

厂商向社会提供的商品，供应量也受很多因素的影响，在其他因素不变的情况下，它与价格的关系称为供给函数，通常用 Q_s 表示供给量，p 表示价格，则有

$$Q_s = f(p)$$

3. 成本函数

生产厂家生产一批数量为 Q 的产品时所需要的全部经济投入的价格或费用称为产品的总成本．一般地，总成本由固定成本（厂房、设备等）和可变成本（劳力、原料等）组成，若固定成本为 C_0，可变成本为 C_1，总成本为 C，则 $C = C_0 + C_1$，其中 $C_1 = C_1(Q)$，故 $C = C_0 + C_1(Q)$

4. 收益函数

厂家以价格 p 出售数量为 Q 的产品所获得的总收入用 R 表示，则 $R = pQ$，称此函数为收益函数．

5. 利润函数

销售量为 Q 时，总收益 R 与总成本 C 之差称为总利润，记为 L，则 $L = R - C = L(Q)$

习题 1－2

1. 求下列函数的定义域．

（1）$y = \dfrac{1}{\sqrt{9 - x^2}}$ （2）$y = \arcsin \dfrac{x - 1}{2}$

（3）$y = \ln \dfrac{1}{1 - x}$ （4）$y = \sqrt{\sin \sqrt{x}}$

2. 设 $f(x) = x^2$，$g(x) = 2^x$，求 $f[g(x)]$，$g[f(x)]$．

3. 设 $f(x) = |x|$，$g(x) = \begin{cases} x^2 + 1 & x \geqslant 1 \\ x & x < 1 \end{cases}$，求 $f(x) + g(x)$．

4. 证明双曲函数的几个公式及反双曲函数的对数表示．

5. 若已知某商品的需求函数为 $Q = 75 - 3p$，成本函数为 $C = 100 + Q$，试写出利润函数．

6. 生产某种产品1000件，前800件售价为20元/件，其余部分打九折出售，求收益函数．

7. 某厂每年共需某种原材料 a 吨，分若干次购进，每次采购费 b 元．该原材料均匀用于生产（即平均年库存量为批量的一半），平均每吨库存费为 c 元/年．设每次采购量为 x 吨（即批量），试将总采购费与总库存费之和表示成 x 的函数．

第三节 数列的极限

一、数列的概念

按照一定的规律排列着的一列数

$$y_1, \ y_2, \ \cdots, \ y_n, \ \cdots$$

称为一个数列，若用严格的数学语言，可定义如下：

定义 1 设 $f(x)$ 是以正整数集合为定义域的函数，将其函数值 $f(x)$ 按 x 从小到大的顺序排列起来的一列数

$$f(1), f(2), \cdots, f(n), \cdots$$

称为一个无穷数列，简称为数列，记作 $\{f(n)\}$. 数列中的每一个数称为数列的项，而 $f(n)$ 称为数列的一般项或通项. 此时这一函数也常表示为 $y_n = f(n)$，从而数列也可记作 $\{y_n\}$.

下面是几个数列的例子.

① $\left\{\dfrac{1}{2^n}\right\}$: $\dfrac{1}{2}$, $\dfrac{1}{4}$, $\dfrac{1}{8}$, $\cdots$, $\dfrac{1}{2^n}$, $\cdots$

② $\left\{\dfrac{n-1}{n}\right\}$: 0, $\dfrac{1}{2}$, $\dfrac{2}{3}$, $\cdots$, $\dfrac{n-1}{n}$, $\cdots$

③ $\{n^2\}$: 1, 4, 9, $\cdots$, n^2, $\cdots$

④ $\left\{\dfrac{1+(-1)^n}{2}\right\}$: 0, 1, 0, 1, $\cdots$

数列的图示法有两种，一种是用数轴上的点表示数列的项. 如数列①的图示法为图 1 – 27.

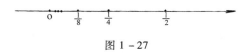

图 1 – 27

另一种是在直角坐标系中，用平面上的点 $(n, f(n))$ 表示数列的项. 如数列②的图示法为图 1 – 28.

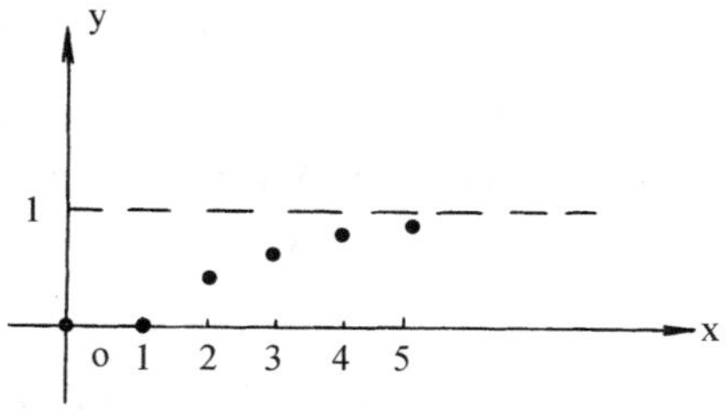

数列做为特殊的函数，也具有函数的一些特性，如单调性与有界性. 不过通常数列的单调性是广义的，即不严格单调：若

$$y_1 \leqslant y_2 \leqslant \cdots \leqslant y_n \leqslant y_{n+1} \leqslant \cdots$$

则称数列 $\{y_n\}$ 单调增加；若

$$y_1 \geqslant y_2 \geqslant \cdots \geqslant y_n \geqslant y_{n+1} \geqslant \cdots$$

图 1 – 28

则称数列 $\{y_n\}$ 单调减少. 显然在前面的例子中，数列①单调减少，并且有下界 0 和上界

$\frac{1}{2}$；数列②单调增加，并且有下界 0 和上界 1；数列③单调增加，有下界 1 而无上界，因而无界；数列④不具有单调性，但有下界 0 和上界 1.

二、数列的极限

观察前面例子中的数列①，我们发现，随着 n 的不断增大，f(n) 越来越小，并且与 0 的距离越来越近，或说它越来越接近于 0. 再看数列②，当 n 不断增大时，f(n) 越来越大，并且与 1 的距离越来越小，或说它越来越接近于 1. 对数列③，当 n 不断增大时，虽然 f(n) 越来越大，但不与任何一个实数的距离越来越小，即找不到一个实数，使 f(n) 越来越接近于它．对数列④，f(n) 一直在 0 和 1 之间跳来跳去，也找不到一个实数，使当 n 不断增大时，f(n) 与它越来越接近．

上述情况表明，对数列 $y_n = f(n)$，当 n 不断增大时，可能存在也可能不存在一个实数，使 f(n) 越来越接近于它，这两种情况我们分别称为当 n 无限增大（记为 n→∞，读作 n 趋向于无穷大）时数列有极限和数列无极限．

在数列有极限的情况下，如数列②，因为 f(n) 与 1 越来越接近，我们称 f(n) 以 1 为极限，此时 |f(n) − 1| 可以任意地小，即小于任何事先给定的很小的正数．事实上，因为

$$|f(n) - 1| = \left| \frac{n-1}{n} - 1 \right| = \frac{1}{n}$$

若取一个较小的正数 $\frac{1}{100}$，只要 n > 100，就有 $\frac{1}{n} < \frac{1}{100}$.

若取一个更小的正数 $\frac{1}{1000}$，只要 n > 1000，就有 $\frac{1}{n} < \frac{1}{1000}$.

……

如此推下去，一般地，不论事先给定的正数 ε 多么小，只要 $n > \frac{1}{\varepsilon}$，就有 $\frac{1}{n} < \varepsilon$，即存在一个正整数 N，使对一切 n > N 时的 f(n)，恒有

$$|f(n) - 1| < \varepsilon$$

由以上的分析，可得出数列极限的严格定义.

定义 2 对数列 {f(n)}，如果存在一个常数 A，对任意给定的正数 ε（无论它多么小），总存在一个正整数 N，使当 n > N 时，不等式

$$|f(n) - A| < \varepsilon$$

恒成立，则称常数 A 是数列 {f(n)} 的极限，或称数列 {f(n)} 收敛于 A，记作

$$\lim_{n \to \infty} f(n) = A$$

或　　　　$f(n) \to A \quad (n \to \infty)$

如果数列没有极限，则称数列是发散的.

由定义可知，$\lim_{n \to \infty} \frac{n-1}{n} = 1$.

此定义也称为 ε−N 定义，定义中的 ε 必须任意给定，只有这样，|f(n) − A| < ε 才能刻划出 f(n) 与 A 越来越接近，而且是无限接近这种极限状态．定义中的正整数 N 是随 ε 而定

的，一般地说，ε 越小，N 越大，但定义中重点强调的是 N 的存在性，实际上这样的 N 是不惟一的.

由于数列的图示法有两种，因而数列极限的几何解释也有两种. 当用数轴上的点表示数列的项时，因为不等式

$$|f(n) - A| < \varepsilon$$

等价于

$$A - \varepsilon < f(n) < A + \varepsilon$$

故在开区域 $(A - \varepsilon, A + \varepsilon)$ 内应该聚集着当 $n > N$ 后的所有点 y_n，如图 1 – 29.

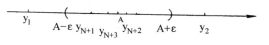

图 1 – 29

当用直角坐标系中的点表示数列的项时，当 $n > N$ 后的所有点 $(n, f(n))$ 应该落在两条直线 $y = A - \varepsilon$ 和 $y = A + \varepsilon$ 之间的带形区域内，如图 1 – 30.

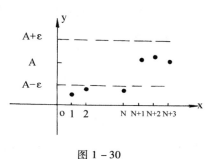

图 1 – 30

例1 用极限定义证明下列极限.

（1）$\lim\limits_{n \to \infty} \dfrac{1}{2^n} = 0$　　　（2）$\lim\limits_{n \to \infty} \dfrac{2n}{n^3 + 1} = 0$

证 （1）对任给的 $\varepsilon > 0$，欲

$$\left| \frac{1}{2^n} - 0 \right| = \frac{1}{2^n} < \varepsilon$$

只须 $2^n > \dfrac{1}{\varepsilon}$，即 $\log_2 2^n = n > \log_2 \dfrac{1}{\varepsilon}$，故取 $N = \left[\log_2 \dfrac{1}{\varepsilon} \right]$，则当 $n > N$ 时，恒有

$$\left| \frac{1}{2^n} - 0 \right| < \varepsilon$$

成立. 故 $\lim\limits_{n \to \infty} \dfrac{1}{2^n} = 0$.

（2）对任给的 $\varepsilon > 0$，欲

$$\left| \frac{2n}{n^3 + 1} - 0 \right| = \frac{2n}{n^3 + 1} < \varepsilon$$

因为 $\dfrac{2n}{n^3 + 1} < \dfrac{2n}{n^3} = \dfrac{2}{n^2}$，故只须 $\dfrac{2}{n^2} < \varepsilon$，即 $n > \sqrt{\dfrac{2}{\varepsilon}}$，故取 $N = \left[\sqrt{\dfrac{2}{\varepsilon}} \right]$，则当 $n > N$ 时，恒有

$$\left| \frac{2n}{n^3 + 1} - 0 \right| < \varepsilon$$

成立，故 $\lim\limits_{n \to \infty} \dfrac{2n}{n^3 + 1} = 0$.

注：在极限的证明中，把绝对值 $|f(n) - A|$ 适当放大，以便于更容易地找出 N，这是一种常用的方法.

许多数列的极限可用观察法求出.

例 2 观察下列数列是否有极限, 若有就指出来.

(1) $y_n = \dfrac{(-1)^n n + 1}{n+1}$ 　　(2) $y_n = \dfrac{3}{10} + \dfrac{3}{10^2} + \cdots + \dfrac{3}{10^n}$

解 (1) $\{y_n\}$: 0, 1, $-\dfrac{1}{2}$, 1, $-\dfrac{2}{3}$, 1, $-\dfrac{3}{4}$, $\cdots$

观察得知, 此数列没有极限 (即数列发散).

(2) $\{y_n\}$: 0.3, 0.33, 0.333, $\cdots$

观察得知此数列收敛, 有极限为 $\dfrac{1}{3}$, 即 $\lim\limits_{n\to\infty} y_n = \dfrac{1}{3}$.

三、数列极限的性质

定理 1 (极限的惟一性) 数列的极限是惟一的.

证 用反证法

若 $\lim\limits_{n\to\infty} y_n = A$ 且 $\lim\limits_{n\to\infty} y_n = B$, $A \neq B$, 不妨设 $A < B$

对 $\varepsilon = \dfrac{B-A}{2} > 0$, 存在 N_1, 当 $n > N_1$ 时, $|y_n - A| < \varepsilon$, 即 $\dfrac{3A-B}{2} < y_n < \dfrac{A+B}{2}$.

又有 N_2, 当 $n > N_2$ 时, $|y_n - B| < \varepsilon$, 即 $\dfrac{A+B}{2} < y_n < \dfrac{3B-A}{2}$

取 $N = \max\{N_1, N_2\}$, 当 $n > N$ 时, 同时有

$$y_n < \frac{A+B}{2} \text{ 与 } y_n > \frac{A+B}{2}$$

这是不可能的, 这说明极限是惟一的.

定理 2 (收敛数列的有界性) 如果数列 $\{y_n\}$ 有极限, 则数列 $\{y_n\}$ 一定有界.

证 不妨设 $\lim\limits_{n\to\infty} y_n = A$, 对 $\varepsilon = 1$, 存在 N, 当 $n > N$ 时, 恒有 $|y_n - A| < 1$, 故

$$|y_n| = |(y_n - A) + A| \leqslant |y_n - A| + |A| < 1 + |A|$$

取 $M = \max\{|y_1|, |y_2|, \cdots |y_N|, 1+|A|\}$, 则对一切 n, 有

$$|y_n| \leqslant M$$

故数列 $\{y_n\}$ 有界.

此定理表明数列有界是收敛的必要条件, 若数列无界则必然发散. 但有界数列不一定是收敛数列, 如 $\{(-1)^n\}$, 有界而发散.

下面介绍子数列的概念.

在数列 $\{y_n\}$ 中, 任意抽取无限多项并保持其在原数列 $\{y_n\}$ 中的先后顺序, 这样得到的数列称为原数列 $\{y_n\}$ 的一个子数列 (子列), 一般表示为

$$y_{n_1}, \ y_{n_2}, \ \cdots, \ y_{n_k}, \ \cdots$$

其中 y_{n_k} 是第 k 项, 但在原数列中是第 n_k 项, 显然 $n_k \geqslant k$. 此子列可记为 $\{y_{n_k}\}$.

有两个特殊的子列

$$\{y_{2n-1}\}: y_1, \ y_3, \ y_5, \ \cdots$$
$$\{y_{2n}\}: y_2, \ y_4, \ y_6, \ \cdots$$

分别称为 $\{y_n\}$ 的奇数项数列和偶数项数列．数列 $\{y_n\}$ 的子列可以有无穷多个．

定理 3 （收敛数列与其子列的关系）如果数列 $\{y_n\}$ 收敛，则其任一子列也收敛，且极限一致．

证 不妨设 $\lim\limits_{n\to\infty} y_n = A$

$$\{y_{n_k}\}: y_{n_1}, y_{n_2}, \cdots, y_{n_k}, \cdots$$

为 $\{y_n\}$ 的任一子列．

对任给的 $\varepsilon>0$，存在 N，当 $n>N$ 时，恒有 $|y_n - A|<\varepsilon$ 成立．

取 $K=N$，当 $k>N$ 时，$n_k>n_K=n_N\geqslant N$，有 $|y_{n_k}-A|<\varepsilon$ 恒成立，故 $\lim\limits_{k\to\infty} y_{n_k}=A$，即子列 $\{y_{n_k}\}$ 以 A 为极限．

此定理表明若数列的两个子列收敛于不同的极限，则该数列一定发散．如在例 2 中的数列 $\left\{\dfrac{(-1)^n n+1}{n+1}\right\}$，$y_{2n-1}=\dfrac{-(2n-1)+1}{(2n-1)+1}=-\dfrac{n-1}{n}\to -1$，$y_{2n}=\dfrac{2n+1}{2n+1}=1\to 1$，故该数列发散．

关于奇数项数列和偶数项数列有一个简单的结论：数列 $\{y_n\}$ 收敛的充要条件是 $\lim\limits_{n\to\infty} y_{2n-1}=\lim\limits_{n\to\infty} y_{2n}$．（留作习题由读者自己证明）．

数列极限的其他性质将在以后几节中介绍．

习题 1-3

1. 写出下列数列的通项，观察其是否收敛，若收敛写出其极限．

（1）$1, \dfrac{2}{3}, \dfrac{3}{5}, \dfrac{4}{7}, \cdots$ 　　　　　（2）$-\dfrac{1}{2}, \dfrac{1}{4}, -\dfrac{1}{8}, \dfrac{1}{16}, \cdots$

（3）$0, \dfrac{1}{2}, 0, \dfrac{1}{4}, 0, \dfrac{1}{6}, \cdots$ 　　　　　（4）$-1, 2, -3, 4, \cdots$

2. 下列数列是否收敛，若收敛写出其极限．

（1）$y_n = \begin{cases} \dfrac{1}{\sqrt{n+1}} & n=2k-1 \\ \dfrac{1}{\sqrt{n-1}} & n=2k \end{cases} \quad k=1,2,\cdots$ 　　（2）$y_n = \begin{cases} \dfrac{n}{1+n} & n=2k-1 \\ \dfrac{n}{1-n} & n=2k \end{cases} \quad k=1,2,\cdots$

3. 用 $\varepsilon-N$ 定义证明下列极限：

（1）$\lim\limits_{n\to\infty} \dfrac{1}{\sqrt{n}} \sin \dfrac{n\pi}{2} = 0$ 　　　　　（2）$\lim\limits_{n\to\infty} \dfrac{3n}{2n+1} = \dfrac{3}{2}$

4. 证明 $\lim\limits_{n\to\infty} y_n = A$ 的充分必要条件是

$$\lim\limits_{n\to\infty} y_{2n-1} = \lim\limits_{n\to\infty} y_{2n} = A$$

5. 我国古代就有极限思想的萌芽，公元前 300 年，就有"一尺之棰，日取其半，万世不竭"之说，即把一尺长的木棍，每日取其一半，永世取不尽．试写出每日所取的木棍长度数列，并求其极限．

第四节 函数的极限

数列是一种特殊的函数，数列的极限是函数的极限的一种特殊情况．对一般的函数 $y = f(x)$，如果我们研究在 x 的变化过程中 $f(x)$ 的变化趋势，就是研究函数的极限问题．由于 x 的变化过程有许多种不同情况，如 x 的绝对值无限地大（记作 $x \to \infty$）或 x 无限地接近某一个值 x_0（记作 $x \to x_0$）等，下面分别进行研究．

一、$x \to \infty$ 时 $f(x)$ 的极限

考察函数 $y = \dfrac{1}{x}$，如图 1 – 31，当 $x \to \infty$，即 x 的绝对值任意地大的时候，函数值 y 的绝对值任意地小，可记作 $y \to 0$，类似于数列的极限，可给出这种函数极限的严格定义．

定义 1 设函数 $y = f(x)$ 在 $(-\infty, b) \cup (a, +\infty)$ 内有定义，如果存在一个常数 A，对任意给定的正数 ε（无论它多么小），总存在一个正数 X，使当 $|x| > X$ 时，不等式

$$|f(x) - A| < \varepsilon$$

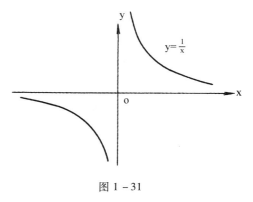

图 1 – 31

恒成立，则称常数 A 是函数 $y = f(x)$ 当 $x \to \infty$ 时的极限，记作

$$\lim_{x \to \infty} f(x) = A$$

或 $\qquad f(x) \to A \qquad (x \to \infty)$

$\lim\limits_{x \to \infty} f(x) = A$ 的几何意义是：对事先给定的 $\varepsilon > 0$，当 $|x| > X$ 时，函数 $y = f(x)$ 的图形介于直线 $y = A - \varepsilon$ 和 $y = A + \varepsilon$ 之间，如图 1 – 32.

例 1 用定义证明 $\lim\limits_{x \to \infty} \dfrac{x + \sin x}{x} = 1$

证 对任给的 $\varepsilon > 0$，欲

$$\left| \frac{x + \sin x}{x} - 1 \right| = \left| \frac{\sin x}{x} \right| < \varepsilon$$

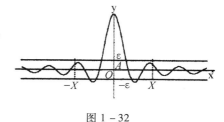

图 1 – 32

因为 $\left| \dfrac{\sin x}{x} \right| \leqslant \dfrac{1}{|x|}$，故只须 $\dfrac{1}{|x|} < \varepsilon$，即 $|x| > \dfrac{1}{\varepsilon}$，取 $X = \dfrac{1}{\varepsilon}$，则当 $|x| > X$ 时，恒有

$$\left| \frac{x + \sin x}{x} - 1 \right| < \varepsilon$$

成立，故 $\lim\limits_{x \to \infty} \dfrac{x + \sin x}{x} = 1$

若 $y = f(x)$ 在 $(a, +\infty)$ 内有定义 $(a \geqslant 0)$，可考察 x 无限增大（记作 $x \to +\infty$）时 $f(x)$ 的

极限, 只要把定义 1 中的 | x | > X 改为 x > X 就可得出 $\lim\limits_{x \to +\infty} f(x) = A$ 的定义.

若 y = f(x) 在 (-∞, b) 内有定义 (b≤0), 可考察 x 无限变小 (记作 x→ -∞) 时 f(x) 的极限, 只要把定义 1 中的 | x | > X 改为 x < -X 就可得出 $\lim\limits_{x \to -\infty} f(x) = A$ 的定义.

许多函数的极限可由观察法得出, 如由函数图形可以看出:

$$\lim_{x \to \infty} \left(1 + \frac{1}{x} \right) = 1 \qquad \lim_{x \to +\infty} \left(\frac{1}{2} \right)^x = 0 \qquad \lim_{x \to -\infty} e^x = 0$$

$$\lim_{x \to +\infty} \arctan x = \frac{\pi}{2} \qquad \lim_{x \to -\infty} \arctan x = -\frac{\pi}{2}$$

x→ +∞ 时函数的极限定义与数列的极限定义非常相似, 并且有如下结论:

定理 1 设 f(x) 在 (a, +∞) 内有定义 (a≥0), 若有 $\lim\limits_{x \to +\infty} f(x) = A$, 则 $\lim\limits_{n \to \infty} f(n) = A$.

证 因为 $\lim\limits_{x \to +\infty} f(x) = A$, 对任给的 ε>0, 存在 X, 当 x > X 时, 不等式

$$|f(x) - A| < \varepsilon$$

恒成立, 此时取 N = [X], 则当 n > N 时, 必有 n > X, 则不等式

$$|f(n) - A| < \varepsilon$$

恒成立, 故 $\lim\limits_{n \to \infty} f(n) = A$.

注意此定理的逆不成立, 如设

$$f(x) = \begin{cases} \dfrac{1}{n} & x = n \\ 1 & x \neq n \end{cases}$$

显然 $f(n) = \dfrac{1}{n}$ 有 $\lim\limits_{n \to \infty} f(n) = 0$, 但 $\lim\limits_{x \to +\infty} f(x)$ 不存在.

很容易得出下面结论:

定理 2 $\lim\limits_{x \to \infty} f(x) = A$ 的充分必要条件是

$$\lim_{x \to +\infty} f(x) = \lim_{x \to -\infty} f(x) = A$$

证 (必要性) 因为 $\lim\limits_{x \to \infty} f(x) = A$, 则对任给的 ε>0, 有 X > 0, 当 |x| > X 时, 恒有 |f(x) - A| < ε 成立, 此时对 x > 0, 有 x > X, 对 x < 0, 有 x < -X, 故有

$$\lim_{x \to +\infty} f(x) = \lim_{x \to -\infty} f(x) = A$$

(充分性) 因为 $\lim\limits_{x \to +\infty} f(x) = \lim\limits_{x \to -\infty} f(x) = A$, 对任给的 ε>0, 有 $X_1 > 0$, 当 x > X_1 时, 恒有 |f(x) - A| < ε, 又有 $X_2 > 0$, 当 x < -X_2 时, 恒有 |f(x) - A| < ε

取 X = max{X_1, X_2}, 则当 |x| > X 时, 恒有 |f(x) - A| < ε

故 $\lim\limits_{x \to \infty} f(x) = A$.

因为 $\lim\limits_{x \to +\infty} \arctan x \neq \lim\limits_{x \to -\infty} \arctan x$, 所以 $\lim\limits_{x \to \infty} \arctan x$ 不存在.

由图形也可以看出, $\lim\limits_{x \to \infty} 2^x$, $\lim\limits_{x \to \infty} \left(\dfrac{1}{2} \right)^x$ 均不存在.

二、x→x₀ 时 f(x) 的极限

考察 y = x + 1, 如图 1 - 33, 当 x→1 时, 函数值任意地接近于 2, 可记作 y→2, 称 x→1

时，$y = x + 1$ 以 2 为极限．

再考察 $y = \dfrac{x^2 - 1}{x - 1}$，如图 1 - 34，当 $x \to 1$ 时，函数值仍任意地接近于 2，也记作 $y \to 2$，称 $x \to 1$ 时，$y = \dfrac{x^2 - 1}{x - 1}$ 以 2 为极限．

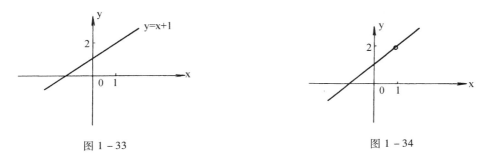

图 1 - 33   图 1 - 34

以上两个函数说明在考察 $x \to x_0$ 的情况下函数 $y = f(x)$ 的极限时，只要 $f(x)$ 在 x_0 的除 x_0 以外的附近有定义，与在 x_0 这一点有无定义是没有关系的．为了更好地描述 x 的这种情况，我们给出邻域及空心邻域的概念．

设 δ 为某一正数，则开区间 $(x_0 - \delta, x_0 + \delta)$ 称为点 x_0 的 δ 邻域，记作 $U(x_0, \delta)$，即

$$U(x_0, \delta) = \{x \mid x_0 - \delta < x < x_0 + \delta\}$$

点 x_0 称为这个邻域的中心，δ 称为这个邻域的半径，如图 1 - 35.

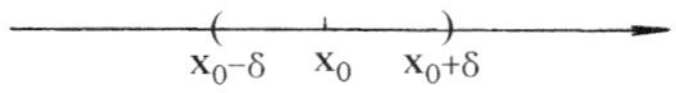

由于 $x_0 - \delta < x < x_0 + \delta$ 等价于 $|x - x_0| < \delta$，因此

$$U(x_0, \delta) = \{x \mid |x - x_0| < \delta\}$$

图 1 - 35

它表示与点 x_0 的距离小于 δ 的一切点 x 的全体．

若将此邻域的中心 x_0 去掉，则称为点 x_0 的空心邻域，记作 $\overset{\cdot}{U}(x_0, \delta)$，即

$$\overset{\cdot}{U}(x_0, \delta) = \{x \mid 0 < |x - x_0| < \delta\}$$

这里 $|x - x_0| > 0$ 表示 $x \neq x_0$

若用区间表示，则

$$\overset{\cdot}{U}(x_0, \delta) = (x_0 - \delta, x_0) \cup (x_0, x_0 + \delta)$$

我们现在遇到的就是 $f(x)$ 在 x_0 的某空心邻域内有定义的情形．函数 $y = x + 1$ 和 $y = \dfrac{x^2 - 1}{x - 1}$ 均在 1 的某空心邻域内有定义，且当 $x \to 1$ 时，都以 2 为极限．

在 $x \to x_0$ 的过程中，$f(x)$ 以 A 为极限，就意味着 $f(x)$ 与 A 任意接近，即 $|f(x) - A|$ 可任意地小，为了表示这个意思，只要让 $|f(x) - A|$ 小于任何事先给定的正数 ε（无论多么小），即 $|f(x) - A| < \varepsilon$ 成立，而这一结果是在 $x \to x_0$ 的过程中实现的，就必须使 x 任意接近 x_0，即 $|x - x_0|$ 任意地小，为了表示这一意思，只要让 $0 < |x - x_0| < \delta$，这里 δ 是一个较小的正数，但它是由 ε 来确定的，如欲使

$$|(x + 1) - 2| < \varepsilon$$

只要 $0 < |x - 1| < \varepsilon$，取 $\delta = \varepsilon$ 即可．

以下给出 $x \to x_0$ 时 $f(x)$ 的极限的严格定义.

定义 2　设函数 $f(x)$ 在 x_0 的某一空心邻域内有定义,若存在一个常数 A,使对任意给定的正数 ε(无论它多么小),总存在一个正数 δ,使当 $0 < |x - x_0| < \delta$ 时,不等式

$$|f(x) - A| < \varepsilon$$

恒成立,则称常数 A 是函数 $f(x)$ 当 $x \to x_0$ 时的极限,记作

$$\lim_{x \to x_0} f(x) = A$$

或　　　　$f(x) \to A$　　$(x \to x_0)$

$\lim\limits_{x \to x_0} f(x) = A$ 的几何意义是:对事先给定的 $\varepsilon > 0$,当 $x \in (x_0 - \delta, x_0) \cup (x_0, x_0 + \delta)$ 时,曲线 $y = f(x)$ 位于直线 $y = A - \varepsilon$ 与 $y = A + \varepsilon$ 之间,如图 1-36.

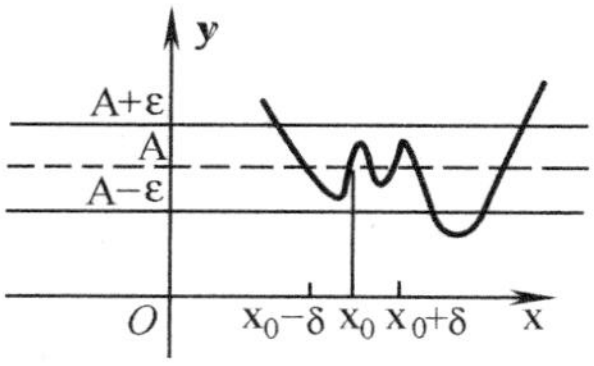

图 1-36

例 2　证明 $\lim\limits_{x \to 1} (x^2 - 2x + 5) = 4$

证　对任给的 $\varepsilon > 0$,欲

$$|(x^2 - 2x + 5) - 4| = |x^2 - 2x + 1| = (x - 1)^2 < \varepsilon$$

只须　$|x - 1| < \sqrt{\varepsilon}$,取 $\delta = \sqrt{\varepsilon}$,则当 $0 < |x - 1| < \delta$ 时,恒有

$$|(x^2 - 2x + 5) - 4| < \varepsilon$$

成立.故 $\lim\limits_{x \to 1} (x^2 - 2x + 5) = 4$.

许多简单函数的极限可由图形观察得出,如 $\lim\limits_{x \to x_0} C = C$,$\lim\limits_{x \to x_0} x = x_0$　$\lim\limits_{x \to 0} |x| = 0$.

若 $y = f(x)$ 仅在 x_0 的左侧有定义,或只需要考察 x_0 左侧的情况,可考虑 x 从 x_0 的左侧趋向于 x_0(记作 $x \to x_0^-$),只要将定义 2 中的 $0 < |x - x_0| < \delta$ 改为 $x_0 - \delta < x < x_0$,就可得出 $\lim\limits_{x \to x_0^-} f(x) = A$ 的定义,此时 A 叫做 $f(x)$ 当 $x \to x_0$ 时的左极限,也记作 $f(x_0 - 0) = A$.

类似地,为考虑 x 从 x_0 的右侧趋向于 x_0(记作 $x \to x_0^+$),只要将定义 2 中的 $0 < |x - x_0| < \delta$ 改为 $x_0 < x < x_0 + \delta$,就可得出 $\lim\limits_{x \to x_0^+} f(x) = A$ 的定义,此时称 A 为 $f(x)$ 当 $x \to x_0$ 时的右极限,也记作 $f(x_0 + 0) = A$.

很容易证明,当 $x \to x_0$ 时 $f(x)$ 的极限存在的充分必要条件是左极限与右极限都存在而且相等,即

$$f(x_0 - 0) = f(x_0 + 0)$$

例 3　$f(x) = \begin{cases} x + 1 & x \le 1 \\ x^2 - 2x + 5 & x > 1 \end{cases}$,　证明 $\lim\limits_{x \to 1} f(x)$ 不存在.

证　由观察法可知 $f(1 - 0) = 2$,由前面例 2 可知 $\lim\limits_{x \to 1} (x^2 - 2x + 5) = 4$,故 $f(1 + 0) = 4$. 因为 $f(1 - 0) \ne f(1 + 0)$,故 $\lim\limits_{x \to 1} f(x)$ 不存在.

习题 1-4

1. 用定义证明下列极限:

（1）$\lim\limits_{x\to\infty}\dfrac{1+x^3}{2x^3}=\dfrac{1}{2}$ （2）$\lim\limits_{x\to-2}\dfrac{x^2-4}{x+2}=-4$

2. 已知 $f(x)=\dfrac{|x|}{x}$，求 $x\to0$ 时的左极限和右极限．并判断 $x\to0$ 时 $f(x)$ 的极限是否存在？

3. 观察函数图形或函数值判断下列函数的极限是否存在，若存在写出其极限．

（1）$\lim\limits_{x\to\infty}\cos x$ （2）$\lim\limits_{x\to\infty}\cos\dfrac{1}{x}$

（3）$\lim\limits_{x\to-\infty}\ln(1-x)$ （4）$\lim\limits_{x\to0}\ln(1-x)$

（5）$\lim\limits_{x\to1^+}\ln(x-1)$ （6）$\lim\limits_{x\to0^-}e^{\frac{1}{x}}$

（7）$f(x)=\begin{cases}1+x & x\geqslant0\\ 1-x & x<0\end{cases}$，$\lim\limits_{x\to0}f(x)$．

（8）$f(x)=\begin{cases}3x+2 & x\leqslant0\\ x^2+1 & x>0\end{cases}$，$\lim\limits_{x\to0}f(x)$．

第五节　函数极限的基本性质

第四节中，我们介绍了函数的六种极限过程（$x\to\infty$，$x\to+\infty$，$x\to-\infty$，$x\to x_0$，$x\to x_0^+$，$x\to x_0^-$）．为了叙述的方便，用符号 $\lim f(x)$ 表示各种不同极限过程中函数的极限．本节将给出关于函数极限的基本性质的五个定理．

定理 1　（惟一性）如果 $\lim f(x)$ 存在，则极限值惟一．

证　以 $\lim\limits_{x\to x_0}f(x)$ 为例，用反证法证明．

若 $\lim\limits_{x\to x_0}f(x)=A$ 又 $\lim\limits_{x\to x_0}f(x)=B$，且 $A\neq B$，不妨设 $A<B$.

取 $\varepsilon=\dfrac{B-A}{2}$，对 $\varepsilon>0$，有 $\delta_1>0$，当 $0<|x-x_0|<\delta_1$ 时，恒有 $|f(x)-A|<\dfrac{B-A}{2}$，此时 $f(x)<\dfrac{A+B}{2}$.

同样地对 $\varepsilon=\dfrac{B-A}{2}$，有 $\delta_2>0$，当 $0<|x-x_0|<\delta_2$ 时，恒有 $|f(x)-B|<\dfrac{B-A}{2}$，此时 $f(x)>\dfrac{A+B}{2}$.

取 $\delta=\min\{\delta_1,\delta_2\}$，当 $0<|x-x_0|<\delta$ 时，由于 $\delta\leqslant\delta_1$ 且 $\delta\leqslant\delta_2$，故同时有 $f(x)<\dfrac{A+B}{2}$ 和 $f(x)>\dfrac{A+B}{2}$，这是不可能的．此矛盾说明 $A=B$，即极限值是惟一的．

定理 2　（局部有界性）如果 $\lim f(x)=A$，则在 x 的变化过程中，当 x 到一定程度后，函数 f(x) 有界.

证 以 $\lim\limits_{x\to\infty} f(x) = A$ 为例来证明.

因为 $\lim\limits_{x\to\infty} f(x) = A$，对 $\varepsilon = 1$，存在 $X > 0$，当 $|x| > X$ 时，恒有 $|f(x) - A| < \varepsilon = 1$，此时

$$|f(x)| = |(f(x) - A) + A| \leqslant |f(x) - A| + |A| < 1 + |A|$$

取 $M = 1 + |A|$，则当 $|x| > X$ 时，恒有 $|f(x)| \leqslant M$，即 $f(x)$ 有界.

注 （1）定理中的"x 到一定程度后"对 $x \to \infty$ 是指 $|x| > X$ 时，即 $|x|$ 较大之后；对 $x \to +\infty$，是指 $x > X$ 时，即 x 较大之后；对 $x \to -\infty$，是指 $x < -X$，即 x 较小之后；对 $x \to x_0$，是指 $0 < |x - x_0| < \delta$ 时，即 x 与 x_0 的距离较小之后；对 $x \to x_0^+$，是指 x 在 x_0 右侧与 x_0 的距离较小之后；对 $x \to x_0^-$，是指 x 在 x_0 左侧与 x_0 的距离较小之后.

（2）此定理的逆是不成立的，如 $y = \sin x$ 在 $(-\infty, +\infty)$ 内有界，但 $\lim\limits_{x\to\infty} \sin x$ 不存在.

函数 $y = \dfrac{1}{x}$ 在定义域 $(-\infty, 0) \cup (0, +\infty)$ 内是无界的，即为无界函数，但由于 $\lim\limits_{x\to\infty} \dfrac{1}{x} = 0$，故在 $|x|$ 较大之后，如在 $(-\infty, 1) \cup (1, +\infty)$ 内是有界的，此时有 $\left|\dfrac{1}{x}\right| \leqslant 1$

定理 3 （局部保号性）如果 $\lim f(x) = A$，并且 $A > 0$（或 $A < 0$），则在 x 的变化过程中，当 x 到一定程度后，有 $f(x) > 0$（或 $f(x) < 0$）.

证 以 $\lim\limits_{x\to x_0} f(x) = A > 0$ 为例来证明.

因为 $\lim\limits_{x\to x_0} f(x) = A > 0$，对 $\varepsilon = \dfrac{A}{2} > 0$，存在 $\delta > 0$，当 $0 < |x - x_0| < \delta$ 时，有 $|f(x) - A| < \varepsilon = \dfrac{A}{2}$，此时

$$0 < \frac{A}{2} < f(x) < \frac{3}{2} A$$

所以 $f(x) > 0$.

注 （1）若 $A < 0$，在证明中取 $\varepsilon = \dfrac{-A}{2} > 0$ 即可.

（2）"x 到一定程度后"的含义同定理 2.

（3）从定理的证明可以看出，不论 $A > 0$ 或 $A < 0$，当取 $\varepsilon = \dfrac{|A|}{2}$ 时，可得到更强的结论：$|f(x)| > \dfrac{|A|}{2}$.

定理 4 如果 $\lim f(x) = A$，且在 x 的变化过程中，当 x 到一定程度后有 $f(x) \geqslant 0$（或 $f(x) \leqslant 0$），则 $A \geqslant 0$（或 $A \leqslant 0$）.

证 用反证法及定理 3 很容易得出结论.

注 （1）把条件中 $f(x) \geqslant 0$ 换成 $f(x) > 0$，结论中 $A \geqslant 0$ 并不能换成 $A > 0$，同样 $f(x) \leqslant 0$ 换成 $f(x) < 0$ 时，结论中 $A \leqslant 0$ 也不能换成 $A < 0$. 如函数 $f(x) = \dfrac{1}{x}$，当 $x \to +\infty$ 时，只要 $x > 0$，就有 $\dfrac{1}{x} > 0$，但 $\lim\limits_{x\to+\infty} \dfrac{1}{x} = 0$.

（2）定理 3 和定理 4 都表明了函数符号与极限符号的一致性，这两个定理统称为保号性定理.

定理 5 （极限不等式）在 x 的同一变化过程中，如果 $\lim f(x) = A$，$\lim g(x) = B$，且当 x 到一定程度后 $f(x) \leqslant g(x)$，则 $A \leqslant B$.

证 以 $x \to x_0$ 的过程为例用反证法来证明.

若 $A > B$，对 $\varepsilon = \dfrac{A-B}{2} > 0$，因为 $\lim\limits_{x \to x_0} f(x) = A$，所以有 $\delta_1 > 0$，当 $0 < |x - x_0| < \delta_1$ 时，恒有 $|f(x) - A| < \varepsilon = \dfrac{A-B}{2}$，此时 $f(x) > \dfrac{A+B}{2}$.

因为 $\lim\limits_{x \to x_0} g(x) = B$，对 $\varepsilon = \dfrac{A-B}{2} > 0$，有 $\delta_2 > 0$，当 $0 < |x - x_0| < \delta_2$ 时，恒有 $|g(x) - B| < \varepsilon = \dfrac{A-B}{2}$，此时 $g(x) < \dfrac{A+B}{2}$.

又由题目条件，存在 $\delta_3 > 0$，当 $0 < |x - x_0| < \delta_3$ 时，$f(x) \leqslant g(x)$.

取 $\delta = \min\{\delta_1, \delta_2, \delta_3\}$，则当 $0 < |x - x_0| < \delta$ 时，同时有 $f(x) > \dfrac{A+B}{2}$ 与 $g(x) < \dfrac{A+B}{2}$，即 $f(x) > g(x)$，此与已知条件 $f(x) \leqslant g(x)$ 相矛盾，故结论成立.

以上函数极限的性质 1 和 2（即定理 1 和定理 2）类似于数列极限的性质（见第三节）. 很容易看出数列极限也有类似于本节定理 3、定理 4 和定理 5 的性质.

习题 1-5

1. 证明：若 $\lim\limits_{x \to x_0} f(x) = A$，$\lim\limits_{x \to x_0} g(x) = B$，$A > B$，则存在 $\delta > 0$，当 $0 < |x - x_0| < \delta$ 时，有 $f(x) > g(x)$.

2. 证明：若 $\lim\limits_{x \to x_0} f(x) = A$，$\lim\limits_{x \to x_0} g(x) = B$，且有 $\delta > 0$，当 $0 < |x - x_0| < \delta$ 时，有 $f(x) < g(x)$，则 $A \leqslant B$.

3. 证明：若 $\lim\limits_{x \to x_0} f(x) = A \neq 0$，则存在 $\delta > 0$，当 $0 < |x - x_0| < \delta$ 时，有 $|f(x)| > \dfrac{|A|}{2}$.

第六节 无穷小量与无穷大量

一、无穷小量

定义 1 如果在自变量的某一变化过程中，函数 y 以 0 为极限，就称函数 y 在自变量的这一变化过程中为无穷小量，简称为无穷小.

如 $\lim\limits_{x\to 0} x^2 = 0$，称 $y = x^2$ 在 $x\to 0$ 时为无穷小量，$\lim\limits_{n\to\infty} \dfrac{1}{2^n} = 0$，称 $y = \dfrac{1}{2^n}$ 在 $n\to\infty$ 时为无穷小量，$\lim\limits_{x\to -\infty} e^x = 0$，称 $y = e^x$ 在 $x\to -\infty$ 时为无穷小量.

注:(1)不要把无穷小与一个很小的数混为一谈. 如 $y = \dfrac{1}{x}$，当 $x\to\infty$ 时是无穷小量,但当 $x = 1$ 时,$y = 1$ 并不是一个很小的数;而一个很小的数如 $y = 0.0001$,作为一个常量函数,其极限为 0.0001,而不是 0,故不是无穷小量.

(2)如果 $f(x)\equiv 0$,即 $f(x)$ 是一个特殊的常量函数,因为其极限为 0,故在 x 的任何变化过程中它都是无穷小量.

(3)一个变量是否无穷小量,与自变量的变化过程有密切的关系,如 $y = \dfrac{1}{x}$,当 $x\to\infty$ 时为无穷小,但 $x\to 1$ 时,$y\to 1$ 就不是无穷小了.

下面给出当 $x\to x_0$ 时 $f(x)$ 为无穷小量的严格定义.

定义 1′ 设函数 $f(x)$ 在 x_0 的某空心邻域内有定义,如果对于任意给定的正数 ε(无论它多么小),总存在一个正数 δ,使当 $0 < |x - x_0| < \delta$ 时,恒有 $|f(x)| < \varepsilon$ 成立,则称 $x\to x_0$ 时,$f(x)$ 是无穷小量.

类似地可给出在自变量的不同变化过程中,函数为无穷小的严格定义.

变量及其极限与无穷小有密切的关系.

定理 1 在自变量 x 的变化过程中,$f(x)$ 以 A 为极限的充分必要条件是 $f(x)$ 可表示为 A 与一个无穷小量之和.

证 以 $x\to x_0$ 的过程为例来证明.

(充分性) 若 $f(x) = A + \alpha$,其中 $\alpha\to 0(x\to x_0)$.

对任给的 $\varepsilon > 0$,存在 $\delta > 0$,当 $0 < |x - x_0| < \delta$ 时有 $|\alpha| < \varepsilon$,故

$$|f(x) - A| = |\alpha| < \varepsilon$$

因此 $\lim\limits_{x\to x_0} f(x) = A$.

(必要性) 若 $\lim\limits_{x\to x_0} f(x) = A$.

对任给的 $\varepsilon > 0$,存在 $\delta > 0$,当 $0 < |x - x_0| < \delta$ 时有 $|f(x) - A| < \varepsilon$,故

$$\lim\limits_{x\to x_0} [f(x) - A] = 0$$

记 $\alpha = f(x) - A$,则 $f(x) = A + \alpha$,其中 α 是当 $x\to x_0$ 时的无穷小量.

例如 $f(x) = 100 + x^2$,因为 $x\to 0$ 时 x^2 为无穷小量,所以 $x\to 0$ 时,$f(x)\to 100$.

无穷小量有如下性质:

定理 2 两个无穷小量之和仍为无穷小量.

证 以 $x\to x_0$ 为例来证明.

设 $x\to x_0$ 时,$\alpha\to 0$,$\beta\to 0$,

对任给的 $\varepsilon > 0$,存在 $\delta_1 > 0$,当 $0 < |x - x_0| < \delta_1$ 时,$|\alpha| < \dfrac{\varepsilon}{2}$,

对同样的 $\varepsilon > 0$,存在 $\delta_2 > 0$,当 $0 < |x - x_0| < \delta_2$ 时,$|\beta| < \dfrac{\varepsilon}{2}$,

取 $\delta = \min\{\delta_1, \delta_2\}$，当 $0 < |x - x_0| < \delta$ 时，$|\alpha| < \dfrac{\varepsilon}{2}$ 及 $|\beta| < \dfrac{\varepsilon}{2}$ 同时成立.

令 $r = \alpha + \beta$，则

$$|r| = |\alpha + \beta| \leqslant |\alpha| + |\beta| < \frac{\varepsilon}{2} + \frac{\varepsilon}{2} = \varepsilon$$

因此当 $x \to x_0$ 时，$r \to 0$

即 $r = \alpha + \beta$ 是无穷小量.

推论 有限个无穷小量之和仍是无穷小量.

定理 3 有界函数与无穷小的乘积是无穷小量.

证 以 $x \to x_0$ 为例来证明

设函数 $f(x)$ 在 x_0 的某空心邻域 $(x_0 - \delta_1, x_0) \cup (x_0, x_0 + \delta_1)$ 内有界，即存在 $M > 0$，当 $0 < |x - x_0| < \delta_1$ 时，恒有

$$|f(x)| \leqslant M$$

设 $\alpha \to 0$，$(x \to x_0)$

对任给的 $\varepsilon > 0$，存在 $\delta_2 > 0$，当 $0 < |x - x_0| < \delta_2$ 时恒有 $|\alpha| < \dfrac{\varepsilon}{M}$

取 $\delta = \min\{\delta_1, \delta_2\}$，当 $0 < |x - x_0| < \delta$ 时，同时有 $|f(x)| \leqslant M$ 及 $|\alpha| < \dfrac{\varepsilon}{M}$ 成立，则

$$|f(x) \cdot \alpha| = |f(x)| \cdot |\alpha| < M \cdot \frac{\varepsilon}{M} = \varepsilon$$

所以 $\lim\limits_{x \to x_0} f(x) \cdot \alpha = 0$，即 $f(x) \cdot \alpha$ 是无穷小量.

推论 1 常量与无穷小量之积是无穷小量.

推论 2 有限个无穷小量之积是无穷小量.

例 1 求 $\lim\limits_{x \to 0} x^2 \sin \dfrac{1}{x}$.

解 因为 $\left| \sin \dfrac{1}{x} \right| \leqslant 1$，即 $\sin \dfrac{1}{x}$ 是有界变量

又因为 $x \to 0$ 时，x^2 是无穷小，

所以 $\lim\limits_{x \to 0} x^2 \sin \dfrac{1}{x} = 0$.

二、无穷大量

函数在自变量的某变化过程中，可能有极限也可能没有极限，但是有一种无极限的情况值得我们注意. 如函数 $y = \dfrac{1}{x}$，当 $x \to 0$ 时，$\dfrac{1}{x}$ 的值不与任何一个常数无限接近，即没有极限，可是它的值还是有一定的趋势的：即它的绝对值 $\left| \dfrac{1}{x} \right|$ 无限增大，而且可以任意地变大. 我们把这种绝对值无限增大的变量，称为无穷大量.

定义 2 如果在自变量的某一变化过程中，函数的绝对值无限增大，则称此函数在自变量的这一变化过程中为无穷大量，简称为无穷大. 记作

$$\lim f(x) = \infty \quad 或 \quad f(x) \to \infty$$

如 $n \to \infty$ 时，$(-1)^n n^2$ 为无穷大量，记作 $\lim\limits_{n \to \infty} (-1)^n n^2 = \infty$

又如 $x \to 0$ 时，$\dfrac{1}{x^3}$ 为无穷大量，记作 $\lim\limits_{x \to 0} \dfrac{1}{x^3} = \infty$

注 （1）不要把无穷大量与一个很大的数混为一谈. 如 $y = x^2$，当 $x \to \infty$ 时为无穷大量，但当 $x = 1$ 时，$y = 1$ 并不是一个很大的数；而一个很大的数如 $y = 100000$，做为一个常量函数，无论自变量如何变化，y 不能无限增大，故不是无穷大量.

（2）一个变量是否无穷大量，与自变量的变化过程有密切的关系. 如 $y = \dfrac{1}{x}$，当 $x \to 0$ 时为无穷大，但 $x \to 1$ 时，$y \to 1$ 就不是无穷大了.

下面给出当 $x \to x_0$ 时 $f(x)$ 为无穷大量的严格定义.

定义 2' 设函数 $f(x)$ 在 x_0 的某一空心邻域内有定义，如果对于任意给定的正数 M（无论它多么大），总存在一个正数 δ，使当 $0 < |x - x_0| < \delta$ 时，不等式 $|f(x)| > M$ 恒成立，则称当 $x \to x_0$ 时，$f(x)$ 为无穷大量，记作

$$\lim\limits_{x \to x_0} f(x) = \infty$$

或 $f(x) \to \infty \quad (x \to x_0)$.

类似地可给出在自变量的不同变化过程中函数为无穷大的严格定义.

如果在自变量的某变化过程中，函数值无限增大，我们称此函数在自变量的这一变化过程中为正无穷大量，记作 $f(x) \to +\infty$，此时只要把定义中的 $|f(x)| > M$ 换成 $f(x) > M$ 即可.

如果在自变量的某变化过程中，函数值无限减小，我们称此函数在自变量的这一变化过程中为负无穷大量，记作 $f(x) \to -\infty$，此时只要把定义中的 $|f(x)| > M$ 换成 $f(x) < -M$ 即可.

如利用函数图形可以看出

$$\lim\limits_{x \to +\infty} e^x = +\infty \qquad \lim\limits_{x \to +\infty} \ln x = +\infty \qquad \lim\limits_{x \to 0^+} \ln x = -\infty$$

$$\lim\limits_{x \to \infty} x^2 = +\infty \qquad \lim\limits_{x \to \frac{\pi}{2}^+} \tan x = -\infty \qquad \lim\limits_{x \to \frac{\pi}{2}^-} \tan x = +\infty$$

三、无穷小量与无穷大量的关系

定理 4 在自变量的同一变化过程中，如果 $f(x)$ 是无穷大量，则 $\dfrac{1}{f(x)}$ 是无穷小量，如果 $f(x)$ 是无穷小量且 $f(x) \neq 0$，则 $\dfrac{1}{f(x)}$ 是无穷大量.

证 以 $x \to x_0$ 的过程为例来证明

若 $\lim\limits_{x \to x_0} f(x) = \infty$，即对任给的 $\varepsilon > 0$，记 $M = \dfrac{1}{\varepsilon}$，存在 $\delta > 0$，当 $0 < |x - x_0| < \delta$ 时，恒有 $|f(x)| > M = \dfrac{1}{\varepsilon}$，即 $\left| \dfrac{1}{f(x)} \right| < \varepsilon$，所以 $\lim\limits_{x \to x_0} \dfrac{1}{f(x)} = 0$，即 $x \to x_0$ 时 $\dfrac{1}{f(x)}$ 是无穷小量.

若 $\lim\limits_{x \to x_0} f(x) = 0$ 且 $f(x) \neq 0$，对任给的 $M > 0$，记 $\varepsilon = \dfrac{1}{M}$，存在 $\delta > 0$，当 $0 < |x - x_0| < \delta$ 时，

恒有 $|f(x)| < \varepsilon = \dfrac{1}{M}$，即 $\left|\dfrac{1}{f(x)}\right| > M$，所以 $x \to x_0$ 时，$\dfrac{1}{f(x)}$ 是无穷大量．

习题 1 – 6

1. 判断下列变量在什么变化过程中为无穷小量．

(1) $2x^2$ (2) $x^2 - 5x + 6$ (3) $\dfrac{1}{x}\cos\dfrac{1}{x}$

(4) $\ln(1 + x)$ (5) $e^{\frac{1}{1-x}}$ (6) $\dfrac{1}{\ln(2 - x)}$

2. 判断下列变量在什么变化过程中为无穷大量．

(1) $\dfrac{x + 2}{x^2 - 1}$ (2) $\ln(1 + x)$

(3) $e^{\frac{1}{x}}$ (4) $\dfrac{x}{\sqrt{x + 1}}$

3. $y = a^x$ $(a > 1)$ 在什么过程中是无穷小量？在什么过程中是无穷大量？

4. 函数 $y = x\cos x$ 在 $(-\infty, +\infty)$ 内是否有界？当 $x \to \infty$ 时是否是无穷大量？为什么？

5. 求极限

(1) $\lim\limits_{x \to \infty}\dfrac{\sin x}{x}$ (2) $\lim\limits_{x \to 1}(x - 1)\sin\dfrac{1}{x^2 - 1}$

第七节　极限的运算法则

从前面几节中给出的极限定义里，不能得出极限的求法．虽然有些较简单的函数可用观察法（观察函数值或函数图形）找出极限，但对大多数函数来说，如何求极限仍是需要研究的问题．下面给出的极限的一些运算法则，有利于解决这一问题．

定理 1　如果在自变量 x 的同一变化过程中，$\lim f(x) = A$，$\lim g(x) = B$，则 $\lim[f(x) \pm g(x)]$ 存在，且
$$\lim[f(x) \pm g(x)] = A \pm B = \lim f(x) \pm \lim g(x)$$

证　因为 $\lim f(x) = A$，$\lim g(x) = B$，由第六节定理 1，有 $f(x) = A + \alpha$，$g(x) = B + \beta$，其中 α, β 均为无穷小量，所以
$$f(x) \pm g(x) = (A + \alpha) \pm (B + \beta) = (A \pm B) + (\alpha \pm \beta)$$

由无穷小的性质，$\alpha \pm \beta$ 为无穷小量．

再由第六节定理 1，有
$$\lim[f(x) \pm g(x)] = A \pm B = \lim f(x) \pm \lim g(x)$$

推论 如果在 x 的同一变化过程中，$\lim f_i(x) = A_i, i = 1, 2, \cdots, n$，则 $\lim \left[\sum\limits_{i=1}^{n} f_i(x)\right]$ 存在，且

$$\lim\left[\sum_{i=1}^{n} f_i(x)\right] = \sum_{i=1}^{n} A_i = \sum_{i=1}^{n} \lim f_i(x)$$

定理 2 如果在 x 的同一变化过程中，$\lim f(x) = A$，$\lim g(x) = B$，则 $\lim[f(x) \cdot g(x)]$ 存在，且

$$\lim[f(x) \cdot g(x)] = AB = [\lim f(x)] \cdot [\lim g(x)]$$

证 因为 $\lim f(x) = A$，$\lim g(x) = B$，由第六节定理 1，有 $f(x) = A + \alpha$，$g(x) = B + \beta$，其中 α，β 均为无穷小量，所以

$$f(x)g(x) = (A + \alpha)(B + \beta) = AB + \alpha B + \beta A + \alpha\beta$$

由无穷小的性质 $\alpha B \to 0$，$\beta A \to 0$，$\alpha\beta \to 0$，且 $\alpha B + \beta A + \alpha\beta \to 0$

再由第六节定理 1，有

$$\lim[f(x) \cdot g(x)] = AB = [\lim f(x)] \cdot [\lim g(x)]$$

推论 1 如果 $\lim f(x)$ 存在，c 为常数，则

$$\lim cf(x) = c\lim f(x)$$

此推论说明求极限时常数因子可以提到极限符号外面.

推论 2 如果在 x 的同一变化过程中，$\lim f_i(x) = A_i, i = 1, 2, \cdots, n$，则 $\lim \left[\prod\limits_{i=1}^{n} f_i(x)\right]$ 存在，且

$$\lim\left[\prod_{i=1}^{n} f_i(x)\right] = \prod_{i=1}^{n} A_i = \prod_{i=1}^{n} \lim f_i(x)$$

推论 3 如果 $\lim f(x)$ 存在，n 为正整数，则

$$\lim[f(x)]^n = [\lim f(x)]^n$$

定理 3 如果在 x 的同一变化过程中，$\lim f(x) = A$，$\lim g(x) = B$，且 $B \neq 0$，则 $\lim \dfrac{f(x)}{g(x)}$ 存在，且

$$\lim \frac{f(x)}{g(x)} = \frac{A}{B} = \frac{\lim f(x)}{\lim g(x)}$$

证 因为 $\lim f(x) = A$，$\lim g(x) = B$，则有 $f(x) = A + \alpha$，$g(x) = B + \beta$，其中 $\alpha \to 0$，$\beta \to 0$，则

$$\frac{f(x)}{g(x)} - \frac{A}{B} = \frac{A + \alpha}{B + \beta} - \frac{A}{B} = \frac{B(A + \alpha) - A(B + \beta)}{B(B + \beta)} = \frac{B\alpha - A\beta}{B(B + \beta)}$$

由无穷小的性质，$B\alpha - A\beta \to 0$

下面证明 $\dfrac{1}{B(B + \beta)}$ 在 x 的变化过程中是有界变量，不妨以 $x \to x_0$ 为例.

因为 $\lim\limits_{x \to x_0} g(x) = B \neq 0$，由习题 1 - 5 中第 3 题的结论，存在 $\delta > 0$，当 $0 < |x - x_0| < \delta$ 时，有 $|g(x)| > \dfrac{|B|}{2}$，则 $\left|\dfrac{1}{g(x)}\right| < \dfrac{2}{|B|}$，于是

$$\left| \frac{1}{B(B+\beta)} \right| = \frac{1}{|B|} \cdot \frac{1}{|g(x)|} < \frac{1}{|B|} \cdot \frac{2}{|B|} = \frac{2}{|B|^2}$$

即 $\dfrac{1}{B(B+\beta)}$ 有界.

再由无穷小的性质, $\dfrac{f(x)}{g(x)} - \dfrac{A}{B} \to 0$, 故

$$\lim \frac{f(x)}{g(x)} = \frac{A}{B} = \frac{\lim f(x)}{\lim g(x)}$$

推论　如果 $\lim f(x)$ 存在且不为零, n 为正整数则有

$$\lim [f(x)]^{-n} = [\lim f(x)]^{-n}$$

以上给出的是函数极限的四则运算法则, 对数列极限也有类似的四则运算法则.

例 1　求 $\lim\limits_{x \to 1} (3x^2 + 5x - 2)$.

解　$\lim\limits_{x \to 1}(3x^2 + 5x - 2) = \lim\limits_{x \to 1} 3x^2 + \lim\limits_{x \to 1} 5x - \lim\limits_{x \to 1} 2 = 3\lim\limits_{x \to 1} x^2 + 5\lim\limits_{x \to 1} x - 2 = 3 + 5 - 2 = 6$

对有理整函数 $f(x) = a_0 x^n + a_0 x^{n-1} + \cdots + a_n$ (a_0, a_1, $\cdots$, a_n 为常数, 且 $a_0 \neq 0$), 显然有

$$\lim\limits_{x \to x_0} f(x) = \lim\limits_{x \to x_0} (a_0 x^n + a_1 x^{n-1} + \cdots + a_n) = a_0 x_0^n + a_1 x_0^{n-1} + \cdots + a_n = f(x_0)$$

可见多项式函数求 $x \to x_0$ 的极限时可用代入法.

例 2　求 $\lim\limits_{x \to 2} \dfrac{x^2 - 3x + 3}{x - 4}$.

解　因为 $\lim\limits_{x \to 2}(x - 4) = -2 \neq 0$

所以 $\lim\limits_{x \to 2} \dfrac{x^2 - 3x + 3}{x - 4} = \dfrac{\lim\limits_{x \to 2}(x^2 - 3x + 3)}{\lim\limits_{x \to 2}(x - 4)} = \dfrac{1}{-2} = -\dfrac{1}{2}$

对有理分式函数 $F(x) = \dfrac{P(x)}{Q(x)}$, 其中 $P(x)$、$Q(x)$ 均为多项式且 $Q(x_0) \neq 0$, 显然有

$$\lim\limits_{x \to x_0} F(x) = F(x_0)$$

即对有理分式函数求 $x \to x_0$ 的极限时只要分母的函数值不为零就可用代入法.

例 3　求 $\lim\limits_{x \to 2} \dfrac{x^2 - 4}{x^2 + x - 6}$.

解　因为 $x = 2$ 时, $x^2 + x - 6 = 0$, 所以不能用代入法. 但 $x \neq 2$ 时, 有

$$\lim\limits_{x \to 2} \frac{x^2 - 4}{x^2 + x - 6} = \lim\limits_{x \to 2} \frac{(x-2)(x+2)}{(x-2)(x+3)} = \lim\limits_{x \to 2} \frac{x+2}{x+3} = \frac{4}{5}$$

称 $x - 2$ 为零因子, 此题用了约去零因子的方法.

例 4　求 $\lim\limits_{x \to 5} \dfrac{4x + 3}{x - 5}$.

解　因为 $\lim\limits_{x \to 5}(x - 5) = 0$, 所以不能用代入法, 此时考虑 $\lim\limits_{x \to 5} \dfrac{x - 5}{4x + 3}$, 因为 $\lim\limits_{x \to 5}(4x + 3) = 23 \neq 0$, 所以 $\lim\limits_{x \to 5} \dfrac{x - 5}{4x + 3} = 0$, 再利用无穷小与无穷大的关系, 有 $\lim\limits_{x \to 5} \dfrac{4x + 3}{x - 5} = \infty$

例 5 求 $\lim\limits_{x \to \infty} \dfrac{x^3 + 1}{2x^3 + x - 2}$.

解 分子分母同除以 x^3,

$$\lim\limits_{x \to \infty} \dfrac{x^3 + 1}{2x^3 + x - 2} = \lim\limits_{x \to \infty} \dfrac{1 + \dfrac{1}{x^3}}{2 + \dfrac{1}{x^2} - \dfrac{2}{x^3}} = \dfrac{1}{2}$$

例 6 求 $\lim\limits_{x \to \infty} \dfrac{x + 5}{3x^2 - 4x + 1}$.

解 分子分母同除以 x^2,

$$\lim\limits_{x \to \infty} \dfrac{x + 5}{3x^2 - 4x + 1} = \lim\limits_{x \to \infty} \dfrac{\dfrac{1}{x} + \dfrac{5}{x^2}}{3 - \dfrac{4}{x} + \dfrac{1}{x^2}} = 0$$

例 7 求 $\lim\limits_{x \to \infty} \dfrac{3x^4 + 4x^2 - 2}{5x^3 - x}$.

解 分子分母同除以 x^4,

$$\lim\limits_{x \to \infty} \dfrac{3x^4 + 4x^2 - 2}{5x^3 - x} = \lim\limits_{x \to \infty} \dfrac{3 + \dfrac{4}{x^2} - \dfrac{2}{x^4}}{\dfrac{5}{x} - \dfrac{1}{x^3}} = \infty$$

一般地有下面式子

$$\lim\limits_{x \to \infty} \dfrac{a_0 x^n + a_1 x^{n-1} + \cdots + a_n}{b_0 x^m + b_1 x^{m-1} + \cdots + b_m} = \begin{cases} \dfrac{a_0}{b_0} & n = m \\ 0 & n < m \\ \infty & n > m \end{cases}$$

式中 $a_0, a_1, \cdots, a_n, b_0, b_1, \cdots b_m$ 均为常数，且 $a_0 \neq 0, b_0 \neq 0, m, n$ 为正整数.

数列极限有类似的结果，如 $\lim\limits_{n \to \infty} \dfrac{2n^2 + n - 3}{n^2 - 2n} = 2$.

下面给出复合函数的极限运算法则.

定理 4 设函数 $u = \phi(x)$ 当 $x \to x_0$ 时的极限存在且等于 A，即 $\lim\limits_{x \to x_0} \phi(x) = A$，在点 x_0 的某空心邻域内 $\phi(x)$ 满足 $\phi(x) \neq A$. 又设函数 $y = f(u)$ 当 $u \to A$ 时的极限为 B，即 $\lim\limits_{u \to A} f(u) = B$，则复合函数 $f[\phi(x)]$ 当 $x \to x_0$ 时极限存在且等于 B，即

$$\lim\limits_{x \to x_0} f[\phi(x)] = \lim\limits_{u \to A} f(u) = B.$$

证 因为 $\lim\limits_{u \to A} f(u) = B$，对任给的 $\varepsilon > 0$，存在 $\eta > 0$，当 $0 < |u - A| < \eta$ 时，有

$$|f(u) - B| < \varepsilon$$

因为 $\lim\limits_{x \to x_0} \phi(x) = A$，对上面的 $\eta > 0$，存在 $\delta_1 > 0$，当 $0 < |x - x_0| < \delta_1$ 时，有

$$|\phi(x) - A| = |u - A| < \eta$$

设当 $x \in (x_0 - \delta_2, x_0) \cup (x_0, x_0 + \delta_2)$ 时，$\phi(x) \neq A$. 即 $|u - A| > 0$

取 $\delta = \min\{\delta_1, \delta_2\}$，则当 $0 < |x - x_0| < \delta$ 时，有 $0 < |u - A| < \eta$

综上所述，对任给的 $\varepsilon > 0$，存在 $\delta > 0$，当 $0 < |x - x_0| < \delta$ 时（此时 $0 < |u - A| < \eta$），有

$$|f(u) - B| = |f[\phi(x)] - B| < \varepsilon$$

因此 $\lim\limits_{x \to x_0} f[\phi(x)] = \lim\limits_{u \to A} f(u) = B.$

在定理中，A 可以是 ∞，$x \to x_0$ 的过程也可变成其他极限过程，如 $\lim\limits_{x \to \infty} f[\phi(x)] = \lim\limits_{u \to A} f(u).$

此定理是利用变量替换求极限的理论基础．为求 $\lim\limits_{x \to x_0} f[\phi(x)]$，作变量替换，令 $u = \phi(x)$，若当 $x \to x_0$ 时 $u \to A$，则 $\lim\limits_{x \to x_0} f[\phi(x)] = \lim\limits_{u \to A} f(u)$．（还要注意在 x_0 的某空心邻域内 $\phi(x) \neq A$ 这一条件）．

例 8　求 $\lim\limits_{x \to 3} \sqrt{\dfrac{x - 3}{x^2 - 9}}.$

解　令 $y = \sqrt{u}$，$u = \dfrac{x - 3}{x^2 - 9}$，$x \neq 3$ 时，$u = \dfrac{1}{x + 3}$，

当 $x \to 3$ 时，$u \to \dfrac{1}{6}$，且只要 $x \neq 3$，就有 $u \neq \dfrac{1}{6}$，由观察法，当 $u \to \dfrac{1}{6}$ 时，$\sqrt{u} \to \sqrt{\dfrac{1}{6}} = \dfrac{\sqrt{6}}{6}$，故

$$\lim_{x \to 3} \sqrt{\frac{x - 3}{x^2 - 9}} = \lim_{u \to \frac{1}{6}} \sqrt{u} = \frac{\sqrt{6}}{6}$$

习题 1 - 7

1．求下列极限：

(1) $\lim\limits_{x \to 1} \dfrac{x^2 - 3}{x + 1}$

(2) $\lim\limits_{x \to 0} \left(1 + \dfrac{2}{1 - x}\right)$

(3) $\lim\limits_{x \to \sqrt{2}} \dfrac{x^2 - 2}{x^4 + x^2 + 1}$

(4) $\lim\limits_{x \to 2} \dfrac{x^3 + 2x}{(x - 2)^2}$

(5) $\lim\limits_{x \to 0} \dfrac{x^3 - 2x^2 + 3x}{4x^2 + 5x}$

(6) $\lim\limits_{x \to 1} \dfrac{x^2 + 2x - 3}{x^2 - 1}$

(7) $\lim\limits_{h \to 0} \dfrac{(x + h)^3 - x^3}{h}$

(8) $\lim\limits_{x \to 1} \dfrac{x^n - 1}{x - 1}$

(9) $\lim\limits_{x \to 0} \dfrac{\sqrt{x + 1} - 1}{x}$

(10) $\lim\limits_{x \to 4} \dfrac{x - 4}{\sqrt{x - 3} - 1}$

(11) $\lim\limits_{x \to \infty} \left(1 + \dfrac{1}{x}\right)\left(2 - \dfrac{1}{x^2}\right)$

(12) $\lim\limits_{x \to \infty} \dfrac{x^2 + 2x - 3}{x^2 - 1}$

(13) $\lim\limits_{x \to \infty} \dfrac{200x}{1 + x^2}$

(14) $\lim\limits_{x \to \infty} \dfrac{(4x + 1)^{10}(6x^2 - 1)^5}{(2x - 1)^{20}}$

（15）$\lim\limits_{n \to \infty} \dfrac{n^2 + n}{n - 3}$

（16）$\lim\limits_{n \to \infty} \dfrac{(n+1)(n+2)(n+3)}{5n^3}$

2. 求下列极限

（1）$\lim\limits_{x \to 1} \left(\dfrac{3}{1 - x^3} - \dfrac{1}{1 - x} \right)$

（2）$\lim\limits_{x \to +\infty} \left(\sqrt{x^2 + x + 1} - \sqrt{x^2 - x + 1} \right)$

（3）$\lim\limits_{x \to +\infty} x \left(\sqrt{9x^2 + 1} - 3x \right)$

（4）$\lim\limits_{n \to \infty} \dfrac{n \arctan n}{\sqrt{n^2 + 1}}$

（5）$\lim\limits_{n \to \infty} \left(1 + \dfrac{1}{2} + \dfrac{1}{4} + \cdots + \dfrac{1}{2^n} \right)$

（6）$\lim\limits_{n \to \infty} \left(\dfrac{n}{2} - \dfrac{1 + 2 + \cdots + n}{n + 3} \right)$

（7）$\lim\limits_{n \to \infty} \left[\dfrac{1}{1 \cdot 2} + \dfrac{1}{2 \cdot 3} + \cdots + \dfrac{1}{n(n+1)} \right]$

3. 求下列极限：

（1）$\lim\limits_{x \to \frac{\pi}{2}} \dfrac{2\sin^2 x - \sin x - 1}{\sin^2 x + \sin x - 2}$

（2）$\lim\limits_{x \to 0} \dfrac{1 - \cos x \cos 2x}{1 - \cos x}$

4. $f(x) = \begin{cases} e^x - 1 & x \leqslant 0 \\ \dfrac{x^2 - x + 1}{1 - x^2} & x > 0 \end{cases}$，求（1）$\lim\limits_{x \to 0} f(x)$，（2）$\lim\limits_{x \to +\infty} f(x)$

5. 设 $f(u) = \begin{cases} 1 & u \neq 1 \\ 0 & u = 1 \end{cases}$，$\phi(x) = \begin{cases} 1 & x \neq 0 \\ 0 & x = 0 \end{cases}$

求：（1）$\lim\limits_{x \to 0} \phi(x)$，$\lim\limits_{u \to 1} f(u)$；

（2）$y = f[\phi(x)]$，$\lim\limits_{x \to 0} f[\phi(x)]$；

（3）能否用本节定理 4 求 $\lim\limits_{x \to 0} f[\phi(x)]$，为什么？

第八节　极限存在的准则和两个重要极限

本节介绍极限存在的准则并推出两个重要极限.

一、准则 I

定理 1　如果在自变量 x 的某一变化过程中，$f(x)$，$g(x)$ 和 $h(x)$ 满足：

（1）当 x 变化到某一程度后有 $f(x) \leqslant g(x) \leqslant h(x)$，

（2）$\lim f(x) = \lim h(x) = A$，

则 $\lim g(x) = A$.

　　证　以 $x \to +\infty$ 为例来证明.

因为 $\lim\limits_{x \to +\infty} f(x) = A$，所以对任给的 $\varepsilon > 0$，存在 $X_1 > 0$，当 $x > X_1$ 时，恒有 $|f(x) - A| < \varepsilon$

因为 $\lim\limits_{x \to +\infty} h(x) = A$，所以对上面的 $\varepsilon > 0$，存在 $X_2 > 0$，当 $x > X_2$ 时，恒有 $|h(x) - A| < \varepsilon$

由已知条件（1），有 $X_3 > 0$，当 $x > X_3$ 时，有 $f(x) \leqslant g(x) \leqslant h(x)$.

取 $X = \max\{X_1, X_2, X_3\}$，当 $x > X$ 时，同时有

$\quad |f(x) - A| < \varepsilon$　即 $A - \varepsilon < f(x) < A + \varepsilon$

$\quad |h(x) - A| < \varepsilon$　即 $A - \varepsilon < h(x) < A + \varepsilon$

$\quad f(x) \leqslant g(x) \leqslant h(x)$

因此　$A - \varepsilon < f(x) \leqslant g(x) \leqslant h(x) < A + \varepsilon$

所以　$A - \varepsilon < g(x) < A + \varepsilon$

即　$|g(x) - A| < \varepsilon$

因此　$\lim\limits_{x \to +\infty} g(x) = A$

此定理也称为夹逼定理，显然对数列极限的情况也成立，具体描述为：

定理 1′　如果数列 $\{x_n\}$，$\{y_n\}$ 和 $\{z_n\}$ 满足：

（1）$y_n \leqslant x_n \leqslant z_n$，$n = k, k+1, \cdots$（$k$ 为正整数），

（2）$\lim\limits_{n \to \infty} y_n = \lim\limits_{n \to \infty} z_n = A$，

则有　$\lim\limits_{n \to \infty} x_n = A$.

例 1　求 $\lim\limits_{n \to \infty} \left(\dfrac{1}{\sqrt{n^2 + 1}} + \dfrac{1}{\sqrt{n^2 + 2}} + \cdots + \dfrac{1}{\sqrt{n^2 + n}} \right)$.

解　因为

$$\frac{n}{\sqrt{n^2 + n}} \leqslant \frac{1}{\sqrt{n^2 + 1}} + \frac{1}{\sqrt{n^2 + 2}} + \cdots + \frac{1}{\sqrt{n^2 + n}} \leqslant \frac{n}{\sqrt{n^2 + 1}}$$

$$\lim\limits_{n \to \infty} \frac{n}{\sqrt{n^2 + n}} = 1 \qquad \lim\limits_{n \to \infty} \frac{n}{\sqrt{n^2 + 1}} = 1$$

所以 $\lim\limits_{n \to \infty} \left(\dfrac{1}{\sqrt{n^2 + 1}} + \dfrac{1}{\sqrt{n^2 + 2}} + \cdots + \dfrac{1}{\sqrt{n^2 + n}} \right) = 1$

下面利用夹逼定理证明一个重要极限

$$\lim\limits_{x \to 0} \frac{\sin x}{x} = 1$$

证　由观察法可知 $\lim\limits_{x \to 0} x = 0$，所以不能用商的极限法则. 考虑到 $f(x) = \dfrac{\sin x}{x}$ 在定义域 $(-\infty, 0) \cup (0, +\infty)$ 中，满足 $f(-x) = f(x)$，即 $f(x)$ 是偶函数，不妨先考虑 $x > 0$，又因为 $x \to 0$，不妨假定 $x < \dfrac{\pi}{4}$，即在 $\left(0, \dfrac{\pi}{4} \right)$ 内考察 $f(x)$ 的变化情况.

如图 1 - 37，在平面直角坐标系中做一个单位圆 $x^2 + y^2 = 1$，作 $\angle AOB = x$，过 B 作 OA 的垂线交 x 轴于 C，过 A 作圆的切线交 OB 的延长线于 D，则 $\overset{\frown}{AB} = x$，$|AD| = \tan x$，$|BC| = \sin x$.

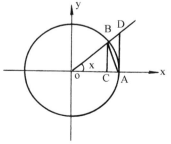

图 1 - 37

比较 $\triangle AOB$ 的面积 S_1，扇形 AOB 的面积 S_2 和 $\triangle AOD$ 的面积 S_3，显然有

$$S_1 < S_2 < S_3$$

即 $\dfrac{1}{2}|OA| \cdot |BC| < \dfrac{1}{2}|OA| \cdot \overset{\frown}{AB} < \dfrac{1}{2}|OA| \cdot |AD|$

即 $\sin x < x < \tan x$

又因为 $\sin x > 0$，故有

$$1 < \frac{x}{\sin x} < \frac{1}{\cos x}$$

即 $\cos x < \dfrac{\sin x}{x} < 1$

用观察法可知 $\quad \lim\limits_{x \to 0^+} \cos x = 1$

显然 $\quad \lim\limits_{x \to 0^+} 1 = 1$

由夹逼定理 $\lim\limits_{x \to 0^+} \dfrac{\sin x}{x} = 1$，再由偶函数的对称性，有 $\lim\limits_{x \to 0} \dfrac{\sin x}{x} = 1$.

此重要极限有很广泛的应用.

例 2 求 $\lim\limits_{x \to 0} \dfrac{\tan x}{x}$.

解 $\lim\limits_{x \to 0} \dfrac{\tan x}{x} = \lim\limits_{x \to 0} \left(\dfrac{\sin x}{x} \cdot \dfrac{1}{\cos x} \right) = \left(\lim\limits_{x \to 0} \dfrac{\sin x}{x} \right) \cdot \left(\dfrac{1}{\lim\limits_{x \to 0} \cos x} \right) = 1$

例 3 求 $\lim\limits_{x \to 0} \dfrac{\arcsin x}{x}$.

解 令 $u = \arcsin x$，由观察法，$x \to 0$ 时，$u \to 0$，且 $x \neq 0$ 时，$u \neq 0$

故 $\lim\limits_{x \to 0} \dfrac{\arcsin x}{x} = \lim\limits_{u \to 0} \dfrac{u}{\sin u} = 1$

利用重要极限和变量替换，可得出一个一般的结论：若 $x \to 0$ 时，$u = \alpha(x) \to 0$，且 $x \neq 0$ 时，$\alpha(x) \neq 0$，则有

$$\lim\limits_{x \to 0} \frac{\sin \alpha(x)}{\alpha(x)} = \lim\limits_{u \to 0} \frac{\sin u}{u} = 1$$

例 4 求 $\lim\limits_{x \to 0} \dfrac{\sin mx}{\sin nx}$ $\quad m$、n 为常数，$m \neq 0$，$n \neq 0$.

解 $\lim\limits_{x \to 0} \dfrac{\sin mx}{\sin nx} = \lim\limits_{x \to 0} \left(\dfrac{\sin mx}{mx} \cdot \dfrac{nx}{\sin nx} \cdot \dfrac{m}{n} \right) = \dfrac{m}{n} \cdot \left(\lim\limits_{u \to 0} \dfrac{\sin u}{u} \right) \left(\lim\limits_{v \to 0} \dfrac{v}{\sin v} \right) = \dfrac{m}{n}$

例 5 求 $\lim\limits_{x \to 1} \dfrac{\sin(x^2 - 1)}{x - 1}$.

解 $\lim\limits_{x \to 1} \dfrac{\sin(x^2 - 1)}{x - 1} = \lim\limits_{x \to 1} \left[\dfrac{\sin(x^2 - 1)}{x^2 - 1} \cdot (x + 1) \right]$

$$= \left[\lim\limits_{x \to 1}(x + 1) \right] \cdot \left[\lim\limits_{x \to 1} \dfrac{\sin(x^2 - 1)}{x^2 - 1} \right] = 2$$

例 6 求 $\lim\limits_{x \to 0} \dfrac{1 - \cos x}{x^2}$.

解 $\lim\limits_{x \to 0} = \dfrac{1 - \cos x}{x^2} = \lim\limits_{x \to 0} \dfrac{2\sin^2 \dfrac{x}{2}}{x^2} = \lim\limits_{x \to 0} \dfrac{2\left(\sin \dfrac{x}{2}\right)^2}{4\left(\dfrac{x}{2}\right)^2} = \dfrac{1}{2} \left(\lim\limits_{x \to 0} \dfrac{\sin \dfrac{x}{2}}{\dfrac{x}{2}} \right)^2 = \dfrac{1}{2}$

二、准则 II

定理 2 单调有界数列必有极限

此定理的证明超出本书范围. 这里仅给出几何解释：用数轴上的点表示数列的项时，作为单调数列的点 y_n 只可能沿着一个方向移动，所以只有两种可能情况，点 y_n 沿着数轴移向无穷远或点 y_n 无限趋近于某一个定点 A. 又因为数列是有界的，即所有点 y_n 均落在 $[-M, M]$ 之内，则 y_n 只可能是上述情况中的第二种情况，即 $y_n \to A$，如图 1 - 38.

图 1 - 38

例 7 证明数列 $\sqrt{3}$, $\sqrt{3\sqrt{3}}$, $\sqrt{3\sqrt{3\sqrt{3}}}$, … 有极限并求其极限值.

证 设 $y_1 = \sqrt{3}$, $y_2 = \sqrt{3\sqrt{3}}$, …

数列 $\{y_n\}$ 满足 $y_n = \sqrt{3y_{n-1}}$, 且 $y_n > 0$, $n = 2$, 3, …

当 $n = 1$ 时, $y_1 < y_2$

假设 $n = k$ 时, $y_k < y_{k+1}$

则 $n = k + 1$ 时, $y_{k+1} = \sqrt{3y_k} < \sqrt{3y_{k+1}} = y_{k+2}$

由数学归纳法可知, 数列 $\{y_n\}$ 单调增加.

当 $n = 1$ 时, $y_1 = \sqrt{3} < 3$

假设 $n = k$ 时, $y_k < 3$

则 $n = k + 1$ 时, $y_{k+1} = \sqrt{3y_k} < \sqrt{3 \times 3} = 3$

由数学归纳法可知, 数列 $\{y_n\}$ 有上界 3.

综上所述, 数列 $\{y_n\}$ 单调有界, 故有极限.

设 $\lim\limits_{n \to \infty} y_n = A$

因为 $y_{n+1} = \sqrt{3y_n}$

所以 $\lim\limits_{n \to \infty} y_{n+1} = \sqrt{3} \lim\limits_{n \to \infty} \sqrt{y_n}$

即 $A = \sqrt{3A}$, 所以 $A = 3$.

下面利用定理 2 讨论另一个重要极限

$$\lim_{x \to \infty} \left(1 + \dfrac{1}{x} \right)^x = e.$$

先考虑一个数列的极限 $\lim\limits_{n \to \infty} \left(1 + \dfrac{1}{n} \right)^n$.

对数列 $\{y_n\}$，其中 $y_n = \left(1 + \dfrac{1}{n}\right)^n$，我们要证明它单调有界. 依据牛顿二项式公式，有

$$y_n = \left(1 + \frac{1}{n}\right)^n = 1 + \frac{n}{1!} \cdot \frac{1}{n} + \frac{n(n-1)}{2!} \cdot \frac{1}{n^2} +$$

$$\frac{n(n-1)(n-2)}{3!} \cdot \frac{1}{n^3} + \cdots + \frac{n(n-1)\cdots(n-n+1)}{n!} \cdot \frac{1}{n^n}$$

$$= 1 + 1 + \frac{1}{2!}\left(1 - \frac{1}{n}\right) + \frac{1}{3!}\left(1 - \frac{1}{n}\right)\left(1 - \frac{2}{n}\right) + \cdots + \frac{1}{n!}\left(1 - \frac{1}{n}\right)\left(1 - \frac{2}{n}\right)\cdots\left(1 - \frac{n-1}{n}\right)$$

类似地有

$$y_{n+1} = \left(1 + \frac{1}{n+1}\right)^{n+1} = 1 + 1 + \frac{1}{2!}\left(1 - \frac{1}{n+1}\right) + \frac{1}{3!}\left(1 - \frac{1}{n+1}\right)\left(1 - \frac{2}{n+1}\right) + \cdots$$

$$+ \frac{1}{n!}\left(1 - \frac{1}{n+1}\right)\left(1 - \frac{2}{n+1}\right)\cdots\left(1 - \frac{n-1}{n+1}\right) + \frac{1}{(n+1)!}\left(1 - \frac{1}{n+1}\right)\left(1 - \frac{2}{n+1}\right)\cdots\left(1 - \frac{n}{n+1}\right)$$

比较 y_n 与 y_{n+1} 的展开式，除前两项外，y_{n+1} 的每一项都大于 y_n 的对应项，同时 y_{n+1} 比 y_n 多了最后一项，而且此项的值大于 0，故有

$$y_n < y_{n+1}, \quad n = 1, 2, \cdots$$

即数列 $\{y_n\}$ 是单调增加的.

因为 $y_n < 1 + 1 + \dfrac{1}{2!} + \dfrac{1}{3!} + \cdots + \dfrac{1}{n!} < 1 + 1 + \dfrac{1}{2} + \dfrac{1}{2^2} + \cdots + \dfrac{1}{2^{n-1}} = 1 + \dfrac{1 - \left(\frac{1}{2}\right)^n}{1 - \frac{1}{2}} = 3 - \left(\dfrac{1}{2}\right)^{n-1} < 3$

所以数列 $\{y_n\}$ 是有界的.

由准则 II，$\lim\limits_{n \to \infty} y_n$ 存在，其值记为 e，它就是初等数学中介绍过的自然对数的底，取充分大的 n 可以计算它的近似值. 因此

$$\lim_{n \to \infty}\left(1 + \frac{1}{n}\right)^n = e$$

下面证明 $\lim\limits_{x \to +\infty}\left(1 + \dfrac{1}{x}\right)^x = e$

因为 $x \to +\infty$，必有 $n \leq x < n+1$，则有

$$\left(1 + \frac{1}{n+1}\right)^n < \left(1 + \frac{1}{x}\right)^x < \left(1 + \frac{1}{n}\right)^{n+1}$$

因为 $\lim\limits_{n \to \infty}\left(1 + \dfrac{1}{n+1}\right)^n = \lim\limits_{n \to \infty} \dfrac{\left(1 + \frac{1}{n+1}\right)^{n+1}}{1 + \frac{1}{n+1}} = e$

$$\lim_{n \to \infty}\left(1 + \frac{1}{n}\right)^{n+1} = \lim_{n \to \infty}\left[\left(1 + \frac{1}{n}\right)^n \cdot \left(1 + \frac{1}{n}\right)\right] = e$$

由夹逼定理（$n \to \infty$ 时，$x \to +\infty$）

$$\lim_{x \to +\infty}\left(1 + \frac{1}{x}\right)^x = e$$

再证明 $\lim\limits_{x \to -\infty}\left(1 + \dfrac{1}{x}\right)^x = e$

令 $x = - (t + 1)$，$x \to - \infty$ 时，$t \to + \infty$，则

$$\lim_{x \to -\infty} \left(1 + \frac{1}{x}\right)^x = \lim_{t \to +\infty} \left(1 - \frac{1}{t+1}\right)^{-(t+1)} = \lim_{t \to +\infty} \left(\frac{t}{t+1}\right)^{-(t+1)}$$

$$= \lim_{t \to +\infty} \left(1 + \frac{1}{t}\right)^{t+1} = \lim_{t \to +\infty} \left[\left(1 + \frac{1}{t}\right)^t \cdot \left(1 + \frac{1}{t}\right)\right] = e$$

由第四节定理 2 可得

$$\lim_{x \to \infty} \left(1 + \frac{1}{x}\right)^x = e$$

令 $t = \frac{1}{x}$，则当 $x \to \infty$ 时，$t \to 0$，则有

$$\lim_{t \to 0} (1 + t)^{\frac{1}{t}} = e$$

以上两式均为重要极限，有广泛的应用．

例 8　求 $\lim\limits_{x \to \infty} \left(1 + \dfrac{4}{x}\right)^x$.

解　令 $\dfrac{4}{x} = t$，$x \to \infty$ 时，$t \to 0$，则 $\lim\limits_{x \to \infty} \left(1 + \dfrac{4}{x}\right)^x = \lim\limits_{t \to 0} \left[(1 + t)^{\frac{1}{t}}\right]^4 = \left[\lim\limits_{t \to 0} (1 + t)^{\frac{1}{t}}\right]^4 = e^4$

例 9　求 $\lim\limits_{x \to \infty} \left(1 - \dfrac{1}{x}\right)^x$.

解　令 $t = - x$　$x \to \infty$ 时 $t \to \infty$，则

$$\lim_{x \to \infty} \left(1 - \frac{1}{x}\right)^x = \lim_{t \to \infty} \left(1 + \frac{1}{t}\right)^{-t} = \left[\lim_{t \to \infty} \left(1 + \frac{1}{t}\right)^t\right]^{-1} = e^{-1}$$

例 10　求 $\lim\limits_{x \to \infty} \left(\dfrac{x-1}{x+1}\right)^x$.

解　$\lim\limits_{x \to \infty} \left(\dfrac{x-1}{x+1}\right)^x = \lim\limits_{x \to \infty} \dfrac{\left(1 - \dfrac{1}{x}\right)^x}{\left(1 + \dfrac{1}{x}\right)^x} = \dfrac{\lim\limits_{x \to \infty} \left(1 - \dfrac{1}{x}\right)^x}{\lim\limits_{x \to \infty} \left(1 + \dfrac{1}{x}\right)^x} = \dfrac{e^{-1}}{e} = e^{-2}$

利用变量替换，可得出一个一般的结论：

$$\lim_{\alpha(x) \to 0} (1 + \alpha(x))^{\frac{1}{\alpha(x)}} = \lim_{u \to 0} (1 + u)^{\frac{1}{u}} = e$$

例 11　求 $\lim\limits_{x \to 0} (1 + \tan x)^{2\cot x}$.

解　$\lim\limits_{x \to 0} (1 + \tan x)^{2\cot x} = \lim\limits_{x \to 0} \left[(1 + \tan x)^{\frac{1}{\tan x}}\right]^2 = e^2$

例 12　（连续复利问题）设有本金 A_0 存入银行，年利率为 r，一年末结算时本利和为

$$A_1 = A_0 + rA_0 = A_0(1 + r).$$

如果一年分两期计息，每期利率为 $\dfrac{r}{2}$，且前一期本利和作为后一期的本金，则一年末的本利和为

$$A_2 = A_0 \left(1 + \frac{r}{2}\right) + A_0 \left(1 + \frac{r}{2}\right) \frac{r}{2} = A_0 \left(1 + \frac{r}{2}\right)^2.$$

如果一年分 n 期计息，每期利率为 $\dfrac{r}{n}$，且前一期本利和作为后一期的本金，则一年末的

本利和为

$$A_n = A_0 \left(1 + \frac{r}{n} \right)^n.$$

连续 t 年计算复利 nt 次，则本利和为

$$A_n(t) = A_0 \left(1 + \frac{r}{n} \right)^{nt}.$$

令 $n \to \infty$ （表示利息随时计入本金），则 t 年后本利和为

$$A(t) = \lim_{n \to \infty} A_0 \left(1 + \frac{r}{n} \right)^{nt} = A_0 \lim_{n \to \infty} \left(1 + \frac{r}{n} \right)^{\frac{n}{r}rt} = A_0 e^{rt}.$$

此数学模型不仅适合于连续复利问题，也适合于人口增长、林木增长、细菌繁殖、物体的冷却、放射性元素的衰变等许多场合.

习题 1 – 8

1. 利用极限存在准则证明：

（1）数列 $\sqrt{2}$，$\sqrt{2 + \sqrt{2}}$，$\sqrt{2 + \sqrt{2 + \sqrt{2}}}$ …极限存在，且极限为 2

（2）$\lim\limits_{n \to \infty} \left[\dfrac{1}{n^2} + \dfrac{1}{(n+1)^2} + \cdots + \dfrac{1}{(2n)^2} \right] = 0$

2. 求下列极限：

（1）$\lim\limits_{x \to 0} \dfrac{\sin 2x}{\sin 3x}$

（2）$\lim\limits_{x \to 0} x \cot x$

（3）$\lim\limits_{x \to 0} \dfrac{1 - \cos 2x}{x \sin x}$

（4）$\lim\limits_{n \to \infty} 2^n \sin \dfrac{x}{2^n}$ $\quad (x \neq 0)$

（5）$\lim\limits_{x \to 0} \dfrac{x - \sin x}{x + \sin x}$

（6）$\lim\limits_{x \to 0} \dfrac{\tan x - \sin x}{x^3}$

3. 求下列极限：

（1）$\lim\limits_{x \to \infty} \left(1 + \dfrac{3}{x} \right)^{2x}$

（2）$\lim\limits_{x \to 0} (1 + 2x)^{\frac{1}{x} + 1}$

（3）$\lim\limits_{x \to 0} \left(\dfrac{n - x}{n} \right)^{\frac{1}{x}}$

（4）$\lim\limits_{x \to \infty} \left(\dfrac{x}{1 + x} \right)^x$

（5）$\lim\limits_{x \to 0} (1 + \sin x)^{\frac{1}{2} \csc x}$

（6）$\lim\limits_{x \to \frac{\pi}{2}} (1 - \cos x)^{\sec x}$

第九节　无穷小量的比较

无穷小量的和、差、积仍是无穷小量，那么无穷小量的商是什么结果？如 $x \to 0$ 时，x^2，

sinx 均为无穷小量，但有

$$\lim_{x \to 0} \frac{x^2}{\sin x} = 0 \quad \lim_{x \to 0} \frac{\sin x}{x} = 1 \quad \lim_{x \to 0} \frac{x}{x^2} = \infty$$

可见无穷小量的商没有一般的结论．观察下面的表以比较三个无穷小量 x，x^2，x^3 的值：

x	1	0.1	0.01	…
x^2	1	0.01	0.0001	…
x^3	1	0.001	0.000001	…

可以看出，当 x→0 时，x^3 趋向于零的速度最快，x^2 趋向于零的速度快于 x 而慢于 x^3．我们用阶的概念来表示这种现象，称之为无穷小量的阶的比较．

定义 1 设在同一极限过程中，α、β 都是无穷小量，且 α≠0

（1）如果 $\lim \frac{\beta}{\alpha} = 0$，就称 β 是比 α 高阶的无穷小量（此时称 α 是比 β 低阶的无穷小量），记作 β = o(α)．

（2）如果 $\lim \frac{\beta}{\alpha} = C \neq 0$，就称 β 是与 α 同阶的无穷小量，当 C = 1 时，称 β 是与 α 等价的无穷小量，记作 α ~ β．

（3）如果 $\lim \frac{\beta}{\alpha^k} = C \neq 0$，就称 β 是关于 α 的 k 阶无穷小量．

（4）如果 $\lim \frac{\beta}{\alpha}$ 不存在（不包括∞），就称 β 与 α 是不可比的无穷小量．

例 1 当 x→0 时，分别将无穷小量 sinx，tanx，ln(1 + x)，1 − cosx 与 x 进行比较．

解 因为 $\lim_{x \to 0} \frac{\sin x}{x} = 1$，所以 sinx 是与 x 等价的无穷小量，即 sinx ~ x．

因为 $\lim_{x \to 0} \frac{\tan x}{x} = 1$（见第八节例2，也可做为重要极限直接应用），所以 tanx ~ x．

因为 $\lim_{x \to 0} \frac{\ln(1 + x)}{x} = \lim_{x \to 0} \ln(1 + x)^{\frac{1}{x}} \xlongequal[x \to 0 \text{ 时 } u \to e]{\text{令 } u = (1 + x)^{\frac{1}{x}}} \lim_{u \to e} \ln u = 1$，所以 ln(1 + x) ~ x．

因为 $\lim_{x \to 0} \frac{1 - \cos x}{x} = \lim_{x \to 0} \frac{2\left(\sin \frac{x}{2}\right)^2}{\left(\frac{x}{2}\right)^2} \cdot \frac{x}{4} = 0$，所以 1 − cosx 是比 x 高阶的无穷小量，即 1 −

cosx = o(x)，又因为 $\lim_{x \to 0} \frac{1 - \cos x}{x^2} = \frac{1}{2}$（见第八节例6），所以 1 − cosx 是关于 x 的二阶无穷小量．很容易看出，$1 - \cos x \sim \frac{x^2}{2}$．

关于等价无穷小量有以下两个定理：

定理 1 β 是与 α 等价的无穷小量的充分必要条件是 β = α + o(α)．

证 （必要性） 设 β 与 α 等价，即 α ~ β，则 $\lim \frac{\beta}{\alpha} = 1$，由于

$$\lim \frac{\beta - \alpha}{\alpha} = \lim \left(\frac{\beta}{\alpha} - 1 \right) = 0$$

所以 $\beta - \alpha = o(\alpha)$，即 $\beta = \alpha + o(\alpha)$

（充分性）设 $\beta = \alpha + o(\alpha)$，则

$$\lim \frac{\beta}{\alpha} = \lim \frac{\alpha + o(\alpha)}{\alpha} = \lim \left(1 + \frac{o(\alpha)}{\alpha} \right) = 1$$

（上式中 $\lim \frac{o(\alpha)}{\alpha} = 0$）所以 $\beta \sim \alpha$.

如 $x \to 0$ 时，因为 $x + x^2 = x + o(x)$，所以 $x + x^2 \sim x$.

又如 $x \to 0$ 时，因为 $\sin x \sim x$，$\tan x \sim x$，所以 $\sin x = x + o(x)$，$\tan x = x + o(x)$（在后面的第三章中，我们将明确地展示这种关系）.

定理 2　设 $\alpha \sim \alpha'$，$\beta \sim \beta'$，且 $\lim \frac{\beta'}{\alpha'}$ 存在，则 $\lim \frac{\beta}{\alpha} = \lim \frac{\beta'}{\alpha'}$.

证　因为 $\alpha \sim \alpha'$，$\beta \sim \beta'$，所以 $\lim \frac{\alpha'}{\alpha} = 1$，$\lim \frac{\beta}{\beta'} = 1$

$$\lim \frac{\beta}{\alpha} = \lim \left(\frac{\beta}{\beta'} \cdot \frac{\alpha'}{\alpha} \cdot \frac{\beta'}{\alpha'} \right) = \left(\lim \frac{\beta}{\beta'} \right) \left(\lim \frac{\alpha'}{\alpha} \right) \left(\lim \frac{\beta'}{\alpha'} \right) = \lim \frac{\beta'}{\alpha'}$$

此定理表明：当求两个无穷小量之比的极限时，分子及分母都可用等价无穷小来代替，这样常常可以简化计算.

例 2　求 $\lim\limits_{x \to 0} \frac{\tan 2x}{\sin 3x}$.

解　因为 $x \to 0$ 时，$\tan 2x \sim 2x$，$\sin 3x \sim 3x$，所以

$$\lim_{x \to 0} \frac{\tan 2x}{\sin 3x} = \lim_{x \to 0} \frac{2x}{3x} = \frac{2}{3}$$

例 3　求 $\lim\limits_{x \to 0} \frac{\sin 5x \cdot \ln(1 + 2x)}{1 - \cos x}$.

解　因为 $x \to 0$ 时，$\sin 5x \sim 5x$，$\ln(1 + 2x) \sim 2x$，$1 - \cos x \sim \frac{x^2}{2}$，所以

$$\lim_{x \to 0} \frac{\sin 5x \cdot \ln(1 + 2x)}{1 - \cos x} = \lim_{x \to 0} \frac{5x \cdot 2x}{\frac{x^2}{2}} = 20$$

类似地有无穷大量的阶的比较.

定义 2　设在同一极限过程中，$f(x)$、$g(x)$ 都是无穷大量，且 $g(x) \neq 0$，

（1）如果 $\lim \frac{f(x)}{g(x)} = 0$，则称 $f(x)$ 是比 $g(x)$ 低阶的无穷大量（此时称 $g(x)$ 是比 $f(x)$ 高阶的无穷大量）.

（2）如果 $\lim \frac{f(x)}{g(x)} = C \neq 0$，则称 $f(x)$ 是与 $g(x)$ 同阶的无穷大量，当 $C = 1$ 时，称 $f(x)$ 是与 $g(x)$ 等价的无穷大量.

（3）如果 $\lim \frac{f(x)}{g^k(x)} = C \neq 0$，则称 $f(x)$ 是关于 $g(x)$ 的 k 阶无穷大量.

（4）如果 $\lim \dfrac{f(x)}{g(x)}$ 不存在（不包括 ∞），则称 $f(x)$ 与 $g(x)$ 是不可比的无穷大量.

如 $n \to \infty$ 时，$n^2 + n^3$ 是比 n 高阶的无穷大量，也是比 n^2 高阶的无穷大量，它是关于 n 的三阶无穷大量.

习题 1 - 9

1. 当 $x \to 0$ 时，将下列无穷小量与 x 比较.

（1）$x^2 + 1000x$　　　　　　　　　　（2）$\sqrt{1+x} - \sqrt{1-x}$

2. 当 $x \to 1$ 时，将下列无穷小量与 $x - 1$ 比较.

（1）$1 - x^3$　　　　　　　　　　　　　（2）$\sin^2(x^2 - 1)$

3. 证明当 $x \to 0$ 时，有

（1）$\arctan x \sim x$　　　　　　　　　（2）$\sqrt[3]{x^3 + \sqrt[3]{x}} \sim \sqrt[9]{x}$

（3）$\sec x - 1 \sim \dfrac{x^2}{2}$

4. 证明无穷小的等价关系具有以下性质.

（1）$\alpha \sim \alpha$（自反性）.　　　　　　（2）若 $\alpha \sim \beta$，则 $\beta \sim \alpha$（对称性）.

（3）若 $\alpha \sim \beta$，$\beta \sim \gamma$，则 $\alpha \sim \gamma$（传递性）.

5. 利用等价无穷小，求下列极限.

（1）$\lim\limits_{x \to 0} \dfrac{\sin(x^n)}{(\sin x)^m}$　（m、n 为正整数）　（2）$\lim\limits_{x \to 0} \dfrac{\tan x - \sin x}{(e^x - 1)\sin^2 x}$

第十节　函数的连续性

每晚七点三十分，我们在电视机旁会看到天气预报，如"明日最高气温为 30°C"．从当时到第二天达到最高气温，温度是逐渐变化、或说是连续变化的，即当时间变动微小时，气温变动也较微小．类似地自然界中有许多现象如河水的流动、植物的生长、汽车的加速等等，都是连续变化的例子．这种连续变化的现象反映在函数关系上，就是所谓的函数连续性．

一、变量的增量

设变量 u 从一个初值 u_1 变到终值 u_2，称 u_2 与 u_1 的差 $u_2 - u_1$ 为变量的增量，记作 Δu，即

$$\Delta u = u_2 - u_1$$

增量 Δu 可以是正的，也可以是负的．当 $\Delta u > 0$ 时，变量从 u_1 变到 $u_2 = u_1 + \Delta u$ 是增大

的，当 $\Delta u < 0$ 时，变量从 u_1 变到 $u_2 = u_1 + \Delta u$ 是减小的．

设函数 $y = f(x)$ 在点 x_0 的某个邻域内有定义，当自变量 x 在此邻域内由 x_0 变到 $x_0 + \Delta x$ 时（即初值为 x_0 而终值为 $x_0 + \Delta x$），函数 y 相应地由 $f(x_0)$ 变到 $f(x_0 + \Delta x)$，因此变量 y 的初值为 $f(x_0)$，终值为 $f(x_0 + \Delta x)$，即变量 y 有相应的增量为

$$\Delta y = f(x_0 + \Delta x) - f(x_0)$$

这个关系式的几何解释如图 1 - 39．显然当 x_0 为固定值时，Δy 的值随 Δx 的变化而变化．

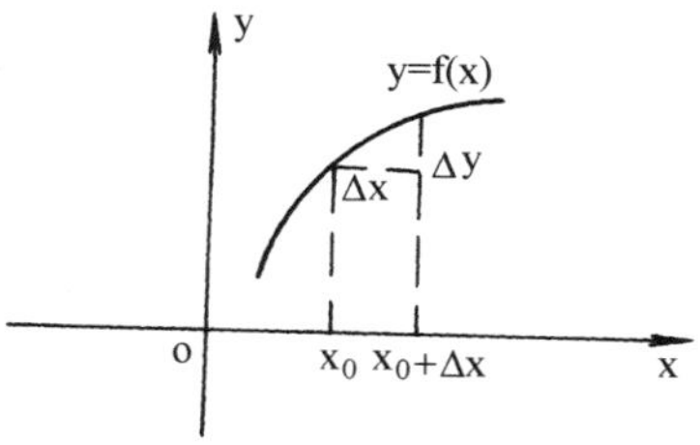

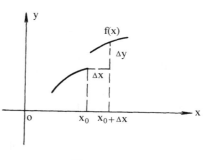

图 1 - 39

二、函数在点 x_0 处的连续性

定义 1 设函数 $f(x)$ 在点 x_0 的某个邻域内有定义，如果当自变量的增量 Δx 趋向于零时，对应的函数的增量 $\Delta y = f(x_0 + \Delta x) - f(x_0)$ 也趋向于零，即

$$\lim_{\Delta x \to 0} \Delta y = \lim_{\Delta x \to 0} [f(x_0 + \Delta x) - f(x_0)] = 0$$

就称函数 $f(x)$ 在点 x_0 处连续．

在图 1 - 39 中可以看出，当 $\Delta x \to 0$ 时，有 $\Delta y \to 0$，即 $f(x)$ 在点 x_0 处连续，图中函数 $f(x)$ 的曲线在 x_0 处是连着的，没有断开．再看图 1 - 40，此图中当 $\Delta x \to 0$ 时，$\Delta y \nrightarrow 0$，即 Δy 不趋向于零．按照定义，$f(x)$ 在 x_0 处不连续．图 1 - 40 中函数 $f(x)$ 的曲线在 x_0 处是断开的，因此，函数 $f(x)$ 在点 x_0 处连续的几何意义是曲线 $f(x)$ 在 x_0 处是连着的，不断开．

图 1 - 40

在式子 $\Delta y = f(x_0 + \Delta x) - f(x_0)$ 中，若令 $x = x_0 + \Delta x$，则 $\Delta x = x - x_0$，$\Delta y = f(x) - f(x_0)$，且 $\Delta x \to 0$ 时，$x \to x_0$，因此定义 1 中 $\lim\limits_{\Delta x \to 0} \Delta y = 0$ 可改写为

$$\lim_{x \to x_0} [f(x) - f(x_0)] = 0$$

即 $\lim\limits_{x \to x_0} f(x) = f(x_0)$．

因此函数 $f(x)$ 在点 x_0 处连续的定义又可叙述为：

定义 1′ 设函数 $f(x)$ 在点 x_0 的某个邻域内有定义，如果当 $x \to x_0$ 时，$f(x)$ 的极限存在，且等于它在 x_0 处的函数值，即

$$\lim_{x \to x_0} f(x) = f(x_0)$$

则称 $f(x)$ 在点 x_0 处连续．

如果仅考虑 x_0 的某个左邻域 $(x_0 - \delta, x_0)$，我们可以得出函数 $f(x)$ 在点 x_0 处左连续的概念：当 $\lim\limits_{x \to x_0^-} f(x) = f(x_0)$ 时，称 $f(x)$ 在点 x_0 处左连续．

如果仅考虑 x_0 的某个右邻域 $(x_0, x_0 + \delta)$，我们可以得出函数 $f(x)$ 在点 x_0 处右连续的概念：当 $\lim\limits_{x \to x_0^+} f(x) = f(x_0)$ 时，称 $f(x)$ 在点 x_0 处右连续．

显然，$f(x)$ 在点 x_0 处连续的充分必要条件是 $f(x)$ 在点 x_0 处左连续同时右连续．

例1 下列函数在 $x = 0$ 处是否连续.

(1) $f(x) = |x|$　　　　(2) $f(x) = \begin{cases} 1 & x \geqslant 0 \\ -1 & x < 0 \end{cases}$

解 (1) 因为 $\lim\limits_{x \to 0} |x| = 0 = f(0)$，所以 $f(x) = |x|$ 在 $x = 0$ 处连续.

(2) 因为 $f(0 - 0) = -1$，$f(0 + 0) = 1 = f(0)$，所以 $f(x)$ 在 $x = 0$ 处右连续而不左连续，即 $f(x)$ 在 $x = 0$ 处不连续.

三、函数在区间上的连续性

定义2 如果函数 $f(x)$ 在开区间 (a, b) 内每一点都连续，则称 $f(x)$ 在开区间 (a, b) 内连续. 如果函数在 (a, b) 内连续，而且在左端点 a 处右连续，在右端点 b 处左连续，则称 $f(x)$ 在闭区间 $[a, b]$ 上连续.

例2 证明 $y = \sin x$ 在 $(-\infty, +\infty)$ 内连续.

证 在 $(-\infty, +\infty)$ 内任取一点 x_0，当自变量 x 在 x_0 处有一改变量 Δx 时，函数 y 相应地有改变量 Δy，且

$$\Delta y = \sin(x_0 + \Delta x) - \sin x_0 = 2\sin\frac{\Delta x}{2}\cos\left(x_0 + \frac{\Delta x}{2}\right)$$

因为 $\left|\cos\left(x_0 + \dfrac{\Delta x}{2}\right)\right| \leqslant 1$，即 $\cos\left(x_0 + \dfrac{\Delta x}{2}\right)$ 是有界变量，当 $\Delta x \to 0$ 时，有 $\sin\dfrac{\Delta x}{2} \to 0$，即 $\sin\dfrac{\Delta x}{2}$ 是无穷小量，所以有

$$\lim_{\Delta x \to 0} \Delta y = \lim_{\Delta x \to 0} 2\sin\frac{\Delta x}{2}\cos\left(x_0 + \frac{\Delta x}{2}\right) = 0$$

因此 $y = \sin x$ 在 x_0 处连续，由于 x_0 的任意性，所以 $y = \sin x$ 在 $(-\infty, +\infty)$ 内任一点连续，即在 $(-\infty, +\infty)$ 内连续.

类似地可以证明 $y = \cos x$ 在 $(-\infty, +\infty)$ 内连续.

在第七节曾推出：若 $f(x)$ 是多项式函数，则对任意实数 x_0，有 $\lim\limits_{x \to x_0} f(x) = f(x_0)$，$F(x) = \dfrac{P(x)}{Q(x)}$ 是有理分式函数，只要 $Q(x_0) \neq 0$ 就有 $\lim\limits_{x \to x_0} F(x) = F(x_0)$，可见多项式函数和有理分式函数在其定义域内是连续的.

函数 $f(x)$ 在某区间上连续时，它的图形在该区间上是一条连续而不间断的曲线.

四、函数的间断点

若 $f(x)$ 在点 x_0 处连续，就称 x_0 为 $f(x)$ 的连续点，否则称为不连续点，也叫间断点. 当 $f(x)$ 在点 x_0 的某空心邻域内有定义时，由连续的定义可知，若有下列三种情况之一：

(1) 在 $x = x_0$ 没有定义；

(2) 虽在 $x = x_0$ 有定义，但 $\lim\limits_{x \to x_0} f(x)$ 不存在；

(3) 虽在 $x = x_0$ 有定义，且 $\lim\limits_{x \to x_0} f(x)$ 存在，但 $\lim\limits_{x \to x_0} f(x) \neq f(x_0)$，则 x_0 为函数 $f(x)$ 的间断点.

例 3 $y = \dfrac{1}{x}$ 在 $x = 0$ 处是否间断?

解 因为 $y = \dfrac{1}{x}$ 在 $x = 0$ 处没有定义, 所以 $x = 0$ 是 $y = \dfrac{1}{x}$ 的间断点.

注意到 $\lim\limits_{x \to 0} \dfrac{1}{x} = \infty$, 我们称 $x = 0$ 为 $y = \dfrac{1}{x}$ 的无穷间断点.

例 4 $y = \sin \dfrac{1}{x}$ 在 $x = 0$ 是否间断?

解 因为 $y = \sin \dfrac{1}{x}$ 在 $x = 0$ 处没有定义, 所以 $x = 0$

是 $y = \sin \dfrac{1}{x}$ 的间断点.

注意到 $\lim\limits_{x \to 0} \sin \dfrac{1}{x}$ 不存在, (如图 1 - 41) 而且 $x \to 0$

时, $\sin \dfrac{1}{x}$ 的值在 -1 和 1 之间变动无限多次, 我们称 x

$= 0$ 为 $y = \sin \dfrac{1}{x}$ 的振荡间断点.

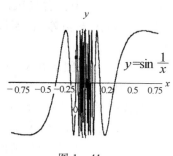

图 1 - 41

例 5 $y = \dfrac{x^2 - 1}{x - 1}$ 在 $x = 1$ 是否间断?

解 因为 $y = \dfrac{x^2 - 1}{x - 1}$ 在 $x = 1$ 处没有定义, 所以 $x = 1$ 是 $y =$

$\dfrac{x^2 - 1}{x - 1}$ 的间断点, 如图 1 - 42.

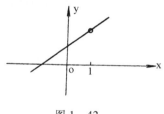

图 1 - 42

注意到 $\lim\limits_{x \to 1} \dfrac{x^2 - 1}{x - 1} = \lim\limits_{x \to 1} (x + 1) = 2$, 如果补充定义, 即规

定当 $x = 1$ 时, $y = 2$, 将函数改造成

$$y = \begin{cases} \dfrac{x^2 - 1}{x - 1} = x + 1 & x \neq 1 \\ 2 & x = 1 \end{cases}$$

则 $x = 1$ 就成为连续点, 我们称 $x = 1$ 为 $y = \dfrac{x^2 - 1}{x - 1}$ 的可去间断点.

例 6 $f(x) = \begin{cases} \dfrac{\sin x}{x} & x \neq 0 \\ 2 & x = 0 \end{cases}$ 在 $x = 0$ 是否间断?

解 因为 $f(x)$ 在 $x = 0$ 处有定义 $f(0) = 2$, 且有极限 $\lim\limits_{x \to 0} f(x) = \lim\limits_{x \to 0} \dfrac{\sin x}{x} = 1$, 但 $\lim\limits_{x \to 0} f(x) \neq$

$f(0)$, 所以 $x = 0$ 是 $f(x)$ 的间断点.

注意到如果改变 $f(x)$ 在 $x = 0$ 处的定义, 即规定 $f(0) = 1$, 将函数改造成

$$f(x) = \begin{cases} \dfrac{\sin x}{x} & x \neq 0 \\ 1 & x = 0 \end{cases}$$

则 x = 0 就成为连续点．我们称 x = 0 为 f(x) 的可去间断点．

例 7 $f(x) = \begin{cases} 1-x & x<1 \\ \dfrac{1}{2} & x=1 \\ 2-x & x>1 \end{cases}$ 在 x = 1 是否间断？

解 因为 f(x) 在 x = 1 处有定义 $f(1) = \dfrac{1}{2}$，但在 x = 1 处的 左极限 f(1-0) = 0，右极限 f(1+0) = 1，即在 x = 1 处没有极 限（左、右极限不相等），所以 x = 1 是 f(x) 的间断点．（如图 1-43）

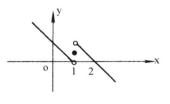

图 1-43

注意到 f(x) 的图形在 x = 1 处产生了跳跃现象，我们称 x = 1 为 f(x) 的跳跃间断点．

以上各例举出不同类型的间断点，通常把间断点分成两大类：如果 x_0 是函数 f(x) 的间断点，但左极限 $f(x_0-0)$ 和右极限 $f(x_0+0)$ 都存在，就称 x_0 为函数 f(x) 的第一类间断点，不是第一类间断点的其他任何间断点，称为第二类间断点．在第一类间断点中，左、右极限相等者称为可去间断点，如上面的例 5 和例 6，可以通过补充或改变定义使之改造成连续点；左、右极限不相等者即为跳跃间断点，如例 7．无穷间断点和振荡间断点显然属于第二类间断点．

习题 1-10

1．下列函数在给定点处是否连续？若间断指出其属于什么类型的间断点．

（1）$y = \dfrac{x^2-4}{x^2-5x+6}$ 在 x = 2，x = 3

（2）$y = \dfrac{x}{\tan x}$ 在 $x = k\pi$，$x = k\pi + \dfrac{\pi}{2}$，$k = 0$，$\pm 1$，$\pm 2\cdots$

（3）$y = \cos^2 \dfrac{1}{x}$ 在 x = 0
　　　　　　　　　　　　　（4）$y = \begin{cases} x-1 & x\leqslant 1 \\ 3-x & 1<x<3 \\ x-3 & x\geqslant 3 \end{cases}$ 在 x = 1，x = 3

2．给 f(0) 补充一个什么数值，使 f(x) 在 x = 0 处连续？

（1）$f(x) = \sin x \cos \dfrac{1}{x}$
　　　　　　　　　　（2）$f(x) = \ln(1+\alpha x)^{\frac{\beta}{x}}$　（α，β 为常数）

3．求 a，b 的值，使分段函数 f(x) 在其分段点处连续．

（1）$f(x) = \begin{cases} 1-x^2 & \text{当} -1\leqslant x\leqslant 2 \text{ 时} \\ a+bx & \text{其他} \end{cases}$
　　　　　　（2）$f(x) = \begin{cases} \dfrac{\arctan x}{x} & -1<x<0 \\ a-x & 0\leqslant x<1 \\ (x-1)\sin x - b & 1\leqslant x<2 \end{cases}$

第十一节 初等函数的连续性

为了研究初等函数的连续性，先给出连续函数的运算法则.

一、连续函数的四则运算法则

定理1 如果 $f(x)$、$g(x)$ 均在 x_0 处连续，则有

（1）$f(x) + g(x)$ 在 x_0 处连续；

（2）$f(x) - g(x)$ 在 x_0 处连续；

（3）$f(x)g(x)$ 在 x_0 处连续；

（4）当 $g(x_0) \neq 0$ 时，$\dfrac{f(x)}{g(x)}$ 在 x_0 处连续.

证 仅证（1），其余证明留给读者.

设 $F(x) = f(x) + g(x)$，因为 $f(x)$，$g(x)$ 均在 x_0 处连续，故 $\lim\limits_{x \to x_0} f(x) = f(x_0)$，$\lim\limits_{x \to x_0} g(x) = g(x_0)$，由极限的运算法则，有

$$\lim_{x \to x_0} F(x) = \lim_{x \to x_0} [f(x) + g(x)] = \lim_{x \to x_0} f(x) + \lim_{x \to x_0} g(x) = f(x_0) + g(x_0) = F(x_0)$$

所以 $F(x) = f(x) + g(x)$ 在 x_0 处连续.

推论 如果 $f_i(x)(i = 1, 2, \cdots, n)$ 均在 x_0 处连续，则有

（1）$\sum\limits_{i=1}^{n} f_i(x)$ 在 x_0 处连续；

（2）$\prod\limits_{i=1}^{n} f_i(x)$ 在 x_0 处连续.

在第十节中已证明 $y = \sin x$，$y = \cos x$ 在 $(-\infty, +\infty)$ 内连续，由定理1可知，$y = \tan x = \dfrac{\sin x}{\cos x}$，$y = \cot x = \dfrac{\cos x}{\sin x}$，$y = \sec x = \dfrac{1}{\cos x}$，$y = \csc x = \dfrac{1}{\sin x}$ 在其定义域内连续，即三角函数在其定义域内连续.

二、反函数和复合函数的连续性法则

定理2 如果函数 $y = f(x)$ 在区间 I_x 上单调增加（或单调减少）且连续，则它的反函数 $x = f^{-1}(y)$ 在对应区间 $I_y = \{y \mid y = f(x), x \in I_x\}$ 上单调增加（或单调减少）且连续.

证 不妨设 $y = f(x)$ 在 I_x 上单调增加，则当 $\Delta x > 0$ 时，$\Delta y > 0$，反之亦然. 因此 $x = f^{-1}(y)$ 也是单调增加.

在 I_x 中任取一点 x_0，因为 $y = f(x)$ 在 x_0 处连续，故当 $\Delta x \to 0$ 时，有 $\Delta y \to 0$，反之亦然，因此对相应于 x_0 的 $y_0 = f(x_0)$，函数 $x = f^{-1}(y)$ 在 y_0 处连续.

由 x_0 的任意性，$x = f^{-1}(y)$ 在 I_y 上连续.

由于 $y = \sin x$ 在 $\left[-\dfrac{\pi}{2}, \dfrac{\pi}{2}\right]$ 上单调增加且连续，所以其反函数 $y = \arcsin x$ 在 $[-1, 1]$ 上单调增加且连续；由于 $y = \cos x$ 在 $[0, \pi]$ 上单调减少且连续，所以其反函数 $y = \arccos x$ 在

$[-1,1]$ 上单调减少且连续；由于 $y=\tan x$ 在 $\left(-\dfrac{\pi}{2},\dfrac{\pi}{2}\right)$ 内单调增加且连续，所以其反函数 $y=\arctan x$ 在 $(-\infty,+\infty)$ 内单调增加且连续；由于 $y=\cot x$ 在 $(0,\pi)$ 内单调减少且连续，所以其反函数 $y=\operatorname{arccot}x$ 在 $(-\infty,+\infty)$ 内单调减少且连续. 总之，反三角函数在定义域内连续.

定理 3 设函数 $u=\phi(x)$ 在点 $x=x_0$ 处连续，且 $u_0=\phi(x_0)$，而函数 $y=f(u)$ 在点 $u=u_0$ 处连续，则复合函数 $y=f[\phi(x)]$ 在点 $x=x_0$ 处连续.

证 因为 $y=f(u)$ 在 $u=u_0$ 处连续，有 $\lim\limits_{u\to u_0}f(u)=f(u_0)$

对任给的 $\varepsilon>0$，存在 $\eta>0$，当 $0<|u-u_0|<\eta$ 时，有 $|f(u)-f(u_0)|<\varepsilon$

又因为 $u=\phi(x)$ 在 $x=x_0$ 处连续，有 $\lim\limits_{x\to x_0}\phi(x)=\phi(x_0)$

对上面的 $\eta>0$，存在 $\delta>0$，当 $0<|x-x_0|<\delta$ 时，有 $|\phi(x)-\phi(x_0)|=|u-u_0|<\eta$

综上所述，对任给的 $\varepsilon>0$，存在 $\delta>0$，当 $0<|x-x_0|<\delta$ 时，有 $|u-u_0|<\eta$，此时若 $0<|u-u_0|<\eta$，则有

$$|f(u)-f(u_0)|=|f[\phi(x)]-f[\phi(x_0)]|<\varepsilon$$

若 $0=|u-u_0|$，即 $u=u_0$，则 $f(u)-f(u_0)=0$，仍有

$$|f(u)-f(u_0)|=|f[\phi(x)]-f[\phi(x_0)]|<\varepsilon$$

所以 $\lim\limits_{x\to x_0}f[\phi(x)]=f[\phi(x_0)]$

故 $y=f[\phi(x)]$ 在 $x=x_0$ 处连续.

由定理的证明中可知，在定理的条件下，有

$$\lim\limits_{x\to x_0}f[\phi(x)]=f[\phi(x_0)]=f[\lim\limits_{x\to x_0}\phi(x)]$$

可见对连续的复合函数求极限时，极限符号与函数符号可交换顺序.

三、初等函数的连续性

常量函数的连续性是显而易见的.

前面已指出三角函数和反三角函数在其定义域内连续.

指数函数 $y=a^x(a>0,a\neq1)$ 的定义域为 $(-\infty,+\infty)$，在 $(-\infty,+\infty)$ 内任取一点 x_0，当自变量在 x_0 有改变量 Δx 时，函数有改变量 $\Delta y=a^{x_0+\Delta x}-a^{x_0}=a^{x_0}(a^{\Delta x}-1)$，由观察函数图形可知 $\lim\limits_{x\to0}a^x=1$，故 $\lim\limits_{\Delta x\to0}a^{\Delta x}=1$，因此 $\lim\limits_{\Delta x\to0}\Delta y=0$，即 $y=a^x$ 在 x_0 处连续，由 x_0 的任意性，指数函数 $y=a^x$ 在定义域内连续.

对数函数是指数函数的反函数，由定理 2 可以得出：对数函数 $y=\log_a x$ $(a>0,a\neq1)$ 在区间 $(0,+\infty)$ 内连续.

幂函数 $y=x^\alpha$ 的定义域随 α 的值而异，但无论 α 是何值，$y=x^\alpha$ 在区间 $(0,+\infty)$ 内总是有定义的. 为了说明幂函数的连续性，设 $x>0$，则

$$y=x^\alpha=a^{\alpha\log_a x}$$

因为 $y=a^u$，$u=\alpha\log_a x$ 均为连续函数，$y=x^\alpha$ 可以看成是二者复合而成，由定理 3 可知，它在 $(0,+\infty)$ 内连续. 对具体的幂函数（即 α 的不同值情况）我们可以分别讨论. 总之幂函数在其定义域内连续.

综合起来，我们得到结论：基本初等函数在其定义域内是连续的.

根据初等函数的定义，由上面的结论及本节定理 1 和定理 3 可得出：一切初等函数在其定义区间内都是连续的（这里所谓的定义区间是指属于定义域的区间）.

需要注意的是，分段函数一般不是初等函数，如果分段函数在各个子区间段上的表达式是初等函数形式，则分段函数在各子区间上连续，但分段点处的连续性需认真讨论.

例 1 讨论函数 $f(x) = \begin{cases} 1 - e^{\frac{1}{x-2}} & x < 2 \\ \sin \dfrac{\pi}{x} & x \geqslant 2 \end{cases}$ 的连续性.

解 在 $(-\infty, 2)$ 内，$f(x) = 1 - e^{\frac{1}{x-2}}$ 是初等函数，故 $f(x)$ 在 $(-\infty, 2)$ 内连续.

在 $(2, +\infty)$ 内，$f(x) = \sin \dfrac{\pi}{x}$ 是初等函数，故 $f(x)$ 在 $(2, +\infty)$ 内连续.

在 $x = 2$ 处，因为

$$\lim_{x \to 2^-} f(x) = \lim_{x \to 2^-} (1 - e^{\frac{1}{x-2}}) = 1 - \lim_{x \to 2^-} e^{\frac{1}{x-2}} = 1$$

$$\lim_{x \to 2^+} f(x) = \lim_{x \to 2^+} \sin \frac{\pi}{x} = 1$$

故 $f(2 - 0) = f(2 + 0) = 1$

又因为 $\lim\limits_{x \to 2} f(x) = 1 = f(2)$

所以 $f(x)$ 在 $x = 2$ 处连续. 综上所述，$f(x)$ 在 $(-\infty, +\infty)$ 内连续.

四、利用函数连续性求极限

利用初等函数的连续性求极限，将大大简化求极限的过程，因为对连续函数 $f(x)$，有
$$\lim_{x \to x_0} f(x) = f(x_0)$$
故求初等函数 $f(x)$ 在 x_0 处的极限，只要 x_0 在定义区间内，只须直接求出函数值（即代入法）即可.

例 2 求 $\lim\limits_{x \to 0} \dfrac{\ln(\sin x + \cos x + \arctan x)}{e^x \cdot \sqrt{x^2 + 1}}$.

解 $\lim\limits_{x \to 0} \dfrac{\ln(\sin x + \cos x + \arctan x)}{e^x \cdot \sqrt{x^2 + 1}} = \dfrac{\ln(\sin 0 + \cos 0 + \arctan 0)}{e^0 \cdot \sqrt{0 + 1}} = 0$

对复合函数 $y = f[\phi(x)]$，若 $u = \phi(x)$ 满足 $\lim \phi(x) = a$，而 $y = f(u)$ 在 a 连续，则有

$$\lim f[\phi(x)] \xlongequal{u = \phi(x)} \lim_{u \to a} f(u) = f(a) = f[\lim \phi(x)]$$

（读者可自己证明）

此结论表明，当复合函数的外层函数为连续函数且内层函数的极限存在时，此时极限符号可进入到函数符号内部，即极限符号与函数符号可交换位置.

例 3 求 $\lim\limits_{x \to 0} \dfrac{\ln(1 + x)}{x}$.

解 $\lim\limits_{x \to 0} \dfrac{\ln(1 + x)}{x} = \lim\limits_{x \to 0} \ln(1 + x)^{\frac{1}{x}} = \ln \lim\limits_{x \to 0} (1 + x)^{\frac{1}{x}} = \ln e = 1$

（注意此例的解法与第九节例 1 中的解法所用依据不同）

例 4　证明：若 $\lim f(x) = A$，α 为任意实数，则

$$\lim f(x)^{\alpha} = A^{\alpha} = [\lim f(x)]^{\alpha}$$

证　设 $u = f(x)$，则 $y = f(x)^{\alpha} = u^{\alpha}$，是复合函数，且 $y = u^{\alpha}$ 是连续函数，则有

$$\lim f(x)^{\alpha} = [\lim f(x)]^{\alpha} = A^{\alpha}$$

习题 1 –11

1. 讨论下列函数的连续性.

（1）$f(x) = \begin{cases} x + 2 & x \geqslant 0 \\ \dfrac{x}{1 - \sqrt{1 - x}} & x < 0 \end{cases}$
　　　（2）$f(x) = \begin{cases} \dfrac{\ln(1 + 2x)}{x} & x > 0 \\ 1 + x\cos x & x \leqslant 0 \end{cases}$

2. 求 a，b 使函数 $f(x)$ 在其定义域内连续.

（1）$f(x) = \begin{cases} \dfrac{\sin x}{x} & x < 0 \\ a & x = 0 \\ x\sin\dfrac{1}{x} - b & x > 0 \end{cases}$
　　（2）$f(x) = \begin{cases} ax + 1 & |x| \leqslant 1 \\ x^2 + x + b & |x| > 1 \end{cases}$

3. 利用函数的连续性，求下列极限.

（1）$\lim\limits_{x \to 0} \dfrac{e^{x^2}\cos x}{\arcsin(x + 1)}$
　　　（2）$\lim\limits_{x \to 0} \dfrac{\ln(1 + x^2)}{\tan(1 + x^2)}$

（3）$\lim\limits_{x \to 0} \dfrac{\sqrt[3]{x + 1} - 1}{x}$
　　　（4）$\lim\limits_{x \to \frac{\pi}{4}} \ln \dfrac{\arctan\left(x - \dfrac{\pi}{4}\right)}{x - \dfrac{\pi}{4}}$

第十二节　闭区间上连续函数的性质

定理 1　在闭区间上连续的函数在该区间上一定有最大值和最小值.（证明从略）

定理中所称的最大值（最小值）是指：对在区间 I 上有定义的函数 $f(x)$，若有 $x_0 \in I$，使对任一 $x \in I$，都有 $f(x) \leqslant f(x_0)$（$f(x) \geqslant f(x_0)$），则称 $f(x_0)$ 是函数 $f(x)$ 在区间 I 上的最大值（最小值），称 x_0 为最大值点（最小值点）.

由定理 1 可知，若 $f(x)$ 在 $[a, b]$ 上连续，则至少有一点 $\xi_1 \in [a, b]$，使 $f(\xi_1)$ 是 $f(x)$ 在 $[a, b]$ 上的最大值，同时，又至少有一点 $\xi_2 \in [a, b]$，使 $f(\xi_2)$ 是 $f(x)$ 在 $[a, b]$ 上的最小值.

例如 $f(x) = x + 2$ 在 $[1, 2]$ 上连续，它有最大值 $f(2) = 4$ 和最小值 $f(1) = 3$；$f(x) = 1 +$

sinx 在 $[0,3\pi]$ 上连续，它有最大值 $f\left(\dfrac{\pi}{2}\right)=f\left(\dfrac{5\pi}{2}\right)=2$ 和最小值 $f\left(\dfrac{3\pi}{2}\right)=0$，它的最大值点有两个；$f(x)=\sin^2 x+\cos^2 x$ 在 $[0,2\pi]$ 上连续，它的最大值和最小值都是 1，且有无穷多个最大值点和最小值点.

最大值常记为 M，最小值常记为 m.

定理 1 也称为最大值和最小值定理，其几何意义非常明显，如图 1−44.

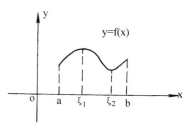

图 1−44

开区间上连续的函数不一定有最大值和最小值，如 $f(x)=x+2$ 在 $(1,2)$ 上既无最大值，又无最小值，而 $f(x)=1+\sin x$ 在 $(0,3\pi)$ 上既有最大值又有最小值.

闭区间上有定义，但有间断点的函数在该区间上也不一定有最大值和最小值. 如

$$f(x)=\begin{cases}-\dfrac{1}{x} & -1\le x<0\\[2mm] 2 & 0\le x\le 1\end{cases}$$

的定义域为 $[-1,1]$，其中 $x=0$ 为间断点（如图 1−45），它在 $[-1,1]$ 上没有最大值，只有最小值 $f(-1)=1$；又如

$$g(x)=\begin{cases}1-x & 0\le x<1\\ 1 & x=1\\ 3-x & 1<x\le 2\end{cases}$$

的定义域为 $[0,2]$，其中 $x=1$ 为间断点（如图 1−46），它在 $[0,2]$ 上既无最大值也无最小值.

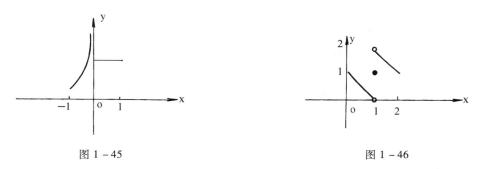

图 1−45   图 1−46

定理 2 在闭区间上连续的函数在该区间上有界.

证 设 $f(x)$ 在 $[a,b]$ 上连续，由定理 1，$f(x)$ 在 $[a,b]$ 上有最大值 M 和最小值 m，即对任意的 $x\in[a,b]$，有

$$m\le f(x)\le M$$

此式表明 $f(x)$ 在 $[a,b]$ 上有上界 M 和下界 m，因此 $f(x)$ 在 $[a,b]$ 上有界.

定理 2 也称为有界性定理.

定理 3 设 $f(x)$ 在 $[a,b]$ 上连续，则对介于最大值 M 和最小值 m 之间的任一实数 c（$m\le c\le M$），至少有一点 $\xi\in[a,b]$ 使 $f(\xi)=c$.（证明从略）

定理 3 也称为介值定理，其几何意义是：在直线 $y = m$ 和 $y = M$ 之间作任何一条平行于 x 轴的直线 $y = c$，则该直线与曲线 $y = f(x)(x \in (a,b))$ 至少有一个交点，如图 1 – 47.

推论 1　设 $f(x)$ 在 $[a, b]$ 上连续，$f(a)$ 与 $f(b)$ 异号（即 $f(a)f(b) < 0$），则至少有一点 $\xi \in (a,b)$，使 $f(\xi) = 0$

证　不妨设 $f(a) < 0$，$f(b) > 0$，因为 $f(x)$ 在 $[a, b]$ 上连续，由定理 1，有最大值 M 和最小值 m，则有

$$m \leqslant f(a) < 0 < f(b) \leqslant M$$

取 $c = 0$，由定理 3，至少有一点 $\xi \in (a,b)$，使 $f(\xi) = 0$

对于使 $f(x_0) = 0$ 的点 x_0，我们称其为 $f(x)$ 的零点，因此推论 1 又称为零点定理，其几何意义是：如果闭区间上的连续曲线 $y = f(x)$ 的两个端点位于 x 轴的不同侧，则这段曲线与 x 轴至少有一个交点（如图 1 – 48）.

图 1 – 47　　　　　　　　　　图 1 – 48

推论 2　设函数 $y = f(x)$ 在 $[a, b]$ 上连续，且 $f(a) \neq f(b)$，则对于介于 $f(a)$ 与 $f(b)$ 之间的任一实数 c，至少有一点 $\xi \in (a,b)$，使 $f(\xi) = c$.

证　不妨设 $f(a) < f(b)$，因为 $f(x)$ 在 $[a, b]$ 上连续，由定理 1，有最大值 M 和最小值 m，则有

$$m \leqslant f(a) < f(b) \leqslant M$$

因为 c 介于 $f(a)$ 与 $f(b)$ 之间，即有

$$m \leqslant f(a) < c < f(b) \leqslant M$$

由定理 3，至少有一点 $\xi \in (a,b)$，使 $f(\xi) = c$.

推论 2 也称为介值定理，其几何意义是：在直线 $y = f(a)$ 和 $y = f(b)$ 之间作任何一条平行于 x 轴的直线 $y = c$，则该直线与曲线段 $y = f(x)$ 至少有一个交点（如图 1 – 49）.

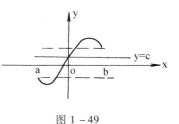

图 1 – 49

例 1　证明方程 $x = e^{\sin x}$ 在 $(0, \pi)$ 内至少有一个实根.

证　令 $f(x) = x - e^{\sin x}$，则 $f(x)$ 在 $[0, \pi]$ 上连续

因为 $f(0) = -1 < 0$，$f(\pi) = \pi - 1 > 0$

由零点定理，至少有一点 $\xi \in (0, \pi)$，使 $f(\xi) = 0$，即

$$\xi - e^{\sin \xi} = 0$$

即　　　　$\xi = e^{\sin \xi}$

因此 ξ 是方程 $x = e^{\sin x}$ 的根，即方程 $x = e^{\sin x}$ 在 $(0, \pi)$ 内至少有一个实根.

例 2　设 $f(x)$ 在 $[0,1]$ 上连续，且满足 $0 < f(x) < 1$，证明存在 $x_0 \in (0,1)$，使 $f(x_0) = x_0$.

证　设 $F(x) = f(x) - x$，因为 $f(x)$ 在 $[0, 1]$ 上连续，所以 $F(x)$ 也在 $[0, 1]$ 上连续.

因为 $0 < f(x) < 1$，

所以 $F(0) = f(0) > 0, F(1) = f(1) - 1 < 0$

由零点定理，至少有一点 $x_0 \in (0,1)$，使 $F(x_0) = 0$，即

$$f(x_0) - x_0 = 0$$

即　$f(x_0) = x_0$.

习题 1 – 12

1. 证明方程 $2^x = x^2$ 在 $(-1, 1)$ 内必有实根.

2. 证明方程 $x = a\sin x + b$（$a > 0$, $b > 0$）至少有一个正根，而且它不超过 $a + b$.

3. 设函数 $f(x)$ 在 $[a, b]$ 上连续，且 $f(a) < a$，$f(b) > b$，证明在 (a, b) 内至少有一点 ξ，使 $f(\xi) = \xi$.

4. 设 $f(x)$ 在 $[a, b]$ 上连续，$a < x_1 < x_2 < \cdots < x_n < b$，则在 (a, b) 内必有 ξ，使 $f(\xi) = \dfrac{f(x_1) + f(x_2) + \cdots + f(x_n)}{n}$.

第二章 导数与微分

函数建立了变量之间的依存关系，从数量关系上反映了事物的运动与变化. 为了更进一步地研究函数的变化规律，我们常常需要讨论由自变量的变化所引起的函数变化的相对快慢程度以及由自变量的微小变化所引起的函数的微小变化，这两个问题就是本章我们所要确定的主要对象——导数与微分，统称为微分学.

本章我们将通过实际问题引出导数与微分的概念，并建立导数与微分的计算公式和方法.

第一节 导数的概念

一、引例

为了便于理解，我们从二个不同的实例引出导数的概念.

1. 变速直线运动的瞬时速度

设一物体作变速直线运动，其运动方程为 $s = s(t)$，其中 s 是物体从运动开始（设为时刻 0）到时刻 t 时所通过的路程，求物体在任一时刻 t_0 时的瞬时速度 $v(t_0)$.

设 Δt 是时间 t 从时刻 t_0 到时刻 $t_0 + \Delta t$ 的时间增量，Δs 是相应的物体路程 s 的增量，即 $\Delta s = s(t_0 + \Delta t) - s(t_0)$，比值 $\dfrac{\Delta s}{\Delta t}$ 表示 Δt 这个时间间隔内的平均速度 $\bar{v}$，即

$$\bar{v} = \frac{\Delta s}{\Delta t} = \frac{s(t_0 + \Delta t) - s(t_0)}{\Delta t}$$

当时间间隔 Δt 很小时，物体的运动来不及有太大的变化，可以认为物体在这个时间间隔内近似地作匀速运动，于是可用 $\bar{v}$ 作为 $v(t_0)$ 的近似值，而且 Δt 越小，其近似程度越好. 因此，我们规定，当 $\Delta t \to 0$ 时，平均速度 $\bar{v}$ 的极限（如果存在的话），称为物体在时刻 t_0 时的瞬时速度，即

$$v(t_0) = \lim_{\Delta t \to 0} \frac{\Delta s}{\Delta t} = \lim_{\Delta t \to 0} \frac{s(t_0 + \Delta t) - s(t_0)}{\Delta t}$$

因此，物体在时刻 t_0 时的瞬时速度 $v(t_0)$ 是路程函数 $s = s(t)$ 的增量 Δs 与自变量 t 的增量 Δt 的比值 $\dfrac{\Delta s}{\Delta t}$ 当 $\Delta t \to 0$ 时的极限.

2. 曲线的切线斜率

设曲线 C 是函数 $y = f(x)$ 的图形，$P_0(x_0, y_0)$ 为曲线 C 上的一点，求曲线 C 在点 P_0 处的切线斜率.

什么是曲线的切线？

在曲线 C 上点 P_0 附近任取一点 P，通过 P_0、P 的直线称为曲线 C 的割线. 当点 P 沿着曲线趋于点 P_0 时，如果割线 P_0P 绕点 P_0 旋转而趋于极限位置 P_0T，则直线 P_0T 就称为曲线 C 在点 P_0 处的切线（如图 2 - 1）.

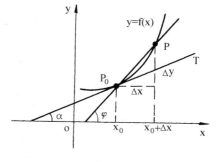

设 Δx 是自变量 x 在 x_0 处的增量，Δx 可正可负，Δy 是相应的函数值 y 的增量，即 $\Delta y = f(x_0 + \Delta x) - f(x_0)$，割线 P_0P 的斜率为

$$\tan\varphi = \frac{\Delta y}{\Delta x} = \frac{f(x_0 + \Delta x) - f(x_0)}{\Delta x}$$

图 2 - 1

其中 φ 为割线 P_0P 的倾角. 当点 P 沿着曲线 C 无限地接近于点 P_0 时，割线 P_0P 将无限地接近于切线 P_0T，割线 P_0P 的斜率将无限地接近于切线 P_0T 的斜率. 因此，我们认为，当 $\Delta x \to 0$ 时，割线 P_0P 的斜率的极限（如果存在的话）就是曲线 C 在点 P_0 处的切线的斜率，即

$$\tan\alpha = \lim_{\varphi \to \alpha} \tan\varphi = \lim_{\Delta x \to 0} \frac{\Delta y}{\Delta x} = \lim_{\Delta x \to 0} \frac{f(x_0 + \Delta x) - f(x_0)}{\Delta x}$$

因此曲线 $y = f(x)$ 在点 $P_0(x_0, y_0)$ 处的切线斜率 $\tan\alpha$ 是函数 $y = f(x)$ 的增量 Δy 与自变量 x 的增量 Δx 的比值 $\frac{\Delta y}{\Delta x}$ 当 $\Delta x \to 0$ 时的极限.

从这两个实例可以看出，虽然它们所表示的实际意义不同，但都可以归纳为同一个数学模型. 即都是计算函数的增量 Δy 与其自变量的增量 Δx 之比值 $\frac{\Delta y}{\Delta x}$ 当 $\Delta x \to 0$ 时的极限. 即

$$\lim_{\Delta x \to 0} \frac{\Delta y}{\Delta x} = \lim_{\Delta x \to 0} \frac{f(x_0 + \Delta x) - f(x_0)}{\Delta x}$$

这个比值的极限反映了因变量在某一点处随自变量变化的快慢程度. 撇开它们的实际意义，将它们在数量关系方面的共性抽象出来，就得到函数的变化率——导数的概念.

二、导数的定义

定义 1　设函数 $y = f(x)$ 在点 x_0 的某个邻域内有定义，当自变量 x 在点 x_0 处取得增量 Δx（$x_0 + \Delta x$ 仍在该邻域内）时，函数 $y = f(x)$ 取得相应的增量 $\Delta y = f(x_0 + \Delta x) - f(x_0)$.

如果当 $\Delta x \to 0$ 时，$\frac{\Delta y}{\Delta x}$ 的极限存在，则称函数 $y = f(x)$ 在点 x_0 处可导，并称此极限值为函数 $y = f(x)$ 在点 x_0 处的导数，记作 $f'(x_0)$. 即

$$f'(x_0) = \lim_{\Delta x \to 0} \frac{\Delta y}{\Delta x} = \lim_{\Delta x \to 0} \frac{f(x_0 + \Delta x) - f(x_0)}{\Delta x}$$

也可记作 $y'\Big|_{x=x_0}$, $\dfrac{df}{dx}\Big|_{x=x_0}$, $\dfrac{dy}{dx}\Big|_{x=x_0}$.

若上述极限值不存在，则称函数 $y = f(x)$ 在点 x_0 处不可导. 假如不可导的原因是当 $\Delta x \to 0$ 时 $\dfrac{\Delta y}{\Delta x} \to \infty$，为了方便起见，也可以说函数 $y = f(x)$ 在点 x_0 处的导数为无穷大.

$\dfrac{\Delta y}{\Delta x} = \dfrac{f(x_0 + \Delta x) - f(x_0)}{\Delta x}$ 反映的是自变量 x 从 x_0 变到 $x_0 + \Delta x$ 时，函数 $y = f(x)$ 的平均变化速度，称为函数的平均变化率；而导数 $f'(x_0) = \lim\limits_{\Delta x \to 0} \dfrac{\Delta y}{\Delta x} = \lim\limits_{\Delta x \to 0} \dfrac{f(x_0 + \Delta x) - f(x_0)}{\Delta x}$ 反映的是函数 $y = f(x)$ 在点 x_0 处的变化速度，称为函数在点 x_0 处的变化率.

若令 $x = x_0 + \Delta x$，则 $\Delta x = x - x_0$，$\Delta y = f(x) - f(x_0)$，于是导数 $f'(x_0)$ 也可记为

$$f'(x_0) = \lim_{x \to x_0} \frac{f(x) - f(x_0)}{x - x_0}$$

定义 2   如果函数 $y = f(x)$ 在区间 (a, b) 内每一点 x 处都可导，则称函数 $y = f(x)$ 在区间 (a, b) 内可导. 此时对于区间 (a, b) 内每一点 x，都有一个导数值 $f'(x)$ 与它对应，这样就定义了一个新的函数，称函数 $y = f(x)$ 在区间 (a, b) 内对 x 的导函数，简称为导数，记作

$$f'(x) \text{ 或 } y', \quad \frac{df}{dx}, \quad \frac{dy}{dx}.$$

即 $$f'(x) = \lim_{\Delta x \to 0} \frac{\Delta y}{\Delta x} = \lim_{\Delta x \to 0} \frac{f(x + \Delta x) - f(x)}{\Delta x}$$

显然，函数 $y = f(x)$ 在点 x_0 处的导数 $f'(x_0)$ 就是导函数 $f'(x)$ 在点 x_0 处的函数值，即

$$f'(x_0) = f'(x)\Big|_{x=x_0}$$

根据导数的定义，前面两个例子可以叙述为：

（1）变速直线运动的物体的瞬时速度是路程 s 对时间 t 的导数. 即 $v(t) = s'(t) = \dfrac{ds}{dt}$.

（2）曲线 $y = f(x)$ 在点 x 处的切线斜率是函数 y 对自变量 x 的导数. 即 $\tan \alpha = f'(x) = \dfrac{dy}{dx}$.

用导数的定义求导数的方法概括为以下几个步骤：

（1）给出自变量 x 的增量 Δx，求出相应的函数的增量 $\Delta y = f(x + \Delta x) - f(x)$

（2）作出比值 $\dfrac{\Delta y}{\Delta x} = \dfrac{f(x + \Delta x) - f(x)}{\Delta x}$

（3）求当 $\Delta x \to 0$ 时，$\dfrac{\Delta y}{\Delta x}$ 的极限. 即 $f'(x) = \lim\limits_{\Delta x \to 0} \dfrac{\Delta y}{\Delta x} = \lim\limits_{\Delta x \to 0} \dfrac{f(x + \Delta x) - f(x)}{\Delta x}$

例 1   求函数 $y = f(x) = c$ 的导数（c 为常数）.

解   对自变量 x 的增量 Δx.

$$\Delta y = f(x + \Delta x) - f(x) = c - c = 0$$

则 $\quad \dfrac{\Delta y}{\Delta x} = \dfrac{0}{\Delta x} = 0$

所以 $\quad c' = \lim\limits_{\Delta x \to 0} \dfrac{\Delta y}{\Delta x} = 0$

即 常数的导数为 0.

例 2 求函数 $y = f(x) = x^n$（$n \in Z^+$）的导数.

解 对自变量 x 的增量 Δx

$$\begin{aligned}
\Delta y &= f(x + \Delta x) - f(x) = (x + \Delta x)^n - x^n \\
&= nx^{n-1}\Delta x + \frac{n(n-1)}{2!}x^{n-2}(\Delta x)^2 + \cdots + (\Delta x)^n
\end{aligned}$$

则 $\quad \dfrac{\Delta y}{\Delta x} = nx^{n-1} + \dfrac{n(n-1)}{2!}x^{n-2}\Delta x + \cdots + (\Delta x)^{n-1}$

所以 $\quad (x^n)' = \lim\limits_{\Delta x \to 0} \dfrac{\Delta y}{\Delta x} = nx^{n-1}$

特别地 $\quad (x)' = 1$

更一般地，对于幂函数 $y = x^\alpha$（α 为实常数），有公式

$$(x^\alpha)' = \alpha x^{\alpha - 1}$$

这就是幂函数的导数公式. 此公式的证明可利用后面的复合函数求导法则给出. 它能很方便地求出幂函数的导数. 如

当 $\alpha = \dfrac{1}{2}$ 时，$(\sqrt{x})' = \left(x^{\frac{1}{2}}\right)' = \dfrac{1}{2}x^{-\frac{1}{2}} = \dfrac{1}{2\sqrt{x}}$

当 $\alpha = -1$ 时，$\left(\dfrac{1}{x}\right)' = (x^{-1})' = (-1)x^{-2} = -\dfrac{1}{x^2}$

例 3 求函数 $y = f(x) = \sin x$ 的导数，并求 $f'(0)$，$f'\left(\dfrac{\pi}{3}\right)$.

解 对自变量 x 的增量 Δx，则

$$\begin{aligned}
f'(x) &= \lim_{\Delta x \to 0} \frac{f(x + \Delta x) - f(x)}{\Delta x} = \lim_{\Delta x \to 0} \frac{\sin(x + \Delta x) - \sin x}{\Delta x} \\
&= \lim_{\Delta x \to 0} \frac{2\sin\dfrac{\Delta x}{2}\cos\left(x + \dfrac{\Delta x}{2}\right)}{\Delta x} = \lim_{\Delta x \to 0} \cos\left(x + \frac{\Delta x}{2}\right)\frac{\sin\dfrac{\Delta x}{2}}{\dfrac{\Delta x}{2}} = \cos x
\end{aligned}$$

即 $\quad (\sin x)' = \cos x$

这就是说，正弦函数的导数是余弦函数.

$$f'(0) = \cos x \Big|_{x=0} = 1$$

$$f'\left(\frac{\pi}{3}\right) = \cos x \Big|_{x=\frac{\pi}{3}} = \frac{1}{2}$$

类似地，可求得

$$(\cos x)' = -\sin x$$

例 4　求函数 $y = f(x) = a^x$（$a > 0$，$a \neq 1$）的导数.

解　对自变量 x 的增量 Δx，则

$$f'(x) = \lim_{\Delta x \to 0} \frac{f(x + \Delta x) - f(x)}{\Delta x} = \lim_{\Delta x \to 0} \frac{a^{x + \Delta x} - a^x}{\Delta x} = a^x \lim_{\Delta x \to 0} \frac{a^{\Delta x} - 1}{\Delta x} = a^x \ln a$$

即　　　　$$(a^x)' = a^x \ln a$$

这就是指数函数的导数公式. 特别地，当 $a = e$ 时，有 $(e^x)' = e^x$，这表明，以 e 为底的指数函数的导数就是它自身，这是以 e 为底的指数函数特有的性质.

例 5　求函数 $y = f(x) = \log_a x$（$a > 0$，$a \neq 1$）的导数.

解　对自变量 x 的增量 Δx，则

$$f'(x) = \lim_{\Delta x \to 0} \frac{f(x + \Delta x) - f(x)}{\Delta x} = \lim_{\Delta x \to 0} \frac{\log_a (x + \Delta x) - \log_a x}{\Delta x}$$

$$= \lim_{\Delta x \to 0} \frac{1}{\Delta x} \log_a \left(1 + \frac{\Delta x}{x}\right) = \lim_{\Delta x \to 0} \frac{1}{x} \log_a \left(1 + \frac{\Delta x}{x}\right)^{\frac{x}{\Delta x}} = \frac{1}{x} \log_a e = \frac{1}{x \ln a}$$

即　　　　$$(\log_a x)' = \frac{1}{x \ln a}$$

这就是对数函数的导数公式，特别地，当 $a = e$ 时，得到自然对数函数的导数公式：

$$(\ln x)' = \frac{1}{x}$$

三、单侧导数

有时需要考虑函数在一点的左侧或右侧的变化率，例如研究函数在闭区间的左端点右侧的变化率或右端点左侧的变化率.

定义 3　设函数 $y = f(x)$ 在点 x_0 及左邻域（$x_0 - \delta < x < x_0$）内有定义，若比值 $\frac{\Delta y}{\Delta x}$ 当 $\Delta x \to 0^-$ 时的极限存在，则称此极限值为函数 $y = f(x)$ 在点 x_0 处的左导数. 记作 $f'_-(x_0)$. 即

$$f'_-(x_0) = \lim_{\Delta x \to 0^-} \frac{\Delta y}{\Delta x} = \lim_{\Delta x \to 0^-} \frac{f(x_0 + \Delta x) - f(x_0)}{\Delta x} = \lim_{x \to x_0^-} \frac{f(x) - f(x_0)}{x - x_0}$$

类似地，函数 $y = f(x)$ 在点 x_0 处的右导数 $f'_+(x_0)$ 定义为

$$f'_+(x_0) = \lim_{\Delta x \to 0^+} \frac{\Delta y}{\Delta x} = \lim_{\Delta x \to 0^+} \frac{f(x_0 + \Delta x) - f(x_0)}{\Delta x} = \lim_{x \to x_0^+} \frac{f(x) - f(x_0)}{x - x_0}$$

左导数与右导数统称为单侧导数.

显然，函数 $y = f(x)$ 在点 x_0 处可导的充分必要条件是左导数 $f'_+(x_0)$ 与右导数 $f'_+(x_0)$ 都存在且相等.

如果函数 $y = f(x)$ 在开区间 (a,b) 内可导，且 $f'_+(a)$ 及 $f'_-(b)$ 都存在，则称 $y = f(x)$ 在闭区间 $[a, b]$ 上可导.

左、右导数的概念对研究分段函数在分段点处的导数是十分重要的.

例 6 求函数 $f(x) = \begin{cases} x^2 & x \le 1 \\ 2x - 1 & x > 1 \end{cases}$ 在点 $x = 1$ 处的导数.

解 $f'_-(1) = \lim\limits_{\Delta x \to 0^-} \dfrac{f(1 + \Delta x) - f(1)}{\Delta x} = \lim\limits_{\Delta x \to 0^-} \dfrac{(1 + \Delta x)^2 - 1^2}{\Delta x} = \lim\limits_{\Delta x \to 0^-} (2 + \Delta x) = 2$

$f'_+(1) = \lim\limits_{\Delta x \to 0^+} \dfrac{f(1 + \Delta x) - f(1)}{\Delta x} = \lim\limits_{\Delta x \to 0^+} \dfrac{[2(1 + \Delta x) - 1] - 1}{\Delta x} = \lim\limits_{\Delta x \to 0^+} 2 = 2$

因为 $f'_-(1) = f'_+(1) = 2$，故 $f(x)$ 在 $x = 1$ 处可导，且 $f'(1) = 2$.

例 7 讨论函数 $f(x) = e^{|x|}$ 在点 $x = 0$ 处的可导性.

解 带有绝对值的函数求导问题，一般是去掉绝对值符号，变为分段函数来研究.

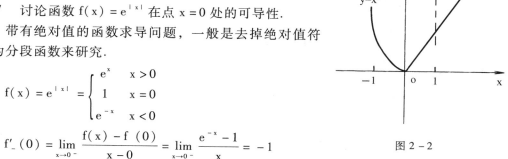

$$f(x) = e^{|x|} = \begin{cases} e^x & x > 0 \\ 1 & x = 0 \\ e^{-x} & x < 0 \end{cases}$$

$f'_-(0) = \lim\limits_{x \to 0^-} \dfrac{f(x) - f(0)}{x - 0} = \lim\limits_{x \to 0^-} \dfrac{e^{-x} - 1}{x} = -1$

$f'_+(0) = \lim\limits_{x \to 0^+} \dfrac{f(x) - f(0)}{x - 0} = \lim\limits_{x \to 0^+} \dfrac{e^x - 1}{x} = 1$

图 2 - 2

因为 $f'_-(0) \ne f'_+(0)$，所以 $f'(0)$ 不存在. 即 $f(x)$ 在 $x = 0$ 处不可导.

四、导数的几何意义

由引例 2 可知，导数 $f'(x_0)$ 的几何意义就是曲线 $y = f(x)$ 在点 $P_0(x_0, y_0)$ 处的切线斜率，即

$$f'(x_0) = \tan\alpha$$

其中 α 是曲线上点 $P_0(x_0, y_0)$ 处的切线与 x 轴正方向的夹角.

如果 $f'(x_0)$ 为无穷大，则曲线在点 $P_0(x_0, y_0)$ 处具有垂直于 x 轴的切线 $x = x_0$.

过曲线 $y = f(x)$ 上一点 $P_0(x_0, y_0)$，且垂直于该点的切线的直线称为曲线在该点的法线.

利用直线的点斜式方程，可知曲线 $y = f(x)$ 在点 $P_0(x_0, y_0)$ 处的切线方程为

$$y - y_0 = f'(x_0)(x - x_0)$$

法线方程为

$$y - y_0 = -\frac{1}{f'(x_0)}(x - x_0) \quad (f'(x_0) \ne 0)$$

例 8 在等边双曲线 $y = \dfrac{1}{x}$ 上求一点，使得曲线在该点的切线平行于直线 $4x + y - 1 = 0$，并写出在该点处的切线方程与法线方程.

解 已知直线的斜率为 $k = -4$，双曲线 $y = \dfrac{1}{x}$ 上任一点 (x, y) 处的切线斜率为 $y' = -\dfrac{1}{x^2}$，令 $-\dfrac{1}{x^2} = -4$，得 $x = \dfrac{1}{2}$，$y = 2$ 或 $x = -\dfrac{1}{2}$，$y = -2$，于是所求的点为 $\left(\dfrac{1}{2}, 2\right)$ 或 $\left(-\dfrac{1}{2}, -2\right)$，

过点 $\left(\dfrac{1}{2},\ 2\right)$ 的切线方程为

$$y - 2 = -4\left(x - \dfrac{1}{2}\right), \ 即 \ 4x + y - 4 = 0$$

法线方程为

$$y - 2 = \dfrac{1}{4}\left(x - \dfrac{1}{2}\right), 即 \ 2x - 8y + 15 = 0$$

过点 $\left(-\dfrac{1}{2},\ -2\right)$ 的切线方程为

$$y + 2 = -4\left(x + \dfrac{1}{2}\right), \ 即 \ 4x + y + 4 = 0$$

法线方程为

$$y + 2 = \dfrac{1}{4}\left(x + \dfrac{1}{2}\right), \ 即 \ 2x - 8y - 15 = 0$$

五、函数可导与连续的关系

定理 1　设函数 $y = f(x)$ 在点 x_0 处可导，则它在点 x_0 处必连续.

证　因为函数 $y = f(x)$ 在点 x_0 处可导，所以有 $\lim\limits_{\Delta x \to 0} \dfrac{\Delta y}{\Delta x} = f'(x_0)$

于是　　　　$$\lim_{\Delta x \to 0} \Delta y = \lim_{\Delta x \to 0} \dfrac{\Delta y}{\Delta x} \cdot \Delta x = \lim_{\Delta x \to 0} \dfrac{\Delta y}{\Delta x} \lim_{\Delta x \to 0} \Delta x = f'(x_0) \cdot 0 = 0$$

即　函数 $y = f(x)$ 在点 x_0 处连续.

这个定理的逆定理不成立. 即函数 $y = f(x)$ 在点 x_0 处连续，但在点 x_0 处不一定可导.

如函数 $y = f(x) = |x| = \begin{cases} x & x \geqslant 0 \\ -x & x < 0 \end{cases}$ 在点 $x = 0$ 处是连续的，因为

$$\lim_{\Delta x \to 0} \Delta y = \lim_{\Delta x \to 0} \left[f(0 + \Delta x) - f(0) \right]$$
$$= \lim_{\Delta x \to 0} |\Delta x| = 0$$

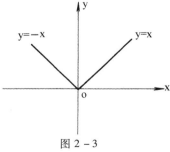

图 2 - 3

但是在点 $x = 0$ 处不可导，因为

$$\lim_{\Delta x \to 0^-} \dfrac{\Delta y}{\Delta x} = \lim_{\Delta x \to 0^-} \dfrac{|\Delta x|}{\Delta x} = \lim_{\Delta x \to 0^-} \dfrac{-\Delta x}{\Delta x} = -1$$

$$\lim_{\Delta x \to 0^+} \dfrac{\Delta y}{\Delta x} = \lim_{\Delta x \to 0^+} \dfrac{|\Delta x|}{\Delta x} = \lim_{\Delta x \to 0^+} \dfrac{\Delta x}{\Delta x} = 1$$

所以极限 $\lim\limits_{\Delta x \to 0} \dfrac{\Delta y}{\Delta x}$ 不存在. 因此 $y = f(x) = |x|$ 在 $x = 0$ 处不可导.

也就是说，函数在某点连续是函数在该点可导的必要条件而不是充分条件. 下面我们再举两个例子.

例 9　讨论函数 $f(x) = \sqrt[3]{x^2}$ 在 $x = 0$ 处的连续性与可导性.

解 因为 $\lim\limits_{x\to 0}f(x) = \lim\limits_{x\to 0}\sqrt[3]{x^2} = 0 = f(0)$，所以 $f(x) = \sqrt[3]{x^2}$ 在点 $x = 0$ 处连续.

而

$$\lim_{x\to 0}\frac{f(x) - f(0)}{x - 0} = \lim_{x\to 0}\frac{\sqrt[3]{x^2} - 0}{x} = \lim_{x\to 0}\frac{1}{\sqrt[3]{x}} = \infty$$

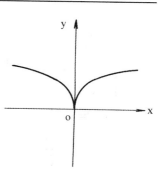

所以 $f(x) = \sqrt[3]{x^2}$ 在点 $x = 0$ 处不可导. 在图形上表现为曲线 $y = \sqrt[3]{x^2}$ 在原点具有垂直于 x 轴的切线（如图 2-4）.

例 10 讨论函数 $f(x) = \begin{cases} x\sin\dfrac{1}{x} & x\neq 0 \\ 0 & x = 0 \end{cases}$ 在 $x = 0$ 处的连续性

与可导性.

图 2-4

解 因为 $\lim\limits_{x\to 0}f(x) = \lim\limits_{x\to 0}x\sin\dfrac{1}{x} = 0 = f(0)$，所以 $f(x)$ 在 $x = 0$ 处连续，而

$$\lim_{x\to 0}\frac{f(x) - f(0)}{x - 0} = \lim_{x\to 0}\frac{x\sin\dfrac{1}{x} - 0}{x - 0} = \lim_{x\to 0}\sin\frac{1}{x}$$

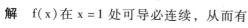

不存在. 所以 $f(x)$ 在 $x = 0$ 处不可导（如图 2-5）.

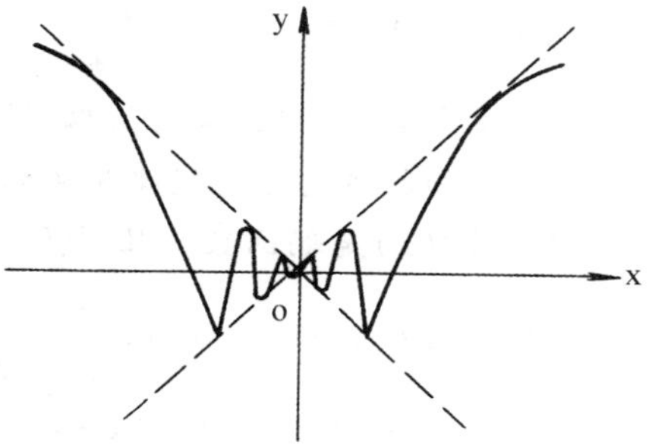

例 11 设函数 $f(x) = \begin{cases} x^2 & x < 1 \\ ax + b & x \geq 1 \end{cases}$，试确定 a、b

的值，使得 $f(x)$ 在 $x = 1$ 处可导.

图 2-5

解 $f(x)$ 在 $x = 1$ 处可导必连续，从而有

$$\lim_{x\to 1^-}f(x) = \lim_{x\to 1^+}f(x) = f(1)$$

即

$$a + b = 1$$

而

$$f'_-(1) = \lim_{x\to 1^-}\frac{f(x) - f(1)}{x - 1} = \lim_{x\to 1^-}\frac{x^2 - 1}{x - 1} = 2$$

$$f'_+(1) = \lim_{x\to 1^+}\frac{f(x) - f(1)}{x - 1} = \lim_{x\to 1^+}\frac{(ax + b) - (a + b)}{x - 1} = a$$

由 $f'_-(1) = f'_+(1)$ 得 $a = 2$，于是 $b = -1$.

故当 $a = 2$，$b = -1$ 时，$f(x)$ 在 $x = 1$ 处可导.

习题 2-1

1. 设 $f'(x_0)$ 存在，按导数定义，求下列极限.

（1）$\lim\limits_{\Delta x\to 0}\dfrac{f(x_0 - \Delta x) - f(x_0)}{\Delta x}$

（2）$\lim\limits_{\Delta x\to 0}\dfrac{f(x_0 + \Delta x) - f(x_0 - \Delta x)}{\Delta x}$

（3）$\lim\limits_{h\to 0}\dfrac{f(x_0+ah)-f(x_0-ah)}{h}$

2. 求下列函数的导数.

（1）$y=x^6$

（2）$y=\sqrt[3]{x^2}$

（3）$y=x^{-0.8}$

（4）$y=x^5\sqrt[3]{x}$

（5）$y=\dfrac{x^2\sqrt[5]{x^2}}{\sqrt[3]{x}}$

（6）$y=\sqrt{x\sqrt{x\sqrt{x}}}$

3. 求下列函数在指定点处的导数.

（1）$f(x)=\dfrac{1}{x}$　　$x_0=2$

（2）$f(x)=\sin x$　　$x_0=\dfrac{\pi}{4}$

（3）$f(x)=3^x$　　$x_0=1$

（4）$f(x)=\log_2 x$　　$x_0=\dfrac{1}{2}$

4. 设 $f(x)=5x^2$，按定义求 $f'(-1)$.

5. 已知物体的运动规律为 $s=t^3$，求这物体在 $t=4$ 秒时的瞬时速度.

6. 若 $f(x)$ 是偶函数，且 $f'(0)$ 存在，证明：$f'(0)=0$.

7. 求曲线 $y=\cos x$ 在点 $\left(\dfrac{\pi}{6},\dfrac{\sqrt{3}}{2}\right)$ 处的切线方程和法线方程.

8. 求过点 $(0,1)$ 与曲线 $y=e^x$ 相切的直线方程.

9. 在抛物线 $y=1-x^2$ 上求两点，使得过这两点的切线与 x 轴形成一个等边三角形.

10. 当 x 取何值时，曲线 $y=x^2$ 与 $y=x^3$ 的切线平行.

11. 讨论下列函数在指定点处的连续性与可导性.

（1）$f(x)=|\sin x|$　　在 $x=0$ 处.

（2）$f(x)=\begin{cases}x^2\sin\dfrac{1}{x} & x\neq 0\\ 0 & x=0\end{cases}$　　在 $x=0$ 处.

（3）$f(x)=\begin{cases}\dfrac{\sqrt{1-x}-1}{\sqrt{x}} & x>0\\ 0 & x\leqslant 0\end{cases}$　　在 $x=0$ 处.

（4）$f(x)=\begin{cases}x^2+1 & 0\leqslant x<1\\ 3x-1 & 1\leqslant x\end{cases}$　　在 $x=1$ 处.

12. 设函数 $f(x)=\begin{cases}\sqrt{x} & x>4\\ ax+b & x\leqslant 4\end{cases}$，试确定 a、b 的值，使得函数 $f(x)$ 在 $x=4$ 处可导.

13. x 为何值时，曲线 $y=\ln x$ 与曲线 $y=ax^2$ 相切（$a>0$）.

14. 证明：双曲线 $xy=a^2$ 上任一点处的切线与两坐标轴构成的三角形的面积等于 $2a^2$.

15. 若函数 $f(x)$ 对任意实数 x_1、x_2 有 $f(x_1+x_2)=f(x_1)f(x_2)$，且 $f'(0)=1$，证明：$f'(x)=f(x)$.

第二节　求　导　法　则

在第一节，我们由定义求出了几个基本初等函数的导数，但是对于较复杂的函数，如果仍按定义求导数，不仅繁琐，有时甚至是不可能的．本节我们给出导数的四则运算法则以及反函数、复合函数的求导方法．借助于这些法则和基本初等函数的导数公式，就能比较方便地求出常见的初等函数的导数．

一、导数的四则运算法则

定理 1　设函数 $u(x)$、$v(x)$ 都在点 x 处可导，则它们的和、差、积、商（假设分母在点 x 处不为零）也在点 x 处可导，且有

(1) $[u(x) \pm v(x)]' = u'(x) \pm v'(x)$

(2) $[u(x)v(x)]' = u'(x)v(x) + u(x)v'(x)$

(3) $\left[\dfrac{u(x)}{v(x)}\right]' = \dfrac{u'(x)v(x) - u(x)v'(x)}{v^2(x)}$ 　　　　$(v(x) \neq 0)$

证　对自变量 x 的增量 Δx，$u(x)$、$v(x)$ 依次取得增量 Δu、Δv，于是

(1)　　$\Delta y = [u(x + \Delta x) \pm v(x + \Delta x)] - [u(x) \pm v(x)]$

$\qquad\qquad = [u(x + \Delta x) - u(x)] \pm [v(x + \Delta x) - v(x)]$

$\qquad\qquad = \Delta u \pm \Delta v$

从而　　$\lim\limits_{\Delta x \to 0} \dfrac{\Delta y}{\Delta x} = \lim\limits_{\Delta x \to 0} \dfrac{\Delta u \pm \Delta v}{\Delta x} = \lim\limits_{\Delta x \to 0} \dfrac{\Delta u}{\Delta x} \pm \lim\limits_{\Delta x \to 0} \dfrac{\Delta v}{\Delta x} = u'(x) \pm v'(x)$

即　　　　$[u(x) \pm v(x)]' = u'(x) \pm v'(x)$

上述结果可推广到有限多个函数的代数和的情形，即

$[u_1(x) \pm u_2(x) \pm \cdots \pm u_n(x)]' = u'_1(x) \pm u'_2(x) \pm \cdots \pm u'_n(x)$

(2) $\Delta y = u(x + \Delta x)v(x + \Delta x) - u(x)v(x)$

$\qquad = u(x + \Delta x)v(x + \Delta x) - u(x)v(x + \Delta x) + u(x)v(x + \Delta x) - u(x)v(x)$

$\qquad = [u(x + \Delta x) - u(x)]v(x + \Delta x) + u(x)[v(x + \Delta x) - v(x)]$

$\qquad = v(x + \Delta x)\Delta u + u(x)\Delta v$

从而　　$\lim\limits_{\Delta x \to 0} \dfrac{\Delta y}{\Delta x} = \lim\limits_{\Delta x \to 0} \dfrac{\Delta u}{\Delta x} v(x + \Delta x) + \lim\limits_{\Delta x \to 0} u(x) \dfrac{\Delta v}{\Delta x}$

$\qquad\qquad\qquad = u'(x)v(x) + u(x)v'(x)$

其中 $\lim\limits_{\Delta x \to 0} v(x + \Delta x) = v(x)$ 是由于 $v'(x)$ 存在，故 $v(x)$ 在点 x 处连续．

即　　　　$[u(x)v(x)]' = u'(x)v(x) + u(x)v'(x)$

上述结果也可推广到有限多个函数乘积的情形．

即　　　　$[u_1(x)u_2(x)\cdots u_n(x)]'$

$\qquad = u'_1(x)u_2(x)\cdots u_n(x) + u_1(x)u'_2(x)\cdots u_n(x) + \cdots + u_1(x)u_2(x)\cdots u'_n(x)$

特别地，当 $u(x)=c$ 时（c 为常数）

$$[cv(x)]' = cv'(x)$$

即   常数因子可提到导数符号外.

（3） $\Delta y = \dfrac{u(x+\Delta x)}{v(x+\Delta x)} - \dfrac{u(x)}{v(x)} = \dfrac{u(x+\Delta x)v(x) - u(x)v(x+\Delta x)}{v(x+\Delta x)v(x)}$

$\quad\quad\quad = \dfrac{[u(x+\Delta x) - u(x)]v(x) - u(x)[v(x+\Delta x) - v(x)]}{v(x+\Delta x)v(x)}$

$\quad\quad\quad = \dfrac{v(x)\Delta u - u(x)\Delta v}{v(x+\Delta x)v(x)}$

从而 $\lim\limits_{\Delta x\to 0} \dfrac{\Delta y}{\Delta x} = \lim\limits_{\Delta x\to 0} \dfrac{\dfrac{\Delta u}{\Delta x}v(x) - u(x)\dfrac{\Delta v}{\Delta x}}{v(x+\Delta x)v(x)} = \dfrac{u'(x)v(x) - u(x)v'(x)}{v^2(x)}$

其中 $\lim\limits_{\Delta x\to 0} v(x+\Delta x) = v(x)$ 也是由于 $v'(x)$ 存在，故 $v(x)$ 在点 x 处连续.

即

$$\left[\dfrac{u(x)}{v(x)}\right]' = \dfrac{u'(x)v(x) - u(x)v'(x)}{v^2(x)}$$

特别地，当 $u(x)=c$（c 为常数时）

$$\left[\dfrac{c}{v(x)}\right]' = -\dfrac{cv'(x)}{v^2(x)}$$

例 1 $y = 3x^2 + 4\ln x - 5\cos x + 7$，求 y'.

解 $y' = (3x^2)' + (4\ln x)' - (5\cos x)' + 7' = 6x + \dfrac{4}{x} + 5\sin x$

例 2 $y = x^5 + 5^x + 5^5$，求 y' 及 $y'\big|_{x=2}$.

解 $y' = (x^5)' + (5^x)' + (5^5)'$

$\quad\quad = 5x^4 + 5^x\ln 5$

$\quad y'\big|_{x=2} = 5\times 2^4 + 5^2\ln 5 = 80 + 25\ln 5$

例 3 $y = e^x(\sin x - \cos x)$，求 y'.

解 $y' = (e^x)'(\sin x - \cos x) + e^x(\sin x - \cos x)'$

$\quad\quad = e^x(\sin x - \cos x) + e^x(\cos x + \sin x) = 2e^x\sin x$

例 4 $y = \dfrac{x^2 - 1}{x^2 + 1}$，求 y'.

解 $y' = \dfrac{(x^2-1)'(x^2+1) - (x^2-1)(x^2+1)'}{(x^2+1)^2}$

$\quad\quad = \dfrac{2x(x^2+1) - 2x(x^2-1)}{(x^2+1)^2} = \dfrac{4x}{(x^2+1)^2}$

例 5 $y = \tan x$，求 y'.

解 $y' = \left(\dfrac{\sin x}{\cos x}\right)' = \dfrac{(\sin x)'\cos x - \sin x(\cos x)'}{\cos^2 x}$

$$= \frac{\cos^2 x + \sin^2 x}{\cos^2 x} = \frac{1}{\cos^2 x} = \sec^2 x$$

即 $(\tan x)' = \sec^2 x$

这就是正切函数的导数公式.

同理可得余切函数的导数公式为

$$(\cot x)' = -\csc^2 x$$

例 6 $y = \sec x$，求 y'.

解 $y' = \left(\dfrac{1}{\cos x}\right)' = \dfrac{-(\cos x)'}{\cos^2 x} = \dfrac{\sin x}{\cos^2 x} = \sec x \tan x$

即 $(\sec x)' = \sec x \tan x$

这就是正割函数的导数公式.

同理可得余割函数的导数公式为

$$(\csc x)' = -\csc x \cot x$$

注意上述四则运算法则的前提是 $u(x)$ 与 $v(x)$ 都在点 x 处可导（商的求导法则还要求分母在 x 处不为零），否则结论不成立.

例 7 设 $f(x) = (x - a)\varphi(x)$，$\varphi(x)$ 在 $x = a$ 处连续，求 $f'(a)$.

解 $f'(a) = \lim\limits_{x \to a} \dfrac{f(x) - f(a)}{x - a} = \lim\limits_{x \to a} \dfrac{(x - a)\varphi(x)}{x - a} = \lim\limits_{x \to a} \varphi(x) = \varphi(a)$

不能按乘积的求导法则先求出 $f(x)$，因为没有给出 $\varphi(x)$ 可导的条件.

二、反函数的求导法则

定理 2 设函数 $x = f(y)$ 在某区间 D_y 内单调、可导，且 $f'(y) \neq 0$，则它的反函数 $y = f^{-1}(x)$ 在对应区间 $D_x = \{x \mid x = f(y), y \in D_y\}$ 内也可导. 且

$$[f^{-1}(x)]' = \frac{1}{f'(y)}$$

证 对 D_x 内的任一点 x，给出自变量的增量 $\Delta x (\Delta x \neq 0)$，由 $x = f(y)$ 在 D_y 内单调、可导知反函数 $y = f^{-1}(x)$ 在 D_x 内也单调、连续，于是

$$\Delta y = f^{-1}(x + \Delta x) - f^{-1}(x) \neq 0, \ \text{且} \lim\limits_{\Delta x \to 0} \Delta y = 0$$

从而 $\lim\limits_{\Delta x \to 0} \dfrac{\Delta y}{\Delta x} = \lim\limits_{\Delta y \to 0} \dfrac{1}{\dfrac{\Delta x}{\Delta y}} = \dfrac{1}{f'(y)}$

即 $[f^{-1}(x)]' = \dfrac{1}{f'(y)}$

这说明，反函数的导数等于原函数导数的倒数.

例 8 设 $y = \arcsin x$，求 y'.

解 $y = \arcsin x$ 的反函数为 $x = \sin y$，且 $x = \sin y$ 在 $\left(-\dfrac{\pi}{2}, \dfrac{\pi}{2}\right)$ 内单调、可导，于是在对应的区间 $(-1, 1)$ 内有

$$(\arcsin x)' = \frac{1}{(\sin y)'} = \frac{1}{\cos y} = \frac{1}{\sqrt{1 - \sin^2 y}} = \frac{1}{\sqrt{1 - x^2}}$$

即

$$(\arcsin x)' = \frac{1}{\sqrt{1 - x^2}}$$

同理可得

$$(\arccos x)' = -\frac{1}{\sqrt{1 - x^2}}$$

例 9 设 $y = \arctan x$，求 y'.

解 $y = \arctan x$ 的反函数为 $x = \tan y$，且 $x = \tan y$ 在 $\left(-\frac{\pi}{2}, \frac{\pi}{2} \right)$ 内单调、可导，于是在对应的区间 $(-\infty, +\infty)$ 内有

$$(\arctan x)' = \frac{1}{(\tan y)'} = \frac{1}{\sec^2 y} = \frac{1}{1 + \tan^2 y} = \frac{1}{1 + x^2}$$

即

$$(\arctan x)' = \frac{1}{1 + x^2}$$

同理可得

$$(\text{arccot} x)' = -\frac{1}{1 + x^2}$$

例 10 已知 $y = f(x) = x^3 - \frac{4}{x}$，求其反函数 $x = f^{-1}(y)$ 在 $y_0 = 6$ 处的导数.

解 因为 $y_0 = 6$，所以 $x_0 = 2$，故

$$(f^{-1})'(6) = \frac{1}{f'(2)} = \frac{1}{3 \cdot 2^2 + \frac{4}{2^2}} = \frac{1}{13}$$

三、复合函数的求导法则

定理 3 设函数 $u = \varphi(x)$ 在点 x 处可导，函数 $y = f(u)$ 在对应点 u 处可导，则复合函数 $y = f[\varphi(x)]$ 在点 x 处也可导. 且

$$\frac{dy}{dx} = \frac{dy}{du} \cdot \frac{du}{dx}$$

或

$$\frac{dy}{dx} = f'(u) \varphi'(x)$$

证 给出自变量 x 在点 x 处的增量 Δx，相应地中间变量 $u = \varphi(x)$ 有增量 $\Delta u = \varphi(x + \Delta x) - \varphi(x)$，因变量 $y = f(u)$ 有增量 $\Delta y = f(u + \Delta u) - f(u)$.

若 $\Delta u \neq 0$，则 $\dfrac{\Delta y}{\Delta x} = \dfrac{\Delta y}{\Delta u} \cdot \dfrac{\Delta u}{\Delta x}$

由于 $u = \varphi(x)$ 在点 x 处可导，于是必定连续，故当 $\Delta x \to 0$ 时，$\Delta u \to 0$，于是

$$\lim_{\Delta x \to 0} \frac{\Delta y}{\Delta x} = \lim_{\Delta x \to 0} \frac{\Delta y}{\Delta u} \cdot \lim_{\Delta x \to 0} \frac{\Delta u}{\Delta x} = \lim_{\Delta u \to 0} \frac{\Delta y}{\Delta u} \cdot \lim_{\Delta x \to 0} \frac{\Delta u}{\Delta x} = f'(u) \varphi'(x)$$

即

$$\frac{dy}{dx} = f'(u) \varphi'(x)$$

若 $\Delta u = 0$，则 $\Delta y = 0$，于是 $\lim\limits_{\Delta x \to 0} \dfrac{\Delta y}{\Delta x} = 0$，$\lim\limits_{\Delta x \to 0} \dfrac{\Delta u}{\Delta x} = 0$，即上述结论仍成立.

该定理说明：复合函数对自变量的导数等于复合函数对中间变量的导数乘以中间变量对自变量的导数.

复合函数的求导法则又称为链式法则，该法则可以推广到中间变量不只一个的情形. 如
$$y = f(u), u = \varphi(v), v = \psi(x).$$

只要每个函数在相应的点都可导，则复合函数 $y = f\{\varphi(\psi(x))\}$ 对 x 的导数是
$$\frac{dy}{dx} = \frac{dy}{du} \cdot \frac{du}{dv} \cdot \frac{dv}{dx} \text{或} \ y'_x = y'_u \cdot u'_v \cdot v'_x$$

复合函数的求导法是一个极其重要的方法，必须正确掌握，熟练运用. 掌握该法则的关键是要善于将一个复合函数分解为几个简单函数的复合，弄清它们之间的复合关系，由外层向内层逐层求导，不能遗漏.

例 11 设 $y = (1 + 2x)^{30}$，求 $\dfrac{dy}{dx}$.

解 设 $y = u^{30}$ $\quad u = 1 + 2x$，则
$$\frac{dy}{dx} = \frac{dy}{du} \cdot \frac{du}{dx} = 30u^{29} \cdot 2 = 60(1 + 2x)^{29}$$

例 12 设 $y = e^{(x - x^2)^3}$，求 $\dfrac{dy}{dx}$.

解 设 $y = e^u$，$u = v^3$，$v = x - x^2$，则
$$\frac{dy}{dx} = \frac{dy}{du} \cdot \frac{du}{dv} \cdot \frac{dv}{dx} = e^u \cdot 3v^2(1 - 2x) = 3e^{(x - x^2)^3}(x - x^2)^2(1 - 2x)$$

在求导熟练以后，可以不引入中间变量，只需将复合关系记清楚，直接用链式法则就行了.

例 13 设 $y = \ln\sin x$，求 $\dfrac{dy}{dx}$.

解 $\dfrac{dy}{dx} = \dfrac{1}{\sin x}(\sin x)' = \dfrac{\cos x}{\sin x} = \cot x$

例 14 设 $y = \left(\dfrac{x}{2x+1}\right)^{\frac{1}{3}}$，求 $\dfrac{dy}{dx}$.

解 $\dfrac{dy}{dx} = \dfrac{1}{3}\left(\dfrac{x}{2x+1}\right)^{-\frac{2}{3}}\left(\dfrac{x}{2x+1}\right)' = \dfrac{1}{3}\left(\dfrac{x}{2x+1}\right)^{-\frac{2}{3}}\dfrac{2x+1-2x}{(2x+1)^2} = \dfrac{1}{3}\left(\dfrac{x}{2x+1}\right)^{-\frac{2}{3}}\dfrac{1}{(2x+1)^2}$

例 15 设 $y = \ln\arctan\dfrac{1}{x}$，求 $\dfrac{dy}{dx}$.

解 $\dfrac{dy}{dx} = \dfrac{1}{\arctan\dfrac{1}{x}}\dfrac{1}{1+\dfrac{1}{x^2}}\left(-\dfrac{1}{x^2}\right) = \dfrac{1}{\arctan\dfrac{1}{x}}\dfrac{-1}{1+x^2} = \dfrac{-1}{(1+x^2)\arctan\dfrac{1}{x}}$

例 16 设 $y = \cos e^{x^3 + 2x^2 + 1}$，求 $\dfrac{dy}{dx}$.

解 $\dfrac{dy}{dx} = -\sin e^{x^3+2x^2+1} e^{x^3+2x^2+1} (3x^2+4x)$

例 17 求双曲函数 shx、chx、thx 的导数.

解 $(shx)' = \left(\dfrac{e^x - e^{-x}}{2}\right)' = \dfrac{1}{2}(e^x + e^{-x}) = chx$

$(chx)' = \left(\dfrac{e^x + e^{-x}}{2}\right)' = \dfrac{1}{2}(e^x - e^{-x}) = shx$

由于 $thx = \dfrac{shx}{chx}$，所以 $(thx)' = \dfrac{ch^2x - sh^2x}{ch^2x} = \dfrac{1}{ch^2x}$

例 18 证明幂函数的导数公式 $(x^\alpha)' = \alpha x^{\alpha-1}$

证 $(x^\alpha)' = (e^{\alpha\ln x})' = e^{\alpha\ln x}(\alpha\ln x)' = \dfrac{\alpha}{x}e^{\alpha\ln x} = \dfrac{\alpha}{x}x^\alpha = \alpha x^{\alpha-1}$

例 19 设 $y = \ln(x + \sqrt{x^2+a^2})$，求 $\dfrac{dy}{dx}$.

解 $\dfrac{dy}{dx} = \dfrac{1}{x + \sqrt{x^2+a^2}}(x + \sqrt{x^2+a^2})' = \dfrac{1}{x + \sqrt{x^2+a^2}}\left(1 + \dfrac{x}{\sqrt{x^2+a^2}}\right) = \dfrac{1}{\sqrt{x^2+a^2}}$

例 20 已知 $f(u)$ 可导，求 $[f(\ln x)]'$，$[f(\cos\sqrt{x})]'$.

解 $[f(\ln x)]' = f'(\ln x)\dfrac{1}{x}$

$[f(\cos\sqrt{x})]' = f'(\cos\sqrt{x})\dfrac{-\sin\sqrt{x}}{2\sqrt{x}}$

四、基本求导法则与导数公式

基本初等函数的导数公式与本节中所讨论的求导法则，在初等函数的求导运算中起着重要的作用，为了便于记忆和使用. 我们把这些导数公式和求导法则归纳如下：

1. 基本初等函数的导数公式

（1）$c' = 0$ （2）$(x^\alpha)' = \alpha x^{\alpha-1}$

（3）$(a^x)' = a^x\ln a$ （4）$(e^x)' = e^x$

（5）$(\log_a x)' = \dfrac{1}{x\ln a}$ （6）$(\ln x)' = \dfrac{1}{x}$

（7）$(\sin x)' = \cos x$ （8）$(\cos x)' = -\sin x$

（9）$(\tan x)' = \sec^2 x$ （10）$(\cot x)' = -\csc^2 x$

（11）$(\sec x)' = \sec x\tan x$ （12）$(\csc x)' = -\csc x\cot x$

（13）$(\arcsin x)' = \dfrac{1}{\sqrt{1-x^2}}$ （14）$(\arccos x)' = -\dfrac{1}{\sqrt{1-x^2}}$

（15）$(\arctan x)' = \dfrac{1}{1+x^2}$ （16）$(\text{arccot}\, x)' = -\dfrac{1}{1+x^2}$

2. 导数的四则运算法则

设 $u = u(x)$、$v = v(x)$ 都可导,则

(1) $(u \pm v)' = u' \pm v'$ 　　　　　　　　(2) $(uv)' = u'v + uv'$

(3) $\left(\dfrac{u}{v}\right)' = \dfrac{u'v - uv'}{v^2}$ 　$(v \neq 0)$

3. 反函数的求导法则

设函数 $x = f(y)$ 在区间 D_y 内单调、可导,且 $f'(y) \neq 0$. 则它的反函数 $y = f^{-1}(x)$ 在 $D_x = f(D_y)$ 内也可导,且

$$\left[f^{-1}(x)\right]' = \frac{1}{f'(y)}$$

4. 复合函数的求导法则

设函数 $y = f(u)$ 及 $u = \varphi(x)$ 都可导,则复合函数 $y = f[\varphi(x)]$ 也可导,且 $\dfrac{dy}{dx} = \dfrac{dy}{du}\dfrac{du}{dx}$.

例 21 设 $y = \ln\sqrt{\dfrac{1 + \sin x}{1 - \sin x}}$,求 y'.

解 $y = \dfrac{1}{2}\left[\ln(1 + \sin x) - \ln(1 - \sin x)\right]$

$y' = \dfrac{1}{2}\left(\dfrac{\cos x}{1 + \sin x} - \dfrac{-\cos x}{1 - \sin x}\right) = \dfrac{\cos x}{1 - \sin^2 x} = \sec x$

例 22 设 $f(x) = \begin{cases} 2 & x \leqslant 0 \\ 3x + 1 & 0 < x \leqslant 1 \\ x^3 + 3 & 1 < x \end{cases}$ 求 $f'(x)$.

解 求分段函数的导数方法是:在各区间段上的导数用法则和公式计算,在分段点处的导数用定义计算.

当 $x < 0$ 时,$f'(x) = 0$

当 $0 < x < 1$ 时,$f'(x) = 3$

当 $1 < x$ 时,$f'(x) = 3x^2$

当 $x = 0$ 时,$f'_-(0) = \lim\limits_{x \to 0^-} \dfrac{f(x) - f(0)}{x - 0} = \lim\limits_{x \to 0^-} \dfrac{2 - 2}{x} = 0$

$f'_+(0) = \lim\limits_{x \to 0^+} \dfrac{f(x) - f(0)}{x - 0} = \lim\limits_{x \to 0^+} \dfrac{3x + 1 - 2}{x} = -\infty$

所以 $f'(0)$ 不存在.

当 $x = 1$ 时,$f'_-(1) = \lim\limits_{x \to 1^-} \dfrac{f(x) - f(1)}{x - 1} = \lim\limits_{x \to 1^-} \dfrac{3x + 1 - 4}{x - 1} = \lim\limits_{x \to 1^-} \dfrac{3(x - 1)}{x - 1} = 3$

$f'_+(1) = \lim\limits_{x \to 1^+} \dfrac{f(x) - f(1)}{x - 1} = \lim\limits_{x \to 1^+} \dfrac{x^3 + 3 - 4}{x - 1} = \lim\limits_{x \to 1^+} \dfrac{x^3 - 1}{x - 1} = \lim\limits_{x \to 1^+} (x^2 + x + 1) = 3$

所以 $f'(1) = 3$.

于是　$f'(x) = \begin{cases} 0 & x < 0 \\ 3 & 0 < x \leq 1 \\ 3x^2 & 1 < x \end{cases}$.

习题 2 - 2

1. 若函数 $y = f(x)$ 在点 x_0 处可导，函数 $y = g(x)$ 在点 x_0 处不可导. 证明：

（1）函数 $F(x) = f(x) + g(x)$ 在点 x_0 处不可导.

（2）函数 $G(x) = f(x)g(x)$ 在点 x_0 处不可导. $(f(x_0) \neq 0)$

2. 若函数 $y = f(x)$ 与 $y = g(x)$ 在点 x_0 处都不可导，举例说明：函数 $F(x) = f(x) + g(x)$ 与 $G(x) = f(x)g(x)$ 在点 x_0 处可能可导，也可能不可导.

3. 若函数 $u = \varphi(x)$ 在点 x_0 处可导，$y = f(u)$ 在对应点 $u_0 = \varphi(x_0)$ 处不可导，讨论 $y = f[\varphi(x)]$ 在点 x_0 处是否可导.

4. 设 $f(x) = |x - a|\varphi(x)$，$\varphi(x)$ 在点 $x = a$ 处连续，判断 $f(x)$ 在点 $x = a$ 处的可导性.

5. 求下列函数的导数.

（1）$y = x^3 + 2\sqrt[3]{x^2} - 2^x + 3e^x + 4\sqrt{3}$ 　　　　（2）$y = \dfrac{x^2 - 5x - 1}{x^3}$

（3）$y = (\sqrt{x} + 1)\left(\dfrac{1}{\sqrt{x}} - 1\right)$ 　　　　（4）$y = (x^2 - 1)\sin x + x\cos x$

（5）$y = x^2 \tan x \ln x$ 　　　　（6）$y = \dfrac{2x - 1}{1 - x^2}$

（7）$y = \dfrac{1 + \ln x}{1 - \ln x}$ 　　　　（8）$y = \dfrac{1}{1 + \sqrt{x}} - \dfrac{1}{1 - \sqrt{x}}$

（9）$y = \dfrac{\sin x - x\cos x}{\cos x + x\sin x}$ 　　　　（10）$\rho = e^\varphi \sin\varphi$

6. 求下列函数在给定点的导数.

（1）$f(x) = (x - 1)(x - 2)^2(x - 3)^3$，求 $f'(1)$，$f'(2)$，$f'(3)$

（2）$f(x) = \dfrac{1 - \sqrt{x}}{1 + \sqrt{x}}$，求 $f'(4)$ 　　　　（3）$\rho = \varphi\sin\varphi + \dfrac{1}{2}\cos\varphi$，求 $\rho'\left(\dfrac{\pi}{4}\right)$

7. 求下列函数的反函数的导数.

（1）$y = x + \ln x$ 　　　　（2）$y = x + e^x$

8. 求下列函数的导数.

（1）$y = (3x + 5)^3(5x + 4)^5$ 　　　　（2）$y = \dfrac{x}{\sqrt{1 - x^2}}$

（3）$y = \left(\dfrac{x}{1 + x}\right)^{100}$ 　　　　（4）$y = e^{-\frac{1}{x}}$

$(5)\,y = e^{-\cos^2\frac{1}{x}}$

$(6)\,y = e^{\sqrt{\frac{1-x}{1+x}}}$

$(7)\,y = \ln\left[\ln^2(\ln^3 x)\right]$

$(8)\,y = \ln(x + \sqrt{1+x^2})$

$(9)\,y = \ln(\sec x + \tan x)$

$(10)\,y = \sqrt{x + \sqrt{x + \sqrt{x}}}$

$(11)\,y = \left(\arcsin\dfrac{x}{2}\right)^2$

$(12)\,y = \arccos\sqrt{\dfrac{1-x}{1+x}}$

$(13)\,y = \sin^n x \cos nx$

$(14)\,y = \sin e^{x^2+x-2}$

$(15)\,y = x^2 e^{-2x}\cos 3x$

$(16)\,y = x\arcsin\dfrac{x}{2} + \sqrt{4 - x^2}$

$(17)\,y = \dfrac{\sqrt{1+x} - \sqrt{1-x}}{\sqrt{1+x} + \sqrt{1-x}}$

$(18)\,y = \left(\dfrac{a}{b}\right)^x + \left(\dfrac{b}{x}\right)^b + \left(\dfrac{x}{a}\right)^a$

$(19)\,y = \sec^2\dfrac{x}{a} + \csc^2\dfrac{x}{a}$

$(20)\,y = \ln\left[\cos(\arctan\sin x)\right]$

$(21)\,y = \sin\left[\cos^2(x^3 + x)\right]$

$(22)\,y = \sin^2\dfrac{x}{2} + \cos^2\dfrac{x}{2}$

$(23)\,y = \dfrac{\sin 2x}{1 + \cos 2x}$

$(24)\,y = \sin^4 x \cos^4 x$

$(25)\,y = \left(\dfrac{1 - \cos x}{1 + \cos x}\right)^3$

$(26)\,y = \cos\sqrt{x} + \sqrt{\cos x} + \sqrt{\cos\sqrt{x}}$

$(27)\,y = \ln\dfrac{\sqrt{1+x^2} - 1}{\sqrt{1+x^2} + 1}$

$(28)\,y = a^{a^x} + a^{x^a} + x^{a^a} \quad (a > 0, a \neq 1)$

$(29)\,y = \dfrac{e^x - e^{-x}}{e^x + e^{-x}}$

$(30)\,y = e^{(1 - \sin x)^{\frac{1}{2}}}$

9. 设函数 $y = f(x)$ 可导, 求下列各式.

$(1)\,y = \left[xf(x^2)\right]^2 \qquad 求\dfrac{dy}{dx}$

$(2)\,y = f(\sin x)\sin[f(x)] \qquad 求\dfrac{dy}{dx}$

$(3)\,y = f(e^x)e^{f(x)} \qquad 求\dfrac{dy}{dx}$

$(4)\,y = f(\sin^2 x) + f(\cos^2 x) \qquad 求\dfrac{dy}{dx}\Big|_{x=\frac{\pi}{4}}$

10. 若 $f(x) = e^{2x}, \varphi(x) = x^2$, 求 $f[\varphi'(x)], f'[\varphi(x)], \{f[\varphi(x)]\}'$

11. 求分段函数的导数.

$(1)\,f(x) = \begin{cases} \ln(1-x) & x < 0 \\ 0 & x = 0 \\ -\sin x & x > 0 \end{cases}$

$(2)\,f(x) = \begin{cases} x\arctan\dfrac{1}{x^2} & x \neq 0 \\ 0 & x = 0 \end{cases}$

12. 设 $f(x)$ 在 $(-a, a)$ 上可导, 证明:

(1) 若 $f(x)$ 是偶函数, 则 $f'(x)$ 是奇函数.

(2) 若 $f(x)$ 是奇函数, 则 $f'(x)$ 是偶函数.

(3) 若 $f(x)$ 是周期函数, 则 $f'(x)$ 也是周期函数且周期相同.

第三节　隐函数及参数式函数的导数

一、隐函数的导数

如果变量 x 和 y 满足一个方程 $F(x,y) = 0$,当变量 x 在某一区间内取任一值时，在一定条件下通过该方程有惟一确定的 y 值与之对应，那么此方程在该区间内就确定了一个隐函数.

把一个隐函数化成显函数，叫做隐函数的显化. 如从方程 $x^2 + y^3 - 8 = 0$ 中解出 $y = \sqrt[3]{8 - x^2}$ 就把隐函数化成了显函数. 隐函数的显化有时是有困难的，甚至是不可能的. 但在实际问题中，往往要计算隐函数的导数. 因此，我们希望有一种方法，不管隐函数能否显化，都能直接由方程算出它所确定的隐函数的导数来. 下面我们通过具体的例子来说明这种方法.

例 1　求由方程 $xy + y^3 - 2x^2 + 7 = 0$ 所确定的隐函数 $y = f(x)$ 的导数 y'.

解　方程两端对 x 求导，将"y"看成是以 x 为自变量的函数，则

$$y + xy' + 3y^2 y' - 4x = 0 \text{ 即 } y' = \frac{4x - y}{x + 3y^2}$$

例 2　求由方程 $\sin(x + y) = e^{x^2 + y^2}$ 所确定的隐函数 $y = f(x)$ 的导数 y'.

解　方程两端对 x 求导,得

$$\cos(x + y)(1 + y') = e^{x^2 + y^2}(2x + 2yy') \text{ 即 } y' = -\frac{\cos(x + y) - 2xe^{x^2 + y^2}}{\cos(x + y) - 2ye^{x^2 + y^2}}$$

例 3　求曲线 $xy - e^x + e^y = 0$ 在点 $(0,0)$ 处的切线方程.

解　方程两端对 x 求导得

$$y + xy' - e^x + e^y y' = 0 \text{ 即 } y' = \frac{e^x - y}{x + e^y}$$

于是，曲线在 $(0,0)$ 处的切线斜率为 $y'\Big|_{\substack{x=0\\y=0}} = \frac{e^0 - 0}{e^0 + 0} = 1$,

从而曲线在 $(0,0)$ 处的切线方程为 $y = x$.

例 4　证明：星形线 $x^{\frac{2}{3}} + y^{\frac{2}{3}} = a^{\frac{2}{3}}$ $(a > 0)$ 上任一点的切线夹在两坐标轴之间的线段长度为定值（图 2 - 6）.

证　方程两端对 x 求导得

$$\frac{2}{3}x^{-\frac{1}{3}} + \frac{2}{3}y^{-\frac{1}{3}}y' = 0$$

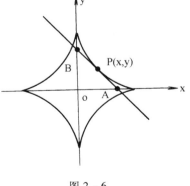

图 2 - 6

于是曲线在任一点 $P(x, y)$ 处的切线斜率为 $k = y' = -\left(\frac{y}{x}\right)^{\frac{1}{3}}$

故点 P 处的切线方程为 $Y - y = -\left(\dfrac{y}{x}\right)^{\frac{1}{3}}(X - x)$

化为截距式 $\dfrac{X}{a^{\frac{2}{3}}x^{\frac{1}{3}}} + \dfrac{Y}{a^{\frac{2}{3}}y^{\frac{1}{3}}} = 1$

从而线段 AB 之长度为 $|AB| = \sqrt{\left(a^{\frac{2}{3}}x^{\frac{1}{3}}\right)^2 + \left(a^{\frac{2}{3}}y^{\frac{1}{3}}\right)^2} = a$　　　　　　　　　（定值）

某些函数的求导问题，可以采取取对数转化为隐函数求导，这种方法称为对数求导法. 对数求导法主要用于幂指函数与多个函数相乘除的情况.

例 5　设 $y = x^{\sin x}$（$x > 0$），求 y'.

解　两端取对数得

$$\ln y = \sin x \ln x$$

两端对 x 求导得

$$\frac{1}{y}y' = \cos x \ln x + \frac{\sin x}{x}, \text{ 所以 } y' = x^{\sin x}\left(\cos x \ln x + \frac{\sin x}{x}\right)$$

例 6　设 $y = \dfrac{x^2}{1-x}\sqrt[3]{\dfrac{3-x}{(3+x)^2}}$，求 y'.

解　y 的定义域为 $\{x \mid x \neq 1, -3\}$，当 $0 < x < 1$ 时两端取对数得：

$$\ln y = 2\ln x - \ln(1-x) + \frac{1}{3}\ln(3-x) - \frac{2}{3}\ln(3+x)$$

两端对 x 求导得：

$$\frac{1}{y}y' = \frac{2}{x} + \frac{1}{1-x} - \frac{1}{3(3-x)} - \frac{2}{3(3+x)}$$

于是　$y' = \dfrac{x^2}{1-x}\sqrt[3]{\dfrac{3-x}{(3+x)^2}}\left[\dfrac{2}{x} + \dfrac{1}{1-x} - \dfrac{1}{3(3-x)} - \dfrac{2}{3(3+x)}\right]$

在定义域的其他范围内，求导结果仍为上式.

二、参数式函数的导数

若参数方程

$$\begin{cases} x = \varphi(t) \\ y = \psi(t) \end{cases} \qquad\qquad (\alpha \leqslant t \leqslant \beta)$$

在一定条件下确定了变量 x 与 y 之间的函数关系，则称此函数关系所表达的函数为参数式函数.

如何求参数式函数的导数. 一种很自然的想法就是由参数方程消去参数 t，得到 x 与 y 之间的关系式，然后利用已有的知识解决其求导问题. 然而消去参数可能很繁杂，有时甚至不可能. 因此我们希望有一种方法不依赖消去参数，而直接从参数方程本身求出其导数来.

定理 1　若 $x = x(t)$ 与 $y = y(t)$ 都可导，且 $x'(t) \neq 0$，又 $x = x(t)$ 存在可导的反函数，则由 $\begin{cases} x = x(t) \\ y = y(t) \end{cases}$ 所确定的函数 $y = f(x)$ 也可导，且 $\dfrac{dy}{dx} = \dfrac{y'(t)}{x'(t)}$.

证 显然 y 可以看成中间变量为 t，自变量为 x 的复合函数，由复合函数及反函数的求导法则知

$$\frac{dy}{dx} = \frac{dy}{dt} \cdot \frac{dt}{dx} = \frac{dy}{dt} \cdot \frac{1}{\dfrac{dx}{dt}} = \frac{y'(t)}{x'(t)}$$

这就是参数式函数的求导公式.

例 7 求椭圆 $\dfrac{x^2}{a^2} + \dfrac{y^2}{b^2} = 1$ 上一点 $\left(\dfrac{a}{\sqrt{2}}, \dfrac{b}{\sqrt{2}}\right)$ 的切线斜率.

解 椭圆的参数方程为

$$\begin{cases} x = a\cos t \\ y = b\sin t \end{cases} \quad 0 \le t \le 2\pi$$

点 $\left(\dfrac{a}{\sqrt{2}}, \dfrac{b}{\sqrt{2}}\right)$ 对应的参数为 $t = \dfrac{\pi}{4}$.

于是
$$\frac{dy}{dx} = \frac{(b\sin t)'}{(a\cos t)'} = \frac{b\cos t}{-a\sin t} = -\frac{b}{a}\cot t$$

所以
$$k = \frac{dy}{dx}\Big|_{t=\frac{\pi}{4}} = -\frac{b}{a}$$

例 8 求摆线 $\begin{cases} x = t - \sin t \\ y = 1 - \cos t \end{cases}$ 上对应于 $t = \dfrac{\pi}{2}$ 处的切线方程（图 2-7）.

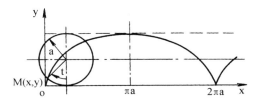

图 2-7

解
$$\frac{dy}{dx} = \frac{(1-\cos t)'}{(t-\sin t)'} = \frac{\sin t}{1-\cos t}$$

$$k = \frac{dy}{dx}\Big|_{t=\frac{\pi}{2}} = 1$$

当 $t = \dfrac{\pi}{2}$ 时，$x_0 = \dfrac{\pi}{2} - 1$，$y_0 = 1$

于是切线方程为

$$y - 1 = x - \left(\frac{\pi}{2} - 1\right), \quad 即 \quad x - y + 2 - \frac{\pi}{2} = 0$$

例 9 已知抛射体的运动轨迹的参数方程为

$$\begin{cases} x = v_1 t \\ y = v_2 t - \dfrac{1}{2}gt^2 \end{cases}$$

求抛射体在时刻 t 的运动速度的大小和方向.

解 速度的水平分速度是水平位移 x 对时间 t 的导数，即 $\dfrac{dx}{dt} = v_1$

竖直分速度是竖直位移 y 对时间 t 的导数，即 $\dfrac{dy}{dt} = v_2 - gt$

于是，抛射体在时刻 t 的运动速度的大小为

$$|v| = \sqrt{\left(\dfrac{dx}{dt}\right)^2 + \left(\dfrac{dy}{dt}\right)^2} = \sqrt{v_1^2 + (v_2 - gt)^2}$$

设 α 是切线的倾角，即速度 v 与 x 轴正向之间的夹角，由导数的几何意义知

$$\tan\alpha = \dfrac{dy}{dx} = \dfrac{y'(t)}{x'(t)} = \dfrac{v_2 - gt}{v_1}$$

于是，抛射体在时刻 t 的运动速度的方向为 $\alpha = \arctan\dfrac{v_2 - gt}{v_1}$

在抛射体刚射出（即 $t = 0$）时 $\tan\alpha \Big|_{t=0} = \dfrac{dy}{dx}\Big|_{t=0} = \dfrac{v_2}{v_1}$

当 $t = \dfrac{v_2}{g}$ 时 $\tan\alpha \Big|_{t=\frac{v_2}{g}} = \dfrac{dy}{dx}\Big|_{t=\frac{v_2}{g}} = 0$，这时，运动方向是水平的，即抛射体达到最高点（图 2-8）.

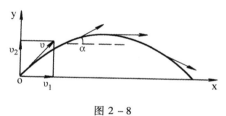

图 2-8

三、相关变化率

设 $x = x(t)$ 与 $y = y(t)$ 都是可导函数，且变量 x 与 y 之间存在某种关系，则变化率 $\dfrac{dx}{dt}$ 与 $\dfrac{dy}{dt}$ 之间也存在一定的关系，这两个相互依赖的变化率称为相关变化率. 我们通常要研究它们之间的关系，以便从其中一个变化率求出另一个变化率.

解决相关变化率的问题，一般可采取以下步骤：

（1）建立变量 x 与 y 之间的函数关系式 $F(x, y) = 0$；

（2）方程两边对另一个变量（如 t）求导，得到 $\dfrac{dx}{dt}$ 与 $\dfrac{dy}{dt}$ 的关系；

（3）由题设条件计算相关变化率.

例 10 把一个球形气球充气到体积为 $9m^3$，如果从 $t = 0$ 时开始放气，且气体放出的速度为每分钟 $3m^3$，求这个气球开始放气时半径的变化率.

解　已知球的体积 V 是半径 R 的函数 $V = \dfrac{4}{3}\pi R^3$，当 $V = 9$ 时，$R = \dfrac{3}{\sqrt[3]{4\pi}}$

两端对 t 求导得

$$\frac{dV}{dt} = 4\pi R^2 \frac{dR}{dt}$$

据题意，$\dfrac{dV}{dt} = 3$．于是 $\dfrac{dR}{dt} = \dfrac{1}{4\pi R^2}\dfrac{dV}{dt} = \dfrac{1}{4\pi \dfrac{9}{\sqrt[3]{(4\pi)^2}}} \cdot 3 = \dfrac{1}{3\sqrt[3]{4\pi}}$

所以半径的变化率为 $\dfrac{1}{3\sqrt[3]{4\pi}}$．

　　例 11　如图 2 – 9 所示，一个高为 4 米，底半径为 2 米的圆锥形容器．如果以 2 米³/秒的速度将水注入该容器，求水深 3 米时水面上升的速度．

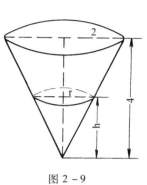

图 2 – 9

　　解　已知圆锥体的体积 V 是半径 r 和高 h 的函数

$$V = \frac{1}{3}\pi r^2 h$$

由图 2 – 9 可知　$\dfrac{r}{h} = \dfrac{2}{4}$，即 $r = \dfrac{1}{2}h$，代入上式得

$$V = \frac{1}{3}\pi \left(\frac{1}{2}h\right)^2 h = \frac{\pi}{12}h^3$$

两边对 t 求导得

$$\frac{dV}{dt} = \frac{\pi}{4}h^2 \frac{dh}{dt}$$

据题意 $\dfrac{dV}{dt} = 2$，于是 $\dfrac{dh}{dt} = \dfrac{4}{\pi h^2}\dfrac{dV}{dt} = \dfrac{4}{\pi \cdot 3^2} \cdot 2 = \dfrac{8}{9\pi}$

所以水深 3 米时水面上升的速度为 $\dfrac{8}{9\pi}$ 米/秒．

习题 2 – 3

1. 求由下列方程所确定的隐函数 $y = f(x)$ 的导数 $\dfrac{dy}{dx}$．

（1）$xy = e^{x+y}$ 　　　　　　　　　　（2）$y = 1 - xe^y$

（3）$x^3 + y^3 - 3axy = 0$ 　　　　　　（4）$x^{\frac{2}{3}} + y^{\frac{2}{3}} = a^{\frac{2}{3}}$

（5）$y = x + \arctan y$ 　　　　　　　　（6）$\sin(x^2 + y^2) = \cos(x + y)$

（7）$\arctan \dfrac{y}{x} = \ln \sqrt{x^2 + y^2}$ 　　　（8）$x^{y^2} + y^2 \ln x - 4 = 0$

2. 设函数 $y = f(x)$ 由方程 $\sin(xy) + \ln(x - y) = x$ 所确定，求 $\left.\dfrac{dy}{dx}\right|_{x=0}$.

3. 求曲线 $x^{\frac{3}{2}} + y^{\frac{3}{2}} = 16$ 在点（4，4）处的切线方程与法线方程.

4. 用对数求导法求下列函数的导数.

(1) $y = x^{\cos x}$

(2) $y = \left(\dfrac{x}{1+x}\right)^x$

(3) $(\cos x)^y = (\sin y)^x$

(4) $y = x(\sin x)^{\cos x}$

(5) $y = x\sqrt{\dfrac{(1-x)(2-x)}{(x-3)(x-4)}}$

(6) $y = \dfrac{\sqrt{x+2}(3-x)^4}{(x+1)^5}$

(7) $y = (x - a_1)^{a_1}(x - a_2)^{a_2}\cdots(x - a_n)^{a_n}$

5. 求下列参数式函数的导数.

(1) $\begin{cases} x = \theta(1 - \sin\theta) \\ y = \theta\cos\theta \end{cases}$

(2) $\begin{cases} x = a\cos^3 t \\ y = a\sin^3 t \end{cases}$

(3) $\begin{cases} x = \dfrac{3at}{1+t^2} \\ y = \dfrac{3at^2}{1+t^2} \end{cases}$

(4) $\begin{cases} x = e^{2t}\cos^2 t \\ y = e^{2t}\sin^2 t \end{cases}$

6. 已知参数式函数 $\begin{cases} x = at\cos t, \\ y = at\sin t, \end{cases}$ 求 $\left.\dfrac{dx}{dy}\right|_{t=\frac{\pi}{2}}$.

7. 求下列曲线在给定点处的切线方程与法线方程.

(1) $\begin{cases} x = e^t\sin t \\ y = e^t\cos t \end{cases}$ 在 $t = \dfrac{\pi}{3}$ 处.

(2) $\begin{cases} x = \dfrac{1}{1+t} \\ y = \dfrac{t}{1+t} \end{cases}$ 在 $t = -\dfrac{1}{2}$ 处.

(3) $\begin{cases} x + t(1 - t) = 0 \\ te^y + y + 1 = 0 \end{cases}$ 在 $t = 0$ 处.

8. 证明：曲线 $x^{\frac{1}{2}} + y^{\frac{1}{2}} = a^{\frac{1}{2}}$（$a > 0$）上任一点处的切线在两坐标轴上的截距之和等于 a.

9. 求证：两个双曲线族 $x^2 - y^2 = a^2$ 与 $xy = b$ 构成正交网（即交点处的切线垂直）.

10. 设气球半径以 2 厘米/秒的速度等速增加，当球半径为 10 厘米时，求其体积增加的速度.

11. 落在平静水面上的石头，产生同心波纹，若最外一圈波半径的增大率总是 6 米/秒，求在 2 秒未扰动水面面积的增大率为多少？

12. 一只滑轮装在 15 米高的塔顶上，一条绳子绕在滑轮上，绳子的一端固定在一辆远离塔基负载的小车上. 在另一端一工人以 2 米/秒的速度拉这根绳子，求小车离塔基 8 米时的速度.

13. 水从高 18 厘米. 底半径为 6 厘米盛满水的圆锥形漏斗中流入半径为 5 厘米的圆柱形简内. 已知漏斗中水深为 12 厘米时，漏斗中水面的下降速度为 1 厘米/分，求此时圆筒中水面的上升速度.

第四节　高阶导数

定义 1　若函数 $y = f(x)$ 的导函数 $f'(x)$ 在 x 处仍可导,则称此导数为 $y = f(x)$ 在 x 处的二阶导数,记为 $f''(x)$,即

$$f''(x) = \lim_{\Delta x \to 0} \frac{f'(x + \Delta x) - f'(x)}{\Delta x}$$

函数 $y = f(x)$ 的二阶导函数 $f''(x)$ 在 x 处的导数,称为函数 $y = f(x)$ 在 x 处的三阶导数,设为 $f'''(x)$.

一般地,函数 $y = f(x)$ 的 $n - 1$ 阶导函数在 x 处的导数称为 $y = f(x)$ 在 x 处的 n 阶导数,设为 $f^{(n)}(x)$,即

$$f^{(n)}(x) = \lim_{\Delta x \to 0} \frac{f^{(n-1)}(x + \Delta x) - f^{(n-1)}(x)}{\Delta x}$$

二阶与二阶以上的导数,统称为高阶导数. 对于函数 $y = f(x)$ 的高阶导数 $f''(x), f'''(x),$ $\cdots, f^{(n)}(x)$ 也可记为 $y'', y''', \cdots, y^{(n)}$

或 $\dfrac{d^2 y}{dx^2}, \dfrac{d^3 y}{dx^3}, \cdots, \dfrac{d^n y}{dx^n},$ 或 $\dfrac{d^2 f}{dx^2}, \dfrac{d^3 f}{dx^3}, \cdots, \dfrac{d^n f}{dx^n}.$

设变速直线运动物体的运动方程是

$$s = s(t)$$

已知物体在时刻 t 时的瞬时速度 $v(t)$ 是路程函数 $s(t)$ 对时间 t 的导数,　即

$$v(t) = s'(t).$$

而加速度 $a(t)$ 又是速度 $v(t)$ 对时间 t 的变化率,也就是说,加速度 $a(t)$ 是速度 $v(t)$ 对时间 t 的导数,即

$$a(t) = v'(t) = [s'(t)]' = s''(t)$$

于是,加速度 $a(t)$ 是路程函数 $s(t)$ 对时间 t 的二阶导数.

例如,自由落体的运动规律是 $s = \dfrac{1}{2} g t^2$

那么速度　　　　　$v(t) = s'(t) = gt$

加速度　　　　　$a(t) = s''(t) = g$

由高阶导数的定义可知,求高阶导数的方法与求一阶导数的方法相同,只要连续地多次求导即可得出所求的高阶导数.

例 1　设 $y = x \arctan \dfrac{1}{x}$,求 y''.

解　$y' = \arctan \dfrac{1}{x} + x \dfrac{1}{1 + \left(\dfrac{1}{x}\right)^2}\left(-\dfrac{1}{x^2}\right) = \arctan \dfrac{1}{x} - \dfrac{x}{1 + x^2}$

$$y'' = \frac{1}{1 + \left(\frac{1}{x}\right)^2}\left(-\frac{1}{x^2}\right) - \frac{1 + x^2 - 2x^2}{(1 + x^2)^2} = \frac{-2}{(1 + x^2)^2}$$

例 2　求由方程 $y = 1 + xe^y$ 所确定的隐函数 $y = f(x)$ 的二阶导数 y''.

解　方程两边对 x 求导得

$$y' = e^y + xe^y y' \tag{1}$$

解出 y' 得

$$y' = \frac{e^y}{1 - xe^y}$$

上式两边再对 x 求导，注意到 y 仍是 x 的函数，有

$$y'' = \frac{e^y y'(1 - xe^y) - e^y(-e^y - xe^y y')}{(1 - xe^y)^2} = \frac{e^y y' + e^{2y}}{(1 - xe^y)^2} = \frac{e^{2y}(2 - xe^y)}{(1 - xe^y)^3}$$

也可将（1）式两边对 x 求导得：

$$y'' = e^y y' + e^y y' + xe^y(y')^2 + xe^y y''$$

即

$$y'' = \frac{e^y[2 + xy']y'}{1 - xe^y} = \frac{e^{2y}(2 - xe^y)}{(1 - xe^y)^3}$$

例 3　设 $y = f(x)$ 由参数方程 $\begin{cases} x = \ln(1 + t^2) \\ y = t - \arctan t \end{cases}$ 所确定，求 $\left.\dfrac{d^2 y}{dx^2}\right|_{t=1}$.

解　$y' = \dfrac{dy}{dx} = \dfrac{\frac{dy}{dt}}{\frac{dx}{dt}} = \dfrac{1 - \frac{1}{1 + t^2}}{\frac{2t}{1 + t^2}} = \dfrac{t}{2}$

所以　$y'' = \dfrac{d}{dx}\left(\dfrac{dy}{dx}\right) = \dfrac{\frac{d}{dt}\left(\frac{dy}{dx}\right)}{\frac{dx}{dt}} = \dfrac{\frac{1}{2}}{\frac{2t}{1 + t^2}} = \dfrac{1 + t^2}{4t}$, $\quad y''\Big|_{t=1} = \dfrac{1}{2}$

对由参数方程确定的函数用同样的思路可求更高阶的导数.

例 4　设 $y = x^n$，求它的各阶导数（n 为正整数）.

解　$y' = nx^{n-1}$

$y'' = n(n-1)x^{n-2}$

$y''' = n(n-1)(n-2)x^{n-3}$

$\qquad\qquad\cdots\cdots$

$y^{(n)} = n(n-1)(n-2)\cdots 3 \cdot 2 \cdot 1 = n!$

$y^{(n+1)} = 0$

由此可见，函数 $y = x^n$ 的 n 阶导数为常数 n!，而它的 n + 1 阶导数为零，比 n + 1 更高阶的导数自然也都为零.

任何首项系数为 1 的 n 次多项式 $x^n + a_1 x^{n-1} + a_2 x^{n-2} + \cdots + a_n$ 的 n 阶导数也是 n!，其 n + 1 阶导数为零.

例 5　设 $y = e^{ax}$，求 $y^{(n)}$.

解　$y' = ae^{ax}$，$y'' = a^2 e^{ax}$，……，$y^{(n)} = a^n e^{ax}$

特别地，当 $a = 1$ 时，$(e^x)^{(n)} = e^x$.

例 6　设 $y = \sin x$，求 $y^{(n)}$.

解　$y' = \cos x = \sin\left(x + \dfrac{\pi}{2}\right)$，$y'' = -\sin x = \sin\left(x + 2 \cdot \dfrac{\pi}{2}\right)$

$y''' = -\cos x = \sin\left(x + 3 \cdot \dfrac{\pi}{2}\right)$，……，$y^{(n)} = \sin\left(x + n \cdot \dfrac{\pi}{2}\right)$

即
$$(\sin x)^{(n)} = \sin\left(x + n \cdot \dfrac{\pi}{2}\right)$$

同理可得
$$(\cos x)^{(n)} = \cos\left(x + n \cdot \dfrac{\pi}{2}\right)$$

例 7　设 $y = \ln(1 + x)$，求 $y^{(n)}$.

解　$y' = \dfrac{1}{1 + x} = (1 + x)^{-1}$

$y'' = (-1)(1 + x)^{-2}$，$y''' = (-1)(-2)(1 + x)^{-3}$，$y^{(4)} = (-1)(-2)(-3)(1 + x)^{-4}$

……

$$y^{(n)} = (-1)(-2)(-3)\cdots[-(n-1)](1 + x)^{-n} = (-1)^{n-1}\dfrac{(n-1)!}{(1 + x)^n}$$

类似地，还可得到以下公式

$(a^x)^{(n)} = a^x (\ln a)^n$　　$(a > 0, a \neq 1)$

$[(1 + x)^\alpha]^{(n)} = \alpha(\alpha - 1)(\alpha - 2)\cdots(\alpha - n + 1)(1 + x)^{\alpha - n}$（$\alpha$ 为任意实数）

在导数运算时，有时会涉及到两个函数的和与积的高阶导数.

设函数 $u = u(x)$ 与 $v = v(x)$ 在 x 处都具有 n 阶导数，a、b 为常数，则

$(au + bv)^{(n)} = au^{(n)} + bv^{(n)}$

$$(uv)^{(n)} = \sum_{k=0}^{n} C_n^k u^{(n-k)} v^{(k)}$$
$$= u^{(n)} v + C_n^1 u^{(n-1)} v' + C_n^2 u^{(n-2)} v'' + \cdots + C_n^k u^{(n-k)} v^{(k)} + \cdots + uv^{(n)}$$

此式称为莱布尼兹公式.

显然，当 $n = 1$ 时，$(uv)' = u'v + uv'$

当 $n = 2$ 时，$(uv)'' = u''v + 2u'v' + uv''$

当 $n = 3$ 时，$(uv)''' = u'''v + 3u''v' + 3u'v'' + uv'''$

……

此形式与二项式展开式相似，利用归纳法即可得到莱布尼茨公式的证明.

例 8　设 $y = x^2 \sin x$，求 $y^{(30)}$.

解　令 $u = \sin x$　$v = x^2$

则
$$u^{(30)} = (\sin x)^{(30)} = \sin\left(x + 30 \cdot \dfrac{\pi}{2}\right) = -\sin x$$

$$u^{(29)} = (sinx)^{(29)} = sin\left(x + 29 \cdot \frac{\pi}{2}\right) = cosx$$

$$u^{(28)} = (sinx)^{(28)} = sin\left(x + 28 \cdot \frac{\pi}{2}\right) = sinx$$

$$v' = (x^2)' = 2x, v'' = (x^2)'' = 2, v^{(k)} = 0(k \geqslant 3)$$

于是 $y^{(30)} = (sinx)^{(30)}x^2 + C_{30}^1(sinx)^{(29)}(x^2)' + C_{30}^2(sinx)^{(28)}(x^2)''$

$$= -x^2 sinx + 30(2x)cosx + \frac{30 \times 29}{2}2sinx = -x^2 sinx + 60xcosx + 870sinx$$

习题 2 - 4

1. 求下列函数的二阶导数.

(1) $y = 2x^2 + lnx$

(2) $y = \dfrac{1}{x^3 + 1}$

(3) $y = xe^{-x^2}$

(4) $y = \dfrac{x}{\sqrt{1 - x^2}}$

(5) $y = (1 + x^2)arctanx$

(6) $y = ln(x + \sqrt{1 + x^2})$

2. 设物体的运动方程为 $s = te^{-t}$，求物体在时刻 $t = 3$ 时的加速度.

3. 设 $f(x)$ 二阶可导，求 y''.

(1) $y = f(x^3)$

(2) $y = f(e^{-x})$

(3) $y = e^{f(x)}$

(4) $y = lnf(x)$

4. 求由下列方程所确定的隐函数的二阶导数 $\dfrac{d^2y}{dx^2}$：

(1) $y = tan(x + y)$

(2) $\dfrac{x^2}{a^2} + \dfrac{y^2}{b^2} = 1$

(3) $e^{x+y} - y = 0$

(4) $y^2 + 2lny - x^4 = 0$

(5) $ye^x + lny = 1$ 在 $(0,1)$ 处

(6) $xy - sin(\pi y^2) = 0$ 在 $(0,1)$ 处.

5. 求下列参数式函数的二阶导数：

(1) $\begin{cases} x = at^2 \\ y = bt^3 \end{cases}$

(2) $\begin{cases} x = e^t cost \\ y = e^t sint \end{cases}$

(3) $\begin{cases} x = 2t - t^2 \\ y = 3t - t^3 \end{cases}$

(4) $\begin{cases} x = f'(t) \\ y = tf'(t) - f(t) \end{cases}$

假设 $f''(t)$ 存在且 $f'(t)$ 不为零

6. 求下列函数的 n 阶导数：

(1) $y = sin^2 x$

(2) $y = xe^{-x}$

（3）$y = x\ln x$ （4）$y = \dfrac{1-x}{1+x}$

7．求下列函数的高阶导数：

（1）$y = x^2 \sin 2x$，求 $y^{(50)}\left(\dfrac{\pi}{2}\right)$

（2）$y = x^2 e^{2x}$，求 $y^{(20)}$

8．设 $e^{xy} = a^x b^y$，证明：$(y - \ln a)\, y'' - 2\,(y')^2 = 0$.

9．设 $f(x)$ 具有 n 阶导数，$y = f(ax + b)$，证明：

$$\frac{d^n y}{dx^n} = a^n f^{(n)}(ax + b).$$

第五节　函数的微分

一、微分的概念

首先我们观察由自变量的微小变化引起函数的微小变化的实例.

设一边长为 x_0 的正方形金属薄片，受温度变化的影响，边长由 x_0 变到 $x_0 + \Delta x$，试问此薄片的面积改变了多少？

如图 2 – 10 所示，其面积的改变量为

$$\Delta S = S(x_0 + \Delta x) - S(x_0) = (x_0 + \Delta x)^2 - x_0^2 = 2x_0 \Delta x + (\Delta x)^2$$

上式中第一项为 $2x_0 \Delta x$，即图中带有斜线的两个矩形面积之和，它是关于 Δx 的线性函数；第二项为 $(\Delta x)^2$，在图中是带有交叉斜线的小正方形的面积，当 $\Delta x \to 0$ 时，$(\Delta x)^2$ 是比 Δx 高阶的无穷小. 即 $(\Delta x)^2 = o(\Delta x)$.

于是，当 $|\Delta x|$ 很小时，面积的增量 ΔS 可以用第一项来近似地代替. 即

$$\Delta S \approx 2x_0 \Delta x$$

一般地，当函数 $y = f(x)$ 比较复杂时，增量 Δy 不容易计算.

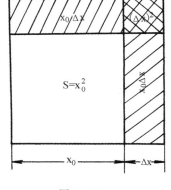

图 2 – 10

我们可以用关于 Δx 的线性函数 $A\Delta x$（A 是与 Δx 无关的常数）来作近似，只要它们的差 $\Delta y - A\Delta x$ 是比 Δx 高阶的无穷小（当 $\Delta x \to 0$ 时），此时 $A\Delta x$ 就称为函数 $y = f(x)$ 在 x_0 处的微分.

定义 1　设函数 $y = f(x)$ 在点 x_0 及其某个邻域内有定义，对自变量 x 在点 x_0 处的增量 Δx，相应函数值 y 的增量 Δy，若有

$$\Delta y = A\Delta x + o(\Delta x)$$

其中 A 是与 Δx 无关的常数，那么称函数 $y = f(x)$ 在点 x_0 处可微，且 $A\Delta x$ 叫做函数 $y = f(x)$ 在点 x_0 处的微分，记作 dy，即

$$dy = A\Delta x$$

定理 1　函数 $y = f(x)$ 在点 x_0 处可微的充分必要条件是 $y = f(x)$ 在点 x_0 处可导，且 $A = f'(x_0)$. 即 $dy = f'(x_0)\Delta x$.

证　必要性

设函数 $y = f(x)$ 在点 x_0 处可微，则有

$$\Delta y = A\Delta x + o(\Delta x)$$

其中 A 是与 Δx 无关的常数，于是 $\dfrac{\Delta y}{\Delta x} = A + \dfrac{o(\Delta x)}{\Delta x}$

所以　　　　　　$f'(x_0) = \lim\limits_{\Delta x \to 0} \dfrac{\Delta y}{\Delta x} = A + \lim\limits_{\Delta x \to 0}\dfrac{o(\Delta x)}{\Delta x} = A$

即　$y = f(x)$ 在点 x_0 处可导，且 $f'(x_0) = A$.

充分性

若函数 $y = f(x)$ 在点 x_0 处可导，则有 $\lim\limits_{\Delta x \to 0}\dfrac{\Delta y}{\Delta x} = f'(x_0)$

于是 $\dfrac{\Delta y}{\Delta x} = f'(x_0) + \alpha$　$(\lim\limits_{\Delta x \to 0}\alpha = 0)$，所以 $\Delta y = f'(x_0)\Delta x + \alpha\Delta x$

这里 $f'(x_0)$ 与 Δx 无关，且 $\alpha\Delta x = o(\Delta x)$，即 $y = f(x)$ 在点 x_0 处可微，且 $dy = f'(x_0)\Delta x$.

如果函数 $y = f(x)$ 在区间 D 上每一点都可微，则称函数 $y = f(x)$ 在 D 上可微，其微分为

$$dy = f'(x)\Delta x$$

若 $y = x$，则 $dy = dx$，另一方面，$dy = (x)'\Delta x = \Delta x$

所以　　　　　　$dx = \Delta x$

即自变量的微分就是它的增量. 于是，函数微分的表达式又可记为

$$dy = f'(x)dx$$

此时　　　　　　$\dfrac{dy}{dx} = f'(x)$

因此导数也可以说成是两个微分的商，简称微商.

例 1　求函数 $y = f(x) = x^3$ 在 $x = 10, \Delta x = 0.01$ 时的增量 Δy 与微分 dy.

解　$\Delta y = f(x + \Delta x) - f(x) = (x + \Delta x)^3 - x^3 = 3x^2\Delta x + 3x(\Delta x)^2 + (\Delta x)^3$

$\quad\quad\quad = 3 \times 10^2 \times 0.01 + 3 \times 10 \times (0.01)^2 + (0.01)^3 = 3.003001$

$\quad dy = f'(x)\Delta x = 3x^2\Delta x = 3 \times 10^2 \times 0.01 = 3$

$\quad \Delta y - dy = 0.003001$

即用 dy 近似 Δy 产生的误差为 0.003001.

二、微分的几何意义

在函数 $y = f(x)$ 所表示的曲线上取定一点 $P_0(x_0, y_0)$ 及它邻近的点 $Q(x_0 + \Delta x, y_0 + \Delta y)$，过 P_0 点作曲线的切线 P_0T，则此切线的斜率为

$$\tan\alpha = f'(x_0)$$

由图 2 - 11 可知：

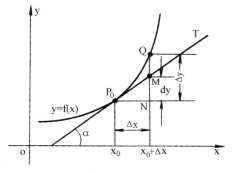

图 2 - 11

$$P_0 N = \Delta x$$

$$NQ = \Delta y$$

$$NM = P_0 N \tan\alpha = f'(x_0)\Delta x = dy$$

因而函数 $y = f(x)$ 在点 x_0 处的微分 dy 就是曲线上过点 $P_0(x_0, y_0)$ 的切线的纵坐标的增量.

Δy 与 dy 之差在图中是线段 MQ，它是 Δx 的高阶无穷小量，当 $|\Delta x|$ 充分小时，在点 x_0 的邻域内切线充分接近曲线，从而微分 dy 就充分接近 Δy.

三、微分的运算法则

因为 $$dy = f'(x)dx$$

因此，求函数的微分，只需求出函数的导数，再乘以自变量的微分即可. 于是从导数的运算法则和导数公式中可得到相应的微分的运算法则和微分公式.

1. 微分公式

$d(c) = 0$ | $d(x^\alpha) = \alpha x^{\alpha-1}dx$

$d(a^x) = a^x \ln a dx$ | $d(e^x) = e^x dx$

$d(\log_a x) = \dfrac{1}{x\ln a}dx$ | $d(\ln x) = \dfrac{1}{x}dx$

$d(\sin x) = \cos x dx$ | $d(\cos x) = -\sin x dx$

$d(\tan x) = \sec^2 x dx$ | $d(\cot x) = -\csc^2 x dx$

$d(\sec x) = \sec x \tan x dx$ | $d(\csc x) = -\csc x \cot x dx$

$d(\arcsin x) = \dfrac{1}{\sqrt{1-x^2}}dx$ | $d(\arccos x) = -\dfrac{1}{\sqrt{1-x^2}}dx$

$d(\arctan x) = \dfrac{1}{1+x^2}dx$ | $d(\text{arccot}\,x) = -\dfrac{1}{1+x^2}dx$

$d(\text{sh}x) = \text{ch}x dx$ | $d(\text{ch}x) = \text{sh}x dx$

2. 微分的运算法则

设函数 $u = u(x), v = v(x)$ 都可微，则有

$$d(u \pm v) = du \pm dv$$

$$d(uv) = udv + vdu$$

$$d\left(\frac{u}{v}\right) = \frac{vdu - udv}{v^2} \qquad (v \neq 0)$$

这些法则的证明可以直接从微分的定义与定理中得出，如

$$d(uv) = (uv)'dx = (u'v + uv')dx = vdu + udv$$

$$d\left(\frac{u}{v}\right) = \left(\frac{u}{v}\right)'dx = \frac{u'v - uv'}{v^2}dx = \frac{vdu - udv}{v^2} \quad (v \neq 0)$$

3. 复合函数的微分法则

设函数 $y = f(u)$ 及 $u = \varphi(x)$ 都可导，则复合函数 $y = f[\varphi(x)]$ 的微分为

$$dy = y'_x dx = f'(u)\varphi'(x)dx$$

因为 $\qquad du = \varphi'(x)dx$

所以 $\qquad dy = f'(u)du$

由此可见，无论 u 是自变量还是中间变量，微分形式 $dy = f'(u)du$ 都保持不变，这一性质称为一阶微分形式的不变性.

上述形式可简化微分的运算，尤其在求隐函数的微分时，利用微分形式的不变性直接对方程两边微分，可得到包含 dx、dy 的方程，从中解出 dy 即可.

例 2 设 $y = \cos\sqrt{x}$，求 dy.

解 $dy = (\cos\sqrt{x})'dx = -\sin\sqrt{x} \cdot \dfrac{1}{2\sqrt{x}}dx$

例 3 设 $y = \ln x\sin(2x+1)$，求 dy.

解 $dy = \sin(2x+1)d(\ln x) + \ln x d\sin(2x+1)$

$\qquad = \left[\dfrac{1}{x}\sin(2x+1) + 2\ln x\cos(2x+1)\right]dx$

例 4 已知函数 $y = f(x)$ 由方程 $x^2 - 2xy + y^3 = 0$ 所确定，利用微分运算法则求 y'.

解 方程两边微分得：

$$d(x^2) - d(2xy) + d(y^3) = 0$$

即 $2xdx - 2ydx - 2xdy + 3y^2dy = 0$，所以 $y' = \dfrac{dy}{dx} = \dfrac{2x - 2y}{2x - 3y^2}$

四、微分在近似计算中的应用

1. 函数的近似计算

如果函数 $y = f(x)$ 在点 x_0 处的导数 $f'(x_0) \neq 0$，则当 $|\Delta x|$ 很小时，我们有

$$\Delta y \approx dy = f'(x_0)\Delta x$$

这就是函数增量的近似公式.

由 $\Delta y = f(x_0 + \Delta x) - f(x_0) \approx f'(x_0)\Delta x$ 得到

$$f(x_0 + \Delta x) \approx f(x_0) + f'(x_0)\Delta x$$

令 $x_0 + \Delta x = x$，则 $\Delta x = x - x_0$，于是得到

$$f(x) \approx f(x_0) + f'(x_0)(x - x_0)$$

此为函数的近似公式，其实质就是用 x 的线性函数

$f(x_0) + f'(x_0)(x - x_0)$ 来近似地表达函数 $f(x)$，从导数的几何意义可知，这也就是用曲线 $y = f(x)$ 在点 $(x_0, f(x_0))$ 处的切线来近似地代替该曲线.

例 5 一个内直径为 10 厘米的球，球壳厚度为 0.1 厘米，试求球壳体积的近似值.

解 球的体积为 $V = \dfrac{4}{3}\pi R^3$，其中 $R = 5$ 厘米，$\Delta R = 0.1$ 厘米.

于是 $\qquad \Delta V \approx dy = \left(\dfrac{4}{3}\pi R^3\right)'\bigg|_{R=5}\Delta R = 4\pi R^2\bigg|_{R=5}\Delta R = 4 \times 3.14 \times 5^2 \times 0.1 = 31.4$

即 所求球壳体积的近似值为 31.4 厘米^3.

例 6 证明：当 $|x|$ 很小时，有近似公式 $\sqrt[n]{1+x} \approx 1 + \dfrac{1}{n}x$.

证： 令 $f(x) = \sqrt[n]{1+x}$，则有

$$f(0) = 1, f'(0) = \frac{1}{n}(1+x)^{\frac{1}{n}-1} \Big|_{x=0} = \frac{1}{n}$$

于是 $$\sqrt[n]{1+x} = f(x) \approx f(0) + f'(0)x = 1 + \frac{1}{n}x$$

即 $$\sqrt[n]{1+x} \approx 1 + \frac{1}{n}x$$

类似地，可以证明：当 $|x|$ 很小时，有近似公式

$(\sin x) \approx x$

$\tan x \approx x$

$e^x \approx 1 + x$

$\ln(1+x) \approx x$

$(1+x)^{\alpha} \approx 1 + \alpha x$ （α 为常数）

例 7 计算 $\sin 59°$ 的近似值.

解 令 $f(x) = \sin x$，则

$$\sin 59° = f(59°) = f\left(\frac{\pi}{3} - \frac{\pi}{180}\right) \approx f\left(\frac{\pi}{3}\right) + f'\left(\frac{\pi}{3}\right)\left(-\frac{\pi}{180}\right)$$

$$= \sin\frac{\pi}{3} + \cos\frac{\pi}{3}\left(-\frac{\pi}{180}\right) = \frac{\sqrt{3}}{2} + \frac{1}{2} \times \left(-\frac{\pi}{180}\right) \approx 0.857$$

例 8 计算 $\sqrt[3]{131}$ 的近似值

解 $\sqrt[3]{131} = \sqrt[3]{5^3 + 6} = \sqrt[3]{5^3\left(1 + \frac{6}{5^3}\right)} = 5\left(1 + \frac{6}{5^3}\right)^{\frac{1}{3}}$

$$\approx 5\left(1 + \frac{1}{3} \times \frac{6}{5^3}\right) = 5 + \frac{2}{25} = 5.08.$$

2. 误差估计

在实际问题中，有些量是用仪器直接测量得到的. 由于仪器精密程度等原因，测得的数值与客观存在的准确值之间总有误差，因为准确值不知道，误差也就不知道，但是一般可以确定误差不超过某一界限，这一界限称为误差限.

如测量一个钢球的直径，测得直径为 50.02 毫米，如果所用卡尺的最小刻度是 0.1 毫米，那么测量误差一般不会超过 0.05 毫米这个界限. 这时就说，测量的绝对误差限为 0.05 毫米，相对误差限为 $\frac{0.05}{50.02} \approx 0.1\%$.

在实际问题中，有许多量不能直接测量，而要由直接测得的量通过计算间接得到，因为直接测量的量有误差，所以由它间接计算的量也有误差，这就产生了误差估计的问题.

设量 x 可以直接测量，而量 y 要通过函数关系 $y = f(x)$ 由 x 确定. 如果已知测量值 x 的

绝对误差限为 $\delta_x > 0$，即 $|\Delta x| < \delta_x$，则根据近似公式 $|\Delta y| \approx |dy|$ 可求得 y 的绝对误差限 δ_y 与相对误差限 $\dfrac{\delta_y}{|y|}$（$y \neq 0$）的近似值分别为

$$\delta_y \approx |y'| \delta_x$$

$$\frac{\delta_y}{|y|} \approx \left| \frac{y'}{y} \right| \delta_x$$

通常将绝对误差限与相对误差限简称为绝对误差与相对误差.

例 9 设圆半径的测量值为 5 ± 0.02（米），求圆面积的绝对误差和相对误差.

解 圆面积 $S = \pi r^2$，所以圆面积的绝对误差为

$$\delta_S = |S'| \delta_r = 2\pi r \delta_r = 2 \times 3.14 \times 5 \times 0.02 \approx 0.628$$

相对误差为

$$\frac{\delta_S}{|S|} = \left| \frac{S'}{S} \right| \delta_r = \frac{2\pi r}{\pi r^2} \delta_r = \frac{2}{r} \delta_r = \frac{2}{5} \times 0.02 \approx 0.008 = 0.8\%$$

习题 2 – 5

1. 分别求出函数 $f(x) = 2x^2 - 3x$ 当 $x = 1$，$\Delta x = 0.1$，$\Delta x = 0.01$，$\Delta x = 0.001$ 时的 Δy 与 dy，并加以比较，是否能得出结论：当 Δx 愈小时，二者愈近似.

2. 求下列函数的微分.

（1）$y = x^2 \sin x$

（2）$y = \dfrac{x}{\sqrt{x^2 + 1}}$

（3）$y = (e^x + e^{-x})^2$

（4）$y = \arcsin(\sin x)$

（5）$y = e^{\sin(x^2 + \sqrt{x})}$

（6）$y = \sec^3 2x$

（7）$y = \ln(1 + 2x^2)$

（8）$y = \arctan \dfrac{1 - x^2}{1 + x^2}$

（9）$y = e^{ax} \sin bx$

（10）$y = x^{\arcsin x}$

3. 利用微分形式的不变性求函数 $y = f(x)$ 的微分.

（1）$\ln \sqrt{x^2 + y^2} = \arctan \dfrac{y}{x}$

（2）$x^y - 2x + y = 0$

（3）$y^2 + 3\ln y - x^4 = 0$

4. 正方体的棱长 $x = 10$ 厘米，如果棱长增加 0.1 厘米，求此时正方体体积增加的精确值与近似值.

5. 已知 $f(x)$ 与 $\varphi(x)$ 都可导，求下列函数的微分.

（1）$y = \dfrac{\varphi(x)}{1 - x}$

（2）$y = f(1 - 2x) + e^{f(x)}$

6. 证明下列函数在 $x = 0$ 处的近似公式.

（1）$e^x \approx 1 + x$

（2）$\ln(1 + x) \approx x$

（3）$\tan x \approx x$　　　　　　　　　　（4）$(1+x)^{\alpha} \approx 1 + \alpha x$

7. 计算下列各式的近似值.

（1）$\cos 29°$　　　　　　　　　　　（2）$\arctan 1.02$

（3）$\ln 0.998$　　　　　　　　　　　（4）$\sqrt[3]{8.02}$

（5）$\sqrt[5]{245}$　　　　　　　　　　　（6）$\sqrt[4]{80}$

8. 计算球体积时，要求精确度在 2% 以内，问测量直径 D 的相对误差不能超过多少？

9. 扩音器插头为圆柱形，截面半径 $r = 0.15$ 厘米，长度 $l = 4$ 厘米，为了提高它的导电性能，要在这个圆柱的侧面镀上一层厚为 0.001 厘米的纯铜，问每个插头约需多少克铜？（铜的密度是 8.9 克／厘米^3）.

第三章　微分中值定理与导数的应用

　　导数表示因变量随自变量变化的快慢程度，反映了函数的局部变化性态．本章将介绍微分中值定理，这些定理建立了函数在整个区间上的变化性态与导数之间的联系，是研究函数性态的理论基础，起了沟通整体与局部的桥梁作用．本章还将介绍导数在求函数的极限、极值等其他方面的应用．

第一节　微分中值定理

一、罗尔定理

　　定理 1　设函数 $y = f(x)$ 满足下列条件：

　　(1) 在闭区间 $[a,b]$ 上连续；

　　(2) 在开区间 (a,b) 内可导；

　　(3) 在区间两个端点处的函数值相等，即 $f(a) = f(b)$，

则至少存在一点 $\xi \in (a,b)$，使得 $f'(\xi) = 0$．

　　证　由于函数 $y = f(x)$ 在闭区间 $[a,b]$ 上连续，根据闭区间上连续函数的最大值最小值定理，$f(x)$ 在 $[a,b]$ 上必定取得最大值 M 和最小值 m．

　　(1) 若 $M = m$，则在开区间 (a,b) 内 $f(x)$ 恒等于常数 M．因此在区间 (a,b) 内恒有 $f'(x) = 0$，所以对 (a,b) 内的每一点都可取作 ξ，定理的结论成立．

　　(2) 若 $M \neq m$．因为 $f(a) = f(b)$，所以 M 与 m 中至少有一个不等于端点处的函数值．不妨设 $M \neq f(a)$，于是在开区间 (a,b) 内至少存在一点 ξ，使 $f(\xi) = M$，下面证明 $f'(\xi) = 0$．

　　在 ξ 处取自变量 x 的增量 Δx，因为 $f(\xi) = M$ 是最大值，所以总有 $f(\xi + \Delta x) \leqslant f(\xi)$

　　当 $\Delta x > 0$ 时，有 $\dfrac{f(\xi + \Delta x) - f(\xi)}{\Delta x} \leqslant 0$ 于是 $\lim\limits_{\Delta x \to 0^+} \dfrac{f(\xi + \Delta x) - f(\xi)}{\Delta x} \leqslant 0$ 即 $f'_+(\xi) \leqslant 0$

　　当 $\Delta x < 0$ 时，有 $\dfrac{f(\xi + \Delta x) - f(\xi)}{\Delta x} \geqslant 0$，于是 $\lim\limits_{\Delta x \to 0^-} \dfrac{f(\xi + \Delta x) - f(\xi)}{\Delta x} \geqslant 0$ 即 $f'_-(\xi) \geqslant 0$

　　而 $\xi \in (a,b)$，所以 $f(x)$ 在 ξ 处可导．因此 $f'(\xi) = f'_+(\xi) = f'_-(\xi)$

　　从而　　　$f'(\xi) = 0$．

　　罗尔定理的几何意义是：

对于闭区间[a,b]上的连续曲线 y = f(x)，若其上每一点（端点除外）都有不垂直于 x 轴的切线，且曲线两端点的纵坐标相等，则在曲线上至少有一点 C，其切线平行于 x 轴，而且这样的点可能不只一个．如图 3 - 1．

需要注意的是，定理的三个条件中，少一个条件都可能使结论不成立．

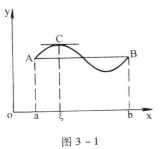

图 3 - 1

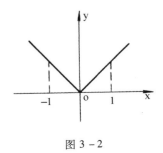

图 3 - 2

如函数 $f(x) = |x| = \begin{cases} x & x \geqslant 0 \\ -x & x < 0 \end{cases}$

在[-1,1]上连续，f(-1) = f(1)．但在 (-1,1)内的 x = 0 处不可导，所以不存在 $\xi \in (-1,1)$ 使 $f'(\xi) = 0$．

又如函数 f(x) = x 在[0,1]上连续，在(0,1)内可导，但 f(0) ≠ f(1)，同样也不存在 $\xi \in (0,1)$，使得 $f'(\xi) = 0$．

再如函数 $f(x) = x - [x] = \begin{cases} x & 0 \leqslant x < 1 \\ 0 & x = 1 \end{cases}$

在(0,1)内可导，f(0) = f(1)，但在闭区间[0,1]的右端点 x = 1 处不连续，所以也不存在 $\xi \in (0,1)$，使得 $f'(\xi) = 0$．

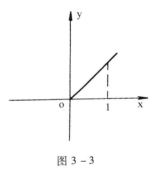

图 3 - 3

但有时定理的条件不满足时，结论也可能成立．

如函数

$$f(x) = \begin{cases} x^2 & -1 \leqslant x < 1 \\ 4 - 2x & 1 \leqslant x \leqslant 2 \end{cases}$$

在[-1,2]上有定义，在 x = 1 处间断，且 f(-1) = 1 ≠ f(2) = 0，即罗尔定理的三个条件都不满足，但却存在 $\xi = 0$，使得 $f'(\xi) = 0$．

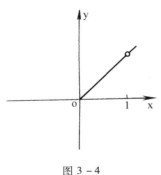

图 3 - 4

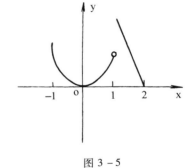

图 3 - 5

例1 验证罗尔定理对函数 $f(x) = \sin x$ 在 $[0,2\pi]$ 上的正确性，并求出符合条件的 ξ.

解 显然 $f(x) = \sin x$ 在 $[0,2\pi]$ 上连续，在 $(0,2\pi)$ 内可导，且 $f(0) = f(2\pi) = 0$，于是 $f(x) = \sin x$ 在 $[0,2\pi]$ 上满足罗尔定理的全部条件，故在 $(0,2\pi)$ 内至少存在一点 ξ，使 $f(\xi) = \cos\xi = 0$. 事实上 $(0,2\pi)$ 内的点 $\xi_1 = \dfrac{\pi}{2}, \xi_2 = \dfrac{3\pi}{2}$ 都可取作 ξ.

例2 不求导数，判断函数 $f(x) = (x-1)(x-2)(x-3)$ 的导数有几个实根、以及所在的范围.

解 显然函数 $f(x)$ 在 $[1,2]$ 及 $[2,3]$ 上满足罗尔定理的条件，于是由罗尔定理知，至少存在 $\xi_1 \in (1,2)$，$\xi_2 \in (2,3)$，使得 $f'(\xi_1) = 0$，$f'(\xi_2) = 0$. 即 ξ_1、ξ_2 都是 $f'(x) = 0$ 的根.

而 $f'(x) = 0$ 是 x 的二次方程，它最多只能有两个根，故方程 $f'(x) = 0$ 有且仅有两个根 ξ_1、ξ_2，它们分别落在区间 $(1，2)$ 与 $(2，3)$ 内.

例3 设 a_1，a_2，$\cdots$，a_n 是满足 $a_1 - \dfrac{a_2}{3} + \cdots + (-1)^{n-1}\dfrac{a_n}{2n-1} = 0$ 的实数. 证明方程 $a_1\cos x + a_2\cos 3x + \cdots + a_n\cos(2n-1)x = 0$ 在开区间 $\left(0, \dfrac{\pi}{2}\right)$ 内至少有一个根.

证 作辅助函数

$$f(x) = a_1\sin x + \frac{a_2}{3}\sin 3x + \cdots + \frac{a_n}{2n-1}\sin(2n-1)x$$

显然 $f(x)$ 在 $\left[0, \dfrac{\pi}{2}\right]$ 上连续，在 $\left(0, \dfrac{\pi}{2}\right)$ 内可导，且 $f(0) = 0$，$f\left(\dfrac{\pi}{2}\right) = a_1 - \dfrac{a_2}{3} + \cdots + (-1)^{n-1}\dfrac{a_n}{2n-1} = 0$.

由罗尔定理知，至少存在一个 $\xi \in \left(0, \dfrac{\pi}{2}\right)$，使得 $f'(\xi) = 0$，即方程 $a_1\cos x + a_2\cos 3x + \cdots + a_n\cos(2n-1)x = 0$ 在开区间 $\left(0, \dfrac{\pi}{2}\right)$ 内至少有一个根.

二、拉格朗日中值定理

定理2 设函数 $y = f(x)$ 满足下列条件：

（1）在闭区间 $[a,b]$ 上连续；

（2）在开区间 (a,b) 内可导，

则至少存在一点 $\xi \in (a,b)$，使得

$$f'(\xi) = \frac{f(b) - f(a)}{b - a} \text{ 或 } f(b) - f(a) = f'(\xi)(b - a) \quad (1)$$

在证明定理之前，我们先来分析一下这个定理的几何意义.

假设函数 $y = f(x)$ 在区间 $[a,b]$ 上的图形是连续曲线弧 $\overset{\frown}{AB}$，在这段弧上除两端点外，处处都有不垂直于 x 轴的切线. 如图 3 - 6.

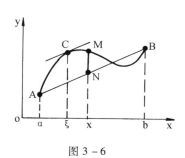

图 3 - 6

显然，$\dfrac{f(b)-f(a)}{b-a}$是连结点 A(a,f(a)) 与点 B(b,f(b)) 的弦 AB 的斜率，$f'(\xi)$ 是弧 $\overset{\frown}{AB}$ 上某点 $C(\xi,f(\xi))$ 处的切线斜率.

因此定理的结论是：在弧 $\overset{\frown}{AB}$ 上至少存在一点 C，使得过 C 点的切线平行于弦 AB，而且这样的点可能不只一个.

易知弦 AB 的方程为

$$y-f(a)=\dfrac{f(b)-f(a)}{b-a}(x-a)，即\ y=f(a)+\dfrac{f(b)-f(a)}{b-a}(x-a)$$

它在 [a,b] 上连续，在 (a,b) 内可导，导数即是 $\dfrac{f(b)-f(a)}{b-a}$.

由此可见，要证明拉格朗日定理成立，就是要证明至少存在一点 $\xi\in(a,b)$，使得在 ξ 处的导数 $f'(\xi)$ 等于这个函数的导数 $\dfrac{f(b)-f(a)}{b-a}$.

为此，只要证明至少存在一点 $\xi\in(a,b)$，使得这两个函数的差

$$\varphi(x)=f(x)-\left[f(a)+\dfrac{f(b)-f(a)}{b-a}(x-a)\right]$$

在点 ξ 处的导数等于零即可. 要证明这一点，只需证明 $\varphi(x)$ 满足罗尔定理即可.

证　作辅助函数

$$\varphi(x)=f(x)-f(a)-\dfrac{f(b)-f(a)}{b-a}(x-a)$$

显然 $\varphi(x)$ 在 [a,b] 上连续，在 (a,b) 内可导，且 $\varphi(a)=\varphi(b)=0$，因此由罗尔定理知，至少存在一点 $\xi\in(a,b)$，使得

$$\varphi'(\xi)=f'(\xi)-\dfrac{f(b)-f(a)}{b-a}=0\ 即\ f'(\xi)=\dfrac{f(b)-f(a)}{b-a}$$

或　　　　$f(b)=f(a)+f'(\xi)(b-a)$

显然公式（1）对于 b<a 也成立.（1）式叫做拉格朗日中值公式.

由于 $a<\xi<b$，可记 $\xi=a+\theta(b-a)$ 　　　　$(0<\theta<1)$

于是（1）式又可写作

$$f(b)=f(a)+f[a+\theta(b-a)](b-a)$$

定理的结论也有以下形式

$$f(x+\Delta x)=f(x)+f'(x+\theta\Delta x)\Delta x\qquad(0<\theta<1)$$

即　　　　$\Delta y=f'(x+\theta\Delta x)\Delta x\qquad(0<\theta<1)$ 　　　　　　　　　　　（2）

公式（2）称为有限增量公式.

我们知道，当 $\Delta x\to0$ 时函数的微分 $dy=f'(x)\Delta x$ 是函数的增量 Δy 的近似表达式，而当 Δx 为有限量时，$\Delta y=f'(x+\theta\Delta x)\Delta x$ 就是函数的增量 Δy 的准确表达式.

显而易见，罗尔定理是拉格朗日中值定理当 $f(a)=f(b)$ 时的特殊情形.

例 4　证明：当 $0<a<b$ 时，$\dfrac{b-a}{1+b^2}<\arctan b-\arctan a<\dfrac{b-a}{1+a^2}$.

证　令 $f(x)=\arctan x$

显然 $f(x)$ 在 $[a,b]$ 上满足拉格朗日中值定理的条件，于是至少存在一点 $\xi \in (a,b)$，使得

$$\text{arctan}b - \text{arctan}a = (\text{arctan}x)' \mid_{x=\xi} (b-a) = \frac{b-a}{1+\xi^2}$$

而　　　　$\dfrac{b-a}{1+b^2} < \dfrac{b-a}{1+\xi^2} < \dfrac{b-a}{1+a^2}$

因此　　　$\dfrac{b-a}{1+b^2} < \text{arctan}b - \text{arctan}a < \dfrac{b-a}{1+a^2}$

例 5　证明：当 $x \neq 0$ 时，$e^x > 1 + x$.

证　令 $f(x) = e^x$

显然 $f(x)$ 在 $[0,x]$ 或 $[x,0]$ 上满足拉格朗日定理的条件，因此有

$$e^x - e^0 = e^\xi (x-0) \qquad (\xi \text{ 介于 } 0 \text{ 与 } x \text{ 之间})$$

当 $x > 0$ 时，$\xi > 0$，则 $e^\xi > 1$，于是 $e^x - 1 = e^\xi x > x$

即　　　$e^x > 1 + x$

当 $x < 0$ 时，$\xi < 0$，则 $e^\xi < 1$，于是 $e^x - 1 = e^\xi x > x$

即　　　$e^x > 1 + x$

总之，当 $x \neq 0$ 时，$e^x > 1 + x$.

我们知道，如果一个函数在某区间上恒为一个常数，那么该函数在这个区间上的导数恒为零，反过来有下面推论.

推论 1　如果函数 $y = f(x)$ 在某区间 D 内任一点处的导数都为零，则 $y = f(x)$ 在 D 上恒是一个常数.

证　对区间 D 内的任意两点 x_1、x_2，设 $x_1 < x_2$，显然 $f(x)$ 在 $[x_1, x_2]$ 上满足拉格朗日定理的条件，于是有

$$f(x_2) - f(x_1) = f'(\xi)(x_2 - x_1) \qquad (x_1 < \xi < x_2)$$

而在 D 内恒有 $f'(x) = 0$，所以 $f'(\xi) = 0$
因此 $f(x_2) - f(x_1) = 0$，即 $f(x_2) = f(x_1)$
又由 x_1、x_2 的任意性，故 $f(x) \equiv C$（C 为一常数）.

推论 2　如果函数 $f(x)$ 与 $g(x)$ 在某区间 D 内每一点处的导数都相等，则 $f(x)$ 与 $g(x)$ 在区间 D 内至多相差一个常数.

证　令 $F(x) = f(x) - g(x)$

则在区间 D 内，有 $F'(x) = f'(x) - g'(x) = 0$. 于是由推论 1 知 $F(x) \equiv C$，即 $f(x) - g(x) \equiv C$.

例 6　证明：当 $-1 \leqslant x \leqslant 1$ 时，$\text{arcsin}x + \text{arccos}x = \dfrac{\pi}{2}$.

证　令 $F(x) = \text{arcsin}x + \text{arccos}x$，则 $F'(x) = \dfrac{1}{\sqrt{1-x^2}} - \dfrac{1}{\sqrt{1-x^2}} = 0$

所以　　$F(x) = \text{arcsin}x + \text{arccos}x \equiv C$

令 $x = 0$，有 $F(0) = \text{arcsin}0 + \text{arccos}0 = \dfrac{\pi}{2}$

于是　　　　$\arcsin x + \arccos x = \dfrac{\pi}{2}.$

三、柯西定理

定理 3　如果函数 $y = f(x)$ 与 $y = g(x)$ 满足下列条件：

(1) 在闭区间 $[a,b]$ 上连续；

(2) 在开区间 (a,b) 内可导，且 $g'(x) \neq 0$，

则至少存在一点 $\xi \in (a,b)$，使得

$$\frac{f(b) - f(a)}{g(b) - g(a)} = \frac{f'(\xi)}{g'(\xi)}$$

证　作辅助函数

$$\varphi(x) = f(x) - f(a) - \frac{f(b) - f(a)}{g(b) - g(a)}[g(x) - g(a)]$$

显然 $\varphi(x)$ 在 $[a,b]$ 上连续，在 (a,b) 内可导，且 $\varphi(a) = 0$，$\varphi(b) = 0$，满足罗尔定理的条件. 于是至少存在一点 $\xi \in (a,b)$，使得 $\varphi'(\xi) = 0$

即　　　　$\dfrac{f'(\xi)}{g'(\xi)} = \dfrac{f(b) - f(a)}{g(b) - g(a)}$

容易看出当 $g(x) = x$ 时，$g(b) - g(a) = b - a$，$g'(x) = 1$，上式变为 $f'(\xi) = \dfrac{f(b) - f(a)}{b - a}$

为拉格朗日定理，于是拉格朗日定理是柯西定理当 $g(x) = x$ 时的特例.

　　注　柯西定理的结论并不是 $f(x)$ 与 $g(x)$ 由拉格朗日定理的结论相除而得到. 因为 $f(x)$ 与 $g(x)$ 应用拉格朗日定理分别得到

$$\frac{f(b) - f(a)}{b - a} = f'(\xi_1) \qquad a < \xi_1 < b$$

$$\frac{g(b) - g(a)}{b - a} = g'(\xi_2) \qquad a < \xi_2 < b$$

于是 $\dfrac{f(b) - f(a)}{g(b) - g(a)} = \dfrac{f'(\xi_1)}{g'(\xi_2)}$，$\xi_1$ 与 ξ_2 一般不相等.

而柯西定理的结论却是

$$\frac{f(b) - f(a)}{g(b) - g(a)} = \frac{f'(\xi)}{g'(\xi)}$$

　　例 7　设函数 $y = f(x)$ 在 $[a,b]$ 上连续，在 (a,b) 内可导，则至少存在一点 $\xi \in (a,b)$，使得 $2\xi[f(b) - f(a)] = (b^2 - a^2)f'(\xi)$

　　证　所证问题可化为

$$\frac{f(b) - f(a)}{b^2 - a^2} = \frac{f'(\xi)}{2\xi}$$

因此可令 $g(x) = x^2$，则 $g'(x) = 2x \neq 0$，所以 $f(x)$ 与 $g(x)$ 在 $[a,b]$ 上满足柯西定理的条件，于是至少存在一点 $\xi \in (a,b)$，使得

$$\frac{f(b) - f(a)}{b^2 - a^2} = \frac{f'(\xi)}{2\xi}$$

即 $\qquad 2\xi[f(b) - f(a)] = (b^2 - a^2)f'(\xi)$

从上述三个定理的结论中我们可以看到,式子的一端只涉及所讨论的函数,式子的另一端只涉及函数的导数. 正是这些联系函数本身及其导数的公式,使得我们以后可以运用导数来研究函数.

习题 3 – 1

1. 下列函数在给定的区间上是否满足罗尔定理的条件? 若满足,求出定理中的 ξ.

(1) $f(x) = x^3 + 4x^2 - 7x - 10$ $\quad [-1, 2]$ $\qquad$ (2) $f(x) = \ln\sin x$ $\quad \left[\dfrac{\pi}{6}, \dfrac{5\pi}{6}\right]$

(3) $f(x) = xe^{-x}$ $\quad [0, 1]$ $\qquad\qquad\qquad$ (4) $f(x) = \dfrac{1}{1 + x^2}$ $\quad [-2, 2]$

2. 下列函数在给定区间上是否满足拉格朗日定理的条件,若满足,求出定理中的 ξ.

(1) $f(x) = \arctan x$ $\quad [0, 1]$ $\qquad\qquad$ (2) $f(x) = \ln x$ $\quad [1, e]$

(3) $f(x) = |\cos x|$ $\quad \left[\dfrac{\pi}{3}, \dfrac{2\pi}{3}\right]$

3. 对函数 $f(x) = \sin x$ 及 $g(x) = 1 + \cos x$ 在区间 $\left[0, \dfrac{\pi}{2}\right]$ 上验证柯西定理的正确性,并求出 ξ.

4. 不求导数,判断函数 $f(x) = (x - 1)(x - 2)(x - 3)(x - 4)$ 的导数有几个实根及其所在的范围.

5. 证明:对于函数 $f(x) = px^2 + qx + r$,应用拉格朗日中值定理所求得的点 ξ 总是位于区间的正中间.

6. 利用拉格朗日中值定理证明下列不等式.

(1) $|\arctan b - \arctan a| \leqslant |a - b|$

(2) $na^{n-1}(b - a) \leqslant b^n - a^n \leqslant nb^{n-1}(b - a)$ $\qquad (n > 1, \ 0 \leqslant a \leqslant b)$

(3) $\dfrac{b - a}{b} \leqslant \ln\dfrac{b}{a} \leqslant \dfrac{b - a}{a}$ $\qquad\qquad\qquad\qquad (0 < a \leqslant b)$

(4) 当 $x > 1$ 时,$e^x > ex$ $\qquad\qquad$ (5) 当 $x > 0$ 时,$\dfrac{x}{1 + x} < \ln(1 + x) < x$

7. 证明恒等式.

(1) $\arctan x + \operatorname{arccot} x = \dfrac{\pi}{2}$ $\qquad\qquad$ (2) $2\arctan x + \arcsin\dfrac{2x}{1 + x^2} = \pi$ $\qquad (x \geqslant 1)$

8. 证明:方程 $x^3 + x + C = 0$ 至多有一个实根,其中 C 为常数.

9. 证明:若方程 $a_0 x^n + a_1 x^{n-1} + \cdots + a_{n-1} x = 0$ 有正根 x_0,则方程 $na_0 x^{n-1} + (n - 1)a_1 x^{n-2} + \cdots + a_{n-1} = 0$ 必有小于 x_0 的正根.

10. 已知函数 $f(x)$ 在 $[0, 1]$ 上连续,在 $(0, 1)$ 内可导,且 $f(1) = 0$. 试证:在 $(0, 1)$ 内至少存在一点 ξ,使得 $f'(\xi) = -\dfrac{1}{\xi}f(\xi)$.

11. 已知函数 $f(x)$ 在 $[a,b]$ 上连续, 在 (a,b) 内可导, 且 $f(a) = f(b) = 0$. 试证: 在 (a, b) 内至少存在一点 ξ, 使得 $f(\xi) + f'(\xi) = 0$.

12. 已知函数 $f(x)$ 在 $[a,b]$ 上连续, 在 (a,b) 内可导. 且 $a > 0$, $b > 0$, 试证: 在 (a,b) 内至少存在点 ξ_1 和 ξ_2, 使得

$$f(\xi_1) - \xi_1 f'(\xi_1) = \frac{bf(a) - af(b)}{b - a}$$

$$f(\xi_2) + \xi_2 f'(\xi_2) = \frac{bf(b) - af(a)}{b - a}$$

13. 已知函数 $f(x)$ 在 $[a,b]$ $(0 < a < b)$ 上连续, 在 (a,b) 内可导. 试证: 在 (a,b) 内至少存在一点 ξ, 使得 $f(b) - f(a) = \xi f'(\xi) \ln \frac{b}{a}$.

14. 证明: 若函数 $f(x)$ 在 $(-\infty, +\infty)$ 内满足关系式 $f'(x) = f(x)$, 且 $f(0) = 1$, 则 $f(x) = e^x$.

15. 已知函数 $f(x)$ 在 $[a,b]$ 上连续, 在 (a,b) 内有二阶导数, 且 $f(a) = f(b) = 0$, $f(c) > 0$ $(a < c < b)$. 试证: 在 (a,b) 内至少存在一点 ξ, 使得 $f''(\xi) < 0$.

第二节　未定式的极限

前面我们已经看到, 两个无穷小量之比的极限或两个无穷大量之比的极限可能存在也可能不存在. 如 $\lim\limits_{x \to 0} \frac{\sin x}{x} = 1$, 而 $\lim\limits_{x \to 0} \frac{\sin x}{x^2}$ 不存在. 通常我们称这种类型的极限为未定式, 分别记作 $\frac{0}{0}$ 型或 $\frac{\infty}{\infty}$ 型. 这一节我们将根据柯西中值定理推导出求这类极限的一种简便且重要的方法. 即罗必塔法则.

定理 1　设函数 $y = f(x)$ 与 $y = g(x)$ 满足以下条件:

(1) $\lim\limits_{x \to x_0} f(x) = \lim\limits_{x \to x_0} g(x) = 0$ (或 $\lim\limits_{x \to x_0} f(x) = \lim\limits_{x \to x_0} g(x) = \infty$);

(2) 在点 x_0 的某去心邻域内可导, 且 $g'(x) \neq 0$;

(3) $\lim\limits_{x \to x_0} \frac{f'(x)}{g'(x)}$ 存在 (或为 ∞),

则　　　　$\lim\limits_{x \to x_0} \frac{f(x)}{g(x)} = \lim\limits_{x \to x_0} \frac{f'(x)}{g'(x)}$.

证　考虑到 $\lim\limits_{x \to x_0} f(x) = \lim\limits_{x \to x_0} g(x) = 0$

我们定义两个新的函数

$$F(x) = \begin{cases} f(x) & x \neq x_0 \\ 0 & x = x_0 \end{cases}, \quad G(x) = \begin{cases} g(x) & x \neq x_0 \\ 0 & x = x_0 \end{cases}$$

显然 $F(x)$ 与 $G(x)$ 在点 x_0 处连续.

设 x 是点 x_0 的邻域内任一点 (不妨设 $x > x_0$), 由条件 (2) 可知, $F(x)$ 与 $G(x)$ 在 $[x_0, x]$ 上满足柯西定理的条件, 于是有

$$\frac{F(x) - F(x_0)}{G(x) - G(x_0)} = \frac{F'(\xi)}{G'(\xi)} \qquad (x_0 < \xi < x)$$

即
$$\frac{f(x)}{g(x)} = \frac{f'(\xi)}{g'(\xi)}$$

因此
$$\lim_{x \to x_0}\frac{f(x)}{g(x)} = \lim_{x \to x_0}\frac{f'(\xi)}{g'(\xi)} = \lim_{\xi \to x_0}\frac{f'(\xi)}{g'(\xi)} = \lim_{x \to x_0}\frac{f'(x)}{g'(x)}$$

注：（1）若把定理中的 $x \to x_0$ 换成 $x \to x_0^-$，$x \to x_0^+$ 或 $x \to \infty$，$x \to +\infty$，$x \to -\infty$，而其他条件不变，则只需对定理中的条件（2）作相应的修改，定理仍然成立.

（2）在计算过程中，若 $\lim\limits_{x \to x_0}\frac{f'(x)}{g'(x)}$ 仍是 $\frac{0}{0}$ 型或 $\frac{\infty}{\infty}$ 型，且 $f'(x)$ 与 $g'(x)$ 又满足定理的条件，则罗必塔法则可继续使用，直到它不再是未定式为止.

例1 求 $\lim\limits_{x \to 0}\frac{\sin mx}{\sin nx}$. $\left(\frac{0}{0}型\right)$

解 $\lim\limits_{x \to 0}\frac{\sin mx}{\sin nx} = \lim\limits_{x \to 0}\frac{m\cos mx}{n\cos nx} = \frac{m}{n}$.

例2 求 $\lim\limits_{x \to 1}\frac{x^3 - 3x + 2}{x^3 - x^2 - x + 1}$. $\left(\frac{0}{0}型\right)$

解 $\lim\limits_{x \to 1}\frac{x^3 - 3x + 2}{x^3 - x^2 - x + 1} = \lim\limits_{x \to 1}\frac{3x^2 - 3}{3x^2 - 2x - 1} = \lim\limits_{x \to 1}\frac{6x}{6x - 2} = \frac{3}{2}$.

例3 $\lim\limits_{x \to +\infty}\frac{\frac{\pi}{2} - \arctan x}{\frac{1}{x}}$. $\left(\frac{0}{0}型\right)$

解 $\lim\limits_{x \to +\infty}\frac{\frac{\pi}{2} - \arctan x}{\frac{1}{x}} = \lim\limits_{x \to +\infty}\frac{-\frac{1}{1 + x^2}}{-\frac{1}{x^2}} = \lim\limits_{x \to +\infty}\frac{x^2}{1 + x^2} = 1$

例4 求 $\lim\limits_{x \to 0}\frac{e^x - e^{-x} - 2x}{x - \sin x}$. $\left(\frac{0}{0}型\right)$

解 $\lim\limits_{x \to 0}\frac{e^x - e^{-x} - 2x}{x - \sin x} = \lim\limits_{x \to 0}\frac{e^x + e^{-x} - 2}{1 - \cos x} = \lim\limits_{x \to 0}\frac{e^x - e^{-x}}{\sin x} = \lim\limits_{x \to 0}\frac{e^x + e^{-x}}{\cos x} = 2$

例5 $\lim\limits_{x \to 0}\frac{\ln(1 + x)}{x^\alpha}$ $(\alpha > 1)$. $\left(\frac{0}{0}型\right)$

解 $\lim\limits_{x \to 0}\frac{\ln(1 + x)}{x^\alpha} = \lim\limits_{x \to 0}\frac{\frac{1}{1 + x}}{\alpha x^{\alpha - 1}} = \infty$

例6 求 $\lim\limits_{x \to +\infty}\frac{\ln^n x}{x}$. $\left(\frac{0}{0}型\right)$

解 $\lim\limits_{x \to +\infty}\frac{\ln^n x}{x} = \lim\limits_{x \to +\infty}\frac{n(\ln x)^{n-1}\frac{1}{x}}{1} = \lim\limits_{x \to +\infty}\frac{n(\ln x)^{n-1}}{x}$

$$= \cdots\cdots = \lim_{x \to +\infty} \frac{n(n-1)(n-2)\cdots 2 \cdot 1 \ln x}{x} = \lim_{x \to +\infty} \frac{n!}{x} = 0$$

例 7 求 $\lim\limits_{x \to +\infty} \dfrac{x^\alpha}{e^x}(\alpha > 0)$. $\left(\dfrac{\infty}{\infty} 型\right)$

解 $\lim\limits_{x \to +\infty} \dfrac{x^\alpha}{e^x} = \lim\limits_{x \to +\infty} \dfrac{\alpha x^{\alpha-1}}{e^x} = \lim\limits_{x \to +\infty} \dfrac{\alpha(\alpha-1)x^{\alpha-2}}{e^x}$

$$= \cdots\cdots = \lim_{x \to +\infty} \frac{\alpha(\alpha-1)(\alpha-2)\cdots(\alpha-n+1)}{e^x x^{n-\alpha}} = 0$$

例 8 求 $\lim\limits_{x \to 0^+} \dfrac{\ln\cot x}{\ln x}$. $\left(\dfrac{\infty}{\infty} 型\right)$

解 $\lim\limits_{x \to 0^+} \dfrac{\ln\cot x}{\ln x} = \lim\limits_{x \to 0^+} \dfrac{\dfrac{1}{\cot t}\left(-\dfrac{1}{\sin^2 t}\right)}{\dfrac{1}{x}} = \lim\limits_{x \to 0^+} \dfrac{-x}{\sin x \cos x} = \lim\limits_{x \to 0^+} \dfrac{x}{\sin x} \lim\limits_{x \to 0^+} \dfrac{-1}{\cos x} = -1$

除了 $\dfrac{0}{0}$ 型及 $\dfrac{\infty}{\infty}$ 型未定式外，还有 $0 \cdot \infty$ 型、$\infty - \infty$ 型、1^∞ 型、0^0 型、∞^0 型等未定式，可以采用恒等变形、变量代换、取对数等方法，把它们转化成 $\dfrac{0}{0}$ 型或 $\dfrac{\infty}{\infty}$ 型来处理.

例 9 求 $\lim\limits_{x \to 0^+} x \ln x$. $(0 \cdot \infty 型)$

解 恒等变形转化成 $\dfrac{\infty}{\infty}$ 型或 $\dfrac{0}{0}$ 型

$$\lim_{x \to 0^+} x \ln x = \lim_{x \to 0^+} \frac{\ln x}{\dfrac{1}{x}} = \lim_{x \to 0^+} \frac{\dfrac{1}{x}}{-\dfrac{1}{x^2}} = \lim_{x \to 0^+}(-x) = 0$$

例 10 求 $\lim\limits_{x \to 1}\left(\dfrac{x}{x-1} - \dfrac{1}{\ln x}\right)$. $(\infty - \infty 型)$

解 通分转化成 $\dfrac{0}{0}$ 型

$$\lim_{x \to 1}\left(\frac{x}{x-1} - \frac{1}{\ln x}\right) = \lim_{x \to 1}\frac{x\ln x - x + 1}{(x-1)\ln x} = \lim_{x \to 1}\frac{\ln x + 1 - 1}{\ln x + \dfrac{x-1}{x}} = \lim_{x \to 1}\frac{\dfrac{1}{x}}{\dfrac{1}{x} + \dfrac{1}{x^2}} = \lim_{x \to 1}\frac{x}{x+1} = \frac{1}{2}$$

例 11 求 $\lim\limits_{x \to 0^+} x^{\sin x}$. $(0^0 型)$

解 取对数转化成 $0 \cdot \infty$ 型

$$\lim_{x \to 0^+} x^{\sin x} = \lim_{x \to 0^+} e^{\ln x^{\sin x}} = \lim_{x \to 0^+} e^{\sin x \ln x} = e^{\lim\limits_{x \to 0^+} \sin x \ln x} = e^{\lim\limits_{x \to 0^+} \frac{\ln x}{\frac{1}{\sin x}}}$$

$$= e^{\lim\limits_{x \to 0^+} \frac{\frac{1}{x}}{-\frac{\cos x}{\sin^2 x}}} = e^{\lim\limits_{x \to 0^+} \frac{-\sin^2 x}{x \cos x}} = e^{\lim\limits_{x \to 0^+} \left(\frac{\sin x}{x}\right)\left(-\frac{\sin x}{\cos x}\right)} = e^0 = 1$$

例 12 求 $\lim\limits_{x \to 0}(\cos x)^{\frac{1}{x^2}}$. $(1^\infty 型)$

解　取对数转化成$\dfrac{0}{0}$型

$$\lim_{x \to 0}(\cos x)^{\frac{1}{x^2}} = \lim_{x \to 0} e^{\ln(\cos x)^{\frac{1}{x^2}}} = \lim_{x \to 0} e^{\frac{\ln\cos x}{x^2}} = e^{\lim_{x \to 0}\frac{\ln\cos x}{x^2}}$$

$$= e^{\lim_{x \to 0}\frac{\frac{-\sin x}{\cos x}}{2x}} = e^{\lim_{x \to 0}\frac{\sin x}{x}\left(-\frac{1}{2\cos x}\right)} = e^{-\frac{1}{2}}.$$

例 13　求$\lim\limits_{x \to 0^+}(\cot x)^{\frac{1}{\ln x}}$.　　（$\infty^0$ 型）

解　取对数转化成$\dfrac{\infty}{\infty}$型

$$\lim_{x \to 0^+}(\cot x)^{\frac{1}{\ln x}} = \lim_{x \to 0^+} e^{\ln(\cot x)^{\frac{1}{\ln x}}} = \lim_{x \to 0^+} e^{\frac{\ln\cot x}{\ln x}} = e^{\lim_{x \to 0^+}\frac{\ln\cot x}{\ln x}}$$

$$= e^{\lim_{x \to 0^+}\frac{\frac{1}{\cot x}\left(-\frac{1}{\sin^2 x}\right)}{\frac{1}{x}}} = e^{\lim_{x \to 0^+}\frac{-x}{\sin x\cos x}} = e^{-1} = \frac{1}{e}.$$

例 14　求$\lim\limits_{x \to 0}\dfrac{\sin^2 x - x^2\cos^2 x}{x^2\sin^2 x}$.　　$\left(\dfrac{0}{0}\text{型}\right)$

解　直接用罗必塔法则，会使运算变得复杂，可利用等价无穷小代替.

$$\lim_{x \to 0}\frac{\sin^2 x - x^2\cos^2 x}{x^2\sin^2 x} = \lim_{x \to 0}\frac{(\sin x + x\cos x)(\sin x - x\cos x)}{x^4}$$

$$= \lim_{x \to 0}\frac{\sin x + x\cos x}{x}\lim_{x \to 0}\frac{\sin x - x\cos x}{x^3}$$

$$= 2\lim_{x \to 0}\frac{\cos x - \cos x + x\sin x}{3x^2} = 2\lim_{x \to 0}\frac{\sin x}{3x} = \frac{2}{3}$$

最后，需要指出的是，在使用罗必塔法则求未定式的极限时，需注意以下几点：

1. 罗必塔法则只能对$\dfrac{0}{0}$型或$\dfrac{\infty}{\infty}$型的未定式才可直接使用，其他未定式必须转化成这两种类型之一，然后再应用罗必塔法则. 如果某一步不再是$\dfrac{0}{0}$型或$\dfrac{\infty}{\infty}$型未定式，则罗必塔法则就不能再使用.

如求$\lim\limits_{x \to 0}\dfrac{e^x - \cos x}{x^2}$，这是$\dfrac{0}{0}$型未定式，由罗必塔法则得

$$\lim_{x \to 0}\frac{e^x - \cos x}{x^2} = \lim_{x \to 0}\frac{e^x + \sin x}{2x}$$

上式右边已不再是未定式，而是∞. 如果继续使用罗必塔法则就会得到以下错误的结果：

$$\lim_{x \to 0}\frac{e^x - \cos x}{x^2} = \lim_{x \to 0}\frac{e^x + \sin x}{2x} = \lim_{x \to 0}\frac{e^x + \cos x}{2} = 1$$

2. 罗必塔法则只说明当$\lim\dfrac{f'(x)}{g'(x)}$存在时，$\lim\dfrac{f(x)}{g(x)}$也存在，且$\lim\dfrac{f(x)}{g(x)} = \lim\dfrac{f'(x)}{g'(x)}$，也

就是说，在遇到 $\lim\dfrac{f'(x)}{g'(x)}$ 不存在时，并不能断定 $\lim\dfrac{f(x)}{g(x)}$ 也不存在，这时需用其他方法讨论 $\lim\dfrac{f(x)}{g(x)}$.

如求 $\lim\limits_{x\to 0}\dfrac{x^2\sin\dfrac{1}{x}}{\sin x}$，这是 $\dfrac{0}{0}$ 型未定式，由罗必塔法则得

$$\lim_{x\to 0}\frac{x^2\sin\dfrac{1}{x}}{\sin x}=\lim_{x\to 0}\frac{2x\sin\dfrac{1}{x}-\cos\dfrac{1}{x}}{\cos x}$$

不存在，但原极限存在．事实上

$$\lim_{x\to 0}\frac{x^2\sin\dfrac{1}{x}}{\sin x}=\lim_{x\to 0}\left(\frac{x}{\sin x}\right)\left(x\sin\frac{1}{x}\right)=1\times 0=0$$

3. 罗必塔法则有时会失效.

如求 $\lim\limits_{x\to +\infty}\dfrac{e^x-e^{-x}}{e^x+e^{-x}}$，这是 $\dfrac{\infty}{\infty}$ 型未定式．由罗必塔法则得

$$\lim_{x\to +\infty}\frac{e^x-e^{-x}}{e^x+e^{-x}}=\lim_{x\to +\infty}\frac{e^x+e^{-x}}{e^x-e^{-x}}=\lim_{x\to +\infty}\frac{e^x-e^{-x}}{e^x+e^{-x}}$$

如此反复使用总求不出它的极限，因此罗必塔法则失效．事实上

$$\lim_{x\to +\infty}\frac{e^x-e^{-x}}{e^x+e^{-x}}=\lim_{x\to +\infty}\frac{1-e^{-2x}}{1+e^{-2x}}=1$$

习题 3 – 2

1. 求下列极限.

（1） $\lim\limits_{x\to 0}\dfrac{e^x-e^{-x}}{\sin x}$

（2） $\lim\limits_{x\to 0}\dfrac{\tan x-x}{x-\sin x}$

（3） $\lim\limits_{x\to a}\dfrac{x^m-a^m}{x^n-a^n}$

（4） $\lim\limits_{x\to 0}\dfrac{\sin x-x\cos x}{\sin^3 x}$

（5） $\lim\limits_{x\to \frac{\pi}{2}}\dfrac{\ln\sin x}{(\pi-2x)^2}$

（6） $\lim\limits_{x\to +\infty}\dfrac{\ln\left(1+\dfrac{1}{x}\right)}{\text{arccot}x}$

（7） $\lim\limits_{x\to 0^+}\dfrac{\ln\sin mx}{\ln\sin nx}$

（8） $\lim\limits_{x\to \frac{\pi}{2}}\dfrac{\tan x}{\tan 3x}$

（9） $\lim\limits_{x\to +\infty}\dfrac{\ln(1+x)}{x^{\alpha}}$ $(\alpha>0)$

（10） $\lim\limits_{x\to 0}\dfrac{e^x-1}{x^3}$

（11） $\lim\limits_{x\to +\infty}x\left(\dfrac{\pi}{2}-\arctan x\right)$

（12） $\lim\limits_{x\to 0}x^2 e^{\frac{1}{x^2}}$

（13）$\lim\limits_{x \to 0}\left(\dfrac{1}{x} - \dfrac{1}{e^x - 1}\right)$

（14）$\lim\limits_{x \to \frac{\pi}{2}}(\sec x - \tan x)$

（15）$\lim\limits_{x \to 0^+}(\tan x)^{\sin x}$

（16）$\lim\limits_{x \to 0}\left(\dfrac{\sin x}{x}\right)^{\frac{1}{x^2}}$

（17）$\lim\limits_{x \to 0^+}\left(\dfrac{1}{x}\right)^{\tan x}$

（18）$\lim\limits_{x \to +\infty}\left(\tan\dfrac{\pi x}{2x+1}\right)^{\frac{1}{x}}$

（19）$\lim\limits_{x \to \infty}\left[x - x^2 \ln\left(1 + \dfrac{1}{x}\right)\right]$

（20）$\lim\limits_{x \to 0}\left(\dfrac{a_1^x + a_2^x + \cdots + a_n^x}{n}\right)^{\frac{1}{x}}$

2. 用比较简便的方法求下列极限.

（1）$\lim\limits_{x \to 0}\dfrac{1 - \cos^2 x}{x(\sqrt{1+x} - 1)}$

（2）$\lim\limits_{x \to 0}\dfrac{(\tan x - x)(\sqrt{1+x} - 1)}{x^3 \sin x}$

3. 设 $f(x)$ 在 $x = 0$ 处可导，且 $f(0) = 0$. 求 $\lim\limits_{x \to 0}\dfrac{f(1 - \cos x)}{\tan x^2}$.

第三节　泰　勒　公　式

对于一些较复杂的函数，为了便于研究，我们往往希望用一些简单的函数来近似表达. 由于多项式函数只涉及对自变量的有限次加、减、乘三种算术运算，求函数值及其他运算都很简便，因此我们希望用多项式来近似表达一般函数，这种表达的具体描述就是泰勒（Taylor）公式. 泰勒公式在理论分析和数值计算方面都很有价值.

一、泰勒公式

在第二章第五节中我们介绍了利用导数进行近似计算的问题，也就是当 $x \to x_0$ 时
$$f(x) \approx f(x_0) + f'(x_0)(x - x_0)$$
即用一次多项式
$$P_1(x) = f(x_0) + f'(x_0)(x - x_0)$$
近似表示函数 $f(x)$，这种近似有以下两个特点：

（1）$f(x)$ 与 $P_1(x)$ 在点 x_0 处有相同的函数值和一阶导数值，即
$$f(x_0) = P_1(x_0) \qquad f'(x_0) = P'_1(x_0)$$

（2）当 $x \to x_0$ 时，其误差 $f(x) - P_1(x) = o(x - x_0)$ 是比 $(x - x_0)$ 高阶的无穷小.

但是这种近似还存在着不足之处. 首先它只是一个局部的近似公式，精确度不高，由此产生的误差是关于 $(x - x_0)$ 的高阶无穷小，当 x 离 x_0 较远时，其误差是很大的；其次是用它来作近似计算时，不能具体估算出误差的大小，因此我们希望用高次多项式
$$P_n(x) = a_0 + a_1(x - x_0) + a_2(x - x_0)^2 + \cdots + a_n(x - x_0)^n$$
来近似表示函数 $f(x)$，并满足以下条件：

（1）$P_n(x)$ 与 $f(x)$ 在点 x_0 处有相同的函数值及 1 至 n 阶的导数值，即

$$P_n(x_0) = f(x_0), P_n^{(k)}(x_0) = f^{(k)}(x_0)(k = 1, 2, \cdots, n)$$

（2）$P_n(x)$ 与 $f(x)$ 在所考虑的区间内有较好的近似，并能定量估计误差 $|f(x) - P_n(x)|$.
即当 $x \rightarrow x_0$ 时，要求

$$f(x) - P_n(x) = o[(x - x_0)^n]$$

下面就来确定满足上述条件的多项式 $P_n(x)$.

对 n 次多项式 $P_n(x)$ 的两边分别求 1 至 n 阶导数，并令 $x = x_0$

得 $P_n(x_0) = a_0, P_n'(x_0) = a_1, P_n''(x_0) = 2! \ a_2, \cdots, P_n^{(n)}(x_0) = n! a_n$

若满足条件（1），则有

$$a_0 = f(x_0), \quad a_1 = f'(x_0), \quad a_2 = \frac{f''(x_0)}{2!}, \quad \cdots, \quad a_n = \frac{f^{(n)}(x_0)}{n!}$$

所以

$$P_n(x) = f(x_0) + f'(x_0)(x - x_0) + \frac{f''(x_0)}{2!}(x - x_0)^2 + \cdots + \frac{f^{(n)}(x_0)}{n!}(x - x_0)^n$$

$P_n(x)$ 称为函数 $f(x)$ 在 x_0 处的 n 阶泰勒多项式. 当 $f(x)$ 满足一定条件时，用 $P_n(x)$ 来近似 $f(x)$ 就可满足上述条件（2）.

定理 1 （泰勒中值定理） 设函数 $y = f(x)$ 在 x_0 的某个邻域 D 内有 $n + 1$ 阶导数，则对该邻域内的任一点 ξ（ξ 在 x_0 与 x 之间），使得 $f(x) = P_n(x) + R_n(x)$，即

$$f(x) = f(x_0) + f'(x_0)(x - x_0) + \frac{f''(x_0)}{2!}(x - x_0)^2 + \cdots + \frac{f^{(n)}(x_0)}{n!}(x - x_0)^n + R_n(x)$$

其中 $R_n(x) = \frac{f^{(n+1)}(\xi)}{(n+1)!}(x - x_0)^{n+1}$.

证 令 $R_n(x) = f(x) - P_n(x)$，只需证在 x 与 x_0 之间至少存在一点 ξ，使 $R_n(x) = \frac{f^{(n+1)}(\xi)}{(n+1)!}(x - x_0)^{n+1}$ 即可.

（1）先证 $R_n(x_0) = R_n'(x_0) = R_n''(x_0) = \cdots = R_n^{(n)}(x_0) = 0$ 和 $R_n^{(n+1)}(x) = f^{(n+1)}(x)$.

因为 $f(x)$ 在 D 内具有 $n + 1$ 阶导数，而 $P_n(x)$ 是多项式，则 $R_n(x) = f(x) - P_n(x)$ 具有 $n + 1$ 阶导数，且 $R_n(x)$ 的直至 n 阶导数都连续.

$$R_n(x_0) = \lim_{x \to x_0} R_n(x) = \lim_{x \to x_0} [f(x) - P_n(x)] = f(x_0) - P_n(x_0) = 0$$

当 $k \leqslant n$ 时

$$\begin{aligned} R_n^{(k)}(x_0) &= \lim_{x \to x_0} R_n^{(k)}(x) = \lim_{x \to x_0} [f^{(k)}(x) - P_n^{(k)}(x)] \\ &= f^{(k)}(x_0) - P_n^{(k)}(x_0) = f^{(k)}(x_0) - k! a_k \\ &= f^{(k)}(x_0) - k! \ \frac{f^{(k)}(x_0)}{k!} = 0 \end{aligned}$$

其中 a_k 是 $P_n(x)$ 的 $(x - x_0)^k$ 项的系数.

又因为 $P_n^{(n+1)}(x) = 0$，所以 $R_n^{(n+1)}(x) = f^{(n+1)}(x)$.

（2）再证明在 x 与 x_0 之间至少存在一点 ξ，使

$$R_n(x) = \frac{f^{(n+1)}(\xi)}{(n+1)!}(x - x_0)^{n+1}.$$

令 $g(x) = (x - x_0)^{n+1}$，则 $g(x_0) = g'(x_0) = \cdots = g^{(n)}(x_0) = 0$，$g_{(x)}^{(n+1)} = (n+1)!$，设 x 为 D 中任一点，在 x_0 和 x 为端点的区间上应用柯西定理于函数 $R_n(x)$ 与 $g(x)$，则存在 ξ_1 使

$$\frac{R_n(x)}{g(x)} = \frac{R_n(x) - R_n(x_0)}{g(x) - g(x_0)} = \frac{R_n'(\xi_1)}{g'(\xi_1)} (\xi_1 \text{ 在 } x_0 \text{ 与 } x \text{ 之间}).$$

在以 x_0 与 ξ_1 为端点的区间上再应用柯西定理，则存在 ξ_2 使

$$\frac{R_n'(\xi_1)}{g'(\xi_1)} = \frac{R_n'(\xi_1) - R_n'(x_0)}{g'(\xi_1) - g'(x_0)} = \frac{R_n''(\xi_2)}{g''(\xi_2)} (\xi_2 \text{ 在 } x_0 \text{ 与 } \xi_1 \text{ 之间}).$$

重复应用 $n+1$ 次柯西定理，得到

$$\frac{R_n(x)}{g_n(x)} = \frac{R_n'(\xi_1)}{g'(\xi_1)} = \frac{R_n''(\xi_2)}{g''(\xi_2)} = \cdots = \frac{R_n^{(n)}(\xi_n)}{g^{(n)}(\xi_n)} = \frac{R_n^{(n+1)}(\xi)}{g^{(n+1)}(\xi)}$$

（ξ 在 ξ_n 与 x_0 之间，也在 x_0 与 x 之间）

又因为

$$R_n^{(n+1)}(\xi) = f^{(n+1)}(\xi), g^{(n+1)}(\xi) = (n+1)!$$

所以 $R_n(x) = \dfrac{f^{(n+1)}(\xi)}{(n+1)!}(x - x_0)^{n+1}$ 或

$$R_n(x) = \frac{f^{(n+1)}[x_0 + \theta(x - x_0)]}{(n+1)!}(x - x_0)^{n+1} \quad (0 < \theta < 1).$$

此定理中的公式称为 $f(x)$ 在 x_0 处的带有拉格朗日余项的 n 阶泰勒公式，$R_n(x)$ 称为拉格朗日余项.

当用 $P_n(x)$ 近似 $f(x)$ 时，若对 $R_n(x)$ 不要求具体表示，则在 $|f^{(n+1)}(x)| \leqslant M$，$x \in D$ 的条件下，可记 $R_n(x) = o[(x - x_0)^n]$. 这是因为

$$|R_n(x)| = \left| \frac{f^{(n+1)}(\xi)}{(n+1)!}(x - x_0)^{n+1} \right| \leqslant \frac{M(x - x_0)^{n+1}}{(n+1)!}$$

所以 $\lim\limits_{x \to x_0} \dfrac{R_n(x)}{(x - x_0)^n} = 0$，即 $R_n(x) = o[(x - x_0)^n]$，以 $o[(x - x_0)^n]$ 表示的余项称为佩亚诺余项，相应的泰勒公式也称为带有佩亚诺余项的泰勒公式.

在带佩亚诺型余项的泰勒公式中，取 $n = 1$ 就得到一阶微分公式

$$f(x) = f(x_0) + f'(x_0)(x - x_0) + o(x - x_0)$$

在带拉格朗日型余项的泰勒公式中，取 $n = 0$，就得到拉格朗日公式

$$f(x) = f(x_0) + f'(\xi)(x - x_0)$$

因此，泰勒公式是一阶微分公式或拉格朗日公式的推广.

若 D 的左、右端点分别是有限值 a 与 b，则

$$|R_n(x)| \leqslant \frac{M}{(n+1)!}(b - a)^{n+1} \to 0 \quad (\text{当 } n \to \infty \text{ 时})$$

这表明，只要 $f^{(n+1)}(x)$ 在有限区间 D 上有界，用 n 次泰勒多项式 $P_n(x)$ 来近似代替 $f(x)$，其绝对误差 $|R_n(x)|$ 随着 n 的增大可变得任意小.

如果 $x_0 = 0$，则泰勒公式为

$$f(x) = f(0) + f'(0)x + \frac{f''(0)}{2!}x^2 + \cdots + \frac{f^{(n)}(0)}{n!}x^n + R_n(x)$$

其中 $R_n(x) = o(x^n)$ 为佩亚诺型余项；

$$R_n(x) = \frac{f^{(n+1)}(\theta x)}{(n+1)!} x^{n+1} (0 < \theta < 1)$$ 为拉格朗日型余项.

该公式称为 $f(x)$ 的 n 阶麦克劳林（Maclaurin）公式，它是泰勒公式常用的一种特殊情形.

二、几个常用的麦克劳林公式

1. $f(x) = e^x$

因为 $f'(x) = f''(x) = \cdots = f^{(n)}(x) = e^x$，所以
$$f(0) = f'(0) = \cdots = f^{(n)}(0) = 1, \quad f^{(n+1)}(\theta x) = e^{\theta x}$$

于是 $e^x = 1 + x + \dfrac{x^2}{2!} + \dfrac{x^3}{3!} + \cdots + \dfrac{x^n}{n!} + \dfrac{e^{\theta x}}{(n+1)!} x^{n+1}$ $(0 < \theta < 1)$

由这个公式可知，e^x 的 n 次泰勒多项式为
$$e^x \approx P_n(x) = 1 + x + \frac{x^2}{2!} + \frac{x^3}{3!} + \cdots + \frac{x^n}{n!}.$$

所产生的误差为
$$|R_n(x)| = \left| \frac{e^{\theta x}}{(n+1)!} x^{n+1} \right| < \frac{e^{|x|}}{(n+1)!} |x^{n+1}| (0 < \theta < 1)$$

其中 $\quad P_1(x) = 1 + x$

$\qquad P_2(x) = 1 + x + \dfrac{x^2}{2}$

$\qquad P_3(x) = 1 + x + \dfrac{x^2}{2} + \dfrac{x^3}{6}$

如图 3 – 7 所示，对相同的 x，n 越大，逼近越好. 如果取 x = 1，则得无理数 e 的近似式为

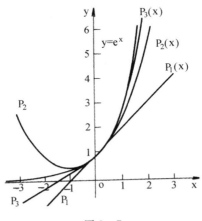

图 3 – 7

$$e \approx 1 + 1 + \frac{1}{2!} + \frac{1}{3!} + \cdots + \frac{1}{n!}$$

误差 $\quad |R_n| < \dfrac{e}{(n+1)!} < \dfrac{3}{(n+1)!}$

当 n = 10 时，可算出 $e \approx 2.718282$，其误差不超过 10^{-6}.

2. $f(x) = \sin x$

因为 $f^{(n)}(x) = \sin\left(x + \dfrac{n\pi}{2}\right)$ $(n = 1, 2, \cdots)$

所以 $f^{(n)}(0) = \sin\dfrac{n\pi}{2} = \begin{cases} 0 & n = 2k \\ (-1)^{k-1} & n = 2k - 1 \end{cases}$

$$f^{(2k+1)}(\theta x) = \sin\left(\theta x + \dfrac{(2k+1)\pi}{2}\right) = (-1)^k \cos\theta x$$

于是 $\sin x = x - \dfrac{x^3}{3!} + \dfrac{x^5}{5!} - \cdots + (-1)^{k-1}\dfrac{x^{2k-1}}{(2k-1)!} + \dfrac{(-1)^k\cos\theta x}{(2k+1)!}x^{2k+1}$ $(0 < \theta < 1)$

由这个公式可知，$\sin x$ 的 n 次泰勒多项式为

$$\sin x \approx P_n(x) = x - \dfrac{x^3}{3!} + \dfrac{x^5}{5!} - \cdots + (-1)^{k-1}\dfrac{x^{2k-1}}{(2k-1)!}$$

所产生的误差为

$$|R_n(x)| = \left|\dfrac{(-1)^k\cos\theta x}{(2k+1)!}x^{2k+1}\right| < \dfrac{1}{(2k+1)!}|x|^{2k+1}$$

其中 $P_1(x) = x$，$P_3(x) = x - \dfrac{x^3}{3!}$，$P_5(x) = x - \dfrac{x^3}{3!} + \dfrac{x^5}{5!}$

如图 3 - 8 所示，对相同的 x，k 越大，逼近越好.

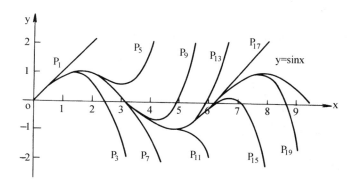

图 3 - 8

用类似的方法可得到

3. $f(x) = \cos x$

$$\cos x = 1 - \dfrac{x^2}{2!} + \dfrac{x^4}{4!} - \cdots + \dfrac{(-1)^k}{(2k)!}x^{2k} + \dfrac{(-1)^{k+1}\cos\theta x}{(2k+2)!}x^{2k+2}$$ $(0 < \theta < 1)$

4. $f(x) = \ln(1 + x)$

$$\ln(1 + x) = x - \dfrac{x^2}{2} + \dfrac{x^3}{3} + \cdots + (-1)^{n-1}\dfrac{x^n}{n} + R_n(x)$$

其中 $R_n(x) = \dfrac{(-1)^n}{(n+1)(1+\theta x)^{n+1}}x^{n+1}$ $(0 < \theta < 1)$

5. $f(x) = (1 + x)^\alpha$

$$(1+x)^{\alpha} = 1 + \alpha x + \frac{\alpha(\alpha-1)}{2!}x^2 + \cdots + \frac{\alpha(\alpha-1)\cdots(\alpha-n+1)}{n!}x^n + R_n(x)$$

其中 $R_n(x) = \dfrac{\alpha(\alpha-1)\cdots(\alpha-n+1)(\alpha-n)}{(n+1)!}(1+\theta x)^{\alpha-n-1}x^{n+1}$ $(0 < \theta < 1)$

特别地

当 $\alpha = n$, $(1+x)^n = 1 + nx + \dfrac{n(n-1)}{2!}x^2 + \cdots + x^n$

当 $\alpha = -1$,

$$\frac{1}{1+x} = 1 - x + x^2 - \cdots + (-1)^n x^n + (-1)^{n+1}\frac{x^{n+1}}{(1+\theta x)^{n+2}} \quad (0 < \theta < 1)$$

$$\frac{1}{1-x} = 1 + x + x^2 + \cdots + x^n + \frac{x^{n+1}}{(1+\theta x)^{n+2}} \quad\quad (0 < \theta < 1)$$

例 1   求 e^{-x},e^{x^2} 的麦克劳林公式.

解   因为 $e^x = 1 + x + \dfrac{x^2}{2!} + \dfrac{x^3}{3!} + \cdots + \dfrac{x^n}{n!} + o(x^n)$

所以 $e^{-x} = 1 - x + \dfrac{x^2}{2!} - \dfrac{x^3}{3!} + \cdots + (-1)^n\dfrac{x^n}{n!} + o(x^n)$

$e^{x^2} = 1 + x^2 + \dfrac{x^4}{2!} + \dfrac{x^6}{3!} + \cdots + \dfrac{x^{2n}}{n!} + o(x^{2n})$

例 2   写出 $f(x) = \sqrt{1+x}\sin x$ 的三阶麦克劳林公式.并求 $f^{(3)}(0)$.

解 $\sqrt{1+x} = 1 + \dfrac{1}{2}x + \dfrac{\dfrac{1}{2}\left(\dfrac{1}{2}-1\right)}{2!}x^2 + \dfrac{\dfrac{1}{2}\left(\dfrac{1}{2}-1\right)\left(\dfrac{1}{2}-2\right)}{3!}x^3 + o(x^3)$

$\qquad\qquad = 1 + \dfrac{1}{2}x - \dfrac{1}{8}x^2 + \dfrac{1}{16}x^3 + o(x^3)$

$\sin x = x - \dfrac{1}{3!}x^3 + o(x^3)$

则 $\sqrt{1+x}\sin x = \left[1 + \dfrac{1}{2}x - \dfrac{1}{8}x^2 + \dfrac{1}{16}x^3 + o(x^3)\right]\left[x - \dfrac{1}{6}x^3 + o(x^3)\right]$

$\qquad\qquad = x + \dfrac{1}{2}x^2 - \dfrac{7}{24}x^3 + o(x^3)$

$f^{(3)}(0) = -\dfrac{7}{4}$

三、泰勒公式的应用

1. 求极限

例 3   求 $\lim\limits_{x \to 0}\dfrac{\cos x - e^{-\frac{x^2}{2}}}{x^4}$

解   因为 $\cos x = 1 - \dfrac{x^2}{2!} + \dfrac{x^4}{4!} + o(x^4)$

$$e^{-\frac{x^2}{2}} = 1 - \frac{x^2}{2} + \frac{x^4}{8} + o(x^4)$$

所以 $\lim\limits_{x \to 0} \dfrac{\cos x - e^{-\frac{x^2}{2}}}{x^4} = \lim\limits_{x \to 0} \dfrac{\dfrac{x^4}{4!} - \dfrac{x^4}{8} + o(x^4)}{x^4} = \lim\limits_{x \to 0} \dfrac{-\dfrac{x^4}{12} + o(x^4)}{x^4} = -\dfrac{1}{12}$

例 4 $\lim\limits_{x \to 0} \dfrac{e^x \sin x - x(1+x)}{x^3}$

解 因为 $e^x = 1 + x + \dfrac{x^2}{2!} + \dfrac{x^3}{3!} + o(x^3)$

$$\sin x = x - \frac{x^3}{3!} + o(x^3)$$

所以 $\lim\limits_{x \to 0} \dfrac{e^x \sin x - x(1+x)}{x^3}$

$$= \lim\limits_{x \to 0} \frac{\left(1 + x + \dfrac{x^2}{2!} + \dfrac{x^3}{3!} + o(x^3)\right)\left(x - \dfrac{x^3}{3!} + o(x^3)\right) - x(1+x)}{x^3}$$

$$= \lim\limits_{x \to 0} \frac{x + x^2 + \dfrac{1}{3}x^3 + o(x^3) - x - x^2}{x^3} = \lim\limits_{x \to 0} \frac{\dfrac{1}{3}x^3 + o(x^3)}{x^3} = \frac{1}{3}$$

2. 近似计算

例 5 讨论当 x 在什么范围时,用 $1 - \dfrac{x^2}{2}$ 代替 $\cos x$ 所产生的绝对误差不超过 10^{-4}.

解 因为 $\cos x = 1 - \dfrac{x^2}{2} + \dfrac{\cos \xi}{4!}x^4$

所以 $\left| \cos x - \left(1 - \dfrac{x^2}{2}\right) \right| = \left| \dfrac{\cos \xi}{4!}x^4 \right| \leqslant \dfrac{x^4}{24}$

要使 $\dfrac{x^4}{24} \leqslant 10^{-4}$, 需 $x^4 \leqslant 24 \times 10^{-4}$, 即 $|x| \leqslant \sqrt[4]{24} \times 10^{-1} \approx 0.22$

故当 $x \in (-0.22, 0.22)$ 时,用 $1 - \dfrac{x^2}{2}$ 代替 $\cos x$ 所产生的绝对误差不超过 10^{-4}.

习题 3 – 3

1. 分别求下列函数带拉格朗日型余项和佩亚诺型余项的 n 阶麦克劳林公式.

(1) $f(x) = xe^x$ (2) $f(x) = \sqrt{1+x}$ (3) $f(x) = \ln\sqrt{\dfrac{1+x}{1-x}}$

2. 求下列函数在下列点处带佩亚诺型余项的三阶泰勒公式.

(1) $f(x) = \sqrt{x}$ 在 $x_0 = 2$ 处   (2) $f(x) = e^{2x}$ 在 $x_0 = 1$ 处

(3) $f(x) = \ln\cos x$ 在 $x_0 = \dfrac{\pi}{4}$ 处

3. 求下列极限.

（1）$\lim\limits_{x \to 0} \dfrac{\cos x - e^{-\frac{x^2}{2}}}{x^4}$

（2）$\lim\limits_{x \to 0} \dfrac{1 - \cos(\sin x)}{2\ln(1 + x^2)}$

（3）$\lim\limits_{x \to 0} \dfrac{\ln(1 + x) - \sin x}{\sqrt{1 + x^2} - \cos x^2}$

（4）$\lim\limits_{x \to +\infty} \left(\sqrt[6]{x^6 + x^5} - \sqrt[6]{x^6 - x^5} \right)$

4. 利用三阶泰勒公式求下列各数的近似值（保留五位小数），并估计误差.

（1）$\sqrt[3]{30}$

（2）$(1.1)^{1.2}$

5. 用几阶泰勒公式计算 $\sin 31°$ 的近似值，可使绝对误差不超过 10^{-6}.

第四节　函数的单调性与极值

在第一章中我们已经介绍了函数单调性的概念. 这一节我们将利用导数研究函数的单调性，并讨论函数的极值与最值.

一、函数的单调性

如果函数 $y = f(x)$ 在某区间 $[a,b]$ 上单调增加（单调减少），则它的图形是一条沿 x 轴正向上升（下降）的曲线，如图 3 - 9. 直观上看，当曲线上升时（或下降时），曲线上各点处的切线斜率是正的（负的），即 $f'(x) > 0$，（$f'(x) < 0$）. 由此可见，函数的单调性与导数的符号之间有着密切的联系.

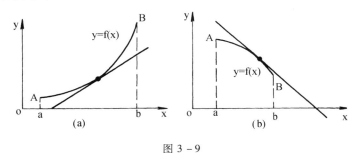

图 3 - 9

定理 1　若函数 $y = f(x)$ 在 $[a,b]$ 上连续，在 (a,b) 内可导，且对任意的 $x \in (a,b)$，都有 $f'(x) > 0$（或 $f'(x) < 0$），则 $y = f(x)$ 在 (a,b) 内单调增加（或单调减少）.

证　因为对 $\forall x \in (a,b)$，都有 $f'(x) > 0$，所以在 (a,b) 内任取两点 $x_1 < x_2$，则由拉格朗日中值定理得

$$f(x_2) - f(x_1) = f'(\xi)(x_2 - x_1) > 0 \qquad (x_1 < \xi < x_2)$$

即

$$f(x_2) > f(x_1)$$

所以 $y = f(x)$ 在 (a,b) 内单调增加.

函数单调是函数在区间内的性质，个别使函数导数为 0 的点并不影响函数在整个区间的单调性，例如 $y = x^3$.

例 1　讨论函数 $f(x) = x^3 - 6x^2 + 9x - 2$ 的单调性.

解　函数的定义域为 $(-\infty, +\infty)$

因为 $f'(x) = 3x^2 - 12x + 9 = 3(x-1)(x-3)$

令 $f'(x) = 0$ 得 $x_1 = 1$，$x_2 = 3$，它们将定义域 $(-\infty, +\infty)$ 分成三个子区间，函数 $y = f(x)$ 在各区间中的单调性由 $f'(x)$ 的符号确定，如表 3-1 所示.

表 3-1

x	$(-\infty, 1)$	1	$(1, 3)$	3	$(3, +\infty)$
$f'(x)$	+		−		+
$f(x)$	↑		↓		↑

表中"↑"与"↓"分别表示函数在该区间内单调增加与单调减少.

例 2　讨论函数 $f(x) = \sqrt[3]{x^2}$ 的单调性.

解　函数的定义域为 $(-\infty, +\infty)$

因为当 $x \neq 0$ 时，$f'(x) = \dfrac{2}{3\sqrt[3]{x}}$，当 $x = 0$ 时，$f'(x)$ 不存在.

用 $x = 0$ 将定义域分成两个子区间，函数 $y = f(x)$ 在各子区间上的单调性由 $f'(x)$ 的符号确定，如表 3-2 所示.

表 3-2

x	$(-\infty, 0)$	0	$(0, +\infty)$
$f'(x)$	−		+
$f(x)$	↓		↑

所以 $f(x)$ 在 $(-\infty, 0)$ 上单调减少，在 $(0, +\infty)$ 上单调增加. 如图 3-10 所示.

从例 1 和例 2 中我们得到判定函数 $y = f(x)$ 单调性的步骤：

（1）先求出使 $f'(x) = 0$ 的点及 $f'(x)$ 不存在的点.

（2）以这些点将 $f(x)$ 的定义区间分成若干个子区间.

（3）考虑 $f'(x)$ 在这些子区间上的符号，从而判定 $f(x)$ 在各子区间上的单调性.

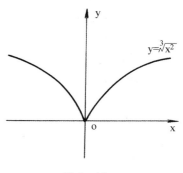

图 3-10

例 3　证明：当 $x \geq 0$ 时，$\dfrac{x}{1+x} \leq \ln(1+x) \leq x$.

证　令 $f(x) = \ln(1+x) - \dfrac{x}{1+x}$

则　　$f'(x) = \dfrac{1}{1+x} - \dfrac{1}{(1+x)^2} = \dfrac{x}{(1+x)^2}$

当 $x \geq 0$ 时，$f'(x) \geq 0$，所以 $f(x)$ 单调不减. 于是 $f(x) \geq f(0) = 0$

即 $\dfrac{x}{1+x} \leqslant \ln(1+x)$

同理，令 $g(x) = x - \ln(1+x)$

则 $g'(x) = 1 - \dfrac{1}{1+x} = \dfrac{x}{1+x}$

当 $x \geqslant 0$ 时，$g'(x) \geqslant 0$. 所以 $g(x)$ 单调不减. 于是 $g(x) \geqslant g(0) = 0$. 即 $\ln(1+x) \leqslant x$

综上所述，当 $x \geqslant 0$ 时，有

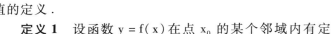

$$\dfrac{x}{1+x} \leqslant \ln(1+x) \leqslant x$$

二、函数的极值与最值

从例 1 中我们可以看到：

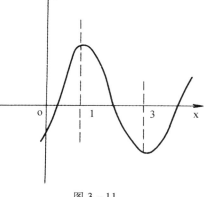

当自变量 x 从 $x=1$ 点的左边变到右边时，曲线 $f(x) = x^3 - 6x^2 + 9x - 2$ 由上升变为下降，也就是说 $x=1$ 点是曲线由上升变为下降的转折点. 此时，在 $x=1$ 点的左右邻域，有 $f(x) \leqslant f(1)$，我们称 $f(1)$ 为 $f(x)$ 的极大值.

同样，$x=3$ 点是曲线 $f(x) = x^3 - 6x^2 + 9x - 2$ 由下降变为上升的转折点. 此时，在 $x=3$ 点的左右邻域，有 $f(x) \geqslant f(3)$. 我们称 $f(3)$ 为 $f(x)$ 的极小值. 下面给出极值的定义.

图 3 − 11

定义 1 设函数 $y = f(x)$ 在点 x_0 的某个邻域内有定义，如果对该邻域内的任意点 x ($x \neq x_0$)，总有 $f(x) < f(x_0)$ ($f(x) > f(x_0)$)，则称 $f(x_0)$ 是函数 $y = f(x)$ 的极大值（极小值），x_0 称为函数 $y = f(x)$ 的极大值点（极小值点）.

函数的极大值与极小值统称为函数的极值，使函数取得极值的点称为函数的极值点. 如例 1 中的函数 $f(x) = x^3 - 6x^2 + 9x - 2$ 有极大值 $f(1) = 2$，极小值 $f(3) = -2$，点 $x=1$ 和点 $x=3$ 是 $f(x)$ 的极大值点和极小值点.

函数的极大值与极小值概念是局部性的. 如果函数在某点达到极大值或极小值是指在局部范围内（即该点的邻域）该点的函数值是最大或最小，而不一定是函数在整个考察范围内的最大值或最小值. 因此，一个定义在某区间上的函数，它可以有许多极大值与极小值，而且其中的极大值并不一定都大于每一个极小值，如图 3 − 12 所示极大值 $f(x_2)$ 小于极小值 $f(x_6)$.

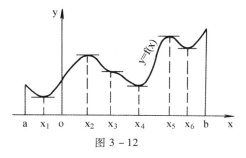

图 3 − 12

从图 3 − 12 中还可以看到，在函数取得极值处，曲线的切线是水平的，但曲线上有水平切线的地方，函数不一定取得极值. 如图 3 − 12 中 x_3 处，曲线上有水平切线，但 $f(x_3)$ 不是极值.

定理 2　（函数取得极值的必要条件）

如果函数 $y = f(x)$ 在点 x_0 处可导，且取得极值，则 $f'(x_0) = 0$.

证　不妨设 $f(x_0)$ 为极大值，则对点 x_0 邻域内任一点 $x_0 + \Delta x$，有 $f(x_0 + \Delta x) < f(x_0)$

于是当 $\Delta x > 0$ 时，$\dfrac{f(x_0 + \Delta x) - f(x_0)}{\Delta x} < 0$ 所以 $\lim\limits_{\Delta x \to 0^+} \dfrac{f(x_0 + \Delta x) - f(x_0)}{\Delta x} \leqslant 0$

即　　　　$f'_+(x_0) \leqslant 0$

当 $\Delta x < 0$ 时，$\dfrac{f(x_0 + \Delta x) - f(x_0)}{\Delta x} > 0$，所以 $\lim\limits_{\Delta x \to 0^-} \dfrac{f(x_0 + \Delta x) - f(x_0)}{\Delta x} \geqslant 0$

即　　　　$f'_-(x_0) \geqslant 0$

又因 $f(x)$ 在 x_0 处可导，所以有 $f'(x_0) = f'_-(x_0) = f'_+(x_0)$

从而有　$f'(x_0) = 0$

使得 $f'(x) = 0$ 的点称为函数 $y = f(x)$ 的驻点.

此定理说的是，可导函数 $y = f(x)$ 的极值点必定是它的驻点. 但反过来，驻点却未必是极值点. 如 $f(x) = x^3$.

$f'(x) = 3x^2$，$x = 0$ 是它的驻点，但 $x = 0$ 却不是极值点. 如图 3 - 13.

导数不存在的点也可能是极值点. 如 $f(x) = |x|$，当 $x = 0$ 时，$f'(x)$ 不存在，但 $x = 0$ 是极小值点.

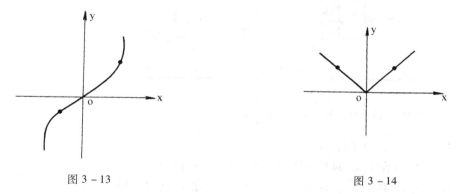

图 3 - 13　　　　　　　　　　　　　图 3 - 14

因此，极值点可能是驻点或导数不存在的点，究竟是不是，还需要进一步地判断. 下面给出两个判断极值点的充分条件.

定理 3　（第一充分条件）

设函数 $y = f(x)$ 在点 x_0 处连续，且在点 x_0 的某去心邻域 $(x_0 - \delta, x_0) \cup (x_0, x_0 + \delta)$ 内可导.

（1）若当 $x \in (x_0 - \delta, x_0)$ 时，$f'(x) > 0$；当 $x \in (x_0, x_0 + \delta)$ 时，$f'(x) < 0$，则 x_0 是 $f(x)$ 的极大值点，即 $f(x)$ 在 $x = x_0$ 处取得极大值.

（2）若当 $x \in (x_0 - \delta, x_0)$ 时，$f'(x) < 0$；当 $x \in (x_0, x_0 + \delta)$ 时，$f'(x) > 0$，则 x_0 是 $f(x)$ 的极小值点，即 $f(x)$ 在 $x = x_0$ 处取得极小值.

（3）若当 $x \in (x_0 - \delta, x_0) \cup (x_0, x_0 + \delta)$ 时，$f'(x)$ 不变号，则 x_0 不是极值点，即 $f(x)$ 在 $x = x_0$ 处没有极值.

证　（1）当 $x \in (x_0 - \delta, x_0)$ 时，因为 $f'(x) > 0$，所以 $f(x)$ 在 $(x_0 - \delta, x_0)$ 内单调增加，

于是 $f(x) < f(x_0)$.

当 $x \in (x_0, x_0 + \delta)$ 时，因为 $f'(x) < 0$，所以 $f(x)$ 在 $(x_0, x_0 + \delta)$ 内单调减少，于是 $f(x) < f(x_0)$.

从而 x_0 是 $f(x)$ 的极大值点，即 $f(x)$ 在 $x = x_0$ 处取得极大值.

（2）可类似地得到证明.

（3）当 $x \in (x_0 - \delta, x_0) \cup (x_0, x_0 + \delta)$ 时，因为 $f'(x)$ 不变号，所以 $f(x)$ 要么单调增加，要么单调减少，因此 x_0 不是极值点，即 $f(x)$ 在 $x = x_0$ 处没有极值.

例 4 求函数 $f(x) = (x-1)\sqrt[3]{x^2}$ 的极值.

解 因为

$$f'(x) = \sqrt[3]{x^2} + \frac{2}{3} \cdot \frac{x-1}{\sqrt[3]{x}} = \frac{5x-2}{3\sqrt[3]{x}}$$

所以当 $x = \dfrac{2}{5}$ 时，$f'(x) = 0$；当 $x = 0$ 时，$f'(x)$ 不存在.

以点 $x = 0$ 及 $x = \dfrac{2}{5}$ 左右邻域内 $f'(x)$ 的符号来确定极值点. 如表 3 - 3 所示.

表 3 - 3

x	$(-\infty, 0)$	0	$\left(0, \dfrac{2}{5}\right)$	$\dfrac{2}{5}$	$\left(\dfrac{2}{5}, +\infty\right)$
$f'(x)$	+	不存在	−	0	+
$f(x)$	↑	极大值	↓	极小值	↑

因此极大值为 $f(0) = 0$，极小值为 $f\left(\dfrac{2}{5}\right) = -\dfrac{3}{5}\sqrt[3]{\dfrac{4}{25}}$.

定理 4 （第二充分条件）

设函数 $y = f(x)$ 在点 x_0 的某邻域内可导，且 $f'(x_0) = 0$，$f''(x_0)$ 存在. 则

（1）当 $f''(x_0) < 0$ 时，x_0 为极大值点，即 $f(x)$ 在 x_0 处取得极大值；

（2）当 $f''(x_0) > 0$ 时，x_0 为极小值点，即 $f(x)$ 在 x_0 处取得极小值；

（3）当 $f''(x_0) = 0$ 时，不能判定.

证 （1）因为 $f''(x_0) = \lim\limits_{x \to x_0} \dfrac{f'(x) - f'(x_0)}{x - x_0} < 0$，而 $f'(x_0) = 0$，所以 $\lim\limits_{x \to x_0} \dfrac{f'(x)}{x - x_0} < 0$

由极限的保号性定理知，在 x_0 的某去心邻域内，有 $\dfrac{f'(x)}{x - x_0} < 0$.

即当 $x < x_0$ 时，$f'(x) > 0$；当 $x > x_0$ 时，$f'(x) < 0$，故由定理 3 知，x_0 为 $f(x)$ 的极大值点.

（2）可类似地得到证明.

（3）下例可说明.

例 5 求函数 $f(x) = x^3(x-5)^2$ 的极值.

解 $f'(x) = 3x^2(x-5)^2 + 2x^3(x-5) = 5x^2(x-3)(x-5)$

令 $f'(x) = 0$ 得 $x_1 = 0$，$x_2 = 3$，$x_3 = 5$.

$$f''(x) = 10x(2x^2 - 12x + 15)$$

于是 $f''(0) = 0$　$f''(3) = -90 < 0$，$f''(5) = 250 > 0$

所以 $x = 3$ 是极大值点，极大值为 $f(3) = 108$.

$x = 5$ 是极小值点，极小值为 $f(5) = 0$

$x = 0$ 不是极值点，因为在 $x = 0$ 的左右邻域，$f'(x) > 0$，导数符号不改变.

如果 $f'(x_0) = 0$，$f''(x_0) = 0$，我们不能由此定理直接判断，此时自然想到能否用更高阶的导数来判定 x_0 是否为极值点. 事实上，利用带拉格朗日余项的泰勒公式，类似地可以证明以下定理.

定理 5　若函数 $f(x)$ 在点 x_0 的 $n(n \geq 2)$ 阶导数存在，且 $f'(x_0) = f''(x_0) = \cdots = f^{(n-1)}(x_0) = 0$，$f^{(n)}(x_0) \neq 0$，则

（1）当 n 为偶数时，$f(x)$ 在 x_0 取得极值.

若 $f^{(n)}(x_0) > 0$，则 x_0 为极小值点，即 $f(x)$ 在 x_0 处取得极小值.

若 $f^{(n)}(x_0) < 0$，则 x_0 为极大值点，即 $f(x)$ 在 x_0 处取得极大值.

（2）当 n 为奇数时，$f(x)$ 在 x_0 处无极值.

三、函数的最值

函数的极值仅是函数的局部性质，在实际问题中常常需要计算函数在某个区间范围内的最值.

函数 $y = f(x)$ 在闭区间 $[a, b]$ 上所有函数值当中最大者即为最大值，所有函数值当中最小者即为最小值.

假定函数 $y = f(x)$ 在闭区间 $[a, b]$ 上连续，在开区间 (a, b) 内除有限个点外可导，且至多有有限个驻点. 在上述条件下，我们来讨论 $f(x)$ 在 $[a, b]$ 上最值的求法：

首先，由闭区间上连续函数的性质可知，$f(x)$ 在 $[a, b]$ 上的最大值和最小值一定存在.

其次，如果最大值（或最小值）$f(x_0)$ 在开区间 (a, b) 内的点 x_0 处取得，那么，$f(x_0)$ 一定也是 $f(x)$ 的极大值（或极小值），从而 x_0 一定是 $f(x)$ 的驻点或导数不存在的点. 又 $f(x)$ 的最大值和最小值也可能在区间的端点处取得. 因此，可用如下方法求连续函数 $y = f(x)$ 在 $[a, b]$ 上的最值.

求出 $f(x)$ 在 (a, b) 内的全体驻点及不可导点 x_i（$1 \leq i \leq n$），将这些点的函数值以及端点处的函数值求出，则

$$f_{max} = \max_{1 \leq i \leq n} \{f(x_i), f(a), f(b)\}$$

$$f_{min} = \min_{1 \leq i \leq n} \{f(x_i), f(a), f(b)\}$$

特别地，

（1）若 $f(x)$ 在 (a, b) 内单调增加，则 $f_{max} = f(b)$，　$f_{min} = f(a)$

若 $f(x)$ 在 (a, b) 内单调减少，则 $f_{max} = f(a)$，　$f_{min} = f(b)$.

（2）$f(x)$ 在一个区间内可导且仅有惟一的极值点 x_0，若 x_0 是极大（小）值点，则 $f(x_0)$ 就是 $[a, b]$ 上的最大（小）值.

这个结论在解决实际问题时经常用到.

例 6 求函数 $f(x) = x - \ln(1 + x^2)$ 在 $[2,3]$ 上的最大值和最小值.

解 因为在 $[2,3]$ 上

$$f'(x) = 1 - \frac{2x}{1 + x^2} = \frac{(1 - x)^2}{1 + x^2} > 0$$

所以 $f(x)$ 在 $[2,3]$ 上单调增加.

于是 $f_{max} = f(3) = 3 - \ln 10, f_{min} = f(2) = 2 - \ln 5$

例 7 求函数 $f(x) = x(x - 1)^{\frac{1}{3}}$ 在 $[-2,2]$ 上的最大值和最小值.

解 因为在 $[-2,2]$ 上.

$$f'(x) = (x - 1)^{\frac{1}{3}} + \frac{1}{3}x(x - 1)^{-\frac{2}{3}} = \frac{1}{3}(4x - 3)(x - 1)^{-\frac{2}{3}}$$

所以 当 $x = \frac{3}{4}$ 时, $f'(x) = 0$

当 $x = 1$ 时, $f'(x)$ 不存在

由于 $f\left(\frac{3}{4}\right) = -0.47$, $f(1) = 0$, $f(-2) = 2.88$. $f(2) = 2$

故 $f_{max} = f(-2) = 2.88$. $f_{min} = f\left(\frac{3}{4}\right) = -0.47$

四、最值在实际问题中的应用

例 8 某生产队要建造一个体积为50立方米的有盖圆柱形氨水池. 问这个氨水池的高和底半径取多大时, 用料最省?

解 设氨水池的底半径是 r, 高是 h, 则表面积 $S = 2\pi r^2 + 2\pi rh$, 因为 $V = \pi r^2 h$

所以 $S = 2\pi r^2 + 2\pi r \frac{V}{\pi r^2} = 2\pi r^2 + \frac{2V}{r}$

而 $S' = 4\pi r - \frac{2V}{r^2}$, $S'' = 4\pi + \frac{4V}{r^3}$

令 $S' = 0$ 得 $r = \sqrt[3]{\frac{V}{2\pi}}$, $S''\left(\sqrt[3]{\frac{V}{2\pi}}\right) = 12\pi > 0$

所以 当 $r = \sqrt[3]{\frac{V}{2\pi}}$, $h = \frac{V}{\pi r^2} = \frac{2\pi r^3}{\pi r^2} = 2r$ 时, 用料最省.

这说明当圆柱形氨水池的高和直径相等时, 用料最省. 这个结论对其他圆柱形容器也适用.

例 9 从半径为 R 的圆形铁片中剪去一个扇形, 将剩余部分围成一个圆锥形漏斗, 问剪去的扇形的圆心角多大时, 才能使圆锥形漏斗的容积最大.

解 设剪后剩余部分的圆心角为 x $(0 \leqslant x \leqslant 2\pi)$, 这时圆锥形漏斗的母线长为 R, 圆锥

底的周长是 Rx，设圆锥的底半径是 r，则 $r = \dfrac{Rx}{2\pi}$. 如图 3 − 15. 圆锥的高为 h =

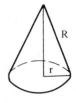

图 3 − 15

$$\sqrt{R^2 - r^2} = \sqrt{R^2 - \left(\dfrac{Rx}{2\pi}\right)^2} = \dfrac{R}{2\pi}\sqrt{4\pi^2 - x^2}$$

于是，圆锥形漏斗的容积为

$$V(x) = \dfrac{1}{3}\pi r^2 h = \dfrac{1}{3}\pi\left(\dfrac{Rx}{2\pi}\right)^2 \cdot \dfrac{R}{2\pi}\sqrt{4\pi^2 - x^2} = \dfrac{R^3}{24\pi^2}x^2\sqrt{4\pi^2 - x^2}$$

问题是：求 x，使得 $V(x)$ 在 $[0,2\pi]$ 上最大. 因为

$$V'_{(x)} = \dfrac{R^3}{24\pi^2}\left[2x\sqrt{4\pi^2 - x^2} - \dfrac{x^3}{\sqrt{4\pi^2 - x^2}}\right] = \dfrac{R^3}{24\pi^2}\dfrac{8\pi^2 x - 3x^3}{\sqrt{4\pi^2 - x^2}}$$

令 $V'_{(x)} = 0$　得 $x_1 = 0$（舍去），$x_2 = 2\pi\sqrt{\dfrac{2}{3}}$，$x_3 = -2\pi\sqrt{\dfrac{2}{3}}$（舍去）

于是当 $x = 2\pi\sqrt{\dfrac{2}{3}}$，即剪去的扇形圆心角为 $2\pi - 2\pi\sqrt{\dfrac{2}{3}} = 2\pi\left(1 - \sqrt{\dfrac{2}{3}}\right)$时，所围成的圆锥形漏斗的容积最大.

例 10　某工厂生产 x 件产品的成本为

$$C(x) = 25000 + 200x + \dfrac{1}{40}x^2　（元）$$

问　（1）要使平均成本最小，应生产多少件产品.

　　（2）若产品以每件 500 元售出，要使利润最大，应生产多少件产品.

解　（1）平均成本

$$\overline{C}(x) = \dfrac{C(x)}{x} = \dfrac{25000}{x} + 200 + \dfrac{x}{40}$$

则　　$\overline{C}'(x) = -\dfrac{25000}{x^2} + \dfrac{1}{40}$

令　　$\overline{C}'(x) = 0$ 得 $x_1 = 1000$，$x_2 = -1000$（舍去）

而 $\overline{C}''(x) = \dfrac{50000}{x^3}$　　$\overline{C}''(1000) = 5 \times 10^{-5} > 0$

所以当 x = 1000 时，$\overline{C}(x)$ 取得惟一极小值，也是最小值. 于是，要使平均成本最小，应生产 1000 件产品.

（2）利润函数

$$L(x) = 500x - \left(25000 + 200x + \dfrac{x^2}{40}\right) = 300x - \dfrac{x^2}{40} - 25000$$

因为 $L'(x) = 300 - \dfrac{x}{20}$

令 $L'(x) = 0$ 得 $x = 6000$，而 $L''(x) = -\dfrac{1}{20} < 0$，所以当 $x = 6000$ 时，$L'(x)$取得惟一的极大值，也是最大值．于是，要使利润最大，应生产 6000 件产品．

常用经济函数（成本函数、收益函数、利润函数等）的导函数称为边际函数（边际成本函数，边际收益函数，边际利润函数等）．

例 11 某厂生产某种商品，其年销量为 100 万件，每批生产需增加准备费 1000 元，而每件的库存费为 0.05 元，如果年销售均匀，且上批销售完后，立即再生产下一批（此时商品平均库存量为批量的一半）．问：应分几批生产，能使生产准备费及库存费之和最小．

解 设每年的生产准备费与库存费之和为 $C(x)$，批量为 x，则

$$C(x) = 1000\,\frac{1000000}{x} + 0.05\left(\frac{x}{2}\right) = \frac{10^9}{x} + \frac{x}{40}$$

因为 $C'(x) = \dfrac{1}{40} - \dfrac{10^9}{x^2}$

令 $C'(x) = 0$ 得 $x = 2 \times 10^5$，而 $C''(x) = \dfrac{2 \times 10^9}{x^3} > 0$

所以 $x = 2 \times 10^5$ 为极小值点，也是最小值点．即分 5 批，批量为 20 万件时，生产准备费与库存费之和最小．

习题 3 - 4

1. 确定下列函数的单调增减区间．

(1) $f(x) = 2x^3 - 9x^2 + 12x - 3$

(2) $f(x) = x^2 e^{-x^2}$

(3) $f(x) = x + \arctan x$

(4) $f(x) = 2x^2 - \ln x$

(5) $f(x) = \dfrac{x^2}{1 + x}$

(6) $f(x) = (x - 1)x^{1/3}$

2. 证明下列不等式．

(1) 当 $x \geqslant 0$ 时，$\ln(1 + x) \geqslant \dfrac{\arctan x}{1 + x}$

(2) 当 $x > 1$ 时，$2\sqrt{x} > 3 - \dfrac{1}{x}$

(3) 当 $x > 1$ 时，$\ln x > \dfrac{2(x - 1)}{x + 1}$

3. 证明：方程 $x - \dfrac{1}{2}\sin x = 0$ 只有一个实根．

4. 求下列函数的极值．

(1) $f(x) = x^2 \ln x$

(2) $f(x) = \dfrac{2x}{1 + x^2}$

(3) $f(x) = x^3 - 3x$

(4) $f(x) = (x - 1)^2(x + 1)^3$

(5)$f(x) = (x^2 - 1)^3 + 1$　　　　　　　　(6)$f(x) = (x - 4)\sqrt[3]{(x + 1)^2}$

5. 求下列函数在给定区间上的最值.

(1) $f(x) = 2x^3 - 6x^2 - 18x - 7$　在$[-1,4]$上　　(2) $f(x) = \arctan\dfrac{1-x}{1+x}$　在$[0,1]$上

(3) $f(x) = x\ln x$　在$[1,e]$上　　　　　　(4) $f(x) = \sqrt[3]{(x^2 - 2x)^2}$　在$[0,3]$上

(5) $f(x) = x^2 - \dfrac{54}{x}$　在$(-\infty,0)$上　　　　(6) $f(x) = |x^2 - 3x + 2|$　在$[-10,10]$上

6. a 为何值时，$f(x) = a\sin x + \dfrac{1}{3}\sin 3x$ 在 $x = \dfrac{\pi}{3}$ 处取得极值，并求出此极值.

7. 设函数 $f(x) = ax^3 + bx^2 + cx + d$，$-1$ 是极大值点，极大值为 8；2 是极小值点，极小值为 -19. 求 a，b，c，d.

8. 设函数 $f(x) = a\ln x + bx^2 + x$ 在 $x = 1$，$x = 2$ 处取得极值. 求 a、b 的值，并求出极值.

9. 欲做一个底为正方形，容积为 108 立方米的长方体开口容器，怎样做法所需材料最少.

10. 某地区防空洞的截面拟建成矩形加半圆（如图 3-16），截面面积为 5 米²，问底宽 x 为多少时，才能使截面的周长最小，从而使建造时所用材料最省.

11. 铁路线上 AB 段的距离为 100 公里，工厂 C 到铁路线上 A 处的垂直距离 CA 为 20 公里，现在要在 AB 上选一点 D，从 D 向 C 修一条直线公路（图 3-17）. 已知铁路运输每吨公里与公路运输每吨公里的运费之比为 3:5，为了使原料从 B 处运到工厂 C 的运费最省，D 应选在何处？

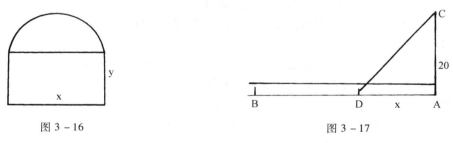

图 3-16　　　　　　　　　　　　　　　　　　图 3-17

12. 甲船以每小时 20 公里的速度向东行驶，同一时间乙船在甲船正北 82 公里处以每小时 16 公里的速度向南行驶，问经过多少时间两船距离最近.

13. 某厂生产某种产品，年产量为 x（百台），总成本为 C（万元），其中固定成本为 2 万元，每生产 1 百台成本增加 1 万元，市场上每年可销售此商品 4 百台，其销售总收入 R(x) 是 x 的函数.

$$R(x) = \begin{cases} 4x - \dfrac{1}{2}x^2 & 0 \leqslant x \leqslant 4 \\ 8 & x > 4 \end{cases}$$

问每年生产多少台时，总利润最大，最大利润是多少？

14. 某出版社出版一种图书，印刷 x 册所需成本为 $y = 25000 + 5x$（元），又每册书书价 P 与 x 之间有经验公式 $\dfrac{x}{1000} = 6\left(1 - \dfrac{P}{30}\right)$，问价格 P 为多少时，出版社获取最大利润.

15. 某工厂生产过程中每年需要一种零件 8000 个，分若干批进货，已知每个零件每年的库存费为 4 元，每批进货费为 40 元，如果零件的消耗是均匀的（即零件的平均库存量是批量的一半），问零件分几批进货，能使库存费与进货费最省？

第五节　函数的凸凹性与曲线的拐点

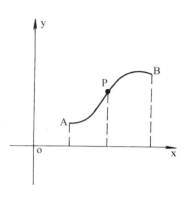

函数的单调性与极值从不同的侧面反映了函数的性态，但这些性态还不能完全反映函数的变化规律，如图 3 - 18 所示的函数 $y = f(x)$，显然该函数在区间 (a, b) 内都是单调增加的，但其曲线却有不同的弯曲方向．从左向右，曲线先是向下凹，通过 P 点后，改变了弯曲方向，曲线变为向上凸，因此在研究函数的图形及其性态时，考察它的凸凹性以及凸凹性改变的点，是很有必要的．

从图 3 - 18 中可以明显地看出，曲线向下凹的弧段位于这段弧上任意一点切线的上方．曲线向上凸的弧段位于这段弧上任意一点切线的下方．由此我们给出如下的定义：

图 3 - 18

定义 1　如果在某个区间内，曲线弧 $y = f(x)$ 位于其上任意一点切线的上（下）方，则称该曲线在这个区间内是凹（凸）曲线，记作 $\cup$（$\cap$）．相应地，函数 $y = f(x)$ 称为在这个区间内的凹（凸）函数．函数的凸或凹统称为函数的凸凹性．

如何判断函数的凸凹性呢？

如图 3 - 18 所示，当凹曲线的切点由 A 向 P 运动时，其切线的斜率 $f'(x)$ 将单调增加；当凹曲线的切点由 P 向 B 运动时，其切线的斜率 $f'(x)$ 将单调减少．据此得到如下定理：

定理 1　若函数 $y = f(x)$ 在区间 (a, b) 内二阶可导，且对任意的 $x \in (a, b)$ 若 $f''(x) > 0$（或 $f''(x) < 0$），则 $f(x)$ 在 (a, b) 内是凹的（或凸的）．

证　因为对 $\forall x \in (a, b)$，$f''(x) > 0$，所以 $f'(x)$ 在 (a, b) 内单调增加，对 (a, b) 内任意点 x_0，其切线为

$$y = f(x_0) + f'(x_0)(x - x_0)$$

下面只需证对曲线上任一点 x，都有 $f(x) > f(x_0) + f'(x_0)(x - x_0)$

事实上在 x 与 x_0 的闭区间上应用拉格朗日中值定理得

$$f(x) - f(x_0) = f'(\xi)(x - x_0) \quad (\xi 介于 x 与 x_0 之间)$$

所以

$$f(x) - f(x_0) - f'(x_0)(x - x_0) = [f'(\xi) - f'(x_0)](x - x_0)$$

由 $\xi - x_0$ 与 $x - x_0$ 同号及 $f'(x)$ 单调增加知

$$f'(\xi) - f'(x_0) 与 x - x_0 同号$$

于是

$$f(x) > f(x_0) + f'(x_0)(x - x_0)$$

即函数 $y = f(x)$ 在区间 (a, b) 内是凹的．

凸凹函数也有下面的几何特征：

设函数 $y = f(x)$ 在区间 $[a,b]$ 上连续，则函数 $y = f(x)$ 在 (a,b) 内凹（凸）的充要条件是曲线 $y = f(x)$ 上任意两点间的弧段总位于连接这两点的弦之下（之上）．如图 3 – 19.

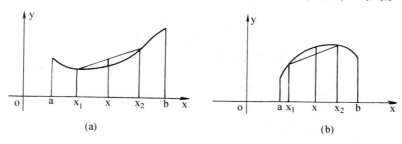

(a)　　　　　　　　　　　　　　(b)

图 3 – 19

在曲线 $y = f(x)$ 上任取两点 $(x_1, f(x_1))$、$(x_2, f(x_2))$ 则连接这两点的弦的直线方程为：

$$\frac{x - x_2}{x_1 - x_2} = \frac{y - y_2}{y_1 - y_2} = t$$

整理后得弦的参数方程为：

$$\begin{cases} x = tx_1 + (1 - t)x_2 \\ y = ty_1 + (1 - t)y_2 \end{cases}$$

当 $t \in (0,1)$，有 $x \in (x_1, x_2)$，对应弧段上的纵坐标为

$$f(x) = f[tx_1 + (1 - t)x_2]$$

弦在 x 处的纵坐标为

$$y = ty_1 + (1 - t)y_2 = tf(x_1) + (1 - t)f(x_2)$$

当弧段在弦的下方时，有

$$f[tx_1 + (1 - t)x_2] < tf(x_1) + (1 - t)f(x_2)$$

当弧段在弦的上方时，有

$$f[tx_1 + (1 - t)x_2] > tf(x_1) + (1 - t)f(x_2)$$

若令 $t_1 = t$，$t_2 = 1 - t$，则 $t_1 + t_2 = 1$，可得凸凹函数的等价定义．

定义 1' 设函数 $y = f(x)$ 在区间 $[a,b]$ 上连续，若对 $\forall x_1$，$x_2 \in (a,b)$，$(x_1 \neq x_2)$，$\forall t_1$，$t_2 > 0$，且 $t_1 + t_2 = 1$ 有

$$f(t_1 x_1 + t_2 x_2) < t_1 f(x_1) + t_2 f(x_2)$$

则称函数 $y = f(x)$ 在 (a,b) 内是凹的．

若

$$f(t_1 x_1 + t_2 x_2) > t_1 f(x_1) + t_2 f(x_2)$$

则称函数 $y = f(x)$ 在 (a,b) 内是凸的．

在不等式中，若令 $t_1 = t_2 = \dfrac{1}{2}$，则分别有

$$f\left(\frac{x_1 + x_2}{2}\right) < \frac{f(x_1) + f(x_2)}{2}$$

与

$$f\left(\frac{x_1 + x_2}{2}\right) > \frac{f(x_1) + f(x_2)}{2}$$

有时也用这两个不等式来定义函数的凸凹性.

与单调性类似,在区间内个别使函数二阶导数为 0 的点并不影响函数的凸凹性.

例 1　讨论函数 $f(x) = x\arctan x$ 的凸凹性.

解　因为 $f'(x) = \arctan x + \dfrac{x}{1+x^2}$, $f''(x) = \dfrac{1}{1+x^2} + \dfrac{1-x^2}{(1+x^2)^2} = \dfrac{2}{(1+x^2)^2} > 0$

所以 $f(x) = x\arctan x$ 在 $(-\infty, +\infty)$ 内是凹的.

例 2　证明:当 $x \neq y$ 时, $x\ln x + y\ln y > (x+y)\ln\dfrac{x+y}{2}$.

证　即证 $\dfrac{x\ln x + y\ln y}{2} > \dfrac{x+y}{2}\ln\dfrac{x+y}{2}$

令 $f(t) = t\ln t$, 则 $f'(t) = \ln t + 1$　$f''(t) = \dfrac{1}{t}$

当 $t \in (0, +\infty)$ 时, 有 $f''(t) > 0$, 所以 $f(t)$ 在 $(0, +\infty)$ 内是凹的, 因此对 $\forall x$、$y \in (0, +\infty)$, $x \neq y$

有 $\dfrac{f(x) + f(y)}{2} > f\left(\dfrac{x+y}{2}\right)$, 即 $\dfrac{x\ln x + y\ln y}{2} > \dfrac{x+y}{2}\ln\dfrac{x+y}{2}$

定义 2　曲线 $y = f(x)$ 凸与凹的分界点称为曲线 $y = f(x)$ 的拐点.

显然, 在拐点的两侧, $f''(x)$ 异号. 由此可得到以下结论.

定理 2　设函数 $y = f(x)$ 在区间 (a,b) 内二阶可导, $(x_0, f(x_0))$ 是曲线 $y = f(x)$ 的一个拐点, 则 $f''(x_0) = 0$.

注意: (1) $f''(x) = 0$ 的点 $(x_0, f(x_0))$ 未必是拐点.

如 $f(x) = x^4$, $f'(x) = 4x^3$, $f''(x) = 12x^2$. 当 $x = 0$ 时, $f''(x) = 0$, 但 $(0,0)$ 不是拐点.

(2) $f''(x)$ 不存在的点也可能是拐点.

如 $f(x) = |\ln x| = \begin{cases} -\ln x & 0 < x < 1 \\ 0 & x = 1 \\ \ln x & x > 1 \end{cases}$

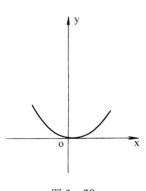

图 3 - 20

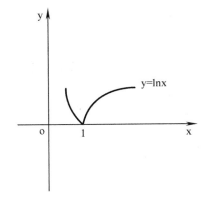

图 3 - 21

$$f'(x) = \begin{cases} -\dfrac{1}{x} & 0 < x < 1 \\ \text{不存在} & x = 1 \\ \dfrac{1}{x} & x > 1 \end{cases}, \quad f''(x) = \begin{cases} \dfrac{1}{x^2} > 0 & 0 < x < 1 \\ \text{不存在} & x = 1 \\ -\dfrac{1}{x^2} < 0 & x > 1 \end{cases}$$

显然，点 $(1,0)$ 为曲线 $f(x) = |\ln x|$ 的拐点，但 $f''(1)$ 不存在.

因此，可得到判断函数的凸凹性及求曲线的拐点的步骤：

（1）求出函数 $y = f(x)$ 的二阶导数 $f''(x)$；

（2）求出 $f''(x) = 0$ 的点及 $f''(x)$ 不存在的点；

（3）以这些点将 $f(x)$ 的定义区间分成若干个子区间，考虑 $f''(x)$ 在这些子区间上的符号，从而可判定函数 $y = f(x)$ 在各子区间上的凸凹性及曲线 $y = f(x)$ 的拐点.

例 3　讨论曲线 $f(x) = (x-1)\sqrt[3]{x^2}$ 的凸凹性及拐点.

解　因为 $f'(x) = \dfrac{5x-2}{3\sqrt[3]{x}}$，$f''(x) = \dfrac{2(5x+1)}{9\sqrt[3]{x^4}}$

令 $f''(x) = 0$ 得 $x = -\dfrac{1}{5}$；当 $x = 0$ 时，$f''(x)$ 不存在.

$x = -\dfrac{1}{5}$ 及 $x = 0$ 将函数的定义域分成了三个子区间. 曲线 $y = f(x)$ 在各区间中的凸凹性及拐点由 $f''(x)$ 的符号确定，如表 3 - 4 所示.

表 3 - 4

x	$\left(-\infty, -\dfrac{1}{5}\right)$	$-\dfrac{1}{5}$	$\left(-\dfrac{1}{5}, 0\right)$	0	$(0, +\infty)$
$f''(x)$	$-$	0	$+$	不存在	$+$
$f(x)$	$\cap$	拐点	$\cup$	非拐点	$\cup$

所以，$f(x)$ 在 $\left(-\infty, -\dfrac{1}{5}\right)$ 内凸，在 $\left(-\dfrac{1}{5}, 0\right) \cup (0, +\infty)$ 内凹. $\left(-\dfrac{1}{5}, -\dfrac{6}{5}\sqrt[3]{\dfrac{1}{25}}\right)$ 是曲线 $y = f(x)$ 的拐点，$(0, 0)$ 不是曲线 $y = f(x)$ 的拐点.

例 4　讨论曲线 $f(x) = x^4 - 2x^3 + 1$ 的单调性和极值及凸凹性和拐点.

解　因为 $f'(x) = 4x^3 - 6x^2 = 2x^2(2x - 3)$

$$f''(x) = 12x^2 - 12x = 12x(x - 1)$$

所以使 $f''(x) = 0$ 的点 $x_1 = 0$，$x_2 = \dfrac{3}{2}$，使 $f''(x) = 0$ 的点 $x_3 = 1$（$x_4 = 0$ 已在一阶导数的驻点中选过，不再重复）. 这时 x_1，x_2，x_3 把定义域分成四个子区间，通过列表的方式很容易得到题目中所需结果. 见表 3 - 5.

表 3 – 5

x	$(-\infty, 0)$	0	$(0, 1)$	1	$\left(1, \dfrac{3}{2}\right)$	$\dfrac{3}{2}$	$\left(\dfrac{3}{2}, +\infty\right)$
y′	−	0	−	╱	−	0	+
y″	+	0	−	╱	+	╱	+
y	﹀	拐点	﹀	拐点	﹀	极小	﹀

其中"﹀"表示 y 在该区间内单调下降且凹，其他类似. 从表 3 – 5 中看出

$x \in \left(-\infty, \dfrac{3}{2}\right)$ 时，y 单调下降；$x \in \left(\dfrac{3}{2}, +\infty\right)$ 时，y 单调上升. $x = \dfrac{3}{2}$ 为极小值点.

$x \in (-\infty, 0) \cup (1, +\infty)$ 时，y 凹；$x \in (0, 1)$ 时，y 凸. $(0, 1)$ 及 $(1, 0)$ 为 y 的拐点.

习题 3 – 5

1. 讨论下列曲线的凸凹性及拐点.

（1）$f(x) = 3x^4 - 4x^3 + 1$　　　（2）$f(x) = \dfrac{2x}{1 + x^2}$

（3）$f(x) = e^{-x^2}$　　　　　　　（4）$f(x) = x \arctan \dfrac{1}{x}$

（5）$f(x) = x^4(12\ln x - 7)$　　　（6）$f(x) = (x - 1)\sqrt[3]{x^5}$

2. 证明下列不等式.

（1）$e^{\frac{x+y}{2}} < \dfrac{e^x + e^y}{2}$　　　（2）$\dfrac{1}{2}(x^n + y^n) > \left(\dfrac{x + y}{2}\right)^n$　　　$x > 0, y > 0, x \neq y, n > 1$

3. 试证明：曲线 $f(x) = \dfrac{x - 1}{x^2 + 1}$ 有三个拐点位于同一直线上.

4. 问 a，b 为何值时，点 $(1, 3)$ 为曲线 $f(x) = ax^3 + bx^2$ 的拐点.

5. 试确定 $y = k(x^2 - 3)^2$ 中的 k 值，使曲线在拐点处的法线过原点.

6. 证明：曲线 $y = x\sin x$ 的拐点必在曲线 $y^2(4 + x^2) = 4x^2$ 上.

第六节　函 数 作 图

一、曲线的渐近线

有些函数的定义域与值域是有限区间，此时函数的图形局限于一定的范围内，如圆、椭

圆等；而有些函数的定义域或值域是无穷区间，此时函数的图形向无穷远处延伸，如双曲线、抛物线等．有些向无穷远处延伸的曲线，呈现出越来越接近于某一直线的形态，这种直线就是曲线的渐近线．

定义 1　如果曲线上的动点 P 沿着曲线无限地远离原点时，该点与某条直线的距离趋于零，则称此直线为这条曲线的渐近线．

曲线的渐近线可分为水平渐近线，垂直渐近线和斜渐近线．下面分别给出它们的求法．

1. 水平渐近线

如果曲线 $y = f(x)$ 的定义域是无穷区间，且有 $\lim\limits_{x \to -\infty} f(x) = b$ 或 $\lim\limits_{x \to +\infty} f(x) = b$（$b$ 为常数），则直线 $y = b$ 为曲线 $y = f(x)$ 的渐近线，称此渐近线为水平渐近线．如图 3 – 22.

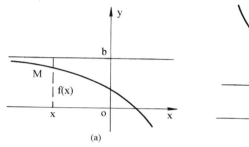

图 3 – 22

例 1　求曲线 $f(x) = \dfrac{1}{x-1}$ 的水平渐近线．

解　因为 $\lim\limits_{x \to \infty} f(x) = \lim\limits_{x \to \infty} \dfrac{1}{x-1} = 0$

所以 $y = 0$ 是它的一条水平渐近线．如图 3 – 23 所示．

例 2　求曲线 $f(x) = 1 + \dfrac{\sin x}{x}$ 水平的渐近线．

解　因为 $\lim\limits_{x \to \infty} f(x) = \lim\limits_{x \to \infty} \left(1 + \dfrac{\sin x}{x}\right) = 1$

所以 $y = 1$ 是它的一条水平渐近线．如图 3 – 24 所示．

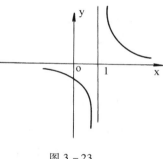

图 3 – 23

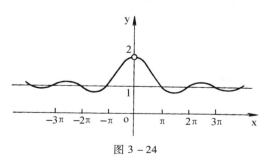

图 3 – 24

本例说明渐近线可以与曲线相交．

2. 垂直渐近线

如果曲线 $y = f(x)$ 在 C 点（C 为常数）间断，且有

$$\lim_{x \to C^-} f(x) = \infty \quad 或 \quad \lim_{x \to C^+} f(x) = \infty$$

则直线 $x = C$ 为曲线 $y = f(x)$ 的渐近线，称此渐近线为垂直渐近线．如图 3 – 25 所示．

例 3   求曲线 $f(x) = \dfrac{1}{x - 1}$ 的垂直渐近线．

解   显然 $f(x) = \dfrac{1}{x - 1}$ 在 $x = 1$ 处间断．

$$且 \lim_{x \to 1} \frac{1}{x - 1} = \infty .$$

所以 $x = 1$ 是它的一条垂直渐近线．如图 3 – 26.

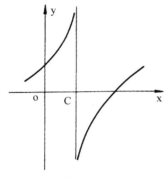

图 3 – 25

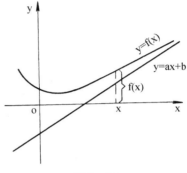

图 3 – 26

3. 斜渐近线

对曲线 $y = f(x)$ 及直线 $y = ax + b$，$a \neq 0$ 如果

$$\lim_{x \to \infty} [f(x) - (ax + b)] = 0$$

则直线 $y = ax + b$ 是该曲线 $y = f(x)$ 的渐近线，称此渐近线为斜渐近线．如图 3 – 26 所示．

因为 $\lim\limits_{x \to \infty} [f(x) - ax - b] = 0$

所以 $f(x) = ax + b + \alpha(x)$ 其中 $\lim\limits_{x \to \infty} \alpha(x) = 0$

于是 $a = \lim\limits_{x \to \infty} \dfrac{f(x) - b - \alpha(x)}{x} = \lim\limits_{x \to \infty} \dfrac{f(x)}{x}$

$$b = \lim_{x \to \infty} [f(x) - ax - \alpha(x)] = \lim_{x \to \infty} [f(x) - ax]$$

例 4   求曲线 $f(x) = \dfrac{x^2}{2x - 1}$ 的渐近线．

解   因为 $\lim\limits_{x \to \infty} \dfrac{x^2}{2x - 1} = \infty \quad \lim\limits_{x \to \frac{1}{2}} \dfrac{x^2}{2x - 1} = \infty$

所以该曲线无水平渐近线．有垂直渐近线 $x = \dfrac{1}{2}$.

又因为 $a = \lim\limits_{x \to \infty} \dfrac{f(x)}{x} = \lim\limits_{x \to \infty} \dfrac{x^2}{x(2x - 1)} = \dfrac{1}{2}$

$$b = \lim_{x \to \infty} [f(x) - ax] = \lim_{x \to \infty} \left[\frac{x^2}{2x - 1} - \frac{1}{2}x \right] = \lim_{x \to \infty} \frac{x}{2(2x - 1)} = \frac{1}{4}$$

所以该曲线有斜渐近线 $y = \dfrac{1}{2}x + \dfrac{1}{4}$.

例 5　求曲线 $f(x) = x\arctan x$ 的斜渐近线.

解　因为 $a = \lim\limits_{x \to \infty} \dfrac{f(x)}{x} = \lim\limits_{x \to \infty} \dfrac{x\arctan x}{x} = \begin{cases} \dfrac{\pi}{2} & \text{当 } x \to +\infty \text{ 时} \\[2mm] -\dfrac{\pi}{2} & \text{当 } x \to -\infty \text{ 时,} \end{cases}$

$$b = \lim_{x \to \infty}\left[f(x) - ax\right] = \lim_{x \to \infty}\left[x\arctan x \mp \dfrac{\pi}{2}x\right]$$

$$= \lim_{x \to \infty} \dfrac{\arctan x \mp \dfrac{\pi}{2}}{\dfrac{1}{x}} = \lim_{x \to \infty} \dfrac{\dfrac{1}{1+x^2}}{-\dfrac{1}{x^2}} = -1$$

所以当 $x \to +\infty$ 时，曲线有斜渐近线 $y = \dfrac{\pi}{2}x - 1$

当 $x \to -\infty$ 时，曲线有斜渐近线 $y = -\dfrac{\pi}{2}x - 1$.

二、函数作图

通过对函数的单调性、极值、凸凹性、拐点和渐近线的讨论，就可较准确地作出函数的图形. 作函数 $y = f(x)$ 的图形，通常可按以下步骤来进行：

（1）求函数的定义域和值域，以确定图形的范围；

（2）确定函数的间断点、奇偶性和周期性；

（3）讨论函数的单调性、凸凹性及极值和拐点；

（4）确定曲线的渐近线；

（5）算出一些特殊点的坐标；

（6）描点、连线、画图.

例 6　作函数 $f(x) = \dfrac{1}{\sqrt{2\pi}}e^{-\frac{x^2}{2}}$ 的图形.

解　（1）定义域为 $(-\infty, +\infty)$，值域为 $\left(0, \dfrac{1}{\sqrt{2\pi}}\right)$；

（2）因为 $f(x) = \dfrac{1}{\sqrt{2\pi}}e^{-\frac{x^2}{2}}$ 为偶函数，所以其图形关于 y 轴对称；

（3）讨论单调性、凸凹性与极值和拐点.

$$f'(x) = -\dfrac{x}{\sqrt{2\pi}}e^{-\frac{x^2}{2}} \qquad f''(x) = \dfrac{(x+1)(x-1)}{\sqrt{2\pi}}e^{-\frac{x^2}{2}}$$

令 $f'(x) = 0$ 得 $x_1 = 0$；令 $f''(x) = 0$ 得 $x_2 = -1$，$x_3 = 1$

列表讨论如下（见表 $3-6$）.

表 3 - 6

x	$(-\infty, -1)$	-1	$(-1, 0)$	0	$(0, 1)$	1	$(1, +\infty)$
$f'(x)$	+		+	0	–		–
$f''(x)$	+	0	–		–	0	+
$f(x)$	↗	$\dfrac{1}{\sqrt{2\pi e}}$ 拐点	⌒	$\dfrac{1}{\sqrt{2\pi}}$ 极大值	↘	$\dfrac{1}{\sqrt{2\pi e}}$ 拐点	⌣

（4）确定渐近线.

因为 $\lim\limits_{x\to\infty} f(x) = \lim\limits_{x\to\infty} \dfrac{1}{\sqrt{2\pi}} e^{-\frac{x^2}{2}} = 0$

所以 $y = 0$ 是水平渐近线，无垂直渐近线.

（5）算出几个特殊点.

$$A\left(0, \frac{1}{\sqrt{2\pi}}\right), \ B\left(1, \frac{1}{\sqrt{2\pi e}}\right), \ C\left(2, \frac{1}{\sqrt{2\pi e^2}}\right)$$

其中 $\dfrac{1}{\sqrt{2\pi}} \approx 0.4$，$\dfrac{1}{\sqrt{2\pi e}} \approx 0.24$

（6）作函数图形，如图 3 - 27 所示.

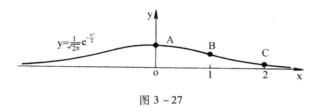

图 3 - 27

例 7 作函数 $f(x) = \dfrac{(x-3)^2}{4(x-1)}$ 的图形.

解 （1）定义域为 $(-\infty, 1) \cup (1, +\infty)$，在 $x = 1$ 处间断.

（2）讨论单调性、凸凹性、极值与拐点.

$$f'(x) = \frac{(x-3)(x+1)}{4(x-1)^2} \qquad f''(x) = \frac{2}{(x-1)^3}$$

令 $f'(x) = 0$ 得 $x_1 = -1$，$x_2 = 3$

当 $x = 1$ 时，$f'(x)$ 与 $f''(x)$ 都不存在.

列表讨论如下（见表 3 - 7）.

表 3 - 7

x	$(-\infty, -1)$	-1	$(-1, 1)$	1	$(1, 3)$	3	$(3, +\infty)$
$f'(x)$	+	0	–		–	0	+
$f''(x)$	–		–		+		+
$f(x)$	↗	-2 极大值	↘	间断	↘	0 极小值	↗

（3）确定渐近线.

因为 $\lim\limits_{x \to 1} f(x) = \lim\limits_{x \to 1} \dfrac{(x-3)^2}{4(x-1)} = \infty$

所以 $x = 1$ 是垂直渐近线.

又因为 $a = \lim\limits_{x \to \infty} \dfrac{f(x)}{x} = \lim\limits_{x \to \infty} \dfrac{(x-3)^2}{4x(x-1)} = \dfrac{1}{4}$

$$b = \lim\limits_{x \to \infty} \left[f(x) - ax \right] = \lim\limits_{x \to \infty} \dfrac{-5x+9}{4(x-1)} = -\dfrac{5}{4}$$

所以 $y = \dfrac{1}{4}x - \dfrac{5}{4}$ 是斜渐近线.

（4）算出几个特殊点.

A $(-1, -2)$,　　B$\left(0, -\dfrac{9}{4}\right)$,　　C $(3, 0)$

（5）作函数图形. 如图 3 – 28.

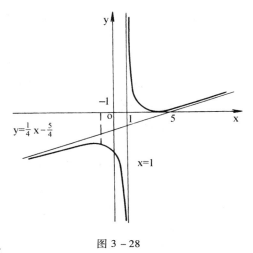

图 3 – 28

习题 3 – 6

1. 求下列曲线的渐近线.

（1）$f(x) = \dfrac{1}{x^2 - 4x - 5}$

（2）$f(x) = x + \arctan x$

（3）$f(x) = e^{\frac{1}{x}} - 1$

（4）$f(x) = x\ln\left(e + \dfrac{1}{x}\right)$

2. 作下列函数的图形.

（1）$f(x) = 4x^2 + \dfrac{1}{x}$

（2）$f(x) = \dfrac{x}{x^2 - 1}$

（3）$f(x) = xe^{-x}$

（4）$f(x) = \dfrac{4(x+1)}{x^2} - 2$

第七节　曲线的曲率

利用二阶导数我们讨论了函数的凸性，判定了曲线的弯曲方向，现在进一步来研究曲线的弯曲程度. 作为预备知识，先介绍弧微分的概念.

一、弧微分

设函数 $y = f(x)$ 在区间 (a,b) 内具有连续导数，在曲线 $y = f(x)$ 上选定一点 $M_0(x_0, y_0)$ 作为基点（图 3 – 29），并规定依 x 增大的方向作为曲线的正向. 对曲线上任一点 $M(x,y)$，规

定有向弧段 $\overset{\frown}{M_0M}$ 的值 s （简称为弧 s）为：当有向弧 $\overset{\frown}{M_0M}$ 的方向与

曲线正向一致时，s 为 $\overset{\frown}{M_0M}$ 的长度，反之 $s = -(\overset{\frown}{M_0M}$ 的长度$)$.

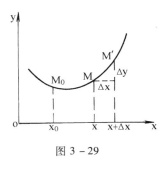

图 3 – 29

显然，弧 s 与 x 存在函数关系：$s = s(x)$，且 $s(x)$ 是 x 的单调增加函数. 下面来求 $s(x)$ 的导数与微分.

设 x、$x + \Delta x$ 为 (a,b) 内两个邻近的点，它们在曲线 $y = f(x)$ 上的对应点为 M，M' （图 3 – 29）. 并设对应于 x 的增量为 Δx，弧 s 的增量为 Δs，即 $\Delta s = \overset{\frown}{MM'}$ 的值，设 $|\overline{MM'}|$ 为弧段 $\overset{\frown}{MM'}$ 所对应弦的长度，则有

$$|\overline{MM'}|^2 = (\Delta x)^2 + (\Delta y)^2$$

$$\left(\frac{|\overline{MM'}|}{|\Delta s|}\right)^2 \cdot \left(\frac{\Delta s}{\Delta x}\right)^2 = 1 + \left(\frac{\Delta y}{\Delta x}\right)^2$$

当 $\Delta x \rightarrow 0$ 时，$M' \rightarrow M$，且 $\lim\limits_{M' \rightarrow M} \dfrac{|\overline{MM'}|}{|\Delta s|} = 1$　$\lim\limits_{\Delta x \rightarrow 0} \dfrac{\Delta s}{\Delta x} = \dfrac{ds}{dx}$

所以　　$\left(\dfrac{ds}{dx}\right)^2 = 1 + \left(\dfrac{dy}{dx}\right)^2$

或　　　$(ds)^2 = (dx)^2 + (dy)^2$

由于 $s(x)$ 是 x 的单调增加函数，所以 $\dfrac{ds}{dx} \geq 0$，从而有

$$\frac{ds}{dx} = \sqrt{1 + y'^2}，\text{ 或 } ds = \sqrt{1 + y'^2}\,dx$$

这就是弧微分公式.

二、曲率

在生产实践中，常常需要考虑曲线的弯曲程度，如厂房结构中的钢梁、车床上的轴、桥梁等，它们在外力的作用下，会发生弯曲，弯曲到一定程度就要断裂，因此在计算梁或轴的强度时，需要考虑它们的弯曲的程度.

我们先来看两条曲线，如何比较它们的弯曲程度.

如图 3 – 30，假如两曲线段 AB 和 A'B' 的长度一样，都是 Δs，但它们的切线的转角变化不同. 对第一条曲线来说，在 A 点有一条切线 τ_A，当 A 点沿着曲线变到 B 点时，切线变为在 B 点的切线 τ_B，切线的转角为 τ_A 与 τ_B 之间的夹角 $\Delta\varphi_1$.

同样，在第二条曲线上，$\Delta\varphi_2$ 是从 A' 到 B' 切线转角的大小.

从图 3 – 30 上很容易地看出 $\Delta\varphi_1 < \Delta\varphi_2$，它表示第二条曲线段比第一条曲线段弯曲的厉害些. 由此可见，切线转角 $\Delta\varphi$ 大，弯度也大.

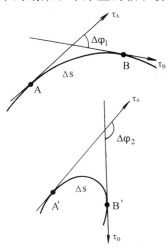

图 3 – 30

但是切线方向变化的角度 $\Delta\varphi$ 还不能完全地反映曲线的弯曲程度，如图 3 - 31 所示，两段曲线弧 Δs、$\Delta s'$ 的切线转过了同一角度 $\Delta\varphi$，但可明显地看出弧长小的一段弯曲明显.

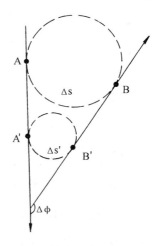

从以上的分析可以看出，曲线的弯曲程度不仅与其切线的转角 $\Delta\varphi$ 的大小有关. 而且还与所考察的曲线段的弧长 Δs 有关. 因此，一段曲线的平均弯曲程度可以用

$$\overline{K} = \left| \frac{\Delta\varphi}{\Delta s} \right|$$

来衡量，称为曲线段 AB 的平均曲率.

对于半径为 R 的圆来说（图 3 - 32），圆周上任意弧段 $\overset{\frown}{AB}$ 的切线方向变化的角度 $\Delta\varphi$ 等于半径 OA 与 OB 之间的夹角 $\Delta\alpha$，而 $\overset{\frown}{AB} = \Delta s = R\Delta\alpha$. 所以曲线段 $\overset{\frown}{AB}$ 的平均曲率为

$$\overline{K} = \left| \frac{\Delta\varphi}{\Delta s} \right| = \left| \frac{\Delta\alpha}{\Delta s} \right| = \frac{1}{R}$$

图 3 - 31

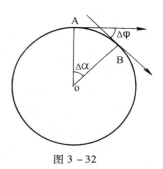

上式说明圆周上的平均曲率 $\overline{K}$ 是一个常数 $\frac{1}{R}$，即圆的弯曲程度到处一样，且半径越小，弯曲得越厉害.

对于直线来说，切线与直线重合，因此沿着它切线方向没有变化，即 $\Delta\varphi = 0$，所以

$$\overline{K} = \left| \frac{\Delta\varphi}{\Delta s} \right| = 0$$

图 3 - 32

这表示直线上任意一段的平均曲率都是零，即"直线不曲".

对于一般的曲线来说，如何刻划它在某点 a 处的弯曲程度呢？

类似于从平均速度引入瞬时速度的方法，当 $\Delta s \to 0$ 时（$B \to A$ 时），平均曲率的极限就称为曲线在点 A 处的曲率，记作 K，即

$$K = \lim_{\Delta s \to 0} \left| \frac{\Delta\varphi}{\Delta s} \right| = \left| \frac{d\varphi}{ds} \right|$$

它刻划了曲线在某点处的弯曲程度.

三、曲率的计算

设曲线 $y = f(x)$ 具有二阶导数，曲线在点 M 处的切线斜率为 $y' = \tan\varphi$，所以 $\varphi = \arctan y'$

$$\frac{d\varphi}{dx} = \frac{y''}{1 + y'^2}, \quad 即 \ d\varphi = \frac{y''}{1 + y'^2} dx$$

而
$$ds = \sqrt{1 + y'^2}\, dx$$

于是 $K = \left| \dfrac{d\varphi}{ds} \right| = \left| \dfrac{\dfrac{y''}{1 + y'^2} dx}{\sqrt{1 + y'^2}\, dx} \right| = \dfrac{|y''|}{(1 + y'^2)^{3/2}}$

这就是曲线 $y = f(x)$ 在任意点的曲率的计算公式.

例 1 抛物线 $y = ax^2 + bx + c$ 上哪一点处的曲率最大.

解 因为 $y' = 2ax + b$，$y'' = 2a$，所以 $K = \dfrac{|2a|}{[1 + (2ax + b)^2]^{3/2}}$

因为 K 的分子是常数 $|2a|$，所以只要分母最小，K 就最大，容易看出当 $2ax + b = 0$，即 $x = -\dfrac{b}{2a}$ 时，K 的分母最小，因而 K 有最大值 $|2a|$，而 $x = -\dfrac{b}{2a}$ 所对应的点为抛物线的顶点，因此抛物线在顶点处的曲率最大.

四、曲率圆与曲率半径

设曲线 $y = f(x)$ 在点 $M(x,y)$ 处的曲率为 $K(K \neq 0)$ 在点 M 处的曲线的法线上，在凸的内侧取一点 C，使 $|\overline{MC}| = \dfrac{1}{K} = R$，如图 3 - 33. 以 C 为圆心，R 为半径作圆，称这个圆为曲线在点 M 处的曲率圆，曲率圆的圆心 C 称为曲线在点 M 处的曲率中心，曲率圆的半径 R 称为曲线在点 M 处的曲率半径.

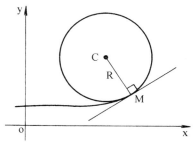

图 3 - 33

按上述规定可知，曲率圆与曲线在点 M 处有相同的切线、曲率和凸向，因而有相同的一阶和二阶导数. 当讨论函数 $y = f(x)$ 在某点 x 的性质时，若这个性质只与 x、y、y'、y'' 有关，那么只要讨论曲线在点 x 曲率圆的性质，即可得到该曲线在点 x 附近的性质. 在工程设计中，也常常用曲率圆在点 M 邻近的一段弧来近似代替曲线弧，使问题简化.

习题 3 - 7

1. 求曲线 $y = 4x - x^2$ 在点 $(2，4)$ 的曲率以及曲率半径.

2. 求摆线 $x = a(t - \sin t)$，$y = a(1 - \cos t)$ $(a > 0)$ 在 $t = \pi$ 处的曲率及曲率半径.

3. 求曲线 $y = \ln x$ 在与 x 轴交点处的曲率中心、曲率半径、曲率圆.

4. 一汽车质量是 ρ，以匀速 v 驶过拱桥（图 3 - 34），桥面 ACB 是一抛物线，尺寸如图 3 - 36. 求汽车过 C 点对桥面的压力.

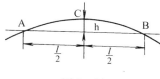

图 3 - 34

第四章 不 定 积 分

在微分学中，我们讨论了求已知函数的导数的问题．但是，在数学理论及许多实际问题中，往往需要解决相反的问题：已知某函数的导函数，求该函数．这就是下面要讨论的求不定积分问题．

本章主要介绍不定积分的基本概念、性质及求法．

第一节 原 函 数 与 不 定 积 分

一、原函数的概念

我们已经学过，作直线运动的物体的路程函数 $s = s(t)$ 对时间 t 的导数就是这一物体的速度函数 $v = v(t)$，即

$$s'(t) = v(t)$$

在实际问题中，还需要解决相反的问题：已知物体的速度函数 $v(t)$，求路程函数 $s = s(t)$．

例如，对于自由落体运动来说，如果已知速度 $v = gt$（g 是重力加速度），如何从等式

$$s'(t) = gt$$

求物体下落的路程 $s(t)$ 呢？

不难想到，函数 $s(t) = \dfrac{1}{2}gt^2$ 就是我们所要求的路程函数，因为

$$\left(\dfrac{1}{2}gt^2\right)' = gt$$

以上提出了已知某函数的导数，求原来这个函数的问题，就形成了"原函数"的概念．

定义 1 若定义在区间 I 上的函数 $f(x)$ 及可导函数 $F(x)$ 满足对任一 $x \in I$，都有

$$F'(x) = f(x) \text{ 或 } dF(x) = f(x)dx$$

则函数 $F(x)$ 叫做函数 $f(x)$ 在区间 I 上的一个原函数．

例如，在 $(-\infty, +\infty)$ 内，由于 $(x^3)' = 3x^2$ 或 $dF(x^3) = 3x^2dx$，因此，函数 x^3 是 $3x^2$ 的一个原函数．同理，$x^3 + \dfrac{1}{4}, x^3 - \sqrt{3}, x^3 + C$（C 为任意常数）等，都是 $3x^2$ 的原函数．

又如，当 $x \in (-\infty, +\infty)$ 时，$(\sin x)' = \cos x$，故 $\sin x$ 是 $\cos x$ 的一个原函数. 同理，$\sin x$ $+ \dfrac{1}{2}$、$\sin x - \dfrac{\sqrt{3}}{2}$、$\sin x + C$（$C$ 为任意常数）都是 $\cos x$ 的原函数.

可以看出，一个函数如果存在原函数，则其原函数有无限多个，并且其中任意两个原函数之间只差一个常数，任何函数的原函数，是否都这样呢？下面的定理解决了这个问题.

定理 1 （原函数族定理）如果函数 $f(x)$ 有一个原函数，则它就有无限多个原函数，并且其中任意两个原函数的差是常数.

证 （1）先证 $f(x)$ 有一个原函数，则它的原函数有无限多个.

设函数 $f(x)$ 的一个原函数为 $F(x)$，即 $F'(x) = f(x)$，并设 C 为任意常数，由于

$$[F(x) + C]' = F'(x) = f(x)$$

所以，$F(x) + C$ 也是 $f(x)$ 的原函数. 又因为 C 为任意常数，即 C 可以取无限多个值，因此 $f(x)$ 有无限多个原函数.

（2）再证 $f(x)$ 的任意两个原函数的差是常数.

设 $F(x)$ 和 $G(x)$ 都是 $f(x)$ 的原函数，根据原函数定义，则有

$$F'(x) = f(x), G'(x) = f(x)$$

令 $H(x) = F(x) - G(x)$，于是有

$$H'(x) = [F(x) - G(x)]' = F'(x) - G'(x) = f(x) - f(x) \equiv 0$$

根据导数恒为零的函数必为常数，知 $H(x) = C$（C 为常数），即

$$F(x) - G(x) = C$$

从定理 1 知，如果已知函数 $f(x)$ 的一个原函数为 $F(x)$，则 $f(x)$ 的所有原函数（称为原函数族）可表示为 $F(x) + C$，C 为任意常数.

什么样的函数有原函数呢？下面这个定理回答了这个问题.

定理 2 （原函数存在定理）如果函数 $f(x)$ 在闭区间 $[a,b]$ 上连续，则函数 $f(x)$ 在该区间上必存在原函数. 该定理的证明在下一章给出.

由于初等函数在其定义区间上都是连续的，所以初等函数在其定义区间上都有原函数.

二、不定积分的概念

1. 不定积分的定义

定义 2 如果 $F(x)$ 是 $f(x)$ 的一个原函数，那么 $f(x)$ 的全部原函数 $F(x) + C$（C 为任意常数）叫做 $f(x)$ 的不定积分，记作 $\int f(x) dx$，即

$$\int f(x) dx = F(x) + C \qquad\qquad (*)$$

其中"$\int$"叫做积分号，$f(x)$ 叫做被积函数，$f(x) dx$ 叫做被积表达式，x 叫做积分变量，任意常数 C 叫做积分常数.

求不定积分的方法称为积分法. 今后在不至混淆的情况下，不定积分也简称积分.

注 （1）在表达式 $\int f(x) dx$ 中，积分号"$\int$"表示对 $f(x)$ 实行求原函数的运算，即要找

出导函数等于已知函数 $f(x)$ 的原函数 $F(x) + C$.

（2）x 是积分变量，它与用哪个字母表示无关. 因此 (*) 式中将 x 换为 u，即有

$$\int f(u) du = F(u) + C$$

例1 验证下列各式：

（1）$\int x^4 dx = \dfrac{1}{5} x^5 + C$ 　　（2）$\int \sin 3x dx = -\dfrac{1}{3} \cos 3x + C$

证 （1）由于 $\left(\dfrac{1}{5} x^5 + C \right)' = x^4$，所以 $\int x^4 dx = \dfrac{1}{5} x^5 + C$

（2）由于 $\left(-\dfrac{1}{3} \cos 3x + C \right)' = \sin 3x$，所以 $\int \sin 3x dx = -\dfrac{1}{3} \cos 3x + C$

由不定积分的定义可知：积分与微分互为逆运算，即有

$$\left[\int f(x) dx \right]' = f(x) \text{ 或 } d \left[\int f(x) dx \right] = f(x) dx$$

反之，则有

$$\int f'(x) dx = f(x) + C \text{ 或 } \int df(x) = f(x) + C$$

这就是说：若先积分后微分，则两者的作用互相抵消；反过来，若先微分后积分，则应在抵消后加上任意常数 C.

例2 求 $\int x^3 dx$.

解 因为 $\left(\dfrac{1}{4} x^4 \right)' = x^3$，所以 $\int x^3 dx = \dfrac{1}{4} x^4 + C$

例3 求 $\int \dfrac{1}{x} dx$.

解 当 x > 0 时，$(\ln x)' = \dfrac{1}{x}$，所以，$\int \dfrac{1}{x} dx = \ln x + C$

当 x < 0 时，$[\ln(-x)]' = \dfrac{1}{x}$，所以 $\int \dfrac{1}{x} dx = \ln(-x) + C$

故 　　$\int \dfrac{1}{x} dx = \ln |x| + C$ 　　$(x \neq 0)$

注 求 $f(x)$ 的不定积分，只要求出其中一个原函数，再加上任意常数 C 即可.

例4 设某一曲线在 x 处的切线斜率 $k = 2x$，又曲线过点 (2, 5)，求这条曲线的方程.

解 设所求的曲线方程是 $y = F(x)$.

由导数的几何意义，已知条件 $k = 2x$，就是 $F'(x) = 2x$，而 $\int 2x dx = x^2 + C$

于是 　　$y = F(x) = x^2 + C$

$y = x^2$ 是一条抛物线，而 $y = x^2 + C$ 是一族抛物线. 我们要求的曲线是这一族抛物线中过点 (2, 5) 的那一条，将 x = 2，y = 5 代入 $y = x^2 + C$ 中可确定积分常数 C，$5 = 2^2 + C$，即 C = 1.

由此，所求的曲线方程是

$$y = x^2 + 1$$

2. 不定积分的几何意义

不定积分 $\int f(x)dx = F(x) + C$ 的结果中含有任意常数 C，所以不定积分表示的不是一个原函数，而是无限多个（全部）原函数，通常说成一族函数，反映在几何上则是一族曲线，它是曲线 $y = F(x)$ 沿 y 轴上下平移得到的. 这族曲线称为 $f(x)$ 的积分曲线. 由于在相同的横坐标 x 处，所有积分曲线的斜率均为 $f(x)$，因此，在每一条积分曲线上，以 x 为横坐标的点处的切线彼此平行（如图 $4-1$ 所示），这就是不定积分的几何意义.

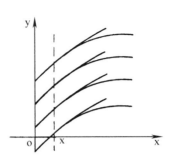

图 $4-1$

三、基本积分公式和法则

1. 基本积分公式

由于求不定积分是求导数（或微分）的逆运算，故由基本初等函数的求导公式，相应的得到如下基本积分公式：

$(1)\int 0dx = C$ $\qquad(2)\int x^{\alpha}dx = \dfrac{x^{\alpha+1}}{\alpha+1} + C$ （$\alpha \neq -1, \alpha$ 为常数）

$(3)\int dx = x + C$ $\qquad(4)\int a^x dx = \dfrac{a^x}{\ln a} + C$ （$a > 0$, 且 $a \neq 1, a$ 为常数）

$(5)\int e^x dx = e^x + C$ $\qquad(6)\int \dfrac{1}{x}dx = \ln|x| + C$ （$x \neq 0$）

$(7)\int \cos x dx = \sin x + C$ $\qquad(8)\int \sin x dx = -\cos x + C$

$(9)\int \sec^2 x dx = \tan x + C$ $\qquad(10)\int \csc^2 x dx = -\cot x + C$

$(11)\int \sec x \tan x dx = \sec x + C$ $\qquad(12)\int \csc x \cot x dx = -\csc x + C$

$(13)\int \dfrac{dx}{\sqrt{1-x^2}} = \arcsin x + C$ $\qquad(14)\int \dfrac{dx}{1+x^2} = \arctan x + C$

要验证这些公式的正确性，只需利用基本导数公式，验证公式右端函数的导数，等于左端不定积分的被积函数.

表中公式是求不定积分的基础，必须熟记，不仅要记住右端结果，还要熟悉左端被积函数的形式.

对于积分基本公式 $\int x^{\alpha}dx = \dfrac{x^{\alpha+1}}{\alpha+1} + C(\alpha \neq -1)$，可如下巧妙地记忆和使用：考虑到积分结果中幂函数的幂次与其系数的倒数关系，在写出积分结果时，可先由被积函数 x^{α} 写出幂次为 $\alpha+1$ 的幂函数，再由幂次为 $\alpha+1$ 写出其倒数 $\dfrac{1}{\alpha+1}$ 作为幂函数 $x^{\alpha+1}$ 的系数，如此再添加任意常数 C 就可准确地写出幂函数 x^α 的积分结果.

2. 积分的基本运算性质

下面论述中,假定有关函数的原函数都存在.

性质 1 两个函数的代数和的不定积分等于这两个函数的不定积分的代数和,即

$$\int [f(x) \pm g(x)] dx = \int f(x) dx \pm \int g(x) dx$$

证 将等式右端对 x 求导,得

$$\left[\int f(x) dx \pm \int g(x) dx \right]' = \left[\int f(x) dx \right]' \pm \left[\int g(x) dx \right]' = f(x) \pm g(x)$$

这说明 $\int f(x) dx \pm \int g(x) dx$ 是 $f(x) \pm g(x)$ 的原函数,又因为 $\int f(x) dx \pm \int g(x) dx$ 含有任意常数,由不定积分的定义得

$$\int [f(x)] \pm g(x) dx = \int f(x) dx \pm \int g(x) dx$$

这法则可推广到有限个函数的代数和的积分,即

$$\int [f_1(x) \pm \cdots \pm f_n(x)] dx = \int f_1(x) dx \pm \cdots \pm \int f_n(x) dx$$

类似地,可以证明不定积分的运算性质 2.

性质 2 被积函数中不为零的常数因子可以提到积分号前面,即

$$\int kf(x) dx = k \int f(x) dx \qquad (k \text{ 是常数且 } k \neq 0)$$

利用基本积分公式和积分的运算性质可求得一些函数的积分.

例 5 求下列不定积分.

$(1) \int \dfrac{dx}{x^3}$ $\quad (2) \int x^2 \sqrt{x} dx$ $\quad (3) \int (3x^2 + \cos x + 2^x) dx$

解 $(1) \int \dfrac{dx}{x^3} = \int x^{-3} dx = \dfrac{x^{-3+1}}{-3+1} + C = -\dfrac{1}{2x^2} + C$

$(2) \int x^2 \sqrt{x} dx = \int x^{\frac{5}{2}} dx = \dfrac{x^{\frac{5}{2}+1}}{\frac{5}{2}+1} + C = \dfrac{2}{7} x^{\frac{7}{2}} + C$

上面的例子表明,对某些分式或根式函数求积分,可先把它们化为 x^α 的形式,然后应用幂函数的积分公式求积分.

$(3) \int (3x^2 + \cos x + 2^x) dx = 3\int x^2 dx + \int \cos x dx + \int 2^x dx = 3 \times \dfrac{1}{3} x^3 + \sin x + \dfrac{2^x}{\ln 2} + C$

$$= x^3 + \sin x + \dfrac{2^x}{\ln 2} + C$$

注 逐项积分后,每个积分结果中都含有一个任意常数,由于任意常数之和仍是任意常数,因此只要在末尾加一个积分常数 C 就可以了,以后仿此.

四、直接积分法

在求积分时,有时可直接按积分的基本公式和两个运算法则求出结果;有时则需将被积

函数经过适当的恒等变形，再利用积分的两个基本法则和积分基本公式求出结果，这样的积分方法，叫做直接积分法.

例 6 求 $\int 2^x e^x dx$.

解 $\int 2^x e^x dx = \int (2e)^x dx = \dfrac{(2e)^x}{\ln(2e)} + C = \dfrac{2^x e^x}{1 + \ln 2} + C$

例 7 求 $\int \dfrac{1 + x + x^2}{x(1 + x^2)} dx$.

解 基本积分表中没有这种类型的积分，可以先把被积函数变形，化为表中所列类型的积分后，再逐项求积分

$$\int \frac{1 + x + x^2}{x(1 + x^2)} dx = \int \frac{1}{x} dx + \int \frac{1}{1 + x^2} dx = \ln|x| + \arctan x + C$$

例 8 求 $\int \dfrac{3x^2 + 1}{x^2(x^2 + 1)} dx$.

解 $\int \dfrac{3x^2 + 1}{x^2(x^2 + 1)} dx = \int \dfrac{2x^2 + x^2 + 1}{x^2(x^2 + 1)} dx = \int \dfrac{2}{x^2 + 1} dx + \int \dfrac{1}{x^2} dx = 2\arctan x - \dfrac{1}{x} + C$

例 9 求 $\int \dfrac{x^4}{x^2 + 1} dx$.

解 $\int \dfrac{x^4}{x^2 + 1} dx = \int \dfrac{x^4 - 1 + 1}{x^2 + 1} dx = \int \dfrac{(x^2 + 1)(x^2 - 1)}{x^2 + 1} dx + \int \dfrac{1}{x^2 + 1} dx$

$\qquad\qquad = \int (x^2 - 1) dx + \int \dfrac{1}{1 + x^2} dx = \dfrac{x^3}{3} - x + \arctan x + C$

当被积函数是三角函数时，对某些积分表中没有的又比较特别的情况，可以通过三角函数恒等变形，化为基本积分表中已有的类型，然后再积分.

例 10 求 $\int \sin^2 \dfrac{x}{2} dx$.

解 $\int \sin^2 \dfrac{x}{2} dx = \int \dfrac{1 - \cos x}{2} dx = \dfrac{1}{2} \int dx - \dfrac{1}{2} \int \cos x dx = \dfrac{1}{2}(x - \sin x) + C$

例 11 求 $\int \dfrac{1}{\sin^2 x \cos^2 x} dx$.

解 $\int \dfrac{1}{\sin^2 x \cos^2 x} dx = \int \dfrac{\sin^2 x + \cos^2 x}{\sin^2 x \cos^2 x} dx = \int \dfrac{1}{\cos^2 x} dx + \int \dfrac{1}{\sin^2 x} dx = \tan x - \cot x + C$

例 12 求 $\int \dfrac{\cos 2x}{\sin x - \cos x} dx$.

解 $\int \dfrac{\cos 2x}{\sin x - \cos x} dx = \int \dfrac{\cos^2 x - \sin^2 x}{\sin x - \cos x} dx = -\int (\sin x + \cos x) dx = \cos x - \sin x + C$

例 13 求 $\int \tan^2 x dx$.

解 $\displaystyle\int \tan^2 x \, dx = \int (\sec^2 x - 1) \, dx = \int \sec^2 x \, dx - \int dx = \tan x - x + C$

习题 4 − 1

1. 求下列不定积分.

(1) $\displaystyle\int (x^2 + 3x + 2) \, dx$ 　　　　(2) $\displaystyle\int \left(\frac{1 - x}{x}\right)^2 dx$

(3) $\displaystyle\int (x^2 + 1)(\sqrt{x} - x + 2) \, dx$ 　　(4) $\displaystyle\int \frac{\sqrt{x} - x^3 2^x + x^2}{x^3} dx$

(5) $\displaystyle\int \frac{2x^2}{1 + x^2} dx$ 　　　　(6) $\displaystyle\int \frac{x^2 - 9}{x + 3} dx$

(7) $\displaystyle\int \frac{2 \cdot 3^x - 5 \cdot 2^x}{3^x} dx$ 　　(8) $\displaystyle\int (e^x + 3^x + 3^x e^x) \, dx$

(9) $\displaystyle\int \cos^2 \frac{x}{2} dx$ 　　　　(10) $\displaystyle\int \cot^2 x \, dx$

(11) $\displaystyle\int \frac{\cos 2x}{\cos^2 x \sin^2 x} dx$ 　　(12) $\displaystyle\int \sec x (\sec x + \tan x) \, dx$

(13) $\displaystyle\int \left(\frac{3}{1 + x^2} + \frac{5\sqrt{1 + x^2}}{\sqrt{1 - x^4}}\right) dx$ 　(14) $\displaystyle\int \left(1 - \frac{1}{x^2}\right)\sqrt{x\sqrt{x}} \, dx$

2. 一曲线通过点 $(e^2, 3)$，切在任一点处的切线的斜率等于该点横坐标的倒数，求该曲线的方程.

第二节　换元积分法

利用直接积分法能计算的不定积分是很有限的，即使像 $\displaystyle\int e^{2x} dx$，$\displaystyle\int \tan x \, dx$ 这样的一些形式简单的不定积分，也不能直接求得. 因此，有必要寻求更有效的积分方法. 本节将介绍一种重要的积分方法——换元积分法.

一、第一类换元积分法（凑微分法）

先看例题：求 $\displaystyle\int e^{2x} dx$.

解　对于不定积分 $\displaystyle\int e^{2x} dx$，很自然地，我们会注意到与所求积分相关联的积分基本公式

$\int e^u du = e^u + C$，此时，$u = 2x$，且

$$\int e^{2x} d(2x) = e^{2x} + C \qquad\qquad (*)$$

比较 $\int e^{2x} dx$ 与 $\int e^{2x} d(2x)$ 可以发现，后者被积函数中的变量与微分中的变量是统一的，故可直接视 $2x = u$．利用积分基本公式可得到 $(*)$ 式．为了计算积分 $\int e^{2x} dx$，我们可以将微分 dx 凑成 $\dfrac{1}{2} d(2x)$，使变量一致为 $2x$．即

$$\int e^{2x} dx \xlongequal{\text{凑微分}} \int e^{2x} \frac{1}{2} d(2x) = \frac{1}{2} \int e^{2x} d(2x)$$

$$\xlongequal{\text{令} 2x = u} \frac{1}{2} \int e^u du \xlongequal{\text{用公式}} \frac{1}{2} e^u + C \xlongequal{\text{回代} u = 2x} \frac{1}{2} e^{2x} + C$$

因为 $\left(\dfrac{1}{2} e^{2x} + C \right)' = e^{2x}$

所以 $\dfrac{1}{2} e^{2x} + C$ 确实是 e^{2x} 的原函数，这说明上面的方法是正确的．

这种先"凑"微分式，再作变量代换，化成基本积分式的方法，叫做第一类换元积分法，也叫凑微分法．一般地有以下定理：

定理 1 （凑微分法）设函数 $u = \varphi(x)$ 可导，若 $\int f(u) du = F(u) + C$，则有换元积分公式

$$\int f[\varphi(x)] \varphi'(x) dx = \left[\int f(u) du \right]_{u = \varphi(x)} = F[\varphi(x)] + C.$$

证 因为 $\int f(u) du = F(u) + C$，故 $F'(u) = f(u)$

所以 $[F(\varphi(x))]' = F'[\varphi(x)] \varphi'(x) = f[\varphi(x)] \varphi'(x)$

因而 $\int f[\varphi(x)] \varphi'(x) dx = \left[\int f(u) du \right]_{u = \varphi(x)} = F[\varphi(x)] + C$

利用第一类换元积分法（凑微分法）的关键是将被积表达式凑成 $f[\varphi(x)] d\varphi(x)$ 的形式，然后经过适当换元，利用已知公式求出不定积分．

第一换元法的具体求解过程为

$$\int g(x) dx \xlongequal{\text{凑微分}} \int f[\varphi(x)] \varphi'(x) dx = \int f[\varphi(x)] d\varphi(x)$$

$$\xlongequal[\text{令} \varphi(x) = u]{\text{换元}} \int f(u) du \xlongequal{\text{积分}} F(u) + C$$

$$\xlongequal[u = \varphi(x)]{\text{回代}} F[\varphi(x)] + C$$

第一换元法实际上是一种"凑微分使变量一致为变量 u"的简单换元法．

例 1 求 $\int (2x + 1)^8 dx$．

解 $\displaystyle\int(2x+1)^8dx \xlongequal{\text{凑微分}} \int(2x+1)^8\frac{1}{2}d(2x+1) = \frac{1}{2}\int(2x+1)^8d(2x+1)$

$\displaystyle\xlongequal{\text{令}2x+1=u}\frac{1}{2}\int u^8du = \frac{1}{18}u^9+C$

$\displaystyle\xlongequal{\text{回代}u=2x+1}\frac{1}{18}(2x+1)^9+C$

例 2 求 $\displaystyle\int x\sqrt{x^2-3}\,dx$.

解 $\displaystyle\int x\sqrt{x^2-3}\,dx \xlongequal{\text{凑微分}} \frac{1}{2}\int\sqrt{x^2-3}\,d(x^2-3)$

$\displaystyle\xlongequal{\text{令}x^2-3=u}\frac{1}{2}\int\sqrt{u}\,du$

$\displaystyle=\frac{1}{2}\times\frac{2}{3}u^{\frac{3}{2}}+C \xlongequal[u=x^2-3]{\text{回代}}\frac{1}{3}(x^2-3)^{\frac{3}{2}}+C$

归纳起来:

1. 第一类换元积分法求不定积分的步骤是:"凑、换元、积分、回代"这四步,关键是被积式能分成两部分,一部分为 $\varphi(x)$ 的函数 $f[\varphi(x)]$,另一部分为 $d\varphi(x)$. 难点在于原题并未指明应该把哪一部分凑成 $d\varphi(x)$,这需要解题经验. 当运算熟练后,中间变量 $\varphi(x)=u$ 不必写出,即在凑微分之后直接得出结果.

2. 求积分时经常需要用到下面两个微分性质:

(1) $d[a\varphi(x)]=ad[\varphi(x)]$,即与函数相乘的常数可以从微分号内移出移进. 如

$$d(-2x)=-2dx \qquad 3d(x^2)=d(3x^2)$$

(2) $d[\varphi(x)]=d[\varphi(x)\pm b]$,即微分号内的函数可加 (或减)一个常数,如

$$dx=d(x+1) \qquad d\sqrt{x}=d(\sqrt{x}\pm\sqrt{3})$$

凑微分时,常用下列微分式,熟悉这些微分式有助于求积分:

(1) $adx=d(ax+b),(a\neq0)$ \qquad (2) $xdx=\dfrac{1}{2}dx^2$

(3) $\dfrac{1}{x}dx=d(\ln|x|)$ \qquad (4) $\dfrac{1}{\sqrt{x}}dx=d(2\sqrt{x})$

(5) $\dfrac{1}{x^2}dx=-d\left(\dfrac{1}{x}\right)$ \qquad (6) $\dfrac{1}{1+x^2}dx=d(\arctan x)$

(7) $\dfrac{1}{\sqrt{1-x^2}}dx=d(\arcsin x)$ \qquad (8) $e^xdx=de^x$

(9) $\sin xdx=-d(\cos x)$ \qquad (10) $\cos xdx=d(\sin x)$

(11) $\sec^2xdx=d(\tan x)$ \qquad (12) $\csc^2xdx=-d(\cot x)$

(13) $\sec x\tan xdx=d(\sec x)$ \qquad (14) $\csc x\cot xdx=-d(\csc x)$

例 3 求 $\displaystyle\int\frac{1}{a^2+x^2}dx \quad (a\neq0)$.

解　$\displaystyle\int\frac{1}{a^2+x^2}dx=\frac{1}{a^2}\int\frac{dx}{1+\left(\dfrac{x}{a}\right)^2}=\frac{1}{a}\int\frac{d\left(\dfrac{x}{a}\right)}{1+\left(\dfrac{x}{a}\right)^2}=\frac{1}{a}\arctan\frac{x}{a}+C$

例 4　求 $\displaystyle\int\frac{1}{a^2-x^2}dx$　$(a\neq0)$.

解　$\displaystyle\int\frac{1}{a^2-x^2}dx=\frac{1}{2a}\int\left(\frac{1}{a+x}+\frac{1}{a-x}\right)dx$

$\displaystyle\qquad\qquad=\frac{1}{2a}\int\frac{d(a+x)}{a+x}-\frac{1}{2a}\int\frac{d(a-x)}{a-x}=\frac{1}{2a}\ln\left|\frac{a+x}{a-x}\right|+C\ (a\neq0)$

由例 4 得，$\displaystyle\int\frac{1}{x^2-a^2}dx=\frac{1}{2a}\ln\left|\frac{x-a}{x+a}\right|+C(a\neq0)$.

一般地，对于积分 $\displaystyle\int f(ax+b)dx(a\neq0)$，总可做变换 $u=ax+b$，把它化为 $\displaystyle\int f(ax+b)dx$

$\displaystyle=\int\frac{1}{a}f(ax+b)d(ax+b)=\frac{1}{a}\left[\int f(u)du\right].$

例 5　求 $\displaystyle\int\frac{e^x}{1+e^x}dx$.

解　$\displaystyle\int\frac{e^x}{1+e^x}dx=\int\frac{1}{1+e^x}d(1+e^x)=\ln(1+e^x)+C$

例 6　求 $\displaystyle\int\frac{1}{x(1+2\ln x)}dx$.

解　$\displaystyle\int\frac{1}{x(1+2\ln x)}dx=\int\frac{d\ln x}{1+2\ln x}=\frac{1}{2}\int\frac{d(2\ln x)}{1+2\ln x}=\frac{1}{2}\int\frac{d(1+2\ln x)}{1+2\ln x}$

$\displaystyle\qquad\qquad=\frac{1}{2}\ln|1+2\ln x|+C$

例 7　求 $\displaystyle\int\frac{\sin(\sqrt{x}+1)}{\sqrt{x}}dx$.

解　$\displaystyle\int\frac{\sin(\sqrt{x}+1)}{\sqrt{x}}dx\xrightarrow{\text{凑微分}}2\int\frac{1}{2\sqrt{x}}\sin(\sqrt{x}+1)dx=2\int\sin(\sqrt{x}+1)d(\sqrt{x}+1)$

$\displaystyle\xrightarrow{\text{视}\sqrt{x}+1\text{为中间变量}u}-2\cos(\sqrt{x}+1)+C$

例 8　求 $\displaystyle\int\tan x dx$.

解　$\displaystyle\int\tan x dx=\int\frac{\sin x}{\cos x}dx=\int\frac{1}{\cos x}d\cos x=-\ln|\cos x|+C$

类似地可得　$\displaystyle\int\cot x dx=\ln|\sin x|+C$

例9 求 $\int \sec x \mathrm{d}x$.

解法1 先将被积函数恒等变形，并利用例4的结果，有

$$\int \sec x \mathrm{d}x = \int \frac{1}{\cos x}\mathrm{d}x = \int \frac{1}{\cos^2 x}\cos x \mathrm{d}x = \int \frac{\mathrm{d}\sin x}{1 - \sin^2 x}$$

$$= \frac{1}{2}\ln\left|\frac{1 + \sin x}{1 - \sin x}\right| + C = \frac{1}{2}\ln\left|\frac{(1 + \sin x)^2}{1 - \sin^2 x}\right| + C$$

$$= \ln\left|\frac{1 + \sin x}{\cos x}\right| + C = \ln|\sec x + \tan x| + C$$

解法2

$$\int \sec x \mathrm{d}x = \int \frac{\sec x(\sec x + \tan x)}{\sec x + \tan x}\mathrm{d}x = \int \frac{\sec^2 x + \sec x \tan x}{\sec x + \tan x}\mathrm{d}x$$

$$= \int \frac{1}{\sec x + \tan x}\mathrm{d}(\sec x + \tan x) = \ln|\sec x + \tan x| + C$$

同理可得 $\int \csc x \mathrm{d}x = \ln|\csc x - \cot x| + C$

例10 求 $\int \cos^3 x \mathrm{d}x$.

解 $\int \cos^3 x \mathrm{d}x = \int \cos^2 x \cos x \mathrm{d}x = \int(1 - \sin^2 x)\mathrm{d}(\sin x) = \sin x - \frac{1}{3}\sin^3 x + C$

例11 求 $\int \cos^2 x \mathrm{d}x$.

解 $\int \cos^2 x \mathrm{d}x = \int \frac{1 + \cos 2x}{2}\mathrm{d}x = \frac{1}{2}x + \frac{1}{4}\int \cos 2x \mathrm{d}(2x) = \frac{1}{2}x + \frac{1}{4}\sin 2x + C$

例12 求 $\int \sec^4 x \mathrm{d}x$.

解 $\int \sec^4 x \mathrm{d}x = \int \sec^2 x \mathrm{d}(\tan x) = \int(1 + \tan^2 x)\mathrm{d}(\tan x) = \tan x + \frac{1}{3}\tan^3 x + C$

注 求同一积分，可以有几种不同的解法，其结果在形式上可能不同，但实际上最多只是积分常数有区别.

例如，求 $\int \sin x \cos x \mathrm{d}x$.

解法1 $\int \sin x \cos x \mathrm{d}x = \int \sin x \mathrm{d}(\sin x) = \frac{1}{2}\sin^2 x + C_1$

解法2 $\int \sin x \cos x \mathrm{d}x = -\int \cos x \mathrm{d}(\cos x) = -\frac{1}{2}\cos^2 x + C_2$

解法3 $\int \sin x \cos x \mathrm{d}x = \frac{1}{2}\int \sin 2x \mathrm{d}x = \frac{1}{4}\int \sin 2x \mathrm{d}(2x) = -\frac{1}{4}\cos 2x + C_3$

上面三个不同的结果，利用三角公式可化为相同的形式.

$$-\frac{1}{2}\cos^2 x + C_2 = -\frac{1}{2}(1 - \sin^2 x) + C_2 = \frac{1}{2}\sin^2 x + C_1$$

$$-\frac{1}{4}\cos 2x + C_3 = -\frac{1}{4}(1 - 2\sin^2 x) + C_3 = \frac{1}{2}\sin^2 x + C_1$$

虽然上例三种解法的结果较容易地化成了同一结果，但是很多积分要把结果化为相同形式时有时会有一定的困难. 事实上，要检查积分结果是否正确，只要对所得结果求导，如果这个导数与被积函数相同，那么结果就是正确的.

二、第二类换元积分法

还是从一道例题来说明第二类换元积分法的基本思路.

求 $\int \dfrac{1}{1 + \sqrt{x}} dx$.

按被积函数的形式，该例不能用直接积分法，也不能用凑微分法求得结果，需要另找方法. 注意到被积函数的特征是含有根式 $\sqrt{x}$，我们要先去掉被积函数中的根式，然后再求不定积分.

作变换 $\sqrt{x} = t$, 即 $x = t^2 (t \geqslant 0)$, $dx = 2t dt$, 于是有

$$\int \frac{1}{1 + \sqrt{x}} dx = \int \frac{2t}{1 + t} dt = 2\int \left(1 - \frac{1}{1 + t}\right) dt = 2[t - \ln(1 + t)] + C$$

$$= 2(\sqrt{x} - \ln|1 + \sqrt{x}|) + C$$

因为

$$[2\sqrt{x} - 2\ln(1 + \sqrt{x})]' = 2 \cdot \frac{1}{2\sqrt{x}} - 2 \cdot \frac{(1 + \sqrt{x})'}{1 + \sqrt{x}} = \frac{1}{\sqrt{x}} - \frac{2}{1 + \sqrt{x}} \cdot \frac{1}{2\sqrt{x}}$$

$$= \frac{1 + \sqrt{x} - 1}{\sqrt{x}(1 + \sqrt{x})} = \frac{1}{1 + \sqrt{x}}$$

所以 $2\sqrt{x} - 2\ln(1 + \sqrt{x}) + C$ 确实是 $\dfrac{1}{1 + \sqrt{x}}$ 的原函数. 这说明上面的方法是正确的.

此例中所作变换的依据是下面的定理.

定理 2 设 $x = \varphi(t)$ 可微，且 $\varphi'(t) \neq 0$，其反函数 $t = \varphi^{-1}(x)$ 存在且可微，若 $\int f[\varphi(t)]\varphi'(t) dt = F(t) + C$，则有第二换元积分公式

$$\int f(x) dx = F[\varphi^{-1}(x)] + C$$

证 由复合函数反函数求导公式及 $F(t)$ 是 $f[\varphi(t)]\varphi'(t)$ 的原函数，得

$$[F(\varphi^{-1}(x))]' = F'(t)[\varphi^{-1}(x)]' = f[\varphi(t)]\varphi'(t) \cdot \frac{1}{\varphi'(t)} = f(x)$$

故 $\int f(x) dx = F[\varphi^{-1}(x)] + C$

第二类换元法的具体求解进程可用下列等式表示：

$$\int f(x)dx \xrightarrow[\text{换元}]{\text{令}x=\varphi(t)} \int f[\varphi(t)]\varphi'(t)dt$$

$$= F(t) + C \xrightarrow{\text{还原}} F[\varphi^{-1}(x)] + C$$

在采用第二类换元法求不定积分时，关键是选择适当的变换 $x = \varphi(t)$ 使 $\int f[\varphi(t)]\varphi'(t)$ dt 好求.

一般地，遇到被积函数为无理函数时，总是先利用变量代换将无理函数化为有理函数，然后再计算有理函数的积分，从而求出待求的不定积分. 常用的代换主要有：简单无理函数代换、三角函数代换、倒代换等.

1. 简单无理函数代换法

当被积函数中含有形式 $\sqrt[n]{ax+b}$ 或 $\sqrt[n]{\dfrac{ax+b}{cx+d}}\left(\dfrac{a}{c}\neq\dfrac{b}{d}\right)$ 时，我们可直接令其为 t，再解出 x 为 t 的有理函数 $x = \dfrac{1}{a}(t^n - b)$ 或 $x = \dfrac{b - dt^n}{ct^n - a}$，从而化去了被积函数中的 n 次根式.

例 13 求 $\displaystyle\int \dfrac{dx}{\sqrt{x} + \sqrt[3]{x}}$.

解
$$\int \dfrac{dx}{\sqrt{x} + \sqrt[3]{x}} \xrightarrow{\text{令}x=t^6} \int \dfrac{dt^6}{\sqrt{t^6} + \sqrt[3]{t^6}} = \int \dfrac{6t^5 dt}{t^3 + t^2}$$

$$= 6\int \dfrac{t^3}{t+1}dt = 6\int \left(t^2 - t + 1 - \dfrac{1}{t+1}\right)dt$$

$$= 6\left[\dfrac{t^3}{3} - \dfrac{t^2}{2} + t - \ln(1 + t)\right] + C$$

$$= 6\left[\dfrac{1}{3}\sqrt{x} - \dfrac{1}{2}\sqrt[3]{x} + \sqrt[6]{x} - \ln(1 + \sqrt[6]{x})\right] + C.$$

注 当被积函数中有两种或两种以上的根式 $\sqrt[k]{x}, \cdots \sqrt[p]{x}$ 时，可采用令 $x = t^n$（其中 n 为各根指数的最小公倍数）.

例 14 求 $\displaystyle\int \dfrac{1}{x}\sqrt{\dfrac{1+x}{x}}dx$.

解 令 $t = \sqrt{\dfrac{1+x}{x}}, t^2 = \dfrac{x+1}{x}, x = \dfrac{1}{t^2 - 1}, dx = \dfrac{-2t}{(t^2-1)^2}dt$

$$\int \dfrac{1}{x}\sqrt{\dfrac{1+x}{x}}dx = \int (t^2 - 1)\cdot t \cdot \dfrac{-2t}{(t^2-1)^2}dt$$

$$= -2\int \dfrac{t^2}{t^2 - 1}dt = -2\int \left(1 + \dfrac{1}{t^2 - 1}\right)dt$$

$$= -2 \left(t + \frac{1}{2}\ln\left| \frac{t-1}{t+1} \right| \right) + C$$

$$= -2 \sqrt{\frac{1+x}{x}} - \ln\left| \frac{\sqrt{x+1} - \sqrt{x}}{\sqrt{x+1} + \sqrt{x}} \right| + C$$

2. 三角函数代换法

例 15　求 $\int \sqrt{a^2 - x^2}\,dx$　（$a > 0$）.

分析　尽管 $\sqrt{a^2 - x^2}$ 比 $x\sqrt{a^2 - x^2}$ 更简单，但无法用凑微分法，因此，我们考虑利用变量代换法去根号.

解　令 $x = a\sin t$，要使其反函数存在，需有 $t \in \left[-\frac{\pi}{2}, \frac{\pi}{2} \right]$

$$\int \sqrt{a^2 - x^2}\,dx = \int \sqrt{a^2 - a^2\sin^2 t}\,d(a\sin t) = \int a|\cos t|\,a\cos t\,dt = a^2 \int \cos^2 t\,dt$$

$$= \frac{a^2}{2} \int (1 + \cos 2t)\,dt = \frac{a^2}{2} \int dt + \frac{a^2}{4} \int \cos 2t\,d2t$$

$$= \frac{a^2}{2}t + \frac{a^2}{4}\sin 2t + C = \frac{a^2}{2}t + \frac{a^2}{2}\sin t\cos t + C$$

由 $\sin t = \dfrac{x}{a}$，作出直角三角形（图 4 - 2），可知 $\cos t = \dfrac{\sqrt{a^2 - x^2}}{a}$
所以

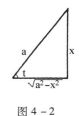

图 4 - 2

$$\int \sqrt{a^2 - x^2}\,dx = \frac{a^2}{2}\arcsin\frac{x}{a} + \frac{a^2}{2}\frac{x}{a}\frac{\sqrt{a^2 - x^2}}{a} + C$$

$$= \frac{1}{2}a^2\arcsin\frac{x}{a} + \frac{1}{2}x\sqrt{a^2 - x^2} + C$$

注　在采用三角变换，代换回原变量时，尽管可以用三角公式，但有时很麻烦. 我们可以根据三角变换，画出直角三角形，求出直角三角形各边的长，然后根据三角函数的定义，非常方便地求出所需的角 t 的三角函数.

一般来说，当被积函数中含有 $\sqrt{a^2 - x^2}$、$\sqrt{a^2 + x^2}$、$\sqrt{x^2 - a^2}$ 等形式的无理函数，而且不能用凑微分法时，可采取三角代换去根号：

若含有 $\sqrt{a^2 - x^2}$，令 $x = a\sin t$，$t \in \left[-\frac{\pi}{2}, \frac{\pi}{2} \right]$；

若含有 $\sqrt{a^2 + x^2}$，令 $x = a\tan t$，$t \in \left(-\frac{\pi}{2}, \frac{\pi}{2} \right)$；

若含有 $\sqrt{x^2 - a^2}$，令 $x = a\sec t$，$t \in \left(0, \frac{\pi}{2} \right) \cup \left(\frac{\pi}{2}, \pi \right)$.

例 16　求 $\int \dfrac{1}{\sqrt{x^2 - a^2}}\,dx$　（$a > 0$）.

解 $|x| > a$. 当 $x > a$ 时，令 $x = a\sec t, t \in \left(0, \dfrac{\pi}{2}\right)$，于是

$$\int \frac{1}{\sqrt{x^2 - a^2}} dx = \int \frac{1}{\sqrt{a^2\sec^2 t - a^2}} d(a\sec t) = \int \frac{1}{a|\tan t|} a\sec t\tan t\, dt$$

$$= \int \sec t\, dt = \ln|\sec t + \tan t| + C = \ln\left|\frac{x}{a} + \frac{\sqrt{x^2 - a^2}}{a}\right| + C \ (\text{由图}\ 4-3)$$

$$= \ln|x + \sqrt{x^2 - a^2}| - \ln a + C = \ln|x + \sqrt{x^2 - a^2}| + C_1 \ (C_1 = -\ln a + C)$$

当 $x < -a$ 时，

$$\int \frac{1}{\sqrt{x^2 - a^2}} dx \xlongequal{\ \text{令}\ x = -t\ } -\int \frac{1}{\sqrt{t^2 - a^2}} dt$$

$$\xlongequal{\ t > a\ } -\ln|t + \sqrt{t^2 - a^2}| + C = -\ln|-x + \sqrt{x^2 - a^2}| + C$$

$$= \ln\left|\frac{1}{\sqrt{x^2 - a^2} - x}\right| + C = \ln\left|\frac{\sqrt{x^2 - a^2} + x}{-a^2}\right| + C$$

$$= \ln|x + \sqrt{x^2 - a^2}| - \ln a^2 + C$$

$$= \ln|x + \sqrt{x^2 - a^2}| + C_1 \quad (C_1 = -\ln a^2 + C)$$

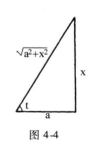

图 4 – 3

因此 $\displaystyle\int \frac{1}{\sqrt{x^2 - a^2}} dx = \ln|x + \sqrt{x^2 - a^2}| + C$

例 17   求 $\displaystyle\int \frac{1}{\sqrt{x^2 + a^2}} dx \quad (a > 0)$.

解 $\displaystyle\int \frac{1}{\sqrt{x^2 + a^2}} dx \xlongequal{\ \text{令}\ x = a\tan t\ } \int \frac{1}{\sqrt{a^2\tan^2 t + a^2}} a\sec^2 t\, dt$

$$= \int \frac{1}{|\sec t|}\sec^2 t\, dt \xlongequal{\ t \in \left(-\frac{\pi}{2}, \frac{\pi}{2}\right)\ } \int \sec t\, dt = \ln|\sec t + \tan t| + C$$

$$\xlongequal{\ \text{图}\ 4-4\ } \ln\left|\frac{\sqrt{a^2 + x^2}}{a} + \frac{x}{a}\right| + C$$

$$= \ln|x + \sqrt{x^2 + a^2}| + C - \ln a$$

$$= \ln|x + \sqrt{x^2 + a^2}| + C_1 \ (C_1 = C - \ln a)$$

知道这几个例题的结果，对求较复杂不定积分是有帮助的.

例 18   求 $\displaystyle\int \frac{1}{(a^2 + x^2)^{\frac{3}{2}}} dx \ (a > 0)$.

解 $\displaystyle\int \frac{1}{(a^2 + x^2)^{\frac{3}{2}}} dx \xlongequal{\ \text{令}\ x = a\tan t\ } \int \frac{1}{(a^2 + a^2\tan^2 t)^{\frac{3}{2}}} d(a\tan t)$

$$= \int \frac{1}{a^3 \mid \sec t \mid^3} a\sec^2 t dt \xrightarrow{t \in \left(-\frac{\pi}{2}, \frac{\pi}{2} \right)} \int \frac{1}{a^2} \frac{1}{\sec^3 t} \sec^2 t dt$$

$$= \frac{1}{a^2} \int \cos t dt = \frac{1}{a^2} \sin t + C \xrightarrow{\text{图} 4-4} \frac{1}{a^2} \frac{x}{\sqrt{a^2 + x^2}} + C$$

例 19 求 $\int \frac{1}{\sqrt{1 + e^{2x}}} dx.$

解法 1 令 $\sqrt{1 + e^{2x}} = t$, 得 $x = \frac{1}{2} \ln(t^2 - 1), dx = \frac{t}{t^2 - 1} dt$, 于是

$$\int \frac{1}{\sqrt{1 + e^{2x}}} dx = \int \frac{1}{t} \cdot \frac{t}{t^2 - 1} dt = \int \frac{1}{t^2 - 1} dt = \frac{1}{2} \ln \left| \frac{t-1}{t+1} \right| + C$$

$$= \frac{1}{2} \ln \left| \frac{\sqrt{1 + e^{2x}} - 1}{\sqrt{1 + e^{2x}} + 1} \right| + C = x - \ln \left| 1 + \sqrt{1 + e^{2x}} \right| + C$$

解法 2 令 $e^x = \tan t$, 得 $x = \ln(\tan t), dx = \frac{\sec^2 t}{\tan t} dt$, 于是

$$\int \frac{1}{\sqrt{1 + e^{2x}}} dx = \int \frac{1}{\sec t} \cdot \frac{\sec^2 t}{\tan t} dt = \int \frac{1}{\sin t} dt = \ln |\csc t - \cot t| + C$$

$$= \ln \left| \sqrt{1 + e^{2x}} - \frac{1}{e^x} \right| + C = \ln \left(\sqrt{1 + e^{2x}} - 1 \right) - x + C$$

3. 倒代换法

所谓倒代换法, 即设 $x = \frac{1}{t}$ 或 $t = \frac{1}{x}$, 使用倒代换时, 会使被积函数产生显著变化. 能否使变化有利于积分运算, 这就要有一些经验.

例 20 求 $\int \frac{dx}{x(x^n + 1)}$ (n 为正整数).

解 令 $x = \frac{1}{t}, dx = -\frac{1}{t^2} dt$, 则有

$$\int \frac{dx}{x(x^n + 1)} = \int \frac{-\frac{1}{t^2} dt}{\frac{1}{t} \left(\frac{1}{t^n} + 1 \right)} = -\int \frac{t^{n-1}}{1 + t^n} dt = -\frac{1}{n} \int \frac{1}{1 + t^n} d(1 + t^n)$$

$$= -\frac{1}{n} \ln |1 + t^n| + C = -\frac{1}{n} \ln \left| 1 + \frac{1}{x^n} \right| + C$$

例 21 求 $\int \frac{dx}{x \sqrt{x^{2n} - 1}}$ ($x > 1$) (n 为正整数).

解 令 $x = \dfrac{1}{t}, dx = -\dfrac{1}{t^2}dt$, 则有

$$\int \frac{dx}{x\sqrt{x^{2n}-1}} = \int \frac{-\dfrac{1}{t^2}dt}{\dfrac{1}{t}\sqrt{\dfrac{1}{t^{2n}}-1}} = -\int \frac{t^{n-1}}{\sqrt{1-t^{2n}}}dt = -\frac{1}{n}\int \frac{1}{\sqrt{1-(t^n)^2}}d\ (t^n)$$

$$= -\frac{1}{n}\arcsin t^n + C = -\frac{1}{n}\arcsin \frac{1}{x^n} + C$$

通过上面各例题可以看出，第一和第二换元法是两种很有效的积分方法. 但它们之间是否有关系呢? 比较第一与第二换元积分公式，不难看出两种方法的实质是：同一公式的两种不同使用方法. 其区别在于第一换元法是先分解被积函数，再作变换并求出不定积分；第二换元法是先作变换，后求不定积分，即

$$\int g(x)dx \xrightarrow{\ \text{分解}\ } \int f[\varphi(x)]\varphi'(x)dx \xrightarrow{\ \text{令}u=\varphi(x)\ } \int f(u)du$$

从左到右用，得到第一换元法；从右到左用，得到第二换元法.

在本节的例题中，有几个积分是以后经常会遇到的，所以它们通常也被当作公式使用. 常用的积分公式除了基本积分表中的几个外，再添加下面几个（其中常数 a > 0）.

$(15)\ \displaystyle\int \tan x\,dx = -\ln|\cos x| + C$ $\qquad$ $(16)\ \displaystyle\int \cot x\,dx = \ln|\sin x| + C$

$(17)\ \displaystyle\int \sec x\,dx = \ln|\sec x + \tan x| + C$ $\qquad$ $(18)\ \displaystyle\int \csc x\,dx = \ln|\csc x - \cot x| + C$

$(19)\ \displaystyle\int \frac{dx}{\sqrt{a^2-x^2}} = \arcsin \frac{x}{a} + C$ $\qquad$ $(20)\ \displaystyle\int \frac{dx}{a^2+x^2} = \frac{1}{a}\arctan \frac{x}{a} + C$

$(21)\ \displaystyle\int \frac{dx}{a^2-x^2} = \frac{1}{2a}\ln\left|\frac{a+x}{a-x}\right| + C$ $\qquad$ $(22)\ \displaystyle\int \frac{dx}{\sqrt{x^2+a^2}} = \ln(x + \sqrt{x^2+a^2}) + C$

$(23)\ \displaystyle\int \frac{dx}{\sqrt{x^2-a^2}} = \ln(x + \sqrt{x^2-a^2}) + C$

习题 4 - 2

1. 求下列不定积分.

$(1)\ \displaystyle\int (3+2x)^3 dx$ $\qquad$ $(2)\ \displaystyle\int \frac{x}{\sqrt{2-3x^2}}dx$

$(3)\ \displaystyle\int (x+1)e^{x^2+2x+5}dx$ $\qquad$ $(4)\ \displaystyle\int \frac{\sin\dfrac{1}{x}}{x^2}dx$

$(5) \int \dfrac{\sqrt{2+\ln x}}{x}dx$ $\qquad$ $(6) \int \dfrac{1}{e^x+e^{-x}}dx$

$(7) \int \sin^3 x dx$ $\qquad$ $(8) \int \tan^3 x \sec x dx$

$(9) \int \dfrac{10^{\arccos x}}{\sqrt{1-x^2}}dx$ $\qquad$ $(10) \int \dfrac{\arctan \sqrt{x}}{\sqrt{x}(1+x)}dx$

$(11) \int \dfrac{\ln\tan x}{\cos x \cdot \sin x}dx$ $\qquad$ $(12) \int \dfrac{1+\ln x}{(x\ln x)^2}dx$

$(13) \int \dfrac{\sin x+\cos x}{\sqrt[3]{\sin x-\cos x}}dx$ $\qquad$ $(14) \int \dfrac{x+\sin x}{x^2-2\cos x}dx$

$(15) \int \dfrac{1}{x^2+x-2}dx$ $\qquad$ $(16) \int \dfrac{1}{x^2+2x+3}dx$

$(17) \int \dfrac{1}{\sqrt{x}(1+x)}dx$ $\qquad$ $(18) \int \dfrac{1}{\sqrt{5-2x-x^2}}dx$

$(19) \int \dfrac{1}{x(x^6+4)}dx$ $\qquad$ $(20) \int \dfrac{1}{x\sqrt{x^2-1}}dx$

$(21) \int x^2\sqrt[3]{x+2}dx$ $\qquad$ $(22) \int \dfrac{dx}{\sqrt{x}+\sqrt[4]{x}}$

$(23) \int \dfrac{1}{x}\sqrt{\dfrac{1-x}{1+x}}dx$ $\qquad$ $(24) \int \dfrac{dx}{\sqrt{(x^2+1)^3}}$

2. 用指定的换元法求下列不定积分.

$(1) \int \dfrac{dx}{\sqrt{x(1-x)}}$ $\qquad$ 令 $x=\sin^2 t$ $\qquad$ $(2) \int \dfrac{dx}{\sqrt{x^2+2x+2}}$ $\qquad$ 令 $x=\tan t-1$

$(3) \int \dfrac{x dx}{\sqrt{1-x^4}}$ $\qquad$ 令 $x^2=\sin t$ $\qquad$ $(4) \int \dfrac{dx}{\sqrt{x^2-4x}}$ $(x>4)$ $\qquad$ 令 $x=2+2\sec t$

第三节　分部积分法

换元积分法是一种很重要的积分方法，但这种方法对 $\int xe^x dx$、$\int x\cos x dx$ 等类型的积分却又无能为力. 为此，本节将在乘积的微分法则的基础上引进另一种基本积分方法——分部积分法.

定理 1　设 $u=u(x)$ 及 $v=v(x)$ 具有连续导数，则有分部积分公式

$$\int uv'dx = uv - \int u'v dx \quad 或 \quad \int u dv = uv - \int v du$$

使用分部积分公式的关键是：将被积表达式分为两部分，一部分为 u，另一部分凑成一个函数 v 的微分 dv，从而得形式 $\int u dv$，便可应用分部积分公式进行计算.

例如：求 $\int x e^x dx$ 时，如果选取 $u = x$，$dv = e^x dx = d(e^x)$，由分部积分公式，得

$$\int x e^x dx = \int x d(e^x) = x e^x - \int e^x dx$$

其中 $\int e^x dx$ 容易求出，于是

$$\int x e^x dx = x e^x - e^x + C = e^x(x - 1) + C$$

如果选取 $u = e^x$，$dv = x dx = d\left(\dfrac{x^2}{2}\right)$，代入分部积分公式，得

$$\int x e^x dx = \int e^x d\left(\frac{x^2}{2}\right) = \frac{x^2}{2} e^x - \int \frac{x^2}{2} e^x dx$$

显然，$\int x^2 e^x dx$ 比 $\int x e^x dx$ 更复杂. 由此可见，如果 u 和 dv 选取不当，就求不出结果，所以在应用分部积分法时，恰当地选取 u 和 dv 是一个关键. 选取 u 和 dv 一般要考虑下面两点：

（1）v 要容易求得；

（2）$\int v du$ 要比 $\int u dv$ 容易积出.

例 1　求 $\int x \cos x dx$.

解　设 $x = u$，$dv = \cos x dx = d(\sin x)$，则

$$\int x \cos x dx = \int x d(\sin x) = x \sin x - \int \sin x dx = x \sin x + \cos x + C$$

例 2　求 $\int x \ln x dx$.

解　设 $u = \ln x$，$dv = x dx = d\left(\dfrac{x^2}{2}\right)$，则

$$\int x \ln x dx = \int \ln x d\left(\frac{x^2}{2}\right) = \frac{x^2}{2} \ln x - \int \frac{x^2}{2} d(\ln x) = \frac{x^2}{2} \ln x - \frac{1}{2} \int x^2 \frac{1}{x} dx$$

$$= \frac{1}{2} x^2 \ln x - \frac{1}{2} \int x dx = \frac{1}{2} x^2 \ln x - \frac{1}{4} x^2 + C$$

对分部积分法熟练后，计算时 u 和 dv 可默记在心里不必写出.

例 3　求 $\int (\ln x)^2 dx$.

解　$\int (\ln x)^2 dx = x(\ln x)^2 - \int x d(\ln^2 x) = x(\ln x)^2 - \int 2x \ln x \cdot \dfrac{1}{x} dx = x(\ln x)^2 - 2 \int \ln x dx$

其中　$\int \ln x dx = x \ln x - \int x d(\ln x) = x \ln x - \int x \cdot \dfrac{1}{x} dx$

$$= x \ln x - x + C_1$$

故 $\int (\ln x)^2 dx = x(\ln x)^2 - 2x\ln x + 2x + C$

例 4 求 $\int x^2 \sin x dx$.

解 $\int x^2 \sin x dx = -\int x^2 d(\cos x) = -x^2 \cos x + \int \cos x d(x^2) = -x^2 \cos x + 2\int x\cos x dx$

对于积分 $\int x\cos x dx$, 再一次应用分部积分法, 根据例 1 的结果

$$\int x^2 \sin x dx = -x^2 \cos x + 2x\sin x + 2\cos x + C$$

上面两个例子表明, 有时要不只一次地运用分部积分公式才能求出结果. 有些积分在多次运用分部积分法后又回到原来的积分, 这时可借助解代数方程的方法来求得结果.

例 5 求 $\int e^x \sin x dx$.

解 $\int e^x \sin x dx = \int \sin x d(e^x) = e^x \sin x - \int e^x \cos x dx = e^x \sin x - \int \cos x d(e^x)$

$$= e^x \sin x - e^x \cos x - \int e^x \sin x dx$$

把 $\int e^x \sin x dx$ 移到等式左边, 再两边同除以 2, 得

$$\int e^x \sin x dx = \frac{1}{2} e^x (\sin x - \cos x) + C$$

因为上式右边不包含积分项, 所以必须加上任意常数.

形如 $\int e^{ax} \sin bx dx$, $\int e^{ax} \cos bx dx (a \neq 0)$ 的积分可采用例 5 的方法来求.

例 6 求 $\int \sqrt{a^2 - x^2} dx, a > 0$.

解 此题已在上节例 16 中用换元法求过. 现用分部积分法求. 由分部公式有

$$\int \sqrt{a^2 - x^2} dx = x\sqrt{a^2 - x^2} - \int x d(\sqrt{a^2 - x^2}) = x\sqrt{a^2 - x^2} + \int \frac{x^2}{\sqrt{a^2 - x^2}} dx$$

$$= x\sqrt{a^2 - x^2} + \int \frac{a^2}{\sqrt{a^2 - x^2}} dx - \int \sqrt{a^2 - x^2} dx$$

$$= x\sqrt{a^2 - x^2} + a^2 \arcsin \frac{x}{a} - \int \sqrt{a^2 - x^2} dx$$

移项可得 $\int \sqrt{a^2 - x^2} dx = \frac{1}{2} x\sqrt{a^2 - x^2} + \frac{a^2}{2} \arcsin \frac{x}{a} + C$.

正确地运用分部积分法的关键是恰当地选择 u 和 dv, 通过以上几个例题的解法, 可以得到选择 u 的某些规律, 即按 "指三幂对反, 谁在后边谁为 u" 的规律选择 u. 其中 "后边" 是按 "指数函数、三角函数、幂函数、对数函数、反三角函数" 排列的先后顺序, 如反三角函数排在最后, 就应选它为 u.

例 7 求 $\int x\arctan x dx$.

解
$$\int x\arctan x dx = \int \arctan x d\left(\frac{x^2}{2}\right) = \frac{x^2}{2}\arctan x - \frac{1}{2}\int \frac{x^2}{1+x^2}dx$$

$$= \frac{x^2}{2}\arctan x - \frac{1}{2}\int \frac{(x^2+1)-1}{1+x^2}dx = \frac{x^2}{2}\arctan x - \frac{1}{2}\int dx + \frac{1}{2}\int \frac{1}{1+x^2}dx$$

$$= \frac{x^2}{2}\arctan x - \frac{1}{2}x + \frac{1}{2}\arctan x + C = \frac{1}{2}(x^2+1)\arctan x - \frac{1}{2}x + C$$

例 8   求 $\int \arccos x dx$

解
$$\int \arccos x dx = x\arccos x - \int x d(\arccos x) = x\arccos x + \int \frac{x}{\sqrt{1-x^2}}dx$$

$$= x\arccos x - \frac{1}{2}\int \frac{d(1-x^2)}{\sqrt{1-x^2}} = x\arccos x - \sqrt{1-x^2} + C$$

例 9   求 $\int e^{\sqrt{x}}dx$.

解   令 $\sqrt{x} = t$，则 $x = t^2(t>0)$，$dx = 2t dt$，于是
$$\int e^{\sqrt{x}}dx = 2\int te^t dt = 2\int t d(e^t) = 2\left(te^t - \int e^t dt\right) = 2(te^t - e^t) + C$$

$$\xrightarrow{\text{回代 } t=\sqrt{x}} 2(\sqrt{x}e^{\sqrt{x}} - e^{\sqrt{x}}) + C = 2e^{\sqrt{x}}(\sqrt{x} - 1) + C$$

由上面的两例可以看出，在计算积分时，有时需要同时使用换元积分法与分部积分法.

例 10   求 $\int x^2\cos 2x dx$.

解
$$\int x^2\cos 2x dx = \frac{1}{2}\int x^2 d(\sin 2x) = \frac{1}{2}x^2\sin 2x - \frac{1}{2}\int \sin 2x d(x^2)$$

$$= \frac{1}{2}x^2\sin 2x - \frac{1}{2}\int 2x\sin 2x dx = \frac{1}{2}x^2\sin 2x + \frac{1}{2}\int x d(\cos 2x)$$

$$= \frac{1}{2}x^2\sin 2x + \frac{1}{2}x\cos 2x - \frac{1}{2}\int \cos 2x dx$$

$$= \frac{1}{2}x^2\sin 2x + \frac{1}{2}x\cos 2x - \frac{1}{4}\sin 2x + C$$

习题 4 – 3

求下列不定积分：

1. $\int xe^{-4x}dx$

2. $\int \left(\frac{\ln x}{x}\right)^2 dx$

3. $\int x\tan^2 x dx$

4. $\int x^2\arctan x dx$

5. $\int e^{-x}\cos x dx$

6. $\int \sec^3 x dx$

7. $\int x\arcsin x dx$

8. $\int x\sin^2 x dx$

9. $\int x^3 e^{x^2} dx$

10. $\int \ln(x + \sqrt{1 + x^2})dx$

11. $\int (\arccos x)^2 dx$

12. $\int \cos(\ln x)dx$

13. $\int \dfrac{\ln\sin x}{\cos^2 x}dx$

14. $\int x\sin\sqrt{x}\,dx$

第四节 有理式的积分

一、有理函数的积分

有理函数是指由两个多项式的商所表示的函数，其一般形式为

$$R(x) = \frac{P(x)}{Q(x)} = \frac{a_0 x^n + a_1 x^{n-1} + \cdots + a_{n-1} x + a_n}{b_0 x^m + b_1 x^{m-1} + \cdots + b_{m-1} x + b_m} \tag{1}$$

其中 m，n 为非负整数；$a_0, a_1, \cdots, a_{n-1}, a_n$ 和 $b_0, b_1, \cdots, b_{m-1}, b_m$ 为常数，且 $a_0 \neq 0, b_0 \neq 0$.

在 (1)式中，总假定分子与分母之间没有公因式. 若 $n \geq m$，则称 (1) 为假分式；若 $n < m$，则称 (1) 为真分式. 由多项式除法可知，假分式总可以化为一个多项式与一个真分式之和. 由于多项式的不定积分可用直接积分法求出，故求有理函数不定积分的关键在于，如何求真分式的不定积分，因此，本节只讨论被积函数为真分式的不定积分.

1. 真分式的分解

根据代数学理论，任一真分式总可分解为若干个部分分式之和. 所谓部分分式是指如下四种"最简真分式"：

（1） $\dfrac{A}{x - a}$

（2） $\dfrac{A}{(x - a)^n}, n = 2, 3, \cdots$

（3） $\dfrac{Ax + B}{x^2 + px + q}, \ p^2 - 4q < 0$

（4） $\dfrac{Ax + B}{(x^2 + px + q)^n}, \ p^2 - 4q < 0, \ n = 2, 3, \cdots$

有理函数化为部分分式之和的一般规律：

（1） 分母中若有因式 $(x - a)^k$，则分解后为

$$\frac{A_1}{(x-a)^k} + \frac{A_2}{(x-a)^{k-1}} + \cdots + \frac{A_k}{x-a}$$

其中 A_1、A_2、$\cdots$、A_k 都是常数，特别地，如果 $k=1$，分解后为 $\dfrac{A}{x-a}$；

（2）分母中若有因式 $(x^2+px+q)^k$，其中 $p^2-4q<0$，则分解后为

$$\frac{M_1x+N_1}{(x^2+px+q)^k} + \frac{M_2x+N_2}{(x^2+px+q)^{k-1}} + \cdots + \frac{M_kx+N_k}{x^2+px+q}$$

其中 M_i, N_i 都是常数 $(i=1,2,\cdots,k)$．特别地，当 $k=1$ 时，分解后为 $\dfrac{Mx+N}{x^2+px+q}$．

下面举例说明将真分式分解为部分分式之和的一种常用方法——待定系数法．

例 1 将真分式 $\dfrac{2x-1}{x^2-3x+2}$ 分解为部分分式之和．

解 因为分母 $x^2-3x+2=(x-1)(x-2)$

故设

$$\frac{2x-1}{x^2-3x+2} = \frac{2x-1}{(x-1)(x-2)} = \frac{A}{x-1} + \frac{B}{x-2}$$

其中 A、B 为待定常数（称为待定系数）．

方法 1 两端去分母后，得

$$2x-1 = A(x-2) + B(x-1)$$

或

$$2x-1 = (A+B)x - (2A+B) \tag{2}$$

因为这是恒等式，等式两端的同次项系数必须相等，于是有

$$\begin{cases} A+B=2 \\ -(2A+B)=-1. \end{cases}$$

解之，得 $A=-1$，$B=3$．

方法 2 在恒等式（2）中，代入特殊的 x 值，从而求出待定的常数，在（2）式中

令 $x=1$，得 $A=-1$；

令 $x=2$，得 $B=3$，从而得到与上面相同的结果：

$$\frac{2x-1}{x^2-3x+2} = \frac{3}{x-2} - \frac{1}{x-1}$$

例 2 将真分式 $\dfrac{1}{x(x-1)^2}$ 分解为部分分式之和．

解 设 $\dfrac{1}{x(x-1)^2} = \dfrac{A}{x} + \dfrac{B}{(x-1)^2} + \dfrac{C}{x-1}$

两端去分母，可得

$$1 = A(x-1)^2 + Bx + Cx(x-1) \tag{3}$$

在（3）式中，令 $x=0$，得 $A=1$；令 $x=1$，得 $B=1$；令 $x=2$，并将 A，B 的值代入（3）式，得 $C=-1$．

所以

$$\frac{1}{x(x-1)^2} = \frac{1}{x} + \frac{1}{(x-1)^2} - \frac{1}{x-1}$$

例 3 将 $\dfrac{2x^3 + x + 1}{(x^2+1)^2}$ 分解为部分分式之和.

解 设 $\dfrac{2x^3 + x + 1}{(x^2+1)^2} = \dfrac{Ax+B}{x^2+1} + \dfrac{Cx+D}{(x^2+1)^2}$

消去分母,得

$$2x^3 + x + 1 = (Ax+B)(x^2+1) + (Cx+D).$$

或　　$2x^3 + x + 1 = Ax^3 + Bx^2 + (A+C)x + (B+D)$

比较同类项系数,可得

$$\begin{cases} A = 2 \\ B = 0 \\ A + C = 1 \\ B + D = 1 \end{cases}$$

解之,得　$A = 2,\ B = 0,\ C = -1,\ D = 1.$

因此,分解式为

$$\frac{2x^3 + x + 1}{(x^2+1)^2} = \frac{2x}{x^2+1} - \frac{x-1}{(x^2+1)^2}.$$

2. 部分分式的积分

例 4 求 $\displaystyle\int \frac{2x-1}{x^2-3x+2} dx.$

解 由例 1,得

$$\frac{2x-1}{x^2-3x+2} = \frac{3}{x-2} - \frac{1}{x-1}$$

所以　$\displaystyle\int \frac{2x-1}{x^2-3x+2} dx = \int \left(\frac{3}{x-2} - \frac{1}{x-1} \right) dx = 3\ln|x-2| - \ln|x-1| + C = \ln\left| \frac{(x-2)^3}{x-1} \right| + C$

例 5 求积分 $\displaystyle\int \frac{1}{x(x-1)^2} dx.$

解 由例 2,得

$$\int \frac{dx}{x(x-1)^2} = \int \left(\frac{1}{x} + \frac{1}{(x-1)^2} - \frac{1}{x-1} \right) dx = \int \frac{1}{x} dx + \int \frac{1}{(x-1)^2} dx - \int \frac{1}{x-1} dx$$

$$= \ln|x| - \frac{1}{x-1} - \ln|x-1| + C$$

例 6 求 $\displaystyle\int \frac{x+1}{x^2-2x+2} dx.$

解　$\displaystyle\int \frac{x+1}{x^2-2x+2} dx = \frac{1}{2} \int \frac{2x-2+4}{x^2-2x+2} dx = \frac{1}{2} \int \frac{d(x^2-2x+2)}{x^2-2x+2} + 2 \int \frac{d(x-1)}{1+(x-1)^2}$

$$= \frac{1}{2}\ln(x^2 - 2x + 2) + 2\arctan(x - 1) + C$$

例 7 求 $\int \frac{3x^3 + x + 1}{(1 + x^2)^2}dx$.

解 由例 3，得

$$\int \frac{3x^3 + x + 1}{(1 + x^2)^2} = \int \left(\frac{2x}{1 + x^2} - \frac{x - 1}{(x^2 + 1)^2} \right) dx$$

$$= \int \frac{d(1 + x^2)}{1 + x^2} - \frac{1}{2} \int \frac{d(x^2 + 1)}{(x^2 + 1)^2} + \int \frac{1}{(1 + x^2)^2}dx$$

其中

$$\int \frac{dx}{(1 + x^2)^2} \xlongequal{\text{令} x = \tan t} \int \frac{\sec^2 t}{(\sec^2 t)^2}dt = \int \cos^2 t dt = \frac{1}{2} \int (1 + \cos 2t) dt$$

$$= \frac{1}{2}t + \frac{1}{4}\sin 2t + C = \frac{1}{2}\arctan x + \frac{x}{2(1 + x^2)} + C.$$

因此

$$\int \frac{2x^3 + x + 1}{(1 + x^2)^2}dx = \ln(1 + x^2) + \frac{1}{2} \left(\frac{1 + x}{1 + x^2} + \arctan x \right) + C$$

当有理函数分解为多项式及部分分式之和后，只出现了三类情况：多项式、$\dfrac{A}{(x - a)^n}$ 及

$\dfrac{Mx + N}{(x^2 + px + q)^n}$. 前两类函数的积分很简单，下面讨论积分

$$\int \frac{Mx + N}{(x^2 + px + q)^n}dx$$

把分母中的二次质因式配方得

$$x^2 + px + q = \left(x + \frac{p}{2} \right)^2 + q - \frac{p^2}{4}$$

故令 $x + \dfrac{p}{2} = t$，并记 $x^2 + px + q = t^2 + a^2$，$Mx + N = Mt + b$，其中 $a^2 = q - \dfrac{p^2}{4}$，$b = N - \dfrac{Mp}{2}$，于是

$$\int \frac{Mx + N}{(x^2 + px + q)^n} = \int \frac{Mt dt}{(t^2 + a^2)^n} + \int \frac{b dt}{(t^2 + a^2)^n}$$

当 n = 1 时（如例 6），有

$$\int \frac{Mx + N}{x^2 + px + q}dx = \frac{M}{2}\ln(x^2 + px + q) + \frac{b}{a}\arctan \frac{x + \frac{p}{2}}{a} + C$$

当 n > 1 时，有

$$\int \frac{Mx + N}{(x^2 + px + q)^n}dx = -\frac{M}{2(n - 1)(t^2 + a^2)^{n-1}} + b \int \frac{dt}{(t^2 + a^2)^n}$$

上式最后一个积分的求法用递推可求之.

综上所述，求有理函数不定积分的一般步骤是：

（1）将有理函数分解为多项式与真分式之和；

（2）将真分式分解为部分分式之和；

（3）求多项式与部分分式的不定积分.

总之，有理函数分解为多项式及部分分式之和后，各个部分都能积出，且原函数都是初等函数，因此，**有理函数的原函数都是初等函数**. 对一般的初等函数，在其定义区间上它的原函数一定存在，但并不一定是初等函数. 例如，$\int \sin \dfrac{1}{x} \mathrm{d}x$，$\int \mathrm{e}^{x^2} \mathrm{d}x$，$\int \dfrac{\sin x}{x} \mathrm{d}x$，$\int \dfrac{1}{\ln x} \mathrm{d}x$ 等就不是初等函数.

二、三角函数有理式的积分

由三角函数和常数经过有限四则运算所构成的函数称之为三角函数有理式. 由于各种三角函数都可用 $\sin x$ 及 $\cos x$ 的有理式表示，故三角函数有理式也就是 $\sin x$，$\cos x$ 的有理式，一般记为 $R(\sin x, \cos x)$. 所以，我们只要讨论积分 $\int R(\sin x, \cos x) \mathrm{d}x$. 对于这类积分，我们可以利用变换.

$$u = \tan \dfrac{x}{2}, x \in (-\pi, \pi)$$

把它们转化为 u 的有理函数的积分，从而求得原函数. 这是因为

$$\sin x = \frac{2\tan \dfrac{x}{2}}{1 + \tan^2 \dfrac{x}{2}} = \frac{2u}{1 + u^2}, \quad \cos x = \frac{1 - \tan^2 \dfrac{x}{2}}{1 + \tan^2 \dfrac{x}{2}} = \frac{1 - u^2}{1 + u^2}$$

又因为

$$x = 2\arctan u; \quad \mathrm{d}x = \frac{2\mathrm{d}u}{1 + u^2}$$

故 $\quad \displaystyle\int R(\sin x, \cos x) \mathrm{d}x = \int R\left(\frac{2u}{1 + u^2}, \frac{1 - u^2}{1 + u^2}\right) \cdot \frac{2}{1 + u^2} \mathrm{d}u$

显然，上式右端是关于变量 u 的有理函数的积分，最后，只需将 $u = \tan \dfrac{x}{2}$ 代入关于 u 的积分结果即可.

例 8 求积分 $\displaystyle\int \dfrac{\sin x}{1 + \sin x + \cos x} \mathrm{d}x$.

解 令 $u = \tan \dfrac{x}{2}$，则 $\sin x = \dfrac{2u}{1 + u^2}$，$\cos x = \dfrac{1 - u^2}{1 + u^2}$，$\mathrm{d}x = \dfrac{2}{1 + u^2} \mathrm{d}u$，于是

$$\int \frac{\sin x}{1 + \sin x + \cos x} \mathrm{d}x = \int \frac{2u}{(1 + u)(1 + u^2)} \mathrm{d}u = \int \frac{2u + 1 + u^2 - 1 - u^2}{(1 + u)(1 + u^2)} \mathrm{d}u$$

$$= \int \frac{(1+u)^2 - (1+u^2)}{(1+u)(1+u^2)} du = \int \frac{1+u}{1+u^2} du - \int \frac{1}{1+u} du$$

$$= \frac{1}{2} \int \frac{d(1+u^2)}{1+u^2} + \int \frac{1}{1+u^2} du - \int \frac{1}{1+u} d(1+u)$$

$$= \frac{1}{2} \ln(1+u^2) + \arctan u - \ln|1+u| + C$$

$$= \ln \left| \sec \frac{x}{2} \right| + \frac{x}{2} - \ln \left| 1 + \tan \frac{x}{2} \right| + C$$

从理论上讲，对于 $\int R(\sin x, \cos x) dx$，利用上述代换，总可以算出它的积分，然而有时会导致很复杂的计算. 因此，对某些特殊类型的积分，可选择一些更简单的变量代换，使得积分比较容易计算.

类型 1 形如 $\int \sin^m x \cos^n x dx$，其中 m，n 至少有一个是奇数（另外一个数可以是任何一个实数）.

对于这类积分，把奇次幂的三角函数，分离出一次幂，用凑微分求出原函数.

例 9 求 $\int \sin^{\frac{1}{3}} x \cos^3 x dx$.

解
$$\int \sin^{\frac{1}{3}} x \cos^3 x dx = \int \sin^{\frac{1}{3}} x \cos^2 x \cos x dx = \int \sin^{\frac{1}{3}} x (1 - \sin^2 x) d\sin x$$

$$= \int (\sin^{\frac{1}{3}} x - \sin^{\frac{7}{3}} x) d\sin x = \frac{3}{4} \sin^{\frac{4}{3}} x - \frac{3}{10} \sin^{\frac{10}{3}} x + C$$

类型 2 形如 $\int \sin^m x \cos^n x dx$，其中 m、n 均是偶数或零.

计算这类不定积分主要利用下列三角恒等式：

$$\sin^2 x = \frac{1 - \cos 2x}{2}; \cos^2 x = \frac{1 + \cos 2x}{2}; \sin x \cos x = \frac{1}{2} \sin 2x$$

降幂，化成类型 1 的情况来计算.

例 10 求 $\int \sin^2 x \cos^4 x dx$.

解
$$\int \sin^2 x \cos^4 x dx = \int (\sin x \cos x)^2 \cos^2 x dx$$

$$= \int \frac{1}{4} \sin^2 2x \cdot \frac{1}{2} (1 + \cos 2x) dx = \frac{1}{8} \int \sin^2 2x dx + \frac{1}{8} \int \sin^2 2x \cos 2x dx$$

$$= \frac{1}{8} \int \frac{1 - \cos 4x}{2} dx + \frac{1}{16} \int \sin^2 2x d\sin 2x = \frac{1}{16} x - \frac{1}{64} \sin 4x + \frac{1}{48} \sin^2 2x + C$$

类型 3 形如 $\int \sin mx \cos nx dx$；$\int \sin mx \sin nx dx$；$\int \cos mx \cos nx$ 的积分，其中 m、n 是常数，且 $m \neq \pm n$.

计算这类积分，可利用积化和差公式.

例 11 求 $\int \cos 4x \cos 3x \, dx$.

解 $\int \cos 4x \cos 3x \, dx = \int \dfrac{1}{2}(\cos 7x + \cos x) \, dx = \dfrac{1}{14}\sin 7x + \dfrac{1}{2}\sin x + C$

类型 4 形如 $\int R(\tan x) \, dx$.

令 $\tan x = u$, 得 $x = \arctan u$, 有 $dx = \dfrac{1}{1+u^2} du$, 则

$$\int R(\tan x) \, dx = \int R(u) \cdot \dfrac{1}{1+u^2} dx$$

类型 5 形如 $\int R(\sin^2 x, \cos^2 x) \, dx$.

令 $\tan x = u$, 有 $x = \arctan u$, $dx = \dfrac{1}{1+u^2} du$,

$$\sin^2 x = \tan^2 x \cdot \cos^2 x = \dfrac{\tan^2 x}{1 + \tan^2 x} = \dfrac{u^2}{1+u^2}$$

$$\cos^2 x = \dfrac{1}{1 + \tan^2 x} = \dfrac{1}{1+u^2},\ \text{则有}$$

$$\int R(\sin^2 x, \cos^2 x) \, dx = \int R\left(\dfrac{u^2}{1+u^2}, \dfrac{1}{1+u^2}\right) \cdot \dfrac{1}{1+u^2} du$$

例 12 求 $\int \dfrac{\sin^2 x}{1 + \sin^2 x} dx$.

解 $\int \dfrac{\sin^2 x}{1 + \sin^2 x} dx = \int \left(1 - \dfrac{1}{1 + \sin^2 x}\right) dx = x - \int \dfrac{1}{1 + \sin^2 x} dx$

其中 $\int \dfrac{1}{1 + \sin^2 x} dx \xlongequal{\text{令}\tan x = u} \int \dfrac{1}{1 + \dfrac{u^2}{1+u^2}} \cdot \dfrac{1}{1+u^2} du = \int \dfrac{1}{1 + 2u^2} du$

$$= \dfrac{1}{\sqrt{2}} \int \dfrac{d\sqrt{2}\,u}{1 + (\sqrt{2}\,u)^2} = \dfrac{1}{\sqrt{2}}\arctan \sqrt{2}\,u + C = \dfrac{1}{\sqrt{2}}\arctan(\sqrt{2}\tan x) + C$$

于是

$$原式 = x - \dfrac{1}{\sqrt{2}}\arctan(\sqrt{2}\tan x) + C$$

习题 4 - 4

计算下列不定积分:

1. $\int \dfrac{x^3}{9+x^2}dx$

2. $\int \dfrac{3x+1}{x^2+3x-10}dx$

3. $\int \dfrac{x-1}{x^2+2x+5}$

4. $\int \dfrac{x^2+1}{(x-1)(x+1)^2}dx$

5. $\int \dfrac{6}{x^3+1}dx$

6. $\int \dfrac{1}{(x^2+1)(x^2+x)}dx$

7. $\int \dfrac{-x^2-2}{(x^2+x+1)^2}dx$

8. $\int \dfrac{1}{x^4+1}dx$

9. $\int \cos^4 x\sin^3 x dx$

10. $\int \dfrac{\sin^4 x}{\cos^6 x}dx$

11. $\int \sin^4 x\cos^4 x dx$

12. $\int \cot^5 x dx$

13. $\int \sin x\sin 3x dx$

14. $\int \cos(5x+1)\cos(2x+3)dx$

15. $\int \sin\dfrac{x}{4}\cos\dfrac{3x}{4}dx$

16. $\int \sin^5 x \cdot \sqrt[3]{\cos x}dx$

17. $\int \dfrac{\sin x\cos x}{1+\sin^4 x}dx$

18. $\int \dfrac{1}{3+\sin^2 x}dx$

19. $\int \dfrac{1}{1+\sin x}dx$

20. $\int \dfrac{1}{2\sin x-\cos x+5}dx$

第五章 定积分及应用

第一节 定积分的概念及性质

一、定积分产生的背景

1. 曲边梯形的面积

设 $y = f(x)$ 是闭区间 $[a,b]$ 上的连续函数，且 $f(x) \geq 0$，由曲线 $y = f(x)$，直线 $x = a, x = b$ 以及 x 轴围成的平面图形（图 5-1）称为曲边梯形. 下面我们分三步来求这样的曲边梯形的面积 S.

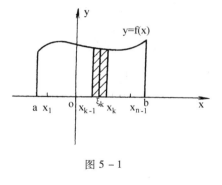

图 5-1

（1）分割.

在 $[a,b]$ 内任意插入 $n-1$ 个分点 $x_1, x_2, \cdots, x_{n-1}$，并依次为 $a = x_0 < x_1 < x_2 < \cdots < x_{n-1} < x_n = b$，这些点把 $[a, b]$ 分成 n 个小区间 $[x_{k-1}, x_k]$，$k = 1, 2, \cdots, n$，第 k 个小区间的区间长度为 $\Delta x_k = x_k - x_{k-1}$，再用直线 $x = x_k (k = 1, 2, \cdots, n-1)$ 把曲边梯形分成 n 个小曲边梯形，设第 k 个小曲边梯形的面积记为 ΔS_k，则

$$S = \sum_{k=1}^{n} \Delta S_k$$

（2）求和.

在每个小区间 $[x_{k-1}, x_k]$ 上任取一点 ξ_k，由于 $f(x)$ 在 $[a,b]$ 上连续，所以当小区间的长度非常小时，$f(x)$ 在小区间上的函数值变化不大，小曲边梯形的面积 ΔS_k 可近似用以 $f(\xi_k)$ 为长，以 $[x_{k-1}, x_k]$ 为宽的小矩形面积 $f(\xi_k) \Delta x_k$ 代替，则这 n 个小矩形面积之和就近似代替曲边梯形面积 S，即

$$S \approx \sum_{k=1}^{n} f(\xi_k) \Delta x_k$$

（3）取极限.

令 $d = \max_{1 \leq k \leq n} \{\Delta x_k\}$，当 $d \to 0$ 时，则

$$S = \lim_{d \to 0} \sum_{k=1}^{n} f(\xi_k) \Delta x_k$$

2. 变速直线运动的路程

有一质点以变速度 v(t) 作直线运动，v(t) 连续，求质点从 T_1 到 T_2 时刻所经过的路程.

在这个问题中显然不能用匀速直线运动的路程公式，请读者仍然用上述"分割、求和、取极限"三步不难得出从 T_1 到 T_2 的路程

$$S = \lim_{d \to 0} \sum_{k=1}^{n} v(\xi_k) \Delta t_k$$

其中 Δt_k 是把区间 $[T_1, T_2]$ 分成 n 个小区间段的第 k 段的长度，ξ_k 是在第 k 个小区间段内任取的一点 $(k = 1, 2, \cdots, n)$，$d = \max_{1 \leqslant k \leqslant n} \{\Delta t_k\}$.

从上面的两个例子看出，曲边梯形的面积问题和变速直线运动的路程问题最终都归结为一个特定形式的和式极限问题. 在其他的领域还有许多同样类型的数学问题，解决这类问题的思想方法就是把自变量的变化区间划分成许多区间长度为无穷小的小区间，然后对每个小区间上所对应的部分量写出近似值，把这些近似值相加，最后求极限得到需要求出的量. 概括起来就是"分割、求和、取极限"，这种特殊的和式极限就产生了定积分.

二、定积分的概念

设闭区间 $[a, b]$ 内插入 n−1 个点 $x_1, x_2, \cdots, x_{n-1}$，依次为

$$a = x_0 < x_1 < x_2 < \cdots < x_{n-1} < x_n = b$$

它们把 $[a, b]$ 分成 n 个小区间 $[x_{k-1}, x_k]$ $(k = 1, 2, \cdots, n)$，这些分点或这 n 个小区间称为 $[a, b]$ 的一个分割 T，我们把第 k 个小区间的长度设为 $\Delta x_k = x_k - x_{k-1}$，令 $d = \max_{1 \leqslant k \leqslant n} \{\Delta x_k\}$，在每个 $[x_{k-1}, x_k]$ 上任取一点 ξ_k，作和式

$$\sum_{k=1}^{n} f(\xi_k) \Delta x_k$$

此和式称为 f(x) 在 $[a, b]$ 上的一个积分和（有时也称为一重积分和）.

1. 定积分定义

定义 1 设 f(x) 是定义在有限闭区间 $[a, b]$ 上的有界函数，对 $[a, b]$ 的任意分割 T，令 $d = \max_{1 \leqslant k \leqslant n} \{\Delta x_k\}$，在第 k 个小区间上任取一点 ξ_k，当 d→0 时，若一重和式极限存在，则称 f(x) 在 $[a, b]$ 上是可积的，并把此极限值称为 f(x) 在 $[a, b]$ 上的定积分，记作 $\int_a^b f(x) dx$，即

$$\int_a^b f(x) dx = \lim_{d \to 0} \sum_{k=1}^{n} f(\xi_k) \Delta x_k$$

其中 f(x) 称为被积函数，f(x)dx 称为被积表达式，x 称为积分变量，$[a, b]$ 称为积分区间，a 称为积分下限，b 称为积分上限.

为了与第八章和第九章中重积分的名称一致，有时也把定积分称为一重积分，它是关于一元函数 f(x) 对 x 轴上区间 $[a, b]$ 的和式极限.

2. 定积分的几点说明

（1）为了以后计算及应用的方便，我们规定

$$a = b \text{ 时}, \int_a^b f(x) dx = 0$$

$a > b$ 时, $\int_a^b f(x)dx = -\int_b^a f(x)dx$

（2）定积分作为和式极限，它的值只与被积函数 $f(x)$ 和积分区间 $[a,b]$ 有关，而与积分变量所用的符号无关，即

$$\int_a^b f(x)dx = \int_a^b f(u)du = \int_a^b f(t)dt = \cdots$$

（3）在定积分的定义中要求对任意的分割 T，对小区间 $[x_{k-1},x_k]$ 中点 ξ_k 任意取（$k=1$, $2,\cdots,n$），和式极限 $\lim\limits_{d\to 0}\sum\limits_{k=1}^n f(\xi_k)\Delta x_k$ 都应存在，$f(x)$ 在 $[a,b]$ 上才可积. 显然用定义判断一个函数 $f(x)$ 在 $[a,b]$ 上是否可积是一件非常困难的事. 通常我们用下面定理判断 $f(x)$ 在 $[a,b]$ 上是否可积，这个问题我们不作深入讨论，只给出结论.

定理 1 设 $f(x)$ 在 $[a,b]$ 上连续，则 $f(x)$ 在 $[a,b]$ 上可积.

这个定理的条件可减弱，见下面定理.

定理 2 设 $f(x)$ 在 $[a,b]$ 上有界，且只有有限个间断点，则 $f(x)$ 在 $[a,b]$ 上可积.

从定积分的定义和定理 1 我们看到，$f(x)$ 在 $[a,b]$ 上有界是 $f(x)$ 在 $[a,b]$ 上可积的必要条件，$f(x)$ 在 $[a,b]$ 上连续是 $f(x)$ 在 $[a,b]$ 上可积的充分条件.

当 $f(x)$ 在 $[a,b]$ 上连续时，$f(x)$ 在 $[a,b]$ 上一定是可积的，即一重积分和式极限一定存在，这时我们可用特殊的分割 T（例如等分区间），取特殊点 ξ_k（$k=1,2,\cdots,n$），来求出 $\int_a^b f(x)dx$ 的值.

（4）由定积分的定义知道，在 $[a,b]$ 上，当 $f(x)$ 连续，且 $f(x)\geq 0$ 时，$\int_a^b f(x)dx$ 表示由曲线 $y=f(x)$，直线 $x=a$，$x=b$ 及 x 轴围成的曲边梯形的面积. 在 $[a,b]$ 上，当 $f(x)\leq 0$ 时，所围图形在 x 轴下方，$\int_a^b f(x)dx$ 表示此曲边梯形面积的相反数（图 5-2）. 若在 $[a,b]$ 上，$f(x)$ 既取正值又取负值时，函数 $f(x)$ 的图形某些部分在 x 轴上方，其他的部分在 x 轴下方，此时 $\int_a^b f(x)dx$ 表示 x 轴上方图形面积与 x 轴下方图形面积的代数和.

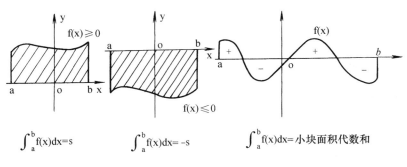

图 5-2

（5）若自变量为时间 t，被积函数是某质点随时间而变化的速度函数 $v(t)$，则 $\int_{T_1}^{T_2} v(t)dt$ 表示的是此质点以速度 $v(t)$ 从 T_1 时刻到 T_2 时刻所经过的路程.

例 1　利用定积分定义计算 $\int_0^1 e^x dx$.

解　因为被积函数 e^x 在 $[0，1]$ 上连续，所以 e^x 在 $[0，1]$ 上是可积的，我们可用特殊的分割 T 及取特殊的点 $\xi_k(k=1,2,\cdots,n)$.

我们把 $[0,1]n$ 等分，分点 $x_k=\dfrac{k}{n}(k=1,2,\cdots,n)$ 取 $\xi_k=x_k$，这时每个小区间长度 $\Delta x_k=\dfrac{1}{n}(k=1,2,\cdots,n)$，$d=\max\limits_{1\le k\le n}\{\Delta x_k\}=\dfrac{1}{n}$，当 $d\to 0$ 时，$n\to\infty$，即

$$\int_0^1 e^x dx = \lim_{d\to 0}\sum_{k=1}^n f(\xi_k)\Delta x_k = \lim_{n\to\infty}\sum_{k=1}^n e^{\frac{k}{n}}\cdot\frac{1}{n} = \lim_{n\to\infty}\frac{e^{\frac{1}{n}}(1+e^{\frac{1}{n}}+\cdots+e^{\frac{n-1}{n}})}{n}$$

$$= \lim_{n\to\infty}\frac{e^{\frac{1}{n}}(1-e)}{n(1-e^{\frac{1}{n}})} = \lim_{n\to\infty}\frac{e^{\frac{1}{n}}(1-e)}{n\cdot(-\frac{1}{n})} = e-1$$

三、定积分的性质

定积分一共有七个性质. 我们假设下面各性质中出现的定积分都存在，并且性质中积分上限、下限的大小如不特别指明均不加限制.

1. 设 α 为常数，则 $\int_a^b \alpha f(x)dx = \alpha\int_a^b f(x)dx$

证　$\int_a^b \alpha f(x)dx = \lim_{d\to 0}\sum_{k=1}^n [\alpha f(\xi_k)]\Delta x_k = \alpha\lim_{d\to 0}\sum_{k=1}^n f(\xi_k)\Delta x_k = \alpha\int_a^b f(x)dx$

2. $\int_a^b [f(x)\pm g(x)]dx = \int_a^b f(x)dx \pm \int_a^b g(x)dx$

证　$\int_a^b [f(x)\pm g(x)]dx = \lim_{d\to 0}\sum_{k=1}^n [f(\xi_k)\pm g(\xi_k)]\Delta x_k$

$$= \lim_{d\to 0}\sum_{k=1}^n f(\xi_k)\Delta x_k \pm \lim_{d\to 0}\sum_{k=1}^n g(\xi_k)\Delta x_k = \int_a^b f(x)dx \pm \int_a^b g(x)dx$$

性质 1、2 可合并为

$$\int_a^b [\alpha f(x)\pm\beta g(x)]dx = \alpha\int_a^b f(x)dx \pm \beta\int_a^b g(x)dx$$

3. 不论 a,b,c 的位置如何，都有

$$\int_a^b f(x)dx = \int_a^c f(x)dx + \int_c^b f(x)dx$$

证　先证 c 位于区间 $[a,b]$ 内部时，即 $a<c<b$ 结论成立. 因为 $f(x)$ 在 $[a,b]$ 上可积，因而定积分值 $\int_a^b f(x)dx$ 与分法无关，所以我们把 c 作为分割 T 的一个分点，则 $f(x)$ 在 $[a,b]$ 上的积分和等于在 $[a,c]$ 上的积分和与 $[c,b]$ 上的积分和之和，即

$$\sum_{[a,b]} f(\xi_k)\Delta x_k = \sum_{[a,c]} f(\xi_k)\Delta x_k + \sum_{[c,b]} f(\xi_k)\Delta x_k$$

令 $d\to 0$，上式两端同时取极限，则

$$\int_a^b f(x)dx = \int_a^c f(x)dx + \int_c^b f(x)dx$$

再证 c 位于[a, b] 之外时结论也成立. 不妨设 a < b < c，这时 b 位于[a, c]内部，由已证过结论，

$$\int_a^c f(x)dx = \int_a^b f(x)dx + \int_b^c f(x)dx$$

即

$$\int_a^b f(x)dx = \int_a^c f(x)dx - \int_b^c f(x)dx = \int_a^c f(x)dx + \int_c^b f(x)dx$$

同理可证其他情形，此性质也称为 f(x)关于积分区间具有可加性.

4. 如果在区间[a,b]上 $f(x) \equiv 1$，则 $\int_a^b dx = b - a$.

证　$\int_a^b dx = \lim_{d \to 0} \sum_{k=1}^n \Delta x_k = \lim_{d \to 0}(b - a) = b - a$

5. 如果在区间[a,b]上，$f(x) \geqslant g(x)$，则

$$\int_a^b f(x)dx \geqslant \int_a^b g(x)dx \qquad (a < b)$$

证　因为 $f(x) \geqslant g(x)$，则 $f(x) - g(x) \geqslant 0$. 所以在每个小区间上 $f(\xi_k) - g(\xi_k) \geqslant 0$，又 $\Delta x_k \geqslant 0 (k = 1,2,\cdots,n)$，则

$$\int_a^b [f(x) - g(x)]dx = \lim_{d \to 0} \sum_{k=1}^n [f(\xi_k) - g(\xi_k)]\Delta x_k \geqslant 0$$

所以　　$\int_a^b f(x)dx \geqslant \int_a^b g(x)dx$

推论 1　若在[a,b]上(a < b)，$f(x) \geqslant 0$(或 $\leqslant 0$)，则

$$\int_a^b f(x)dx \geqslant 0 \quad (或 \leqslant 0)$$

此性质称为定积分的保号性.

推论 2　当 a < b 时，$\left| \int_a^b f(x)dx \right| \leqslant \int_a^b |f(x)|dx$

证　因为 $-|f(x)| \leqslant f(x) \leqslant |f(x)|$，所以

$$-\int_a^b |f(x)|dx \leqslant \int_a^b f(x)dx \leqslant \int_a^b |f(x)|dx$$

即

$$\left| \int_a^b f(x)dx \right| \leqslant \int_a^b |f(x)|dx$$

6. 设 M 和 m 分别是函数 f(x)在[a,b]上的最大值和最小值，则

$$m(b - a) \leqslant \int_a^b f(x)dx \leqslant M(b - a)$$

证　因为 $m \leqslant f(x) \leqslant M$，由性质 5

$$\int_a^b m dx \leqslant \int_a^b f(x)dx \leqslant \int_a^b M dx$$

又因为　$\int_a^b m dx = m \int_a^b dx = m(b - a)$

$$\int_a^b M dx = M \int_a^b dx = M(b - a)$$

所以　　$m(b - a) \leqslant \int_a^b f(x)dx \leqslant M(b - a)$

这个性质常用来估计积分值的大致范围.

7. 定积分中值定理

定理 3 如果函数 $f(x)$ 在闭区间 $[a,b]$ 上连续,则在积分区间 $[a,b]$ 上至少存在一点 ξ,使下式成立

$$\int_a^b f(x)dx = f(\xi)(b-a) \quad (a \le \xi \le b)$$

这个公式称为积分中值公式.

证 因为 $f(x)$ 在闭区间 $[a,b]$ 上连续,所以 $f(x)$ 在 $[a,b]$ 上取到最大值 M 和最小值 m,又因为

$$m(b-a) \le \int_a^b f(x)dx \le M(b-a)$$

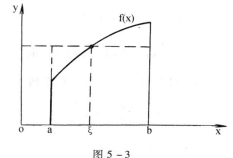

所以 $\dfrac{1}{b-a}\int_a^b f(x)dx$ 是介于 m 和 M 之间的一个实数,由闭区间上连续函数介值定理,在 $[a,b]$ 上至少存在一点 ξ,使 $f(x)$ 在点 ξ 的值与这个确定数值相等,即

$$f(\xi) = \frac{1}{b-a}\int_a^b f(x)dx \quad (a \le \xi \le b)$$

$$\int_a^b f(x)dx = f(\xi)(b-a)$$

当 $a > b$ 时,等式显然也成立. 所以积分中值公式为

图 5 - 3

$$\int_a^b f(x)dx = f(\xi)(b-a)$$

(ξ 在 a 与 b 之间)

不论 $a \ge b$ 或 $a \le b$ 都成立.

积分中值定理的几何意义就是:以 $y = f(x)$,$x = a$,$x = b$ 及 x 轴为边的曲边梯形的面积恰好等于以同一底边 $[a,b]$ 及 $[a,b]$ 上某点 ξ 的函数值 $f(\xi)$ 为高的矩形面积.

对于 $[a,b]$ 上的连续函数 $f(x)$,我们把

$$f(\xi) = \frac{1}{b-a}\int_a^b f(x)dx$$

称为函数 $f(x)$ 在 $[a,b]$ 上的平均值. 对于一些用连续函数表示的量如速度 $v(t)$,气温 $T(t)$,产值 $R(t)$ 等,都是利用该公式来计算从 T_1 到 T_2 时刻的平均值.

我们还有下面推广的积分中值定理,它的证明与积分中值定理的证明完全类似,请读者自己完成.

定理 4 若 $f(x)$ 在 $[a,b]$ 上连续,$g(x)$ 在 $[a,b]$ 上可积且不变号,则至少存在一点 $\xi \in [a,b]$,使

$$\int_a^b f(x)g(x)dx = f(\xi)\int_a^b g(x)dx$$

习题 5 - 1

1. 利用定积分的几何意义计算下列定积分:

(1) $\int_0^1 (1 - x)\,dx$ (2) $\int_0^a \sqrt{a^2 - x^2}\,dx$ (a > 0)

2. 利用定积分的性质估计下列积分值:

(1) $\int_2^3 (x^2 + 1)\,dx$ (2) $\int_2^0 e^{x^2 - x}\,dx$

3. 不用计算比较下列积分值的大小:

(1) $\int_0^1 x\,dx$ 与 $\int_0^1 x^2\,dx$ (2) $\int_1^2 \ln x\,dx$ 与 $\int_1^2 (\ln x)^2\,dx$

(3) $\int_1^4 \ln(1 + x)\,dx$ 与 $\int_1^4 x\,dx$ (4) $\int_0^{\frac{\pi}{2}} x\,dx$ 与 $\int_0^{\frac{\pi}{2}} \sin x\,dx$

4. 根据定积分的定义把下列极限式表示成定积分:

(1) $\lim\limits_{n \to \infty} \dfrac{1}{n} \sum\limits_{k=1}^{n} \sqrt{1 + \dfrac{k}{n}}$

(2) $\lim\limits_{n \to \infty} \dfrac{1^2 + 2^2 + \cdots + n^2}{n^3}$

(3) $\lim\limits_{n \to \infty} n \left(\dfrac{1}{n^2 + 1} + \dfrac{1}{n^2 + 2^2} + \cdots + \dfrac{1}{n^2 + n^2} \right)$

(4) $\lim\limits_{n \to \infty} \dfrac{1}{n} \left(\sin \dfrac{\pi}{n} + \sin \dfrac{2\pi}{n} + \cdots + \sin \dfrac{n-1}{n}\pi \right)$

第二节　定积分的计算

定积分的计算实质上就是求一种"和式极限",但我们看到如果从定义出发按求极限的思路计算定积分是相当困难的,因此我们必须寻找新的办法,这个新办法的理论基础首先就是下面介绍的变限积分函数.

一、变限积分函数

1. 变限积分函数定义

定义 1 设 f(t) 在 [a,b] 上可积,对任意 x ∈ [a,b], f(t) 在 [a,x] 上也可积, 则积分

$$\int_a^x f(t)\,dt$$

定义了一个以积分上限 x 为自变量的函数, 称为变上限积分函数, 记为 Φ(x). 同理 $\int_x^b f(t)\,dt$

也是 x 的函数，称为变下限积分函数.

因为 $\int_x^b f(t)dt = -\int_b^x f(t)dt$，所以我们只讨论变上限积分函数就够了.

一般地我们把积分限上带有自变量 x 的积分统称为变限积分函数. 例如 $\int_a^{x^2} f(t)dt$ 就可看成是由变上限积分函数 $\int_a^u f(t)dt$ 与 $u = x^2$ 复合而成的变限积分函数（图 5 - 4）.

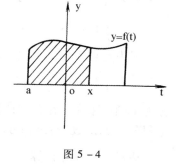

图 5 - 4

2. 原函数存在定理及微积分基本定理

定理 1　若 f（t）在 [a,b] 上可积，则 $\Phi(x) = \int_a^x f(t)dt$ 在 [a,b] 上连续.

证　在 [a,b] 上取任意点 x，只要 $x + \Delta x \in [a,b]$，就有

$$\Delta\Phi = \int_a^{x+\Delta x} f(t)dt - \int_a^x f(t)dt = \int_x^{x+\Delta x} f(t)dt$$

因为 f(t) 在 [a,b] 上有界，则当 $\Delta x > 0$ 时，

$$|\Delta\Phi| = \left|\int_x^{x+\Delta x} f(t)dt\right| \leqslant \int_x^{x+\Delta x} |f(t)|dt \leqslant M \cdot \Delta x$$

当 $\Delta x < 0$ 时则有 $|\Delta\Phi| \leqslant M|\Delta x|$，所以 $\lim\limits_{\Delta x \to 0}\Delta\Phi = 0$，即 $\Phi(x)$ 在 [a,b] 上连续.

定理 2（原函数存在定理）　若 f(t) 在 [a,b] 上连续，则 $\Phi(x) = \int_a^x f(t)dt$ 在 [a,b] 上处处可导，且

$$\Phi'(x) = \left[\int_a^x f(t)dt\right]' = f(x) \quad x \in [a,b]$$

证　对 [a, b] 上任意确定的 x，当 $\Delta x \neq 0$，且 $x + \Delta x \in [a, b]$ 时，由积分中值定理

$$\frac{\Delta\Phi}{\Delta x} = \frac{1}{\Delta x}\int_x^{x+\Delta x} f(t)dt = f(\xi) \quad (\xi \text{ 介于 } x \text{ 与 } x + \Delta x \text{ 之间})$$

由于 f(t) 连续，当 $\Delta x \to 0$ 时，$\xi \to x$，所以

$$\Phi'(x) = \lim_{\Delta x \to 0}\frac{\Delta\Phi}{\Delta x} = \lim_{\xi \to x}f(\xi) = f(x)$$

原函数存在定理告诉我们

（1）函数 $\Phi(x) = \int_a^x f(t)dt$ 是连续函数 f(x) 的一个原函数，即连续函数一定存在原函数. 这也是此定理被称为原函数存在定理的原因.

（2）定积分与导数之间的联系，此公式也称为变限函数求导公式.

定理 3（微积分基本定理）　如果 F(x) 是 f(x) 在区间 [a,b] 上的一个原函数，则

$$\int_a^b f(x)dx = F(b) - F(a)$$

证　因为 $\Phi(x) = \int_a^x f(t)dt$ 是 f(x) 在 [a,b] 上的一个原函数，则 $\Phi(x) = F(x) + C$，所以

$$\int_a^b f(x)dx = \Phi(b) = F(b) + C$$

又因为 $\Phi(a) = 0 = F(a) + C$,所以 $C = -F(a)$,即

$$\int_a^b f(x)dx = F(b) - F(a)$$

因为定理 3 是由牛顿—莱布尼兹给出的,所以我们也把公式

$$\int_a^b f(x)dx = F(b) - F(a)$$

称为牛顿—莱布尼兹公式或称为微积分基本公式,它给出了从表面看似不相干的两个概念不定积分 (原函数) 与定积分之间的关系式. 这就给定积分的计算提供了一个有效的新办法——通过不定积分计算. 为了方便我们把 $F(b) - F(a)$ 记为 $F(x)\Big|_a^b$,即

$$\int_a^b f(x)dx = F(x)\Big|_a^b = F(b) - F(a)$$

3. 举例

例 1 求下列变限积分函数的导数.

(1) $\Phi(x) = \displaystyle\int_0^x \cos t^2 dt$ (2) $\Phi(x) = \displaystyle\int_0^{x^2+1} e^{t^2} dt$

(3) $\Phi(x) = \displaystyle\int_{2x}^{3x} \sin(2t+1)dt$

解 (1) 由变限函数求导公式

$$\Phi'(x) = \cos x^2$$

(2) $\Phi(x)$ 可看成 $\displaystyle\int_0^u e^{t^2}dt$ 与 $u = x^2 + 1$ 的复合函数,所以

$$\Phi'(x) = e^{(x^2+1)^2} \cdot (x^2 + 1)' = 2xe^{(x^2+1)^2}$$

(3) 因为 $\Phi(x) = \displaystyle\int_{2x}^1 \sin(2t+1)dt + \int_1^{3x} \sin(2t+1)dt$

所以 $\Phi'(x) = -2\sin(4x+1) + 3\sin(6x+1)$

例 2 计算 $\displaystyle\int_0^1 \frac{dx}{\sqrt{4-x^2}}$.

解 $\displaystyle\int_0^1 \frac{dx}{\sqrt{4-x^2}} = \arcsin\frac{x}{2}\Big|_0^1 = \arcsin\frac{1}{2} - \arcsin 0 = \frac{\pi}{6}$

例 3 计算 $\displaystyle\int_0^{2\pi} |\sin x| \, dx$.

解 $\displaystyle\int_0^{2\pi} |\sin x| \, dx = \int_0^\pi \sin x dx + \int_\pi^{2\pi} (-\sin x)dx$.

$$= -\cos x\Big|_0^\pi + \cos x\Big|_\pi^{2\pi} = -(-1-1) + (1+1) = 4$$

例 4 设 $f(x) = \begin{cases} 2x+1 & x \in [0,2) \\ x+3 & x \in [2,4] \end{cases}$,求 $\Phi(x) = \displaystyle\int_0^x f(t)dt$ 在 $[0,4]$ 上的表达式,并讨论 $\Phi(x)$ 在 $(0,4)$ 内的连续性.

解 显然应对 x 进行讨论. 当 $x \in [0,2)$ 时

$$\Phi(x) = \int_0^x f(t)dt = \int_0^x (2t+1)dt = (t^2 + t)\Big|_0^x = x^2 + x$$

当 $x \in [2,4]$ 时

$$\Phi(x) = \int_0^x f(t)dt = \int_0^2 f(t)dt + \int_2^x f(t)dt = \int_0^2 (2t+1)dt + \int_2^x (t+3)dt$$

$$= (t^2+t)\Big|_0^2 + \left(\frac{1}{2}t^2+3t\right)\Big|_2^x = \frac{1}{2}x^2 + 3x - 2$$

所以
$$\Phi(x) = \begin{cases} x^2 + x & x \in [0,2) \\ \frac{1}{2}x^2 + 3x - 2 & x \in [2,4] \end{cases}$$

因为
$$\lim_{x\to 2^-}\Phi(x) = 6 = \lim_{x\to 2^+}\Phi(x) = \Phi(2)$$
所以 $\Phi(x)$ 在 $(0,4)$ 内连续.

二、定积分的换元法和分部积分法

由微积分基本公式知道计算定积分的简便方法就是先计算同一函数的不定积分（即求出原函数），然后再求原函数对上限、下限函数值之差即可. 所以定积分的计算基本上就归结为不定积分的计算，也有完全类似的换元法和分部积分法.

1. 定积分的换元法

定理4 设 $f(x)$ 在 $[a,b]$ 上连续，$\varphi(t)$ 在 $[\alpha,\beta]$ 上可微且导函数连续，且满足
$$\varphi(\alpha) = a, \varphi(\beta) = b, a \le \varphi(t) \le b, t \in [\alpha,\beta]$$
则有定积分换元公式

$$\int_a^b f(x)dx = \int_\alpha^\beta f[\varphi(t)]\varphi'(t)dt$$

证 上式两边的被积函数都是连续函数，所以原函数都存在. 设 $F(x)$ 是 $f(x)$ 的一个原函数，则
$$[F(\varphi(t))]' = F'(\varphi(t)) \cdot \varphi'(t) = f[\varphi(t)]\varphi'(t)$$
所以 $F(\varphi(t))$ 也是 $f[\varphi(t)]\varphi'(t)$ 的一个原函数，由微积分基本公式

$$\int_a^b f(x)dx = F(b) - F(a) = F[\varphi(\beta)] - F[\varphi(\alpha)]$$

$$= \int_\alpha^\beta f[\varphi(t)]\varphi'(t)dt$$

从换元公式看出，定积分换元公式与不定积分换元公式的区别就是换为积分变量 t 后直接对 $[\alpha,\beta]$ 求值即可，而不用像不定积分那样再还原为 x.

例5 计算 $\int_0^{\frac{\pi}{2}} \sin^2 x \cos x dx$.

解 $\int_0^{\frac{\pi}{2}} \sin^2 x \cos x dx = \int_0^{\frac{\pi}{2}} \sin^2 x d(\sin x) = \frac{1}{3}\sin^3 x \Big|_0^{\frac{\pi}{2}} = \frac{1}{3}$

例6 计算 $\int_0^1 \frac{1}{\sqrt{x}(2-\sqrt[3]{x})}dx$.

解 令 $t = \sqrt[6]{x}, dx = 6t^5 dt$，则

$$\int_0^1 \frac{dx}{\sqrt{x}\left(2 - \sqrt[3]{x}\right)} = \int_0^1 \frac{6t^5}{t^3\left(2 - t^2\right)}dt = 6\int_0^1 \frac{t^2 - 2 + 2}{2 - t^2}dt$$

$$= 6\left[-1 - 2\int_0^1 \frac{dt}{t^2 - 2}\right] = 6\left[-1 - \frac{1}{\sqrt{2}}\ln\left|\frac{t - \sqrt{2}}{t + \sqrt{2}}\right|\ \Big|_0^1\right]$$

$$= 6\left[-1 - \frac{1}{\sqrt{2}}\ln\frac{\sqrt{2} - 1}{\sqrt{2} + 1}\right] = -6 - 6\sqrt{2}\ln(\sqrt{2} - 1)$$

下面两道例题的结论在计算定积分时可当做定理加以应用.

例 7 设 $f(x)$ 在 $[-a, a]$ 上连续,则

(1) 当 $f(x)$ 为偶函数时,$\int_{-a}^a f(x)dx = 2\int_0^a f(x)dx$.

(2) 当 $f(x)$ 为奇函数时,$\int_{-a}^a f(x)dx = 0$.

证 因为

$$\int_{-a}^a f(x)dx = \int_{-a}^0 f(x)dx + \int_0^a f(x)dx$$

对积分 $\int_{-a}^0 f(x)dx$ 作变量代换 $x = -t$,则

$$\int_{-a}^0 f(x)dx = \int_a^0 -f(-t)dt = \int_0^a f(-t)dt = \int_0^a f(-x)dx$$

(1) 若 $f(x)$ 为偶函数

$$\int_{-a}^a f(x)dx = \int_0^a [f(-x) + f(x)]dx = 2\int_0^a f(x)dx$$

(2) 若 $f(x)$ 为奇函数

$$\int_{-a}^a f(x)dx = \int_0^a [f(-x) + f(x)]dx = 0$$

例 8 设 $f(x)$ 是以 T 为周期的连续函数,证明

$$\int_a^{a+T} f(x)dx = \int_0^T f(x)dx$$

即一个周期内的积分值与起点 a 无关.

证 令 $F(a) = \int_a^{a+T} f(x)dx$,因为 $f(x)$ 连续,所以 $F(a)$ 可导,则

$$F'(a) = f(a + T) - f(a) = 0$$

所以 $F(a)$ 是常数,特别地 $F(a) = F(0) = \int_0^T f(x)dx$.

例 9 计算 $\int_{-2}^2 \frac{x + |x|}{1 + x^2}dx$.

解 由例 7 结论

$$\int_{-2}^2 \frac{x + |x|}{1 + x^2}dx = 2\int_0^2 \frac{x}{1 + x^2}dx = \int_0^2 \frac{d(1 + x^2)}{1 + x^2} = \ln(1 + x^2)\ \Big|_0^2 = \ln 5$$

例 10 设 $f(x) = \begin{cases} xe^{x^2} & -\dfrac{1}{2} \leqslant x < \dfrac{1}{2} \\ -1 & x \geqslant \dfrac{1}{2} \end{cases}$，求 $\displaystyle\int_{\frac{1}{2}}^{2} f(x-1)\,dx$.

解 令 $x-1 = t$，$dx = dt$，则

$$\int_{\frac{1}{2}}^{2} f(x-1)\,dx = \int_{-\frac{1}{2}}^{1} f(t)\,dt = \int_{-\frac{1}{2}}^{\frac{1}{2}} te^{t^2}\,dt - \int_{\frac{1}{2}}^{1} dt = 0 - \frac{1}{2} = -\frac{1}{2}$$

2. 定积分的分部积分法

定理 5 若 $u(x), v(x)$ 是 $[a,b]$ 上的可导函数且导函数连续，则有定积分分部积分公式

$$\int_{a}^{b} u(x)v'(x)\,dx = u(x)v(x)\Big|_{a}^{b} - \int_{a}^{b} u'(x)v(x)\,dx$$

或简单写为

$$\int_{a}^{b} u\,dv = uv\Big|_{a}^{b} - \int_{a}^{b} v\,du$$

证 因为 $u(x)v(x)$ 是 $u(x)v'(x) + u'(x)v(x)$ 在 $[a,b]$ 上的一个原函数，所以

$$\int_{a}^{b} u(x)v'(x)\,dx + \int_{a}^{b} u'(x)v(x)\,dx = \int_{a}^{b} [u(x)v'(x) + u'(x)v(x)]\,dx$$

$$= [u(x)v(x)]\Big|_{a}^{b}$$

即移项后证得公式成立.

例 11 计算 $\displaystyle\int_{0}^{1} \arcsin x\,dx$.

解 $\displaystyle\int_{0}^{1} \arcsin x\,dx = x\arcsin x\Big|_{0}^{1} - \int_{0}^{1} x \cdot \frac{1}{\sqrt{1-x^2}}\,dx = \frac{\pi}{2} + \frac{1}{2}\int_{0}^{1} \frac{1}{\sqrt{1-x^2}}\,d(1-x^2)$

$$= \frac{\pi}{2} + (1-x^2)^{\frac{1}{2}}\Big|_{0}^{1} = \frac{\pi}{2} - 1$$

例 12 计算 $\displaystyle\int_{\frac{1}{e}}^{e} |\ln x|\,dx$.

解 $\displaystyle\int_{\frac{1}{e}}^{e} |\ln x|\,dx = \int_{\frac{1}{e}}^{1} -\ln x\,dx + \int_{1}^{e} \ln x\,dx$

$$= -x\ln x\Big|_{\frac{1}{e}}^{1} + \int_{\frac{1}{e}}^{1} dx + x\ln x\Big|_{1}^{e} - \int_{1}^{e} dx$$

$$= -\frac{1}{e} + \left(1 - \frac{1}{e}\right) + e - (e-1) = 2 - \frac{2}{e}$$

例 13 计算 $\displaystyle\int_{0}^{\frac{\pi}{2}} \sin^n x\,dx$ 和 $\displaystyle\int_{0}^{\frac{\pi}{2}} \cos^n x\,dx$，$n = 0, 1, 2, \cdots$.

解 当 $n=1$ 时，显然 $\displaystyle\int_{0}^{\frac{\pi}{2}} \sin x\,dx = 1 = \int_{0}^{\frac{\pi}{2}} \cos x\,dx$ 当 $n \geqslant 2$ 时，用分部积分公式

$$I_n = \int_{0}^{\frac{\pi}{2}} \sin^n x\,dx = \int_{0}^{\frac{\pi}{2}} \sin^{n-1} x\,d(-\cos x)$$

$$= -\sin^{n-1}x\cos x\Big|_{0}^{\frac{\pi}{2}} + (n-1)\int_{0}^{\frac{\pi}{2}} \sin^{n-2}x\cos^2 x\,dx$$

$$= (n-1) \int_0^{\frac{\pi}{2}} \sin^{n-2}x dx - (n-1) \int_0^{\frac{\pi}{2}} \sin^n x dx$$

$$= (n-1)I_{n-2} - (n-1)I_n$$

移项后得到　　$I_n = \dfrac{n-1}{n} I_{n-2}$　　$n \geqslant 2$

因为　$I_0 = \int_0^{\frac{\pi}{2}} dx = \dfrac{\pi}{2}$　$I_1 = \int_0^{\frac{\pi}{2}} \sin x dx = 1$

所以当 $n = 2k$ 是偶数时

$$I_n = I_{2k} = \frac{2k-1}{2k} \cdot \frac{2k-3}{2k-2} \cdots \frac{1}{2} \cdot \frac{\pi}{2} \quad k = 1,2,\cdots$$

当 $n = 2k + 1$ 是奇数时

$$I_n = I_{2k+1} = \frac{2k}{2k+1} \cdot \frac{2k-2}{2k-1} \cdots \frac{2}{3} \cdot 1 \quad k = 0,1,2,\cdots$$

如果记 $(2k)!! = 2k \cdot (2k-2) \cdots 2$,

　　$(2k+1)!! = (2k+1)(2k-1) \cdots 3 \cdot 1$, 则

$$I_n = \int_0^{\frac{\pi}{2}} \sin^n x dx = \begin{cases} \dfrac{(2k-1)!!}{(2k)!!} \cdot \dfrac{\pi}{2} & n = 2k \\ \dfrac{(2k)!!}{(2k+1)!!} & n = 2k+1 \end{cases}$$

再令 $x = \dfrac{\pi}{2} - t$ 得

$$\int_0^{\frac{\pi}{2}} \cos^n x dx = -\int_{\frac{\pi}{2}}^0 \cos^n \left(\frac{\pi}{2} - t\right) dt = \int_0^{\frac{\pi}{2}} \sin^n x dx = I_n$$

更一般的有结论.

　　若 $f(x)$ 在 $[0,1]$ 上连续，则 $\int_0^{\frac{\pi}{2}} f(\sin x) dx = \int_0^{\frac{\pi}{2}} f(\cos x) dx$.

习题 5 - 2

1. 求下列变限积分函数的导数.

(1) $\displaystyle\int_1^{x^2+1} \sqrt{1+t} dt$

(2) $\displaystyle\int_{x^2}^{x^3} \frac{1}{\sqrt{1+t^2}} dt$

(3) $\displaystyle\int_x^1 e^{-t^2} dt$

(4) $\displaystyle\int_{\cos x}^{x\ln x} t^2 dt$

2. 求下列极限.

(1) $\displaystyle\lim_{x \to 0} \frac{\displaystyle\int_0^{x^2} \sqrt{1+t^2} dt}{x^2}$

(2) $\displaystyle\lim_{x \to 0} \frac{\left(\displaystyle\int_0^x e^{t^2} dt\right)^2}{\displaystyle\int_0^x t e^{2t^2} dt}$

3. 求由 $\displaystyle\int_0^{2y+1} e^{t^2}dt + \int_0^x \cos t\, dt = 0$ 所确定的隐函数 y 对 x 的导数.

4. 设 $f(x) = \begin{cases} \dfrac{2}{x^2}(1 - \cos x) & x < 0 \\ 1 & x = 0 \\ \dfrac{1}{x}\displaystyle\int_0^x \cos t^2\, dt & x > 0 \end{cases}$ ，试讨论 $f(x)$ 在 $x=0$ 处的连续性和可导性.

5. 设 $f(x) = \begin{cases} \dfrac{1}{2}\sin x & 0 \leqslant x \leqslant \pi \\ 0 & x < 0 \text{ 或 } x > \pi \end{cases}$ ，求 $\Phi(x) = \displaystyle\int_0^x f(x)\, dt$

在 $(-\infty, +\infty)$ 内的表达式.

6. 求函数 $\Phi(x) = \displaystyle\int_e^x \dfrac{\ln t}{t^2 - 2t + 1}dt$ 在区间 $[e, e^2]$ 上的最大值.

7. 计算下列定积分：

(1) $\displaystyle\int_0^8 \dfrac{1}{1 + \sqrt[3]{x}}dx$

(2) $\displaystyle\int_{\frac{1}{2}}^1 e^{\sqrt{2x-1}}dx$

(3) $\displaystyle\int_0^3 \dfrac{1}{(1+x)\sqrt{x}}dx$

(4) $\displaystyle\int_0^\pi \sqrt{\sin^3 x - \sin^5 x}\, dx$

(5) $\displaystyle\int_0^1 \dfrac{1}{\sqrt{1 + x^2}}dx$

(6) $\displaystyle\int_1^{e^2} \dfrac{dx}{x\sqrt{1 + \ln x}}$

(7) $\displaystyle\int_0^{\ln 2} \sqrt{e^x - 1}\, dx$

(8) $\displaystyle\int_1^{\sqrt{3}} \dfrac{dx}{x\sqrt{1 + x^2}}$

(9) $\displaystyle\int_0^\pi \sqrt{1 + \cos 2x}\, dx$

(10) $\displaystyle\int_{-2}^0 \dfrac{dx}{x^2 + 2x + 2}$

(11) $\displaystyle\int_0^1 (x-3)3^x dx$

(12) $\displaystyle\int_0^\pi e^x \cos x\, dx$

(13) $\displaystyle\int_0^1 x e^{-2x}dx$

(14) $\displaystyle\int_1^e \sin(\ln x)\, dx$

(15) $\displaystyle\int_0^1 x \arctan x\, dx$

(16) $\displaystyle\int_0^1 \dfrac{x e^x}{(1 + e^x)^2}dx$

(17) $\displaystyle\int_1^2 \dfrac{\ln x - 1}{x^2}dx$

(18) $\displaystyle\int_0^1 \sqrt{x}\sin\sqrt{x}\, dx$

(19) $\displaystyle\int_0^{\frac{\pi}{4}} \dfrac{\sin^2 x}{\cos^3 x}dx$

(20) $\displaystyle\int_1^{\ln 3} \dfrac{dx}{(1 + e^x)^2}$

8. 证明下列积分等式.

(1) $\displaystyle\int_x^1 \dfrac{dt}{1 + t^2} = \int_1^{\frac{1}{x}} \dfrac{dt}{1 + t^2}\ (x > 0)$

(2) $\displaystyle\int_0^{\frac{\pi}{2}} f(\sin x)\, dx = \int_0^{\frac{\pi}{2}} f(\cos x)\, dx$

(3) $\displaystyle\int_0^\pi x f(\sin x)\, dx = \dfrac{\pi}{2}\int_0^\pi f(\sin x)\, dx$

(4) $\displaystyle\int_0^{\frac{\pi}{2}} \dfrac{\sin x}{x}dx = \int_0^1 \dfrac{dx}{\arccos x}$

9. 设 f(x) 的一个原函数为 $\dfrac{\sin x}{x}$，求 $\int_{\frac{\pi}{2}}^{\pi} xf'(x)dx$.

10. 设 f(x) 是连续函数，证明：当 f(x) 是奇函数时，f(x) 的全部原函数都是偶函数. 但当 f(x) 是偶函数时，f(x) 只有一个原函数是奇函数.

第三节 广 义 积 分

一、广义积分的概念

在实际问题中我们有时会遇到无穷区间上的"和式极限"问题或无界函数的"和式极限"问题，如果我们把有限区间上有界函数的积分称为正常积分或狭义积分的话，那么有关无穷区间上或无界函数的积分就称为反常积分或广义积分，广义积分一般分以下两类.

1. 无穷区间上的广义积分

定义 1 如果函数 f(x) 在 $[a, +\infty)$ 上有定义，且在任何有限区间 $[a,b]$ 上可积，如果极限 $\lim\limits_{b \to +\infty} \int_a^b f(x)dx$ 存在，则称此极限值为 f(x) 在 $[a, +\infty)$ 上的无穷限广义积分（简称无穷积分），记作 $\int_a^{+\infty} f(x)dx$，即

$$\int_a^{+\infty} f(x)dx = \lim_{b \to +\infty} \int_a^b f(x)dx$$

这时也称积分 $\int_a^{+\infty} f(x)dx$ 是收敛的，反之若极限不存在，则称 $\int_a^{+\infty} f(x)dx$ 发散.

类似地对 $(-\infty, b]$ 上广义积分我们定义为

$$\int_{-\infty}^b f(x)dx = \lim_{a \to -\infty} \int_a^b f(x)dx$$

对 $(-\infty, \infty)$ 上广义积分定义为

$$\int_{-\infty}^{+\infty} f(x)dx = \int_{\infty}^c f(x)dx + \int_c^{+\infty} f(x)dx$$

其中 c 为任一实数，当且仅当右边两个广义积分都收敛时 $\int_{-\infty}^{+\infty} f(x)dx$ 才是收敛的.

例 1 计算 $\int_0^{+\infty} \dfrac{1}{1+x^2}dx$，并说明其几何意义.

解 $\int_0^{+\infty} \dfrac{1}{1+x^2}dx = \lim\limits_{b \to +\infty} \int_0^b \dfrac{1}{1+x^2}dx$

$= \lim\limits_{b \to +\infty} \arctan x \Big|_0^b = \lim\limits_{b \to +\infty} [\arctan b - \arctan 0] = \dfrac{\pi}{2}$

其几何意义是当 $b \to +\infty$ 时，图 5-5 中阴影部分面积的极限，它是由 $y = \dfrac{1}{1+x^2}$，$x = 0$ 及 x 轴围成的非封闭图形的面积.

有时为了书写简单，在计算广义积分的过程中经常把极限符号省略不写，在例1中我们经常简写为

$$\int_0^{+\infty} \frac{1}{1+x^2}dx = \arctan x \Big|_0^{+\infty} = \frac{\pi}{2} - 0 = \frac{\pi}{2}$$

其中 $\arctan(+\infty)$ 就是 $\lim\limits_{b \to +\infty} \arctan b$.

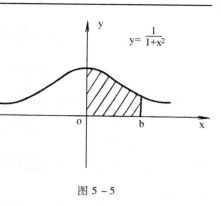

图 5 - 5

例 2　讨论广义积分 $\int_1^{+\infty} \frac{1}{x^p}dx$ 的敛散性.

解　当 $p = 1$ 时, $\int_1^{+\infty} \frac{1}{x}dx = \ln x \Big|_1^{+\infty} = +\infty$ 发散

当 $p \neq 1$ 时,

$$\int_1^{+\infty} \frac{1}{x^p}dx = \frac{1}{-p+1}x^{-p+1}\Big|_1^{+\infty} = \begin{cases} \dfrac{1}{p-1} & p > 1 \\ +\infty & p < 1 \end{cases}$$

所以　　　$\int_1^{+\infty} \frac{1}{x^p}dx = \begin{cases} 收敛于 \dfrac{1}{p-1} & p > 1 \\ 发散 & p \leqslant 1 \end{cases}$

上例在判断无穷限广义积分敛散性时是非常有用的，请读者记住结论.

2. 无界函数的广义积分

定义 2　设 $f(x)$ 在区间 $(a,b]$ 上有定义，在点 a 的任一右邻域内无界，但对任意小的正数 ε, $f(x)$ 在 $[a+\varepsilon,b]$ 上可积，如果极限

$$\lim_{\varepsilon \to 0^+} \int_{a+\varepsilon}^b f(x)dx$$

存在，则称此极限为 $f(x)$ 在 $(a,b]$ 上的广义积分，记作 $\int_a^b f(x)dx$, 此时称广义积分 $\int_a^b f(x)dx$ 收敛，反之若极限不存在，则称广义积分 $\int_a^b f(x)dx$ 发散. $f(x)$ 在 a 附近无界，这时 a 称为 $f(x)$ 的瑕点，所以无界函数的广义积分也称为瑕积分.

类似地可定义 b 为瑕点时广义积分

$$\int_a^b f(x)dx = \lim_{\varepsilon \to 0^+} \int_a^{b-\varepsilon} f(x)dx$$

其中对任意小正数 ε, $f(x)$ 在 $[a, b-\varepsilon]$ 上可积, $f(x)$ 在 b 的左邻域内无界.

若 $f(x)$ 的瑕点 $c \in (a,b)$, 则定义

$$\int_a^b f(x)dx = \int_a^c f(x)dx + \int_c^b f(x)dx$$

$$= \lim_{\varepsilon_1 \to 0^+} \int_a^{c-\varepsilon_1} f(x)dx + \lim_{\varepsilon_2 \to 0^+} \int_{c+\varepsilon_2}^b f(x)dx$$

当且仅当右边两个瑕积分都收敛时，左边的瑕积分才收敛.

例 3　计算 $\int_0^1 \frac{1}{\sqrt{1-x}}dx$, 并说明其几何意义.

解　$\int_0^1 \frac{1}{\sqrt{1-x}}dx = \lim_{\varepsilon \to 0^+} \int_0^{1-\varepsilon} \frac{1}{\sqrt{1-x}}dx$

$$= \lim_{\varepsilon \to 0^+} -2\sqrt{1-x} \Big|_0^{1-\varepsilon} = \lim_{\varepsilon \to 0^+} -2\left[\sqrt{\varepsilon} - 1\right] = 2$$

其几何意义是：$y = \dfrac{1}{\sqrt{1-x}}$，$x = 0$，$x = 1$ 及 x 轴围成的非封闭图形的面积.

与无穷限广义积分类似在计算的过程中，经常省去极限符号，例 3 可写为

$$\int_0^1 \frac{1}{\sqrt{1-x}}dx = -2\sqrt{1-x} \Big|_0^1 = 2$$

把"1"代入 $-2\sqrt{1-x}$ 的求值过程，实质上是 $\lim_{x \to 1^-} \left(-2\sqrt{1-x}\right)$，即把"瑕点"是以极限代入求值的.

有瑕点的广义积分与正常积分用的是一样的积分记号 $\int_a^b f(x)dx$，因而很容易错误地把广义积分当正常积分计算.

例 4 计算 $\int_{-1}^2 \dfrac{1}{x-1}dx$.

解 如果当正常积分，得到

$$\int_{-1}^2 \frac{1}{x-1}dx = \ln|x-1| \Big|_{-1}^2 = -\ln 2$$

这个结果是错误的，因为 $x = 1$ 是瑕点，所以正确的解法是

$$\int_{-1}^2 \frac{1}{x-1}dx = \int_{-1}^1 \frac{1}{x-1}dx + \int_1^2 \frac{1}{x-1}dx$$

因为 $\int_{-1}^1 \dfrac{1}{x-1}dx = \ln|x-1| \Big|_{-1}^1 = -\infty$ 发散，所以 $\int_{-1}^2 \dfrac{1}{x-1}dx$ 是发散的.

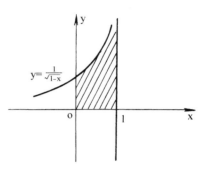

图 5 - 6

例 5 讨论瑕积分 $\int_0^1 \dfrac{1}{x^p}dx$ 的敛散性.

解 当 $p < 0$ 时，是正常积分

$$\int_0^1 \frac{1}{x^p}dx = \frac{1}{-p+1}x^{-p+1} \Big|_0^1 = \frac{1}{1-p}$$

当 $p = 1$ 时，$\int_0^1 \dfrac{1}{x^p}dx = \ln x \Big|_0^1 = +\infty$ 发散

当 $p \neq 1$ 时

$$\int_0^1 \frac{1}{x^p}dx = \frac{1}{-p+1}x^{-p+1} \Big|_0^1 = \begin{cases} \dfrac{1}{1-p} & 0 \leqslant p < 1 \\ +\infty & p > 1 \end{cases}$$

所以 $\int_0^1 \dfrac{1}{x^p}dx = \begin{cases} \dfrac{1}{1-p} & p < 1 \\ \text{发散} & p \geqslant 1 \end{cases}$

同理当 a 为瑕点时

$$\int_a^b \frac{1}{(x-a)^p}dx = \begin{cases} 收敛 & p < 1 \\ 发散 & p \geq 1 \end{cases}$$

例 5 的结论也是非常有用的，望读者与例 2 对照记忆.

*二、广义积分的比较判别法

有些广义积分直接由定义计算非常困难，有时我们并不需要积分的值，只需要知道广义积分是收敛还是发散的，这时我们就需要学一些判别广义积分敛散的判别法则. 因为这部分内容属于选学内容，因而我们不做详细的介绍，只把最为常用的判别广义积分敛散性的比较判别法的极限形式介绍给读者，方便读者使用，关于定理的证明这里也略去.

定理 1　若 $f(x),g(x)$ 在任何有限区间 $[a,b]$ 上可积，$g(x) > 0$，且 $\lim\limits_{x \to +\infty} \dfrac{|f(x)|}{g(x)} = k$（常数），则有

（1）$0 < k < +\infty$ 时，$\int_a^{+\infty} |f(x)|dx$ 与 $\int_a^{+\infty} g(x)dx$ 同收敛或同发散.

（2）$k = 0$ 时，若 $\int_a^{+\infty} g(x)dx$ 收敛，可得到 $\int_a^{+\infty} |f(x)|dx$ 收敛

（3）$k = +\infty$ 时，若 $\int_a^{+\infty} g(x)dx$ 发散，可得到 $\int_a^{+\infty} |f(x)|dx$ 发散.

我们一般选 $g(x) = \dfrac{1}{x^p}$，则由例 2 $\int_a^{+\infty} \dfrac{1}{x^p}dx$ 的敛散性是已知的，因而较容易判断 $\int_a^{+\infty} |f(x)|dx$ 的敛散性.

例 6　讨论 $\int_1^{+\infty} \sqrt{x}\,e^{-x^2}dx$ 的敛散性.

解　令 $f(x) = \sqrt{x}\,e^{-x^2}$，$g(x) = \dfrac{1}{x^2}$，因为

$$\lim_{x \to +\infty} \frac{|f(x)|}{g(x)} = \lim_{x \to +\infty} \frac{x^{\frac{5}{2}}}{e^{x^2}} = \lim_{x \to +\infty} \frac{\frac{5}{2}x^{\frac{3}{2}}}{2xe^{x^2}} = \lim_{x \to +\infty} \frac{5}{4}\frac{x^{\frac{1}{2}}}{e^{x^2}} = \lim_{x \to +\infty} \frac{5}{16}\frac{1}{x^{\frac{3}{2}}e^{x^2}} = 0$$

因为 $\int_1^{+\infty} \dfrac{1}{x^2}dx$ 收敛，所以由定理 1，$\int_1^{+\infty} \sqrt{x}\,e^{-x^2}dx$ 收敛.

定理 2　$f(x),g(x)$ 是定义在 $(a,b]$ 上的两个函数，$x = a$ 是它们的瑕点，且对任意小正数 $\varepsilon > 0$，$f(x)$ 和 $g(x)$ 在 $[a+\varepsilon,b]$ 上可积，$g(x) > 0$，$\lim\limits_{x \to a^+} \dfrac{|f(x)|}{g(x)} = k$（常数），则

（1）$0 < k < +\infty$ 时 $\int_a^b |f(x)|dx$ 与 $\int_a^b g(x)dx$ 同时收敛或同时发散.

（2）$k = 0$ 时，若 $\int_a^b g(x)dx$ 收敛，则 $\int_a^b |f(x)|dx$ 收敛.

（3）$k = +\infty$ 时，若 $\int_a^b g(x)dx$ 发散，则 $\int_a^b |f(x)|dx$ 发散.

一般选 $g(x) = \dfrac{1}{(x-a)^p}$，则由例 5 $\int_a^b \dfrac{1}{(x-a)^p}dx$ 的敛散性是已知的，因而比较容易地判

别 $\int_a^b |f(x)| dx$ 的敛散性. 定理 2 对 b 是瑕点的情况也成立.

例 7　判别 $\int_1^2 \dfrac{\sqrt{x}}{\ln x} dx$ 的敛散性.

解　令 $f(x) = \dfrac{\sqrt{x}}{\ln x}$，$g(x) = \dfrac{1}{x-1}$，则

$$\lim_{x \to 1^+} \frac{|f(x)|}{g(x)} = \lim_{x \to 1^+} \frac{\sqrt{x} \cdot (x-1)}{\ln x} = \lim_{x \to 1^+} \frac{(x-1)}{\ln x} = \lim_{x \to 1^+} \frac{1}{\dfrac{1}{x}} = 1$$

所以 $\int_1^2 f(x) dx$ 与 $\int_1^2 g(x) dx$ 同敛散. 因为 $\int_1^2 \dfrac{1}{x-1} dx$ 发散，所以 $\int_1^2 \dfrac{\sqrt{x}}{\ln x} dx$ 是发散的.

*三、Γ 函数与 B 函数

1. Γ 函数

定义 3　我们把广义积分 $\int_0^{+\infty} x^{r-1} e^{-x} dx (r > 0)$ 称为 Γ 函数，显然它是自变量 r 的函数，记为 $\Gamma(r)$. 即

$$\Gamma(r) = \int_0^{+\infty} x^{r-1} e^{-x} dx \quad (r > 0)$$

关于 Γ 函数我们需学以下几个有用的结论：

（1）r > 0 时，$\Gamma(r)$ 收敛.

证　因 $\Gamma(r)$ 是无穷限的广义积分，也可能是瑕积分（当 0 < r < 1 时，x = 0 为瑕点）.

$$\Gamma(r) = \int_0^1 x^{r-1} e^{-x} dx + \int_1^{+\infty} x^{r-1} e^{-x} dx = I_1 + I_2$$

对于 I_1，因为当 0 < r < 1 时（r ≥ 1 时，I_1 为正常积分）

$$\lim_{x \to 0} \frac{x^{r-1} e^{-x}}{1/x^{1-r}} = \lim_{x \to 0} e^{-x} = 1$$

而 $\int_0^1 \dfrac{1}{x^{1-r}} dx$ 收敛，所以 $\int_0^1 x^{r-1} e^{-x} dx$ 收敛.

对于 I_2，因为

$$\lim_{x \to +\infty} \frac{x^{r-1} e^{-x}}{1/x^2} = \lim_{x \to +\infty} x^{r+1} e^{-x} = 0$$

因为 $\int_1^{+\infty} \dfrac{1}{x^2} dx$ 收敛. 所以 $\int_1^{+\infty} x^{r-1} e^{-x} dx$ 收敛. 所以 r > 0 时 $\Gamma(r)$ 收敛.

（2）递推公式 $\Gamma(r+1) = r\Gamma(r)$　（r > 0）

证　应用分部积分法

$$\Gamma(r+1) = \int_0^{+\infty} e^{-x} x^r dx = -\int_0^{+\infty} x^r de^{-x} = -\left[e^{-x} x^r \Big|_0^{+\infty} - \int_0^{+\infty} r x^{r-1} e^{-x} dx \right]$$

$$= -\left[0 - r\int_0^{+\infty} x^{r-1} e^{-x} dx \right] = r\Gamma(r)$$

显然 $\Gamma(1) = \int_0^{+\infty} e^{-x}dx = 1$，所以有公式 $\Gamma(n+1) = n!$

（3）余元公式 $\Gamma(r)\Gamma(1-r) = \dfrac{\pi}{\sin r\pi}$　$(0 < r < 1)$

余元公式在此不作证明了．由余元公式我们可得到 $\Gamma\left(\dfrac{1}{2}\right) = \sqrt{\pi}$．

2. B 函数

定义 4　广义积分 $\int_0^1 x^{p-1}(1-x)^{q-1}dx(p > 0, q > 0)$ 是 p，q 的函数，称为 B 函数，记为 $B(p,q)$．

关于 B 函数我们学以下几个有用结论：

（1）$p > 0$，$q > 0$ 时，$\int_0^1 x^{p-1}(1-x)^{q-1}dx$ 收敛．

（2）$B(p,q) = B(q,p)$

（3）$B(p,q) = \dfrac{\Gamma(p)\Gamma(q)}{\Gamma(p+q)}$

请有兴趣的读者自己完成上述结论的证明．

例 8　计算 $B\left(\dfrac{1}{2}, \dfrac{5}{2}\right)$．

解　$B\left(\dfrac{1}{2}, \dfrac{5}{2}\right) = \dfrac{\Gamma\left(\dfrac{1}{2}\right)\Gamma\left(\dfrac{5}{2}\right)}{\Gamma(3)} = \dfrac{\sqrt{\pi} \cdot \dfrac{3}{2}\Gamma\left(\dfrac{3}{2}\right)}{2!} = \dfrac{\sqrt{\pi} \cdot \dfrac{3}{2} \cdot \dfrac{1}{2}\Gamma\left(\dfrac{1}{2}\right)}{2!} = \dfrac{3}{8}\pi$

例 9　计算 $\int_0^{+\infty} e^{-x^2}dx$．

解　对积分 $\int_0^{+\infty} e^{-x^2}dx$ 作变量替换，令 $t = x^2$，则 $x = \sqrt{t}$，$dx = \dfrac{1}{2}t^{-\frac{1}{2}}dt$，所以

$$\int_0^{+\infty} e^{-x^2}dx = \int_0^{+\infty} e^{-t} \cdot \dfrac{1}{2}t^{-\frac{1}{2}}dt = \dfrac{1}{2}\int_0^{+\infty} t^{\frac{1}{2}-1}e^{-t}dt = \dfrac{1}{2}\Gamma\left(\dfrac{1}{2}\right) = \dfrac{\sqrt{\pi}}{2}$$

这是在概率论中非常有用的积分，望读者能记住，并且由对称性得到

$$\int_{-\infty}^{+\infty} e^{-x^2}dx = \sqrt{\pi}.$$

习题 5 - 3

1. 判定下列广义积分的敛散性，如果收敛，计算广义积分的积分值．

（1）$\int_2^{+\infty} \dfrac{dx}{\sqrt[3]{x+1}}$

（2）$\int_1^{+\infty} \dfrac{dx}{x\sqrt{x}}$

（3）$\int_0^{+\infty} e^{-2x}\sin x dx$

（4）$\int_0^{+\infty} e^{-x}dx$

（5）$\int_0^{+\infty} \dfrac{dx}{4x^2 + 4x + 3}$

（6）$\int_0^{+\infty} \dfrac{dx}{(1 + e^x)^2}$

（7）$\int_0^1 \dfrac{xdx}{\sqrt{1-x^2}}$ （8）$\int_0^2 \dfrac{dx}{(1-x)^2}$

（9）$\int_1^e \dfrac{dx}{x\sqrt{1-\ln^2 x}}$ （10）$\int_1^{+\infty} \dfrac{dx}{x\sqrt{x-1}}$

*2. 用比较判别法的极限形式判别下列广义积分的敛散性.

（1）$\int_1^{+\infty} \dfrac{dx}{\sqrt[3]{x^4+1}}$ （2）$\int_1^{+\infty} \dfrac{x^{3/2}}{1+x^2}dx$

（3）$\int_0^{+\infty} \dfrac{\sin^2 x}{x^2}dx$ （4）$\int_1^{+\infty} \dfrac{x\arctan x}{3+2x^3}dx$

（5）$\int_0^1 \dfrac{1}{\ln x}dx$ （6）$\int_0^{\frac{\pi}{2}} \dfrac{\ln(\sin x)}{\sqrt{x}}dx$

（7）$\int_0^1 \dfrac{1}{\sqrt{x}}\sin\dfrac{1}{x}dx$ （8）$\int_0^1 \dfrac{\ln(1-x)}{1-x^3}dx$

*3. 利用 Γ 函数和 B 函数计算下列各题.

（1）$\Gamma\left(\dfrac{7}{2}\right)$ （2）$B\left(3,\dfrac{5}{2}\right)$

（3）$\int_0^{+\infty} x^2 e^{-x^2}dx$ （4）$\int_0^1 \dfrac{x^4}{\sqrt{1-x^2}}dx$

4*. 讨论 $\int_0^1 x^{p-1}(1-x)^{q-1}dx$ 的敛散性.

第四节 定积分的元素法

定积分在几何、物理及经济等各个领域都有广泛的应用，而掌握这些应用的关键就是学会将一个量表示成定积分，这就是我们要介绍的元素法. 它是把定积分应用于实际问题的一个非常重要的方法.

一、定积分的元素法

1. 适用元素法的量

在实际问题中所求量 Φ 符合下列条件，可尝试用元素法.

（1）Φ 是与一个变量 x 的变化区间[a,b]有关的量，即 $\Phi = \Phi(x), x \in [a,b]$.

（2）Φ 对区间[a,b]具有可加性，即把[a,b]分割，总量 Φ 应等于每个小区间上对应的 Φ 的部分量之和.

例如面积、弧长、路程、功等都是具有可加性的量，适用元素法，但速度就不具有可加性，不能用元素法求速度.

2. 元素法的思想

对于 $[a,b]$ 上具有可加性的量 Φ，我们的目的是求 $\Phi(b)$，就是希望找到连续函数 $f(x)$，使 $f(x)$ 在 $[a,b]$ 上的和式极限为 $\Phi(b)$，即

$$\Phi(b) = \int_a^b f(x)\,dx$$

对 $x \in [a,b]$，任取小区间 $[x, x+\Delta x] \subset [a,b]$，记 $[x, x+\Delta x]$ 上对应的 Φ 的部分量为 $\Delta\Phi$，若 $\Delta\Phi$ 能近似地表示成 Δx 的线性函数

$$\Delta\Phi \approx f(x)\Delta x$$

其中 $f(x)$ 是一连续函数，并且当 $\Delta x \to 0$ 时，$\Delta\Phi - f(x)\Delta x = o(\Delta x)$，即 $d\Phi = f(x)dx$，这时只要对 $f(x)dx$ 从 a 到 b 积分就得到所求量 $\Phi(b)$.

所以元素法的关键就是找到 Φ 的微分 $d\Phi = f(x)dx$. 因而元素法有时也称为"微元法".

3. 元素法的步骤

通过元素法的思想，我们把元素法的过程总结为以下三步：

（1）根据实际问题，选取量 Φ 依赖的自变量 x，并确定 x 的范围 $[a,b]$.

（2）设想把 $[a,b]$ 分成许多小区间，取其中任一小区间 $[x, x+dx]$，求出相应这个小区间的部分量 $\Delta\Phi$ 的近似值，想办法表示为

$$\Delta\Phi \approx f(x)dx$$

其误差是 $o(\Delta x)$，这时把 $f(x)dx$ 称为量 Φ 的元素，记为 $d\Phi$（实质就是 Φ 的微分）.

（3）对元素 $d\Phi = f(x)dx$ 从 a 到 b 积分，则得所求量 $\Phi = \int_a^b f(x)\,dx$.

上述三个过程简言之

（1）确定 $x \in [a,b]$

（2）对 $[x, x+dx]$，写 $\Delta\Phi \approx d\Phi = f(x)dx$

（3）$\Phi = \int_a^b f(x)\,dx$

二、元素法在几何上的应用

1. 平面图形的面积

（1）直角坐标下平面图形面积.

若求由 $y = y_1(x), y = y_2(x), x = a, x = b,$（$y_1(x) \leqslant y_2(x)$ 是连续函数）所围图形的面积（图 5 - 7），用元素法三步如下：

先选 $x \in [a,b]$，任取小区间 $[x, x+dx]$，则此小区间所对应的面积可近似看成矩形的面积

$$\Delta\Phi \approx d\Phi = (y_2(x) - y_1(x))dx \quad （称为面积元素）$$

所以所围图形面积 $\Phi = \int_a^b [y_2(x) - y_1(x)]\,dx$

特别地当 $y_1(x) = 0$ 时，就是我们前面介绍的曲边梯形的面积.

同理若求由 $x = x_1(y), x = x_2(y), y = c, y = d,$（$x_1(y) \leqslant x_2(y)$ 是连续函数）围成图形的面积，这时应选 y 为自变量，$y \in [c,d]$（如图 5 - 8），由元素法

$$\Phi = \int_c^d [x_2(y) - x_1(y)]\,dy$$

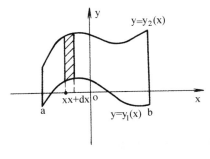

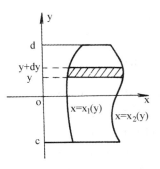

图 5 - 7

图 5 - 8

在具体解题的过程中，往往画一条线来代替小区间上对应的阴影部分，选 x 时画竖线，选 y 时画横线.

例1 求由 $y = \dfrac{1}{x}$，$y = x$ 及 $x = 2$ 围成图形的面积.

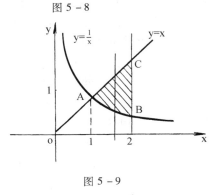

图 5 - 9

解法1 选 $x \in [1,2]$，面积元素 $d\Phi = \left(x - \dfrac{1}{x}\right)dx$，

所以

$$\Phi = \int_1^2 \left(x - \frac{1}{x}\right)dx = \left(\frac{1}{2}x^2 - \ln x\right)\Big|_1^2 = \frac{3}{2} - \ln 2$$

解法2 选 $y \in \left[\dfrac{1}{2},2\right]$，但要注意的是小区间 $[y,y+dy]$ 在水平移动的过程中面积元素有所改变.

当 $y \in \left[\dfrac{1}{2},1\right]$ 时，$d\Phi = \left(2 - \dfrac{1}{y}\right)dy$

当 $y \in [1,2]$ 时，$d\Phi = (2 - y)dy$

所以

$$\Phi = \int_{\frac{1}{2}}^1 \left(2 - \frac{1}{y}\right)dy + \int_1^2 (2 - y)dy = \frac{3}{2} - \ln 2$$

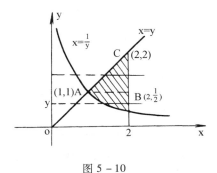

图 5 - 10

通过此题我们看到，在直角坐标下求一个平面图形的面积，既可选择对 x 积分也可以选择对 y 积分. 对 x 积分时，画竖线，与图形边界交上、下两点，面积元素为上曲线方程 $y_2(x)$ 与下曲线方程 $y_1(x)$ 之差与 dx 乘积. 我们用口诀总结如下：

"对 x 积，画竖线，上减下".

同样对 y 也可总结为

"对 y 积，画横线，右减左".

当竖线或横线在平行移动的过程中，若与边界交点所在曲线方程有所改变，要注意分块.

例2 求椭圆 $\dfrac{x^2}{a^2} + \dfrac{y^2}{b^2} = 1$ 所围图形的面积.

解 由对称性，椭圆面积 $\Phi = 4\Phi_1$，其中 Φ_1 是该椭圆在第一象限部分与两坐标轴所围图形面积．用直角坐标积分太麻烦，选椭圆参数方程进行变量替换 $x = a\cos t$，$y = b\sin t$．

$$\Phi = 4\Phi_1 = 4\int_0^a y(x)\,dx = 4\int_{\frac{\pi}{2}}^0 -b\sin t \cdot a\sin t\,dt = \pi ab$$

当所围图形的边界曲线方程是由参数方程 $x = x(t), y = y(t)$ 给出时，通过例 2 看到，我们仍按直角坐标写出面积的积分表达式，然后进行变量替换，对 t 积分即可．

（2）极坐标下平面图形的面积．

平面上任一点 $M(x,y)$ 也可以由这样两个有序数 r、θ 确定，r 是点 M 到原点 O 的距离，θ 是 OM 与 x 轴正向的夹角，这样的数对 (r, θ) 称为点 M 的极坐标，这时 O 称为极点，x 轴正向部分称为极轴（或 r 轴）．

从图 5 - 11 很容易得出点 M 的直角坐标与极坐标的关系

$$\begin{cases} x = r\cos\theta \\ y = r\sin\theta \end{cases}$$

这个变换也称为极坐标变换．

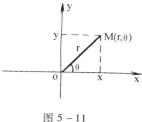

图 5 - 11

在极坐标下圆的方程变得较为简单，大家应熟记下面几种圆的极坐标方程

$$x^2 + y^2 = a^2 \Longleftrightarrow r = a\,(a > 0)$$
$$(x - a)^2 + y^2 = a^2 \Longleftrightarrow r = 2a\cos\theta\,(a\text{ 可正可负})$$
$$x^2 + (y - a)^2 = a^2 \Longleftrightarrow r = 2a\sin\theta\,(a\text{ 可正可负})$$

还有一些常见极坐标方程所代表的图形请见附录．

有了前面的极坐标知识，下面来求在极坐标下面积的积分表达式．

求由曲线 $r = r_1(\theta), r = r_2(\theta), \theta = \alpha, \theta = \beta\,(\alpha < \beta, r_1(\theta) \leqslant r_2(\theta)$ 为连续曲线）所围图形面积，由元素法，选 $\theta \in [\alpha, \beta]$，对小区间 $[\theta, \theta + d\theta]$，对应的面积的部分量应由两个扇形面积之差近似

$$\Delta\Phi \approx d\Phi = \frac{1}{2}r_2^2(\theta)\,d\theta - \frac{1}{2}r_1^2(\theta)\,d\theta = \frac{1}{2}[r_2^2(\theta) - r_1^2(\theta)]\,d\theta$$

所以在极坐标下面积

$$\Phi = \frac{1}{2}\int_\alpha^\beta [r_2^2(\theta) - r_1^2(\theta)]\,d\theta$$

在选择极坐标求面积时，应从极点 O 出发任意画一条穿过图形的射线代表 $[\theta, \theta + d\theta]$ 上对应面积部分量，离极点远的曲线方程为 $r = r_2(\theta)$，离极点近的曲线方程为 $r = r_1(\theta)$，所以与直角坐标一样，极坐标下求面积也可总结为口诀：

"对 θ 积，画射线，远方减近方之半"．

这里的远方和近方指的是远曲线 $r_2(\theta)$ 和近曲线 $r_1(\theta)$ 的平方．

例 3 求双纽线 $r^2 = a^2\cos 2\theta$ 所围平面图形面积．

解 如图 5 - 13，因为 $r^2 \geqslant 0$，所以 $\theta \in \left[-\dfrac{\pi}{4}, \dfrac{\pi}{4}\right] \cup \left[\dfrac{3\pi}{4}, \dfrac{5\pi}{4}\right]$，由对称性

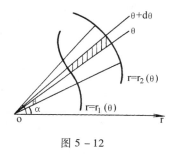

图 5 - 12

$$\Phi = 4\Phi_1 = 4 \cdot \frac{1}{2}\int_0^{\frac{\pi}{4}} r^2(\theta)\,d\theta = 2\int_0^{\frac{\pi}{4}} a^2\cos 2\theta\,d\theta = a^2$$

其中 Φ_1 是 Φ 在第一象限部分.

例 4 求由 $r = \sqrt{2}\sin\theta$ 及 $r^2 = \cos 2\theta$ 围成的公共部分的面积.

解 $r^2 = \cos 2\theta$ 是双纽线, $r = \sqrt{2}\sin\theta$ 是圆心在 y 轴, 过原点半径为 $\frac{\sqrt{2}}{2}$ 的圆, 如图 5 – 14,

先求两曲线交点

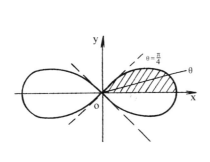

图 5 – 13

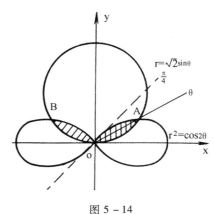

图 5 – 14

$$\begin{cases} r^2 = \cos 2\theta \\ r = \sqrt{2}\sin\theta \end{cases} \Rightarrow \begin{cases} A\left(\dfrac{\sqrt{2}}{2}, \dfrac{\pi}{6}\right) \\ B\left(\dfrac{\sqrt{2}}{2}, \dfrac{5\pi}{6}\right) \end{cases}$$

要注意的是过极点 O 画射线, 小区间 $[\theta, \theta + d\theta]$ 在转动过程中, 远的曲线方程有变化 (以第一象限看):

当 $\theta \in \left[0, \dfrac{\pi}{6}\right]$ 时, $d\Phi = \dfrac{1}{2}\left[2\sin^2\theta - 0^2\right]d\theta$

当 $\theta \in \left[\dfrac{\pi}{6}, \dfrac{\pi}{4}\right]$ 时, $d\Phi = \dfrac{1}{2}\left[\cos 2\theta - 0^2\right]d\theta$

所以应分两块, 由对称性

$$\Phi = 2\Phi_1 = 2\left[\int_0^{\frac{\pi}{6}} \frac{1}{2}\cdot 2\sin^2\theta\,d\theta + \int_{\frac{\pi}{6}}^{\frac{\pi}{4}} \frac{1}{2}\cos 2\theta\,d\theta\right]$$

$$= 2\left[\frac{\pi}{12} - \frac{\sqrt{3}}{8} + \frac{1}{4} - \frac{\sqrt{3}}{8}\right] = \frac{\pi}{6} + \frac{1 - \sqrt{3}}{2}$$

2. 平面曲线的弧长

定义 1 设 A、B 是曲线弧上两个端点 (图 5 – 15), 在 $\overparen{AB}$ 上依次取分点

$A = M_0, M_1, M_2, \cdots, M_{n-1}, M_n = B$ 并依次连接分点得一内接折线, 当分点数目无限增加, 且每小段 $\overparen{M_{i-1}M_i}$ 缩向一点时,

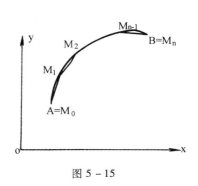

图 5 – 15

折线总长 $\sum\limits_{i=1}^{n}$ │$M_{i-1}M_i$│ 的极限存在，就称此极限为曲线弧$\overgroup{AB}$的弧长，并称曲线弧$\overgroup{AB}$是可求长的.

定义 2 若曲线弧$\overgroup{AB}$所对应的方程具有一阶连续的导数，称弧$\overgroup{AB}$是光滑的.

定理 1 分段光滑曲线弧是可求长的.

这个定理我们不加证明了. 显然弧长具有可加性，因而我们可通过定积分来求弧长. 第三章我们推导的弧微分 ds 显然也是弧长元素，即

$$ds = \sqrt{(dx)^2 + (dy)^2}$$

只需对 ds 积分就是我们要求的弧长，下面我们分光滑曲线方程的几种情形，分别给出弧长公式

（1）曲线弧是 $y = y(x)$ $(a \leqslant x \leqslant b)$，则

$$ds = \sqrt{1 + \left(\frac{dy}{dx}\right)^2}\,dx = \sqrt{1 + y'^2}\,dx , s = \int_a^b \sqrt{1 + y'^2}\,dx$$

（2）曲线弧是 $x = x(y)$ $(c \leqslant y \leqslant d)$，则

$$ds = \sqrt{1 + \left(\frac{dx}{dy}\right)^2}\,dy = \sqrt{1 + x'^2}\,dy , s = \int_c^d \sqrt{1 + x'^2}\,dy$$

（3）曲线弧是参数方程 $x = x(t)$，$y = y(t)$，$(\alpha \leqslant t \leqslant \beta)$，则

$$ds = \sqrt{x'^2(t) + y'^2(t)}\,dt , s = \int_\alpha^\beta \sqrt{x'^2 + y'^2}\,dt$$

（4）曲线弧是极坐标方程 $r = r(\theta)$ $(\alpha \leqslant \theta \leqslant \beta)$

因为这时 $x = r(\theta)\cos\theta$，$y = r(\theta)\sin\theta$，所以

$$ds = \sqrt{x'^2 + y'^2}\,d\theta = \sqrt{r^2 + r'^2}\,d\theta , s = \int_\alpha^\beta \sqrt{r^2 + r'^2}\,d\theta$$

例 5 计算 $y = \ln x$ 上相应于 $\sqrt{3} \leqslant x \leqslant \sqrt{8}$ 的一段弧的长度.

解 $y' = \dfrac{1}{x}$ $ds = \sqrt{1 + y'^2}\,dx = \dfrac{\sqrt{1 + x^2}}{x}\,dx$

$$s = \int_{\sqrt{3}}^{\sqrt{8}} \frac{\sqrt{1 + x^2}}{x}\,dx$$

令 $t = \sqrt{1 + x^2}$，则 $x = \sqrt{t^2 - 1}$，$dx = \dfrac{t}{\sqrt{t^2 - 1}}\,dt$

$$s = \int_2^3 \frac{t}{\sqrt{t^2 - 1}} \cdot \frac{t}{\sqrt{t^2 - 1}}\,dt = \int_2^3 \frac{t^2 - 1 + 1}{t^2 - 1}\,dt$$

$$= \int_2^3 dt + \int_2^3 \frac{1}{t^2 - 1}\,dt = 1 + \frac{1}{2}\ln\frac{3}{2}$$

例 6 在摆线 $x = a(t - \sin t)$，$y = a(1 - \cos t)$ $(a > 0)$ 上求一点 M，分摆线第一拱的弧长成 1:3.

解 设 M 点对应的参数为 t_0，则参数 t 从 0 变化到 t_0 时曲线弧长

$$s(t_0) = \int_0^{t_0} \sqrt{x'^2 + y'^2}\,dt = \int_0^{t_0} \sqrt{a^2(1 - \cos t)^2 + a^2 \sin^2 t}\,dt$$

$$= \int_0^{t_0} 2a\sin\frac{t}{2}dt = 4a\left(1 - \cos\frac{t_0}{2}\right)$$

当 $t_0 = 2\pi$ 时，第一拱的总长 $s(2\pi) = 8a$. 因为 M 分总长为 $1:3$，所以

$$4a\left(1 - \cos\frac{t_0}{2}\right) = \frac{1}{4}s(2\pi) = 2a$$

解得 $t_0 = \frac{2}{3}\pi$，代入摆线参数方程得 M 的坐标

$$\begin{cases} x = \left(\frac{2}{3}\pi - \frac{\sqrt{3}}{2}\right)a \\ y = \frac{3}{2}a \end{cases}$$

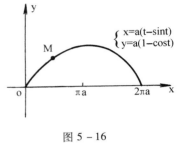

图 5 − 16

例 7　求对数螺线 $r = e^\theta$ 自 $\theta = 0$ 到 $\theta = \frac{\pi}{4}$ 的一段弧长.

解　因为 $r = e^\theta$，所以 $ds = \sqrt{r^2 + r'^2}d\theta = \sqrt{2e^{2\theta}}d\theta = \sqrt{2}e^\theta d\theta$ 所以弧长

$$s = \int_0^{\frac{\pi}{4}} \sqrt{2}e^\theta d\theta = \sqrt{2}e^\theta \Big|_0^{\frac{\pi}{4}} = \sqrt{2}\left(e^{\frac{\pi}{4}} - 1\right)$$

3. 体积

一般空间立体的体积 V 应不止依赖于一个自变量，无法用定积分元素法. 但下面两种立体体积只依赖于一个自变量，可以用元素法求出.

（1）旋转体的体积.

定义 3　由一个平面图形绕这平面内的一条直线旋转一周而成的立体，称为旋转体.

由 $y = y_1(x) \geqslant 0, y = y_2(x) \geqslant 0, x = a, x = b, (y_1(x) \leqslant y_2(x)$ 是连续函数）围成图形绕 x 轴旋转一周（如图 5 − 17）而成立体，求此立体体积. 由元素法，选 $x \in [a,b]$，任取小区间 $[x, x+dx]$，小区间上对应图形绕 x 轴旋转一周的体积部分量

$$\Delta V \approx dV = \pi[y_2^2(x) - y_1^2(x)]dx$$

（把阴影部分近似看成矩形）

则整个旋转体的体积 $V_x = \int_a^b \pi[y_2^2(x) - y_1^2(x)]dx$.

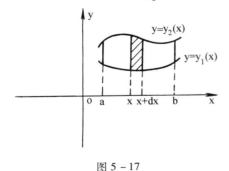

图 5 − 17

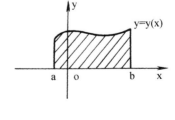

图 5 − 18

特别地当 $y = y_1(x) = 0$，即为 x 轴时，图 5 − 18 的曲边梯形绕 x 轴旋转一周旋转体的体积

$$V_x = \int_a^b \pi y^2(x)\,dx$$

当 $y = y_1(x)$ 与 $y = y_2(x)$ 不全是非负的时候，没有统一的公式，应视具体情况而定，只是注意在计算的时候不要重复计算体积（图 5 – 19）.

同理当由 $x = x_1(y) \geqslant 0$，$x = x_2(y) \geqslant 0$，$y = c$，$y = d$ （$x_1(y) \leqslant x_2(y)$ 为连续函数）围成的平面图形绕 y 轴旋转一周而得到旋转体的体积 $V_y = \int_c^d \pi[x_2^2(y) - x_1^2(y)]\,dy$. 复杂的情形也要视题目而定.

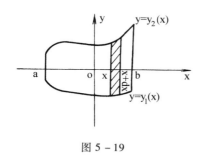

图 5 – 19

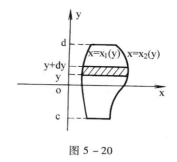

图 5 – 20

例 8　求 $y = \sin x\,(0 \leqslant x \leqslant \frac{\pi}{2})$、$y = 0$ 及 $x = \frac{\pi}{2}$ 所围成的平面图形分别绕 x 轴、y 轴旋转所得到的旋转体的体积.

解　绕 x 轴旋转得到旋转体的体积

$$V_x = \int_0^{\frac{\pi}{2}} \pi \sin^2 x\,dx = \pi \int_0^{\frac{\pi}{2}} \frac{1 - \cos 2x}{2}\,dx = \frac{\pi^2}{4}$$

绕 y 轴旋转得到的旋转体体积

$$V_y = \int_0^1 \pi\left[\left(\frac{\pi}{2}\right)^2 - (\arcsin y)^2\right]dy$$

$$= \frac{\pi^3}{4} - \pi \int_0^1 (\arcsin y)^2\,dy = 2\pi$$

例 9　求圆域 $x^2 + y^2 \leqslant 1$，绕 $x = -2$ 旋转而成的旋转体体积.

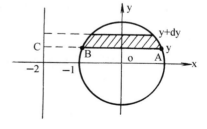

图 5 – 21

解　选 $y \in [-1, 1]$ 为自变量，因为 $AC = 2 + \sqrt{1 - y^2}$，$BC = 2 - \sqrt{1 - y^2}$，所以体积元素

$$dV = \pi[AC^2 - BC^2]\,dy$$

$$= \pi\left[(2 + \sqrt{1 - y^2})^2 - (2 - \sqrt{1 - y^2})^2\right]dy$$

$$= 8\pi \sqrt{1 - y^2}\,dy$$

所以

$$V = \int_{-1}^1 8\pi \sqrt{1 - y^2}\,dy = 16\pi \int_0^1 \sqrt{1 - y^2}\,dy = 4\pi^2$$

（2）平行截面面积已知的立体体积.

定义 4　有一立体 Ω 在过点 $x = a$ 和 $x = b$ 且垂直于 x 轴的两个平面之间，若对 $\forall x \in [a,$

b]作垂直于 x 轴的平面截 Ω 得截面，其面积 A(x) 的表达式是已知的 （与 x 有关且连续），则称 Ω 是平行截面面积已知的立体 （图 5 – 22）.

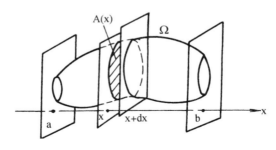

图 5 – 22

很容易由元素法推出平行截面面积 A(x) 已知的立体体积公式.

选 x ∈ [a,b]，任取小区间[x,x + dx]，则小区间上对应的体积的部分量

$$\Delta V \approx dV = A(x) dx$$

所以立体 Ω 的体积

$$V = \int_a^b A(x) dx$$

前面所讲旋转体的体积是这种类型的特殊情况，它的截面恰好为圆.

例 10 如图 5 – 23 所示，底面为椭圆 $\frac{x^2}{4^2} + \frac{y^2}{5^2} = 1$ 的直

椭圆柱体，被经过底面短轴与底面夹角为 $\frac{\pi}{4}$ 的斜平面所截，

求截得楔形体的体积.

解 过 x 轴上点 x 垂直于 x 轴的截面截立体得到的截面是直角三角形 ABC

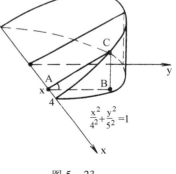

$$AB = y = 5 \sqrt{1 - \frac{x^2}{4^2}}$$

$$BC = AB$$

图 5 – 23

所以 $\quad A(x) = \frac{1}{2} AB \cdot BC = \frac{25}{2} \left(1 - \frac{x^2}{4^2}\right) = \frac{25}{32}(4^2 - x^2)$

此立体体积

$$V = \int_{-4}^4 \frac{25}{32}(4^2 - x^2) dx = \frac{50}{32} \int_0^4 (16 - x^2) dx = \frac{200}{3}$$

三、元素法在物理上的应用

1. 变力沿直线所作的功

把直线取为 x 轴，力 F （与 x 轴方向一致） 把物体从 a 移动到 b，

o   a   x   x+dx   b   x

则所作功 W 是

（1）F 常力时，$W = F \cdot (b-a)$

（2）F 变力时（与 x 有关的连续函数），由元素法，在小区间 $[x, x+dx]$ 上近似看成常力，功元素 $dW = F(x)dx$

所以　　　$W = \int_a^b F(x)dx$

例 11　设一锥形贮水池，深 15m，口径 20m，盛满水，试问要把贮水池中水全部吸出需做多少功？

解　如图 5-24 建立坐标系，过 AC 的直线方程

$$\frac{y}{10} = \frac{x-15}{0-15} \quad 即\ y = 10 - \frac{2}{3}x$$

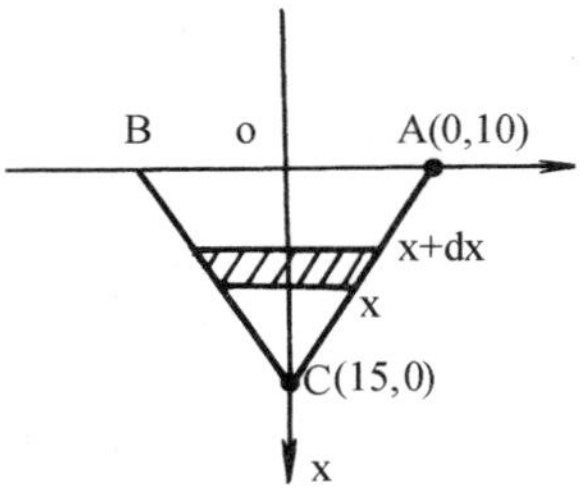

由元素法，选 $x \in [0,15]$，对小区间 $[x, x+dx]$ 的一薄层水其重力近似为 $9.8 \cdot \pi \left(10 - \frac{2}{3}x\right)^2 \cdot dx$，所以功元素

$$dW = 9.8\pi x \left(10 - \frac{2}{3}x\right)^2 dx$$

$$W = \int_0^{15} 9.8\pi x \left(10 - \frac{2}{3}x\right)^2 dx = 9.8\pi \left[50x^2 - \frac{40}{9}x^3 + \frac{1}{9}x^4\right]\Big|_0^{15}$$

$$= 57697.5 (kJ)$$

图 5-24

例 12　用铁锤将一铁钉击入木板，设木板对铁钉的阻力与铁钉击入木板的深度成正比，在击第一次时，将铁钉击入木板 1cm. 如果铁锤每次打击铁钉所做的功相等，问锤击第 n 次时，铁钉又击入多少？

解　由题意，设深度为 x，则 $F = kx$（k 是比例常数）. 第一次打击时所作功

$$W_1 = \int_0^1 kxdx = \frac{1}{2}k$$

假设锤击 n 次共击入木板深度为 h，则 n 次共作的功

$$W_n = \int_0^h kxdx = \frac{1}{2}kh^2$$

因为每次击打作功相等，所以

$$W_n = nW_1, \quad 即\ \frac{1}{2}kh^2 = \frac{1}{2}nk \quad h = \sqrt{n}\ cm$$

所以锤击第 n 次时，铁钉又击入 $\sqrt{n} - \sqrt{n-1}\ cm$.

2. 水压力

（1）有一面积为 A 的薄板水平放置在水深为 h 处，那么薄板一侧受的水压力

$$F = P \cdot A = \rho ghA$$

其中 P 是深度为 h 时压强，ρ 为水密度，g 是重力加速度.

（2）当面积为 A 的薄板垂直放在水中，这时水深 h 变化，因而各点处压强不相等. 需用元素法解决.

例 13　设一个横放着的直椭圆柱形水桶，如图 5-25，a，b 分别为其底面椭圆的长半轴和短半轴，桶内装有半桶水，水的密度为 ρ，计算桶的一个端面上所受的压力.

解 如图选取坐标系,用元素法来求 F.

选 $x \in [0, b]$,椭圆方程 $\dfrac{x^2}{b^2} + \dfrac{y^2}{a^2} = 1$. 任取小区间 $[x, x + dx]$,

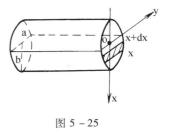

图 5 – 25

在这小区间对应端面上,近似看成深度都为 x,因此压强 $P = \rho g x$,

而阴影部分窄条的面积近似于 $2ydx = 2a\sqrt{1 - \dfrac{x^2}{b^2}}dx$,因此压力

元素

$$dF = \rho g x \cdot 2a \sqrt{1 - \dfrac{x^2}{b^2}}dx$$

所以压力

$$F = \int_0^b 2a\rho g x \sqrt{1 - \dfrac{x^2}{b^2}}dx = -\dfrac{a\rho g}{b} \int_0^b \sqrt{b^2 - x^2}d(b^2 - x^2)$$

$$= -\dfrac{a\rho g}{b}\left[\dfrac{2}{3}(b^2 - x^2)^{\frac{3}{2}}\right]\Big|_0^b = \dfrac{2}{3}ab^2\rho g$$

3. 引力

(1) 质量分别为 m_1,m_2,相距为 r 的两质点间引力的大小为

$$F = G\dfrac{m_1 m_2}{r^2} \qquad (G \text{ 为引力系数})$$

(2) 一个细棒长度为 l,线密度为 ρ(为常数),由于细棒上各点到一定质点的距离变化,如何求该细棒对定质点的引力?仍需用元素法思想.

例 14 设有一长度为 l,线密度为 ρ 的细棒,在与棒一端垂直距离为 a 单位处有一质量为 m 的质点 M,试求细棒对质点 M 的引力.

解 如图 5 – 26 建立坐标系. 选 $x \in [0, l]$,对任意小区间 $[x, x + dx]$,其质量为 ρdx,此小区间段对质点的引力为

$$\Delta F \approx G\dfrac{m\rho dx}{x^2 + a^2}$$

而其在 x 轴及 y 轴上的分力 F_x 和 F_y 的元素为

$$dF_x = G\dfrac{m\rho dx}{x^2 + a^2}\cos\alpha = G\dfrac{m\rho x}{(x^2 + a^2)^{3/2}}dx$$

$$dF_y = -G\dfrac{m\rho dx}{x^2 + a^2}\sin\alpha = -G\dfrac{m\rho a}{(x^2 + a^2)^{3/2}}dx$$

所以

$$F_x = \int_0^l dF_x = Gm\rho \int_0^l \dfrac{x}{(x^2 + a^2)^{3/2}}dx = Gm\rho\left(\dfrac{1}{a} - \dfrac{1}{\sqrt{l^2 + a^2}}\right)$$

$$F_y = -Gm\rho a \int_0^l \dfrac{1}{(x^2 + a^2)^{3/2}}dx = -Gm\rho l \dfrac{1}{a\sqrt{l^2 + a^2}}$$

4. 其他

元素法在物理上还有很多应用,在此不一一介绍. 请读者自己用元素法推出下面两个

公式：

（1）有一细棒长为 l，把细棒取作 x 轴，左端点定为原点，细棒非均匀，其线密度为 ρ（x），则细棒的质量 $m = \int_0^l \rho(x)\,dx$.

（2）有一质点速度为 v(t)，沿 x 轴正向运动，则质点从 T_1 到 T_2 时刻所通过的路程 $S = \int_{T_1}^{T_2} v(t)\,dt$.

习题 5 - 4

1．求下列图形的面积.

（1）$y = \dfrac{3}{x}$ 和 $x + y = 4$ 围成的图形；

（2）$y = 2x$ 与 $y = 3 - x^2$ 围成的图形；

（3）$y = x^2 - 2x$，$y = 0$，$x = 1$，$x = 3$ 围成的两块图形面积之和；

（4）$y^2 = x$ 与直线 $x - 2y - 3 = 0$ 围成的图形.

2．求摆线 $x = a(t - \sin t)$，$y = a(1 - \cos t)$（$a > 0$）的一拱与 x 轴所围图形的面积.

3．心形线 $r = a(1 + \cos\theta)$（$a > 0$）所围图形的面积.

4．求 $r = \sin\theta$ 与 $r = \sqrt{3}\cos\theta$ 所围公共部分的面积.

5．求下列曲线的弧长.

（1）曲线 $y = \dfrac{e^x + e^{-x}}{2}$ 从 $x = 0$ 到 $x = 1$ 的曲线弧.

（2）曲线 $y = \dfrac{2}{3}x^{\frac{3}{2}}$ 从 $x = 3$ 到 $x = 8$ 的曲线弧.

（3）曲线 $x = a\cos^3 t$，$y = a\sin^3 t$（星形线）全部曲线弧.

（4）曲线 $r = a\sin^3\dfrac{\theta}{3}$（$a > 0$）从 $\theta = 0$ 到 $\theta = 3\pi$ 的曲线弧.

6．求下列图形绕指定轴旋转得到的旋转体体积：

（1）$y = \sqrt{x}$ 与 $x = 1$，$x = 4$，$y = 0$ 围成的图形绕 x 轴和 y 轴旋转；

（2）圆盘 $x^2 + (y - 2)^2 \leqslant 1$ 绕 x 轴旋转；

（3）$y = x^2 - 2x$，$y = 0$，$x = 1$，$x = 3$ 围成的图形绕 y 轴旋转.

7．设直线 $y = ax$ 与抛物线 $y = x^2$ 所围成图形的面积为 S_1，它们与直线 $x = 1$ 围成图形的面积为 S_2，并且 $a < 1$.

（1）试确定 a 的值，使 $S_1 + S_2$ 达到最小. 并求出最小值.

（2）求该最小值所对应的平面图形绕 x 轴旋转一周而得到的旋转体的体积.

8．由抛物线 $y = x^2$ 及 $y = 4x^2$ 绕 y 轴旋转一周构成一旋转抛物面（图 5 - 27），高为 H，现于其中盛水，水高为 $\dfrac{H}{2}$，问要将水全部抽出，外力需做多少功？

9. 为清除井底的污泥，用缆绳将抓斗放入井底，抓起污泥后提出井口. 已知井深 30 米，抓斗自重 400 牛顿，缆绳每米重 50 牛顿，抓斗抓起的污泥重 2000 牛顿，提升速度为 3 米/秒，在提升过程中，污泥以 20 牛顿/秒的速度从抓斗缝隙中漏掉，现将抓起污泥的抓斗提升至井口，问克服重力需做多少焦耳的功？（1 牛顿 ×1 米 =1 焦耳，抓斗的高度及位于井口上方的缆绳长度忽略不计）.

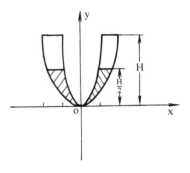

图 5 – 27

10. 一底为 8cm，高为 6cm 的等腰三角形片，铅直地沉没水中，顶在上，底在下且与水面平行，而顶离水面为 3cm，试求它每面所受压力.

11. 有一闸门形状如图 5 – 28，水面恰好在闸门顶部. 闸门上部为一矩形，宽为 2 米，长为 4 米，下部是半圆面，求矩形部分与半圆部分承受的压力之比是多少？

12. 设有一半径为 R，中心角为 φ 的圆弧形细棒，其线密度为常数 ρ，在圆心处有一质量为 m 的质点 M，试求这细棒对质点 M 的引力.

13. 设有一线密度为 ρ 的均匀细棒 AB，其长为 l，在 AB 的延长线上与端点 B 的距离 a 处有一质量为 m 的质点 C，试求细棒对质点 C 的引力.

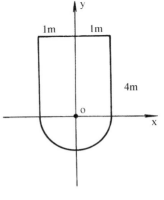

图 5 – 28

第六章　空间解析几何与向量代数

第一节　向量及其线性运算

一、向量的概念

定义 1　既有大小又有方向的量叫做向量.

向量通常用有向线段来表示. 有向线段的长度表示向量的大小,有向线段的方向表示向量的方向. 以 A 为起点、B 为终点的有向线段所表示的向量记作 $\overrightarrow{AB}$(图 6 − 1). 有时也用一个黑体字母(书写时,在字母上面加箭头)来表示向量,例如 **a**、**b** 或 $\vec{a}$、$\vec{b}$ 等等.

在实际问题中, 有些向量与其起点有关, 有些向量与其起点无关. 由于一切向量的共性是它们都有大小和方向, 因此在数学上只研究与起点无关的向量, 并称这种向量为自由向量.

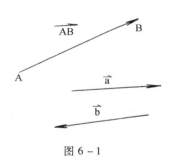

图 6 − 1

定义 2　如果两个向量 $\vec{a}$ 和 $\vec{b}$ 的大小相等、方向相同,则称这两个向量 $\vec{a}$ 和 $\vec{b}$ 是相等的, 记作 $\vec{a} = \vec{b}$.

向量的大小叫做向量的模, 向量$\overrightarrow{AB}$、$\vec{a}$、$\vec{a}$ 的模依次记作 $|\overrightarrow{AB}|$、$|\vec{a}|$. 模等于 1 的向量叫做单位向量. 与非零向量 $\vec{a}$ 同方向的单位向量叫做 $\vec{a}$ 的单位向量, 记作 $\vec{e}_a$. 模等于零的向量叫做零向量, 记作 0 或 $\vec{0}$. 零向量的起点与终点重合, 它的方向可看作是任意的.

把平行于同一条直线的一组向量叫做共线向量(或平行向量). 向量 $\vec{a}$ 与 $\vec{b}$ 共线, 记作 $\vec{a}$ // $\vec{b}$. 把平行于同一个平面的一组向量叫做共面向量, 显然任意两个向量都共面.

二、向量的线性运算

1. 向量的加法

定义 3　设有两个向量 $\vec{a}$ 和 $\vec{b}$,在空间任取一点 A,作 $\overrightarrow{AB} = \vec{a}$, $\overrightarrow{BC} = \vec{b}$(图 6 − 2),则向量 $\overrightarrow{AC} = \vec{c}$ 称为向量 $\vec{a}$ 与 $\vec{b}$ 的和, 记作

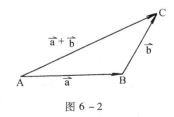

图 6 − 2

$\vec{a} + \vec{b}$，即

$$\vec{c} = \vec{a} + \vec{b}$$

求两个向量 $\vec{a}$ 与 $\vec{b}$ 的和 $\vec{a} + \vec{b}$ 的运算称为向量的加法，这种求两向量之和的方法称为三角形法则.

若向量 $\vec{a}$ 与 $\vec{b}$ 不共线，作 $\overrightarrow{AB} = \vec{a}, \overrightarrow{AD} = \vec{b}$，以 AB、AD 为邻边作一平行四边形 ABCD，连接对角线 AC（图 6 - 3），显然向量 $\overrightarrow{AC}$ 即等于向量 $\vec{a}$ 与 $\vec{b}$ 的和. 这种求两向量之和的方法称为平行四边形法则.

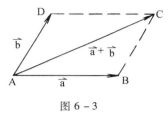

图 6 - 3

向量的加法满足下列运算规律：

（1）交换律 $\quad \vec{a} + \vec{b} = \vec{b} + \vec{a}$；

（2）结合律 $\quad (\vec{a} + \vec{b}) + \vec{c} = \vec{a} + (\vec{b} + \vec{c})$.

由于向量的加法满足交换律和分配律，故 n 个向量 $\overrightarrow{a_1}$，$\overrightarrow{a_2}, \cdots, \overrightarrow{a_n} (n \geqslant 3)$ 相加可写成

$$\overrightarrow{a_1} + \overrightarrow{a_2} + \cdots + \overrightarrow{a_n}$$

根据三角形法则，可求得 n 个向量的和如下：在空间任取一点 A，作 $\overrightarrow{AA_1} = \overrightarrow{a_1}, \overrightarrow{A_1 A_2} = \overrightarrow{a_2}, \cdots, \overrightarrow{A_{n-1} A_n} = \overrightarrow{a_n}$，则向量 $\overrightarrow{AA_n}$ 即为所求的和. 如图 6 - 4，有 $\vec{s} = \overrightarrow{a_1} + \overrightarrow{a_2} + \cdots + \overrightarrow{a_n}$.

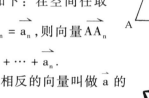

图 6 - 4

设 $\vec{a}$ 为一向量，与 $\vec{a}$ 的模相同而方向相反的向量叫做 $\vec{a}$ 的负向量，记作 $-\vec{a}$.

我们规定向量 $\vec{b}$ 与 $\vec{a}$ 的差（图 6 - 5）：

$$\vec{b} - \vec{a} = \vec{b} + (-\vec{a})$$

任给向量 $\overrightarrow{AB}$ 及点 O，有

$$\overrightarrow{AB} = \overrightarrow{AO} + \overrightarrow{OB} = \overrightarrow{OB} - \overrightarrow{OA}$$

因此，若把向量 $\vec{a}$ 与 $\vec{b}$ 移到同一起点 O，则从 $\vec{a}$ 的终点向 $\vec{b}$ 的终点所引向量 $\overrightarrow{AB}$ 便是向量 $\vec{b}$ 与 $\vec{a}$ 的差 $\vec{b} - \vec{a}$（图 6 - 6）.

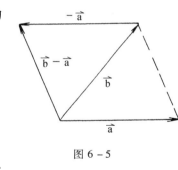

图 6 - 5

由三角形两边之和大于第三边的原理，有

$$|\vec{a} \pm \vec{b}| \leqslant |\vec{a}| + |\vec{b}|$$

其中等号在 $\vec{a}$ 与 $\vec{b}$ 同向或反向时成立.

例 1 在平行六面体 ABCD—$A_1 B_1 C_1 D_1$ 中，$\overrightarrow{AB} =$

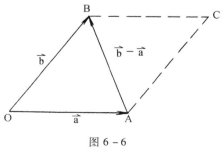

图 6 - 6

$\vec{a},\overrightarrow{AD}=\vec{b}\ \overrightarrow{AA_1}=\vec{c}.$ 试用 $\vec{a},\vec{b},\vec{c}$ 表示对角线向量 $\overrightarrow{AC_1}$ 和 $\overrightarrow{A_1C}$（图 6 - 7）.

解 （1）由向量相加的三角形法则，可得

$$\overrightarrow{AC_1}=\overrightarrow{AB}+\overrightarrow{BC}+\overrightarrow{CC_1}=\overrightarrow{AB}+\overrightarrow{AD}+\overrightarrow{AA_1}$$

$$=\vec{a}+\vec{b}+\vec{c}$$

（2）同理可得

$$\overrightarrow{A_1C}=\overrightarrow{A_1A}+\overrightarrow{AB}+\overrightarrow{BC}=-\overrightarrow{AA_1}+\overrightarrow{AB}+\overrightarrow{AD}$$

$$=-\vec{c}+\vec{a}+\vec{b}=\vec{a}+\vec{b}-\vec{c}$$

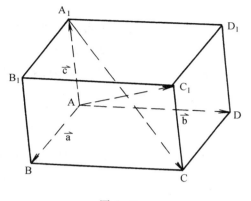

2. 向量与数的乘法

定义 4 向量 $\vec{a}$ 与实数 λ 的乘积记作 $\lambda\vec{a}$，规定

$\lambda\vec{a}$ 是一个向量，且满足：

图 6 - 7

（1）$|\lambda\vec{a}|=|\lambda||\vec{a}|$；

（2）$\lambda\vec{a}$ 的方向，当 $\lambda>0$ 时与 $\vec{a}$ 同向，当 $\lambda<0$ 时与 $\vec{a}$ 反向.

从条件（1）知，当 $\lambda=0$ 或 $\vec{a}=\vec{0}$ 时，$\lambda\vec{a}=\vec{0}$

特别地，当 $\lambda=\pm1$ 时，有

$$1\vec{a}=\vec{a},(-1)\vec{a}=-\vec{a}$$

若 $\vec{e_a}$ 是已知向量 $\vec{a}$ 的单位向量，则有

$$\vec{e_a}=\frac{1}{|\vec{a}|}\vec{a}$$

即一个非零向量的单位向量等于此非零向量除以它的模.

向量与数的乘积满足下列运算规律：

（1）结合律 $\lambda(\mu\vec{a})=\mu(\lambda\vec{a})=(\lambda\mu)\vec{a}$

（2）分配律 $(\lambda+\mu)\vec{a}=\lambda\vec{a}+\mu\vec{a}$

$$\lambda(\vec{a}+\vec{b})=\lambda\vec{a}+\lambda\vec{b}$$

向量的加法及向量与数的乘法统称为向量的线性运算.

例 2 设 AM 是 $\triangle ABC$ 的中线，求证

$$\overrightarrow{AM}=\frac{1}{2}(\overrightarrow{AB}+\overrightarrow{AC}).$$

证 如图 6 - 8 所示，有

$$\overrightarrow{AM}=\overrightarrow{AB}+\overrightarrow{BM},\ \overrightarrow{AM}=\overrightarrow{AC}+\overrightarrow{CM}$$

所以 $2\overrightarrow{AM}=\overrightarrow{AB}+\overrightarrow{BM}+\overrightarrow{AC}+\overrightarrow{CM}=(\overrightarrow{AB}+\overrightarrow{AC})+(\overrightarrow{BM}+\overrightarrow{CM})$

$$=\overrightarrow{AB}+\overrightarrow{AC}$$

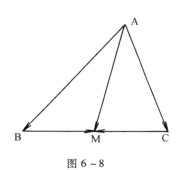

图 6 - 8

即 $\qquad \overrightarrow{AM} = \dfrac{1}{2}(\overrightarrow{AB} + \overrightarrow{AC})$

由于向量 $\lambda\vec{a}$ 与 $\vec{a}$ 平行,因此我们常用向量与数的乘积来说明两个向量的平行关系. 即有

定理 1 设向量 $\vec{a} \neq \vec{0}$,则向量 $\vec{b}$ 与 $\vec{a}$ 平行的充要条件是:存在惟一的实数 λ,使 $\vec{b} = \lambda\vec{a}$.

证 条件的充分性是显然的,下面证明条件的必要性.

设 $\vec{b} // \vec{a}$,因为 $\vec{a} \neq \vec{0}$,所以 $|\vec{a}| \neq 0$. 当 $\vec{b}$ 与 $\vec{a}$ 同向时,取 $\lambda = \dfrac{|\vec{b}|}{|\vec{a}|}$;当 $\vec{b}$ 与 $\vec{a}$ 反向时,取 $\lambda = -\dfrac{|\vec{b}|}{|\vec{a}|}$. 由 λ 的取法可知,$\vec{b}$ 与 $\lambda\vec{a}$ 同向,且

$$|\lambda\vec{a}| = |\lambda|\,|\vec{a}| = \dfrac{|\vec{b}|}{|\vec{a}|}|\vec{a}| = |\vec{b}|$$

因此有 $\vec{b} = \lambda\vec{a}$.

最后证明 λ 的惟一性. 设 $\vec{b} = \lambda\vec{a} = \mu\vec{a}$,则有

$$(\lambda - \mu)\vec{a} = \vec{0}, \qquad 即 |\lambda - \mu|\,|\vec{a}| = 0$$

因为 $|\vec{a}| \neq 0$,所以 $|\lambda - \mu| = 0$,即 $\lambda = \mu$.

定理 1 是建立数轴的理论依据. 设点 O 及单位向量 $\vec{i}$ 确定了数轴 Ox(图 6-9),对于数轴上任一点 P,对应一个向量 $\overrightarrow{OP}$,由于 $\overrightarrow{OP} // \vec{i}$,根据定理 1,存在惟一的实数 x,使 $\overrightarrow{OP} = x\vec{i}$(实数 x 叫做轴上有向线段 $\overrightarrow{OP}$ 的值),并且向量 $\overrightarrow{OP}$ 与实数 x 一一对应,即有

$$点\ P \leftrightarrow 向量 \overrightarrow{OP} = x\vec{i} \leftrightarrow 实数\ x,$$

从而轴上的点 P 与实数 x 是一一对应的,因此,实数 x 叫做轴上点 P 的坐标.

图 6-9

轴上点 P 的坐标为 x 的充要条件是

$$\overrightarrow{OP} = x\vec{i}$$

如果点 P 不在 x 轴上,点 Q 是点 P 在 x 轴上的投影点（图 6-10）. 设点 Q 的坐标为 x,则 x 也称为向量 $\overrightarrow{OP}$ 在 x 轴上的投影,记作 $\mathrm{Prj}_x\overrightarrow{OP}$ 或 $(\overrightarrow{OP})_x$,即

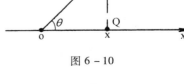

图 6-10

$$\mathrm{Prj}_x\overrightarrow{OP} = x = |\overrightarrow{OP}|\cos\theta$$

显然 $0 < \theta < \dfrac{\pi}{2}$ 时,$\mathrm{Prj}_x\overrightarrow{OP} > 0$;$\theta = \dfrac{\pi}{2}$ 时,$\mathrm{Prj}_x\overrightarrow{OP} = 0$;$\dfrac{\pi}{2} < \theta < \pi$ 时,$\mathrm{Prj}_x\overrightarrow{OP} < 0$.

向量$\overrightarrow{OQ}$称为向量$\overrightarrow{OP}$在 x 轴上的投影向量或分向量.

例 3　设向量 $\vec{r}$ 与单位向量 $\vec{e}$ 的夹角为 $\dfrac{5\pi}{6}$，且 $|\vec{r}| = 10$，求 $\vec{r}$ 在 $\vec{e}$ 方向上的投影和投影向量.

解　向量 $\vec{r}$ 在 $\vec{e}$ 方向上的投影为

$$\operatorname{Prj}_{\vec{e}}\vec{r} = |\vec{r}|\cos\frac{5\pi}{6} = -5\sqrt{3}$$

向量 $\vec{r}$ 在 $\vec{e}$ 方向上的投影向量为

$$\vec{r'} = (\operatorname{Prj}_{\vec{e}}\vec{r})\vec{e} = -5\sqrt{3}\,\vec{e}$$

三、空间直角坐标系

在空间取定一点 O 和三个两两垂直的单位向量 $\vec{i}$、$\vec{j}$、$\vec{k}$，就确定了三条都以 O 为原点的两两垂直的数轴 Ox、Oy、Oz. 这三条数轴就构成了一个空间直角坐标系，称为 Oxyz 坐标系或 $[O;\vec{i},\vec{j},\vec{k}]$ 坐标系（图 6 – 11）. 以后如无特别声明，我们总是取右手坐标系.

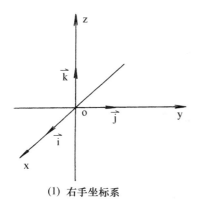
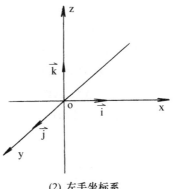

(1) 右手坐标系　　　　　　　　(2) 左手坐标系

图 6 – 11

三条数轴 Ox、Oy、Oz 统称为坐标轴，并依次称为 x 轴（横轴）、y 轴（纵轴）、z 轴（竖轴）. 每两条坐标轴所确定的平面统称为坐标面，按照坐标面包含的坐标轴，分别称为 xOy 面、yOz 面、zOx 面. 三个坐标面把空间分成八个区域，每个区域称为一个卦限. 这个八个卦限分别用字母Ⅰ、Ⅱ、…、Ⅷ表示（图 6 – 12）.

四、向量的坐标表达式及其计算

1. 向量的坐标表达式

任给向量 $\vec{r}$，对应有点 M，使 $\overrightarrow{OM} = \vec{r}$. 以 $\overrightarrow{OM}$

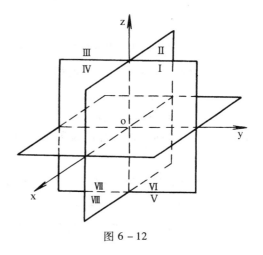

图 6 – 12

为对角线、三条坐标轴为棱作长方体 OPNQ—RHMK（图 6 – 13），则有

$$\vec{r} = \overrightarrow{OM} = \overrightarrow{OP} + \overrightarrow{PN} + \overrightarrow{NM}$$

$$= \overrightarrow{OP} + \overrightarrow{OQ} + \overrightarrow{OR}$$

设 $\overrightarrow{OP} = x\vec{i}$，$\overrightarrow{OQ} = y\vec{j}$，$\overrightarrow{OR} = z\vec{k}$，则有

$$\vec{r} = \overrightarrow{OM} = x\vec{i} + y\vec{j} + z\vec{k}$$

上式称为向量 $\vec{r}$ 的坐标分解式. $x\vec{i}$、$y\vec{j}$、$z\vec{k}$ 称为向量 $\vec{r}$ 沿三个坐标轴方向的分向量.

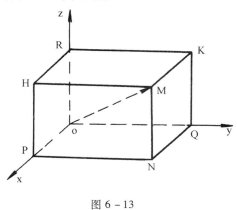

图 6 – 13

显然，点 M、向量 $\vec{r}$ 与三个有序数 x、y、z 之间有下列一一对应关系：

$$M \leftrightarrow \vec{r} = \overrightarrow{OM} = x\vec{i} + y\vec{j} + z\vec{k} \leftrightarrow (x,y,z)$$

因此，有序数 x、y、z 称为向量 $\vec{r} = \overrightarrow{OM}$（在坐标系 Oxyz 中）的坐标，记作 $\vec{r} = \{x,y,z\}$；有序数 x、y、z 也称为点 M（在坐标系 Oxyz 中）的坐标，记作 M(x,y,z)；向量 $\vec{r} = \overrightarrow{OM}$ 称为点 M 关于原点 O 的向径. 这些定义表明，一个点与该点的向径有相同的坐标.

坐标面上和坐标轴上的点的坐标各有一定的特征，坐标面上的点的坐标中有一个为零，例如 yOz 面上的点的坐标中 x = 0；坐标轴上的点的坐标中有两个为零，例如 x 轴上的点的坐标中 y = z = 0；显然原点 O 的坐标是(0,0,0).

2. 用坐标作向量的线性运算

有了向量与它的坐标之间的关系后，向量的线性运算就可转化为坐标的运算.

设 $\vec{a} = \{a_x, a_y, a_z\}$, $\vec{b} = \{b_x, b_y, b_z\}$，即

$$\vec{a} = a_x\vec{i} + a_y\vec{j} + a_z\vec{k}, \quad \vec{b} = b_x\vec{i} + b_y\vec{j} + b_z\vec{k},$$

则有

$$\vec{a} \pm \vec{b} = (a_x\vec{i} + a_y\vec{j} + a_z\vec{k}) \pm (b_x\vec{i} + b_y\vec{j} + b_z\vec{k})$$

$$= (a_x \pm b_x)\vec{i} + (a_y \pm b_y)\vec{j} + (a_z \pm b_z)\vec{k}$$

$$= \{a_x \pm b_x, a_y \pm b_y, a_z \pm b_z\}$$

$$\lambda\vec{a} = \lambda(a_x\vec{i} + a_y\vec{j} + a_z\vec{k})$$

$$= (\lambda a_x)\vec{i} + (\lambda a_y)\vec{j} + (\lambda a_z)\vec{k}$$

$$= \{\lambda a_x, \lambda a_y, \lambda a_z\}$$

由此可见，对向量进行加减及数乘运算时，只需对向量的各个坐标分别进行相应的数量运算即可.

由定理 1 知，当 $\vec{a} \neq \vec{0}$ 时，$\vec{b} // \vec{a} \Leftrightarrow \vec{b} = \lambda\vec{a}$，其坐标表达式为

$$\{b_x, b_y, b_z\} = \lambda\{a_x, a_y, a_z\}$$

也就是说当 $\vec{b}$ 与 $\vec{a}$ 共线时，其对应坐标成比例：

$$\frac{b_x}{a_x} = \frac{b_y}{a_y} = \frac{b_z}{a_z}$$

注意，上式中 a_x、a_y、a_z 可以为零，但不能同时为零；当分母为零时，对应的分子一定为零.

例 4 已知 $\vec{a} = \{2, -3, 5\}$，$\vec{b} = \{-3, 1, -4\}$，求 $4\vec{a} + 3\vec{b}$.

解 $4\vec{a} + 3\vec{b} = 4\{2, -3, 5\} + 3\{-3, 1, -4\}$
$$= \{8, -12, 20\} + \{-9, 3, -12\}$$
$$= \{-1, -9, 8\}$$

例 5 已知两点 $A(x_1, y_1, z_1)$ 和 $B(x_2, y_2, z_2)$ 以及实数 $\lambda \neq -1$，在直线 AB 上求点 M，使 $\overrightarrow{AM} = \lambda \overrightarrow{MB}$.

解 如图 6-14 所示. 由于

$$\overrightarrow{AM} = \overrightarrow{OM} - \overrightarrow{OA},$$

$$\overrightarrow{MB} = \overrightarrow{OB} - \overrightarrow{OM}$$

因此

$$\overrightarrow{OM} - \overrightarrow{OA} = \lambda(\overrightarrow{OB} - \overrightarrow{OM})$$

即

$$\overrightarrow{OM} = \frac{1}{1+\lambda}(\overrightarrow{OA} + \lambda \overrightarrow{OB})$$

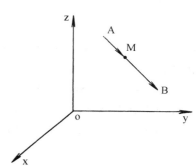

图 6-14

以 $\overrightarrow{OA}$、$\overrightarrow{OB}$ 的坐标（即点 A、点 B 的坐标）代入，得

$$\overrightarrow{OM} = \left\{ \frac{x_1 + \lambda x_2}{1+\lambda}, \frac{y_1 + \lambda y_2}{1+\lambda}, \frac{z_1 + \lambda z_2}{1+\lambda} \right\}$$

从而点 M 的坐标为 $\left(\dfrac{x_1 + \lambda x_2}{1+\lambda}, \dfrac{y_1 + \lambda y_2}{1+\lambda}, \dfrac{z_1 + \lambda z_2}{1+\lambda} \right)$.

本例中的点 M 叫做有向线段 $\overrightarrow{AB}$ 的 λ 分点. 特别地，当 $\lambda = 1$ 时，即得线段 AB 的中点为

$$M\left(\frac{x_1 + x_2}{2}, \frac{y_1 + y_2}{2}, \frac{z_1 + z_2}{2} \right)$$

注 （1）由于点 M 与向量 $\overrightarrow{OM}$ 有相同的坐标，因此求点 M 的坐标就是求 $\overrightarrow{OM}$ 的坐标.
（2）在几何中点与向量是两个不同的概念，对向量可进行运算，而对点不能进行运算.

3. 向量的模与两点间的距离公式

设向量 $\vec{r} = \{x, y, z\}$，作 $\overrightarrow{OM} = \vec{r}$，如图 6-13 所示，有

$$\vec{r} = \overrightarrow{OM} = \overrightarrow{OP} + \overrightarrow{OQ} + \overrightarrow{OR} = x\vec{i} + y\vec{j} + z\vec{k}$$

由勾股定理可得

$$|\vec{r}| = |\overrightarrow{OM}| = \sqrt{|\overrightarrow{OP}|^2 + |\overrightarrow{OQ}|^2 + |\overrightarrow{OR}|^2}$$

又 $|\overrightarrow{OP}| = |x|$，$|\overrightarrow{OQ}| = |y|$，$|\overrightarrow{OR}| = |z|$，于是向量 $\vec{r}$ 的模的坐标表达式为

$$|\vec{r}| = \sqrt{x^2 + y^2 + z^2}$$

设有点 $A(x_1,y_1,z_1)$ 和点 $B(x_2,y_2,z_2)$，则点 A 与点 B 间的距离 $|AB|$ 就是向量 $\overrightarrow{AB}$ 的模. 由

$$\overrightarrow{AB} = \overrightarrow{OB} - \overrightarrow{OA} = \{x_2 - x_1, y_2 - y_1, z_2 - z_1\}$$

即得 A、B 两点间的距离公式为

$$|AB| = |\overrightarrow{AB}| = \sqrt{(x_2 - x_1)^2 + (y_2 - y_1)^2 + (z_2 - z_1)^2}$$

例 6 已知两点 $A(3,3,1)$ 和 $B(1,0,5)$，求与 A 和 B 等距离的点 $M(x,y,z)$ 所满足的条件.

解 因为点 $M(x,y,z)$ 到 A、B 的距离相等，则有

$$|MA| = |MB|$$

即

$$\sqrt{(x-3)^2 + (y-3)^2 + (z-1)^2} = \sqrt{(x-1)^2 + y^2 + (z-5)^2}$$

化简，得

$$4x + 6y - 8z + 7 = 0$$

上式即为点 $M(x,y,z)$ 需满足的条件.

例 7 从点 $A(2,-1,7)$ 沿向量 $\vec{a} = \{8,9,-12\}$ 的方向取线段 $|AB| = 34$，求点 B 的坐标.

解 设点 B 的坐标为 (x,y,z)，则

$$\overrightarrow{AB} = \{x-2, y+1, z-7\}$$

依题意，$\overrightarrow{AB}$ 与 $\vec{a}$ 方向相同，所以

$$\frac{x-2}{8} = \frac{y+1}{9} = \frac{z-7}{-12} = \lambda, (\lambda > 0)$$

即

$$x - 2 = 8\lambda, y + 1 = 9\lambda, z - 7 = -12\lambda$$

由

$$|AB| = |\overrightarrow{AB}| = \sqrt{(x-2)^2 + (y+1)^2 + (z-7)^2}$$
$$= \sqrt{(8\lambda)^2 + (9\lambda)^2 + (-12\lambda)^2} = 34$$

解得 $\lambda = 2$，从而点 B 的坐标为 $(18,17,-17)$.

4. 方向角与方向余弦

定义 5 设 $\vec{a}$ 和 $\vec{b}$ 是两个非零向量，在空间任取一点 O，作 $\overrightarrow{OA} = \vec{a}$，$\overrightarrow{OB} = \vec{b}$（图 6 - 15），则由射线 OA 和 OB 构成的不超过 π 的角 θ 称为向量 $\vec{a}$ 与 $\vec{b}$ 的夹角，记作 $(\widehat{a,b})$ 或 $(\widehat{b,a})$，即

$$(\widehat{a,b}) = \theta$$

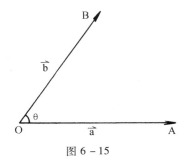

图 6 - 15

规定零向量与任一向量的夹角可在 O 与 π 之间任意取值.

非零向量 $\vec{r}$ 与三条坐标轴的夹角 α、β、γ 称为向量 $\vec{r}$ 的方向角,方向角的余弦 cosα、cosβ、cosγ 称为向量 $\vec{r}$ 的方向余弦.一个向量的方向完全可由它的方向角来决定.

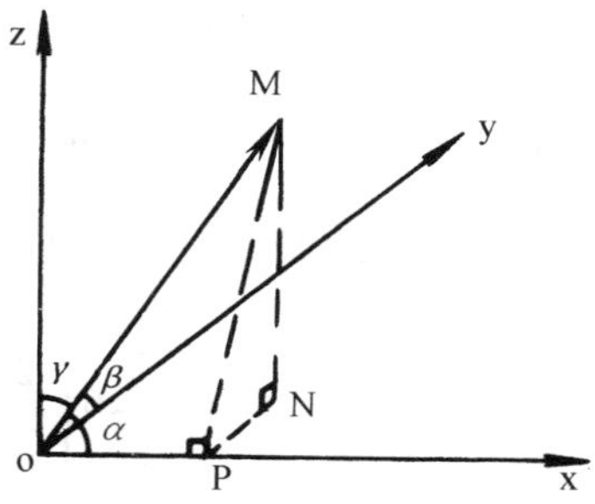

设 $\vec{r} = \{x,y,z\}$,从图 6 - 16 可见,x 是有向线段 $\overrightarrow{OP}$ 的值,MP⊥OP, 故

$$\cos\alpha = \frac{x}{|OM|} = \frac{x}{|\vec{r}|}$$

同理可得

$$\cos\beta = \frac{y}{|\vec{r}|}, \qquad \cos\gamma = \frac{z}{|\vec{r}|}$$

图 6 - 16

从而

$$\{\cos\alpha, \cos\beta, \cos\gamma\} = \left\{\frac{x}{|\vec{r}|}, \frac{y}{|\vec{r}|}, \frac{z}{|\vec{r}|}\right\} = \frac{\vec{r}}{|\vec{r}|} = \vec{e}_{\vec{r}}$$

此式表明,以向量 $\vec{r}$ 的方向余弦为坐标的向量就是与 $\vec{r}$ 同方向的单位向量 $\vec{e}_{\vec{r}}$. 由此可得

$$\cos^2\alpha + \cos^2\beta + \cos^2\gamma = 1$$

例 8 已知向量 $\vec{r} = \{\sqrt{3}, 0, -1\}$,计算向量 $\vec{r}$ 的方向余弦和方向角.

解 $|\vec{r}| = \sqrt{(\sqrt{3})^2 + 0^2 + (-1)^2} = 2$.可得 $\vec{r}$ 的方向余弦为

$$\cos\alpha = \frac{\sqrt{3}}{2}, \quad \cos\beta = 0, \quad \cos\gamma = -\frac{1}{2}$$

从而 $\vec{r}$ 的方向角为

$$\alpha = \frac{\pi}{6}, \quad \beta = \frac{\pi}{2}, \quad \gamma = \frac{2\pi}{3}$$

例 9 设点 M 在 z 轴上的坐标是负的,其向径 $\overrightarrow{OM}$ 与 x 轴、y 轴的夹角依次为 $\frac{\pi}{4}$ 和 $\frac{\pi}{3}$,且 $|\overrightarrow{OM}| = 6$,求沿 $\overrightarrow{OM}$ 方向的单位向量和点 M 的坐标.

解 设沿 $\overrightarrow{OM}$ 方向的单位向量为 $\vec{e}$,且 $\overrightarrow{OM}$ 的方向余弦为 cosα、cosβ、cosγ,则

$$\vec{e} = \{\cos\alpha, \cos\beta, \cos\gamma\}$$

由 $\alpha = \frac{\pi}{4}, \beta = \frac{\pi}{3}$ 及 $\cos^2\alpha + \cos^2\beta + \cos^2\gamma = 1$,得

$$\cos^2\gamma = 1 - \left(\frac{\sqrt{2}}{2}\right)^2 - \left(\frac{1}{2}\right)^2 = \frac{1}{4}$$

因为点 M 在 z 轴上的坐标是负的,所以 cosγ < 0,故

$$\cos\gamma = -\frac{1}{2}$$

于是沿$\overrightarrow{OM}$方向的单位向量

$$\vec{e} = \left\{ \frac{\sqrt{2}}{2}, \frac{1}{2}, -\frac{1}{2} \right\}$$

而　　　　$\overrightarrow{OM} = |\overrightarrow{OM}|\vec{e} = 6\left\{ \frac{\sqrt{2}}{2}, \frac{1}{2}, -\frac{1}{2} \right\} = \{3\sqrt{2}, 3, -3\},$

从而点 M 的坐标为$(3\sqrt{2}, 3, -3)$.

习题 6 – 1

1. 设点 O 是正六边形 ABCDEF 的中心, 在向量$\overrightarrow{OA}$、$\overrightarrow{OB}$、$\overrightarrow{OC}$、$\overrightarrow{OD}$、$\overrightarrow{OE}$、$\overrightarrow{OF}$、$\overrightarrow{AB}$、$\overrightarrow{BC}$、$\overrightarrow{CD}$、$\overrightarrow{DE}$、$\overrightarrow{EF}$和$\overrightarrow{FA}$中, 找出相等的向量和互为反向量的向量.

2. 设$\vec{u} = \vec{a} - \vec{b} + 2\vec{c}$, $\vec{v} = -\vec{a} + 3\vec{b} - \vec{c}$, 试用$\vec{a}$、$\vec{b}$、$\vec{c}$表示$2\vec{u} - 3\vec{v}$.

3. 在平行四边形 ABCD 中, 设$\overrightarrow{AB} = \vec{a}, \overrightarrow{AD} = \vec{b}$. 试用$\vec{a}$和$\vec{b}$表示向量$\overrightarrow{MA}$、$\overrightarrow{MB}$、$\overrightarrow{MC}$和$\overrightarrow{MD}$, 这里 M 是平行四边形对角线的交点.

4. 设$\vec{a}$、$\vec{b}$、$\vec{c}$为互不共线的三个向量, 试证明顺次将它们的终点与始点相连而成一个三角形的充要条件是它们的和是零向量.

5. 在空间直角坐标系中, 指出下列各点的位置:
$A(-2, -3, 1)$;　$B(-3, 2, -4)$;　$C(3, 4, 0)$;　$D(0, 0, 2)$.

6. 求点(a, b, c)关于(1)各坐标面;(2)各坐标轴;(3)坐标原点的对称点的坐标.

7. 已知$\vec{a} = \{0, -1, 0\}, \vec{b} = \{1, 2, 3\}, \vec{c} = \{2, 0, 1\}$, 求$\vec{a} + 2\vec{b} - 3\vec{c}$.

8. 求平行于向量$\vec{a} = \{6, 7, -6\}$的单位向量.

9. 设已知两点$M_1(4, \sqrt{2}, 1)$和$M_2(3, 0, 2)$. 计算向量$\overrightarrow{M_1 M_2}$的模、方向余弦和方向角.

10. 试证明以三点$A(4, 1, 9)$、$B(10, -1, 6)$、$C(2, 4, 3)$为顶点的三角形是等腰直角三角形.

11. 设$\vec{a} = \{2, 2, 1\}$, 它与 u 轴的夹角是$\frac{\pi}{6}$, 求$\vec{a}$在 u 轴上的投影.

12. 一向量的终点在点$B(2, -1, 7)$, 此向量在 x 轴、y 轴和 z 轴的投影依次为 4、−4 和 7. 求此向量的起点 A 的坐标.

第二节　数量积　向量积　混合积

一、两个向量的数量积

设一个物体在常力 $\vec{F}$ 的作用下从点 A 移动到点 B,那么常力 $\vec{F}$ 所作的功为

$$W = |\vec{F}| \, |\overrightarrow{AB}| \cos\theta$$

其中 θ 为 $\vec{F}$ 与 $|\overrightarrow{AB}|$ 的夹角（图 6 – 17）. 这里的功 W 是向量 $\vec{F}$ 和 $\overrightarrow{AB}$ 按上式确定的一个数量. 由两个向量按上述方式确定一个数量的情况，在其他问题中也常常遇到，由此引出如下定义：

图 6 – 17　　　　　　　　　　　　　　　　　图 6 – 18

定义 1　两个向量 $\vec{a}$ 和 $\vec{b}$ 的模与它们的夹角 θ 的余弦之积，叫做向量 $\vec{a}$ 与 $\vec{b}$ 的数量积，记作 $\vec{a} \cdot \vec{b}$，即

$$\vec{a} \cdot \vec{b} = |\vec{a}| \, |\vec{b}| \, cos\,\theta$$

根据定义 1，上述问题中力所作的功 W 是力 $\vec{F}$ 与位移 $\overrightarrow{AB}$ 的数量积，即

$$W = \vec{F} \cdot \overrightarrow{AB}$$

由数量积的定义可以得到如下性质：

（1）$\vec{a} \cdot \vec{a} = |\vec{a}|^2$

因为夹角 $\theta = 0$，所以 $\vec{a} \cdot \vec{a} = |\vec{a}|^2 \cos 0 = |\vec{a}|^2$

（2）当 $\vec{a} \neq \vec{0}$ 时，$\vec{a} \cdot \vec{b} = |\vec{a}| \, \mathrm{Prj}_{\vec{a}}\vec{b}$

　　　当 $\vec{b} \neq \vec{0}$ 时，$\vec{a} \cdot \vec{b} = |\vec{b}| \, \mathrm{Prj}_{\vec{b}}\vec{a}$

（3）$\vec{a} \perp \vec{b} \Longleftrightarrow \vec{a} \cdot \vec{b} = 0$

因为若 $\vec{a} \perp \vec{b}$，则 $\vec{a} \cdot \vec{b} = |\vec{a}| \, |\vec{b}| \cos \dfrac{\pi}{2} = 0$；反之，若 $\vec{a}$ 与 $\vec{b}$ 均为非零向量且 $\vec{a} \cdot \vec{b}$

$= 0$，由 $\vec{a} \cdot \vec{b} = |\vec{a}| \, |\vec{b}| \cos\theta$，则有 $\cos\theta = 0$，从而 $\theta = \dfrac{\pi}{2}$，即 $\vec{a} \perp \vec{b}$. 若 $\vec{a}$ 与 $\vec{b}$ 中有零向

量，由于零向量的方向是任意的，故可以把它们看成垂直，所以仍有 $\vec{a} \perp \vec{b}$.

数量积满足下列运算规律：

（1）交换律　$\vec{a} \cdot \vec{b} = \vec{b} \cdot \vec{a}$

（2）结合律　$(\lambda\vec{a}) \cdot \vec{b} = \lambda(\vec{a} \cdot \vec{b}) = \vec{a} \cdot (\lambda\vec{b})$，$\lambda$ 为数.

（3）分配律　$(\vec{a} + \vec{b}) \cdot \vec{c} = \vec{a} \cdot \vec{c} + \vec{b} \cdot \vec{c}$

例 1　试用向量法证明三角形的余弦定理.

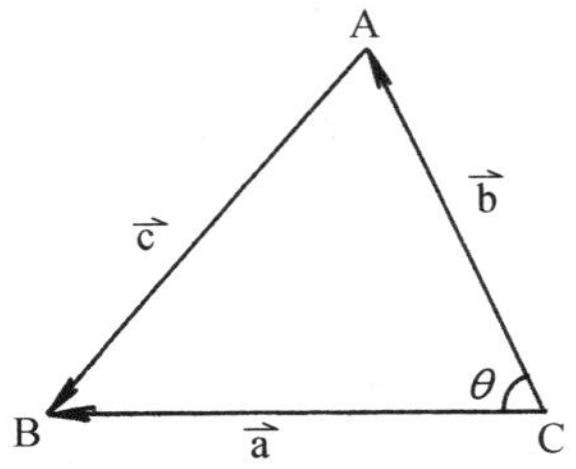

证　在 $\triangle ABC$ 中（图 6 – 19），设 $\angle BCA = \theta$，$\overrightarrow{CB} = \vec{a}$，$\overrightarrow{CA} = \vec{b}$，$\overrightarrow{AB} = \vec{c}$，要证

$$|\vec{c}|^2 = |\vec{a}|^2 + |\vec{b}|^2 - 2|\vec{a}||\vec{b}|\cos\theta$$

因为 $\vec{c} = \vec{a} - \vec{b}$，从而

$$
\begin{aligned}
|\vec{c}|^2 = \vec{c} \cdot \vec{c} &= (\vec{a} - \vec{b}) \cdot (\vec{a} - \vec{b}) \\
&= \vec{a} \cdot \vec{a} + \vec{b} \cdot \vec{b} - 2\vec{a} \cdot \vec{b} \\
&= |\vec{a}|^2 + |\vec{b}|^2 - 2|\vec{a}||\vec{b}|\cos\theta
\end{aligned}
$$

图 6 – 19

下面讨论在直角坐标系下数量积的坐标表示式.

定理 1　设 $\vec{a} = a_x\vec{i} + a_y\vec{j} + a_z\vec{k}$，　$\vec{b} = b_x\vec{i} + b_y\vec{j} + b_z\vec{k}$，则 $\vec{a} \cdot \vec{b} = a_xb_x + a_yb_y + a_zb_z$.

证　$\vec{a} \cdot \vec{b} = (a_x\vec{i} + a_y\vec{j} + a_z\vec{k}) \cdot (b_x\vec{i} + b_y\vec{j} + b_z\vec{k})$

$\qquad = a_x\vec{i} \cdot (b_x\vec{i} + b_y\vec{j} + b_z\vec{k}) + a_y\vec{j} \cdot (b_x\vec{i} + b_y\vec{j} + b_z\vec{k}) + a_z\vec{k} \cdot (b_x\vec{i} + b_y\vec{j} + b_z\vec{k})$

$\qquad = a_xb_x\vec{i} \cdot \vec{i} + a_xb_y\vec{i} \cdot \vec{j} + a_xb_z\vec{i} \cdot \vec{k} + a_yb_x\vec{j} \cdot \vec{i} + a_yb_y\vec{j} \cdot \vec{j} + a_yb_z\vec{j} \cdot \vec{k}$

$\qquad\quad + a_zb_x\vec{k} \cdot \vec{i} + a_zb_y\vec{k} \cdot \vec{j} + a_zb_z\vec{k} \cdot \vec{k}$

由于 $\vec{i}$、$\vec{j}$、$\vec{k}$ 是两两垂直的单位向量，所以 $\vec{i} \cdot \vec{j} = \vec{j} \cdot \vec{k} = \vec{k} \cdot \vec{i} = 0$，

$\vec{i} \cdot \vec{i} = \vec{j} \cdot \vec{j} = \vec{k} \cdot \vec{k} = 1$.

因而　　$\vec{a} \cdot \vec{b} = a_xb_x + a_yb_y + a_zb_z$.

推论 1　$\vec{a} \perp \vec{b} \Longleftrightarrow a_xb_x + a_yb_y + a_zb_z = 0$.

推论 2　设 $\vec{a}$ 与 $\vec{b}$ 都是非零向量，则

$$\cos(\widehat{\vec{a}, \vec{b}}) = \frac{a_xb_x + a_yb_y + a_zb_z}{\sqrt{a_x^2 + a_y^2 + a_z^2} \cdot \sqrt{b_x^2 + b_y^2 + b_z^2}}.$$

例 2　已知 $\vec{a} = \{8, -4, 1\}$，$\vec{b} = \{2, 2, 1\}$，求 $\vec{a} \cdot \vec{b}$ 和 $\cos(\widehat{\vec{a}, \vec{b}})$.

解　$\vec{a} \cdot \vec{b} = 8 \times 2 + (-4) \times 2 + 1 \times 1 = 9$

$$\cos(\widehat{\vec{a}, \vec{b}}) = \frac{9}{\sqrt{8^2 + (-4)^2 + 1^2} \cdot \sqrt{2^2 + 2^2 + 1^2}} = \frac{1}{3}$$

二、两个向量的向量积

向量积是由两个已知向量来确定另一个向量的情况,它的定义如下:

定义 2　设向量 $\vec{c}$ 由两个向量 $\vec{a}$ 与 $\vec{b}$ 按下列方式定出:

(1) $\vec{c}$ 的模: $|\vec{c}| = |\vec{a}||\vec{b}|\sin\theta$, 其中 θ 为 $\vec{a}$ 与 $\vec{b}$ 的夹角;

(2) $\vec{c}$ 的方向: $\vec{c} \perp \vec{a}, \vec{c} \perp \vec{b}$ (即 $\vec{c}$ 垂直于 $\vec{a}$ 与 $\vec{b}$ 所确定的平面), 且按 $\vec{a}、\vec{b}、\vec{c}$ 的顺序构成右手系(图 6 - 20).

那么,向量 $\vec{c}$ 叫做向量 $\vec{a}$ 与 $\vec{b}$ 的向量积,记作 $\vec{a} \times \vec{b}$,即

$$\vec{c} = \vec{a} \times \vec{b}$$

由定义知向量积的模的几何意义: $|\vec{a} \times \vec{b}|$ 等于以 $\vec{a}$、$\vec{b}$ 为邻边的平行四边形的面积.

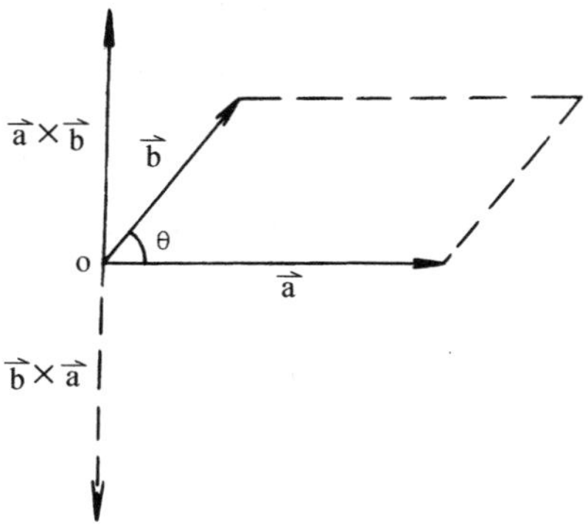

由向量积的定义可以得到如下性质:

(1) $\vec{a} \times \vec{a} = \vec{0}$

因为夹角 $\theta = 0$, 所以 $|\vec{a} \times \vec{a}| = |\vec{a}|^2 \sin 0 = 0$.

(2) $\vec{a} /\!/ \vec{b} \Longleftrightarrow \vec{a} \times \vec{b} = \vec{0}$

因为若 $\vec{a} /\!/ \vec{b}$, 则 $\theta = 0$ 或 π, 那么 $|\vec{a} \times \vec{b}| = |\vec{a}||\vec{b}|\sin\theta = 0$; 反之,若 $\vec{a}$ 与 $\vec{b}$ 均为非零向量且 $\vec{a} \times \vec{b} = \vec{0}$, 由 $|\vec{a} \times \vec{b}| = |\vec{a}||\vec{b}|\sin\theta$, 则有 $\sin\theta = 0$, 从而 $\theta = 0$ 或 π, 即 $\vec{a} /\!/ \vec{b}$. 若 $\vec{a}$ 与 $\vec{b}$ 中有零向量,由于零向量的方向是任意的,故可以把它们看成平行,所以仍有 $\vec{a} /\!/ \vec{b}$.

向量积满足下列运算规律:

(1) 反交换律　$\vec{a} \times \vec{b} = -\vec{b} \times \vec{a}$.

(2) 结合律　$(\lambda \vec{a}) \times \vec{b} = \lambda(\vec{a} \times \vec{b}) = \vec{a} \times (\lambda \vec{b})$

(3) 分配律　$(\vec{a} + \vec{b}) \times \vec{c} = \vec{a} \times \vec{c} + \vec{b} \times \vec{c}$

例 3　求证 $(\vec{a} - \vec{b}) \times (\vec{a} + \vec{b}) = 2(\vec{a} \times \vec{b})$, 并说明几何意义.

证　$(\vec{a} - \vec{b}) \times (\vec{a} + \vec{b}) = \vec{a} \times \vec{a} + \vec{a} \times \vec{b} - \vec{b} \times \vec{a} - \vec{b} \times \vec{b}$

$$= \vec{0} + \vec{a} \times \vec{b} - \vec{b} \times \vec{a} - \vec{0}$$

$$= 2(\vec{a} \times \vec{b})$$

几何意义为:平行四边形面积的 2 倍等于以它的两条对角线为邻边的平行四边形的面积.

下面讨论在直角坐标系下向量积的坐标表示式.

定理 2　设 $\vec{a} = a_x \vec{i} + a_y \vec{j} + a_z \vec{k}, \vec{b} = b_x \vec{i} + b_y \vec{j} + b_z \vec{k}$, 则

$$\vec{a} \times \vec{b} = \begin{vmatrix} a_y & a_z \\ b_y & b_z \end{vmatrix} \vec{i} + \begin{vmatrix} a_z & a_x \\ b_z & b_x \end{vmatrix} \vec{j} + \begin{vmatrix} a_x & a_y \\ b_x & b_y \end{vmatrix} \vec{k}$$

图 6 - 20

或 $\vec{a} \times \vec{b} = \begin{vmatrix} \vec{i} & \vec{j} & \vec{k} \\ a_x & a_y & a_z \\ b_x & b_y & b_z \end{vmatrix}.$

证 $\vec{a} \times \vec{b} = (a_x\vec{i} + a_y\vec{j} + a_z\vec{k}) \times (b_x\vec{i} + b_y\vec{j} + b_z\vec{k})$

$= a_x b_x \vec{i} \times \vec{i} + a_x b_y \vec{i} \times \vec{j} + a_x b_z \vec{i} \times \vec{k}$

$+ a_y b_x \vec{j} \times \vec{i} + a_y b_y \vec{j} \times \vec{j} + a_y b_z \vec{j} \times \vec{k}$

$+ a_z b_x \vec{k} \times \vec{i} + a_z b_y \vec{k} \times \vec{j} + a_z b_z \vec{k} \times \vec{k}$

由于 $\vec{i} \times \vec{i} = \vec{j} \times \vec{j} = \vec{k} \times \vec{k} = \vec{0}$, $\vec{i} \times \vec{j} = \vec{k}$, $\vec{j} \times \vec{k} = \vec{i}$, $\vec{k} \times \vec{i} = \vec{j}$, $\vec{j} \times \vec{i} = -\vec{k}$, $\vec{k} \times \vec{j} = -\vec{i}$, $\vec{i} \times \vec{k}$ $= -\vec{j}$, 所以

$\vec{a} \times \vec{b} = (a_y b_z - a_z b_y)\vec{i} + (a_z b_x - a_x b_z)\vec{j} + (a_x b_y - a_y b_x)\vec{k}$

$= \begin{vmatrix} a_y & a_z \\ b_y & b_z \end{vmatrix}\vec{i} + \begin{vmatrix} a_z & a_x \\ b_z & b_x \end{vmatrix}\vec{j} + \begin{vmatrix} a_x & a_y \\ b_x & b_y \end{vmatrix}\vec{k}$

$= \begin{vmatrix} \vec{i} & \vec{j} & \vec{k} \\ a_x & a_y & a_z \\ b_x & b_y & b_z \end{vmatrix}$

例 4 已知三角形 ABC 的顶点分别是 A(1,2,3)、B(3,4,5) 和 C(2,4,7),求三角形 ABC 的面积和 $\sin\angle A$.

解 根据向量积的定义,可知三角形 ABC 的面积

$$S_{\triangle ABC} = \frac{1}{2} |\overrightarrow{AB}| |\overrightarrow{AC}| \sin\angle A = \frac{1}{2} |\overrightarrow{AB} \times \overrightarrow{AC}|$$

由于 $\overrightarrow{AB} = \{2,2,2\}$, $\overrightarrow{AC} = \{1,2,4\}$, 因此

$$\overrightarrow{AB} \times \overrightarrow{AC} = \begin{vmatrix} \vec{i} & \vec{j} & \vec{k} \\ 2 & 2 & 2 \\ 1 & 2 & 4 \end{vmatrix} = 4\vec{i} - 6\vec{j} + 2\vec{k},$$

于是 $S_{\triangle ABC} = \frac{1}{2}\sqrt{4^2 + (-6)^2 + 2^2} = \sqrt{14}$

$$\sin\angle A = \frac{|\overrightarrow{AB} \times \overrightarrow{AC}|}{|\overrightarrow{AB}||\overrightarrow{AC}|} = \frac{2\sqrt{14}}{2\sqrt{3} \cdot \sqrt{21}} = \frac{\sqrt{2}}{3}$$

三、三个向量的混合积

定义 3 设 $\vec{a}$、$\vec{b}$、$\vec{c}$ 为任意三个向量,数量 $(\vec{a} \times \vec{b}) \cdot \vec{c}$ 叫做三个向量 $\vec{a}$、$\vec{b}$、$\vec{c}$ 的混合积,记作 $[\vec{a}\ \vec{b}\ \vec{c}]$,即

$$[\vec{a}\,\vec{b}\,\vec{c}] = (\vec{a}\times\vec{b})\cdot\vec{c}$$

混合积有下述几何意义：

三个不共面向量 $\vec{a}$、$\vec{b}$、$\vec{c}$ 的混合积的绝对值等于以向量 $\vec{a}$、$\vec{b}$、$\vec{c}$ 为棱的平行六面体的体积 V. 当 $\vec{a}$、$\vec{b}$、$\vec{c}$ 组成右手系时，混合积的符号是正的，即 $[\vec{a}\,\vec{b}\,\vec{c}] = V$；当 $\vec{a}$、$\vec{b}$、$\vec{c}$ 组成左手系时，混合积的符号是负的，即 $[\vec{a}\,\vec{b}\,\vec{c}] = -V$.

事实上，设 $\overrightarrow{OA} = \vec{a}$，$\overrightarrow{OB} = \vec{b}$，$\overrightarrow{OC} = \vec{c}$. 按向量积的定义，向量积 $\vec{a}\times\vec{b} = \vec{f}$ 是一个向量（图 6-21），且设 $\vec{f}$ 与 $\vec{c}$ 的夹角为 α，当 $\vec{a}$、$\vec{b}$、$\vec{c}$ 组成右手系时，$\vec{f}$ 与 $\vec{c}$ 朝着平面 OADB 的同侧，α 为锐角（图6-21(1)）；当 $\vec{a}$、$\vec{b}$、$\vec{c}$ 组成左手系时，$\vec{f}$ 与 $\vec{c}$ 朝着平面 OADB 的异侧，α 为钝角（图6-21(2)）. 由于

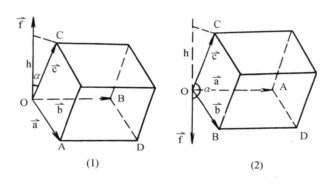

(1)　　　　　　　　　　　　(2)

图 6-21

$$[\vec{a}\,\vec{b}\,\vec{c}] = (\vec{a}\times\vec{b})\cdot\vec{c} = |\vec{a}\times\vec{b}|\,|\vec{c}|\cos\alpha$$

所以当 $\vec{a}$、$\vec{b}$、$\vec{c}$ 组成右手系时，$[\vec{a}\,\vec{b}\,\vec{c}]$ 为正；当 $\vec{a}$、$\vec{b}$、$\vec{c}$ 组成左手系时，$[\vec{a}\,\vec{b}\,\vec{c}]$ 为负.

因为以向量 $\vec{a}$、$\vec{b}$、$\vec{c}$ 为棱的平行六面体的底 OADB 的面积 $A = |\vec{a}\times\vec{b}|$，它的高 h 等于 $\vec{c}$ 在 $\vec{f}$ 上的投影的绝对值，即

$$h = |\text{Prj}_{\vec{f}}\vec{c}| = |\,|\vec{c}|\cos\alpha| = |\vec{c}|\,|\cos\alpha|,$$

所以平行六面体的体积

$$V = Ah = |\vec{a}\times\vec{b}|\,|\vec{c}|\,|\cos\alpha| = |\,[\vec{a}\,\vec{b}\,\vec{c}]\,|$$

由混合积的几何意义可以得到如下性质：

$$\vec{a}、\vec{b}、\vec{c}\text{ 共面}\Longleftrightarrow [\vec{a}\,\vec{b}\,\vec{c}] = 0$$

由混合积的几何意义还可以得到如下运算规律：

(1) 可轮换律　$[\vec{a}\,\vec{b}\,\vec{c}] = [\vec{b}\,\vec{c}\,\vec{a}] = [\vec{c}\,\vec{a}\,\vec{b}]$

因为轮换 $\vec{a}$、$\vec{b}$、$\vec{c}$ 的顺序时，不会把右手系变成左手系，也不会把左手系变成右手系，所以上式成立.

(2) 反交换律　　$[\vec{a}\,\vec{b}\,\vec{c}] = -[\vec{b}\,\vec{a}\,\vec{c}]$

因为交换 $\vec{a}$、$\vec{b}$ 的位置时，会把右手系变成左手系或把左手系变成右手系，由混合积的几

何意义知，$\begin{bmatrix} \vec{a} & \vec{b} & \vec{c} \end{bmatrix}$ 和 $\begin{bmatrix} \vec{b} & \vec{a} & \vec{c} \end{bmatrix}$ 两者的绝对值相等，符号相反，所以 $\begin{bmatrix} \vec{a} & \vec{b} & \vec{c} \end{bmatrix} = -\begin{bmatrix} \vec{b} & \vec{a} & \vec{c} \end{bmatrix}$.

（3）结合律 $(\vec{a} \times \vec{b}) \cdot \vec{c} = \vec{a} \cdot (\vec{b} \times \vec{c})$

由可轮换律知

$$(\vec{a} \times \vec{b}) \cdot \vec{c} = \begin{bmatrix} \vec{a} & \vec{b} & \vec{c} \end{bmatrix} = \begin{bmatrix} \vec{b} & \vec{c} & \vec{a} \end{bmatrix} = (\vec{b} \times \vec{c}) \cdot \vec{a} = \vec{a} \cdot (\vec{b} \times \vec{c})$$

下面讨论在直角坐标系下混合积的坐标表示式.

定理 3 设 $\vec{a} = \{a_x, a_y, a_z\}, \vec{b} = \{b_x, b_y, b_z\}, \vec{c} = \{c_x, c_y, c_z\}$，则

$$\begin{bmatrix} \vec{a} & \vec{b} & \vec{c} \end{bmatrix} = \begin{vmatrix} a_x & a_y & a_z \\ b_x & b_y & b_z \\ c_x & c_y & c_z \end{vmatrix}$$

证 $\begin{bmatrix} \vec{a} & \vec{b} & \vec{c} \end{bmatrix} = (\vec{a} \times \vec{b}) \cdot \vec{c}$

因为

$$\vec{a} \times \vec{b} = \begin{vmatrix} \vec{i} & \vec{j} & \vec{k} \\ a_x & a_y & a_z \\ b_x & b_y & b_z \end{vmatrix} = \begin{vmatrix} a_y & a_z \\ b_y & b_z \end{vmatrix} \vec{i} - \begin{vmatrix} a_x & a_z \\ b_x & b_z \end{vmatrix} \vec{j} + \begin{vmatrix} a_x & a_y \\ b_x & b_y \end{vmatrix} \vec{k},$$

所以

$$\begin{bmatrix} \vec{a} & \vec{b} & \vec{c} \end{bmatrix} = (\vec{a} \times \vec{b}) \cdot \vec{c}$$

$$= c_x \begin{vmatrix} a_y & a_z \\ b_y & b_z \end{vmatrix} - c_y \begin{vmatrix} a_x & a_z \\ b_x & b_z \end{vmatrix} + c_z \begin{vmatrix} a_x & a_y \\ b_x & b_y \end{vmatrix} = \begin{vmatrix} a_x & a_y & a_z \\ b_x & b_y & b_z \\ c_x & c_y & c_z \end{vmatrix}$$

例 5 已知四面体 ABCD 的顶点坐标为 $A(0,0,0), B(6,0,6), C(4,3,0), D(2,-1,3)$，求它的体积.

解 由立体几何知道，四面体 ABCD 的体积 V 等于以向量 $\overrightarrow{AB}$、$\overrightarrow{AC}$、$\overrightarrow{AD}$ 为棱的平行六面体的体积的六分之一. 因此

$$V = \frac{1}{6} \left| \begin{bmatrix} \overrightarrow{AB} & \overrightarrow{AC} & \overrightarrow{AD} \end{bmatrix} \right|$$

由于 $\overrightarrow{AB} = \{6,0,6\}, \overrightarrow{AC} = \{4,3,0\}, \overrightarrow{AD} = \{2,-1,3\}$，所以

$$\begin{bmatrix} \overrightarrow{AB} & \overrightarrow{AC} & \overrightarrow{AD} \end{bmatrix} = \begin{vmatrix} 6 & 0 & 6 \\ 4 & 3 & 0 \\ 2 & -1 & 3 \end{vmatrix} = -6$$

因此 $V = \frac{1}{6} \left| \begin{bmatrix} \overrightarrow{AB} & \overrightarrow{AC} & \overrightarrow{AD} \end{bmatrix} \right| = \frac{1}{6} \cdot |-6| = 1$

习题 6 − 2

1. 试用向量法证明平行四边形对角线的平方和等于它各边的平方和.

2. 设 $\vec{a} = 3\vec{i} - \vec{j} - 2\vec{k}, \vec{b} = \vec{i} + 2\vec{j} - \vec{k}$, 求 $(1)\vec{a} \cdot \vec{b}$; $(2)(-2\vec{a}) \cdot (3\vec{b})$; $(3)\vec{a}$ 与 $\vec{b}$ 夹角的余弦.

3. 已知三点 $A(1,0,0), B(3,1,1), C(2,0,1)$, 且 $\overrightarrow{BC} = \vec{a}, \overrightarrow{CA} = \vec{b}, \overrightarrow{AB} = \vec{c}$, 求 $(1)\vec{a}$ 与 $\vec{b}$ 的夹角; $(2)\vec{a}$ 在 $\vec{c}$ 上的投影.

4. 设 $\vec{a} = \{3,5,-2\}, \vec{b} = \{2,4,1\}$, 问 λ 与 μ 有怎样的关系, 能使得 $\lambda\vec{a} + \mu\vec{b}$ 与 z 轴垂直?

5. 已知 $M_1(1,-1,2)$、$M_2(3,3,1)$ 和 $M_3(3,1,3)$. 求与 $\overrightarrow{M_1M_2}$、$\overrightarrow{M_2M_3}$ 同时垂直的单位向量.

6. 设 $\vec{a} = 2\vec{i} - 3\vec{j} + \vec{k}, \vec{b} = \vec{i} - \vec{j} + 3\vec{k}$ 和 $\vec{c} = \vec{i} - 2\vec{j}$, 计算 $(1)(2\vec{a}) \times (-3\vec{b})$; $(2)(\vec{a} + \vec{b}) \times (\vec{b} + \vec{c})$; $(3)(\vec{a} \times \vec{b}) \cdot \vec{c}$.

7. 已知 $\overrightarrow{b_1} = \lambda_1 \overrightarrow{a_1} + \lambda_2 \overrightarrow{a_2}, \overrightarrow{b_2} = \mu_1 \overrightarrow{a_1} + \mu_2 \overrightarrow{a_2}$, 求证以 $\overrightarrow{a_1}$、$\overrightarrow{a_2}$ 和 $\overrightarrow{b_1}$、$\overrightarrow{b_2}$ 为邻边的两个平行四边形面积相等的充要条件是

$$|\lambda_1\mu_2 - \lambda_2\mu_1| = 1$$

8. 已知 $\vec{a} = \{2,3,1\}, \vec{b} = \{5,6,4\}$, 求 (1) 以 $\vec{a}$、$\vec{b}$ 为邻边的平行四边形的面积; (2) 这平行四边形的两条高线的长.

9. 设 $\vec{a} = \{3,0,-1\}, \vec{b} = \{2,-4,3\}, \vec{c} = \{-1,-2,2\}$, 求以 $\vec{a}$、$\vec{b}$、$\vec{c}$ 为棱的平行六面体的体积.

10. 已知 $\vec{a} = \{a_x, a_y, a_z\}, \vec{b} = \{b_x, b_y, b_z\}, \vec{c} = \{c_x, c_y, c_z\}$, 试用混合积的几何意义证明三向量 $\vec{a}$、$\vec{b}$、$\vec{c}$ 共面的充要条件是:

$$\begin{vmatrix} a_x & a_y & a_z \\ b_x & b_y & b_z \\ c_x & c_y & c_z \end{vmatrix} = 0$$

11. 用第 10 题的结论来判断下列四点是否共面:
$(1)M_1(2,3,0), M_2(-2,-3,4), M_3(0,6,0), M_4(2,0,1)$;
$(2)M_1(1,1,-1), M_2(-2,-2,2), M_3(1,-1,2), M_4(2,2,2)$.

12. 试用向量法证明下列不等式:

$$|a_1b_1 + a_2b_2 + a_3b_3| \leq \sqrt{a_1^2 + a_2^2 + a_3^2} \cdot \sqrt{b_1^2 + b_2^2 + b_3^2},$$

其中 a_1、a_2、a_3、b_1、b_2、b_3 为任意实数. 并指出等号成立的条件.

第三节 曲面及其方程

一、曲面方程的概念

在平面解析几何中,平面曲线可看作是动点的轨迹.同样,在空间解析几何中,任何曲面都可看作是动点的轨迹.

定义1 若曲面 S 与三元方程

$$F(x,y,z) = 0 \tag{1}$$

有下述关系:

(1)曲面 S 上任一点的坐标都满足方程(1);

(2)不在曲面 S 上的点的坐标都不满足方程(1).

那么，方程（1）叫做曲面 S 的一般方程，而曲面 S 叫做方程（1）的图形（图 6 – 22）.

在空间解析几何中，将曲面看作是点的几何轨迹，而这些点是由它们的坐标来确定的，因而点所满足的条件变为点的坐标应满足的条件，而这些条件是由方程来表示的. 从点与坐标的关系可知，空间解析几何中关于曲面的研究有两个基本问题:

（1）给定曲面，建立其方程;

（2）给定方程 $F(x,y,z) = 0$，确定对应曲面的形状.

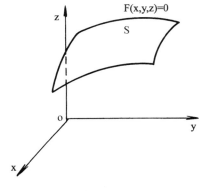

图 6 – 22

曲面 S 的方程也可以用参数形式来表示. 只要将 S 上动点的坐标 x、y、z 表示为参数 s 和 t 的函数:

$$\begin{cases} x = x(s,t) \\ y = y(s,t) \\ z = z(s,t) \end{cases} \tag{2}$$

当给定 $(s,t) = (s_0,t_0)$时，就得到 S 上的一个点(x_0,y_0,z_0)；随着(s,t)的变动便可得到 S 上所有的点. 方程（2）叫做曲面 S 的参数方程.

例1 求与 z 轴和点 $A(1,3,-1)$ 等距离的点的轨迹方程.

解 设所求点 M 的坐标为(x,y,z)，则 M 在 z 轴上的投影为 $M'(0,0,z)$，依题意有

$$|MM'| = |MA|$$

即

$$\sqrt{x^2 + y^2} = \sqrt{(x-1)^2 + (y-3)^2 + (z+1)^2}$$

等式两边平方,化简即得

$$z^2 - 2x - 6y + 2z + 11 = 0$$

这就是所求点的轨迹方程.

例 2   方程 $x^2 + y^2 + z^2 - 2x + 4y + 2z = 0$ 表示什么曲面?

解   原方程可等价地化为
$$(x-1)^2 + (y+2)^2 + (z+1)^2 = 6$$

由此可知,原方程表示球心在点 $M_0(1, -2, -1)$、半径为 $R = \sqrt{6}$ 的球面.

下面将讨论几种重要的曲面.

二、球面

定义 2   与定点的距离等于定长的点的轨迹叫做球面,定点和定长依次叫做球面的球心和半径.

据定义,点 $M(x, y, z)$ 在球心为点 $M_0(x_0, y_0, z_0)$、半径为 R 的球面上的充要条件是 $|\overrightarrow{M_0M}| = R$,即
$$\sqrt{(x-x_0)^2 + (y-y_0)^2 + (z-z_0)^2} = R$$

或 $(x-x_0)^2 + (y-y_0)^2 + (z-z_0)^2 = R^2$ (3)

方程(3)就是以 $M_0(x_0, y_0, z_0)$ 为球心、R 为半径的球面方程.

特别地,当球心在坐标原点时,球面的方程为
$$x^2 + y^2 + z^2 = R^2$$

将方程(3)展开得
$$x^2 + y^2 + z^2 - 2x_0x - 2y_0y - 2z_0z + x_0^2 + y_0^2 + z_0^2 - R^2 = 0$$

这表明球面方程是一个三元二次方程. 球面方程具备两个特点:(1)不含交叉项 xy、yz、zx;(2)平方项的系数相等.

反过来,给一个具备上述两个特点的三元二次方程
$$x^2 + y^2 + z^2 + 2ax + 2by + 2cz + d = 0$$ (4)

配方得
$$(x+a)^2 + (y+b)^2 + (z+c)^2 = a^2 + b^2 + c^2 - d$$

当 $a^2 + b^2 + c^2 - d > 0$ 时,方程(4)的图形就是一个球面.

下面给出球心在原点、半径为 r 的球面的参数方程.

设点 $M(x, y, z)$ 是球面上任意一点,它在 xOy 面上的投影为

$M'(x, y, 0)$,且 $(\overset{\frown}{\vec{i}, \overrightarrow{OM'}}) = \theta (0 \leqslant \theta \leqslant 2\pi)$,$(\overset{\frown}{\vec{k}, \overrightarrow{OM}}) = \varphi (0 \leqslant \varphi \leqslant \pi)$,如图 6-23 所示.显然,点 M 的位置完全由 r、θ 和 φ 确定

$$\begin{cases} x = r\sin\varphi\cos\theta \\ y = r\sin\varphi\sin\theta \\ z = r\cos\varphi \end{cases}$$ (5)

这就是球面的参数方程. 数组 (r, θ, φ) 称为点 M 的球面

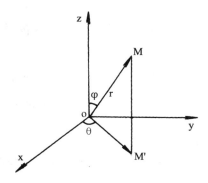

图 6-23

坐标.

三、旋转曲面

定义 3 一条平面曲线绕其平面上的一条直线旋转一周而产生的曲面叫做旋转曲面,曲线和定直线依次叫做旋转曲面的母线和轴.

已知母线和轴,可求出旋转曲面的方程.

设已知 yOz 面上的曲线 C:

$$f(y,z) = 0$$

求其绕 z 轴旋转而成的旋转曲面方程.

设点 $M_0(0,y_0,z_0)$ 是曲线 C 上的任意一点(图 $6-24$),则有

$$f(y_0,z_0) = 0 \tag{6}$$

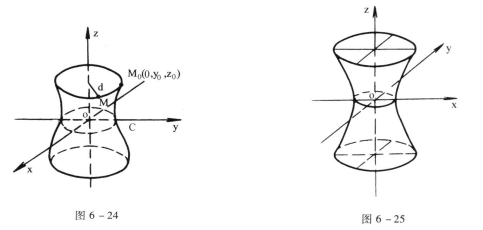

图 $6-24$ 图 $6-25$

当曲线 C 绕 z 轴旋转时,点 M_0 绕 z 轴转到另一点 $M(x,y,z)$. 显然 $z = z_0$ 保持不变,点 M 到 z 轴的距离

$$d = \sqrt{x^2 + y^2} = |y_0|$$

将 $z_0 = z$, $y_0 = \pm\sqrt{x^2 + y^2}$ 代入 (6) 式,即得所求旋转曲面的方程

$$f(\pm\sqrt{x^2 + y^2}, z) = 0 \tag{7}$$

同理,曲线 C 绕 y 轴旋转而成的旋转曲面方程为

$$f(y, \pm\sqrt{x^2 + z^2}) = 0 \tag{8}$$

同样可求出其他坐标平面上的曲线绕坐标轴旋转而成的旋转曲面方程.

例 3 将 xOz 面上的双曲线 $\dfrac{x^2}{a^2} - \dfrac{z^2}{c^2} = 1$ 分别绕 z 轴和 x 轴旋转一周,求所生成的旋转曲面的方程.

解 绕 z 轴旋转而成的旋转曲面叫做旋转单叶双曲面(图$6-25$),其方程为

$$\frac{x^2 + y^2}{a^2} - \frac{z^2}{c^2} = 1$$

绕 x 轴旋转而成的旋转双曲面叫做旋转双叶双曲面
（图 6 – 26），其方程为

$$\frac{x^2}{a^2} - \frac{y^2 + z^2}{c^2} = 1$$

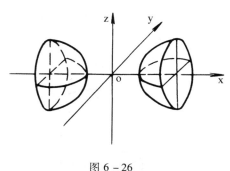

图 6 – 26

例 4　直线 L 绕另一条与 L 相交的直线旋转一周
而产生的曲面叫做圆锥面，两直线的交点叫做圆锥面
的顶点，两直线的夹角 α（$0 < \alpha < \dfrac{\pi}{2}$）叫做圆锥面的
半顶角．试建立顶点在坐标原点 O、旋转轴为 z 轴、
半顶角为 α 的圆锥面的方程．

解　如图 6 – 27 建立坐标系．设直线 L 在 yOz 面上，其方程为

$$z = y \cot \alpha$$

因为旋转轴为 z 轴，所以只要将上式中的 y 改成 ± $\sqrt{x^2 + y^2}$，就可得到
所求圆锥面的方程

$$z = \pm \sqrt{x^2 + y^2} \cot \alpha$$

或　　　　$$z^2 = a^2 (x^2 + y^2) \qquad\qquad (9)$$

其中 a = cot α．

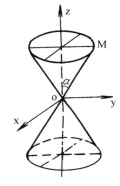

圆锥面上任一点 M 的坐标一定满足方程（9）．如果点 M 不在圆锥
面上，则直线 OM 与 z 轴的夹角就不等于 α，于是点 M 的坐标就不满足
方程（9）．

图 6 – 27

例 5　将 yOz 面上的抛物线 $y^2 = 2pz$ 绕其对称轴（即 z 轴）旋转一
周，求所生成的旋转曲面的方程．

解　抛物线 $y^2 = 2pz$ 绕其对称轴旋转而成的曲面叫做旋转抛物面
（图 6 – 28），其方程为

$$x^2 + y^2 = 2pz$$

四、柱面

定义 4　平行于定直线并沿定曲线 C 移动的直线 L 形成的轨迹叫
做柱面，定曲线 C 叫做柱面的准线，动直线 L 叫做柱面的母线．

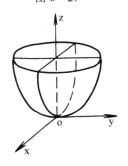

图 6 – 28

方程 $x^2 + y^2 = R^2$ 在 xOy 面上表示圆心在原点 O、半径为 R 的圆．在空间直角坐标系中，
方程 $x^2 + y^2 = R^2$ 不含竖坐标 z，即不论空间点的竖坐标 z 怎样，只要它的横坐标 x 和纵坐标
y 能满足这个方程，那么这些点就在这曲面上．也即，凡是通过 xOy 面内圆 $x^2 + y^2 = R^2$ 上一
点 M(x, y, 0) 且平行于 z 轴的直线 L 都在这曲面上，因此，这曲面可看作是平行于 z 轴的直
线 L 沿 xOy 面上的圆 $x^2 + y^2 = R^2$ 移动而形成的（图 6 – 29）．由柱面的定义知，该曲面是一
个柱面，称之为圆柱面，其母线平行于 z 轴，准线是 xOy 面上的圆 $x^2 + y^2 = R^2$．

从上述分析可知，只含 x、y 而缺 z 的方程 F(x, y) = 0 在空间直角坐标系中表示母线平行
于 z 轴的柱面，其准线是 xOy 面上的曲线 C：F(x, y) = 0．

例如，方程 $y^2 = 2x$ 表示母线平行于 z 轴的柱面，它的准线是 xOy 面上的抛物线 $y^2 = 2x$，

该柱面叫做抛物柱面（图 6 – 30）.

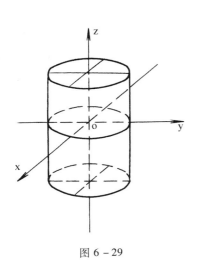

图 6 – 29

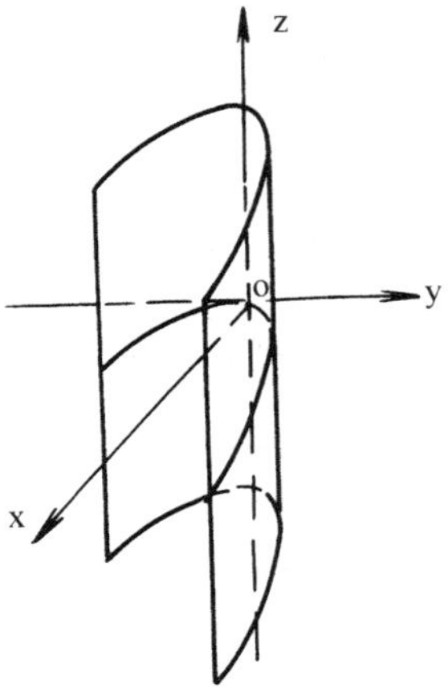

图 6 – 30

类似可知，只含 x、z 而缺 y 的方程 G(x,z) = 0 和只含 y、z 而缺 x 的方程 H(y,z) = 0,分别表示母线平行于 y 轴和 x 轴的柱面.

例如，方程 x – z = 0 表示母线平行于 y 轴的柱面，其准线是 xOz 面上的直线 x – z = 0，所以它是过 y 轴的平面（图 6 – 31）.

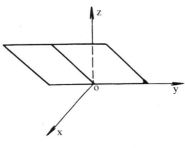

图 6 – 31

五、二次曲面

定义 5   三元二次方程 F(x,y,z) = 0 所表示的曲面称为二次曲面.

在空间直角坐标系下，由 n 次方程所表示的曲面称为 n 次曲面，那么平面是一次曲面.

二次曲面有 9 种，适当选取空间直角坐标系，可得它们的标准方程. 其标准方程是指，在一个三元二次方程中：

（1）不含有坐标的交叉项；

（2）若有某一坐标的平方项，便不能有此坐标的一次项；

（3）若有一次项，便不能有常数项；

（4）最多有一个一次项.

满足以上四条的三元二次方程称为二次曲面的标准方程.

二次曲面的标准方程共有 9 种. 下面先介绍两种研究曲面形状的方法，然后用这两种方法来讨论这 9 种二次曲面的形状.

用平面去截曲面 F(x,y,z) = 0,其交线称为截痕. 通过综合截痕的变化来了解曲面形状的方法称为截痕法.

设点 M(x,y,z) 的轨迹 S 满足方程 F(x,y,z) = 0. 把点 M(x,y,z) 变为点 M'(x,λy,z)，从而把点 M 的轨迹 S 变为点 M' 的轨迹 S'，称其为把图形 S 沿 y 轴方向伸缩 λ 倍变成图形 S'. 设

点 $M(x_1,y_1,z_1) \in S$，将其沿 y 轴方向伸缩 λ 倍后，变为点 $M'(x_2,y_2,z_2)$，则应有 $x_2 = x_1$，$y_2 = \lambda y_1$，$z_2 = z_1$，即

$$x_1 = x_2, \quad y_1 = \frac{1}{\lambda}y_2, \quad z_1 = z_2$$

因点 $M(x_1,y_1,z_1) \in S$，故 $F(x_2, \frac{1}{\lambda}y_2, z_2) = 0$，因此点 $M'(x_2,y_2,z_2)$ 的轨迹 S' 的方程为

$$F(x, \frac{1}{\lambda}y, z) = 0$$

这种通过伸缩变形来研究曲面形状的方法称为伸缩法．

下面来讨论 9 种二次曲面的形状．

（1）椭圆锥面 $\dfrac{x^2}{a^2} + \dfrac{y^2}{b^2} = z^2$

我们分别用截痕法和伸缩法这两种方法来研究椭圆锥面的形状．

①截痕法．用垂直于 z 轴的平面 z = t 截此曲面，当 t = 0 时，

得一点 $(0,0,0)$；当 $t \neq 0$ 时，得平面 z = t 上的椭圆 $\dfrac{x^2}{(at)^2} + \dfrac{y^2}{(bt)^2} =$

1. 当 t 变化时，此式表示一族长短轴比例不变的椭圆，当 $|t|$ 从大到小并变为 0 时，这族椭圆从大到小并缩为一点．综合上述讨论，便得椭圆锥面（1）的形状如图 6 – 32 所示．

②伸缩法．把圆锥面 $\dfrac{x^2+y^2}{a^2} = z^2$ 沿 y 轴方向伸缩 $\dfrac{b}{a}$ 倍，便得

椭圆锥面 $\dfrac{x^2}{a^2} + \dfrac{y^2}{b^2} = z^2$（图 6 – 32）．

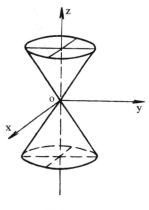

图 6 – 32

（2）椭球面 $\dfrac{x^2}{a^2} + \dfrac{y^2}{b^2} + \dfrac{z^2}{c^2} = 1$

把 xOz 面上的椭圆 $\dfrac{x^2}{a^2} + \dfrac{z^2}{c^2} = 1$ 绕 z 轴旋转，所得曲面叫做旋转椭球面，其方程为

$$\frac{x^2+y^2}{a^2} + \frac{z^2}{c^2} = 1$$

再把旋转椭球面沿 y 轴方向伸缩 $\dfrac{b}{a}$ 倍，便得椭球面

（2）的形状如图 6 – 33 所示．

（3）单叶双曲面 $\dfrac{x^2}{a^2} + \dfrac{y^2}{b^2} - \dfrac{z^2}{c^2} = 1$

把 xOz 面上的双曲线 $\dfrac{x^2}{a^2} - \dfrac{z^2}{c^2} = 1$ 绕 z 轴旋转，

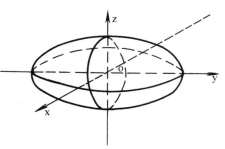

图 6 – 33

得旋转单叶双曲面 $\dfrac{x^2+y^2}{a^2} - \dfrac{z^2}{c^2} = 1$（图 6 – 25），再把旋转单叶双曲面沿 y 轴方向伸缩 $\dfrac{b}{a}$

倍，便得单叶双曲面（3）的形状如图 6 - 34 所示.

（4）双叶双曲面 $\dfrac{x^2}{a^2} + \dfrac{y^2}{b^2} - \dfrac{z^2}{c^2} = -1$

把 xOz 面上的双曲线 $\dfrac{x^2}{a^2} - \dfrac{z^2}{c^2} = -1$ 绕 z 轴旋转，得旋转双叶双曲面 $\dfrac{x^2 + y^2}{a^2} - \dfrac{z^2}{c^2} = -1$，再把

旋转双叶双曲面沿 y 轴方向伸缩 $\dfrac{b}{a}$ 倍，便得双叶双曲面（4）的形状如图 6 - 35 所示.

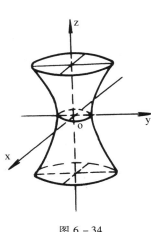

图 6 - 34

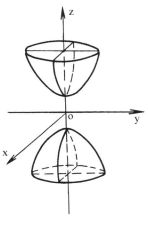

图 6 - 35

（5）椭圆抛物面 $\dfrac{x^2}{a^2} + \dfrac{y^2}{b^2} = z$

把 xOz 面上的抛物线 $\dfrac{x^2}{a^2} = z$ 绕 z 轴旋转，所得曲面叫做旋转抛物面，其方程为

$$\frac{x^2 + y^2}{a^2} = z$$

再把旋转抛物面沿 y 轴方向伸缩 $\dfrac{b}{a}$ 倍，便得椭圆抛物面（5）的形状如图 6 - 36 所示.

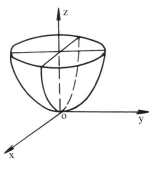

图 6 - 36

（6）双曲抛物面 $\dfrac{x^2}{a^2} - \dfrac{y^2}{b^2} = z$

双曲抛物面又称马鞍面，下面用截痕法来讨论它的形状.

用平面 $x = t$ 截此曲面，所得截痕 l 为平面 $x = t$ 上的抛物线

$$-\frac{y^2}{b^2} = z - \frac{t^2}{a^2}$$

此抛物线开口向下，其顶点的坐标为 $\left(t, 0, \dfrac{t^2}{a^2}\right)$. 当 t 变化时，$l$ 的形状不变，位置只作平

移,而 l 的顶点的轨迹 L 为平面 $y=0$ 上的抛物线 $z=\dfrac{x^2}{a^2}$,因此,以 l 为母线,L 为准线,母线 l 的顶点在准线 L 上滑动,且母线作平行移动,便得双曲抛物面(6)如图6－37所示.

（7）椭圆柱面　$\dfrac{x^2}{a^2}+\dfrac{y^2}{b^2}=1$

椭圆柱面(7)的母线平行于 z 轴,其准线为 xOy 面上的椭圆 $\dfrac{x^2}{a^2}+\dfrac{y^2}{b^2}=1$,如图 6－38 所示.

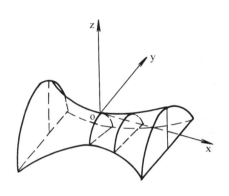

图 6－37

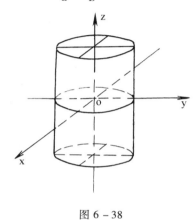

图 6－38

（8）双曲柱面　$\dfrac{x^2}{a^2}-\dfrac{y^2}{b^2}=1$

双曲柱面（8）的母线平行于 z 轴,其准线为 xOy 面上的双曲线 $\dfrac{x^2}{a^2}-\dfrac{y^2}{b^2}=1$, 如图 6－39 所示.

（9） 抛物柱面　$x^2=ay$

抛物柱面（9）的母线平行于 z 轴,其准线为 xOy 面上的抛物线 $x^2=ay$, 如图 6－40 所示.

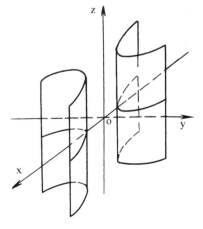

图 6－39

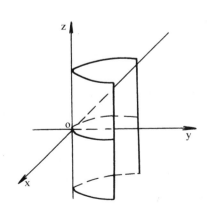

图 6－40

为了易于理解，把本节的几种主要曲面归类列表如下：

$$主要曲面\begin{cases} 旋转曲面：例如\begin{cases} \dfrac{x^2+y^2}{a^2}+\dfrac{z^2}{c^2}=1 \text{（旋转椭球面）} \\[2mm] x^2+y^2=a^2z \text{（旋转抛物面）} \\[2mm] y=(x^2+z^2)^2 \text{（一般旋转曲面）} \end{cases} \\[10mm] 柱面：例如\begin{cases} \dfrac{x^2}{a^2}-\dfrac{y^2}{b^2}=1 \text{（双曲柱面）} \\[2mm] x^2=ay \text{（抛物柱面）} \\[2mm] y=x \text{（平面）} \\[2mm] y=x^3+5 \text{（一般柱面）} \end{cases} \\[14mm] 二次曲面\begin{cases} 球面、椭球面 \\[1mm] 双曲面\begin{cases} 单叶双曲面 \\ 双叶双曲面 \end{cases} \\[2mm] 抛物面\begin{cases} 椭圆抛物面 \\ 双曲抛物面 \end{cases} \\[2mm] 锥面\begin{cases} 圆锥面 \\ 椭圆锥面 \end{cases} \end{cases} \end{cases}$$

由此看出柱面和旋转曲面并非都是二次曲面，二次曲面也不全是柱面和旋转曲面.

习题 6 – 3

1. 求与 z 轴和点 $(1,3,-1)$ 等距离的点的轨迹方程.

2. 求与坐标原点 O 及点 $(2,3,4)$ 的距离之比为 $1:2$ 的点的全体所组成的曲面的方程，它表示怎样的曲面？

3. 求满足下列各条件的球面方程.

(1) 球心在点 $(2,-1,3)$，半径为 6；

(2) 球心在点 $(1,3,-2)$，且通过坐标原点；

(3) 一条直径的两个端点是 $(2,-3,5)$ 和 $(4,1,-3)$.

4. 求下列球面的球心和半径.

(1) $x^2+y^2+z^2-6x+8y+2z+10=0$；

(2) $x^2+y^2+z^2+2x-4y-4=0$.

5. 求下列旋转曲面的方程.

(1) xOz 面上的抛物线 $z^2=5x$ 绕其对称轴旋转；

(2) xOz 面上的圆 $x^2+z^2=9$ 绕 z 轴旋转；

(3) xOy 面上的双曲线 $4x^2-9y^2=36$ 分别绕 x 轴及 y 轴旋转.

6. 说明下列旋转曲面是怎样形成的.

$(1)\dfrac{x^2}{4}+\dfrac{y^2}{9}+\dfrac{z^2}{9}=1$　　$(2)x^2-\dfrac{y^2}{4}+z^2=1$　　$(3)z=4(x^2+y^2)$

7. 指出下列方程在平面解析几何中和在空间解析几何中分别表示什么图形.

$(1)x=2$　　　　　　　$(2)(x-1)^2+y^2=1$

$(3)x^2-y^2=2$　　　　　$(4)y=2x^2+3x+1$

8. 指出下列方程表示怎样的曲面.

$(1)\dfrac{x^2}{16}-\dfrac{y^2}{4}=z$　　　　　　$(2)\dfrac{x^2}{a^2}+\dfrac{y^2}{b^2}=1$

$(3)\dfrac{x^2}{9}+\dfrac{y^2}{9}-\dfrac{z^2}{16}=1$　　　$(4)\dfrac{x^2}{a^2}+\dfrac{y^2}{b^2}-\dfrac{z^2}{c^2}=0$

$(5)x^2+y^2=z$　　　　　　$(6)y^2-z=0$

9. 画出下列方程所表示的曲面.

$(1)\left(x-\dfrac{a}{2}\right)^2+y^2=\left(\dfrac{a}{2}\right)^2$　　　$(2)z=x^2+y^2$

$(3)z=\sqrt{x^2+y^2}$　　　　　　$(4)z=\sqrt{4-x^2-y^2}$

第四节　空间曲线及其方程

一、空间曲线方程的概念

1. 空间曲线的一般方程

空间曲线可以看作两个曲面的交线. 设

$$F(x,y,z)=0$$

和 $G(x,y,z)=0$

是两个曲面的方程, 它们的交线为 C (图 6-41). 那么方程组

$$\begin{cases}F(x,y,z)=0\\G(x,y,z)=0\end{cases}\qquad(1)$$

叫做空间曲线 C 的一般方程.

空间曲线 C 与方程组 (1) 有如下关系:

(1) 空间曲线 C 上任一点的坐标都满足方程组 (1);

(2) 不在空间曲线 C 上的点的坐标都不满足方程组 (1).

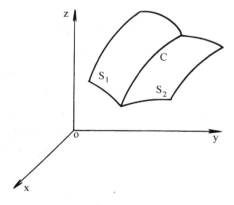

图 6-41

例 1　方程组 $\begin{cases} z = \sqrt{a^2 - x^2 - y^2} \\ x - y = 0 \end{cases}$ 表示怎样的曲线?

解　方程 $z = \sqrt{a^2 - x^2 - y^2}$ 表示球心在坐标原点 O、半径为 a 的上半球面,方程 $x - y = 0$ 表示一个过 z 轴的平面. 因此,方程组

$$\begin{cases} z = \sqrt{a^2 - x^2 - y^2} \\ x - y = 0 \end{cases}$$

表示上述半球面与平面的交线(图 6 - 42).

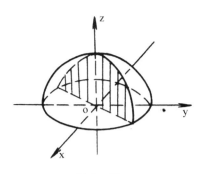

图 6 - 42

例 2　方程组 $\begin{cases} z = \sqrt{a^2 - x^2 - y^2} \\ x^2 + y^2 - ax = 0 \end{cases}$ 表示怎样的曲线?

解　方程 $z = \sqrt{a^2 - x^2 - y^2}$ 表示球心在坐标原点 O,半径为 a 的上半球面. 方程 $x^2 + y^2 - ax = 0$,即 $\left(x - \dfrac{a}{2}\right)^2 + y^2 = \left(\dfrac{a}{2}\right)^2$ 表示母线平行于 z 轴的圆柱面,它的准线是 xOy 面上圆心在点 $\left(\dfrac{a}{2}, 0\right)$、半径为 $\dfrac{a}{2}$ 的圆. 因此,方程组

$$\begin{cases} z = \sqrt{a^2 - x^2 - y^2} \\ x^2 + y^2 - ax = 0 \end{cases}$$

表示上述半球面与圆柱面的交线(图 6 - 43).

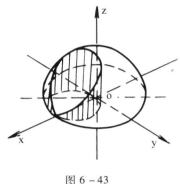

图 6 - 43

2. 空间曲线的参数方程

在空间直角坐标系下,若可将曲线 C 上动点的坐标 x、y、z 表示为参数 t 的函数:

$$\begin{cases} x = x(t) \\ y = y(t) \\ z = z(t) \end{cases} \tag{2}$$

当给定 $t = t_0$ 时,就得到曲线 C 上的一个点 (x_0, y_0, z_0);随着 t 的变动便可得到曲线 C 上的全部点,方程组(2)叫做空间曲线 C 的参数方程.

例 3　一个动点 M 以角速度 ω 绕一条直线作圆周运动,同时以线速度 v 沿直线方向作直线运动(其中 ω、v 均为常数),则动点 M 的轨迹叫做螺旋线,试建立其参数方程.

解　建立坐标系,使 z 轴重合于直线(图 6 - 44),取时间 t 为参数,设 $t = 0$ 时点 M 的位置为 $M_0(a, 0, 0)$. 经过时间 t,动点由 M_0 运动到 $M(x, y, z)$,记 M 在 xOy 面上的投影为 $P(x, y, 0)$. 由于动点 M 以角速度 ω 绕 z 轴作圆周运动,所以 $\angle M_0OP = \omega t$. 从而

$$x = |OP| \cos \angle M_0OP = a\cos\omega t$$

$$y = |OP| \sin \angle M_0OP = a\sin\omega t$$

由于动点 M 同时以线速度 v 沿 z 轴正向上升,所以

$$z = |PM| = vt$$

因此螺旋线的参数方程为

$$\begin{cases} x = a\cos\omega t \\ y = a\sin\omega t \\ z = vt \end{cases}$$

在螺旋线的参数方程中消去参数 t,即可得到它的一般方程

$$\begin{cases} x^2 + y^2 = a^2 \\ y = a\sin\dfrac{\omega z}{v} \end{cases}$$

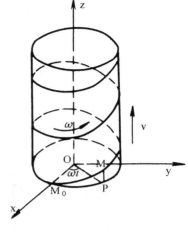

图 6 - 44

二、空间曲线在坐标面上的投影

设空间曲线 C 的一般方程为

$$\begin{cases} F(x,y,z) = 0 \\ G(x,y,z) = 0 \end{cases} \tag{3}$$

设由方程组（3）消去变量 z 后所得的方程为

$$H(x,y) = 0 \tag{4}$$

由于方程（4）是由方程组（3）消去 z 后所得的结果,因此当 x、y 和 z 满足方程组（3）时,则 x 和 y 必满足方程（4）,这说明空间曲线 C 上的所有点都在由方程（4）所表示的柱面上. 以空间曲线 C 为准线、母线平行于 z 轴（即垂直于 xOy 面）的柱面叫做空间曲线 C 关于 xOy 面的投影柱面. 此投影柱面与 xOy 面的交线叫做空间曲线 C 在 xOy 面上的投影曲线,简称投影. 那么,方程（4）所表示的柱面必定包含投影柱面,方程组

$$\begin{cases} H(x,y) = 0 \\ z = 0 \end{cases} \tag{5}$$

所表示的曲线必定包含空间曲线 C 在 xOy 面上的投影.

同理,可得包含空间曲线 C 在 yOz 面或 xOz 面上的投影的曲线方程:

$$\begin{cases} R(y,z) = 0 \\ x = 0 \end{cases} \quad 或 \quad \begin{cases} T(x,z) = 0 \\ y = 0 \end{cases} \tag{6}$$

例 4　求旋转抛物面 $z = x^2 + y^2$ 与平面 $y + z = 1$ 的交线 C 在 xOy 面上的投影方程.

解　交线 C 的方程为

$$\begin{cases} z = x^2 + y^2 \\ y + z = 1 \end{cases}$$

从方程组中消去 z,即得交线 C 在 xOy 面上的投影柱面方程为

$$x^2 + \left(y + \frac{1}{2}\right)^2 = \frac{5}{4}$$

于是交线 C 在 xOy 面上的投影方程是

$$\begin{cases} x^2 + \left(y + \dfrac{1}{2}\right)^2 = \dfrac{5}{4} \\ z = 0 \end{cases}$$

由此可知,交线 C 在 xOy 面上的投影曲线是一个圆心在点$(0, -\frac{1}{2})$,半径为$\frac{\sqrt{5}}{2}$的圆(图 6 – 45).

在重积分和曲面积分的计算中,往往需要确定一个立体或曲面在坐标面上的投影,这时就要利用投影柱面和投影曲线来求得.

例 5 设一个立体由上半球面$z = \sqrt{4 - x^2 - y^2}$和锥面$z = \sqrt{3(x^2 + y^2)}$所围成(图 6 – 46),求它在 xOy 面上的投影.

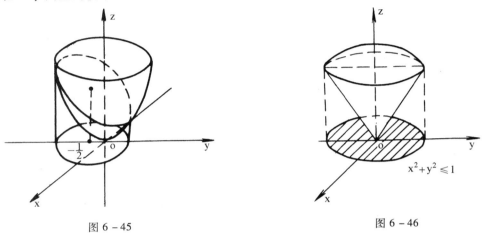

图 6 – 45　　　　　　　　　　　图 6 – 46

解 立体在 xOy 面上的投影就是半球面与圆锥面的交线 C 在 xOy 面上的投影曲线所围成的区域.

交线 C 的方程为

$$\begin{cases} z = \sqrt{4 - x^2 - y^2} \\ z = \sqrt{3(x^2 + y^2)} \end{cases}$$

从方程组中消去 z,即得交线 C 在 xOy 面上的投影柱面方程为

$$x^2 + y^2 = 1$$

于是交线 C 在 xOy 面上的投影曲线为

$$\begin{cases} x^2 + y^2 = 1 \\ z = 0 \end{cases}$$

这是 xOy 面上的一个圆,于是所求立体在 xOy 面上的投影为

$$x^2 + y^2 \leqslant 1$$

习题 6 – 4

1. 画出下列曲线在第一卦限内的图形.

$(1)\begin{cases} x^2 + z^2 = 1 \\ y = 2 \end{cases}$ 　　　　　$(2)\begin{cases} z = x^2 + y^2 \\ x - y = 0 \end{cases}$ 　　　　　$(3)\begin{cases} x^2 + y^2 = a^2 \\ x^2 + z^2 = a^2 \end{cases}$

2. 指出下列方程组在平面解析几何与在空间解析几何中分别表示什么图形.

$(1)\begin{cases} y = 5x + 1 \\ y = 2x - 3 \end{cases}$
　　　　$(2)\begin{cases} \dfrac{x^2}{4} + \dfrac{y^2}{9} = 1 \\ y = 3 \end{cases}$

3. 将下列曲线的一般方程化为参数方程.

$(1)\begin{cases} x^2 + y^2 + z^2 = 9 \\ y = x \end{cases}$
　　　　$(2)\begin{cases} (x-1)^2 + y^2 + (z+1)^2 = 4 \\ z = 0 \end{cases}$

4. 将下列曲线的参数方程化为一般方程.

$(1)\begin{cases} x = 2\cos t \\ y = 2 + \sin t \\ z = 2 \end{cases}$
　　　　$(2)\begin{cases} x = 3 + t \\ y = 1 - 2t \\ z = 4t \end{cases}$

5. 分别求母线平行于三条坐标轴且通过曲线$\begin{cases} 2x^2 + y^2 + z^2 = 16 \\ x^2 + z^2 - y^2 = 0 \end{cases}$的柱面方程.

6. 求下列曲线在 xOy 面上的投影曲线方程.

$(1)\begin{cases} \dfrac{x^2}{16} + \dfrac{y^2}{4} - \dfrac{z^2}{5} = 1 \\ x - 2z + 3 = 0 \end{cases}$
　　　　$(2)\begin{cases} x^2 + y^2 + z^2 = 9 \\ x + z = 1 \end{cases}$

7. 求螺旋线$\begin{cases} x = a\cos\theta \\ y = a\sin\theta \\ z = b\theta \end{cases}$在三个坐标面上的投影曲线的直角坐标方程.

8. 求旋转抛物面 $z = x^2 + y^2 (0 \leqslant z \leqslant 4)$ 在三个坐标面上的投影.

9. 求椭球面 $2x^2 + y^2 + z^2 = 16 (z \geqslant 0)$ 与圆锥面 $x^2 + y^2 = z^2 (z \geqslant 0)$ 所围区域的公共部分在三个坐标面上的投影.

第五节　平面及其方程

本节将以向量代数为工具,在空间直角坐标系中建立各种形式的平面方程,讨论点与平面、平面与平面的位置关系和度量性质.

一、平面方程的概念

1. 平面的点法式方程

如果一非零向量 $\vec{n}$ 垂直于一平面 Π,则向量 $\vec{n}$ 叫做平面 Π 的法线向量. 显然,平面 Π 的法线向量不惟一.

因为过空间一点能且仅能作一个平面垂直于已知直线,所以若已知平面 Π 上的一点 M_0 (x_0, y_0, z_0) 和一法线向量 $\vec{n} = \{A, B, C\}$,则平面 Π 的位置就完全确定了(图 6 - 47). 下面建立

平面 Π 的方程.

设 $M(x,y,z)$ 是平面 Π 上的任意一点,显然, $\overrightarrow{M_0M} \perp$ $\vec{n}$,即

$$\vec{n} \cdot \overrightarrow{M_0M} = 0$$

由于 $\vec{n} = \{A,B,C\}$, $\overrightarrow{M_0M} = \{x-x_0, y-y_0, z-z_0,\}$,所以有

$$A(x-x_0) + B(y-y_0) + C(z-z_0) = 0 \qquad (1)$$

这就是平面 Π 上任意一点 M 的坐标所满足的方程.

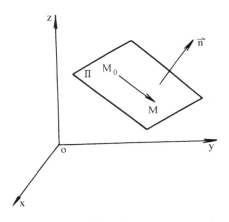

图 6 - 47

反过来,若点 M 不在平面 Π 上,那么 $\overrightarrow{M_0M}$ 与 $\vec{n}$ 不垂直,从而 $\vec{n} \cdot \overrightarrow{M_0M} \neq 0$,即不在平面 Π 上的点 M 的坐标都不满足方程(1).

由此可知,方程(1)就是平面 Π 的方程,而平面 Π 就是方程(1)的图形.由于方程(1)是由平面 Π 上的一点 $M_0(x_0,y_0,z_0)$ 和一法线向量 $\vec{n} = \{A,B,C\}$ 所确定的,所以方程(1)叫做平面的点法式方程.

例 1   求过点 $(1,-5,1)$ 且垂直于 x 轴的平面方程.

解   所求平面的法线向量可设为 $\vec{n} = \{1,0,0\}$,根据平面的点法式方程,得所求平面的方程为

$$x - 1 = 0$$

例 2   求过点 $(3,4,-5)$ 且平行于向量 $\vec{a} = \{3,1,-1\}$ 和 $\vec{b} = \{1,-2,1\}$ 的平面方程.

解   先求平面的一个法线向量 $\vec{n}$.由于 $\vec{n}$ 与 $\vec{a}$、$\vec{b}$ 都垂直,所以可取

$$\vec{n} = \vec{a} \times \vec{b} = \begin{vmatrix} \vec{i} & \vec{j} & \vec{k} \\ 3 & 1 & -1 \\ 1 & -2 & 1 \end{vmatrix} = -\vec{i} - 4\vec{j} - 7\vec{k}$$

根据平面的点法式方程,得所求平面的方程为

$$-(x-3) - 4(y-4) - 7(z+5) = 0$$

即

$$x + 4y + 7z + 16 = 0$$

2. 平面的一般方程

在方程 (1) 中, 令 $D = -(Ax_0 + By_0 + Cz_0)$,则方程 (1) 可写成

$$Ax + By + Cz + D = 0$$

由于任一平面都可用它上面的一点和它的法线向量来确定, 所以任一平面都可用三元一次方程来表示.

反过来, 设有三元一次方程

$$Ax + By + Cz + D = 0 \qquad (2)$$

下面证明坐标满足这个方程的点 $M(x,y,z)$ 的轨迹是一个平面.

设 x_0、y_0、z_0 是满足该方程的任意一组解，即

$$Ax_0 + By_0 + Cz_0 + D = 0$$

与方程（2）相减，得

$$A(x - x_0) + B(y - y_0) + C(z - z_0) = 0 \tag{3}$$

将上式与平面的点法式方程（1）相比较，可知方程（3）是通过点 $M_0(x_0, y_0, z_0)$ 且以 $\vec{n} = \{A, B, C\}$ 为法线向量的平面方程. 因为方程（2）与方程（3）同解，所以任一三元一次方程（2）的图形总是一个平面.

方程（2）叫做平面的一般方程，其中 x、y、z 的系数就是该平面的一个法线向量 $\vec{n}$ 的坐标，即 $\vec{n} = \{A, B, C\}$.

下面讨论方程（2）的几种特殊情况下，平面与坐标系的位置关系.

（1）若 $D = 0$，则方程（2）变为 $Ax + By + Cz = 0$. 它表示一个通过原点的平面. 反之，若平面通过原点，则 $D = 0$.

（2）若 $A = 0$，则方程（2）变为 $By + Cz + D = 0$. 其法线向量 $\vec{n} = \{0, B, C\}$ 垂直于 x 轴，它表示一个平行于 x 轴的平面. 反之，若平面平行于 x 轴，则 $A = 0$.

同理，若 $B = 0$，则 $Ax + Cz + D = 0$ 表示一个平行于 y 轴的平面；若 $C = 0$，则 $Ax + By + D = 0$ 表示一个平行于 z 轴的平面.

（3）若 $A = B = 0$，方程（2）变为 $Cz + D = 0$. 其法线向量 $\vec{n} = \{0, 0, C\}$ 平行于 z 轴，它表示一个平行于 xOy 面的平面. 反之，若平面平行于 xOy 面，则 $A = B = 0$.

同理，若 $B = C = 0$，则 $Ax + D = 0$ 表示一个平行于 yOz 面的平面；若 $A = C = 0$，则 $By + D = 0$ 表示一个平行于 zOx 面的平面.

例 3　设一平面与三个坐标轴的交点依次为 $A(a, 0, 0)$、$B(0, b, 0)$、$C(0, 0, c)$（其中 $abc \neq 0$），如图 6 - 48 所示，求这平面的方程.

解　设所求平面的方程为

$$Ax + By + Cz + D = 0$$

因为 $A(a, 0, 0)$、$B(0, b, 0)$、$C(0, 0, c)$ 三点都在这个平面上，所以它们的坐标都满足平面的方程. 即有

$$\begin{cases} aA + D = 0, \\ bB + D = 0, \\ cC + D = 0. \end{cases}$$

解此方程组，得

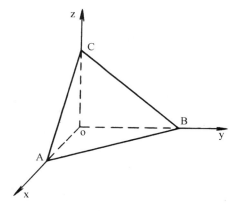

图 6 - 48

$$A = -\frac{D}{a}, \quad B = -\frac{D}{b}, \quad C = -\frac{D}{c}.$$

将其代入方程 $Ax + By + Cz + D = 0$ 并除以 D（$D \neq 0$），便得所求平面的方程为

$$\frac{x}{a} + \frac{y}{b} + \frac{z}{c} = 1 \tag{4}$$

方程（4）叫做平面的截距式方程，其中 a、b、c 依次叫做平面在 x、y、z 轴上的截距.

例 4 求平行于 x 轴且经过两点 $(3,2,9)$ 和 $(4,-1,3)$ 的平面方程.

解法 1 设所求平面的方程为

$$Ax + By + Cz + D = 0$$

因为平面平行于 x 轴，所以 $A=0$. 又因为平面经过点 $(3,2,9)$ 和 $(4,-1,3)$，所以应有

$$\begin{cases} 2B + 9C + D = 0 \\ -B + 3C + D = 0 \end{cases}$$

解此方程组，得

$$B = \frac{2}{5}D, \quad C = -\frac{1}{5}D.$$

将其代入方程 $By + Cz + D = 0$ 并除以 D（$D \neq 0$），整理即得所求平面的方程为

$$2y - z + 5 = 0$$

解法 2 因为平面经过点 $(3,2,9)$ 和 $(4,-1,3)$，所以平面经过向量 $\vec{a} = \{4-3, -1-2, 3-9\} = \{1, -3, -6\}$；又因为平面平行于 x 轴，即 $\vec{i} = \{1, 0, 0\}$，所以平面的法线向量可取为

$$\vec{n} = \vec{i} \times \vec{a} = \begin{vmatrix} \vec{i} & \vec{j} & \vec{k} \\ 1 & 0 & 0 \\ 1 & -3 & -6 \end{vmatrix} = 6\vec{j} - 3\vec{k}.$$

由平面的点法式方程，可得所求平面的方程为

$$6(y-2) - 3(z-9) = 0,$$

即

$$2y - z + 5 = 0.$$

二、两平面的夹角

两平面的法线向量的夹角（通常指锐角）叫做两平面的夹角.

设平面 Π_1 和 Π_2 的法线向量分别为 $\vec{n_1} = \{A_1, B_1, C_1\}$ 和 $\vec{n_2} = \{A_2, B_2, C_2\}$，那么 Π_1 和 Π_2 的夹角 θ 应是 $(\widehat{\vec{n_1}, \vec{n_2}})$ 和 $(-\widehat{\vec{n_1}, \vec{n_2}}) = \pi - (\widehat{\vec{n_1}, \vec{n_2}})$ 两者中的锐角（图 6-49），因此

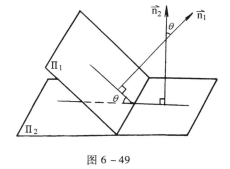

图 6-49

$$\cos\theta = |\cos(\widehat{\vec{n_1}, \vec{n_2}})|$$

$$= \frac{|A_1 A_2 + B_1 B_2 + C_1 C_2|}{\sqrt{A_1^2 + B_1^2 + C_1^2} \cdot \sqrt{A_2^2 + B_2^2 + C_2^2}} \qquad (5)$$

根据此式可确定 Π_1 和 Π_2 的夹角 θ.

由两向量垂直、平行的充要条件可得下列结论：

两平面 Π_1、Π_2 互相垂直 $\iff A_1 A_2 + B_1 B_2 + C_1 C_2 = 0$；

两平面 Π_1、Π_2 互相平行或重合 $\Longleftrightarrow \dfrac{A_1}{A_2} = \dfrac{B_1}{B_2} = \dfrac{C_1}{C_2}$.

例 5　求两平面 $x + y - 11 = 0$ 和 $3x + 8 = 0$ 的夹角.

解　设两平面的夹角为 θ. 由于两平面的法线向量分别为 $\vec{n_1} = \{1,1,0\}$ 和 $\vec{n_2} = \{3,0,0\}$，则

$$\cos\theta = \frac{|\vec{n_1} \cdot \vec{n_2}|}{|\vec{n_1}||\vec{n_2}|} = \frac{3}{\sqrt{2} \times 3} = \frac{\sqrt{2}}{2},$$

因此所求夹角 $\theta = \dfrac{\pi}{4}$.

例 6　一平面通过 x 轴，且与 xOy 面的夹角等于 $\dfrac{\pi}{6}$，求这个平面的方程.

解　因为所求平面通过 x 轴，故可设其方程为
$$By + Cz = 0.$$

易知所求平面的法线向量 $\vec{n_1} = \{0,B,C\}$，又 xOy 面的法线向量 $\vec{n_2} = \{0,0,1\}$，根据题意有

$$\cos\frac{\pi}{6} = \frac{|C|}{\sqrt{B^2 + C^2}}$$

整理得
$$C^2 = 3B^2,\quad 即\ C = \pm\sqrt{3}\,B$$
故所求平面的方程为
$$y + \sqrt{3}\,z = 0\ 或\ y - \sqrt{3}\,z = 0$$

三、点到平面的距离

设点 $M_0(x_0, y_0, z_0)$ 是平面 $\Pi : Ax + By + Cz + D = 0$ 外一点，下面推导点 M_0 到平面 Π 的距离公式.

在平面上任取一点 $M_1(x_1, y_1, z_1)$，并过点 M_0 作平面的法线向量 $\vec{n} = \{A,B,C\}$（图 6-50）. 设向量 $\overrightarrow{M_1M_0} = \{x_0 - x_1, y_0 - y_1, z_0 - z_1\}$ 与 $\vec{n} = \{A,B,C\}$ 的夹角为 θ，无论 θ 是锐角还是钝角，所求距离

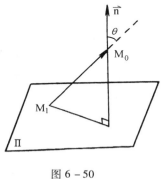

图 6-50

$$d = |\overrightarrow{M_1M_0}||\cos\theta| = |\overrightarrow{M_1M_0}|\frac{|\overrightarrow{M_1M_0} \cdot \vec{n}|}{|\overrightarrow{M_1M_0}||\vec{n}|}$$

$$= \frac{|\overrightarrow{M_1M_0} \cdot \vec{n}|}{|\vec{n}|} = \frac{|A(x_0 - x_1) + B(y_0 - y_1) + C(z_0 - z_1)|}{\sqrt{A^2 + B^2 + C^2}}$$

由于 $Ax_1 + By_1 + Cz_1 + D = 0$，所以

$$d = \frac{|Ax_0 + By_0 + Cz_0 + D|}{\sqrt{A^2 + B^2 + C^2}} \tag{6}$$

这就是点 M_0 到平面 Π 的距离公式.

例 7　求点 $(2, -1, 3)$ 到平面 $x - 2y + 2z - 4 = 0$ 的距离.

解　由公式 (6) 可得所求距离

$$d = \frac{|2 - 2 \times (-1) + 2 \times 3 - 4|}{\sqrt{1^2 + (-2)^2 + 2^2}} = 2$$

习题 6 - 5

1. 求过点 $A(2, -1, 2)$,且垂直于线段 AB 的平面方程,其中点 B 的坐标是 $B(8, -7, 5)$.

2. 求过点 $M_1(3, 1, -1)$ 和 $M_2(1, -1, 0)$ 且平行于向量 $\vec{a} = \{-1, 0, 2\}$ 的平面方程.

3. 求过点 $M_1(1, 1, -1)$ 、 $M_2(-2, -2, 2)$ 和 $M_3(1, -1, 2)$ 的平面方程.

4. 指出下列各平面的特殊位置,并画出各平面.

$(1) x = 0$　　　　　　$(2) 3y - 1 = 0$　　　　　$(3) 2x - 3y - 6 = 0$

$(4) y + z = 0$　　　　$(5) x - 2z = 0$　　　　　$(6) 6x + 5y - z = 0$

5. 分别按下列条件求平面方程.

(1) 平行于 yOz 面且过点 $(-2, 1, 5)$;　(2) 通过 z 轴和点 $(-3, 1, -2)$;

(3) 平行于 x 轴且过点 $(4, 0, -2)$ 和 $(5, 1, 7)$.

6. 求过点 $(3, 2, -4)$ 且在 x 轴和 y 轴上的截距分别为 -2 和 -3 的平面方程.

7. 求两平面 $x + y - 11 = 0$ 和 $3x + 8 = 0$ 的夹角.

8. 分别在下列条件下确定 m 、 n 的值.

(1) 使 $2x + my + 3z - 5 = 0$ 与 $nx - 6y - 6z + 2 = 0$ 表示两个互相平行的平面;

(2) 使 $mx + y - 3z + 1 = 0$ 与 $7x - 2y - z = 0$ 表示两个互相垂直的平面.

9. 求在 z 轴上且到点 $M(1, -2, 0)$ 与到平面 $3x - 2y + 6z - 9 = 0$ 距离相等的点的坐标.

10. 求球心在点 $C(3, -5, -2)$ 且与平面 $2x - y - 3z + 11 = 0$ 相切的球面方程.

第六节　空间直线及其方程

本节将以向量代数为工具,在空间直角坐标系中建立各种形式的直线方程,讨论直线与直线、直线与平面、点与直线的位置关系和度量性质.

一、空间直线方程的概念

1. 空间直线的一般方程

空间直线可以看作两个平面的交线. 设

$$A_1x + B_1y + C_1z + D_1 = 0 \ \text{和} \ A_2x + B_2y +$$
$$C_2z + D_2 = 0$$

是两个平面的方程, 它们的交线为 L（图 6-51）, 那么方程组

$$\begin{cases} A_1x + B_1y + C_1z + D_1 = 0 \\ A_2x + B_2y + C_2z + D_2 = 0 \end{cases} \qquad (1)$$

叫做空间直线 L 的一般方程.

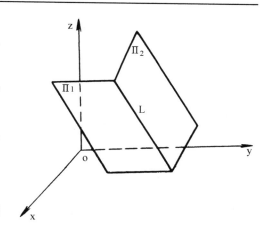

图 6-51

空间直线 L 和方程组（1）有如下关系：

（1）空间直线 L 上任一点的坐标都满足方程组（1）；

（2）不在空间直线 L 上的点的坐标都不满足方程组（1）.

通过一空间直线 L 的平面有无限多个, 只要在这无限多个平面中任意选取两个, 把它们的方程联立起来, 所得的方程组就表示空间直线 L.

2. 空间直线的点向式方程

如果一非零向量 $\vec{s}$ 平行于一直线 L, 则向量 $\vec{s}$ 叫做直线 L 的方向向量. 显然, 直线 L 的方向向量不惟一. 直线 L 的任一方向向量 $\vec{s}$ 的坐标 $\{m, n, p\}$ 叫做直线 L 的一组方向数, 而 $\vec{s}$ 的方向余弦叫做直线 L 的方向余弦.

因为过空间一点能且仅能作一条直线平行于已知直线, 所以若已知直线 L 上的一点 $M_0(x_0, y_0, z_0)$ 和一方向向量 $\vec{s} = \{m, n, p\}$, 则直线 L 的位置就完全确定了（图 6-52）. 下面建立直线 L 的方程.

设 $M(x, y, z)$ 是直线 L 上的任意一点. 显然, $\overrightarrow{M_0M}$ $\parallel \vec{s}$, 即 $\overrightarrow{M_0M}$ 和 $\vec{s}$ 的对应坐标成比例. 由于 $\vec{s} = \{m, n, p\}$, $\overrightarrow{M_0M} = \{x - x_0, y - y_0, z - z_0\}$, 所以有

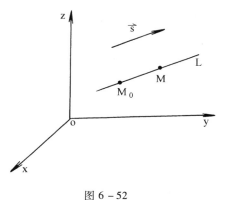

图 6-52

$$\frac{x - x_0}{m} = \frac{y - y_0}{n} = \frac{z - z_0}{p} \qquad (2)$$

这就是直线 L 上任意一点 M 的坐标所满足的方程.

反过来, 若点 M 不在直线 L 上, 那么 $\overrightarrow{M_0M}$ 与 $\vec{s}$ 不平行, 从而 $\overrightarrow{M_0M}$ 与 $\vec{s}$ 的对应坐标不成比例, 即不在直线 L 上的点 M 的坐标都不满足方程（2）.

由此可知, 方程（2）就是直线 L 的方程, 而直线 L 就是方程（2）的图形. 由于方程（2）是由直线 L 上的一点 $M_0(x_0, y_0, z_0)$ 和一方向向量 $\vec{s} = \{m, n, p\}$ 所确定的, 所以方程（2）叫做直线的点向式方程或对称式方程.

例 1　求过两点 $(3, -2, 1)$ 和 $(-1, 0, 2)$ 的直线方程.

解　所求直线的方向向量可取为

$$\vec{s} = \{-4, 2, 1\}$$

又直线过点$(3, -2, 1)$,根据直线的点向式方程,得所求直线的方程为

$$\frac{x-3}{-4} = \frac{y+2}{2} = \frac{z-1}{1}$$

例2　求与两平面 $x - 4z = 3$ 和 $2x - y - 5z = 1$ 的交线平行且过点$(-3, 2, 5)$的直线的方程.

解　因为所求直线与两平面的交线平行,即所求直线的方向向量 $\vec{s}$ 一定同时垂直于两平面的法线向量 $\vec{n_1} = \{1, 0, -4\}$ 和 $\vec{n_2} = \{2, -1, -5\}$,所以可取

$$\vec{s} = \vec{n_1} \times \vec{n_2} = \begin{vmatrix} \vec{i} & \vec{j} & \vec{k} \\ 1 & 0 & -4 \\ 2 & -1 & -5 \end{vmatrix} = -4\vec{i} - 3\vec{j} - \vec{k},$$

又直线过点$(-3, 2, 5)$,因此所求直线的方程为

$$\frac{x+3}{4} = \frac{y-2}{3} = \frac{z-5}{1}$$

3. 空间直线的参数方程

由直线的点向式方程(2)可推出直线的参数方程.若设

$$\frac{x - x_0}{m} = \frac{y - y_0}{n} = \frac{z - z_0}{p} = t,$$

则
$$\begin{cases} x = x_0 + mt \\ y = y_0 + nt \\ z = z_0 + pt \end{cases} \tag{3}$$

方程组（3）叫做直线的参数方程.

空间直线的对称式方程和一般方程可以互化. 应用中,可根据需要转化.

例3　（1）将直线的对称式方程$\dfrac{x-2}{4} = \dfrac{y+1}{-3} = \dfrac{z-5}{1}$化为一般方程；

（2）将直线的一般方程$\begin{cases} x + y + z + 1 = 0 \\ 2x - y + 3z + 4 = 0 \end{cases}$化为对称式方程.

解　（1）将对称式方程化为一般方程,只需将两个等号分开组成一方程组即可. 从而所求一般方程为

$$\begin{cases} \dfrac{x-2}{4} = \dfrac{y+1}{-3} \\ \dfrac{y+1}{-3} = \dfrac{z-5}{1} \end{cases}$$

即
$$\begin{cases} 3x + 4y - 2 = 0 \\ y + 3z - 14 = 0 \end{cases}$$

（2）将一般方程化为对称式方程，需求出直线上的一点和直线的方向向量.

先求出这直线上的一点 (x_0, y_0, z_0). 令 $z_0 = 0$，将其代入方程组，得

$$\begin{cases} x + y = -1 \\ 2x - y = -4 \end{cases}$$

解之得 $x_0 = -\dfrac{5}{3}$，$y_0 = \dfrac{2}{3}$. 即 $\left(-\dfrac{5}{3}, \dfrac{2}{3}, 0 \right)$ 是这直线上的一点.

再求出这直线的方向向量 $\vec{s}$. 由于两平面的交线与这两平面的法线向量 $\vec{n_1} = \{1, 1, 1\}$ 和 $\vec{n_2} = \{2, -1, 3\}$ 都垂直，所以可取

$$\vec{s} = \vec{n_1} \times \vec{n_2} = \begin{vmatrix} \vec{i} & \vec{j} & \vec{k} \\ 1 & 1 & 1 \\ 2 & -1 & 3 \end{vmatrix} = 4\vec{i} - \vec{j} - 3\vec{k}$$

因此所求对称式方程为

$$\frac{x + \dfrac{5}{3}}{4} = \frac{y - \dfrac{2}{3}}{-1} = \frac{z}{-3}$$

二、两直线的夹角

空间两直线的方向向量的夹角（通常指锐角）叫做两直线的夹角.

设直线 L_1 和 L_2 的方向向量分别为 $\vec{s_1} = \{m_1, n_1, p_1\}$ 和 $\vec{s_2} = \{m_2, n_2, p_2\}$，那么 L_1 和 L_2 的夹角 θ 应是 $(\widehat{\vec{s_1}, \vec{s_2}})$ 和 $(\widehat{-\vec{s_1}, \vec{s_2}}) = \pi - (\widehat{\vec{s_1}, \vec{s_2}})$ 两者中的锐角（图 6-53），因此

$$\cos\theta = |\cos(\widehat{\vec{s_1}, \vec{s_2}})| = \frac{|m_1 m_2 + n_1 n_2 + p_1 p_2|}{\sqrt{m_1^2 + n_1^2 + p_1^2} \cdot \sqrt{m_2^2 + n_2^2 + p_2^2}} \tag{4}$$

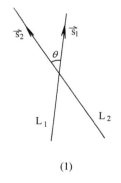

(1)

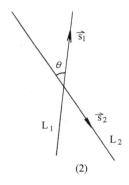

(2)

图 6-53

根据此式可确定 L_1 和 L_2 的夹角 θ.

由两向量垂直、平行的充要条件可得下列结论：

两直线 L_1、L_2 互相垂直 $\Longleftrightarrow m_1 m_2 + n_1 n_2 + p_1 p_2 = 0$;

两直线 L_1、L_2 互相平行或重合 $\Longleftrightarrow \dfrac{m_1}{m_2} = \dfrac{n_1}{n_2} = \dfrac{p_1}{p_2}$.

例 4 求直线 $\begin{cases} 5x - 3y + 3z - 9 = 0 \\ 3x - 2y + z - 1 = 0 \end{cases}$ 与直线 $\begin{cases} 2x + 2y - z + 23 = 0 \\ 3x + 8y + z - 18 = 0 \end{cases}$ 的夹角.

解 先求两直线的方向向量. 直线 $\begin{cases} 5x - 3y + 3z - 9 = 0 \\ 3x - 2y + z - 1 = 0 \end{cases}$ 的方向向量可取为

$$\vec{s_1} = \begin{vmatrix} \vec{i} & \vec{j} & \vec{k} \\ 5 & -3 & 3 \\ 3 & -2 & 1 \end{vmatrix} = 3\vec{i} + 4\vec{j} - \vec{k},$$

直线 $\begin{cases} 2x + 2y - z + 23 = 0 \\ 3x + 8y + z - 18 = 0 \end{cases}$ 的方向向量可取为

$$\vec{s_2} = \begin{vmatrix} \vec{i} & \vec{j} & \vec{k} \\ 2 & 2 & -1 \\ 3 & 8 & 1 \end{vmatrix} = 10\vec{i} - 5\vec{j} + 10\vec{k}.$$

由于

$$\vec{s_1} \cdot \vec{s_2} = 3 \times 10 + 4 \times (-5) - 10 = 0,$$

所以两直线互相垂直,即夹角 $\theta = \dfrac{\pi}{2}$.

三、直线与平面的夹角

当直线与平面不垂直时,直线与它在平面上的投影直线的夹角 θ 叫做直线与平面的夹角. 当直线与平面垂直时,$\theta = \dfrac{\pi}{2}$.

设直线 L 的方向向量为 $\vec{s} = \{m, n, p\}$,平面 Π 的法线向量为 $\vec{n} = \{A, B, C\}$,$(\widehat{\vec{s}, \vec{n}}) = \varphi$(图 6 - 54),则 $\theta = \left| \dfrac{\pi}{2} - \varphi \right|$,因此

$$\sin\theta = |\cos\varphi| = \dfrac{|Am + Bn + Cp|}{\sqrt{A^2 + B^2 + C^2} \cdot \sqrt{m^2 + n^2 + p^2}} \qquad (5)$$

根据此式可确定直线 L 与平面 Π 的夹角 θ.

由直线与平面的夹角的定义可得下列结论:

直线 L 与平面 Π 垂直 $\Longleftrightarrow \vec{s} /\!/ \vec{n} \Longleftrightarrow \dfrac{m}{A} = \dfrac{n}{B} = \dfrac{p}{C}$.

直线 L 与平面 Π 平行或直线 L 在平面 Π 上 $\Longleftrightarrow \vec{s} \perp \vec{n} \Longleftrightarrow Am + Bn + Cp = 0$.

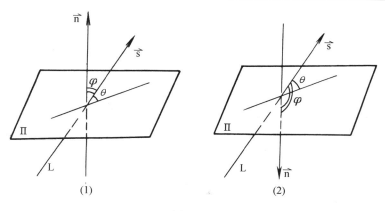

图 6 - 54

例 5 求直线 $\dfrac{x-1}{2} = \dfrac{y}{3} = \dfrac{z-2}{6}$ 与平面 $x - 2y + z - 1 = 0$ 的交点和夹角.

解 所给直线的参数方程为

$$\begin{cases} x = 1 + 2t, \\ y = 3t, \\ z = 2 + 6t. \end{cases}$$

将其代入平面方程,得

$$(1 + 2t) - 2 \cdot 3t + (2 + 6t) - 1 = 0$$

解此方程,得 $t = -1$,从而求得交点为 $(-1, -3, -4)$.

设所求夹角为 θ,则

$$\sin\theta = \frac{|\vec{s} \cdot \vec{n}|}{|\vec{s}||\vec{n}|} = \frac{|2 \times 1 + 3 \times (-2) + 6 \times 1|}{\sqrt{2^2 + 3^2 + 6^2} \cdot \sqrt{1^2 + (-2)^2 + 1^2}} = \frac{\sqrt{6}}{21},$$

从而所求夹角 $\theta = \arcsin\dfrac{\sqrt{6}}{21}$.

四、点到直线的距离

设点 $M_0(x_0, y_0, z_0)$ 是直线 $L: \dfrac{x - x_1}{m} = \dfrac{y - y_1}{n} = \dfrac{z - z_1}{p}$ 外一点,下面推导点 M_0 到直线 L 的距离公式.

设点 M_0 到直线 L 的距离为 d,向量 $\overrightarrow{M_1 M_0} = \{x_0 - x_1, y_0 - y_1, z_0 - z_1\}$ 与 $\vec{s} = \{m, n, p\}$ 的夹角为 θ(图 6 - 55). 无论 θ 是锐角还是钝角,均有

$$d = |\overrightarrow{M_1 M_0}| \sin\theta = |\overrightarrow{M_1 M_0}| \frac{|\overrightarrow{M_1 M_0} \times \vec{s}|}{|\overrightarrow{M_1 M_0}||\vec{s}|}$$

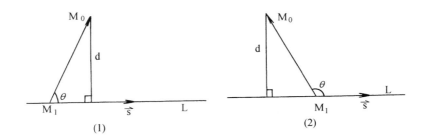

图 6 - 55

$$= \frac{|\overrightarrow{M_1 M_0} \times \vec{s}|}{|\vec{s}|} = \left| \frac{\begin{vmatrix} \vec{i} & \vec{j} & \vec{k} \\ x_0 - x_1 & y_0 - y_1 & z_0 - z_1 \\ m & n & p \end{vmatrix}}{\sqrt{m^2 + n^2 + p^2}} \right| \qquad (6)$$

其中最外面的符号"| |"表示向量的模.

例 6 求点 $M_0(1,2,3)$ 到直线 $\begin{cases} x + y - z - 1 = 0 \\ 2x + z - 3 = 0 \end{cases}$ 的距离.

解 直线 $\begin{cases} x + y - z - 1 = 0 \\ 2x + z - 3 = 0 \end{cases}$ 的点向式方程为 $\dfrac{x}{1} = \dfrac{y - 4}{-3} = \dfrac{z - 3}{-2}$

由此可知直线过点 $M_1(0,4,3)$, 且其方向向量可取为 $\vec{s} = \{1, -3, -2\}$.

$\overrightarrow{M_1 M_0} = \{1, -2, 0\}$, 由公式 (6) 可知, 所求距离

$$d = \frac{|\overrightarrow{M_1 M_0} \times \vec{s}|}{|\vec{s}|} = \left| \frac{\begin{vmatrix} \vec{i} & \vec{j} & \vec{k} \\ 1 & -2 & 0 \\ 1 & -3 & -2 \end{vmatrix}}{\sqrt{1^2 + (-3)^2 + (-2)^2}} \right| = \frac{|4\vec{i} + 2\vec{j} - \vec{k}|}{\sqrt{14}} = \frac{\sqrt{6}}{2}$$

习题 6 - 6

1. 求过点 $(4, -1, 3)$ 且平行于直线 $\dfrac{x - 3}{2} = \dfrac{y}{1} = \dfrac{z - 1}{5}$ 的直线方程.

2. 求过两点 $M_1(-3, 0, 1)$ 和 $M_2(2, -5, 1)$ 的直线方程.

3. 求过点 $(2, -3, -5)$ 且垂直于平面 $6x - 3y - 5z + 2 = 0$ 的直线方程.

4. 求过点 $(0, 2, 4)$ 且与两平面 $x + 2z = 1$ 和 $y - 3z = 2$ 平行的直线方程.

5. 判断下列各组直线间的位置关系:

(1) $\begin{cases} 5x - 3y + 3z - 9 = 0 \\ 3x - 2y + z - 1 = 0 \end{cases}$ 和 $\begin{cases} 2x + 2y - z + 23 = 0 \\ 3x + 8y + z - 18 = 0 \end{cases}$

（2）$\begin{cases} x + 2y - z - 7 = 0 \\ -2x + y + z - 7 = 0 \end{cases}$ 和 $\begin{cases} 3x + 6y - 3z - 8 = 0 \\ 2x - y - z = 0 \end{cases}$

6. 分别在下列条件下确定 m、n 的值：

（1）使直线 $\dfrac{x-1}{4} = \dfrac{y+2}{3} = \dfrac{z}{1}$ 与平面 $mx + 3y - 5z + 1 = 0$ 平行；

（2）使直线 $\begin{cases} x = 2t + 2 \\ y = -4t - 5 \\ z = 3t - 1 \end{cases}$ 与平面 $mx + ny + 6z - 7 = 0$ 垂直．

7. 求直线 $\dfrac{x}{-1} = \dfrac{y-1}{1} = \dfrac{z-1}{2}$ 与平面 $2x + y - z - 3 = 0$ 的交点和夹角．

8. 求过点 $(2,0,-3)$ 且垂直于直线 $\begin{cases} x - 2y + 4z - 7 = 0 \\ 3x + 5y - 2z + 1 = 0 \end{cases}$ 的平面方程．

9. 求过直线 $\dfrac{x-1}{2} = \dfrac{y+2}{-3} = \dfrac{z-2}{2}$ 且垂直于平面 $3x + 2y - z - 5 = 0$ 的平面方程．

10. 求点 $M(-1,2,0)$ 在平面 $x + 2y - z + 1 = 0$ 上的投影．

11. 求点 $M(3,4,2)$ 到直线 L：$\dfrac{x-1}{6} = \dfrac{y-2}{6} = \dfrac{z-3}{7}$ 的距离．

第七章　多元函数微分学

在前面的章节中我们已经学完了一元函数的微积分，但在很多实际问题中所遇到的函数往往依赖于多个自变量，这就提出了多元函数及其微分、积分问题．本章将在一元函数微分学的基础上，讨论多元函数的微分学．多元函数与一元函数在理论上有许多共同点，但也存在不少差别，这种差别是由多元函数本身的特殊性决定的，所以在学习时要注意这些差别．本章主要以讨论二元函数为主，而从二元到二元以上的多元函数可以类推．

第一节　多元函数的极限与连续性

一、平面点集

在讨论一元函数时，经常用到区间与邻域的概念，由于讨论多元函数的需要，我们就将这些概念加以推广．首先需要讨论平面上点的集合，即平面点集，因为平面上的点与数对一一对应，所以在今后的讨论中，就将"平面上的点"与"数对"看作具有相同的含义而不加区别．

平面点集是满足某种条件 p 的数对(x,y)的集合，记为 $E = \{(x,y) \mid (x,y)$满足条件 $p\}$．

例如全平面上的点构成的集合 R^2 是

$$R^2 = \{(x,y) \mid -\infty < x < +\infty, -\infty < y < +\infty\}$$

平面上以原点为圆心，以 r 为半径的圆内（不包含圆周）所有点构成的集合是

$$E = \{(x,y) \mid x^2 + y^2 < r^2\}.$$

定义 1　平面点集$\{(x,y) \mid \sqrt{(x-x_0)^2 + (y-y_0)^2} < \delta, \delta > 0\}$称为点$P_0(x_0,y_0)$的 δ 圆形邻域；平面点集

$$\{(x,y) \mid |x - x_0| < \delta, |y - y_0| < \delta, \delta > 0\}$$

称为点 $P_0(x_0,y_0)$ 的 δ 方形邻域．

今后若不加指明，将不加区别地用"点 P_0 的 δ 邻域"泛指这两种邻域并以记号 $U(P_0, \delta)$ 表示．如果不强调邻域半径 δ，则用 $U(P_0)$ 表示点 P_0 的 δ 邻域．点 P_0 的空心邻域记作 $\dot{U}(P_0)$．

设 E 是平面点集，P_0 是平面上的一点，如果存在点 P_0 的某个邻域$U(P_0)$，使得 $U(P_0)$

$\subset E$，则称 P_0 是 E 的内点，显然 E 的内点属于 E.

如果点 P_0 的任意一个邻域内，既含有 E 中的点，又含有不属于 E 的点，则称 P_0 是 E 的界点（E 的界点可以属于 E，也可以不属于 E），E 的全体界点称为 E 的边界.

例 1　点集 $E = \{(x,y) \mid x^2 + y^2 < 1\}$ 中的任何点都是 E 的内点，圆 $x^2 + y^2 = 1$ 上的点都是 E 的界点.

例 2　点集 $E = \{(x,y) \mid 4 < x^2 + y^2 \leqslant 9\}$ 是一个圆环，圆环内的点都是 E 的内点，外圆 $x^2 + y^2 = 9$ 上的点（都属于 E）是 E 的界点；内圆 $x^2 + y^2 = 4$ 上的点（都不属于 E）也是 E 的界点.

定义 2　设 E 是一个平面点集，如果 E 中的每个点都是内点，且 E 中任意两点都能用一条完全属于 E 的折线连接起来，即 E 是连通的，则称 E 为开区域，开区域连同它的边界所构成的集合称为闭区域.

今后若不需要区分开、闭性，就把开区域或闭区域统称为区域. 如果区域内任一点都包含在以定点 P_0 为圆心，以实数 R 为半径的一个圆内，则称该区域为有界区域，否则称为无界区域.

例 3　点集 $\{(x,y) \mid 4 \leqslant x^2 + y^2 \leqslant 9\}$ 是有界闭区域.

例 4　点集 $\{(x,y) \mid x^2 + y^2 > 1\}$ 是无界开区域.

讨论二元函数离不开二维空间（即平面）中的点集. 在讨论 n 元函数时就有必要引入 n 维空间的概念. 所谓 n 维空间 R^n 就是所有 n 元有序数组 $(x_1, x_2, \cdots, x_n)$ 所构成的集合. 而每个 n 元有序数组 $(x_1, x_2, \cdots, x_n)$ 称为 n 维空间中的一个点，数 $x_i (i = 1, 2, \cdots, n)$ 称为该点的第 i 个坐标.

n 维空间中两点 $P(x_1, x_2, \cdots, x_n)$ 及 $Q(y_1, y_2, \cdots, y_n)$ 间的距离规定为

$$|PQ| = \sqrt{(x_1 - y_1)^2 + (x_2 - y_2)^2 + \cdots + (x_n - y_n)^2}.$$

前述二维空间中点集的一系列概念都可以推广到 n 维空间中去.

二、多元函数的概念

1. 多元函数的定义

在实际问题中经常会遇到一个变量要随两个、三个或更多个变量的变化而变化，这就是多元函数.

例 5　电流 $I = \dfrac{U}{R}$ 是随电压 U 及电阻 R 的变化而变化.

例 6　长方体的体积 $V = xyz$ 是由长方体的长 x、宽 y、高 z 而决定.

我们抽去具体含义，仅保留它们的数量关系就得到多元函数的概念.

定义 3　设有非空的 n 元有序数组集合 D，f 是某一确定的对应法则，如果对于 D 中的每一个有序数组 $(x_1, x_2, \cdots, x_n)$，通过 f 都有惟一的一个实数 z 与之对应，则称 f 是定义在 D 上的 n 元函数，记为

$$z = f(x_1, x_2, \cdots, x_n)$$

彼此独立的变量 $x_1, x_2, \cdots, x_n$ 称为自变量，z 称为因变量. 集合 D 称为 f 的定义域，记为 D（f）. D 中任意一点 $(x_1^0, x_2^0, \cdots, x_n^0)$ 根据对应法则 f 所对应的实数 z^0 称为 f 在点 $(x_1^0, x_2^0, \cdots, x_n^0)$ 处的

函数值，记为 $z^0 = f(x_1^0, x_2^0, \cdots, x_n^0)$. 函数 f 的所有函数值的集合称为函数的值域.

当 n = 1 时 f 为一元函数，记为 $y = f(x), x \in D$.

当 n = 2 时 f 为二元函数，记为 $z = f(x,y), (x,y) \in D$. 二元及二元以上的函数统称为多元函数. 以下我们着重讨论二元函数.

2. 二元函数的定义域与几何意义

使二元函数 $z = f(x,y)$ 有意义的点构成的集合就称为这个函数的定义域.

例 7 函数 $z = \ln(4 - x^2 - y^2) + \sqrt{x^2 + y^2 - 1}$ 的定义域是 $D(f) = \{(x,y) | 1 \leq x^2 + y^2 < 4\}$.

例 8 函数 $z = \ln(x + y)$ 的定义域是
$$D(f) = \{(x,y) | x + y > 0\}$$

设函数 $z = f(x,y)$ 的定义域为 D，若把数对 (x,y) 和与其对应的 $z = f(x,y)$ 一起组成三维数组 (x,y,z)，当 (x,y) 取遍 D 内的所有点时，得到一个空间点集：
$$D = \{(x,y,z) | z = f(x,y), (x,y) \in D\}$$
这个点集在三维空间所描绘出的图形就称为二元函数 $z = f(x,y)$ 的图象（如图 7 - 1）. 这个图象通常是空间曲面. 二元函数的定义域就是这张曲面在 xoy 平面上的投影.

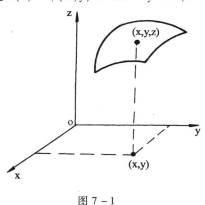

图 7 - 1

三、二元函数的极限与连续性

1. 二元函数的极限

与一元函数的极限概念类似，我们给出二元函数 $z = f(x,y)$ 在 $P(x_0, y_0)$ 处极限的定义：

定义 4 设二元函数 $z = f(x,y)$ 在区域 D 内有定义，$P(x_0, y_0) \in D$，A 为常数. 如果对于任意给定的正数 ε，总存在正数 δ，使得满足不等式
$$0 < \sqrt{(x - x_0)^2 + (y - y_0)^2} < \delta$$
的一切点 $(x,y) \in D$ 都有
$$|f(x,y) - A| < \varepsilon$$
成立，则称常数 A 为函数 $f(x,y)$ 当 $x \to x_0, y \to y_0$ 时的极限，记为
$$\lim_{\substack{x \to x_0 \\ y \to y_0}} f(x,y) = A \quad 或 \quad \lim_{(x,y) \to (x_0, y_0)} f(x,y) = A$$

为了区别于一元函数的极限，我们把二元函数的极限叫做二重极限.

例 9 用定义证明 $\lim\limits_{\substack{x \to 1 \\ y \to 2}} (2x + 3y) = 8$.

证 因为 $|2x + 3y - 8| = |2(x - 1) + 3(y - 2)|$

而
$$|x - 1| \leq \sqrt{(x-1)^2 + (y-2)^2}$$
$$|y - 2| \leq \sqrt{(x-1)^2 + (y-2)^2}$$

所以，对任给的 ε > 0，取 $\delta = \dfrac{1}{5}\varepsilon$，当
$$0 < \sqrt{(x-1)^2 + (y-2)^2} < \delta \ 时$$

恒有　　$|(2x+3y)-8|<\varepsilon$ 成立.

由定义知　$\lim\limits_{\substack{x\to1\\y\to2}}(2x+3y)=8$.

在二元函数的极限定义中，所谓二重极限存在，是指点 $P(x,y)$ 沿任何路线趋于 $P_0(x_0,y_0)$ 时，函数 $f(x,y)$ 都无限接近于 A. 而在平面上 $P(x,y)$ 趋于 $P_0(x_0,y_0)$ 的路线有无数条，所以当 $P(x,y)$ 沿某一特定路线趋于 $P_0(x_0,y_0)$ 时，即使 $z=f(x,y)$ 无限接近于某一常数，我们也不能保证函数的极限就存在. 但如果 $P(x,y)$ 沿不同路线趋于 $P_0(x_0,y_0)$ 时函数趋于不同的值，那么二重极限就一定不存在.

例 10　讨论函数

$$f(x,y)=\begin{cases}\dfrac{xy}{x^2+y^2}&x^2+y^2\neq0\\[2mm]0&x^2+y^2=0\end{cases}$$

在点 $(0,0)$ 处的极限是否存在.

解　因为当点 $P(x,y)$ 沿着直线 $y=kx$ 趋于 $(0,0)$ 时，有

$$\lim\limits_{(x,y)\to(0,0)}\frac{xy}{x^2+y^2}=\lim\limits_{(x,kx)\to(0,0)}\frac{kx^2}{x^2+k^2x^2}=\frac{k}{1+k^2}$$

显然它是随着 k 值的不同而变化的，所以该函数在 $(0,0)$ 处的极限不存在.

关于多元函数的极限运算，有与一元函数类似的运算法则.

例 11　求 $\lim\limits_{(x,y)\to(0,0)}\dfrac{x^2y}{x^2+y^2}$.

解　因为 $2|xy|\leqslant x^2+y^2$，所以 $\left|\dfrac{xy}{x^2+y^2}\right|\leqslant\dfrac{1}{2}$

所以　　　　　　　$\lim\limits_{(x,y)\to(0,0)}\dfrac{x^2y}{x^2+y^2}=\lim\limits_{(x,y)\to(0,0)}x\cdot\dfrac{xy}{x^2+y^2}=0$

例 12　求 $\lim\limits_{(x,y)\to(0,1)}\dfrac{\sin(xy)}{x}$.

解　$\lim\limits_{(x,y)\to(0,1)}\dfrac{\sin(xy)}{x}=\lim\limits_{(x,y)\to(0,1)}y\dfrac{\sin(xy)}{xy}$

$$=\lim\limits_{(x,y)\to(0,1)}y\lim\limits_{(x,y)\to(0,1)}\frac{\sin(xy)}{xy}=1\times1=1$$

2. 累次极限

在多元函数的理论中，我们还会遇到累次极限的概念，什么是累次极限呢？

设 $f(x,y)$ 是矩形

$$E=\{(x,y)\mid|x-x_0|<a,|y-y_0|<b\}$$

上的函数. 如果对于 (y_0-b,y_0+b) 内任何异于 y_0 的点 y，极限 $\lim\limits_{x\to x_0}f(x,y)$ 都存在，这个极限当然是 y 的函数，记之为 $\varphi(y)$. 假如 $\lim\limits_{y\to y_0}\varphi(y)=A$，我们就称累次极限 $\lim\limits_{y\to y_0}\lim\limits_{x\to x_0}f(x,y)=A$.

类似地，如果对于 (x_0-a,x_0+a) 内任何异于 x_0 的点 x，极限 $\lim\limits_{y\to y_0}f(x,y)$ 都存在，这个极

限自然是 x 的函数，记之为 $\varphi(x)$，如果 $\lim\limits_{x\to x_0}\varphi(x)=B$，我们就称累次极限 $\lim\limits_{x\to x_0}\lim\limits_{y\to y_0}f(x,y)=B$.

一般来说，即使这两个累次极限 $\lim\limits_{y\to y_0}\lim\limits_{x\to x_0}f(x,y)$、$\lim\limits_{x\to x_0}\lim\limits_{y\to y_0}f(x,y)$ 都存在，但它们却不一定相等.

例 13 求

$$f(x,y)=\begin{cases}\dfrac{x-y+x^2+y^2}{x+y}, & x+y\neq 0 \text{ 且 } x,y \text{ 都不等于 } 0 \\ 0 & \text{其他}\end{cases}$$

在 $(0,0)$ 处的两个累次极限.

解 $\lim\limits_{y\to 0}\lim\limits_{x\to 0}f(x,y)=\lim\limits_{y\to 0}\dfrac{y^2-y}{y}=-1$

$\lim\limits_{x\to 0}\lim\limits_{y\to 0}f(x,y)=\lim\limits_{x\to 0}\dfrac{x^2+x}{x}=1$

注 二元函数的两个累次极限存在并且相等并不能保证二重极限存在.

3. 二元函数的连续性

有了二元函数的极限概念，就容易给出二元函数连续的定义.

定义 5 设函数 $z=f(x,y)$ 在区域 D 内有定义，$P_0(x_0,y_0)\in D$，如果

$$\lim\limits_{(x,y)\to(x_0,y_0)}f(x,y)=f(x_0,y_0)$$

则称函数 $f(x,y)$ 在点 $P_0(x_0,y_0)$ 处连续. 否则称 $P_0(x_0,y_0)$ 为函数 $f(x,y)$ 的间断点.

如果函数 $z=f(x,y)$ 在区域 D 内的每一点处都连续，则称函数 $f(x,y)$ 在 D 内连续，或者称 $f(x,y)$ 是 D 内的连续函数.

函数 $z=f(x,y)$ 在点 (x_0,y_0) 处连续的几何意义是：曲面 $z=f(x,y)$ 在这点的附近是连接着的. 如果 $f(x,y)$ 在 (x_0,y_0) 处不连续，即可能是曲面 $z=f(x,y)$ 在 (x_0,y_0) 处有个孔或者在它附近有条缝.

多元连续函数的运算法则与一元连续函数是很相似的，我们不难证明：

（1）如果 $f(x,y)$ 与 $g(x,y)$ 都在 D 上连续，则函数 $f(x,y)\pm g(x,y)$，$f(x,y)\cdot g(x,y)$，$\dfrac{f(x,y)}{g(x,y)}$（在 D 上 $g(x,y)\neq 0$）在 D 上都连续.

（2）如果 $z=f(x,y)$ 在 D 上连续，而 $\varphi(z)$ 是在整个实数轴上连续的函数，则复合函数 $\varphi[f(x,y)]$ 在 D 上连续.

与一元初等函数类似，多元初等函数是经过有限次加、减、乘、除及有限次复合且可用一个式子所表示的函数，根据上面指出的连续函数的和、差、积、商及复合函数的连续性我们可以得到如下结论：

一切多元初等函数在其定义域区域内连续.

这样以来，二元初等函数 $f(x,y)$ 在其定义域区域内的点 $P_0(x_0,y_0)$ 处的极限就等于 $f(x_0,y_0)$.

即 $\lim\limits_{(x,y)\to(x_0,y_0)}f(x,y)=f(x_0,y_0)$

例如
$$\lim_{(x,y)\to(1,2)}\frac{xe^y}{x^2+y^2}=\frac{1\times e^2}{1^2+2^2}=\frac{1}{5}e^2$$

与闭区间上一元连续函数的性质类似,在有界闭区域上多元函数也有如下性质:

性质 1　(最大值与最小值定理) 在有界闭区域 D 上的多元连续函数,在 D 上一定有最大值和最小值.

性质 2　(介值定理) 如果 $f(x,y)$ 在有界闭区域 D 上连续,M 与 m 分别为 $f(x,y)$ 在 D 上的最大值与最小值,则对于任何实数 c,$m\leqslant c\leqslant M$,在 D 上至少存在一点 (ξ,η),使 $f(\xi,\eta)=c$.

习题 7-1

1. 求下列函数的定义域,并画出定义域的图形.

(1) $z=\sqrt{x-\sqrt{y}}$

(2) $z=\sqrt{1-x^2}+\sqrt{y^2-1}$

(3) $z=\ln\left[(16-x^2-y^2)(x^2+y^2-4)\right]$

(4) $z=\ln(y-x)+\dfrac{\sqrt{x}}{\sqrt{1-x^2-y^2}}$

(5) $z=\dfrac{1}{\sqrt{x^2-2xy}}$

(6) $u=\arccos\dfrac{z}{\sqrt{x^2+y^2}}$

2. 求下列极限.

(1) $\lim\limits_{(x,y)\to(1,2)}\dfrac{3xy+x^2y^2}{x+y}$

(2) $\lim\limits_{(x,y)\to(0,0)}\dfrac{2-\sqrt{xy+4}}{xy}$

(3) $\lim\limits_{(x,y)\to(0,0)}(x+y)\ln(x^2+y^2)$

(4) $\lim\limits_{(x,y)\to(0,0)}(x^2+y^2)^{x^2y^2}$

(5) $\lim\limits_{(x,y)\to(0,0)}\dfrac{1-\cos(x^2+y^2)}{(x^2+y^2)e^{x^2y^2}}$

3. 求下列函数在 $(0,0)$ 处的累次极限,并判断函数在 $(0,0)$ 处的极限是否存在.

(1) $f(x,y)=\dfrac{x+y}{x-y}$

(2) $f(x,y)=\dfrac{x^2y^2}{x^2y^2+(x-y)^2}$

4. 证明函数
$$f(x,y)=(x+y)\sin\frac{1}{x}\sin\frac{1}{y}$$
的累次极限 $\lim\limits_{x\to0}\lim\limits_{y\to0}f(x,y)$ 和 $\lim\limits_{y\to0}\lim\limits_{x\to0}f(x,y)$ 不存在,但 $\lim\limits_{(x,y)\to(0,0)}f(x,y)=0$.

5. 求函数 $z=\dfrac{y^2+x}{y^2-2x}$ 的间断点.

第二节　偏导数与全微分

一、二元函数的偏导数

1. 偏导数的定义

对于多元函数，实际问题往往要求我们突出其中的某一个因素（或自变量），而把其余的自变量暂时固定下来，当作常数，来考察这个本质上是一元函数的变化率，这就是所谓的偏导数的概念.

定义 1　设函数 $z = f(x,y)$ 在点 (x_0, y_0) 的某一邻域内有定义，固定 $y = y_0$，如果函数关于 x 的偏增量 $\Delta_x z = f(x_0 + \Delta x, y_0) - f(x_0, y_0)$ 与自变量 x 的增量 Δx 的比值

$$\frac{\Delta_x z}{\Delta x} = \frac{f(x_0 + \Delta x, y_0) - f(x_0, y_0)}{\Delta x}$$

当 $\Delta x \to 0$ 时的极限存在.

即　　　$\lim\limits_{\Delta x \to 0} \dfrac{\Delta_x z}{\Delta x} = \lim\limits_{\Delta x \to 0} \dfrac{f(x_0 + \Delta x, y_0) - f(x_0, y_0)}{\Delta x}$ 存在，则称此极限为函数 $z = f(x,y)$ 在点 (x_0, y_0) 处对 x 的偏导数，记为

$$\frac{\partial z}{\partial x}\bigg|_{\substack{x = x_0 \\ y = y_0}}, \quad \frac{\partial f}{\partial x}\bigg|_{\substack{x = x_0 \\ y = y_0}} \quad \text{或} \quad z'_x\bigg|_{\substack{x = x_0 \\ y = y_0}}, \quad f'_x(x_0, y_0)$$

同样可以定义函数 $z = f(x,y)$ 在点 (x_0, y_0) 处对 y 的偏导数为

$$\lim_{\Delta y \to 0} \frac{\Delta_y z}{\Delta y} = \lim_{\Delta y \to 0} \frac{f(x_0, y_0 + \Delta y) - f(x_0, y_0)}{\Delta y}$$

记为　　　$\dfrac{\partial z}{\partial y}\bigg|_{\substack{x = x_0 \\ y = y_0}}, \quad \dfrac{\partial f}{\partial y}\bigg|_{\substack{x = x_0 \\ y = y_0}} \quad \text{或} \quad z'_y\bigg|_{\substack{x = x_0 \\ y = y_0}}, \quad f'_y(x_0, y_0)$

如果函数 $z = f(x,y)$ 在区域 D 内每一点处对 x 对 y 的偏导数都存在，那么这两个偏导数就是点 (x,y) 的函数，就称它们为函数 $z = f(x,y)$ 对自变量 x 或 y 的偏导函数，也简称为偏导数. 记为

$$\frac{\partial z}{\partial x}, \quad \frac{\partial f}{\partial x}, \quad z'_x, \quad f'_x(x,y) \quad \text{或} \quad \frac{\partial z}{\partial y}, \quad \frac{\partial f}{\partial y}, \quad z'_y, \quad f'_y(x,y)$$

由定义可知，求二元函数的偏导数，只需将一个变量看作常量，然后用一元函数求导方法即可. 求 $\dfrac{\partial f}{\partial x}$ 时，把 y 看作常量而对 x 求导数；求 $\dfrac{\partial f}{\partial y}$ 时，把 x 看作常量而对 y 求导数. 至于 $f(x,y)$ 在 (x_0, y_0) 处对 x, y 的偏导数 $f'_x(x_0, y_0)$、$f'_y(x_0, y_0)$，其实就是偏导数 $f'_x(x,y)$ 与 $f'_y(x,y)$ 在 (x_0, y_0) 处的函数值. 与上述类似，可对 $n(n > 2)$ 元函数求偏导数.

例 1　求 $z = x^3 + 2x^2 y^3 + e^x y$ 在 $(1,1)$ 处的偏导数.

解　因为 $\dfrac{\partial z}{\partial x} = 3x^2 + 4xy^3 + e^x y, \dfrac{\partial z}{\partial y} = 6x^2 y^2 + e^x$

所以　　$\dfrac{\partial z}{\partial x}\bigg|_{\substack{x=1\\y=1}} = 7 + e,\qquad \dfrac{\partial z}{\partial y}\bigg|_{\substack{x=1\\y=1}} = 6 + e$

例 2　求 $z = \arctan \dfrac{y}{x}$ 的偏导数.

解　$\dfrac{\partial z}{\partial x} = \dfrac{1}{1 + \left(\dfrac{y}{x}\right)^2} \cdot \left(-\dfrac{y}{x^2}\right) = -\dfrac{y}{x^2 + y^2}$

$\dfrac{\partial z}{\partial y} = \dfrac{1}{1 + \left(\dfrac{y}{x}\right)^2} \cdot \dfrac{1}{x} = \dfrac{x}{x^2 + y^2}$

例 3　求 $r = \sqrt{x^2 + y^2 + z^2}$ 的偏导数.

解　把 y 和 z 都看作常量, 得

$$\frac{\partial r}{\partial x} = \frac{2x}{2\sqrt{x^2 + y^2 + z^2}} = \frac{x}{r}$$

类似可得 $\dfrac{\partial r}{\partial y} = \dfrac{y}{r}, \dfrac{\partial r}{\partial z} = \dfrac{z}{r}$

2. 偏导数的几何意义

在空间直角坐标系中, 二元函数 $z = f(x,y)$ 的图形是一个空间曲面 S. 按定义, 函数 $f(x,y)$ 在 (x_0,y_0) 处关于 x 的偏导数 $f'_x(x_0,y_0)$ 是先固定 $y = y_0$, 然后对一元函数 $z = f(x,y_0)$ 求出 x_0 处的导数, 而 $z = f(x,y_0)$ 表示曲面 S 与平面 $y = y_0$ 相截而成的一条曲线 L_1, $f'_x(x_0,y_0)$ 是曲线 L_1 在 (x_0,y_0,z_0) 点之切线的斜率 $\tan\alpha$ (如图 7 − 2).

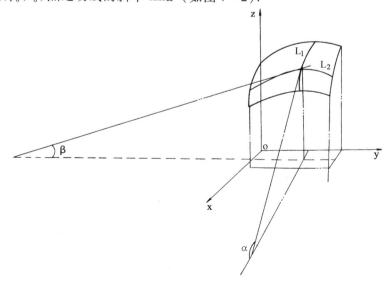

图 7 − 2

同样，偏导数 $f_y'(x_0,y_0)$ 是曲线 $L_2\begin{cases}z=f(x,y)\\x=x_0\end{cases}$ 在点 (x_0,y_0,z_0) 处切线的斜率 $\tan\beta$.

在可导与连续的关系上，二元函数与一元函数有着质的不同，一元函数可导一定连续，但对二元函数来说，即使两个偏导数都存在，也不能保证它的连续性，这一点从偏导数的几何意义上也不难看出.

例 4 讨论函数

$$f(x,y)=\begin{cases}\dfrac{xy}{x^2+y^2} & x^2+y^2=0\\[2mm] 0 & x^2+y^2=0\end{cases}$$

在 $(0,0)$ 处的连续性及偏导数.

解 由上节例 1 可知该函数在 $(0,0)$ 处不连续，但它在 $(0,0)$ 处的偏导数却存在.

$$f_x'(0,0)=\lim_{\Delta x\to 0}\frac{f(0+\Delta x,0)-f(0,0)}{\Delta x}=\lim_{\Delta x\to 0}0=0$$

同理

$$f_y'(0,0)=\lim_{\Delta y\to 0}\frac{f'(0,0+\Delta y)-f(0,0)}{\Delta y}=\lim_{\Delta y\to 0}0=0$$

二、高阶偏导数

设函数 $z=f(x,y)$ 在区域 D 内具有偏导数

$$\frac{\partial z}{\partial x}=f_x'(x,y),\quad \frac{\partial z}{\partial y}=f_y'(x,y)$$

显然它们还是 (x,y) 的函数，如果这两个偏导数对 x 与 y 的偏导数仍存在

$$\frac{\partial}{\partial x}\left(\frac{\partial z}{\partial x}\right),\quad \frac{\partial}{\partial y}\left(\frac{\partial z}{\partial x}\right),\quad \frac{\partial}{\partial x}\left(\frac{\partial z}{\partial y}\right),\quad \frac{\partial}{\partial y}\left(\frac{\partial z}{\partial y}\right)$$

这四个偏导数就称为 $z=f(x,y)$ 的二阶偏导数，并用下列符号来表示它们：

$$\frac{\partial^2 z}{\partial x^2}=f_{xx}''(x,y)=\frac{\partial}{\partial x}\left(\frac{\partial z}{\partial x}\right)$$

$$\frac{\partial^2 z}{\partial x\partial y}=f_{xy}''(x,y)=\frac{\partial}{\partial y}\left(\frac{\partial z}{\partial x}\right)$$

$$\frac{\partial^2 z}{\partial y\partial x}=f_{yx}''(x,y)=\frac{\partial}{\partial x}\left(\frac{\partial z}{\partial y}\right)$$

$$\frac{\partial^2 z}{\partial y^2}=f_{yy}''(x,y)=\frac{\partial}{\partial y}\left(\frac{\partial z}{\partial y}\right)$$

其中 $f_{xy}''(x,y)$ 与 $f_{yx}''(x,y)$ 称为混合二阶偏导数. 同样，如果这四个二阶偏导数又有对 x 与 y 的偏导数，这种二阶偏导数的偏导数就称为 $z=f(x,y)$ 的三阶偏导数，可用二阶偏导数的类似符号表示三阶偏导数，如

$$\frac{\partial^3 z}{\partial x^3}=f_{xxx}'''(x,y)=\frac{\partial}{\partial x}\left(\frac{\partial^2 z}{\partial x^2}\right)$$

$$\frac{\partial^3 z}{\partial y^3} = f'''_{yyy}(x, y) = \frac{\partial}{\partial y}\left(\frac{\partial^2 z}{\partial y^2}\right)$$

依次类推，$z = f(x, y)$ 的 $n - 1$ 阶偏导数的偏导数称为 $z = f(x, y)$ 的 n 阶偏导数.

二阶（包括二阶）以上的偏导数统称为高阶偏导数. 而 $\frac{\partial z}{\partial x}, \frac{\partial z}{\partial y}$ 就称为一阶偏导数.

例 5 求 $z = x^3 y - 3x^2 y^3 + x - y + 1$ 的二阶偏导数.

解 $\frac{\partial z}{\partial x} = 3x^2 y - 6xy^3 + 1$, $\frac{\partial z}{\partial y} = x^3 - 9x^2 y^2 - 1$

$$\frac{\partial^2 z}{\partial x^2} = 6xy - 6y^3, \quad \frac{\partial^2 z}{\partial x \partial y} = 3x^2 - 18xy^2$$

$$\frac{\partial^2 z}{\partial y \partial x} = 3x^2 - 18xy^2, \quad \frac{\partial^2 z}{\partial y^2} = -18x^2 y$$

从例 5 中可以看出 $\frac{\partial^2 z}{\partial x \partial y} = \frac{\partial^2 z}{\partial y \partial x}$，即两个混合二阶偏导数相等. 但并不是说任意一个函数的混合二阶偏导数都相等，它们必须满足一定条件时等式才成立.

定理 1 如果函数 $z = f(x, y)$ 的两个混合二阶偏导数 $\frac{\partial^2 z}{\partial x \partial y}$ 与 $\frac{\partial^2 z}{\partial y \partial x}$ 在区域 D 内连续，那么在该区域 D 内这两个混合二阶偏导数一定相等.

类似可以得到高阶混合偏导数在连续的条件下与求导的次序无关.

例 6 求 $z = x^y$ 的二阶偏导数.（$x > 0$）

解 $\frac{\partial z}{\partial x} = yx^{y-1}, \frac{\partial z}{\partial y} = x^y \cdot \ln x$

$$\frac{\partial^2 z}{\partial x^2} = y(y - 1)x^{y-2}$$

$$\frac{\partial^2 z}{\partial x \partial y} = x^{y-1} + yx^{y-1} \cdot \ln x = x^{y-1}(y\ln x + 1)$$

$$\frac{\partial^2 z}{\partial y \partial x} = \frac{\partial^2 z}{\partial x \partial y} = x^{y-1}(y\ln x + 1)$$

$$\frac{\partial^2 z}{\partial y^2} = x^y \cdot \ln x \cdot \ln x = x^y \cdot \ln^2 x$$

例 7 证明函数 $u = \dfrac{1}{\sqrt{(x - x_0)^2 + (y - y_0)^2 + (z - z_0)^2}}$ 满足方程 $\dfrac{\partial^2 u}{\partial x^2} + \dfrac{\partial^2 u}{\partial y^2} + \dfrac{\partial^2 u}{\partial z^2} = 0$.

证 记 $r = \sqrt{(x - x_0)^2 + (y - y_0)^2 + (z - z_0)^2}$，则 $u = \dfrac{1}{r}$

$$\frac{\partial u}{\partial x} = -\frac{1}{r^2} \cdot \frac{\partial r}{\partial x} = -\frac{1}{r^2} \cdot \frac{2(x - x_0)}{2r} = -\frac{x - x_0}{r^3}$$

$$\frac{\partial^2 u}{\partial x^2} = -\frac{r^3 - (x - x_0) \cdot 3r^2 \cdot \dfrac{\partial r}{\partial x}}{r^6}$$

$$= -\frac{r^3 - (x - x_0) \cdot 3r^2 \cdot \dfrac{x - x_0}{r}}{r^6}$$

$$= -\frac{1}{r^3} + \frac{3}{r^5}(x - x_0)^2$$

用同样的方法（或由对称性）可以得到

$$\frac{\partial^2 u}{\partial y^2} = -\frac{1}{r^3} + \frac{3}{r^5}(y - y_0)^2$$

$$\frac{\partial^2 u}{\partial z^2} = -\frac{1}{r^3} + \frac{3}{r^5}(z - z_0)^2$$

所以 $$\frac{\partial^2 u}{\partial x^2} + \frac{\partial^2 u}{\partial y^2} + \frac{\partial^2 u}{\partial z^2} = -\frac{3}{r^3} + \frac{3\left[(x - x_0)^2 + (y - y_0)^2 + (z - z_0)^2\right]}{r^5}$$

$$= -\frac{3}{r^3} + \frac{3r^2}{r^5} = 0$$

例 7 中的方程称为拉普拉斯（LapLace）方程.

三、全微分

1. 全微分的定义

偏导数 $f'_x(x, y)$ 与 $f'_y(x, y)$ 说明了 $f(x, y)$ 在点 $P(x, y)$ 处沿 x 轴和 y 轴方向的变化率，根据一元函数微分理论可得偏增量的近似计算公式

$$\Delta_x z = f(x + \Delta x, y) - f(x, y) \approx f'_x(x, y)\Delta x$$

$$\Delta_y z = f(x, y + \Delta y) - f(x, y) \approx f'_y(x, y)\Delta y$$

当 $z = f(x, y)$ 的自变量都有增量 Δx、Δy 时，怎样才能用 Δx、Δy 的线性函数求出 $z = f(x, y)$ 的全增量

$$\Delta z = f(x + \Delta x, y + \Delta y) - f(x, y)$$

的近似值呢？这个问题可借助全微分的概念解决.

定义 2   如果函数 $z = f(x, y)$ 在点 $P(x, y)$ 处的全增量 $\Delta z = f(x + \Delta x, y + \Delta y) - f(x, y)$ 可表示为

$$\Delta z = A\Delta x + B\Delta y + o(\rho)$$

其中 A、B 只与 x，y 有关，而与 Δx，Δy 无关，$\rho = \sqrt{(\Delta x)^2 + (\Delta y)^2}$，则称 $A\Delta x + B\Delta y$ 是函数 $z = f(x, y)$ 在点 $P(x, y)$ 的全微分，记为 dz 或 df，即

$$dz = A\Delta x + B\Delta y$$

此时，我们称函数 $z = f(x, y)$ 在点 $P(x, y)$ 处可微.

如果函数在区域 D 内每一点处都可微，就称这个函数在 D 内可微.

注 如果函数 $z = f(x, y)$ 在点 (x_0, y_0) 处可微，则 $f(x, y)$ 在点 (x_0, y_0) 处一定连续. 事实上

由 $\Delta z = f'_x(x_0, y_0) \Delta y + f'_y(x_0, y_0) \Delta y + o(\rho)$ 得

$$\lim_{\substack{\Delta x \to 0 \\ \Delta y \to 0}} \Delta z = 0$$

即

$$\lim_{\substack{\Delta x \to 0 \\ \Delta y \to 0}} \left[f(x_0 + \Delta x, y_0 + \Delta y) - f(x_0, y_0) \right] = 0$$

$$\lim_{\substack{\Delta x \to 0 \\ \Delta y \to 0}} f(x_0 + \Delta x, y_0 + \Delta y) = f(x_0, y_0)$$

记 $x = x_0 + \Delta x, y = y_0 + \Delta y$，上式可化为：

$$\lim_{\substack{x \to x_0 \\ y \to y_0}} f(x, y) = f(x_0, y_0)$$

即函数 $z = f(x, y)$ 在 (x_0, y_0) 处连续. 故函数连续是可微的必要条件.

下面讨论函数 $z = f(x, y)$ 在点 (x, y) 处可微的条件.

定理 2 如果函数 $z = f(x, y)$ 在点 $P(x, y)$ 处可微，则它在该点的两个偏导数 $\dfrac{\partial z}{\partial x}$、$\dfrac{\partial z}{\partial y}$ 一定存在，且函数 $z = f(x, y)$ 在点 $P(x, y)$ 处的全微分为

$$dz = \frac{\partial z}{\partial x} \Delta x + \frac{\partial z}{\partial y} \Delta y$$

证 因为函数 $z = f(x, y)$ 在点 $P(x, y)$ 可微，

即 $\Delta z = f(x + \Delta x, y + \Delta y) - f(x, y) = A\Delta x + B\Delta y + o(\rho)$

上式对任意的 $\Delta x, \Delta y$ 都成立，当 $\Delta x \neq 0, \Delta y = 0$ 时自然也成立，此时

$$\Delta_x z = f(x + \Delta x, y) - f(x, y) = A\Delta x + o(|\Delta x|)$$

所以 $f'_x(x, y) = \lim_{\Delta x \to 0} \dfrac{\Delta_x z}{\Delta x} = \lim_{\Delta x \to 0} \left(A + \dfrac{o(|\Delta x|)}{\Delta x} \right) = A$

同理可证 $f'_y(x, y) = B$

于是 $dz = f'_x(x, y) \Delta x + f'_y(x, y) dy$

又由于自变量的增量等于自变量的微分.

所以 $dz = f'_x(x, y) dx + f'_y(x, y) dy$

同时称 $d_x z = f'_x(x, y) dx$ 为函数关于 x 的偏微分.

$d_y z = f'_y(x, y) dy$ 为函数关于 y 的偏微分.

于是有 $dz = d_x z + d_y z$，即可微函数的全微分等于其偏微分之和.

一元函数的可微与可导是等价的，但二元函数的情况就不同了，因为尽管偏导数存在，却不能保证连续，当然也不能保证可微. 由定理 2 知偏导数存在只是可微的必要条件，而不是充分条件. 但是，如果函数的各个偏导数连续，就可保证函数是可微的.

定理 3 如果函数 $z = f(x, y)$ 在点 $P(x, y)$ 及其邻域内有连续的偏导数 $f'_x(x, y)$ 与 $f'_y(x, y)$，则该函数在点 $P(x, y)$ 处可微.

证 $\Delta z = f(x + \Delta x, y + \Delta y) - f(x, y)$

$$= [f(x + \Delta x , y + \Delta y) - f(x , y + \Delta y)]$$
$$+ [f(x , y + \Delta y) - f(x , y)]$$

由微分学中值定理可得

$$\Delta z = f'_x (\xi_1 , y + \Delta y) \Delta x + f'_y (x , \xi_2) \Delta y$$

其中 ξ_1 与 ξ_2 分别介于 x 与 $x + \Delta x$ 和 y 与 $y + \Delta y$ 之间

当 $\Delta x \to 0$ 及 $\Delta y \to 0$ 时，即 $\rho \to 0$，$\xi_1 \to x$，$\xi_2 \to y$，又由偏导数连续，所以

$$\lim_{\substack{\Delta x \to 0 \\ \Delta y \to 0}} f'_x (\xi_1 , y + \Delta y) = f'_x (x , y)$$

$$\lim_{\substack{\Delta x \to 0 \\ \Delta y \to 0}} f'_y (x , \xi_2) = f'_y (x , y)$$

于是有　　$f'_x (\xi_1 , y + \Delta y) = f'_x (x , y) + \alpha$

$$f'_y (x , \xi_2) = f'_y (x , y) + \beta$$

其中当 $\Delta x \to 0, \Delta y \to 0,$ 时 $\alpha \to 0, \beta \to 0,$ 所以

$$\Delta z = f'_x (x , y) \Delta x + f'_y (x , y) \Delta y + \alpha \Delta x + \beta \Delta y$$

又由 $\dfrac{| \alpha \Delta x + \beta \Delta y |}{\rho} \leqslant \dfrac{| \alpha \Delta x |}{\sqrt{(\Delta x)^2 + (\Delta y)^2}} + \dfrac{| \beta \Delta y |}{\sqrt{(\Delta x)^2 + (\Delta y)^2}} \leqslant | \alpha | + | \beta |$ 知当 $\rho \to 0$ 时 $\alpha \Delta x + \beta \Delta y$

是比 ρ 高阶的无穷小量. 由定义知, 函数 $z = f(x , y)$ 在点 $P(x , y)$ 处可微. 以上关于微分的定义及定理可推广到 $n(n > 2)$ 元函数.

例 8　设 $z = x^3 \cos y + e^{y^2}$，求 dz.

解　因为 $\dfrac{\partial z}{\partial x} = 3x^2 \cos y$

$$\dfrac{\partial z}{\partial y} = - x^3 \sin y + 2ye^{y^2}$$

所以　　$dz = 3x^2 \cos y dx + (- x^3 \sin y + 2ye^{y^2}) dy$

例 9　求函数 $z = x^2 y^2 + e^{xy}$ 在点 $(1,1)$ 处的全微分.

解　因为 $\dfrac{\partial z}{\partial x} = 2xy^2 + ye^{xy}, \dfrac{\partial z}{\partial y} = 2x^2 y + xe^{xy}$

所以　　$\left. \dfrac{\partial z}{\partial x} \right|_{\substack{x=1 \\ y=1}} = 2 + e, \left. \dfrac{\partial z}{\partial y} \right|_{\substack{x=1 \\ y=1}} = 2 + e$

所以　　$dz = (2 + e) dx + (2 + e) dy = (2 + e)(dx + dy)$

例 10　设 $u = x^2 + \sin y^2 - xye^z$，求 du.

解　因为 $\dfrac{\partial u}{\partial x} = 2x - ye^z$

$$\dfrac{\partial u}{\partial y} = 2y \cos y^2 - xe^z$$

$$\dfrac{\partial u}{\partial z} = - xye^z$$

所以　　$du = (2x - ye^z) dx + (2y \cos y^2 - xe^z) dy - xye^z dz$

2. 全微分在近似计算中的应用

在函数可微的情况下，当 $|\Delta x|$ 与 $|\Delta y|$ 很小时，用全微分代替全增量，所产生的误差也是很小的，就有近似等式

$$\Delta z \approx dz = f'_x(x,y)\Delta x + f'_y(x,y)\Delta y$$

或

$$f(x+\Delta x, y+\Delta y) \approx f(x,y) + f'_x(x,y)\Delta x + f'_y(x,y)\Delta y$$

上述两个式是求函数增量及函数在某一点的函数值的近似等式，当函数可微时，还可利用全微分公式求它的绝对误差与相对误差.

如果函数 $z = f(x,y)$ 在点 $P(x,y)$ 处可微，且自变量 x,y 的绝对误差分别为 δ_x, δ_y，即

$$|\Delta x| \leqslant \delta_x, \quad |\Delta y| \leqslant \delta_y$$

由

$$|\Delta z| \approx |dz| = \left| \frac{\partial z}{\partial x}\Delta x + \frac{\partial z}{\partial y}\Delta y \right|$$

$$\leqslant \left| \frac{\partial z}{\partial x} \right| |\Delta x| + \left| \frac{\partial z}{\partial y} \right| |\Delta y|$$

$$\leqslant \left| \frac{\partial z}{\partial x} \right| \delta_x + \left| \frac{\partial z}{\partial y} \right| \delta_y$$

知函数值 z 的绝对误差与相对误差近似为：

$$\delta_z = \left| \frac{\partial z}{\partial x} \right| \delta_x + \left| \frac{\partial z}{\partial y} \right| \delta_y$$

$$\left| \frac{\delta_z}{z} \right| = \left| \frac{\frac{\partial z}{\partial x}}{z} \right| \delta_x + \left| \frac{\frac{\partial z}{\partial y}}{z} \right| \delta_y$$

例 11　求 $\sqrt{1.02^3 + 1.97^3}$ 的近似值.

解　设 $z = f(x,y) = \sqrt{x^3 + y^3}$

则

$$f'_x(x,y) = \frac{3x^2}{2\sqrt{x^3+y^3}}, \quad f'_y(x,y) = \frac{3y^2}{2\sqrt{x^3+y^3}}$$

应用近似公式 $f(x+\Delta x, y+\Delta y) \approx f(x,y) + f'_x(x,y)\Delta x + f'_y(x,y)\Delta y$

取 $x=1, y=2, \Delta x = 0.02, \Delta y = -0.03$

则

$$\sqrt{1.02^3 + 1.97^3}$$

$$\approx \sqrt{1^3 + 2^3} + \frac{3}{2\sqrt{1^3+2^3}} \times 0.02 + \frac{3\times 2^2}{2\sqrt{1^3+2^3}} \times (-0.03)$$

$$= 3 + 0.01 - 2 \times 0.03 = 2.95$$

例 12　设矩形的边长 $x = 60\text{mm}$，$y = 80\text{mm}$，问矩形两边的共同误差范围是多少时，才能保证矩形对角线的误差不超过 0.03mm？

解　设矩形对角线的长为 z，则 $z = \sqrt{x^2 + y^2}$，依题意即是当 $x = 60\text{mm}$，$y = 80\text{mm}$ 时，$|\Delta x|, |\Delta y|$ 不超过多少，才能保证 $|\Delta z| \leqslant 0.03\text{mm}$.

由 $\qquad dz = \dfrac{\partial z}{\partial x}\Delta x + \dfrac{\partial z}{\partial y}\Delta y = \dfrac{x}{\sqrt{x^2 + y^2}}\Delta x + \dfrac{y}{\sqrt{x^2 + y^2}}\Delta y$

设 $|\Delta y| \leqslant \delta, |\Delta y| \leqslant \delta$，则

$$|\Delta z| \approx |dz| \leqslant \dfrac{x}{\sqrt{x^2 + y^2}}\delta + \dfrac{y}{\sqrt{x^2 + y^2}}\delta$$

将 $x = 60$, $y = 80$ 代入上式得

$$|\Delta z| \approx |dz| \leqslant \dfrac{60}{100}\delta + \dfrac{80}{100}\delta = \dfrac{7}{5}\delta$$

要使 $\qquad |\Delta z| \leqslant 0.03$ 只需 $\dfrac{7}{5}\delta \leqslant 0.03$

只需 $\qquad \delta \leqslant \dfrac{5}{7} \times 0.03 \approx 0.02 (\text{mm})$ 即可.

习题 7 - 2

1. 求函数

$$f(x,y) = \begin{cases} \dfrac{xy}{\sqrt{x^2 + y^2}} & x^2 + y^2 \neq 0 \\ 0 & x^2 + y^2 = 0 \end{cases}$$

的偏导数.

2. 求下列函数的偏导数.

(1) $z = x^2 y + xy^2 + x + y - 1$ $\qquad$ (2) $z = e^{xy}$

(3) $z = \dfrac{\cos x^2}{y}$ $\qquad$ (4) $z = \dfrac{x}{\sqrt{x^2 + y^2}}$

(5) $z = \sin(xy) + \cos^2(xy)$ $\qquad$ (6) $z = \arctan\dfrac{x + y}{1 - xy}$

(7) $z = \sin(xy)\tan\dfrac{y}{x}$ $\qquad$ (8) $u = x^{\frac{y}{z}}$

(9) $u = x^{y^z}$ $\qquad$ (10) $u = \left(\dfrac{x}{y}\right)^z$

3. 设 $z = \dfrac{x - y}{x + y}\ln\dfrac{y}{x}$, 证明: $x\dfrac{\partial z}{\partial x} + y\dfrac{\partial z}{\partial y} = 0$.

4. 设 $z = e^{-\left(\frac{1}{x} + \frac{1}{y}\right)}$, 证明: $x^2\dfrac{\partial z}{\partial x} + y^2\dfrac{\partial z}{\partial y} = 2z$.

5. 设 $u = \left(\dfrac{x - y + z}{x + y - z}\right)^n$, 证明: $x\dfrac{\partial u}{\partial x} + y\dfrac{\partial u}{\partial y} + z\dfrac{\partial u}{\partial z} = 0$.

6. 求下列函数指定的高阶偏导数.

（1）$z = \arctan \dfrac{y}{x}$，$\dfrac{\partial^2 z}{\partial x^2}$，$\dfrac{\partial^2 z}{\partial y^2}$，$\dfrac{\partial^2 z}{\partial x \partial y}$.

（2）$z = x\ln(xy)$，$\dfrac{\partial^3 z}{\partial x^2 \partial y}$.

（3）$u = e^{xyz}$，$\dfrac{\partial^2 u}{\partial x \partial y \partial z}$.

7. 求下列函数的全微分.

（1）$z = \ln \sqrt{1 + x^2 + y^2}$　　　　（2）$z = e^{x+y}\cos x \sin y$

（3）$z = xy\sin \dfrac{1}{\sqrt{x^2 + y^2}}$　　　　（4）$u = \sqrt{a^2 - x^2 - y^2 - z^2}$

（5）$u = e^{xyz}$　　　　　　　　　（6）$u = x^y y^z z^x$

8. 求下列函数在已给条件下的全微分的值.

（1）$z = x^2 y^3$，当 $x = 2$，$\Delta x = 0.02$，$y = -1$，$\Delta y = -0.01$.

（2）$z = e^{xy}$，当 $x = 1$，$\Delta x = 0.15$，$y = 1$，$\Delta y = 0.1$.

9. 计算下列各式的近似值.

（1）$\sqrt{(1.02)^3 + (1.97)^3}$　　（2）$(10.1)^{2.03}$

（3）$\sin 29° \cdot \tan 46°$

10. 用密度为 P 的某种材料做一个开口长方体容器，其外形长 5 米，宽 4 米，高 3 米，厚 20 厘米，求所需材料的近似值与精确值.

11. 设有直角三角形，测得其两直角边分别为 7 ± 0.1 cm 和 24 ± 0.1 cm，求利用上述数值计算斜边长度时的绝对误差.

12. 证明乘积的相对误差等于各因子的相对误差之和.

第三节　多元复合函数与隐函数的求导法则

一、多元复合函数的求导法则

设 $z = f(u, v)$ 是中间变量 u、v 的函数，而 u、v 又分别是 x 和 y 的函数 $u = \varphi(x, y)$，$v = \psi(x, y)$，则称 $z = f[\varphi(x, y), \psi(x, y)]$ 为 x 和 y 的复合函数.

定理 1　如果函数 $u = \varphi(x, y)$，$v = \psi(x, y)$ 在点 (x, y) 处的偏导数存在，而函数 $z = f(u, v)$ 在相应于 (x, y) 的点 (u, v) 处可微，则复合函数 $z = f[\varphi(x, y), \psi(x, y)]$ 在点 (x, y) 处偏导数存在，且

$$\frac{\partial z}{\partial x} = \frac{\partial z}{\partial u} \cdot \frac{\partial u}{\partial x} + \frac{\partial z}{\partial v} \cdot \frac{\partial v}{\partial x}$$

$$\frac{\partial z}{\partial y} = \frac{\partial z}{\partial u} \cdot \frac{\partial u}{\partial y} + \frac{\partial z}{\partial v} \cdot \frac{\partial v}{\partial y}$$

证 当自变量 x 有增量 $\Delta x \neq 0$ 时，若自变量 y 的增量 $\Delta y = 0$，即 y 保持不变，则 u、v 相应地有偏增量 $\Delta_x u$、$\Delta_x v$，$z = f(u,v)$ 也有偏增量 $\Delta_x z$，由于 $z = f(u,v)$ 在 (u,v) 处可微，

所以
$$\Delta_x z = \frac{\partial z}{\partial u} \cdot \Delta_x u + \frac{\partial z}{\partial v} \cdot \Delta_x v + o(\rho)$$

其中
$$\rho = \sqrt{(\Delta_x u)^2 + (\Delta_x v)^2}.$$

所以
$$\frac{\Delta_x z}{\Delta x} = \frac{\partial z}{\partial u} \cdot \frac{\Delta_x u}{\Delta x} + \frac{\partial z}{\partial v} \cdot \frac{\Delta_x v}{\Delta x} + \frac{o(\rho)}{\Delta x}$$

由于 u、v 对 x 的偏导数都存在，故在 $\Delta y = 0$，$\Delta x \to 0$ 时，$\Delta_x u \to 0$，$\Delta_x v \to 0$，从而有 $\rho \to 0$，此时

$$\frac{o(\rho)}{\Delta x} = \frac{o(\rho)}{\rho} \cdot \frac{\rho}{\Delta x} = \frac{o(\rho)}{\rho} \cdot \sqrt{\left(\frac{\Delta_x u}{\Delta x}\right)^2 + \left(\frac{\Delta_x v}{\Delta x}\right)^2} \to 0$$

所以 $\Delta x \to 0$ 时

$$\lim_{\Delta x \to 0} \frac{\Delta_x z}{\Delta x} = \frac{\partial z}{\partial u} \lim_{\Delta x \to 0} \frac{\Delta_x u}{\Delta x} + \frac{\partial z}{\partial v} \lim_{\Delta x \to 0} \frac{\Delta_x v}{\Delta x} + \lim_{\Delta x \to 0} \frac{o(\rho)}{\Delta x}$$

即
$$\frac{\partial z}{\partial x} = \frac{\partial z}{\partial u} \cdot \frac{\partial u}{\partial x} + \frac{\partial z}{\partial v} \cdot \frac{\partial v}{\partial x}$$

同理可得
$$\frac{\partial z}{\partial y} = \frac{\partial z}{\partial u} \cdot \frac{\partial u}{\partial y} + \frac{\partial z}{\partial v} \cdot \frac{\partial v}{\partial y}$$

我们称这两个式子为复合函数求导的链式法则.

类似地，如果 $u = \varphi(x,y)$，$v = \psi(x,y)$，$\omega = \omega(x,y)$ 在点 (x,y) 处偏导数存在，函数 $z = f(u,v,\omega)$ 在对应点 (u,v,ω) 处可微，则复合函数

$$z = f[\varphi(x,y), \psi(x,y), \omega(x,y)]$$

在点 (x,y) 处偏导数存在，且

$$\frac{\partial z}{\partial x} = \frac{\partial z}{\partial u} \cdot \frac{\partial u}{\partial x} + \frac{\partial z}{\partial v} \cdot \frac{\partial v}{\partial x} + \frac{\partial z}{\partial \omega} \cdot \frac{\partial \omega}{\partial x}$$

$$\frac{\partial z}{\partial y} = \frac{\partial z}{\partial u} \cdot \frac{\partial u}{\partial y} + \frac{\partial z}{\partial v} \cdot \frac{\partial v}{\partial y} + \frac{\partial z}{\partial \omega} \cdot \frac{\partial \omega}{\partial y}$$

特别地，如果 $z = f(u,v)$，而 $u = \varphi(x)$，$v = \psi(x)$，则复合函数 $z = f[\varphi(x), \psi(x)]$ 为 x 的一元函数，此时

$$\frac{dz}{dx} = \frac{\partial z}{\partial u} \cdot \frac{du}{dx} + \frac{\partial z}{\partial v} \cdot \frac{dv}{dx}$$

例 1 如果 $z = f(x,y)$ 的两个偏导数连续，且 $x = r\cos\theta$，$y = r\sin\theta$，求 z 对 r 及 θ 的偏导数.

解
$$\frac{\partial z}{\partial r} = \frac{\partial z}{\partial x} \cdot \cos\theta + \frac{\partial z}{\partial y} \cdot \sin\theta$$

$$\frac{\partial z}{\partial \theta} = -\frac{\partial z}{\partial x} \cdot r\sin\theta + \frac{\partial z}{\partial y} \cdot r\cos\theta$$

例 2 如果 $z = f(x, y, u)$ 有连续的偏导数，而 $u = \varphi(x, y)$ 偏导数存在，求 $z = f[x, y, \varphi(x, y)]$ 的偏导数.

解
$$\frac{\partial z}{\partial x} = \frac{\partial f}{\partial x} \times 1 + \frac{\partial f}{\partial y} \times 0 + \frac{\partial f}{\partial u} \cdot \frac{\partial u}{\partial x}$$

$$= \frac{\partial f}{\partial x} + \frac{\partial f}{\partial u} \cdot \frac{\partial u}{\partial x}$$

$$\frac{\partial z}{\partial y} = \frac{\partial f}{\partial x} \times 0 + \frac{\partial f}{\partial y} \times 1 + \frac{\partial f}{\partial u} \cdot \frac{\partial u}{\partial y}$$

$$= \frac{\partial f}{\partial y} + \frac{\partial f}{\partial u} \cdot \frac{\partial u}{\partial y}$$

这里要注意 $\frac{\partial z}{\partial x}$，$\frac{\partial f}{\partial x}$ 表示的意义是不同的，$\frac{\partial z}{\partial x}$ 是把复合函数 $f[x, y, \varphi(x, y)]$ 中的变量 y 看作常量对 x 求偏导，而 $\frac{\partial f}{\partial x}$ 是把 $f(x, y, u)$ 中的 y 与 u 看作常量对 x 求偏导. 同样 $\frac{\partial z}{\partial y}$ 与 $\frac{\partial f}{\partial y}$ 表示的意义也不同.

例 3 设 $z = \ln(u^2 + v)$，而 $u = e^{x+y^2}$，$v = x^2 + y$，求 $\frac{\partial z}{\partial x}$ 和 $\frac{\partial z}{\partial y}$.

解
$$\frac{\partial z}{\partial x} = \frac{\partial z}{\partial u} \cdot \frac{\partial u}{\partial x} + \frac{\partial z}{\partial v} \cdot \frac{\partial v}{\partial x}$$

$$= \frac{2u}{u^2 + v} \cdot e^{x+y^2} + \frac{2x}{u^2 + v} = \frac{2(e^{2(x+y^2)} + x)}{e^{2(x+y^2)} + x^2 + y}$$

$$\frac{\partial z}{\partial y} = \frac{\partial z}{\partial u} \cdot \frac{\partial u}{\partial y} + \frac{\partial z}{\partial v} \cdot \frac{\partial v}{\partial y}$$

$$= \frac{2u}{u^2 + v} \cdot 2ye^{x+y^2} + \frac{1}{u^2 + v} = \frac{4ye^{2(x+y^2)} + 1}{e^{2(x+y^2)} + x^2 + y}$$

例 4 设 $\omega = f(x + y + z, xyz)$，$f$ 具有二阶连续偏导数，求 $\frac{\partial \omega}{\partial x}, \frac{\partial \omega}{\partial y}, \frac{\partial \omega}{\partial z}$ 及 $\frac{\partial^2 \omega}{\partial x \partial y}$.

解 记 $u = x + y + z, v = xyz$，则 $\omega = f(u, v)$，所以

$$\frac{\partial \omega}{\partial x} = \frac{\partial f}{\partial u} + yz\frac{\partial f}{\partial v}$$

$$\frac{\partial \omega}{\partial y} = \frac{\partial f}{\partial u} + xz\frac{\partial f}{\partial v}$$

$$\frac{\partial \omega}{\partial z} = \frac{\partial f}{\partial u} + xy\frac{\partial f}{\partial v}$$

$$\frac{\partial^2 z}{\partial x \partial y} = \frac{\partial}{\partial y}\left(\frac{\partial \omega}{\partial x}\right) = \frac{\partial}{\partial y}\left(\frac{\partial f}{\partial u}\right) + \frac{\partial}{\partial y}\left(yz\frac{\partial f}{\partial v}\right)$$

$$= \frac{\partial^2 f}{\partial u^2} + xz \frac{\partial^2 f}{\partial u \partial v} + z \frac{\partial f}{\partial v} + yz \left(\frac{\partial^2 f}{\partial v \partial u} + xz \frac{\partial^2 f}{\partial v^2} \right)$$

$$= \frac{\partial^2 f}{\partial u^2} + (x + y)z \frac{\partial^2 f}{\partial u \partial v} + xyz^2 \frac{\partial^2 f}{\partial v^2} + z \frac{\partial f}{\partial v}$$

有时为了书写方便，记 $f'_1 = \dfrac{\partial f}{\partial u}, f'_2 = \dfrac{\partial f}{\partial v}, f''_{11} = \dfrac{\partial^2 f}{\partial u^2}, f''_{12} = \dfrac{\partial^2 f}{\partial u \partial v}, \cdots$.

例 5 设 u 有二阶连续的偏导数，求 $u = f(x, xy, xyz)$ 的一阶和二阶偏导数.

解 $\dfrac{\partial u}{\partial x} = f'_1(x, xy, xyz) + yf'_2(x, xy, xyz) + yzf'_3(x, xy, xyz)$

将 $f'_1(x, xy, xyz), f'_2(x, xy, xyz), f'_3(x, xy, xyz)$ 简记为 f'_1, f'_2, f'_3. 于是

$$\frac{\partial u}{\partial x} = f'_1 + yf'_2 + yzf'_3, \qquad \frac{\partial u}{\partial y} = xf'_2 + xzf'_3, \qquad \frac{\partial u}{\partial z} = xyf'_3$$

$$\frac{\partial^2 u}{\partial x^2} = f''_{11} + yf''_{12} + yzf''_{13} + y(f''_{21} + yf''_{22} + yzf''_{23})$$

$$\qquad + yz(f''_{31} + yf''_{32} + yzf''_{33})$$

$$= f''_{11} + y^2 f''_{22} + y^2 z^2 f''_{33} + 2yf''_{12} + 2yzf''_{13} + 2y^2 zf''_{23}$$

同理可得

$$\frac{\partial^2 u}{\partial y^2} = x^2 f''_{22} + x^2 zf''_{23} + x^2 zf''_{32} + x^2 y^2 f''_{33}$$

$$\qquad = x^2 f''_{22} + 2x^2 zf''_{23} + x^2 z^2 f''_{33}$$

$$\frac{\partial^2 u}{\partial z^2} = x^2 y^2 f''_{33}$$

$$\frac{\partial^2 u}{\partial x \partial y} = xf''_{12} + xzf''_{13} + f'_2 + xyf''_{22} + xyzf''_{23}$$

$$\qquad + zf'_3 + xyzf''_{32} + xyz^2 f''_{33}$$

$$\qquad = xyf''_{22} + xyz^2 f''_{33} + xf''_{12} + xzf''_{13} + 2xyzf''_{23} + f'_2 + zf'_3$$

$$\frac{\partial^2 u}{\partial x \partial z} = xyf''_{13} + xy^2 f''_{23} + xy^2 zf''_{33} + yf'_3$$

$$\frac{\partial^2 u}{\partial y \partial z} = x^2 yf''_{23} + x^2 yzf''_{33} + xf'_3$$

一元函数具有一阶微分形式的不变性，多元函数同样具有这一特性，即 $z = f(u, v)$ 时，

$$dz = \frac{\partial z}{\partial u} du + \frac{\partial z}{\partial v} dv$$

这里 u、v 是自变量时上式成立，u、v 是中间变量 $u = \varphi(x, y)$，$v = \psi(x, y)$（这两个函数的偏导数存在）时，上式仍成立.

事实上，u、v 是中间变量时

$$dz = \frac{\partial z}{\partial x} dx + \frac{\partial z}{\partial y} dy$$

$$= \left(\frac{\partial z}{\partial u} \cdot \frac{\partial u}{\partial x} + \frac{\partial z}{\partial v} \cdot \frac{\partial v}{\partial x} \right) dx + \left(\frac{\partial z}{\partial u} \cdot \frac{\partial u}{\partial y} + \frac{\partial z}{\partial v} \cdot \frac{\partial v}{\partial y} \right) dy$$

$$= \frac{\partial z}{\partial u} \left(\frac{\partial u}{\partial x} dx + \frac{\partial u}{\partial y} dy \right) + \frac{\partial z}{\partial v} \left(\frac{\partial v}{\partial x} dx + \frac{\partial v}{\partial y} dy \right)$$

$$= \frac{\partial z}{\partial u} du + \frac{\partial z}{\partial v} dv$$

例 6 用一阶微分形式的不变性求 $\omega = f(x + y + z, xyz)$ 的全微分.

解 $d\omega = df(x + y + z, xyz)$

$$= f'_1 d(x + y + z) + f'_2 d(xyz)$$

$$= f'_1 (dx + dy + dz) + f'_2 (yzdx + xzdy + xydz)$$

$$= (f'_1 + yzf'_2) dx + (f'_1 + xzf'_2) dy + (f'_1 + xyf'_2) dz$$

二、隐函数的求导法则

1. 由一个方程确定的隐函数

定理 2 如果函数 $F(x,y)$ 在 $P_0(x_0, y_0)$ 的某一邻域内具有连续的偏导数，且 $F(x_0, y_0) = 0$，$F'_y(x_0, y_0) \neq 0$，则方程 $F(x,y) = 0$ 在点 $P_0(x_0, y_0)$ 的某一邻域内能惟一确定一个单值连续函数 $y = f(x)$，它满足 $y_0 = f(x_0)$，并且 $y = f(x)$ 的导数为

$$\frac{dy}{dx} = - \frac{\dfrac{\partial F}{\partial x}}{\dfrac{\partial F}{\partial y}}$$

证 我们首先证明 $y = f(x)$ 的存在及连续性.

由 $F'_y(x_0, y_0) \neq 0$，不妨设 $F'_y(x_0, y_0) > 0$（对于 $F'_y(x_0, y_0) < 0$ 的情况可同样证明）. 由于 $F(x,y)$，$F'_y(x,y)$ 在 $P_0(x_0, y_0)$ 的某一邻域连续，因此存在 $y > 0$ 使得 $F(x,y)$、$F'_y(x,y)$ 在 $P_0(x_0, y_0)$ 的方形邻域

$$U(P_0, \eta) = \{(x,y) \mid |x - x_0| < \eta, |y - y_0| < \eta\}$$

上连续，并且 $F'_y(x,y) > 0$.

现在考虑函数 $g(y) = F(x_0, y)$，即将 $F(x,y)$ 限制在图 7-3 中直线 l 上，由于当 $|y - y_0| < \eta$ 时，$g'(y) = F'_y(x_0, y) > 0$，所以 $g(y)$ 是递增的. 由 $g(y_0) = F(x_0, y_0) = 0$，所以当 y 从小于 y_0 变向大于 y_0 时，$g(y)$ 一定是从负值严格递增为正值. 因此 $g(y_0 - \eta) < 0$，$g(y_0 + \eta) > 0$. 既然 $F(x,y)$ 在 $(x_0, y_0 - \eta)$ 和 $(x_0, y_0 + \eta)$ 处都连续，故存在 $\delta(0 < \delta < \eta)$ 使得 $|x - x_0| < \delta$ 时

$$F(x, y_0 - \eta) < 0, F(x, y_0 + \eta) > 0$$

由于 $\delta < \eta$，所以矩形邻域

$$D = \{(x,y) \mid |x - x_0| < \delta, |y - y_0| < \eta\}$$

在 $U(P_0, \eta)$ 内，因此当 $|x - x_0| < \delta$，$|y - y_0| < \eta$ 时，F'_y

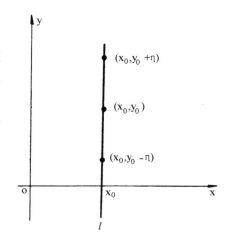

图 7-3

$(x,y) > 0$，于是对区间 $(x_0 - \delta, x_0 + \delta)$ 内任意给定的一点 x^*（如图 7 - 4），当然 $F(x^*, y)$ 是 y 的严格递增的连续函数，而且 $F(x^*, y_0 - \eta) < 0$，$F(x^*, y_0 + \eta) > 0$，这样便有惟一的 y^*，使 $|y^* - y_0| < \eta$，且 $F(x^*, y^*) = 0$。把 y^* 记为 $f(x^*)$，则当 $x \in (x_0 - \delta, x_0 + \delta)$ 时，函数 $y = f(x)$ 就满足条件：

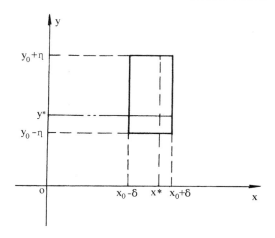

$$F[x, f(x)] = 0, y_0 = f(x_0) \text{ 且 } |f(x) - y_0| < \eta.$$

同时，函数 $y = f(x)$ 在 $x = x_0$ 处连续，因为对于充分小的正数 η，我们总可以如前面证明的方法定出 $\delta > 0$，使当 $|x - x_0| < \delta$ 时，$|f(x) - y_0| < \eta$ 成立，故 $f(x)$ 在 x_0 处连续.

图 7 - 4

注意对于 $(x_0 - \delta, x_0 + \delta)$ 内任一点 x^*，$F(x, y)$，$F_y'(x, y)$ 在 (x^*, y^*) 附近仍连续，这里 $y^* = f(x^*)$，而且

$$F(x^*, y^*) = 0, F_y'(x^*, y^*) > 0$$

因此若以 x^* 代替 x_0，前面的证明也都成立，这样，所确定的函数便在 x^* 处连续，于是 $f(x)$ 在 $(x_0 - \delta, x_0 + \delta)$ 内连续.

下面求出 $y = f(x)$ 的导数.

对 $y = f(x)$，当 x 有改变量 Δx 时，y 的改变量记为 Δy，由 $y = f(x)$ 的连续性知 $\Delta x \to 0$ 时，$\Delta y \to 0$

则　　　$F(x, y) = 0, F(x + \Delta x, y + \Delta y) = 0$

所以　　$F(x + \Delta x, y + \Delta y) - F(x, y)$

$$= [F(x + \Delta x, y + \Delta y) - F(x, y + \Delta y)] + [F(x, y + \Delta y) - F(x, y)]$$

$$= F_x'(\xi_1, y + \Delta y)\Delta x + F_y'(x, \xi_2)\Delta y = 0 \quad (\text{其中 } \xi_1 \text{ 介于 } x \text{ 与 } x + \Delta x \text{ 之间}, \xi_2 \text{ 介于 } y \text{ 与 } y + \Delta y \text{ 之间})$$

所以　　$\dfrac{\Delta y}{\Delta x} = -\dfrac{F_x'(\xi_1, y + \Delta y)}{F_y'(x, \xi_2)}$

即　　$\dfrac{dy}{dx} = \lim\limits_{\Delta x \to 0} \dfrac{\Delta y}{\Delta x} = \lim\limits_{\Delta x \to 0} -\dfrac{F_x'(\xi_1, y + \Delta y)}{F_y'(x, \xi_2)} = -\dfrac{F_x'(x, y)}{F_y'(x, y)}$

例 7　求 $xy - e^x + e^y = 0$ 确定的隐函数 $y = y(x)$ 的导数.

解　取 $F(x, y) = xy - e^x + e^y$

则　　$\dfrac{\partial F}{\partial x} = y - e^x, \dfrac{\partial F}{\partial y} = x + e^y$

因此　　$\dfrac{dy}{dx} = -\dfrac{\dfrac{\partial F}{\partial x}}{\dfrac{\partial F}{\partial y}} = -\dfrac{y - e^x}{x + e^y}$

对于包含三个变量的方程 $F(x,y,z) = 0$，我们同样可以证明下述结论成立.

定理 3 如果函数 $F(x,y,z)$ 在点 $P_0(x_0,y_0,z_0)$ 的某一邻域内具有连续的偏导数，且 $F(x_0,y_0,z_0) = 0$，$F'_z(x_0,y_0,z_0) \neq 0$，则方程 $F(x,y,z) = 0$ 在点 $P_0(x_0,y_0,z_0)$ 的某一邻域内一定能惟一确定一个单值连续且具有连续偏导数的函数 $z = f(x,y)$，它满足 $z_0 = f(x_0,y_0)$，并有

$$\frac{\partial z}{\partial x} = -\frac{\dfrac{\partial F}{\partial x}}{\dfrac{\partial F}{\partial z}}, \quad \frac{\partial z}{\partial y} = -\frac{\dfrac{\partial F}{\partial y}}{\dfrac{\partial F}{\partial z}}$$

这个定理我们不证，仅推出上述求偏导的公式.

由 $\qquad F[x,y,f(x,y)] = 0$

上式两端分别对 x、y 求偏导可得

$$\frac{\partial F}{\partial x} + \frac{\partial F}{\partial z} \cdot \frac{\partial z}{\partial x} = 0, \quad \frac{\partial F}{\partial y} + \frac{\partial F}{\partial z} \cdot \frac{\partial z}{\partial y} = 0$$

由 $\dfrac{\partial F}{\partial z} \neq 0$ 得

$$\frac{\partial z}{\partial x} = -\frac{\dfrac{\partial F}{\partial x}}{\dfrac{\partial F}{\partial z}}, \quad \frac{\partial z}{\partial y} = -\frac{\dfrac{\partial F}{\partial y}}{\dfrac{\partial F}{\partial z}}$$

例 8 求由 $\dfrac{x^2}{a^2} + \dfrac{y^2}{b^2} + \dfrac{z^2}{c^2} = 1$ 确定的隐函数的偏导数 $\dfrac{\partial z}{\partial x}$，$\dfrac{\partial z}{\partial y}$ 及二阶偏导数 $\dfrac{\partial^2 z}{\partial x^2}$.

解 取 $F(x,y,z) = \dfrac{x^2}{a^2} + \dfrac{y^2}{b^2} + \dfrac{z^2}{c^2} - 1$

则 $\qquad \dfrac{\partial F}{\partial x} = \dfrac{2x}{a^2}, \quad \dfrac{\partial F}{\partial y} = \dfrac{2y}{b^2}, \quad \dfrac{\partial F}{\partial z} = \dfrac{2z}{c^2}$

当 $z \neq 0$ 时

$$\frac{\partial z}{\partial x} = -\frac{\dfrac{2x}{a^2}}{\dfrac{2z}{c^2}} = -\frac{c^2 x}{a^2 z}$$

$$\frac{\partial z}{\partial y} = -\frac{\dfrac{2y}{b^2}}{\dfrac{2z}{c^2}} = -\frac{c^2 y}{b^2 z}$$

$$\frac{\partial^2 z}{\partial x^2} = \frac{\partial}{\partial x}\left(-\frac{c^2 x}{a^2 z}\right) = -\frac{c^2}{a^2} \cdot \frac{\partial}{\partial x}\left(\frac{x}{z}\right)$$

$$= -\frac{c^2}{a^2} \cdot \frac{z - x \cdot \dfrac{\partial z}{\partial x}}{z^2} = -\frac{c^2}{a^2} \cdot \frac{z - x\left(-\dfrac{c^2 x}{a^2 z}\right)}{z^2} = -\frac{c^2(c^2 x^2 + a^2 z^2)}{a^4 z^3}$$

对于一般的多元隐函数，同样存在如下定理.

定理 4　如果函数 $F(x_1, x_2, \cdots, x_n, u)$ 在点 $(x_1^0, x_2^0, \cdots, x_n^0, u_0)$ 的某一个邻域内具有连续的偏导数，且 $F(x_1^0, x_2^0, \cdots, x_n^0, u_0) = 0, F_u'(x_1^0, x_2^0, \cdots, x_n^0, u_0) \neq 0$，则方程 $F(x_1, x_2, \cdots, x_n, u) = 0$ 在点 $(x_1^0, x_2^0, \cdots, x_n^0, u_0)$ 的某一邻域内惟一确定一个单值具有连续偏导数的函数 $u = f(x_1, x_2, \cdots, x_n)$，它满足 $u_0 = f(x_1^0, x_2^0, \cdots, x_n^0)$ 且有

$$\frac{\partial u}{\partial x_i} = -\frac{\dfrac{\partial F}{\partial x_i}}{\dfrac{\partial F}{\partial u}} \qquad (i = 1, 2, \cdots, n)$$

2. 由方程组确定的隐函数

现在我们讨论方程组

$$\begin{cases} F(x, y, u, v) = 0 \\ G(x, y, u, v) = 0 \end{cases}$$

在什么条件下能确定两个二元函数，如果隐函数存在，如何求它们的偏导数.

定理 5　设函数 $F(x, y, u, v)$、$G(x, y, u, v)$ 在 $P_0(x_0, y_0, u_0, v_0)$ 的某一邻域内具有对各个变量的连续偏导数，并且

（1）$F(x_0, y_0, u_0, v_0) = 0, G(x_0, y_0, u_0, v_0) = 0$

（2）在 $P_0(x_0, y_0, u_0, v_0)$ 处，F 与 G 的雅可比行列式

$$J = \begin{vmatrix} \dfrac{\partial F}{\partial u} & \dfrac{\partial F}{\partial v} \\ \dfrac{\partial G}{\partial u} & \dfrac{\partial G}{\partial v} \end{vmatrix}_{P_0} = \frac{\partial(F, G)}{\partial(u, v)}\bigg|_{P_0} \neq 0$$

则在点 $P_0(x_0, y_0, u_0, v_0)$ 的某一邻域内能惟一确定. 一组单值连续且具有偏导数的函数 $u = u(x, y)$，$v = v(x, y)$，它们满足条件 $u_0 = u(x_0, y_0)$，$v_0 = v(x_0, y_0)$，且

$$\frac{\partial u}{\partial x} = -\frac{\begin{vmatrix} \dfrac{\partial F}{\partial x} & \dfrac{\partial F}{\partial v} \\ \dfrac{\partial G}{\partial x} & \dfrac{\partial G}{\partial v} \end{vmatrix}}{\begin{vmatrix} \dfrac{\partial F}{\partial u} & \dfrac{\partial F}{\partial v} \\ \dfrac{\partial G}{\partial u} & \dfrac{\partial G}{\partial v} \end{vmatrix}} = -\frac{1}{J}\frac{\partial(F, G)}{\partial(x, v)}, \quad \frac{\partial v}{\partial x} = -\frac{\begin{vmatrix} \dfrac{\partial F}{\partial u} & \dfrac{\partial F}{\partial x} \\ \dfrac{\partial G}{\partial u} & \dfrac{\partial G}{\partial x} \end{vmatrix}}{\begin{vmatrix} \dfrac{\partial F}{\partial u} & \dfrac{\partial F}{\partial v} \\ \dfrac{\partial G}{\partial u} & \dfrac{\partial G}{\partial v} \end{vmatrix}} = -\frac{1}{J}\frac{\partial(F, G)}{\partial(u, x)}$$

$$\frac{\partial u}{\partial y} = -\frac{\begin{vmatrix} \dfrac{\partial F}{\partial y} & \dfrac{\partial F}{\partial v} \\ \dfrac{\partial G}{\partial y} & \dfrac{\partial G}{\partial v} \end{vmatrix}}{\begin{vmatrix} \dfrac{\partial F}{\partial u} & \dfrac{\partial F}{\partial v} \\ \dfrac{\partial G}{\partial u} & \dfrac{\partial G}{\partial v} \end{vmatrix}} = -\frac{1}{J}\frac{\partial(F,G)}{\partial(y,v)}, \quad \frac{\partial v}{\partial y} = -\frac{\begin{vmatrix} \dfrac{\partial F}{\partial u} & \dfrac{\partial u}{\partial y} \\ \dfrac{\partial G}{\partial u} & \dfrac{\partial G}{\partial y} \end{vmatrix}}{\begin{vmatrix} \dfrac{\partial F}{\partial u} & \dfrac{\partial F}{\partial v} \\ \dfrac{\partial G}{\partial u} & \dfrac{\partial G}{\partial v} \end{vmatrix}} = -\frac{1}{J}\frac{\partial(F,G)}{\partial(u,y)}$$

这个定理我们不证，仅求出 $u = u(x,y)$，$v = v(x,y)$ 的偏导数.

由 $\begin{cases} F[x,y,u(x,y),v(x,y)] \equiv 0 \\ G[x,y,u(x,y),v(x,y)] \equiv 0 \end{cases}$

两个方程的两边分别对 x 求导得

$$\begin{cases} \dfrac{\partial F}{\partial x} + \dfrac{\partial F}{\partial u}\dfrac{\partial u}{\partial x} + \dfrac{\partial F}{\partial v}\dfrac{\partial v}{\partial x} = 0 \\ \dfrac{\partial G}{\partial x} + \dfrac{\partial G}{\partial u}\dfrac{\partial u}{\partial x} + \dfrac{\partial F}{\partial v}\dfrac{\partial v}{\partial x} = 0 \end{cases}$$

这是一个关于 $\dfrac{\partial u}{\partial x}$，$\dfrac{\partial v}{\partial x}$ 的线性方程组，由

$$J = \begin{vmatrix} \dfrac{\partial F}{\partial u} & \dfrac{\partial F}{\partial v} \\ \dfrac{\partial G}{\partial u} & \dfrac{\partial G}{\partial v} \end{vmatrix} \neq 0$$

得 $\qquad \dfrac{\partial u}{\partial x} = -\dfrac{1}{J}\dfrac{\partial(F,G)}{\partial(x,v)}, \quad \dfrac{\partial v}{\partial x} = -\dfrac{1}{J}\dfrac{\partial(F,G)}{\partial(u,x)}$

同理可得

$$\frac{\partial u}{\partial y} = -\frac{1}{J}\frac{\partial(F,G)}{\partial(y,v)}, \quad \frac{\partial v}{\partial y} = -\frac{1}{J}\frac{\partial(F,G)}{\partial(u,y)}$$

上述由方程组确定的隐函数求导方法公式不太好记，其实大家只需理解求 $\dfrac{\partial u}{\partial x}, \dfrac{\partial u}{\partial y}, \dfrac{\partial u}{\partial x}, \dfrac{\partial v}{\partial y}$ 是由 $F(x,y,u,v) = 0, G(x,y,u,v) = 0$ 分别对 x,y 求偏导，解两个方程组得到的，就不必死记公式.

例 9 由方程组 $\begin{cases} xu - yv = 0 \\ yu + xv = 1 \end{cases}$ 求 $\dfrac{\partial u}{\partial x}, \dfrac{\partial u}{\partial y}, \dfrac{\partial v}{\partial x}, \dfrac{\partial v}{\partial y}$.

解 对方程组中的两个方程两端分别对 x 求偏导得

$$\begin{cases} u + x\dfrac{\partial u}{\partial x} - y\dfrac{\partial v}{\partial x} = 0 \\ y\dfrac{\partial u}{\partial x} + v + x\dfrac{\partial v}{\partial x} = 0 \end{cases}, \quad \text{即} \begin{cases} x\dfrac{\partial u}{\partial x} - y\dfrac{\partial v}{\partial x} = -u \\ y\dfrac{\partial u}{\partial x} + x\dfrac{\partial v}{\partial x} = -v \end{cases}$$

当 $J = \begin{vmatrix} x & -y \\ y & x \end{vmatrix} = x^2 + y^2 \neq 0$ 时

$$\frac{\partial u}{\partial x} = \frac{\begin{vmatrix} -u & -y \\ -v & x \end{vmatrix}}{\begin{vmatrix} x & -y \\ y & x \end{vmatrix}} = -\frac{xu + yv}{x^2 + y^2}, \quad \frac{\partial u}{\partial x} = \frac{\begin{vmatrix} x & -u \\ y & -v \end{vmatrix}}{\begin{vmatrix} x & -y \\ y & x \end{vmatrix}} = \frac{yu - xv}{x^2 + y^2}$$

将方程组的两个方程两端分别对 y 求偏导, 同理可得

$$\frac{\partial u}{\partial y} = \frac{xv - yu}{x^2 + y^2}, \quad \frac{\partial v}{\partial y} = -\frac{xu + yv}{x^2 + y^2}$$

注　有时从实际计算时, 还会遇到求

$$\begin{cases} x = x(u, v) \\ y = y(u, v) \end{cases}$$

确定的反函数 $u = u(x, y)$, $v = v(x, y)$ 的偏导数问题, 其实只需要将上述方程组化为

$$\begin{cases} F(x, y, u, v) = x - x(u, v) = 0 \\ G(x, y, u, v) = y - y(u, v) = 0 \end{cases}$$

就完全转化为定理 5 中隐函数求偏导的问题.

例 10　求由方程组

$$\begin{cases} x = -u^2 + v \\ y = u + v^2 \end{cases}$$

在点 $(0, 0)$ 确定的反函数 $u = u(x, y)$, $v = v(x, y)$ 的偏导数.

解　原方程组可化为

$$\begin{cases} x + u^2 - v = 0 \\ y - u - v^2 = 0 \end{cases}$$

由　$J = \begin{vmatrix} 2u & -1 \\ 1 & 2v \end{vmatrix} = 4uv + 1$

在 $(0, 0)$ 点, $J = 1 \neq 0$, 所以方程组确定了反函数 $u = u(x, y)$, $v = v(x, y)$. 方程组中的方程两边对 x 求偏导得

$$\begin{cases} 1 + 2u \dfrac{\partial u}{\partial x} - \dfrac{\partial v}{\partial x} = 0 \\ -\dfrac{\partial u}{\partial x} - 2v \dfrac{\partial v}{\partial x} = 0 \end{cases}, \quad 即 \begin{cases} 2u \dfrac{\partial u}{\partial x} - \dfrac{\partial v}{\partial x} = -1 \\ \dfrac{\partial u}{\partial x} + 2v \dfrac{\partial v}{\partial x} = 0 \end{cases}$$

$$\frac{\partial u}{\partial x} = \frac{\begin{vmatrix} -1 & -1 \\ 0 & 2v \end{vmatrix}}{4uv + 1} = -\frac{2v}{4uv + 1}, \quad \frac{\partial v}{\partial x} = \frac{\begin{vmatrix} 2u & -1 \\ 1 & 0 \end{vmatrix}}{4uv + 1} = \frac{1}{4uv + 1}$$

方程组两边对 y 求偏导得

$$
\begin{cases}
2u\dfrac{\partial u}{\partial y} - \dfrac{\partial v}{\partial y} = 0 \\[3mm]
\dfrac{\partial u}{\partial y} + 2v\dfrac{\partial v}{\partial y} = 1
\end{cases}
$$

由此可得$\dfrac{\partial u}{\partial y} = \dfrac{1}{4uv+1}, \dfrac{\partial v}{\partial y} = \dfrac{2u}{4uv+1}.$

习题 7 − 3

1. 求下列函数的偏导数.

（1）$z = u^2\ln v,\ u = \dfrac{x}{y},\ v = 3x - 2y,\ $ 求 $\dfrac{\partial z}{\partial x}, \dfrac{\partial z}{\partial y}.$

（2）$z = e^{u-2v},\ u = \sin x,\ v = x^3,\ $ 求 $\dfrac{dz}{dx}.$

（3）$z = x^2 - y^2,\ x = \sin t,\ y = \cos t,\ $ 求 $\dfrac{dz}{dt}.$

（4）$z = f(x^2 - y^2, e^{xy})$ 具有一阶连续偏导数，求 $\dfrac{\partial z}{\partial x}, \dfrac{\partial z}{\partial y}.$

（5）$z = f(xy, x^2 + y^2)$ 具有二阶连续偏导数，求 $\dfrac{\partial^2 z}{\partial x^2}, \dfrac{\partial^2 z}{\partial x \partial y}.$

（6）$u = f\left(\dfrac{x}{y}, \dfrac{y}{z}\right)$ 具有一阶连续偏导数，求 $\dfrac{\partial u}{\partial x}, \dfrac{\partial u}{\partial y}, \dfrac{\partial u}{\partial z}.$

2. 设 $z = \dfrac{y}{f(x^2 - y^2)}$，其中 $f(u)$ 可导，证明：

$$
\dfrac{1}{x} \cdot \dfrac{\partial z}{\partial x} + \dfrac{1}{y} \cdot \dfrac{\partial z}{\partial y} = \dfrac{z}{y^2}
$$

3. 设 $\omega = f(xy, yz)$，$f(u, v)$ 具有连续的偏导数，证明：

$$
x\dfrac{\partial \omega}{\partial x} + z\dfrac{\partial \omega}{\partial z} = y\dfrac{\partial \omega}{\partial y}
$$

4. 设 $z = f(x, y)$ 有连续的偏导数，$x = r\cos\theta$，$y = r\sin\theta$，证明：

$$
\left(\dfrac{\partial z}{\partial x}\right)^2 + \left(\dfrac{\partial z}{\partial y}\right)^2 = \left(\dfrac{\partial z}{\partial r}\right)^2 + \dfrac{1}{r^2}\left(\dfrac{\partial z}{\partial \theta}\right)^2
$$

5. 求由下列各方程确定的隐函数的导数或偏导数.

（1）$xy - \ln x + \ln y = 0,\ $ 求 $\dfrac{dy}{dx}.$

（2）$\sin y + e^x - xy^2 = 0,\ $ 求 $\dfrac{dy}{dx}.$

（3）$\ln \sqrt{x^2 + y^2} = \arctan \dfrac{y}{x}$，求$\dfrac{dy}{dx}$.

（4）$e^z = xyz$，求$\dfrac{\partial z}{\partial x}$，$\dfrac{\partial z}{\partial y}$.

（5）$\dfrac{x}{z} = \ln \dfrac{z}{y}$，求$\dfrac{\partial z}{\partial x}$，$\dfrac{\partial z}{\partial y}$，$\dfrac{\partial^2 z}{\partial x \partial y}$.

6. 设 $x = x(y, z)$，$y = y(x, z)$，$z = z(x, y)$ 都是由方程 $F(x, y, z) = 0$ 所确定的函数，证明：

$$\frac{\partial x}{\partial y} \cdot \frac{\partial y}{\partial z} \cdot \frac{\partial z}{\partial x} = -1$$

7. 设 $u = u(x, y, z)$ 是由方程

$$\frac{x^2}{a^2 + u} + \frac{y^2}{b^2 + u} + \frac{z^2}{c^2 + u} = 1$$

确定的隐函数，证明：

$$\left(\frac{\partial u}{\partial x}\right)^2 + \left(\frac{\partial u}{\partial y}\right)^2 + \left(\frac{\partial u}{\partial z}\right)^2 = 2\left(x\frac{\partial u}{\partial x} + y\frac{\partial u}{\partial y} + z\frac{\partial u}{\partial z}\right)$$

8. 求由下列方程组所确定的函数的导数或偏导数.

（1）$\begin{cases} x^2 + y^2 - z = 0 \\ x^2 + 2y^2 + 3z^2 = 20 \end{cases}$，求$\dfrac{dy}{dx}$，$\dfrac{dz}{dx}$.

（2）由$\begin{cases} u^2 - v = 3x + y \\ u - 2v^2 = x - 2y \end{cases}$，求$\dfrac{\partial u}{\partial x}$，$\dfrac{\partial u}{\partial y}$，$\dfrac{\partial v}{\partial x}$，$\dfrac{\partial v}{\partial y}$.

（3）由$\begin{cases} u = f(ux, v + y) \\ v = g(u - x, v^2 y) \end{cases}$，其中 f, g 具有一阶连续偏导数，求$\dfrac{\partial u}{\partial x}$，$\dfrac{\partial u}{\partial y}$，$\dfrac{\partial v}{\partial x}$，$\dfrac{\partial v}{\partial y}$.

（4）求$\begin{cases} x = u\cos \dfrac{v}{u} \\ y = u\sin \dfrac{v}{u} \end{cases}$的反函数的偏导数$\dfrac{\partial u}{\partial x}$，$\dfrac{\partial u}{\partial y}$，$\dfrac{\partial v}{\partial x}$，$\dfrac{\partial v}{\partial y}$.

第四节　空间曲线的切线与法平面、曲面的
切平面与法线、方向导数与梯度

一、空间曲线的切线与法平面

设空间曲线 L 的参数方程为

$$L: x = \varphi(t), y = \psi(t), z = \omega(t)$$

对于 L 上对应于 $t = t_0$ 的点 $P_0(x_0, y_0, z_0)$，在它的附近任取 L 上对应于 $t = t_0 + \Delta t$ 的另一点

$P_1(x_0 + \Delta x, y_0 + \Delta y, z_0 + \Delta z)$，则割线 $P_0 P_1$ 的方程为

$$\frac{x - x_0}{\Delta x} = \frac{y - y_0}{\Delta y} = \frac{z - z_0}{\Delta z}$$

当点 P_1 沿曲线 L 无限接近于 P_0 时，割线的极限位置就是曲线 L 在 P_0 处的切线. 用 Δt 除上式的分母得

$$\frac{x - x_0}{\dfrac{\Delta x}{\Delta t}} = \frac{y - y_0}{\dfrac{\Delta y}{\Delta t}} = \frac{z - z_0}{\dfrac{\Delta z}{\Delta t}}$$

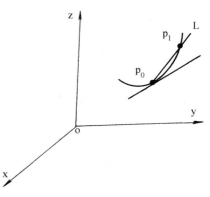

图 7 – 5

当 $\Delta t \to 0$ 即 $(P_1 \to P_0)$ 时，得曲线 L 在 P_0 处的切线方程为

$$\frac{x - x_0}{\varphi'(t_0)} = \frac{y - y_0}{\psi'(t_0)} = \frac{z - z_0}{\omega'(t_0)}$$

向量 $\vec{T} = \{\varphi'(t_0), \psi'(t_0), \omega'(t_0)\}$ 就称为曲线 L 在 P_0 处的切向量.

通过曲线 L 上的点 P_0 而与 P_0 处的切向量垂直的平面称为曲线 L 在 P_0 处的法平面，它的方程为

$$\varphi'(t_0)(x - x_0) + \psi'(t_0)(y - y_0) + \omega'(t_0)(z - z_0) = 0$$

例 1 求曲线 $x = at$，$y = bt^2$，$z = ct^3$ 在 $t = 1$ 处的切线与法平面方程. $(abc \neq 0)$

解 $t = 1$ 时，$x = a$，$y = b$，$z = c$

由 $x'_t = a, y'_t = 2bt, z'_t = 3ct^2$

得 $t = 1$ 时的切向量为 $T = \{a, 2b, 3c\}$

所以，所求切线方程为

$$\frac{x - a}{a} = \frac{y - b}{2b} = \frac{z - c}{3c}$$

所求切平面方程为

$$a(x - a) + 2b(y - b) + 3c(z - c) = 0$$

即 $ax + 2by + 2cz = a^2 + 2b^2 + 2c^2$

如果空间曲线 L 的形式为

$$\begin{cases} y = \varphi(x) \\ z = \psi(x) \end{cases}$$

求 L 在 (x_0, y_0, z_0) 处的切线与法平面方程，只需将 x 看成参数，求出

$$\begin{cases} x = x \\ y = \varphi(x) \\ z = \psi(x) \end{cases}$$

在 $x = x_0$ 处的切向量 $\vec{T} = \{1, \varphi'(x_0), \psi'(x_0)\}$ 代入切线与法平面方程即可.

例 2 求 $y = x, z = x^2$ 在 $(1, 1, 1)$ 处的切线与法平面方程.

解 由 $y'_x = 1, z'_x = 2x$

则 $(1, 1, 1)$ 处的切向量 $T = (1, 1, 2)$

故所求切线方程为 $\dfrac{x-1}{1}=\dfrac{y-1}{1}=\dfrac{z-1}{2}$

所求法平面方程为 $(x-1)+(y-1)+2(z-1)=0$

即 $x+y+2z=4$

如果空间曲线 L 的形式为

$$\begin{cases} F(x,y,z)=0 \\ G(x,y,z)=0 \end{cases}$$

求 L 在 (x_0,y_0,z_0) 处的切线与法平面时，只需把 y,z 看成 x 的函数

由
$$\begin{cases} \dfrac{\partial F}{\partial x}+\dfrac{\partial F}{\partial y}\cdot\dfrac{dy}{dx}+\dfrac{\partial F}{\partial z}\cdot\dfrac{dz}{dx}=0 \\[2mm] \dfrac{\partial G}{\partial x}+\dfrac{\partial G}{\partial y}\cdot\dfrac{dy}{dx}+\dfrac{\partial G}{\partial z}\cdot\dfrac{dz}{dx}=0 \end{cases}$$

求出 $\dfrac{dy}{dx}\Big|_{x=x_0},\dfrac{dz}{dx}\Big|_{x=x_0}$，进而得到 (x_0,y_0,z_0) 处的切向量 $\vec{T}=\left\{1,\dfrac{dy}{dx}\Big|_{x=x_0},\dfrac{dz}{dx}\Big|_{x=x_0}\right\}$ 代入切线与

法平面方程即可.

例 3 求曲线 $x^2+z^2=10$，$y^2+z^2=10$ 在点 $(1,1,3)$ 处的切线方程.

解 将 y,z 看成 x 的函数，两个方程同时对 x 求导得

$$\begin{cases} 2x+2z\dfrac{dz}{dx}=0 \\[2mm] 2y\dfrac{dy}{dx}+2z\dfrac{dz}{dx}=0 \end{cases}$$

将 $x_0=1,y_0=1,z_0=3$ 代入上面方程组得

$$\begin{cases} 2+6\dfrac{dz}{dx}\Big|_{x=1}=0 \\[2mm] 2\dfrac{dy}{dx}\Big|_{x=1}+6\dfrac{dz}{dx}\Big|_{x=1}=0 \end{cases}$$

得 $\dfrac{dy}{dx}\Big|_{x=1}=1,\dfrac{dz}{dx}\Big|_{x=1}=-\dfrac{1}{3}$

所以点 $(1,1,3)$ 处的切向量 $\vec{T}=\left\{1,1,-\dfrac{1}{3}\right\}$

所求切线方程为

$$\dfrac{x-1}{1}=\dfrac{y-1}{1}=\dfrac{z-3}{-\dfrac{1}{3}}$$

或 $\dfrac{x-1}{3}=\dfrac{y-1}{3}=\dfrac{z-3}{-1}$

所求切面方程为

$$(x-1) + (y-1) - \frac{1}{3}(z-3) = 0$$

即 $\qquad 3x + 3y - z = 3$

二、曲面的切平面与法线

设空间曲面的方程为

$$F(x,y,z) = 0$$

如果 $P_0(x_0,y_0,z_0)$ 是曲面上一定点，曲面上经过 $P_0(x_0,y_0,z_0)$ 的曲线有很多条，它们的一般形式可表示为

$$x = \varphi(t), y = \psi(t), z = \omega(t)$$

自然有 $x_0 = \varphi(t_0), y_0 = \psi(t_0), z_0 = \omega(t_0)$ 及

$$F[\varphi(t), \psi(t), \omega(t)] = 0$$

如果 $F(x,y,z)$ 在 (x_0,y_0,z_0) 处有连续的偏导数，$\varphi'(t_0), \psi'(t_0)$ 及 $\omega'(t_0)$ 都存在，上式两端对 t 求导在 t_0 处满足

$$F'_x(x_0,y_0,z_0)\varphi'(t_0) + F'_y(x_0,y_0,z_0)\psi'(t_0)$$
$$+ F'_z(x_0,y_0,z_0)\omega'(t_0) = 0 \qquad (1)$$

记向量 $\vec{n_0} = \{f'_x(x_0,y_0,z_0), f'_y(x_0,y_0,z_0), f'_z(x_0,y_0,z_0)\}$

（1）式说明曲面 $F(x,y,z) = 0$ 上过 P_0 的任一条曲线的切向量 $\vec{T} = \{\varphi'(t_0), \psi'(t_0), \omega'(t_0)\}$ 都与向量 $\vec{n_0}$ 垂直. 我们称 $\vec{n_0}$ 为曲面在 P_0 处的法向量.

曲面上通过 $P_0(x_0,y_0,z_0)$ 的所有曲线在 P_0 处的切线都在过 $P_0(x_0,y_0,z_0)$ 且与 $\vec{n_0}$ 垂直的平面内（如图 7-6），这个平面称为曲面 $F(x,y,z) = 0$ 在点 $P_0(x_0,y_0,z_0)$ 的切平面，它的方程为：

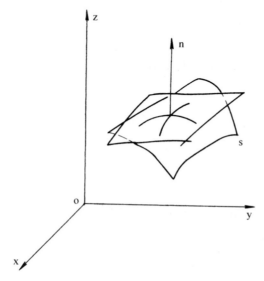

图 7-6

$$F'_x(x_0, y_0, z_0)(x - x_0) + F'_y(x_0, y_0, z_0)(y - y_0)$$
$$+ F'_z(x_0, y_0, z_0)(z - z_0) = 0$$

过点 $P_0(x_0, y_0, z_0)$ 而与上述切平面垂直的直线称为曲面在该点的法线，法线方程为：

$$\frac{x - x_0}{F'_x(x_0, y_0, z_0)} = \frac{y - y_0}{F'_y(x_0, y_0, z_0)} = \frac{z - z_0}{F'_z(x_0, y_0, z_0)}$$

在大多数情况下，空间曲面的方程是由 $z = f(x, y)$ 的形式给出的.

求曲面 $z = f(x, y)$ 在 (x_0, y_0, z_0) 处的切平面与法线方程.

取　　　$F(x, y, z) = f(x, y) - z$

则　　　$\dfrac{\partial F}{\partial x} = f'_x(x, y), \dfrac{\partial F}{\partial y} = f'_y(x, y), \dfrac{\partial F}{\partial z} = -1$

所以曲面 $z = f(x, y)$ 在 (x_0, y_0, z_0) 处的法向量为

$$\vec{n}_0 = \{f'_x(x_0, y_0), f'_y(x_0, y_0), -1\}$$

在 (x_0, y_0, z_0) 处的切平面为

$$f'_x(x_0, y_0)(x - x_0) + f'_y(x_0, y_0) - (z - z_0) = 0$$

或　　　$z - z_0 = f'_x(x_0, y_0)(x - x_0) + f'_y(x_0, y_0)(y - y_0)$

法线方程为

$$\frac{x - x_0}{f'_x(x_0, y_0)} = \frac{y - y_0}{f'_y(x_0, y_0)} = \frac{z - z_0}{-1}$$

例 4　求曲面 $x^2 + y^2 + z^2 = 169$ 在点 $(3, 4, 12)$ 处的切平面与法线方程.

解　取 $F(x, y, z) = x^2 + y^2 + z^2 - 169$

则　　　$\dfrac{\partial F}{\partial x} = 2x, \quad \dfrac{\partial F}{\partial y} = 2y, \quad \dfrac{\partial F}{\partial z} = 2z$

所以曲面在 $(3, 4, 12)$ 处的法向量

$$\vec{n}_0 = \{6, 8, 24\} = 2\{3, 4, 12\}$$

于是切平面方程为

$$3(x - 3) + 4(y - 4) + 12(z - 12) = 0$$

即　　　$3x + 4y + 12z = 169$

法线方程为

$$\frac{x - 3}{3} = \frac{y - 4}{4} = \frac{z - 12}{12}$$

或　　　$\dfrac{x}{3} = \dfrac{y}{4} = \dfrac{z}{12}$

例 5　求曲面 $z = x^2 + y^2$ 在点 $(1, 2, 5)$ 处的切平面与法线方程.

解　取 $F(x, y, z) = x^2 + y^2 - z$

所以　　$\dfrac{\partial F}{\partial x} = 2x, \quad \dfrac{\partial F}{\partial y} = 2y, \quad \dfrac{\partial F}{\partial z} = -1$

在点 $(1, 2, 5)$ 处的法向量

$$\vec{n}_0 = \{2,4,-1\}$$

所求切平面方程为

$$2(x-1) + 4(y-2) - (z-5) = 0$$

即

$$2x + 4y - z = 5$$

法线方程为

$$\frac{x-1}{2} = \frac{y-2}{4} = \frac{z-5}{-1}$$

三、方向导数

我们已经知道函数 $u = f(x,y,z)$ 在 (x_0,y_0,z_0) 处的偏导数 $f'_x(x_0,y_0,z_0)$，$f'_y(x_0,y_0,z_0)$，$f'_z(x_0,y_0,z_0)$ 分别是函数在点 (x_0,y_0,z_0) 处沿着 x 轴、y 轴、z 轴方向的变化率. 在很多实际问题中，只考虑函数沿坐标轴方向的变化率是不够的，还必须研究函数沿任意指定方向的变化率，这就是我们要讲的方向导数.

设 $P_0(x_0,y_0,z_0)$ 是空间上一点，$\vec{s}$ 是任一非零向量，其方向余弦是 $\{\cos\alpha,\ \cos\beta,\ \cos\gamma\}$，则过 P_0 且方向为 $\vec{s}$ 的直线的参数方程为

$$x = x_0 + t\cos\alpha \quad y = y_0 + t\cos\beta \quad z = z_0 + t\cos\gamma$$

若 $t \geq 0$，则上述方程表示了过点 P_0，以 $\vec{s}$ 为方向的射线 l，这时我们记射线 l 的方程为

$$x = x_0 + \rho\cos\alpha \quad y = y_0 + \rho\cos\beta \quad z = z_0 + \rho\cos\gamma \quad (\rho \geq 0).$$

定义 1　设函数 $u = f(x,y,z)$ 在点 $P_0(x_0,y_0,z_0)$ 的某一邻域内有定义，如果函数沿着射线 l

$$x = x_0 + \rho\cos\alpha \quad y = y_0 + \rho\cos\beta \quad z = z_0 + \rho\cos\gamma \quad (\rho \geq 0)$$

的增量

$$f(x_0 + \rho\cos\alpha, y_0 + \rho\cos\beta, z_0 + \rho\cos\gamma) - f(x_0,y_0,z_0)$$

与 ρ 的比值，当 $\rho \to 0^+$ 时的极限

$$\lim_{\rho \to 0^+} \frac{f(x_0 + \rho\cos\alpha, y_0 + \rho\cos\beta, z_0 + \rho\cos\gamma) - f(x_0,y_0,z_0)}{\rho}$$

存在，则称该极限为函数 $u = f(x,y,z)$ 在点 $P_0(x_0,y_0,z_0)$ 处沿着方向角为 α、β、γ 的方向 l 的方向导数，记为 $\dfrac{\partial f}{\partial l}$，即

$$\frac{\partial f}{\partial l} = \lim_{\rho \to 0^+} \frac{f(x_0 + \rho\cos\alpha, y_0 + \rho\cos\beta, z_0 + \rho\cos\gamma)}{\rho}$$

由定义可知，$u = f(x,y,z)$ 的偏导数 $\dfrac{\partial f}{\partial x}, \dfrac{\partial f}{\partial y}, \dfrac{\partial f}{\partial z}$ 存在时，它们分别是 $u = f(x,y,z)$ 沿着方向 $\vec{e}_1 = \{1,0,0\}$，$\vec{e}_2 = \{0,1,0\}$，$\vec{e}_3 = \{0,0,1\}$ 的方向导数.

定理 1　如果函数 $u = f(x,y,z)$ 在点 $P(x,y,z)$ 处可微，则函数在该点沿任一方向 l 的方向导数都存在，且有

$$\frac{\partial f}{\partial l} = \frac{\partial f}{\partial x}\cos\alpha + \frac{\partial f}{\partial y}\cos\beta + \frac{\partial f}{\partial z}\cos\gamma$$

其中 α，β，γ 为 l 的方向角.

证 如果函数 $u = f(x,y,z)$ 在 (x,y,z) 处可微，

则 $\quad f(x+\Delta x, y+\Delta y, z+\Delta z) - f(x,y,z)$

$$= \frac{\partial f}{\partial x}\Delta x + \frac{\partial f}{\partial y}\Delta y + \frac{\partial f}{\partial z}\Delta z + o(\rho)$$

其中 $\rho = \sqrt{(\Delta x)^2 + (\Delta y)^2 + (\Delta z)^2}$

取 $\Delta x = \rho\cos\alpha, \Delta y = \rho\cos\beta, \Delta z = \rho\cos\gamma$ 代入上式

得 $\quad f(x+\rho\cos\alpha, y+\rho\cos\beta, z+\rho\cos\gamma) - f(x,y,z)$

$$= \frac{\partial f}{\partial x} \cdot \rho\cos\alpha + \frac{\partial f}{\partial y}\rho\cos\beta + \frac{\partial f}{\partial z}\rho\cos\gamma + o(\rho)$$

所以 $\quad \lim_{\rho \to 0^+} \dfrac{f(x+\rho\cos\alpha, y+\rho\cos\beta, z+\rho\cos\gamma) - f(x,y,z)}{\rho}$

$$= \lim_{\rho \to 0^+}\left[\frac{\partial f}{\partial x}\cos\alpha + \frac{\partial f}{\partial y}\cos\beta + \frac{\partial f}{\partial z}\cos\gamma + \frac{o(\rho)}{\rho}\right]$$

$$= \frac{\partial f}{\partial x}\cos\alpha + \frac{\partial f}{\partial y}\cos\beta + \frac{\partial f}{\partial z}\cos\gamma$$

即 $\quad \dfrac{\partial f}{\partial l} = \dfrac{\partial f}{\partial x}\cos\alpha + \dfrac{\partial f}{\partial y}\cos\beta + \dfrac{\partial f}{\partial z}\cos\gamma$

例 6 求函数 $u = xyz$ 在点 $(1,1,1)$ 处沿方向余弦为 $[\cos\alpha, \cos\beta, \cos\gamma]$ 的直线 l 的方向导数.

解 由 $\dfrac{\partial u}{\partial x} = yz$，$\quad \dfrac{\partial u}{\partial y} = xz$，$\quad \dfrac{\partial u}{\partial z} = xy$

所以函数沿 l 的方向导数为

$$\frac{\partial f}{\partial l} = yz\cos\alpha + xz\cos\beta + xy\cos\gamma$$

将 $x = 1, y = 1, z = 1$ 代入上式得

$$\left.\frac{\partial f}{\partial l}\right|_{\substack{x=1 \\ y=1 \\ z=1}} = \cos\alpha + \cos\beta + \cos\gamma$$

例 7 求函数 $z = x^2 - y^2$ 在点 $(1,1)$ 处沿与 x 轴正方向夹角 $\varphi = \dfrac{\pi}{3}$ 且与 y 轴夹角为锐角的方向 l 上的方向导数.

解 $\quad \dfrac{\partial z}{\partial x} = 2x, \dfrac{\partial z}{\partial y} = -2y$

所以 $\quad \dfrac{\partial f}{\partial l} = 2x\cos\varphi - 2y\sin\varphi$

将 $x = 1, y = 1, \varphi = \dfrac{\pi}{3}$ 代入上式得

$$\frac{\partial f}{\partial l}\bigg|_{\substack{x=1\\y=1}} = 2 \times \frac{1}{2} - 2 \times 1 \cdot \frac{\sqrt{3}}{2} = 1 - \sqrt{3}.$$

四、梯度

与方向导数联系比较密切的另一个概念是函数的梯度.

定义 2　设函数 $u = f(x,y,z)$ 在区域 D 内任一点 (x,y,z) 处有连续的偏导数，则称向量

$$\left\{\frac{\partial f}{\partial x}, \frac{\partial f}{\partial y}, \frac{\partial f}{\partial z}\right\}$$

为函数 $u = f(x,y,z)$ 的梯度，记为 gradf

即　　　　$\mathrm{grad}f = \left\{\dfrac{\partial f}{\partial x}, \dfrac{\partial f}{\partial y}, \dfrac{\partial f}{\partial z}\right\}$

梯度 gradf 具体表示什么意义呢?

由本节定理 1 可知函数 $u = f(x,y,z)$ 在点 (x,y,z) 处可微时，它在 (x,y,z) 处沿方向 $\vec{l}$ 的方向导数为

$$\frac{\partial f}{\partial l} = \frac{\partial f}{\partial x}\cos\alpha + \frac{\partial f}{\partial y}\cos\beta + \frac{\partial f}{\partial z}\cos\gamma$$

记 $\vec{l}$ 的单位向量为 $\vec{e} = (\cos\alpha, \cos\beta, \cos\gamma)$

则　　　$\dfrac{\partial f}{\partial l} = \mathrm{grad}f \cdot \vec{e}$

$$= |\mathrm{grad}f| \cdot \cos(\mathrm{grad}f, \vec{e})$$

由此可知 $\dfrac{\partial f}{\partial l}$ 即是梯度 gradf 在 $\vec{e}$ 上的投影，当方向 $\vec{e}$ 与梯度的方向一致时有

$$\cos(\widehat{\mathrm{grad}f, \vec{e}}) = 1$$

此时 $\dfrac{\partial f}{\partial l}$ 取最大值，即 $\left(\dfrac{\partial f}{\partial l}\right)_{\max} = |\mathrm{grad}f|$. 所以，沿梯度方向的方向导数达到最大值，即梯度是函数增长最快的方向.

这样我们就得出了梯度的具体意义:

函数 $u = f(x,y,z)$ 在点 (x,y,z) 处的梯度方向即是方向导数取最大值的方向，它的模

$$|\mathrm{grad}f| = \sqrt{\left(\frac{\partial f}{\partial x}\right)^2 + \left(\frac{\partial f}{\partial y}\right)^2 + \left(\frac{\partial f}{\partial z}\right)^2}$$

即是方向导数的最大值.

同样，二元函数 $z = f(x,y)$ 在点 (x,y) 处同样可以定义梯度向量

$$\mathrm{grad}f = \left\{\frac{\partial f}{\partial x}, \frac{\partial f}{\partial y}\right\}$$

它表示 $z = f(x,y)$ 在 (x,y) 处方向导数取最大值的方向，它的模 $|\mathrm{grad}f| = \sqrt{\left(\dfrac{\partial f}{\partial x}\right)^2 + \left(\dfrac{\partial f}{\partial y}\right)^2}$ 为

方向导数的最大值.

例8 求函数 $u = \dfrac{1}{r}$（其中 $r = \sqrt{x^2 + y^2 + z^2}$）在点 $P_0(x_0, y_0, z_0)$ 处的梯度及其方向余弦.

解 $\dfrac{\partial u}{\partial x} = -\dfrac{x}{r^3}, \dfrac{\partial u}{\partial y} = -\dfrac{y}{r^3}, \dfrac{\partial u}{\partial z} = -\dfrac{z}{r^3}$

所以函数在点 $P_0(x_0, y_0, z_0)$ 处的梯度为

$$\mathrm{grad}u = \left\{ -\frac{x_0}{r_0^3}, -\frac{y_0}{r_0^3}, -\frac{z_0}{r_0^3} \right\}$$

其中 $\qquad r_0 = \sqrt{x_0^2 + y_0^2 + z_0^2}$

由 $\qquad |\mathrm{grad}u| = \sqrt{\left(-\dfrac{x_0}{r_0^3} \right)^2 + \left(-\dfrac{y_0}{r_0^3} \right)^2 + \left(-\dfrac{z_0}{r_0^3} \right)^2} = \dfrac{1}{r_0^2}$

所以 $\mathrm{grad}u$ 的方向余弦为

$$\cos(\widehat{\mathrm{grad}u, x}) = \frac{-\dfrac{x_0}{r_0^3}}{\dfrac{1}{r_0^2}} = -\frac{x_0}{r_0}$$

$$\cos(\widehat{\mathrm{grad}u, y}) = \frac{-\dfrac{y_0}{r_0^3}}{\dfrac{1}{r_0^2}} = -\frac{y_0}{r_0}$$

$$\cos(\widehat{\mathrm{grad}u, z}) = \frac{-\dfrac{z_0}{r^3}}{\dfrac{1}{r_0^2}} = -\frac{z_0}{r_0}$$

最后我们再简单介绍一下场的概念.

（1）数量场（标量场）.

如果对于空间点集 D 内的每一点 (x, y, z)，都对应着一个数量（标量）$f(x, y, z)$，则所有这些数量（标量）合在一起就构成了一个数量场（标量场）. 如温度场，压力场都是数量场.

（2）向量场.

如果对于空间点集 D 内任一点 (x, y, z) 都对应着一个向量

$\{f(x, y, z), g(x, y, z), h(x, y, z)\}$

则所有这些向量合在一起就构成了一个向量场. 如磁场和速度场就是向量场.

另外，不随时间变化的场称为稳定场；随时间变化的场叫非稳定场.

利用场的概念，我们就可以说由数量场 $u = f(x, y, z)$ 就确定了一个向量场 $\mathrm{grad}u$. 即梯度场.

习题 7 - 4

1. 求曲线 $x = t - \cos t$, $y = 3 + \sin 2t$, $z = 1 + \cos 3t$ 在 $t = \dfrac{\pi}{2}$ 时的切线方程.

2. 求出曲线 $x = t$, $y = t^2$, $z = t^3$ 上的点,使在该点的切线平行于平面 $x + 2y + z = 4$.

3. 求曲线 $\begin{cases} x^2 + y^2 + z^2 - 3x = 0 \\ 2x - 3y + 5z = 4 \end{cases}$ 在点 $(1,1,1)$ 处的切线及法平面方程.

4. 求下列曲面在给定点的切平面和法线方程.

(1) $z = \arctan \dfrac{y}{x}$ $P_0\left(1, 1, \dfrac{\pi}{4}\right)$ (2) $e^z - z + xy = 3$ $P_0(2, 1, 0)$

(3) $2^{\frac{x}{z}} + 2^{\frac{y}{z}} = 8$ $P_0(2, 2, 1)$ (4) $ax^2 + by^2 + cz^2 = 1$ $P_0(x_0, y_0, z_0)$

5. 在曲面 $z = xy$ 上求一点,使这点处的法线垂直于平面 $x + 3y + z + 9 = 0$,并写出该法线的方程.

6. 求函数 $u = xy^2 + z^3 - xyz$ 在点 $(1,1,2)$ 处沿方向角 $\alpha = \dfrac{\pi}{3}$, $\beta = \dfrac{\pi}{4}$, $\gamma = \dfrac{\pi}{3}$ 的方向的方向导数.

7. 求函数 $u = x^2 + y^2 + z^2$ 在椭球面 $\dfrac{x^2}{a^2} + \dfrac{y^2}{b^2} + \dfrac{z^2}{c^2} = 1$ 上点 $P_0(x_0, y_0, z_0)$ 处沿外法线方向的方向导数.

8. 求函数 $u = 2x^3y - 3y^2z$ 在点 $P_0(1, 2, -1)$ 处的梯度及其模.

9. 求数量场 $u = \dfrac{z}{\sqrt{x^2 + y^2 + z^2}}$ 的梯度场.

10. 证明公式:

(1) $\operatorname{grad}(uv) = v\operatorname{grad}u + u\operatorname{grad}v$.   (2) $\operatorname{grad}f(u) = f'(u)\operatorname{grad}u$.

第五节 多元函数的极值

*一、二元函数的泰勒公式

一元函数的泰勒公式无论在理论上还是实际计算中都有着十分重要的作用. 我们已经看到用全微分代替函数的全改变量是一个简便而有效的方法,但如果要求更高的精确度,就要借助于多元泰勒公式. 在研究多元函数的极值及其他理论方面多元泰勒公式也是一个重要的工具.

定理 1 如果函数在 $P_0(x_0, y_0)$ 的某一邻域内有直到 $n+1$ 阶的连续偏导数，$(x_0 + h, y_0 + k)$ 为该邻域内任一点，则

$$f(x_0 + h, y_0 + k) = f(x_0, y_0) + \left(h\frac{\partial}{\partial x} + k\frac{\partial}{\partial y}\right)f(x_0, y_0) + \frac{1}{2!}\left(h\frac{\partial}{\partial x} + k\frac{\partial}{\partial y}\right)^2 f(x_0, y_0)$$

$$+ \cdots + \frac{1}{n!}\left(h\frac{\partial}{\partial x} + k\frac{\partial}{\partial y}\right)^n f(x_0, y_0)$$

$$+ \frac{1}{(n+1)!}\left(h\frac{\partial}{\partial x} + k\frac{\partial}{\partial y}\right)^{n+1} f(x_0 + \theta h, y_0 + \theta k)$$

其中 $0 < \theta < 1$.

$$\left(h\frac{\partial}{\partial x} + k\frac{\partial}{\partial y}\right)f(x_0, y_0) = hf'_x(x_0, y_0) + kf'_y(x_0, y_0)$$

$$\left(h\frac{\partial}{\partial x} + k\frac{\partial}{\partial y}\right)^2 f(x_0, y_0) = h^2 f''_{xx}(x_0, y_0) + 2hk f''_{xy}(x_0, y_0) + k^2 f''_{yy}(x_0, y_0)$$

……

证 为了利用一元函数的泰勒公式，我们作一个辅助函数

$$\varphi(t) = f(x_0 + th, y_0 + tk), \quad (0 \leq t \leq 1)$$

则 $\qquad \varphi(0) = f(x_0, y_0), \varphi(1) = f(x_0 + h, y_0 + k)$

由链式法则得

$$\varphi'(t) = hf'_x(x_0 + th, y_0 + tk) + kf'_y(x_0 + th, y_0 + tk)$$

$$= \left(h\frac{\partial}{\partial x} + k\frac{\partial}{\partial y}\right)f(x_0 + th, y_0 + tk)$$

$$\varphi''(t) = h^2 f''_{xx}(x_0 + th, y_0 + tk) + 2hk f''_{xy}(x_0 + th, y_0 + tk)$$

$$+ k^2 f''_{yy}(x_0 + th, y_0 + tk)$$

$$= \left(h\frac{\partial}{\partial x} + k\frac{\partial}{\partial y}\right)^2 f(x_0 + th, y_0 + tk)$$

$$\varphi'''(t) = h^3 f'''_{xxx}(x + th, y_0 + tk) + 3h^2 k f'''_{xxy}(x_0 + th, y_0 + tk)$$

$$+ 3hk^2 f'''_{xyy}(x_0 + th, y_0 + tk) + k^3 f'''_{yyy}(x_0 + th, y_0 + tk)$$

$$= \left(h\frac{\partial}{\partial x} + k\frac{\partial}{\partial y}\right)^3 f(x_0 + th, y_0 + tk)$$

由数学归纳法可以证明

$$\varphi^{(n)}(t) = \left(h\frac{\partial}{\partial x} + k\frac{\partial}{\partial y}\right)^n f(x_0 + th, y_0 + tk)$$

由一元泰勒公式

$$\varphi(1) = \varphi(0) + \varphi'(0) + \frac{1}{2!}\varphi''(0) + \cdots$$

$$+ \frac{1}{n!}\varphi^{(n)}(0) + \frac{1}{(n+1)!}\varphi^{(n+1)}(\theta) \quad (0 < \theta < 1)$$

将 $\varphi(0) = f(x_0, y_0)$，$\varphi(1) = f(x_0 + h, y_0 + k)$ 及上面所求的 $\varphi(t)$ 的各阶导数代入上式可得

$$f(x_0 + h, y_0 + k) = f(x_0, y_0) + \left(h\frac{\partial}{\partial y} + k\frac{\partial}{\partial y} \right) f(x_0, y_0)$$

$$+ \frac{1}{2!} \left(h\frac{\partial}{\partial x} + k\frac{\partial}{\partial y} \right)^2 f(x_0, y_0) + \cdots$$

$$+ \frac{1}{n!} \left(h\frac{\partial}{\partial x} + k\frac{\partial}{\partial y} \right)^n f(x_0, y_0) + r_n \qquad (1)$$

其中

$$r_n = \frac{1}{(n+1)!} \left(h\frac{\partial}{\partial x} + k\frac{\partial}{\partial y} \right)^{n+1} f(x_0 + \theta h, y_0 + \theta k) \quad (0 < \theta < 1)$$

称为拉格朗日型余项，公式（1）称为 n 阶泰勒公式.

当 n = 0 时，公式（1）成为：

$$f(x_0 + h, y_0 + k) = f(x_0, y_0) + hf'_x(x_0 + \theta h, y_0 + \theta k)$$
$$+ kf'_y(x_0 + \theta h, y_0 + \theta k)$$

此式称为二元函数的拉格朗日中值公式.

当 $(x_0, y_0) = (0, 0)$ 时，公式（1）成立.

$$f(x, y) = f(0, 0) + \left(x\frac{\partial}{\partial x} + y\frac{\partial}{\partial y} \right) f(0, 0)$$

$$+ \frac{1}{2!} \left(x\frac{\partial}{\partial x} + y\frac{\partial}{\partial y} \right)^2 f(0, 0) + \cdots$$

$$+ \frac{1}{n!} \left(x\frac{\partial}{\partial x} + y\frac{\partial}{\partial y} \right)^n f(0, 0)$$

$$+ \frac{1}{(n+1)!} \left(x\frac{\partial}{\partial x} + y\frac{\partial}{\partial y} \right)^{n+1} f(\theta x, \theta y) \quad (0 < \theta < 1)$$

称为 n 阶麦克劳林公式.

例 1　写出函数 $f(x, y) = x^y$ 在点 $P(1, 1)$ 的邻域内的泰勒公式，到二次项为止.

解　$\dfrac{\partial f}{\partial x} = yx^{y-1}$，　$\dfrac{\partial f}{\partial y} = x^y \ln x$

$\dfrac{\partial^2 f}{\partial x^2} = y(y-1)x^{y-2}$，　$\dfrac{\partial^2 f}{\partial x \partial y} = x^{y-1} + yx^{y-1} \cdot \ln x$

$\dfrac{\partial^2 f}{\partial y^2} = x^y \ln^2 x$，　$\dfrac{\partial^3 f}{\partial x^3} = y(y-1)(y-2)x^{y-3}$

$\dfrac{\partial^3 f}{\partial y^3} = x^y \ln^3 x$

$\dfrac{\partial^3 f}{\partial x^2 \partial y} = (2y-1)x^{y-2} + y(y-1)x^{y-2}\ln x$

$\dfrac{\partial^3 f}{\partial x \partial y^2} = yx^{y-1}\ln^2 x + 2x^{y-1}\ln x$

于是, 按泰勒公式在点 (1, 1) 附近展列二次项, 得

$$x^y = [1 + (x - 1)]^{1 + (y - 1)}$$
$$= 1 + (x - 1) + (x - 1)(y - 1) + r_2[1 + \theta(x - 1), 1 + \theta(y - 1)]$$

其中 $0 < \theta < 1$.

$$r_2(x,y) = \frac{1}{3!}\{y(y - 1)(y - 2)x^{y - 3}(x - 1)^3 + 3[(2y - 1)x^{y - 2}$$
$$+ y(y - 1)x^{y - 2}\ln x](x - 1)^2(y - 1) + 3[yx^{y - 1}\ln^2 x$$
$$+ 2x^{y - 1}\ln x](x - 1)(y - 1)^2 + x^y\ln^3 x(y - 1)^3\}$$

二、多元函数的极值与最值

1. 二元函数的极值

定义 1 设函数 $z = f(x,y)$ 在点 $P_0(x_0, y_0)$ 的某一邻域内有定义, 对于该邻域内异于 (x_0, y_0) 的点 (x,y) 恒有 $f(x_0, y_0) > f(x,y)$ (或 $f(x_0, y_0) < f(x,y)$), 则称 $f(x,y)$ 在点 $P_0(x_0, y_0)$ 处取得极大值 (或极小值) $f(x_0, y_0)$, 点 $P_0(x_0, y_0)$ 称为函数 $z = f(x,y)$ 的极大值点 (或极小值点).

函数的极大值与极小值统称为极值; 极大值点与极小值点统称为极值点.

定理 2 (极值存在的必要条件) 如果函数 $f(x,y)$ 在点 $P_0(x_0, y_0)$ 处取得极值, 且在点 $P_0(x_0, y_0)$ 处偏导数都存在, 则一定有

$$f'_x(x_0, y_0) = 0, f'_y(x_0, y_0) = 0.$$

证 由于二元函数 $f(x,y)$ 在点 $P_0(x_0, y_0)$ 处有极值, 所以一元函数 $f(x, y_0)$ 在点 $x = x_0$ 处也有极值. 由一元函数取得极值的必要条件可得

$$f'_x(x_0, y_0) = 0$$

同理 $\qquad f'_y(x_0, y_0) = 0$

定理得证.

方程组

$$\begin{cases} f'_x(x,y) = 0 \\ f'_y(x,y) = 0 \end{cases}$$

的解称为二元函数 $z = f(x,y)$ 的驻点.

该定理说明, 若函数 $f(x,y)$ 的两个一阶偏导数存在, 则在求二元函数的极值时, 只需对驻点进行考察, 但驻点不一定是极值点.

例 2 求函数 $f(x,y) = y^2 - x^2$ (马鞍面) 的驻点.

解 由 $\begin{cases} f'_x(x,y) = -2x = 0 \\ f'_y(x,y) = 2y = 0 \end{cases}$ 得

驻点为 $(0,0)$, 由马鞍面的图形我们可以看出点 $(0,0)$ 不是 $f(x,y) = y^2 - x^2$ 的极值点.

与一元函数类似, 偏导数不存在的点也可能是函数的极值点, 例如 $f(x,y) = \sqrt{x^2 + y^2}$ 在 $(0,0)$ 处的偏导数不存在, 但它在 $(0,0)$ 处有极小值.

以上关于二元函数的极值概念可推广到 n 元函数.

怎样判断驻点是不是极值点呢?

定理 3　(极值存在的充分条件)　如果二元函数 $z = f(x,y)$ 在驻点 (x_0, y_0) 的某一邻域内具有一阶与二阶连续的偏导数, 记

$$A = f''_{xx}(x_0, y_0), B = f''_{xy}(x_0, y_0), C = f''_{yy}(x_0, y_0)$$

则 $f(x,y)$ 在点 (x_0, y_0) 处是否有极值的条件如下:

(1) $B^2 - AC < 0$ 时具有极值, 且当 $A < 0$ 时有极大值, 当 $A > 0$ 时有极小值;

(2) $B^2 - AC > 0$ 时没有极值;

(3) $B^2 - AC = 0$ 时结论不定.

证　设函数 $z = f(x,y)$ 在 $P_0(x_0, y_0)$ 的某邻域 $U_1(P_0)$ 内有连续的一阶及二阶偏导数, 当然此时 $z = f(x,y)$ 也连续, 且 $f'_x(x_0, y_0) = 0, f'_y(x_0, y_0) = 0$.

由二元函数的泰勒公式, 对于 $U_1(P_0)$ 内的任意一点 $(x_0 + h, y_0 + k)$ 有

$$\Delta z = f(x_0 + h, y_0 + k) - f(x_0, y_0)$$

$$= \frac{1}{2}\left[h^2 f''_{xx}(x_0 + \theta h, y_0 + \theta k) + 2hk f''_{xy}(x_0 + \theta h, y_0 + \theta k) \right.$$

$$\left. + k^2 f''_{yy}(x_0 + \theta h, y_0 + \theta k) \right] \quad (0 < \theta < 1)$$

显然 Δz 是 h、k 的连续函数.

(1) $B^2 - AC < 0$ 时可得 $A \neq 0$

由 $f(x,y)$ 的二阶偏导数在 $U_1(P_0)$ 内连续, 所以

$$\lim_{\substack{h \to 0 \\ k \to 0}} f''_{xx}(x_0 + \theta h, y_0 + \theta k) = A$$

则　　　$f''_{xx}(x_0 + \theta h, y_0 + \theta k) = A + \varepsilon_1$

同理　　$f''_{xy}(x_0 + \theta h, y_0 + \theta k) = B + \varepsilon_2$

$$f''_{yy}(x_0 + \theta h, y_0 + \theta k) = C + \varepsilon_3$$

其中 ε_1, ε_2, ε_3 是 $h \to 0$, $k \to 0$ 时的无穷小量.

所以 $\Delta z = \dfrac{1}{2}\left[h^2(A + \varepsilon_1) + 2hk(B + \varepsilon_2) + k^2(C + \varepsilon_3) \right]$

$$= \frac{1}{2}\left[h^2 A + 2hkB + k^2 C \right] + \frac{1}{2}\left[h^2 \varepsilon_1 + 2hk\varepsilon_2 + k^2 \varepsilon_3 \right]$$

$$= \frac{1}{2A}\left[(hA + kB)^2 + k^2(AC - B^2) \right] + \varepsilon$$

其中 $\varepsilon = \dfrac{1}{2}\left[h^2 \varepsilon_1 + 2hk\varepsilon_2 + k^2 \varepsilon_3 \right]$. 当 $h \to 0$, $k \to 0$ 时 $\varepsilon \to 0$, 由此可得 Δz 与 A 同号 (当 $|h|$ 与 $|k|$ 充分小时), 即存在 $P_0(x_0, y_0)$ 的一邻域 $u_2(P_0) \subset u_1(P_0)$, 使得 Δz 在 $u_2(P_0)$ 内与 A 同号.

当 $A < 0$ 时, $\Delta z < 0, f(x_0, y_0)$ 为极大值.

当 $A > 0$ 时, $\Delta z > 0, f(x_0, y_0)$ 为极小值.

(2) $B^2 - AC > 0$ 时

如果 $A = C = 0$, 则一定有 $B \neq 0$

取 $k = h$ 时

$$\Delta z = \frac{h^2}{2} \big[f''_{xx}(x_0 + \theta_1 h, y_0 + \theta_1 h) + 2f''_{xy}(x_0 + \theta_1 h, y_0 + \theta_1 h)$$

$$+ f''_{yy}(x_0 + \theta_1 h, y_0 + \theta_1 h) \big]$$

$$= \frac{h^2}{2} \big[0 + \varepsilon_4 + 2(B + \varepsilon_5) + (0 + \varepsilon_6) \big]$$

$$= h^2 B + \frac{h^2}{2}(\varepsilon_4 + 2\varepsilon_5 + \varepsilon_6)$$

其中 $0 < \theta_1 < 1$，ε_3、ε_4、ε_5 是 $h \to 0$、$k \to 0$ 时的无穷小量. 当 $|h|$ 充分小时 Δz 与 B 同号.

取 $k = -h$ 时

$$\Delta z = \frac{h^2}{2} \big[f''_{xx}(x_0 + \theta_2 h, y_0 - \theta_2 h) - 2f''_{xy}(x_0 + \theta_2 h, y_0 - \theta_2 h)$$

$$+ f''_{yy}(x_0 + \theta_2 h, y_0 - \theta_2 h) \big]$$

$$= \frac{h^2}{2} \big[(0 + \varepsilon_7) - 2(B + \varepsilon_8) + (0 + \varepsilon_9) \big]$$

$$= -h^2 B + \frac{h^2}{2}(\varepsilon_7 - 2\varepsilon_8 + \varepsilon_9)$$

其中 $0 < \theta_2 < 1$，ε_7、ε_8、ε_9 是 $h \to 0$，$k \to 0$ 时的无穷小量. 当 $|h|$ 充分小时 Δz 与 B 异号.

因此 $A = C = 0$ 时，Δz 可取不同的符号，所以 $f(x_0, y_0)$ 不是极值.

如果 A 与 C 不同时为零，不妨设 $A \neq 0$，先取 $k = 0$，于是

$$\Delta z = \frac{1}{2} h^2 f''_{xx}(x_0 + \theta h, y_0)$$

$$= \frac{1}{2} h^2 (A + \varepsilon_{10})$$

$$= \frac{1}{2} h^2 A + \frac{1}{2} h^2 \varepsilon_{10}$$

其中 ε_{10} 是 $h \to 0$ 时的无穷小量. 所以 $|h|$ 充分小时 Δz 与 A 同号.

如果取 $h = -Bt$，$k = At$ （$t \to 0$ 但 $t \neq 0$）则

$$\Delta z = \frac{1}{2} t^2 \big[B^2 f''_{xx}(x_0 + \theta h, y_0 + \theta k) - 2BA f''_{xy}(x_0 + \theta h, y_0 + \theta k)$$

$$+ A^2 f''_{yy}(x_0 + \theta h, y_0 + \theta k) \big]$$

$$= \frac{1}{2} t^2 \big[B^2(A + \varepsilon_{11}) - 2BA(B + \varepsilon_{12}) + A^2(C + \varepsilon_{13}) \big]$$

$$= \frac{1}{2} t^2 A(AC - B^2) + \frac{1}{2} t^2 (B^2 \varepsilon_{11} - 2AB\varepsilon_{12} + A^2 \varepsilon_{13})$$

其中 ε_{11}，ε_{12}，ε_{13} 是 $h \to 0$，$k \to 0$ 时的无穷小量. 此时当 $|t|$ 充分时即 $|h|,|k|$ 充分小时，

Δz 与 $\frac{1}{2} t^2 A(AC - B^2)$ 同号，由 $AC - B^2 < 0$，故 Δz 与 A 异号.

综合上述两种情况可得 $B^2 - AC > 0$ 时 $f(x_0, y_0)$ 不是极值.

（3）考察函数
$$f(x,y) = x^2 + y^4, \quad g(x,y) = x^2 + y^3$$
容易验证，这两个函数都以$(0,0)$为驻点，且在点$(0,0)$处都满足 $B^2 - AC = 0$，但 $f(x,y)$ 在 $(0,0)$ 处有极小值，而 $g(x,y)$ 在点$(0,0)$处无极值．

例 3　求函数 $f(x,y) = \dfrac{1}{2}x^2 - 4xy + 9y^2 + 3x - 14y + \dfrac{1}{2}$的极值．

解　由
$$\begin{cases} f'_x(x,y) = x - 4y + 3 = 0 \\ f'_y(x,y) = -4x + 18y - 14 = 0 \end{cases}$$
得驻点$(1,1)$．

由　　$f''_{xx}(x,y) = 1, \quad f''_{xy}(x,y) = -4, \quad f''_{yy}(x,y) = 18$

所以在点$(1,1)$处
$$A = 1 > 0, B = -4, C = 18$$
$$B^2 - AC = (-4)^2 - 18 = -2 < 0$$
所以 $f(x,y)$ 在$(1,1)$处有极小值 $f(1,1) = -5$．

与一元函数类似，我们可以利用函数的极值来求函数的最值．如果函数 $z = f(x,y)$ 在有界闭区域 D 上连续，则函数在 D 上一定有最大值与最小值．具体求法是：求出函数在 D 内的所有可能取极值的点（驻点和偏导数不存在的点）及边界上可能取最值的点，再将上述点的函数值求出相比较，其中最大者（最小者）即是函数 $z = f(x,y)$ 在 D 上的最大值（最小值）．

如果根据实际问题可以判定函数有最值，而驻点又惟一，则该驻点即为所求最值点．

例 4　有一宽为24cm 的长方形铁皮，把它的两边折上去做成一个横截面为等腰梯形的水槽．要使横截面积最大，求折起来的边的长度 x 及其倾斜角 α（如图 7 - 7）．

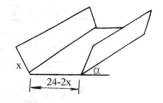

图 7 - 7

解　设水槽横截面的面积为 S

则 $S = \dfrac{1}{2}(24 - 2x + 2x\cos\alpha + 24 - 2x)x\sin\alpha$

$= 24x\sin\alpha - 2x^2\sin\alpha + x^2\sin\alpha\cos\alpha \quad (0 < x < 12, 0 < \alpha \le \dfrac{\pi}{2})$

由 $\begin{cases} S'_x = 24\sin\alpha - 4x\sin\alpha + 2x\sin\alpha\cos\alpha = 0 \\ S'_\alpha = 24x\cos\alpha - 2x^2\cos\alpha + x^2(\cos^2\alpha - \sin^2\alpha) = 0 \end{cases}$

即 $\begin{cases} 12 - 2x + x\cos\alpha = 0 \\ 24\cos\alpha - 2x\cos\alpha + x(\cos^2\alpha - \sin^2\alpha) = 0 \end{cases}$

解方程组得　$x = 8\text{cm}, \quad \alpha = \dfrac{\pi}{3}$

根据实际情况 S 在 D：$\left\{(x,\alpha) \mid 0 < x < 12, 0 < \alpha \le \dfrac{\pi}{2}\right\}$ 内的最值一定存在，由 S 在 D 内只有一

个驻点，所以该点即 $x = 8\text{cm}$，$\alpha = \dfrac{\pi}{3}$一定是面积 S 的最大值点．

例 5　（最小二乘法）如果通过观测或实验得到 n 组数据(x_i, y_i)，$i = 1, 2, \cdots, n$. 它们大体散布在一条直线附近，即大致可用直线方程来反映变量 x 与 y 之间的对应关系，现在要确定一条直线，使它与这 n 个点总的看来最接近，即该直线与这 n 个点沿平行纵轴的距离平方和最小.

设所求直线方程为 $y = ax + b$，所测的 n 个点为(x_i, y_i) $(i = 1, 2, \cdots, n)$. 现在要确定 a，b，使得

$$f(a, b) = \sum_{i=1}^{n} (ax_i + b - y_i)^2$$

最小.

由
$$\begin{cases} f'_a(a, b) = 2 \sum_{i=1}^{n} x_i(ax_i + b - y_i) = 0 \\ f'_b(a, b) = 2 \sum_{i=1}^{n} (ax_i + b - y_i) = 0 \end{cases}$$

即
$$\begin{cases} a \sum_{i=1}^{n} x_i^2 + b \sum_{i=1}^{n} x_i = \sum_{i=1}^{n} x_i y_i \\ a \sum_{i=1}^{n} x_i + bn = \sum_{i=1}^{n} y_i \end{cases}$$

得驻点为$(\hat{a}, \hat{b})$

$$\hat{a} = \frac{n \sum_{i=1}^{n} x_i y_i - (\sum_{i=1}^{n} x_i)(\sum_{i=1}^{n} y_i)}{n \sum_{i=1}^{n} x_i^2 - (\sum_{i=1}^{n} x_i)^2}$$

$$\hat{b} = \frac{(\sum_{i=1}^{n} x_i^2)(\sum_{i=1}^{n} y_i) - (\sum_{i=1}^{n} x_i y_i)(\sum_{i=1}^{n} x_i)}{n \sum_{i=1}^{n} x_i^2 - (\sum_{i=1}^{n} x_i)^2}$$

且 $A = f''_{aa}(a, b) = 2 \sum_{i=1}^{n} x_i^2$，$B = f''_{ab}(a, b) = 2 \sum_{i=1}^{n} x_i$，$C = f''_{bb}(a, b) = 2n$

$$B^2 - AC = 4 (\sum_{i=1}^{n} x_i)^2 - 4n \sum_{i=1}^{n} x_i^2 < 0$$

由于 $A > 0$，所以 $f(a, b)$ 在点$(\hat{a}, \hat{b})$处取得极小值，因为只有一个极值点，则$(\hat{a}, \hat{b})$一定是最值点. 即所求直线方程为 $y = \hat{a}x + \hat{b}$.

如果 x 与 y 的关系从实验数据描出的图形上看不符合线性关系，我们可以设法将它化为上述线性函数的类型来处理.

2. 条件极值与拉格朗日乘数法

在前面讨论的极值问题中，对函数自变量除了要求在定义域之内，并无其他附加条件，这一类的极值问题称为无条件极值，但在实际问题中，有时还会遇到函数的自变量还需满足附加条件的极值问题. 例如已知长方体三条棱长的和一定，问什么时候体积最大. 即 x + y

$+ z = a$，求 $V = xyz$ 的最大值．像这一类极值问题就称为条件极值．

如何求条件极值呢？

方法一 化条件极值为无条件极值．即从附加条件中解出一些自变量为其他自变量的函数，代入到所讨论的函数表达式中，这样就把条件极值化为无条件极值．

例 6 设长方体三条棱长的和为 a，问三边各取多少时，所得长方体的体积最大？

解 设长方体的三条棱长分别为 x、y、z，体积为 V

则 $\quad x + y + z = a, V = xyz$

所以 $\quad V = xy(a - x - y)$

由 $\quad \begin{cases} V'_x = ay - 2xy - y^2 = 0 \\ V'_y = ax - x^2 - 2xy = 0 \end{cases}$

得驻点 $\left(\dfrac{a}{3}, \dfrac{a}{3}\right)$，因实际问题 V 一定存在最大值，所以 $x = y = \dfrac{a}{3}$ 时 V 最大，此时 $z = \dfrac{a}{3}$．

即 $x = y = z = \dfrac{a}{3}$ 时，体积 V 最大．

方法二 拉格朗日乘数法．

这是一个普遍适用的方法，它不仅可以免去化隐函数为显函数的困难，且对自变量与附加条件较多的情况运算步骤比较简单．

求函数 $z = f(x,y)$ 在约束条件 $\varphi(x,y) = 0$ 下的极值．步骤如下：

（1）作拉格朗日函数

$$F(x,y,\lambda) = f(x,y) + \lambda\varphi(x,y)$$

这就把约束条件下求 $f(x,y)$ 的条件极值化为函数 $F(x,y,\lambda)$ 的无条件极值，其中 λ 称为拉格朗日乘数．

（2）写出 $F(x,y,\lambda)$ 存在无条件极值的必要条件：

$$\begin{cases} \dfrac{\partial F}{\partial x} = f'_x(x,y) + \lambda\dfrac{\partial \varphi}{\partial x} = 0 \\[2mm] \dfrac{\partial F}{\partial y} = f'_y(x,y) + \lambda\dfrac{\partial \varphi}{\partial y} = 0 \\[2mm] \dfrac{\partial F}{\partial \lambda} = \varphi(x,y) = 0 \end{cases}$$

解方程组得可能的极值点 (x_0, y_0) 及乘数 λ．

（3）判别 (x_0, y_0) 是否为极值点．通常都是根据实际意义来确定（或惟一驻点来确定）．

拉格朗日乘数法自然可推广到 $n(n > 2)$ 个自变量的情况．这时的一般形式为：

求 n 元函数 $\quad U = f(x_1, x_2, \cdots, x_n)$

在约束方程组：

$$\begin{cases} \varphi_1(x_1, x_2, \cdots, x_n) = 0 \\ \varphi_2(x_1, x_2, \cdots, x_n) = 0 \\ \quad\quad \cdots \\ \varphi_m(x_1, x_2, \cdots, x_n) = 0 \end{cases} \quad (m < n)$$

条件下的极值. 其步骤如下:

（1）作拉格朗日函数

$$F(x_1, x_2, \cdots, x_n, \lambda_1, \lambda_2, \cdots, \lambda_m)$$
$$= f(x_1, x_2, \cdots, x_n) + \lambda_1 \varphi_1(x_1, x_2, \cdots, x_n) + \lambda_2 \varphi_2(x_1, x_2, \cdots, x_n)$$
$$+ \cdots + \lambda_m \varphi_m(x_1, x_2, \cdots, x_n)$$

其中待定常数 $\lambda_1, \lambda_2, \cdots, \lambda_m$ 称为拉格朗日乘数.

（2）写出 $F(x_1, x_2, \cdots, x_n, \lambda_1, \lambda_2, \cdots, \lambda_m)$ 存在无条件极值的必要条件:

$$\begin{cases} \dfrac{\partial F}{\partial x_1} = \dfrac{\partial f}{\partial x_1} + \lambda_1 \dfrac{\partial \varphi_1}{\partial x_1} + \lambda_2 \dfrac{\partial \varphi_2}{\partial x_1} + \cdots + \lambda_m \dfrac{\partial \varphi_m}{\partial x_1} = 0 \\[2mm] \dfrac{\partial F}{\partial x_2} = \dfrac{\partial f}{\partial x_2} + \lambda_1 \dfrac{\partial \varphi_1}{\partial x_2} + \lambda_2 \dfrac{\partial \varphi_2}{\partial x_2} + \cdots + \lambda_m \dfrac{\partial \varphi_m}{\partial x_2} = 0 \\[2mm] \cdots \\[2mm] \dfrac{\partial F}{\partial x_n} = \dfrac{\partial f}{\partial x_n} + \lambda_1 \dfrac{\partial \varphi_1}{\partial x_n} + \lambda_2 \dfrac{\partial \varphi_2}{\partial x_n} + \cdots + \lambda_m \dfrac{\partial \varphi_m}{\partial x_n} = 0 \\[2mm] \dfrac{\partial F}{\partial \lambda_1} = \varphi_1(x_1, x_2, \cdots, x_n) = 0 \\[2mm] \dfrac{\partial F}{\partial \lambda_2} = \varphi_2(x_1, x_2, \cdots, x_n) = 0 \\[2mm] \cdots \\[2mm] \dfrac{\partial F}{\partial \lambda_m} = \varphi_m(x_1, x_2, \cdots, x_n) = 0 \end{cases}$$

解方程组得可能的极值点 $(x_1^0, x_2^0, \cdots, x_n^0)$ 及乘数.

（3）根据实际意义判断 $(x_1^0, x_2^0, \cdots, x_n^0)$ 是否为极值点.

例 7 已知一个容积为 V 的长方体无盖水箱，当其尺寸怎样时，才能有最小的表面积.

解 设水箱的长，宽，高分别为 x，y，z，表面积为 S，则求 $S = 2xz + 2yz + xy$ 在条件 $xyz = V(x > 0, y > 0, z > 0)$ 下的极值.

作拉格朗日函数

$$F(x, y, z, \lambda) = xy + 2xz + 2yz + \lambda(xyz - V)$$

由

$$\begin{cases} \dfrac{\partial F}{\partial x} = y + 2z + \lambda yz = 0 \\[2mm] \dfrac{\partial F}{\partial y} = x + 2z + \lambda xz = 0 \\[2mm] \dfrac{\partial F}{\partial z} = 2x + 2y + \lambda xy = 0 \\[2mm] xyz = V \end{cases}$$

该方程组可化为
$$\begin{cases} \dfrac{1}{z} + \dfrac{2}{y} + \lambda = 0 \cdots\cdots ① \\ \dfrac{1}{z} + \dfrac{2}{x} + \lambda = 0 \cdots\cdots ② \\ \dfrac{2}{y} + \dfrac{2}{x} + \lambda = 0 \cdots\cdots ③ \\ xyz = V \qquad\qquad \cdots\cdots ④ \end{cases}$$

由①－②得 $x = y$，由②－③得 $y = 2z$

将 $x = y = 2z$ 代入④得 $z_0 = \sqrt[3]{\dfrac{V}{4}}$

此时 $x_0 = y_0 = 2z_0 = 2\sqrt[3]{\dfrac{V}{4}} = \sqrt[3]{2V}$，有惟一驻点根据实际问题知 S 一定存在最小值，故长、

宽均为 $\sqrt[3]{2V}$，高为 $\sqrt[3]{\dfrac{V}{4}}$ 时，水箱的表面积最小，且最小面积 $S = 3\sqrt[3]{4V^2}$.

习题 7 – 5

1^{*}. 如果 $|x|$ 与 $|y|$ 都很小，求 $\dfrac{\cos x}{\cos y}$ 的近似公式，准确到二次项.

2^{*}. 在点 $(-1,1)$ 的邻域内将函数
$$f(x,y) = x^2 + xy + y^2 - 3x - 2y + 4$$
按泰勒公式展开.

3^{*}. 求函数 $f(x,y) = \ln(1+x+y)$ 的三阶麦克劳林展式.

4^{*}. 求函数 $f(x,y) = e^{x+y}$ 的 n 阶麦克劳林展式.

5. 求下列函数的极值.

（1）$z = x^2 + xy + y^2 - 3x - 6y$　　　　　　（2）$z = 4(x-y) - x^2 - y^2$

6. 求 $z = xy$ 在 $x + y = 1$ 条件下的极值.

7. 求定点 (x_0, y_0, z_0) 到平面 $Ax + By + Cz + D = 0$ 的最短距离.

8. 纵截面为半圆形的圆柱形开口容器，开口面为矩形，其表面积为 S，当其尺寸怎样时，此容器有最大的容积.

9. 已知矩形的周长为 2P，将它绕其一边旋转而构成一体积，求所得体积最大的那个矩形.

第八章　二重积分与曲线积分

在第五章中我们所讨论的定积分的积分区域是定义在 x 轴上的区间段，本章中我们将介绍以平面区域或以曲线段为积分区域的积分．

第一节　二重积分的概念和性质

一、二重积分的概念

1. 曲顶柱体的体积

设有一个以 xoy 平面上的有界闭区域 D 为底，以 D 的边界曲线为准线而母线平行于 z 轴的柱面为侧面，以 D 上连续曲面 $z = f(x,y) \geq 0$ 为顶面的立体 Ω，这样的立体称为曲顶柱体（图 8 - 1）．下面我们用类似求曲边梯形面积的方法来求曲顶柱体的体积．

（1）分割．

用一组曲线网把 D 分成 n 个小闭区域 $\Delta\sigma_1$，$\Delta\sigma_2$，$\cdots$，$\Delta\sigma_n$，其各小闭区域的面积也记为 $\Delta\sigma_k(k = 1,2,\cdots,n)$，以这 n 个小闭区域为底，其边界曲线为准线，作母线平行于 z 轴的柱面，这些小柱面把原来的曲顶柱体细分为 n 个小曲顶柱体，记其体积为 $\Delta v_k(k = 1,2,\cdots,n)$．

（2）求和．

当这些小闭区域的直径 $d_k(k = 1,2,\cdots,n)$（闭区域上任意两点距离的最大值称此区域的

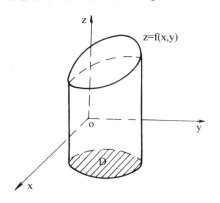

图 8 - 1

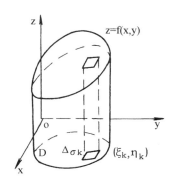

图 8 - 2

直径）很小时，因为 $z = f(x,y)$ 连续，所以对每个小闭区域而言，细的曲顶柱体可近似看作平顶柱体. 我们在每个 $\Delta\sigma_k$ 中任取一点 (ξ_k, η_k)，则第 k 个细曲顶柱体体积 Δv_k 可近似等于以 $\Delta\sigma_k$ 为底，以 $f(\xi_k, \eta_k)$ 为高的平顶柱体体积，即

$$\Delta v_k \approx f(\xi_k, \eta_k)\Delta\sigma_k, k = 1, 2, \cdots, n$$

则整个曲顶柱体体积可近似看作这 n 个细平顶柱体体积和

$$V = \sum_{k=1}^{n} \Delta v_k \approx \sum_{k=1}^{n} f(\xi_k, \eta_k)\Delta\sigma_k$$

（3）取极限.

令 n 个小闭区域的直径的最大值 $d = \max_{1 \leqslant k \leqslant n}\{d_k\}$ 趋于零，取上述和的极限，显然

$$V = \lim_{d \to 0} \sum_{k=1}^{n} f(\xi_k, \eta_k)\Delta\sigma_k$$

从上面我们看到，求曲顶柱体的体积与一元定积分的概念一样，是通过"分割、求和、取极限"三个步骤得到的，所不同的是讨论的对象是定义在平面闭区域上的二元函数 $f(x, y)$. 类似地，可用这样的二元函数和式极限求一些在物理学和工程技术中遇到的量，如非均匀平面薄片的质量、质心坐标、转动惯量等，数学上把上述的和式极限定义为二重积分.

2. 二重积分的定义

设 D 为 xoy 平面上的有界闭区域，$f(x,y)$ 是定义在 D 上的有界函数，用任意的曲线网把 D 分成 n 个小闭区域 $\Delta\sigma_1$，$\Delta\sigma_2$，$\cdots$，$\Delta\sigma_n$，仍以 $\Delta\sigma_k$ 表示第 k 个小闭区域的面积，这个曲线网称为 D 的一个分割 T. 用 d_k 表示小闭区域 $\Delta\sigma_k$ 的直径（$k = 1, 2, \cdots, n$），并令 $d = \max_{1 \leqslant k \leqslant n}\{d_k\}$，在每个 $\Delta\sigma_k$ 内任取一点 (ξ_k, η_k)，作和式

$$\sum_{k=1}^{n} f(\xi_k, \eta_k)\Delta\sigma_k$$

称这个和式为函数 $f(x, y)$ 在 D 上属于分割 T 的一个二重积分和.

定义 1 设 $f(x, y)$ 是有界闭区域 D 上有界函数，对 D 的任何分割 T，d_k 是分割 T 下第 k 个小闭区域的直径，令

$d = \max_{1 \leqslant k \leqslant n}\{d_k\}$，若当 $d \to 0$ 时，对属于 T 的所有二重积分和 $\sum_{k=1}^{n} f(\xi_k, \eta_k)\Delta\sigma_k$ 的极限都存在，则称此极限为函数 $f(x, y)$ 在闭区域 D 上的二重积分，记作 $\iint\limits_{D} f(x,y)\mathrm{d}\sigma$. 即

$$\iint\limits_{D} f(x,y)\mathrm{d}\sigma = \lim_{d \to 0} \sum_{k=1}^{n} f(\xi_k, \eta_k)\Delta\sigma_k$$

这时称 $f(x, y)$ 在 D 上可积，$f(x, y)$ 称为被积函数，$f(x, y)\mathrm{d}\sigma$ 称为被积表达式，$\mathrm{d}\sigma$ 称为面积元素，x 和 y 称为积分变量，D 称为积分区域.

3. 二重积分的几点说明.

（1）在二重积分的定义中对闭区域 D 的分割是任意的. 在直角坐标系下，用平行于坐标轴的直线网来分割 D，那么除了包含边界点的小闭区域外（这些小闭区域的面积之和的极限为零），其余的小区域都为矩形区域，因而在直角坐标系中，面积元素 $\mathrm{d}\sigma$ 也就是 $\mathrm{d}x\mathrm{d}y$，二重积分在直角坐标系下也就记为

$$\iint\limits_{D} f(x,y)\,dxdy$$

（2）当有界函数 $f(x,y)$ 在闭区域 D 上连续时，对任意分割 T，其和式极限一定存在，因而有界函数 $f(x,y)$ 在闭区域 D 上连续是其在 D 上二重积分存在的充分条件. 这个条件还可减弱，若 $f(x,y)$ 的不连续点都落在有限条光滑曲线上，则 $f(x,y)$ 在 D 上可积. 为了方便，以后我们总假定 $f(x,y)$ 在闭区域 D 上连续，不再每次都加以说明.

（3）由二重积分的定义知，若 $f(x,y)\geqslant 0$，则 $\iint\limits_{D} f(x,y)\,d\sigma$ 表示的是以 D 为底，以 $z=f(x,y)$ 为曲顶的曲顶柱体体积；若 $f(x,y)\leqslant 0$，$\iint\limits_{D} f(x,y)\,d\sigma$ 是非正数，表示的是柱体体积的相反数；若 $f(x,y)$ 在 D 的若干部分区域上是正的，而在其他的部分区域上是负的，把 xoy 面上方的柱体体积取为正，xoy 面下方的柱体体积取为负，则 $\iint\limits_{D} f(x,y)\,d\sigma$ 就是这些部分区域上柱体体积的代数和.

二、二重积分的性质

二重积分具有与定积分完全相同的 7 个性质，证明思路也完全类似，现在我们只把这 7 个性质列举如下，不再加以证明. 假设以下涉及到的函数在所给区域上都是可积的.

1. 设 a 为常数，则 $\iint\limits_{D} af(x,y)\,d\sigma = a\iint\limits_{D} f(x,y)\,d\sigma$.

2. $\iint\limits_{D}[f(x,y)\pm g(x,y)]\,d\sigma = \iint\limits_{D} f(x,y)\,d\sigma \pm \iint\limits_{D} g(x,y)\,d\sigma$

3. 如果有界闭区域 D 被有限条曲线分为有限个部分闭区域，则在 D 上的二重积分等于各部分闭区域上的二重积分的和. 这个性质称为二重积分对于积分区域具有可加性. 特别地，当把 D 分为两个闭区域 D_1 与 D_2 时

$$\iint\limits_{D} f(x,y)\,d\sigma = \iint\limits_{D_1} f(x,y)\,d\sigma + \iint\limits_{D_2} f(x,y)\,d\sigma$$

4. 如果在 D 上，$f(x,y)=1$，S 为区域 D 的面积，则 $S=\iint\limits_{D} 1\cdot d\sigma = \iint\limits_{D} d\sigma$. 即以 D 为底，高为 1 的柱体体积的数值就等于 D 的面积的数值.

5. 如果在 D 上，$f(x,y)\leqslant g(x,y)$，则有

$$\iint\limits_{D} f(x,y)\,d\sigma \leqslant \iint\limits_{D} g(x,y)\,d\sigma$$

特别地，因为

$$-|f(x,y)|\leqslant f(x,y)\leqslant |f(x,y)|$$

所以 $\left|\iint\limits_{D} f(x,y)\,d\sigma\right|\leqslant \iint\limits_{D} |f(x,y)|\,d\sigma$.

6. 设 M 和 m 分别是 $f(x,y)$ 在有界闭区域 D 上的最大值和最小值，S 是区域 D 的面积，则有

$$mS \leqslant \iint\limits_{D} f(x,y)\,d\sigma \leqslant MS$$

7.（二重积分中值定理）设函数 $f(x,y)$ 在有界闭区域 D 上连续，S 是区域 D 的面积，则在 D 上至少存在一点 (ξ,η) 使得

$$\iint\limits_{D} f(x,y)\,d\sigma = f(\xi,\eta) \cdot S$$

二重积分中值定理的几何意义就是：以 D 为底，以 $z = f(x,y) \geqslant 0$ 为顶的曲顶柱体的体积等于一个同底的以 D 内某点 (ξ,η) 的函数值 $f(\xi,\eta)$ 为高的平顶柱体的体积.

与定积分中值定理类似，二重积分也有如下推广的二重积分中值定理.

若 $f(x,y)$ 在有界闭区域 D 上连续，$g(x,y)$ 在 D 上可积且不变号，则至少存在一点 $(\xi,\eta) \in D$，使

$$\iint\limits_{D} f(x,y) g(x,y)\,d\sigma = f(\xi,\eta) \iint\limits_{D} g(x,y)\,d\sigma$$

习题 8 − 1

1. 利用二重积分的定义证明：若 $f(x,y)$ 在 D，D_1，D_2 上可积，则

$$\iint\limits_{D} f(x,y)\,d\sigma = \iint\limits_{D_1} f(x,y)\,d\sigma + \iint\limits_{D_2} f(x,y)\,d\sigma$$

其中 $D = D_1 \cup D_2$，D_1 和 D_2 是两个无公共内点的闭区域.

2. 证明二重积分推广的积分中值定理.

3. 根据二重积分的性质，比较下列积分的大小.

(1) $\iint\limits_{D} e^{(x+y)^2}\,d\sigma$ 与 $\iint\limits_{D} e^{(x+y)^3}\,d\sigma$，其中 D 是由 x 轴、y 轴与直线 $x + y = 1$ 围成的闭区域.

(2) $\iint\limits_{D} \ln(x+y)\,d\sigma$ 与 $\iint\limits_{D} [\ln(x+y)]^2\,d\sigma$，其中 D 是由三点 $(1,0)$，$(1,1)$，$(2,0)$ 连接成的三角形闭区域.

(3) $\iint\limits_{D_1} (x+y)^2\,d\sigma$ 与 $\iint\limits_{D_2} (x+y)^2\,d\sigma$，其中 D_1 是由 x 轴、y 轴与直线 $x + y = 1$ 围成的闭区域，D_2 是由 x 轴、直线 $y = x$ 和直线 $x + y = 1$ 围成的闭区域.

4. 利用二重积分的性质估计下列积分值.

(1) $I = \iint\limits_{D} (x^2 + 4y^2 + 9)\,d\sigma$，其中 D 是圆心在原点，半径为 2 的圆域.

(2) $I = \iint\limits_{D} \dfrac{d\sigma}{100 + \cos^2 x + \cos^2 y}$，其中 D 是闭区域 $|x| + |y| \leqslant 10$.

第二节 直角坐标系下二重积分的计算

用二重积分的定义来计算二重积分，显然不是一种切实可行的方法，通常用的方法是把二重积分化为二次一元定积分（二次积分）来计算. 本节的主要内容就是介绍这种方法.

一、X 型与 Y 型区域

对平面上的一个有界闭区域，通常可以分解为如下两种类型的区域.

1. X 型区域

称平面点集 $D = \{(x,y) | a \leqslant x \leqslant b, y_1(x) \leqslant y \leqslant y_2(x)\}$ 为 X 型区域，其中 $y = y_1(x)$，$y = y_2(x)$ 都是连续曲线.

这种区域的特点是垂直于 x 轴的直线 $x = x_0 (a \leqslant x_0 \leqslant b)$ 至多与区域的边界交于两个点.

2. Y 型区域

称平面点集 $D = \{(x,y) | c \leqslant y \leqslant d, x_1(y) \leqslant x \leqslant x_2(y)\}$ 为 Y 型区域，其中 $x = x_1(y)$，$x = x_2(y)$ 都是连续曲线.

这种区域的特点是垂直于 y 轴的直线 $y = y_0 (c \leqslant y_0 \leqslant d)$ 至多与区域的边界交于两个点.

许多常见的平面区域都可以分解为除边界外无公共内点的 X 型区域或 Y 型区域，因而只要解决了 X 型区域或 Y 型区域上的二重积分也就解决了一般区域上的二重积分问题.

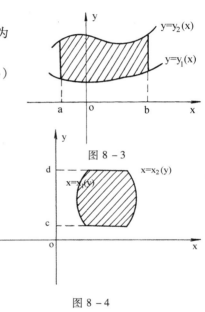

图 8 – 3

图 8 – 4

二、X 型区域或 Y 型区域上的二重积分的计算

定理 1 设 $f(x,y)$ 在 X 型区域 $D = \{(x,y) | a \leqslant x \leqslant b, y_1(x) \leqslant y \leqslant y_2(x)\}$ 上连续，其中 $y_1(x)$，$y_2(x)$ 也在 $[a,b]$ 上连续，则

$$\iint\limits_{D} f(x,y) d\sigma = \int_a^b dx \int_{y_1(x)}^{y_2(x)} f(x,y) dy$$

即把二重积分化为了先对 y 后对 x 的二次一元定积分，称这样的积分为二次积分或累次积分.

证 首先我们先对 $f(x,y) \geqslant 0$ 的情形加以证明. 一方面按照二重积分的几何意义，公式左端的二重积分 $\iint\limits_{D} f(x,y) d\sigma$ 的值等于以 D 为底，以 $z = f(x,y)$ 为顶的曲顶柱体体积，另一方面我们再由平行截面面积来求此曲顶柱体体积，二者应相等.

如图 8 – 5，在 $[a,b]$ 上任取一点 x_0，作平行于 yoz 面的平面 $x = x_0$，这个截面是一个以

区间 $[y_1(x_0), y_2(x_0)]$ 为底边，曲线 $z = f(x_0, y)$ 为曲边的曲边梯形，其面积

$$A(x_0) = \int_{y_1(x_0)}^{y_2(x_0)} f(x_0, y) \, dy$$

把 x_0 换为动点 x，则过 $[a, b]$ 上任一点 x 处平行于 yoz 平面的截面面积为

$$A(x) = \int_{y_1(x)}^{y_2(x)} f(x, y) \, dy$$

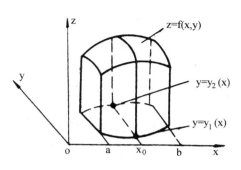

图 8 – 5

于是此曲顶柱体的体积也等于

$$\int_a^b A(x) \, dx = \int_a^b \left[\int_{y_1(x)}^{y_2(x)} f(x, y) \, dy \right] dx$$

所以

$$\iint_D f(x, y) \, d\sigma = \int_a^b \left[\int_{y_1(x)}^{y_2(x)} f(x, y) \, dy \right] dx$$

因为上式右端是先后计算两次一元定积分，因而也称为"先 y 后 x"的二次积分（或累次积分）.

为了书写简单，上式右端也常写为

$$\int_a^b dx \int_{y_1(x)}^{y_2(x)} f(x, y) \, dy$$

在上面的过程中，我们假定 $f(x, y) \geqslant 0$，实际上在 $f(x, y) \leqslant 0$，或有些区域 $f(x, y) \geqslant 0$，而其他区域 $f(x, y) \leqslant 0$ 的情形下，上式右端所含积分 $\int_{y_1(x)}^{y_2(x)} f(x, y) \, dy$ 也作相应改变，定理仍然成立.

类似地可证：若 D 为 Y 型区域，$D = \{(x, y) \mid c \leqslant y \leqslant d, x_1(y) \leqslant x \leqslant x_2(y)\}$，其中 $x_1(y)$，$x_2(y)$ 是 $[c, d]$ 上的连续函数，则 D 上连续函数 $f(x, y)$ 在 D 上的二重积分可等于"先 x 后 y"的二次积分，即

$$\iint_D f(x, y) \, d\sigma = \int_c^d dy \int_{x_1(y)}^{x_2(y)} f(x, y) \, dx$$

有了上述在平面上基本区域 X 型区域或 Y 型区域的二重积分计算公式，就可对平面上的一般区域进行二重积分了. 在计算二重积分时应注意以下几点：

1. 把二重积分化为二次积分时，对先积分的积分变量的积分限的确定是一个关键，仍然按照一元定积分求面积的方法来画线确定积分限.

若先对 y 积，则在 $[a, b]$ 内任意点 x 处作垂直于 x 轴的竖线（这个直线应看作随 x 而变化的动直线），此竖线与曲线 $y = y_1(x)$ 和 $y = y_2(x)$ 分别交于点 B 和 A，若 A 在 B 的上方，则 A 所在的曲线 $y_2(x)$ 作为上限，B 所在的曲线 $y_1(x)$ 作为下限（图 8 – 6）.

若先对 x 积，则在 $[c, d]$ 区间上任一点处作垂直于 y 轴的横线，位于右边的交点 A 所在曲线 $x_2(y)$ 作为上限，位于左边的交点 B 所在的曲线 $x_1(y)$ 作为下限（图 8 – 7）.

2. 若一个区域既是 X 型区域又是 Y 型区域，则有

$$\iint_D f(x, y) \, d\sigma = \int_a^b dx \int_{y_1(x)}^{y_2(x)} f(x, y) \, dy = \int_c^d dy \int_{x_1(y)}^{x_2(y)} f(x, y) \, dx$$

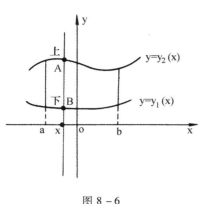

图 8－6

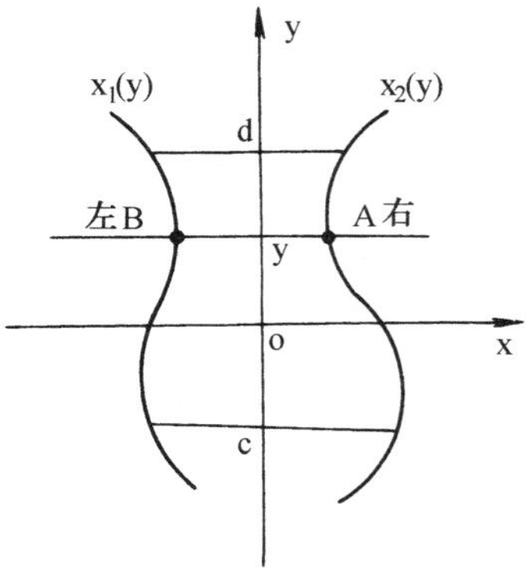

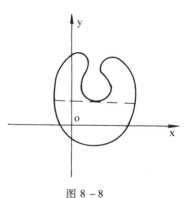

图 8－7

3. 若一个区域既不是 X 型区域，又不是 Y 型区域，这时我们就把此区域分成若干个除边界点外无公共内点的 X 型区域或 Y 型区域. 显然在这些小的 X 型或 Y 型区域上的积分之和等于在整个区域上的积分（图 8－8）.

三、举例

例 1　设 D 是矩形区域 $[0,1] \times [0,2]$，计算 $I = \iint\limits_{D} x^2 y \mathrm{d}\sigma$.

图 8－8

解法 1　D 是 X 型区域，则

$$I = \int_0^1 \mathrm{d}x \int_0^2 x^2 y \mathrm{d}y = \int_0^1 x^2 \cdot \frac{1}{2} y^2 \Big|_0^2 \mathrm{d}y = \int_0^1 2x^2 \mathrm{d}x = \frac{2}{3}.$$

解法 2　D 也是 Y 型区域，则

$$I = \int_0^2 \mathrm{d}y \int_0^1 x^2 y \mathrm{d}x = \int_0^2 y \cdot \frac{1}{3} x^3 \Big|_0^1 \mathrm{d}y = \int_0^2 \frac{1}{3} y \mathrm{d}y = \frac{2}{3}.$$

解法 3　因为 D 是矩形区域，且被积函数 $x^2 y$ 可分离为 $x^2 \cdot y$，这时二重积分等于二个定积分之积（请读者想想为什么?）.

$$I = \left(\int_0^1 x^2 \mathrm{d}x \right) \left(\int_0^2 y \mathrm{d}y \right) = \left(\frac{1}{3} x^3 \Big|_0^1 \right) \left(\frac{1}{2} y^2 \Big|_0^2 \right) = \frac{2}{3}$$

一般地，若积分区域 D 为矩形区域 $[a,b] \times [c,d]$，被积函数 $F(x,y) = f(x) \cdot g(y)$，则在 D 上的二重积分等于两个一元定积分之积，即

$$\iint\limits_{D} F(x,y) \mathrm{d}\sigma = \left(\int_a^b f(x) \mathrm{d}x \right) \left(\int_c^d g(y) \mathrm{d}y \right)$$

例 2　设 D 是由 $y = x^2$ 和 $x = y^2$ 围成的闭区域，计算

$$I = \iint\limits_{D} (x + y) \mathrm{d}\sigma.$$

解　D 既是 X 型区域又是 Y 型区域，两种积分次序都可较容易地计算出二重积分的值.

我们只写出先 y 后 x 的次序.

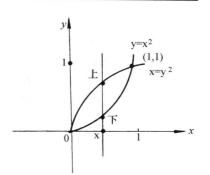

图 8 - 9

$$I = \int_0^1 dx \int_{x^2}^{\sqrt{x}} (x + y) dy$$

$$= \int_0^1 \left(xy + \frac{1}{2}y^2 \right) \Big|_{x^2}^{\sqrt{x}} dx$$

$$= \int_0^1 \left(x^{\frac{3}{2}} + \frac{1}{2}x - x^3 - \frac{1}{2}x^4 \right) dx = \frac{3}{10}.$$

例 3 设 D 是由 $y = 2x + 3$ 和 $y = x^2$ 围成的平面闭区域,计算 $I = \iint_D dxdy$.

解法 1 采用先 y 后 x 的积分次序, 先求出 $y = 2x + 3$ 和 $y = x^2$ 的交点为 $(-1,1)$ 和 $(3,9)$, (如图 8 - 10). 则

$$\iint_D dxdy = \int_{-1}^3 dx \int_{x^2}^{2x+3} dy = \int_{-1}^3 (2x + 3 - x^2) dx = 10\frac{2}{3}.$$

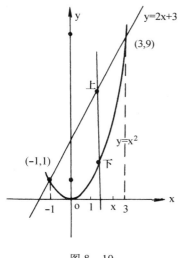

图 8 - 10

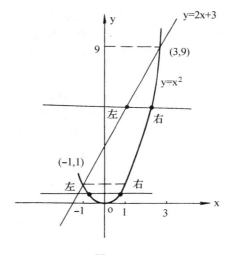

图 8 - 11

解法 2 采用先 x 后 y 的积分次序, 这时在 $[0,9]$ 的任意点 y 处画一条水平线, 随着这条水平线从 $y = 0$ 向 $y = 9$ 水平移动, 位于左边的曲线方程有所改变, 因而在 D 上的积分应分为两部分.

$$\iint_D dxdy = \int_0^1 dy \int_{-\sqrt{y}}^{\sqrt{y}} dx + \int_1^9 dy \int_{\frac{y-3}{2}}^{\sqrt{y}} dx$$

$$= \int_0^1 2\sqrt{y} dy + \int_1^9 \left(\sqrt{y} - \frac{1}{2}y + \frac{3}{2} \right) dy$$

$$= 10\frac{2}{3}.$$

从此例看出, 先 x 后 y 的积分次序比先 y 后 x 的积分次序麻烦, 因而应根据区域的形状选择适当的积分次序.

我们知道当被积函数为 1 时，二重积分 $\iint\limits_{D} f(x,y)\mathrm{d}\sigma$ 实质上是区域 D 的面积，因而求一个平面图形的面积时，我们既可用第五章介绍的元素法求，也可用本节介绍的二重积分求.

例 4 设 D 是由直线 $x = 0$，$y = 1$ 及 $y = x$ 围成的区域，计算 $I = \iint\limits_{D} \mathrm{e}^{-y^2}\mathrm{d}\sigma$.

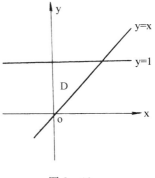

图 8 – 12

解 若采用先 y 后 x 的次序，

$$I = \int_0^1 \mathrm{d}x \int_x^1 \mathrm{e}^{-y^2}\mathrm{d}y$$

因为 e^{-y^2} 的原函数不是初等函数，所以 $\int \mathrm{e}^{-y^2}\mathrm{d}y$ 无法积出，采用这种积分次序无法求出二重积分值. 而换成先 x 后 y 的积分次序，

$$I = \int_0^1 \mathrm{d}y \int_0^y \mathrm{e}^{-y^2}\mathrm{d}x = \int_0^1 y\mathrm{e}^{-y^2}\mathrm{d}y = \frac{1}{2}\left(1 - \frac{1}{e}\right).$$

从例 3 和例 4 看出，在选择积分次序时，既要考虑积分区域 D 的形状，又要考虑被积函数 $f(x,y)$ 的特性.

例 5 求由坐标面及平面 $x = 2$，$y = 3$ 及 $x + y + z = 4$ 所围立体的体积.

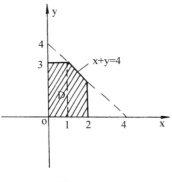

图 8 – 13

解 设这个立体在 xoy 面的投影区域为 D，则这个立体实质上就是以 $z = 4 - x - y$ 为顶，以 D 为底的曲顶柱体. 若读者画不好立体图，只要画出平面区域 D 的图形，同样可求体积. D 就是如图 8 – 13 的图形. 则

$$V = \iint\limits_{D} (4 - x - y)\mathrm{d}\sigma$$

$$= \int_0^1 \mathrm{d}x \int_0^3 (4 - x - y)\mathrm{d}y + \int_1^2 \mathrm{d}x \int_0^{4-x} (4 - x - y)\mathrm{d}y$$

$$= \int_0^1 \left(\frac{15}{2} - 3x\right)\mathrm{d}x + \int_1^2 \left(\frac{1}{2}x^2 - 4x + 8\right)\mathrm{d}x$$

$$= 6 + 3\frac{1}{6} = 9\frac{1}{6}$$

习题 8 – 2

1. 设 $f(x,y)$ 在区域 D 上连续，试将二重积分 $\iint\limits_{D} f(x,y)\mathrm{d}\sigma$ 化为不同次序的二次积分.

（1）$D = \{(x,y) \mid 0 \leqslant x \leqslant 1, 0 \leqslant y \leqslant 1 - x\}$

（2）$D = \{(x,y) \mid x^2 + y^2 \leqslant 1, x + y \geqslant 1\}$

（3）$D = \{(x,y) \mid |x| + |y| \leqslant 1\}$

（4）$D = \{(x,y) \mid 1 \leqslant x^2 + y^2 \leqslant 4\}$

2．画出积分区域图，并计算下列二重积分．

（1）$\displaystyle\iint\limits_{D} x\sqrt{y}\,\mathrm{d}\sigma$，其中 D 是由两条抛物线 $y = \sqrt{x}$，$y = x^2$ 所围成的闭区域．

（2）$\displaystyle\iint\limits_{D} (x^2 + y^2)\,\mathrm{d}\sigma$，其中 D 是由 $y = \sqrt{x}$，$y = 2\sqrt{x}$ 和 $x = 1$ 所围成的闭区域．

（3）$\displaystyle\iint\limits_{D} y\sqrt{1 + x^2 - y^2}\,\mathrm{d}\sigma$，其中 D 是由直线 $y = x$，$x = -1$，$y = 1$ 所围成的闭区域．

（4）$\displaystyle\iint\limits_{D} xy\,\mathrm{d}\sigma$，其中 D 是由抛物线 $y^2 = x$ 及直线 $y = x - 2$ 所围成的闭区域．

3．交换下列二次积分的次序．

（1）$\displaystyle\int_0^3 \mathrm{d}y \int_1^{\sqrt{4-y}} f(x,y)\,\mathrm{d}x$

（2）$\displaystyle\int_1^2 \mathrm{d}x \int_{2-x}^{\sqrt{2x-x^2}} f(x,y)\,\mathrm{d}y$

（3）$\displaystyle\int_{-1}^1 \mathrm{d}x \int_{-\sqrt{1-x^2}}^{1-x^2} f(x,y)\,\mathrm{d}y$

（4）$\displaystyle\int_0^1 \mathrm{d}x \int_0^{x^2} f(x,y)\,\mathrm{d}y + \int_1^3 \mathrm{d}x \int_0^{\frac{1}{2}(3-x)} f(x,y)\,\mathrm{d}y$

4．求下列立体体积：

（1）由 $z = x^2 + y^2$，$z = 0$，$x = \pm a$，$y = \pm a\,(a > 0)$ 所围成的立体的体积．

（2）两个底圆半径都等于 R 的直交圆柱面所围成的立体的体积．

第三节　极坐标系下二重积分的计算

*一、二重积分的变量替换

在一元定积分的计算中，我们有换元公式：设 $f(x)$ 在 $[a,b]$ 上连续，$x = \varphi(t)$ 连续可导，当 t 从 α 变到 β 时，x 严格单调地从 a 变到 b，则

$$\int_a^b f(x)\,\mathrm{d}x = \int_\alpha^\beta f[\varphi(t)]\varphi'(t)\,\mathrm{d}t$$

我们可把此公式推广到二重积分，在此不加证明地给出下列定理．

定理 1　设函数 $f(x,y)$ 在 xoy 平面上的有界闭区域 D 上连续，变换

$$T: x = x(u,v),\, y = y(u,v)$$

将 uov 平面的有界闭区域 D' 一对一地映为 xoy 平面上的区域 D，且满足

（1）函数 $x = x(u,v)$，$y = y(u,v)$ 在 D' 上具有一阶连续偏导数．

（2）在 D' 上变换 T 的雅可比行列式不等于 0，即

$$J(u,v) = \frac{\partial(x,y)}{\partial(u,v)} = \begin{vmatrix} \dfrac{\partial x}{\partial u} & \dfrac{\partial x}{\partial v} \\ \dfrac{\partial y}{\partial u} & \dfrac{\partial y}{\partial v} \end{vmatrix} \neq 0$$

则 $\qquad \iint\limits_{D} f(x,y)\,dxdy = \iint\limits_{D'} f[x(u,v),y(u,v)]\,|J|\,dudv$

此公式称为二重积分的换元公式. 有了这个公式便可对一些较复杂的二重积分进行计算.

例 1 计算二重积分 $\iint\limits_{D} e^{\frac{y}{x+y}}\,dxdy$，其中 $D = \{(x,y) \mid x+y \leq 1, x \geq 0, y \geq 0\}$.

解 此题在直角坐标下无论选择哪种次序都无法完成计算. 所以我们进行变量替换，令 $u = x+y, v = y$，则变换

$\qquad T: x = u - v, y = v$

是一对一的变换，且

$$J(u,v) = \frac{\partial(x,y)}{\partial(u,v)} = \begin{vmatrix} 1 & -1 \\ 0 & 1 \end{vmatrix} = 1 \neq 0$$

此时 D 与 D' 如图 $8-14$.

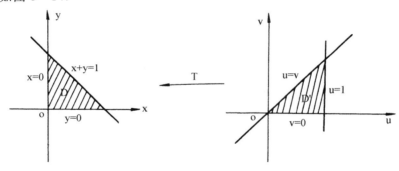

图 $8-14$

所以 $\qquad \iint\limits_{D} e^{\frac{y}{x+y}}\,dxdy = \iint\limits_{D'} e^{\frac{v}{u}}\,dudv = \int_0^1 du \int_0^u e^{\frac{v}{u}}\,dv$

$$= \int_0^1 u e^{\frac{v}{u}}\bigg|_0^u du = \int_0^1 u(e-1)\,du = \frac{1}{2}(e-1)$$

二、极坐标系下二重积分的计算

1. 极坐标变换

我们把变换 $T: \begin{cases} x = r\cos\theta & 0 \leq r < +\infty \\ y = r\sin\theta & 0 \leq \theta \leq 2\pi \end{cases}$ 称为极坐标变换. 它把 $ro\theta$ 平面变为了 xoy 平面. 这个变换不是一对一的. 例如 xoy 面上的原点 $O(0,0)$ 与 $ro\theta$ 面上的"直线" $r=0$ 对应（θ 取任意值）.

2. 二重积分的极坐标换元公式

当积分区域是圆域或圆域的一部分时，或者被积函数的形式为 $f(x^2+y^2)$ 时，常采用极

坐标变换来简化积分，有下面定理：

定理 2　设函数 f(x,y) 在 xoy 平面上的有界闭区域 D（由分段光滑闭曲线围成）上连续，在极坐标变换 T 下，roθ 平面上的区域 D′与 xoy 面上区域 D 对应，则

$$\iint\limits_{D} f(x,y)\,dxdy = \iint\limits_{D'} f(r\cos\theta, r\sin\theta)\, r\,drd\theta$$

证　极坐标变换 T 的雅可比行列式

$$J = J(r,\theta) = \frac{\partial(x,y)}{\partial(r,\theta)} = \begin{vmatrix} \cos\theta & -r\sin\theta \\ \sin\theta & r\cos\theta \end{vmatrix} = r$$

因为变换 T 不是一对一的，所以我们不能用定理 1，要分以下两种情况证明此定理.

（1）设 D 是圆域 $\{(x,y) \mid x^2 + y^2 \leqslant R^2\}$，在 T 下，roθ 平面上的矩形区域 D′ = [0,R] × [0,2π] 与 D 对应，如图 8 - 15，这时 roθ 平面上的 θ = 0 或 θ = 2π 都对应 D 的半径 OA′，因此找一个包含 OA′ 的小区域（如图 8 - 16 的阴影部分，不包括边界），其小圆半径为 ε，中心角 ∠B′OA′ 也是 ε，设 roθ 平面上区域 D′$_\varepsilon$ 在变换 T 下与 D$_\varepsilon$ 对应，这时 D′\D′$_\varepsilon$ 在变换 T 下与 D \ D$_\varepsilon$ 是一一对应，由定理 1 下式成立

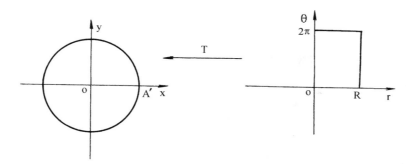

图 8 - 15

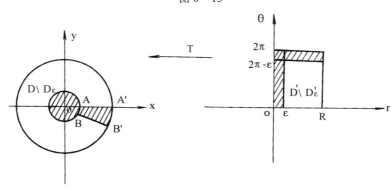

图 8 - 16

$$\iint\limits_{D \setminus D_\varepsilon} f(x,y)\,dxdy = \iint\limits_{D' \setminus D'_\varepsilon} f(r\cos\theta, r\sin\theta)\, r\,drd\theta$$

因为 f(x,y) 在 D\D$_\varepsilon$ 上连续，则当 ε→0 时有

$$\iint\limits_{D} f(x,y)\,dxdy = \iint\limits_{D'} f(r\cos\theta, r\sin\theta)\, r\,drd\theta$$

（2）若 D 是一般的有界闭区域，取足够大的 R > 0，可使 D 含在圆域 $D_R = \{(x,y) \mid x^2 + y^2 \leq R^2\}$ 内，并定义 D_R 上函数

$$F(x,y) = \begin{cases} f(x,y) & (x,y) \in D \\ 0 & (x,y) \overline{\in} D \end{cases}$$

设在变换 T 下 D'_R 与 D_R 对应，则由（1）的结果

$$\iint_{D_R} F(x,y)dxdy = \iint_{D'_R} F(r\cos\theta, r\sin\theta)rdrd\theta$$

即

$$\iint_{D} f(x,y)dxdy = \iint_{D'} f(r\cos\theta, r\sin\theta)rdrd\theta$$

与极坐标变换类似，我们也可作以下变换

$$T: \begin{cases} x = ar\cos\theta \\ y = br\sin\theta \end{cases} \quad 0 \leq r < +\infty, 0 \leq \theta \leq 2\pi$$

称为广义极坐标变换. 并计算

$$J = J(r,\theta) = \begin{vmatrix} a\cos\theta & -ar\sin\theta \\ b\sin\theta & br\cos\theta \end{vmatrix} = abr$$

所以广义极坐标变换下的公式为

$$\iint_{D} f(x,y)dxdy = \iint_{D'} f(ar\cos\theta, br\sin\theta)abrdrd\theta.$$

3. 二重积分在极坐标变换下化为二次积分

从上面讨论看出，极坐标下二重积分为

$$\iint_{D'} f(r\cos\theta, r\sin\theta)rdrd\theta$$

若区域 D' 可表示为 $\{(r,\theta) \mid \alpha \leq \theta \leq \beta, r_1(\theta) \leq r \leq r_2(\theta)\}$（称为 r 型区域），这时

$$\iint_{D'} f(r\cos\theta, r\sin\theta)rdrd\theta = \int_{\alpha}^{\beta} d\theta \int_{r_1(\theta)}^{r_2(\theta)} f(r\cos\theta, r\sin\theta)rdr$$

在展开写出右端的过程中，要经过以下三步

（1）画出 D' 的图形，确定 D' 中点 θ 坐标的变化范围.

（2）在 $\theta \in [\alpha, \beta]$ 处，从极点 O 出发画一条极角为 θ 的射线 l，与 D' 的边界相交于 A 和 B，与极点 O 相距较远的点 A 所在曲线方程 $r = r_2(\theta)$ 作为第一次积分的上限，与 O 相距较近的点 B 所在曲线 $r = r_1(\theta)$ 作为第一次积分的下限，如图 8-17. 特殊情况下 B 与极点 O 重合，这时下限 $r = 0$，如图 8-18.

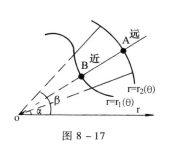

图 8-17

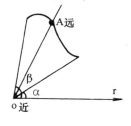

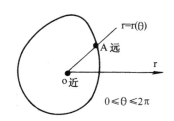

图 8-18

（3）若射线 l 在从 $\theta = \alpha$ 到 $\theta = \beta$ 的转动中，与极点相距较远的曲线方程或与极点相距较近的曲线方程发生变化时，对区域 D' 要划分后再积分（用射线划分）.

三、举例

例 2 计算 $I = \iint\limits_{D} e^{-(x^2+y^2)} dxdy$，其中 D 为圆域 $\{(x,y) \mid x^2 + y^2 \leqslant R^2, x \geqslant 0, y \geqslant 0\}$.

解 利用极坐标变换

$$I = \int_0^{\frac{\pi}{2}} d\theta \int_0^R r e^{-r^2} dr$$

$$= \frac{\pi}{4}(1 - e^{-R^2})$$

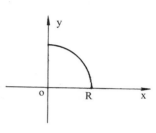

图 8 - 19

我们知道 e^{-x^2} 的原函数不是初等函数，因而不定积分 $\int e^{-x^2} dx$ 无法计算，但利用例 2 的结论，可以计算出 $\int_0^{+\infty} e^{-x^2} dx$ 的值.

因为 $\left(\int_0^{+\infty} e^{-x^2} dx \right)^2 = \left(\int_0^{+\infty} e^{-x^2} dx \right)\left(\int_0^{+\infty} e^{-y^2} dy \right)$

$$= \int_0^{+\infty} \int_0^{+\infty} e^{-x^2-y^2} dxdy$$

$$= \lim_{R \to +\infty} \iint\limits_{D_R} e^{-x^2-y^2} dxdy = \lim_{R \to +\infty} \frac{\pi}{4}(1 - e^{-R^2})$$

$$= \frac{\pi}{4}$$

其中 $D_R = \{(x,y) \mid x^2 + y^2 \leqslant R^2, x \geqslant 0, y \geqslant 0\}$，所以

$$\int_0^{+\infty} e^{-x^2} dx = \frac{\sqrt{\pi}}{2}$$

例 3 计算 $I = \iint\limits_{D} \sqrt{R^2 - x^2 - y^2} dxdy$，其中 $D = \{(x,y) \mid y \geqslant 0, x^2 + y^2 \leqslant Rx\}$，$R > 0$ 常数.

解 圆 $x^2 + y^2 = Rx$ 在极坐标下的方程 $r = R\cos\theta$，用极坐标变换

$$I = \int_0^{\frac{\pi}{2}} d\theta \int_0^{R\cos\theta} \sqrt{R^2 - r^2} r dr$$

$$= \frac{1}{3} R^3 \int_0^{\frac{\pi}{2}} (1 - \sin^3\theta) d\theta$$

$$= \frac{1}{3} R^3 \left(\frac{\pi}{2} - \frac{2}{3} \right)$$

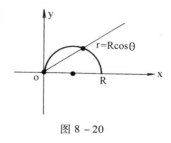

图 8 - 20

例 4 求椭球体 $\frac{x^2}{a^2} + \frac{y^2}{b^2} + \frac{z^2}{c^2} \leqslant 1$ 的体积.

解 由对称性,椭球体的体积 V 是第一卦限部分体积 V_1 的 8 倍. 而 V_1 是以 $z = c$ $\sqrt{1 - \dfrac{x^2}{a^2} - \dfrac{y^2}{b^2}}$ 为顶, 以 $D = \left\{ (x,y) \left| \dfrac{x^2}{a^2} + \dfrac{y^2}{b^2} \leq 1, x \geq 0, y \geq 0 \right. \right\}$ 为底的曲顶柱体体积, 所以

$$V = 8V_1 = 8 \iint\limits_{D} c \sqrt{1 - \frac{x^2}{a^2} - \frac{y^2}{b^2}} dxdy$$

由广义极坐标变换

$$V = 8 \int_0^{\frac{\pi}{2}} d\theta \int_0^1 c \sqrt{1 - r^2} abr dr$$

$$= 8abc \int_0^{\frac{\pi}{2}} d\theta \int_0^1 r \sqrt{1 - r^2} dr = \frac{4}{3}\pi abc.$$

特别地半径为 R 的球体体积为 $\dfrac{4}{3}\pi R^3$.

习题 8 − 3

1.* 试作适当变换, 计算下列二重积分.

(1) $\iint\limits_{D} e^{\frac{x-y}{x+y}} dxdy$, 其中 D 是由 $x = 0$, $y = 0$, $x + y = 1$ 所围成的闭区域.

(2) $\iint\limits_{D} dxdy$, 其中 D 是由 $xy = 4$, $xy = 8$, $xy^3 = 5$, $xy^3 = 15$ 围成的第一象限的闭区域.

2. 把积分 $\iint\limits_{D} f(x,y) dxdy$ 表示为极坐标形式的二次积分, 其中积分区域 D 是:

(1) $\{ (x,y) | x^2 + y^2 \leq 4y \}$

(2) $\{ (x,y) | 1 \leq x^2 + y^2 \leq 9 \}$

(3) $\{ (x,y) | 0 \leq y \leq 2, 0 \leq x \leq 2 - y \}$

3. 用极坐标计算下列各题.

(1) $\iint\limits_{D} (x^2 + y^2) dxdy$, 其中 D 是由 $x^2 + y^2 = 1$ 和 $x^2 + y^2 = 4$ 围成的环形闭区域.

(2) $\iint\limits_{D} \ln(1 + x^2 + y^2) dxdy$, 其中 D 是由圆周 $x^2 + y^2 = 1$ 及坐标轴所围成的在第一象限内的闭区域.

(3) $\iint\limits_{D} (x + y) dxdy$, 其中 D 是圆 $x^2 + y^2 = x + y$ 所围的闭区域.

4. 计算以 $D = \{ (x,y) | x^2 + y^2 \leq 2x \}$ 为底, 以曲面 $z = x^2 + y^2$ 为顶的曲顶柱体的体积.

第四节　第一类曲线积分

一、曲线构件的质量

设 L 是平面或空间上某一可求长度的曲线形构件，对 L 上任意一点 P，设 f(P) 是该构件的连续线密度函数，下面我们仍用"和式极限"的思想来求该构件的质量.

1. 分割

把 L 分割成 n 个可求长度的小曲线段 $L_k(k=1,2,\cdots,n)$，记其弧长为 Δs_k. 并在每个 L_k 上任取一点 P_k（若 L 是平面曲线，设 P_k 的坐标 (ξ_k,η_k)，若 L 是空间曲线，设 P_k 的坐标 (ξ_k,η_k,ζ_k)），因为 f(P) 在 L 上连续，故当 Δs_k 很小时，每个小弧段 L_k 的质量可近似表示为

$$m_k \approx f(P_k)\Delta s_k$$

2. 求和

曲线构件 L 的总质量 $m \approx \sum_{k=1}^{n} f(P_k)\Delta s_k$

3. 求极限

令 $d = \max_{1 \leqslant k \leqslant n}\{\Delta s_k\}$，则显然 $m = \lim_{d \to 0} \sum_{k=1}^{n} f(P_k)\Delta s_k$. 特别地，当 L 是平面曲线时

$$m = \lim_{d \to 0} \sum_{k=1}^{n} f(\xi_k,\eta_k)\Delta s_k$$

当 L 是空间曲线时

$$m = \lim_{d \to 0} \sum_{k=1}^{n} f(\xi_k,\eta_k,\zeta_k)\Delta s_k$$

这种类型的"和式极限"就是我们下面要介绍的第一类曲线积分.

二、第一类曲线积分的概念及性质

1. 第一类曲线积分定义

定义 1　设 L 为空间内的光滑曲线弧段，函数 f(x,y,z) 是定义在 L 上的有界函数. 对曲线 L 的任意一个分割 T，L 被分成 n 个小弧段 $L_k(k=1,2,\cdots,n)$，设第 k 个小弧段的弧长记为 Δs_k，在 L_k 上任取一点 $P_k(\xi_k,\eta_k,\zeta_k)$，并令 $d = \max_{1 \leqslant k \leqslant n}\{\Delta s_k\}$，若极限

$$\lim_{d \to 0} \sum_{k=1}^{n} f(\xi_k,\eta_k,\zeta_k)\Delta s_k$$

存在，则称此极限值为 f(x,y,z) 在 L 上的第一类曲线积分（或称为对弧长的曲线积分），记作 $\int_L f(x,y,z)\mathrm{d}s$，即

$$\int_L f(x,y,z)\mathrm{d}s = \lim_{d \to 0} \sum_{k=1}^{n} f(\xi_k,\eta_k,\zeta_k)\Delta s_k$$

其中 $f(x,y,z)$ 称为被积函数，L 称为积分弧段.

为了读者更透彻了解第一类曲线积分，我们特做几点说明：

（1）$f(x,y,z)$ 有界是 $\int_L f(x,y,z)ds$ 存在的必要条件.

（2）$f(x,y,z)$ 在光滑曲线弧段 L 上连续是 $\int_L f(x,y,z)ds$ 存在的充分条件（证明见本节定理 1）.

（3）如果 L 是分段光滑的，我们规定 $f(x,y,z)$ 在 L 上的第一类曲线积分等于其在光滑的各段上曲线积分之和．所以定义中的光滑曲线段 L 可改为分段光滑曲线段 L．下面对分段光滑曲线弧简称曲线弧.

（4）如果 L 是封闭曲线弧，那么 $f(x,y,z)$ 在 L 上的第一类曲线积分记为 $\oint_L f(x,y,z)ds$.

（5）若 L 是 xoy 平面上的曲线弧，$f(x,y)$ 是定义在 L 上的连续函数，同样给出 $f(x,y)$ 在 L 上第一类曲线积分的定义，记作 $\int_L f(x,y)ds$.

（6）L 是可求长的曲线弧段，显然由定义可得到 L 的弧长

$$s = \int_L ds$$

（7）曲线弧段构件 L 的质量 $m = \int_L f(P)ds$，$f(P)$ 是构件的线密度.

2. 第一类曲线积分的性质

下面以空间曲线为例叙述一下第一类曲线积分的性质，这些性质对平面曲线同样适用．因为由定义很容易证明这些性质，所以不再加以证明了.

（1）设 α，β 是常数，则

$$\int_L [\alpha f(x,y,z) + \beta g(x,y,z)]ds = \alpha \int_L f(x,y,z)ds + \beta \int_L g(x,y,z)ds$$

（2）若曲线弧 L 由光滑曲线弧 L_1，L_2，$\cdots$，L_n 首尾相接而成，则

$$\int_L f(x,y,z)ds = \int_{L_1} f(x,y,z)ds + \cdots + \int_{L_n} f(x,y,z)ds$$

称第一类曲线积分对弧段具有可加性.

（3）设在 L 上 $f(x,y,z) \leqslant g(x,y,z)$，则

$$\int_L f(x,y,z)ds \leqslant \int_L g(x,y,z)ds$$

特别地　　　$\left| \int_L f(x,y,z)ds \right| \leqslant \int_L |f(x,y,z)|ds$.

三、第一类曲线积分的计算

定理 1　设 $f(x,y)$ 在平面曲线弧 L 上连续，且 L 的参数方程为 $x = x(t)$、$y = y(t)$，$t \in [\alpha, \beta]$，其中 $x(t)$、$y(t)$ 在 $[\alpha, \beta]$ 上具有一阶连续导数，且 $x'^2(t) + y'^2(t)$ 不恒为 0，则第一类曲线积分 $\int_L f(x,y)ds$ 存在，且

$$\int_L f(x,y)\,ds = \int_\alpha^\beta f[x(t),y(t)]\sqrt{x'^2(t)+y'^2(t)}\,dt$$

$$(\alpha < \beta)$$

证　对 L 的任一分割 T，设第 k 小弧段 L_k 对应的参数从 $t=t_{k-1}$ 到 $t=t_k$，则 L_k 的弧长

$$\Delta s_k = \int_{t_{k-1}}^{t_k}\sqrt{x'^2(t)+y'^2(t)}\,dt$$

由 $\sqrt{x'^2(t)+y'^2(t)}$ 的连续性和积分中值定理有

$$\Delta s_k = \sqrt{x'^2(\tau'_k)+y'^2(\tau'_k)}\,\Delta t_k \quad (t_{k-1} < \tau'_k < t_k)$$

其中 $\Delta t_k = t_k - t_{k-1}$. 在 L_k 上任取一点 $P_k(\xi_k,\eta_k)$，并设其对应的参数 $t=\tau''_k$，则 $\xi_k = x(\tau''_k)$，$\eta_k = y(\tau''_k)$，且

$$\sum_{k=1}^n f(\xi_k,\eta_k)\Delta s_k = \sum_{k=1}^n f[x(\tau''_k),y(\tau''_k)]\sqrt{x'^2(\tau'_k)+y'^2(\tau'_k)}\,\Delta t_k$$

令

$$\varepsilon = \sum_{k=1}^n f[x(\tau''_k),y(\tau''_k)]\Big[\sqrt{x'^2(\tau'_k)+y'^2(\tau'_k)} - \sqrt{x'^2(\tau''_k)+y'^2(\tau''_k)}\Big]\Delta t_k$$

则

$$\sum_{k=1}^n f(\xi_k,\eta_k)\Delta s_k$$

$$= \sum_{k=1}^n f[x(\tau''_k),y(\tau''_k)]\sqrt{x'^2(\tau''_k)+y'^2(\tau''_k)}\,\Delta t_k + \varepsilon$$

令 $d = \max\limits_{1\leqslant k\leqslant n}\{\Delta t_k\}$，$d_T = \max\limits_{1\leqslant k\leqslant n}\{\Delta s_k\}$，显然当 $d_T \to 0$ 时有 $d \to 0$，由 $\sqrt{x'^2(t)+y'^2(t)}$ 在 $[\alpha,\beta]$ 上的一致连续性可证 $\lim\limits_{d\to 0}\varepsilon = 0$，则

$$\lim_{d_T\to 0}\sum_{k=1}^n f(\xi_k,\eta_k)\Delta s_k$$

$$= \lim_{d\to 0}\sum_{k=1}^n f[x(\tau''_k),y(\tau''_k)]\sqrt{x'^2(\tau''_k)+y'^2(\tau''_k)}\,\Delta t_k$$

$$= \int_\alpha^\beta f[x(t),y(t)]\sqrt{x'^2(t)+y'^2(t)}\,dt$$

即

$$\int_L f(x,y)\,ds = \int_\alpha^\beta f[x(t),y(t)]\sqrt{x'^2(t)+y'^2(t)}\,dt$$

上述公式表明，计算第一类曲线积分 $\int_L f(x,y)\,ds$ 时，有以下三个过程：

1. 把 $\int_L f(x,y)\,ds$ 化为定积分时，要按照 α，β 的大小定上下限，下限 α 一定比上限 β 小.

因为在定理证明的过程中小弧段长度 $\Delta s_k > 0$，所以 $\Delta t_k > 0$，所以参数 t 是由 α 递增到 β 的，α 一定比 β 小.

2. 把 L 的参数方程 $x = x(t)$，$y = y(t)$ 代入被积函数 $f(x,y)$ 中为 $f(x(t),y(t))$.

3. 把弧长元素 ds 换为 $\sqrt{x'^2(t)+y'^2(t)}\,dt$.

上述三个过程可总结为，一定 α、β 大小，二代曲线方程，三换弧长元素. 为了便于记忆我们简称"一定、二代、三换"，这种方法称为计算曲线积分的代入法.

几种特殊情形

（1）当曲线 L 方程为 $y = y(x)$，$x \in [a,b]$ 时，有

$$\int_L f(x,y) ds = \int_a^b f(x,y(x)) \sqrt{1 + y'^2(x)} dx \quad a < b.$$

（2）当曲线 L 方程为 $x = x(y)$，$y \in [c,d]$ 时，有

$$\int_L f(x,y) ds = \int_c^d f(x(y),y) \sqrt{1 + x'^2(y)} dy \quad c < d.$$

（3）当曲线 L 为空间曲线，其参数方程为 $x = x(t)$、$y = y(t)$、$z = z(t)$，$t \in [\alpha,\beta]$，则

$$\int_L f(x,y,z) ds = \int_\alpha^\beta f(x(t),y(t),z(t)) \sqrt{x'^2(t) + y'^2(t) + z'^2(t)} dt \quad \alpha < \beta.$$

四、举例

例 1　计算 $I = \int_L (x^2 + y^2) ds$，其中 L 是半圆周：$\begin{cases} x = a\cos t \\ y = a\sin t \end{cases}, 0 \le t \le \pi, a > 0.$

解　由代入法

$$I = \int_0^\pi (a^2\cos^2 t + a^2\sin^2 t) \sqrt{a^2\sin^2 t + a^2\cos^2 t} dt = \int_0^\pi a^3 dt = \pi a^3$$

例 2　计算 $I = \int_L (x + \sqrt{y}) ds$，其中 L 是曲线 $y = x^2$ 从点 $(0,0)$ 到点 $\left(\dfrac{1}{2},\dfrac{1}{4}\right)$ 的一段弧.

解　把 $y = x^2$ 代入得

$$I = \int_0^{\frac{1}{2}} (x + \sqrt{x^2}) \sqrt{1 + (2x)^2} dx = 2\int_0^{\frac{1}{2}} x \sqrt{1 + 4x^2} dx = \frac{1}{6}(2\sqrt{2} - 1)$$

例 3　计算螺旋线 $x = a\cos t$，$y = a\sin t$，$z = bt$ 上相应于 t 从 0 到 2π 的一段弧长.

解　$s = \int_L ds = \int_0^{2\pi} \sqrt{x'^2(t) + y'^2(t) + z'^2(t)} dt$

$$= \int_0^{2\pi} \sqrt{a^2\sin^2 t + a^2\cos^2 t + b^2} dt = 2\pi \sqrt{a^2 + b^2}$$

习题 8 - 4

用代入法计算下列第一类曲线积分.

1. $\int_L (x + 2y) ds$，其中 L 是连接 $A(1,1)$ 和 $B(0,2)$ 两点的直线段 AB.

2. $\int_L xyz ds$，其中 L 是连接 $A(0,0,1)$、$B(1,0,2)$、$C(1,3,2)$ 的折线段 ABC.

3. $\oint_L e^{\sqrt{x^2+y^2}} ds$，其中 L 是圆周 $x^2 + y^2 = 4$、直线 $y = x$ 及 x 轴在第一象限内所围成的扇形的整个边界.

4. $\int_L y^2 ds$，其中 L 为摆线的一拱 $x = a(t - \sin t)$，$y = a(1 - \cos t)$ $(0 \le t \le 2\pi)$.

5. $\int_L xy \, ds$ ，其中 L 是椭圆 $\dfrac{x^2}{4} + \dfrac{y^2}{9} = 1$ 在第一象限中的部分.

6. $\int_L |y| \, ds$ ，其中 L 是单位圆周 $x^2 + y^2 = 1$.

7. $\int_L (x + z) \, ds$ ，其中 L 是曲线 $x = t$, $y = \dfrac{2\sqrt{2}}{3} t^{\frac{3}{2}}$, $z = \dfrac{1}{2} t^2$ $(0 \leqslant t \leqslant 1)$ 一段弧.

8. $\int_L \sqrt{2y^2 + z^2} \, ds$ ，其中 L 是 $x^2 + y^2 + z^2 = a^2$ 与 $x = y$ 相交的圆周.

第五节　第二类曲线积分

一、变力沿曲线所做的功

设空间有一个质点受到力
$$\vec{F}(x, y, z) = P(x, y, z) \vec{i} + Q(x, y, z) \vec{j} + R(x, y, z) \vec{k}$$
的作用从点 A 沿光滑曲线 L 移动到点 B，其中 $P(x, y, z)$, $Q(x, y, z)$, $R(x, y, z)$ 在 L 上连续，我们仍然用"和式极限"的思想求在上述移动过程中变力 $\vec{F}(x, y, z)$ 所做的功 W.

1. 分割

在弧段 $\overset{\frown}{AB}$ 上插入 $n - 1$ 个分点 M_1, M_2, …, M_{n-1} 与 $A = M_0$, $B = M_n$ 一起把有向曲线弧 $\overset{\frown}{AB}$ 分成 n 个小有向曲线弧 $\overset{\frown}{M_{k-1}M_k}$ $(k = 1, 2, \cdots, n)$，记 $\overset{\frown}{M_{k-1}M_k}$ 的弧长为 Δs_k，M_k 的坐标为 (x_k, y_k, z_k)，则向量 $\overrightarrow{M_{k-1}M_k} = \{\Delta x_k, \Delta y_k, \Delta z_k\}$，其中 $\Delta x_k = x_k - x_{k-1}$，$\Delta y_k = y_k - y_{k-1}$，$\Delta z_k = z_k - z_{k-1}$. 在 $\overset{\frown}{M_{k-1}M_k}$ 上任取一点 P_k (ξ_k, η_k, ζ_k)，则变力 $\vec{F}(x, y, z)$ 沿 $\overset{\frown}{M_{k-1}M_k}$ 所做的功 W_k 近似等于常力 $\vec{F}(\xi_k, \eta_k, \zeta_k)$ 沿直线段 $\overrightarrow{M_{k-1}M_k}$ 所做的功，即

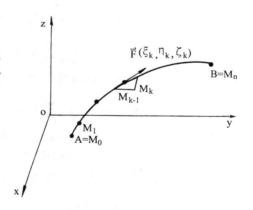

图 8 – 21

$$W_k \approx \vec{F}(\xi_k, \eta_k, \zeta_k) \cdot \overrightarrow{M_{k-1}M_k}$$
$$= P(\xi_k, \eta_k, \zeta_k) \Delta x_k + Q(\xi_k, \eta_k, \zeta_k) \Delta y_k + R(\xi_k, \eta_k, \zeta_k) \Delta z_k$$

2. 求和

$\vec{F}(x, y, z)$ 沿 $\overset{\frown}{AB}$ 所做的功

$$W \approx \sum_{k=1}^{n} \left[P(\xi_k, \eta_k, \zeta_k) \Delta x_k + Q(\xi_k, \eta_k, \zeta_k) \Delta y_k + R(\xi_k, \eta_k, \zeta_k) \Delta z_k \right]$$

3. 取极限

令 $d = \max\limits_{1 \leqslant k \leqslant n} \{\Delta s_k\}$，则

$$W = \lim_{d \to 0} \left[\sum_{k=1}^{n} P(\xi_k, \eta_k, \zeta_k) \Delta x_k + \sum_{k=1}^{n} Q(\xi_k, \eta_k, \zeta_k) \Delta y_k + \sum_{k=1}^{n} R(\xi_k, \eta_k, \zeta_k) \Delta z_k \right]$$

这里出现的三种"和式极限"：

$$\lim_{d \to 0} \sum_{k=1}^{n} P(\xi_k, \eta_k, \zeta_k) \Delta x_k, \lim_{d \to 0} \sum_{k=1}^{n} Q(\xi_k, \eta_k, \zeta_k) \Delta y_k, \lim_{d \to 0} \sum_{k=1}^{n} R(\xi_k, \eta_k, \zeta_k) \Delta z_k$$

就是本节要定义的第二类曲线积分.

二、第二类曲线积分的概念及性质

1. 第二类曲线积分的定义

定义 1　设函数 $P(x,y,z)$，$Q(x,y,z)$，$R(x,y,z)$ 是空间光滑曲线弧 L 上的有界函数，对 L 的任一分割 T，L 被分成 n 个小有向曲线弧段 $\overparen{M_{k-1}M_k}$（$k = 1, 2, \cdots, n; A = M_0, B = M_n$），其弧长记为 Δs_k. 再设分点 M_k 的坐标为 (x_k, y_k, z_k)，$\Delta x_k = x_k - x_{k-1}$，$\Delta y_k = y_k - y_{k-1}$，$\Delta z_k = z_k - z_{k-1}$，令 $d = \max\limits_{1 \leqslant k \leqslant n} \{\Delta s_k\}$，在弧段 $\overparen{M_{k-1}M_k}$ 上任取一点 (ξ_k, η_k, ζ_k)，若和式极限 $\lim\limits_{d \to 0} \sum\limits_{k=1}^{n} P(\xi_k, \eta_k, \zeta_k) \Delta x_k$ 存在，则称此极限值为函数 $P(x,y,z)$ 沿曲线 L 对坐标 x 的曲线积分，记为 $\int_L P(x,y,z) dx$，即

$$\int_L P(x,y,z) dx = \lim_{d \to 0} \sum_{k=1}^{n} P(\xi_k, \eta_k, \zeta_k) \Delta x_k$$

同理，$Q(x,y,z)$ 沿 L 对坐标 y 的曲线积分

$$\int_L Q(x,y,z) dy = \lim_{d \to 0} \sum_{k=1}^{n} Q(\xi_k, \eta_k, \zeta_k) \Delta y_k$$

$R(x,y,z)$ 沿 L 对坐标 z 的曲线积分

$$\int_L R(x,y,z) dz = \lim_{d \to 0} \sum_{k=1}^{n} R(\xi_k, \eta_k, \zeta_k) \Delta z_k$$

我们把沿 L 对坐标 x、坐标 y 或坐标 z 的曲线积分统称为沿 L 的第二类曲线积分. 其中 $P(x, y, z)$，$Q(x, y, z)$，$R(x, y, z)$ 称为被积函数，L 称为积分弧段. 在应用中上面三种第二类曲线积分常常同时出现，为了简便我们简单写为

$$\int_L P dx + Q dy + R dz$$

称为第二类曲线积分的组合形式，P、Q、R 是三元函数. 为了方便，以后如不特别说明我们都把三元函数 $P(x,y,z)$、$Q(x,y,z)$、$R(x,y,z)$ 简记为 P、Q、R.

第二类曲线积分也可写成向量形式

$$\int_L \vec{F}(x,y,z) \cdot d\vec{r}$$

其中 $\vec{F}(x,y,z) = \{P, Q, R\}$，$d\vec{r} = \{dx, dy, dz\}$. $d\vec{r}$ 也称为矢量元素（或向量元素）.

与第一类曲线积分类似，第二类曲线积分也有以下几点说明：

（1）P、Q、R 在光滑曲线 L 上有界，是第二类曲线积分存在的必要条件.

（2）P、Q、R 在光滑曲线 L 上连续，是第二类曲线积分存在的充分条件（证明见本节定理 1）.

（3）定义中光滑曲线 L 可改为分段光滑曲线，以后把分段光滑曲线简称为曲线弧.

（4）如果 L 是封闭的曲线弧，把 L 上第二类曲线积分记为

$$\oint_L Pdx + Qdy + Rdz$$

（5）若 L 是 xoy 面上曲线弧，P、Q 是定义在 L 上的二元函数，类似可定义 $\int_L Pdx$ 和 $\int_L Qdy$，组合形式 $\int_L Pdx + Qdy$.

（6）若力 $\vec{F}(x,y,z) = P\vec{i} + Q\vec{j} + R\vec{k}$ 把质点从 A 沿曲线弧 L 移动到 B 点，则力 $\vec{F}(x,y,z)$ 所做的功

$$W = \int_{\overset{\frown}{AB}} \vec{F}(x,y,z) \cdot d\vec{r} = \int_{\overset{\frown}{AB}} Pdx + Qdy + Rdz$$

2. 第二类曲线积分的性质

下面是第二类曲线积分的性质，为了方便我们用向量的形式表示，并假设以下出现的积分都存在.

（1）若 −L 表示以 L 的终点为起点，以 L 的起点为终点与 L 重合的曲线弧，则

$$\int_L \vec{F}(x,y,z) \cdot d\vec{r} = -\int_{-L} \vec{F}(x,y,z) \cdot d\vec{r}$$

（2）设 α，β 是常数，则

$$\int_L [\alpha\vec{F}(x,y,z) + \beta\vec{G}(x,y,z)] \cdot d\vec{r} = \alpha\int_L \vec{F}(x,y,z) \cdot d\vec{r} + \beta\int_L \vec{G}(x,y,z) \cdot d\vec{r}$$

（3）若曲线弧 L 由分段光滑曲线弧 L_1，$\cdots L_n$ 首尾相接而成，则

$$\int_L \vec{F}(x,y,z) \cdot d\vec{r} = \int_{L_1} \vec{F}(x,y,z) \cdot d\vec{r} + \cdots + \int_{L_n} \vec{F}(x,y,z) \cdot d\vec{r}$$

三、第二类曲线积分的计算

定理 1 设 P、Q、R 在有向曲线弧 L 上连续，且 L 的参数方程为 $x = x(t)$，$y = y(t)$，$z = z(t)$，$t \in [\alpha, \beta]$，其中 $x(t)$、$y(t)$ 和 $z(t)$ 在 $[\alpha, \beta]$ 上具有一阶连续导数，且 L 的起点 A 对应参数 α，终点 B 对应参数 β，则沿 L 从 A 到 B 的第二类曲线积分存在，且

$$\int_L P(x,y,z)dx = \int_\alpha^\beta P(x(t),y(t),z(t))x'(t)dt$$

$$\int_L Q(x,y,z)dy = \int_\alpha^\beta Q(x(t),y(t),z(t))y'(t)dt$$

$$\int_L R(x,y,z)dz = \int_\alpha^\beta R(x(t),y(t),z(t))z'(t)dt$$

即

$$\int_L Pdx + Qdy + Rdz = \int_\alpha^\beta [P(x(t),y(t),z(t))x'(t) + $$
$$Q(x(t),y(t),z(t))y'(t) + R(x(t),y(t),z(t))z'(t)]dt$$

读者可仿照第四节定理 1 的方法证明，这里不再赘述了.

特别地，若 L 是平面曲线，当 L 的方程分别为下述形式时，定理 1 的公式可简单.

（1）L 方程 $x = x(t)$，$y = y(t)$，起点 $t = t_0$，终点 $t = t_1$，则

$$\int_L Pdx + Qdy = \int_{t_0}^{t_1} [P(x(t),y(t))x'(x) + Q(x(t),y(t))y'(t)]dt$$

（2）L 方程 $y = y(x)$，起点 $x = x_0$，终点 $x = x_1$，则

$$\int_L Pdx + Qdy = \int_{x_0}^{x_1} [P(x,y(x)) + Q(x,y(x))y'(x)]dx$$

（3）L 方程 $x = x(y)$，起点 $y = y_0$，终点 $y = y_1$，则

$$\int_L Pdx + Qdy = \int_{y_0}^{y_1} [P(x(y),y)x'(y) + Q(x(y),y)]dy$$

上述公式表明，计算第二类曲线积分 $\int_L Pdx + Qdy + Rdz$ 也有三个过程：

1. 把 $\int_L Pdx + Qdy + Rdz$ 化为定积分时，先要确定积分限，L 的起点对应的参数 α 为下限，L 的终点对应的参数 β 为上限，α 不一定小于 β！

2. 把曲线方程 $x = x(t)$，$y = y(t)$，$z = z(t)$ 代入被积函数 P、Q、R 中.

3. 把向量元素 $d\vec{r} = \{dx,dy,dz\}$ 换成 $\{x'(t)dt, y'(t)dt, z'(t)dt\}$.

上述三个过程可总结为，一定起点终点，二代曲线方程，三换向量元素. 我们仍用"一定、二代、三换"来记忆这种方法. 这个方法仍称为代入法.

第一类曲线积分和第二类曲线积分的代入法都用口诀"一定、二代、三换"，它们的区别主要在第一步"一定"上，第一类曲线积分是按大小定上下限，第二类曲线积分是按方向定上下限.

四、举例

例 1 计算 $I = \int_L xydx + (x - y)dy + x^2dz$，其中 L 是螺旋线 $x = a\cos t$，$y = a\sin t$，$z = bt$ 从 $t = 0$ 到 $t = \pi$ 的一段弧.

解 由代入法

$$I = \int_0^\pi [a^2\cos t\sin t(-a\sin t) + a(\cos t - \sin t) \cdot a\cos t + a^2\cos^2 t \cdot b]dt$$

$$= \int_0^\pi (-a^3\cos t\sin^2 t + a^2\cos^2 t - a^2\sin t\cos t + a^2 b\cos^2 t)dt$$

$$= \frac{1}{2}a^2(1 + b)\pi$$

例 2 计算 $I = \int_L (x + y)dx$，其中 L 为抛物线 $y = x^2$ 上从点 $A(-1,1)$ 到点 $B(1,1)$ 的一段弧.

解法 1 将 x 看做参数，由代入法

$$I = \int_{-1}^1 (x + x^2)dx = 2\int_0^1 x^2dx = \frac{2}{3}$$

解法 2　将 y 看做参数，这时 $x = \pm\sqrt{y}$，L 应分为两

段 $\overset{\frown}{AO}$ 和 $\overset{\frown}{OB}$

$$I = \int_{\overset{\frown}{AO}} (x + y)dx + \int_{\overset{\frown}{OB}} (x + y)dx$$

$$= \int_1^0 (-\sqrt{y} + y) \cdot \left(-\frac{1}{2\sqrt{y}}\right)dy + \int_0^1 (\sqrt{y} + y) \cdot$$

$$\frac{1}{2\sqrt{y}}dy$$

$$= -\frac{1}{2}\int_1^0 (-1 + \sqrt{y})dy + \frac{1}{2}\int_0^1 (1 + \sqrt{y})dy = \frac{2}{3}$$

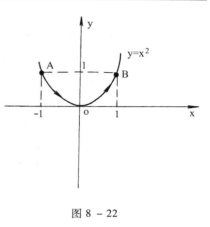

图 8 − 22

显然此题应选择 x 作为参数计算.

例 3　计算 $I = \int_L xdy + ydx$，其中 L 分别是以下从点 $O(0,0)$ 到点 $B(1,2)$ 的曲线段

（1）L 是沿 $y = 2x^2$ 从 O 到 B 的弧段.

（2）L 是从 O 到 B 的直线段.

（3）L 是折线段 OAB，A 的坐标 $(1,0)$.

解　（1）$I = \int_0^1 (x \cdot 4x + 2x^2)dx = \int_0^1 6x^2dx = 2$

（2）直线段 OB 的方程 $y = 2x$

$$I = \int_0^1 (x \cdot 2 + 2x)dx = 4\int_0^1 xdx = 2$$

（3）直线段 OA 的方程 $y = 0$ 且 $dy = 0$，直线段 AB 的方程 $x = 1$，且 $dx = 0$.

$$I = \int_{OA} xdy + ydx + \int_{AB} xdy + ydx = \int_0^2 dy = 2$$

从例 3 看出，被积表达式 $ydx + xdy$ 在从点 O 到点 B 的不

同弧段（或称不同积分路径）上的积分值相同. 在第六节我们

将会回答对什么样的被积表达式，积分值与路径无关，只与起

点和终点的位置有关.

例 4　设有一质点 $M(x,y,z)$ 受到力 $\vec{F}(x,y,z) = x^3\vec{i} + 3y^2z$

$\vec{j} - x^2y\vec{k}$ 的作用，从点 $A(0,0,0)$ 沿直线移到点 $B(3,2,1)$，求

力 $\vec{F}(x,y,z)$ 所做的功.

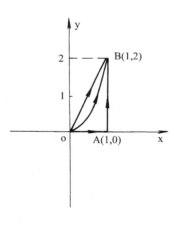

图 8 − 23

解　$W = \int_{AB} \vec{F}(x,y,z) \cdot d\vec{r} = \int_{AB} x^3dx + 3y^2zdy - x^2ydz$

而直线 AB 的参数方程为 $x = 3t$，$y = 2t$，$z = t$，t 从 0 到 1，则

$$W = \int_0^1 [(3t)^3 \cdot 3 + 3 \cdot (2t)^2 \cdot t \cdot 2 - (3t)^2 \cdot (2t)]dt$$

$$= \int_0^1 87t^3dt = 21\frac{3}{4}.$$

五、两类曲线积分的联系

虽然第一类曲线积分与第二类曲线积分的定义和物理背景不同，但在一定的条件下，可以建立它们之间的联系.

有向曲线弧 L: $x = x(t)$，$y = y(t)$，$z = z(t)$，其中 $x(t)$，$y(t)$，$z(t)$ 具有一阶连续导数，则在 L 上任意一点 (x,y,z) 处的切向量 $\{x'(t), y'(t), z'(t)\}$，单位切向量

$$
\begin{aligned}
\vec{e} &= \{\cos\alpha, \cos\beta, \cos\gamma\} \\
&= \frac{1}{\sqrt{x'^2(t) + y'^2(t) + z'^2(t)}}\{x'(t), y'(t), z'(t)\} \\
&= \frac{1}{\sqrt{x'^2(t) + y'^2(t) + z'^2(t)}\,dt}\{x'(t)dt, y'(t)dt, z'(t)dt\} \\
&= \frac{1}{ds}\{dx, dy, dz\}
\end{aligned}
$$

即

$$dx = \cos\alpha\,ds \quad dy = \cos\beta\,ds \quad dz = \cos\gamma\,ds$$

其中 $\{\cos\alpha,\ \cos\beta,\ \cos\gamma\}$ 是 (x,y,z) 处曲线 L 切向量的方向余弦. 所以有公式

$$\int_L P\,dx + Q\,dy + R\,dz = \int_L (P\cos\alpha + Q\cos\beta + R\cos\gamma)\,ds$$

写成向量形式

$$\int_L \vec{F} \cdot d\vec{r} = \int_L \vec{F} \cdot \vec{e}\,ds = \int_L \vec{F}_{\vec{e}}\,ds$$

其中 $\vec{F}(x,y,z) = \{P,Q,R\}$，$d\vec{r} = \{dx, dy, dz\}$，$\vec{F}_{\vec{e}}$ 是 $\vec{F}(x,y,z)$ 在单位切向量 $\vec{e}$ 上的投影.

习题 8 – 5

1. 计算下列第二类曲线积分.

(1) $\int_L y^2\,dx$，其中 L 是半径为 a，圆心为原点，按逆时针方向绕行的上半圆周.

(2) $\oint_L y\,dy$，其中 L 是由 $y^2 = x$ 和 $x + y = 2$ 围成的逆时针方向的封闭曲线.

(3) $\int_L 2xy\,dx + x^2\,dy$，其中 L 分别为

(i) 抛物线 $y = x^2$ 从 $O(0,0)$ 到 $B(1,1)$ 的一段弧.

(ii) 抛物线 $x = y^2$ 从 $O(0,0)$ 到 $B(1,1)$ 的一段弧.

(iii) 有向折线 OAB，这里 $O(0,0)$，$A(1,0)$，$B(1,1)$.

(4) $\int_L x^3\,dx + 3zy^2\,dy - x^2y\,dz$，其中 L 是从点 $A(3,2,1)$ 到点 $B(0,0,0)$ 的直线段 AB.

(5) $\int_L (x + y)\,dz$，其中 L 是曲线 $x = t\cos t$，$y = t\sin t$，$z = t$，从 $t = 0$ 到 $t = t_0$ 的一段弧.

(6) $\int_L (y^2 - z^2)dx + (z^2 - x^2)dy + (x^2 - y^2)dz$，其中 L 为球面 $x^2 + y^2 + z^2 = 1$ 在第一卦限部分的边界曲线，其方向按曲线依次经过 xoy 平面部分，yoz 平面部分和 zox 平面部分.

2. 求在力 $\vec{F}(x,y,z) = \{y, -x, x+y+z\}$ 作用下：

（1）质点由 A 沿螺旋线 L_1 到 B 所做的功，其中 $A(a,0,0)$，$B(a,0,2\pi b)$，L_1 的方程 $x = a\cos t$，$y = a\sin t$，$z = bt$.

（2）质点由 A 沿直线 L_2 到 B 所做的功.

3. 设 Z 轴与重力方向一致，求质量为 m 的质点从位置 (x_1,y_1,z_1) 沿直线移到 (x_2,y_2,z_2) 时重力所做的功.

4. 设 L 是沿抛物线 $y = x^2$ 从点 $(0,0)$ 到点 $(1,1)$ 的弧段，把第二类曲线积分 $\int_L Pdx + Qdy$ 化为第一类曲线积分.

5. 设 L 是沿曲线 $x = t$，$y = 2t^2$，$z = 3t^3$ 从 $t = 0$ 变到 $t = 1$ 的一段弧，把第二类曲线积分 $\int_L Pdx + Qdy + Rdz$ 化为第一类曲线积分.

第六节　格林公式

一、平面单连通区域

定义 1　设 D 为平面区域，如果 D 内任一闭曲线所围的部分都属于 D，则称 D 为平面单连通区域，否则称为复连通区域.

例如平面上的矩形区域 $\{(x,y) | 0 < x < 1, 1 < y < 2\}$，圆形区域 $\{(x,y) | x^2 + y^2 < 1\}$ 都是单连通区域，但圆环形区域 $\{(x,y) | 1 < x^2 + y^2 < 4\}$ 是复连通区域. 通俗地说，平面单连通区域不含"洞".

定义 2　对平面区域 D 的边界曲线 L，定义 L 的正向是：当观察者沿 L 的这个方向行走时，区域 D 总在它的左边. 反之若区域 D 总在右边，此方向为负方向，记为 $-L$ 或 L^-.

例如图 8-24，D 是由边界曲线 L_1 和 L_2 围成的复连通区域，L_1 的正向是逆时针方向，但 L_2 的正向是顺时针方向.

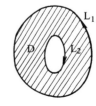

图 8-24

二、格林公式

定理 1　设闭区域 D 是由分段光滑的平面曲线 L 围成的，函数 P(x, y)，Q(x, y) 在 D 上具有连续的一阶偏导数，则有

$$\oint_L Pdx + Qdy = \pm \iint_D \left(\frac{\partial Q}{\partial x} - \frac{\partial P}{\partial y} \right) dxdy$$

其中如果 L 为区域 D 的正向边界曲线，公式取"+"号，反之取"–"号. 此公式称为格林公式. 因为公式中的区域 D 为平面区域，所以也把此公式称为平面格林公式.

证 我们从特殊情形到一般情形来证明格林公式.

（1）假设 D 既是 X 型区域又是 Y 型区域，我们来证明（L 取正向）

$$\oint_L Pdx = \iint_D -\frac{\partial P}{\partial y}dxdy$$

$$\oint_L Qdy = \iint_D \frac{\partial Q}{\partial x}dxdy$$

先把 D 看成 X 型区域，令

$$D = \{(x,y)\mid a\leqslant x\leqslant b,\varphi_1(x)\leqslant y\leqslant\varphi_2(x)\}$$

因为 $\dfrac{\partial P}{\partial y}$ 连续，由二重积分化为二次积分得到

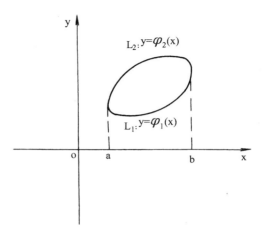

图 8 – 25

$$\iint_D -\frac{\partial P}{\partial y}dxdy = \int_a^b dx\int_{\varphi_1(x)}^{\varphi_2(x)} -\frac{\partial P}{\partial y}dy = -\int_a^b P(x,y)\Big|_{\varphi_1(x)}^{\varphi_2(x)}dx$$

$$= \int_a^b [P(x,\varphi_1(x)) - P(x,\varphi_2(x))]dx$$

另一方面由第二类曲线积分的代入法得到

$$\oint_L Pdx = \int_{L_1} Pdx + \int_{L_2} Pdx$$

$$= \int_a^b P(x,\varphi_1(x))dx + \int_b^a P(x,\varphi_2(x))dx$$

$$= \int_a^b [P(x,\varphi_1(x)) - P(x,\varphi_2(x))]dx$$

所以
$$\oint_L Pdx = -\iint_D \frac{\partial P}{\partial y}dxdy$$

类似地把 D 看成 Y 型区域时可证

$$\oint_L Qdy = \iint_D \frac{\partial Q}{\partial x}dxdy$$

所以当 D 既是 X 型又是 Y 型区域时格林公式成立.

（2）若 D 是一般的闭区域，再分以下两种情形证明.

（ⅰ）若 D 是除去边界外的单连通区域，这时在 D 内引入几条辅助线，把 D 分成若干个既是 X 型又是 Y 型的小闭区域，然后把这些小闭区域上积分相加即可证明格林公式成立.

例如 D 是如图 8 – 26 所示区域，L 仍取正向，作如图的辅助线 L_4，L_5，将 D 分成三个既是 X 型又是 Y 型的区域 D_1，D_2，D_3，分别在

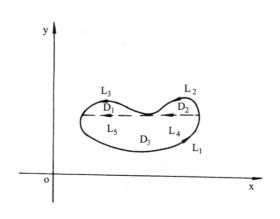

图 8 – 26

D_1，D_2，D_3 上格林公式成立. 所以

$$\iint\limits_{D}\left(\frac{\partial Q}{\partial x}-\frac{\partial P}{\partial y}\right)dxdy = \iint\limits_{D_1}\left(\frac{\partial Q}{\partial x}-\frac{\partial P}{\partial y}\right)dxdy + \iint\limits_{D_2}\left(\frac{\partial Q}{\partial x}-\frac{\partial P}{\partial y}\right)dxdy + \iint\limits_{D_3}\left(\frac{\partial Q}{\partial x}-\frac{\partial P}{\partial y}\right)dxdy$$

$$= \int_{L_3+(-L_5)}Pdx+Qdy + \int_{L_2+(-L_4)}Pdx+Qdy + \int_{L_1+L_4+L_5}Pdx+Qdy$$

$$= \int_{L_1+L_2+L_3}Pdx+Qdy = \int_{L}Pdx+Qdy$$

所以格林公式仍然成立.

（ii）若 D 是带边界的复连通区域，这时引入辅助线把 D 划为单连通区域，用（i）的结论证明.

例如 D 是如图 8 - 27 所示的复连通区域，作辅助线 AB、CD（看成沿 AB、CD 把区域剪开），这时把 D 看成由边界线

BA、L_3、AB、BED、

DC、L_2、CD、DFB

围成的单连通区域，格林公式成立，即

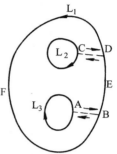

图 8 - 27

$$\iint\limits_{D}\left(\frac{\partial Q}{\partial x}-\frac{\partial P}{\partial y}\right)dxdy = \left[\int_{BA}+\int_{L_3}+\int_{AB}+\int_{BED}+\int_{DC}+\int_{L_2}+\int_{CD}+\int_{DFB}\right](Pdx+Qdy)$$

$$= \left[\oint_{L_3}+\oint_{L_2}+\oint_{L_1}\right](Pdx+Qdy)$$

$$= \oint_{L}Pdx+Qdy$$

综合以上，格林公式得证. 若 L 取区域 D 的负向时，所有积分只需添上 "－" 号即可.

格林公式建立了沿封闭的平面曲线的积分与二重积分之间的关系，所以到现在为止计算平面曲线的积分我们有 "代入法" 和 "格林公式法" 两种.

格林公式主要用于计算曲线积分，即把曲线积分化为二重积分

$$\oint_{L}Pdx+Qdy = \pm\iint\limits_{D}\left(\frac{\partial Q}{\partial x}-\frac{\partial P}{\partial y}\right)dxdy$$

特别当 $\frac{\partial Q}{\partial x}-\frac{\partial P}{\partial y}$ = 常数时，一定要想到用格林公式. 而因为给出 $\frac{\partial Q}{\partial x}$，$\frac{\partial P}{\partial y}$，很难观察出函数 $P(x,y)$，$Q(x,y)$是什么，因而很少用格林公式计算二重积分，即

$$\iint\limits_{D}\left(\frac{\partial Q}{\partial x}-\frac{\partial P}{\partial y}\right)dxdy = \pm\oint_{L}Pdx+Qdy$$

不太常用.

在格林公式中令 P = － y，Q = x，可得到利用曲线积分计算区域 D 的面积 S_D 的公式.

$$S_D = \iint\limits_{D}d\sigma = \frac{1}{2}\oint_{L}xdy-ydx$$

L 为区域 D 取正向的边界曲线.

三、举例

例1 对曲线积分 $\oint_L (2xy - x^2) dx + (x + y^2) dy$ 验证格林公式的正确性，其中 L 是由 $y = x^2$ 及 $y^2 = x$ 围成区域边界曲线的正向.

解 平面曲线 $y = x^2$ 及 $y^2 = x$ 相交于 $(0,0)$ 及 $(1,1)$，一方面由代入法

$$\oint_L (2xy - x^2) dx + (x + y^2) dy$$

$$= \int_0^1 (2x^3 - x^2) dx + (x + x^4) \cdot 2x dx$$

$$+ \int_1^0 (2y^3 - y^4) \cdot 2y dy + (y^2 + y^2) dy$$

$$= \int_0^1 (2x^5 + 2x^3 + x^2) dx + \int_1^0 (4y^4 - 2y^5 + 2y^2) dy$$

$$= \frac{7}{6} - \frac{17}{15} = \frac{1}{30}$$

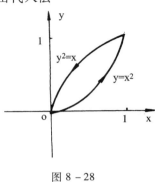

图 8 - 28

另一方面，设封闭曲线 L 围成的区域为 D，则

$$\iint_D \left(\frac{\partial Q}{\partial x} - \frac{\partial P}{\partial y} \right) dxdy = \iint_D (1 - 2x) dxdy = \int_0^1 dx \int_{x^2}^{\sqrt{x}} (1 - 2x) dy = \int_0^1 (y - 2xy) \Big|_{x^2}^{\sqrt{x}} dx$$

$$= \int_0^1 (x^{\frac{1}{2}} - 2x^{\frac{3}{2}} - x^2 + 2x^3) dx = \frac{1}{30}$$

因此格林公式得到验证.

例2 计算 $I = \oint_L (x^3 - x^2 y) dx + xy^2 dy$，其中 L 为环形区域 $D = \{(x,y) | 4 \leqslant x^2 + y^2 \leqslant 16\}$ 的取负向的边界曲线.

解 $P = x^3 - x^2 y$，$Q = xy^2$，则由格林公式

$$I = -\iint_D \left[\frac{\partial(xy^2)}{\partial x} - \frac{\partial(x^3 - x^2 y)}{\partial y} \right] dxdy$$

$$= -\iint_D (y^2 + x^2) dxdy = -\int_0^{2\pi} d\theta \int_2^4 r^3 dr = -120\pi$$

例3 计算 $I = \oint_L \frac{xdy - ydx}{x^2 + y^2}$，其中 L 不通过原点是：

（1）任意一条不包含原点的闭区域的取正向的无重点边界曲线.

（2）任意一条包含原点的闭区域的取正向的无重点边界曲线.

解 因为 $Q = \frac{x}{x^2 + y^2}$，$P = \frac{-y}{x^2 + y^2}$，则

$$\frac{\partial Q}{\partial x} = \frac{y^2 - x^2}{(x^2 + y^2)^2} = \frac{\partial P}{\partial y}，即 \frac{\partial Q}{\partial x} - \frac{\partial P}{\partial y} = 0$$

（1）若 L 所围闭区域 D 不包含原点，这时满足格林公式条件，因而

$$\oint_L \frac{xdy - ydx}{x^2 + y^2} = \iint_D \left(\frac{\partial Q}{\partial x} - \frac{\partial P}{\partial y} \right) dxdy = 0$$

（2）若 L 围成的闭区域 D 包含原点 O(0,0)，而 P、Q 在该点偏导不存在，因而不满足格林公式的条件（这样的点称为奇点），不能直接用格林公式，只有"挖去"奇点后才可用公式.

设 L 围成的闭区域 D 如图 8 – 29，对充分小的正数 ε，作圆域 $D_\varepsilon = \{(x,y) \mid x^2 + y^2 < \varepsilon^2\}$，使 $D_\varepsilon \subset D$，并设 D_ε 的边界曲线为 L_ε，方向是顺时针方向，则 P、Q 在 $D \backslash D_\varepsilon$ 上满足格林公式条件，所以

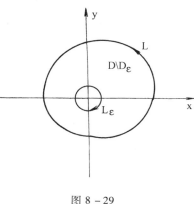

$$\oint_L \frac{xdy - ydx}{x^2 + y^2} + \oint_{L_\varepsilon} \frac{xdy - ydx}{x^2 + y^2} = \iint_{D \backslash D_\varepsilon} \left(\frac{\partial Q}{\partial x} - \frac{\partial P}{\partial y} \right) dxdy = 0$$

$$\oint_L \frac{xdy - ydx}{x^2 + y^2} = -\oint_{L_\varepsilon} \frac{xdy - ydx}{x^2 + y^2} = -\frac{1}{\varepsilon^2} \oint_{L_\varepsilon} xdy - ydx$$

$$= \frac{1}{\varepsilon^2} \iint_{D_\varepsilon} 2dxdy = \frac{2}{\varepsilon^2} \cdot \pi\varepsilon^2 = 2\pi$$

图 8 – 29

四、曲线积分与路径的无关性

定理 2 设 D 是单连通闭区域，若函数 P(x,y)，Q(x,y) 在 D 内连续，且具有一阶连续偏导数，则以下四个命题等价.

（1）在 D 内成立 $\dfrac{\partial Q}{\partial x} = \dfrac{\partial P}{\partial y}$.

（2）沿 D 内任一分段光滑封闭曲线 L，有 $\oint_L Pdx + Qdy = 0$.

（3）对 D 内任意一条以 (x_1,y_1) 为起点，以 (x_2,y_2) 为终点的光滑曲线 L，曲线积分 $\displaystyle\int_L Pdx + Qdy$ 与路径 L 无关，只与 L 的起点和终点有关. 有时我们把与路径无关的曲线积分也记为

$$\int_{(x_0,y_0)}^{(x_1,y_1)} Pdx + Qdy$$

（4）Pdx + Qdy 是 D 内某一函数的全微分. 即在 D 内存在函数 u(x,y) 使 du = Pdx + Qdy，其中

$$u(x,y) = \int_{(x_0,y_0)}^{(x,y)} Pdx + Qdy$$

这时我们把 u(x,y) 称为全微分 Pdx + Qdy 的原函数.

证 （1）$\Rightarrow$（2） 因为 $\dfrac{\partial Q}{\partial x} = \dfrac{\partial P}{\partial y}$，所以 $\dfrac{\partial Q}{\partial x} - \dfrac{\partial P}{\partial y} = 0$

因为 D 是单连通区域，所以对 D 内任一光滑封闭曲线 L 围成的区域 D_1 仍包含在 D 内，由格林公式

$$\oint_{L} Pdx + Qdy = \pm \iint_{D_1} \left(\frac{\partial Q}{\partial x} - \frac{\partial P}{\partial y} \right) dxdy = 0$$

（2）$\Rightarrow$（3）设 D 内任意两条光滑曲线 L_1，L_2，都是以 $A(x_1,y_1)$ 为起点，以 $B(x_2,y_2)$ 为终点，如图 8 – 30 所示，则 L_1 与 $-L_2$ 组成封闭曲线，则

$$\oint_{L_1 + (-L_2)} Pdx + Qdy = 0$$

所以　　　$$\int_{L_1} Pdx + Qdy = -\int_{-L_2} Pdx + Qdy = \int_{L_2} Pdx + Qdy$$

由于 L_1 和 L_2 的任意性，所以对从 A 到 B 的任意一条光滑曲线 L，积分 $\int_{L} Pdx + Qdy$ 只与 A、B 点的坐标有关.

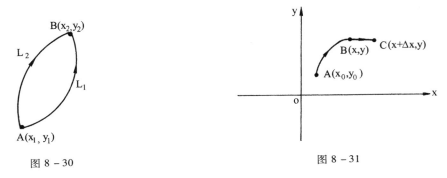

图 8 – 30　　　　　　　　　　　　　　　　图 8 – 31

（3）$\Rightarrow$（4）已知 $\int_{L} Pdx + Qdy$ 的值与路径无关，只与 L 的起终点有关. 设 $A(x_0,y_0)$ 为一个定点，$B(x,y)$ 为一个动点，则从 A 到 B 的曲线积分

$$\int_{(x_0,y_0)}^{(x,y)} Pdx + Qdy$$

是 (x,y) 的函数，记为 $u(x,y)$.

即

$$u(x,y) = \int_{(x_0,y_0)}^{(x,y)} Pdx + Qdy = \int_{A}^{B} Pdx + Qdy$$

下面来求 $u(x,y)$ 的全微分

$$\frac{\partial u}{\partial x} = \lim_{\Delta x \to 0} \frac{u(x+\Delta x,y) - u(x,y)}{\Delta x}$$

$$= \lim_{\Delta x \to 0} \frac{\int_{A}^{C} Pdx + Qdy - \int_{A}^{B} Pdx + Qdy}{\Delta x}$$

$$= \lim_{\Delta x \to 0} \frac{\left[\int_{A}^{B} Pdx + Qdy + \int_{B}^{C} Pdx + Qdy \right] - \int_{A}^{B} Pdx + Qdy}{\Delta x}$$

$$= \lim_{\Delta x \to 0} \frac{\int_{(x,y)}^{(x+\Delta x,y)} P dx + Q dy}{\Delta x} = \lim_{\Delta x \to 0} \frac{\int_{(x,y)}^{(x+\Delta x,y)} P(x,y) dx}{\Delta x}$$

$$= \lim_{\Delta x \to 0} \frac{P(x + \theta \Delta x, y) \Delta x}{\Delta x} = P(x,y) \quad (0 < \theta < 1)$$

同理可得 $\dfrac{\partial u}{\partial y} = Q(x,y)$

所以 $du = P dx + Q dy$

（4）$\Rightarrow$（1）已知存在函数 $u(x,y)$，使 $du = P dx + Q dy$，则 $\dfrac{\partial u}{\partial x} = P$，$\dfrac{\partial u}{\partial y} = Q$，所以

$$\frac{\partial P}{\partial y} = \frac{\partial^2 u}{\partial x \partial y} \qquad \frac{\partial Q}{\partial x} = \frac{\partial^2 u}{\partial y \partial x}$$

因为 P、Q 具有一阶连续的偏导数，所以 $\dfrac{\partial^2 u}{\partial x \partial y}$ 和 $\dfrac{\partial^2 u}{\partial y \partial x}$ 连续，因此

$$\frac{\partial^2 u}{\partial x \partial y} = \frac{\partial^2 u}{\partial y \partial x} \qquad 即 \qquad \frac{\partial P}{\partial y} = \frac{\partial Q}{\partial x}$$

因此定理中的四个命题是等价的.

例4（1）证明 $(2x + \sin y) dx + (x \cos y) dy$ 是某一函数的全微分.

（2）用曲线积分方法求它的原函数.

（3）用观察法求出它的原函数.

解（1）因为 $P = 2x + \sin y$，$Q = x \cos y$，所以

$$\frac{\partial P}{\partial y} = \cos y = \frac{\partial Q}{\partial x}$$

由定理2，存在原函数 $u(x,y)$ 使 $du = P dx + Q dy$.

（2）设 $A(0,0)$，$B(x,0)$，$C(x,y)$，因为 $\int_L P dx + Q dy$ 与路径无关，所以

$$u(x,y) = \int_A^C (2x + \sin y) dx + x \cos y dy$$

$$= \int_A^B (2x + \sin y) dx + x \cos y dy + \int_B^C (2x + \sin y) dx + x \cos y dy$$

$$= \int_0^x 2x dx + \int_0^y x \cos y dy = x^2 + x \sin y + C$$

（3）把微分形式 $(2x + \sin y) dx + x \cos y dy$ 按一元微分和二元全微分的"样子"重新配对

$$(2x + \sin y) dx + x \cos y dy = 2x dx + (\sin y dx + x \cos y dy)$$

观察看 $2x dx$ 是一元函数 x^2 的微分 dx^2，$\sin y dx + x \cos y dy$ 是二元函数 $x \sin y$ 的全微分 $d(x \sin y)$，所以

$$(2x + \sin y) dx + x \cos y dy = dx^2 + d(x \sin y) = d(x^2 + x \sin y)$$

所以原函数 $u(x,y) = x^2 + x \sin y + C$.

例5 计算 $I = \int_L (2x + \sin y) dx + (x \cos y) dy$，其中 L 是从点 $A(1,0)$ 到点 $B\left(2, \dfrac{\pi}{2}\right)$ 的一

段弧.

解　由例 4 积分 I 与路径无关，且原函数 $u(x,y) = x^2 + x\sin y + C$，所以

$$I = \int_A^B d(x^2 + x\sin y) = (x^2 + x\sin y)\Big|_{(1,0)}^{\left(2,\frac{\pi}{2}\right)} = (4 + 2) - 1 = 5$$

从例 5 看出，只要求出 $Pdx + Qdy$ 的原函数 $u(x,y)$，则

$$\int_L Pdx + Qdy = u(x_2, y_2) - u(x_1, y_1)$$

其中 L 是以 $A(x_1, y_1)$ 为起点，$B(x_2, y_2)$ 为终点的光滑曲线弧.

习题 8 – 6

1. 利用格林公式计算下列积分.

(1) $\oint_L (2x - y + 4)dx + (5y + 3x - 6)dy$，其中 L 是圆周 $x^2 + y^2 = 16$，取逆时针方向.

(2) $\oint_L (x^2 - xy^3)dx + (y^2 - 2xy)dy$，其中 L 是顶点为 $(0,0)$，$(2,0)$，$(2,2)$，$(0,2)$ 的正方形围成的封闭曲线，取顺时针方向.

(3) $\int_L (2xy^3 - y^2\cos x)dx + (1 - 2y\sin x + 3x^2y^2)dy$，其中 L 为抛物线 $x = \frac{\pi}{2}y^2$ 上由点 O $(0,0)$ 到 $A\left(\frac{\pi}{2}, 1\right)$ 的一段弧.

(4) $\int_{\overset{\frown}{AO}} (e^x\sin y - my)dx + (e^x\cos y - m)dy$，其中 m 为常数，$\overset{\frown}{AO}$ 是由 $A(a,0)$ 到 $O(0,0)$ 经过圆 $x^2 + y^2 = ax$ 的上半部弧.

2. 验证下列积分与路径无关，并求它们的值.

(1) $\int_{(1,0)}^{(2,1)} (2xy - y^4 + 3)dx + (x^2 - 4xy^3)dy$

(2) $\int_{(0,0)}^{(x,y)} (2x\cos y - y^2\sin x)dx + (2y\cos x - x^2\sin y)dy$

(3) $\int_{(2,1)}^{(1,2)} f(x)dx + g(y)dy$，其中 $f(x)$，$g(y)$ 为连续函数.

3. 用观察法求下列全微分的原函数.

(1) $2xydx + x^2dy$

(2) $(2xy - y^3 + x)dx + (x^2 - 3xy^2)dy$

(3) $(3x^2\cos y - y^3\sin x)dx + (3y^2\cos x - x^3\sin y)dy$

4. 用积分法求下列全微分的原函数.

(1) $(x + 2y)dx + (2x + y)dy$

(2) $\left[e^{x+y}(x - y + 2) + ye^x\right]dx + \left[e^{x+y}(x - y) + e^x\right]dy$

*第九章 三重积分与曲面积分

第一节 三 重 积 分

一、三重积分的概念与性质

定积分与二重积分定义中的"和式极限"可以推广到空间,这就是三重积分的概念.

设 $f(x,y,z)$ 是空间有界闭区域 Ω 上的有界函数,将 Ω 用任意的曲面网分成 n 个小闭区域 Δv_1,Δv_2,$\cdots$,Δv_n,$\Delta v_k(k=1,2,\cdots n)$ 也表示第 k 个小闭区域的体积,这些小闭区域构成 Ω 的一个分割 T,以 d_k 表示小区域 Δv_k 的直径,令 $d=\max\limits_{1\leqslant k\leqslant n}\{d_k\}$.在每个 Δv_k 上任取一点 (ξ_k,η_k,ζ_k),作和式

$$\sum_{k=1}^{n} f(\xi_k,\eta_k,\zeta_k)\Delta v_k$$

称为函数 $f(x,y,z)$ 在 Ω 上属于分割 T 的一个三重积分和.

定义 1 设 $f(x,y,z)$ 是有界闭区域 Ω 上的有界函数,对 Ω 的任何分割 T,d_k 是第 k 个小闭区域的直径,$d=\max\limits_{1\leqslant k\leqslant n}\{d_k\}$,若当 $d\rightarrow0$ 时,对属于 T 的所有三重积分和 $\sum\limits_{k=1}^{n} f(\xi_k,\eta_k,\zeta_k)\Delta v_k$ 的极限存在,则称此极限值为函数 $f(x,y,z)$ 在闭区域 Ω 上的三重积分,记作 $\iiint\limits_{\Omega}f(x,y,z)dv$.即

$$\iiint\limits_{\Omega} f(x,y,z)dv = \lim_{d\rightarrow0}\sum_{k=1}^{n} f(\xi_k,\eta_k,\zeta_k)\Delta v_k$$

这时称 $f(x,y,z)$ 在 Ω 上可积.其中 $f(x,y,z)$ 称为被积函数,$f(x,y,z)dv$ 称为被积表达式,dv 称为体积元素,x、y、z 称为积分变量,Ω 称为积分区域.

三重积分与二重积分有类似的可积条件,即函数 $f(x,y,z)$ 在 Ω 上有界是可积的必要条件,在 Ω 上连续是可积的充分条件。

三重积分也有与定积分和二重积分完全类似的七个性质,请读者列举出来.

二、直角坐标下三重积分计算

在直角坐标系下,用平行于坐标面的平面划分 Ω,那么除了包含 Ω 的边界点的一些不

规则小闭区域外（这些小闭区域的体积总和的极限为 0），得到的小闭区域 Δv_k 是长方体，设小闭区域的边长为 Δx、Δy、Δz，则小闭区域的体积 $\Delta v = \Delta x \Delta y \Delta z$. 因此在直角坐标下把三重积分定义中的体积元素记为 $dxdydz$，这时三重积分记为

$$\iiint\limits_{\Omega} f(x,y,z)\,dxdydz$$

$dxdydz$ 就称为直角坐标系中的体积元素.

下面我们简单介绍两种在直角坐标系下计算三重积分的方法. 在下面的叙述中都假定 Ω 是空间中的有界闭区域，$f(x,y,z)$ 在 Ω 上连续.

1. "先一后二" 法（穿针法）

这个计算方法主要有下面三个过程.

（1）投影.

设空间闭区域 Ω 的边界曲面为 S，把 Ω 投影到 xoy 平面上，得到投影区域 D_{xy}（如图 9 - 1），以 D_{xy} 的边界为准线，作母线平行于 z 轴的柱面，这个柱面把 Ω 的边界曲面 S 分为上下两部分（要多于两部分时，要先划分 Ω 再计算），它们的方程记为

$S_{上}$: $z = z_{上}(x,y)$

$S_{下}$: $z = z_{下}(x,y)$

（2）穿针.

在 D_{xy} 内任取一点 (x,y) 作平行于 Z 轴的直线，这直线从 $S_{下}$ 穿入 Ω 内，从 $S_{上}$ 穿出 Ω（穿针法的来由），这时区域 Ω 可表示为

$$\Omega = \{(x,y,z) \mid (x,y) \in D_{xy},$$
$$z_{下}(x,y) \le z \le z_{上}(x,y)\}$$

（3）把三重积分化为一个定积分和一个二重积分.

先固定 x,y，把 $f(x,y,z)$ 看作 z 的一元函数，计算定积分

$$\int_{z_{下}(x,y)}^{z_{上}(x,y)} f(x,y,z)\,dz$$

这个定积分是 x,y 的函数，再对其在 D_{xy} 上计算二重积分

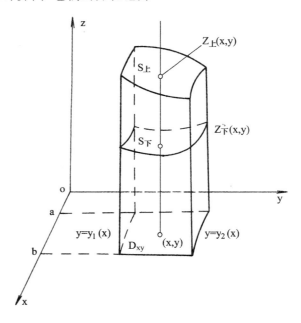

图 9 - 1

$$\iint\limits_{D_{xy}} \left[\int_{z_{下}(x,y)}^{z_{上}(x,y)} f(x,y,z)\,dz \right] dxdy$$

即

$$\iiint\limits_{\Omega} f(x,y,z)\,dxdydz = \iint\limits_{D_{xy}} \left[\int_{z_{下}(x,y)}^{z_{上}(x,y)} f(x,y,z)\,dz \right] dxdy$$

这就是 "先一后二" 的计算方法，也形象地称为 "穿针法".

当 D_{xy} 为 X 型区域 $\{(x,y) \mid a \le x \le b, y_1(x) \le y \le y_2(x)\}$ 时，三重积分化为了三个定积分，

称为三次积分（或累次积分）. 即

$$\iiint_{\Omega} f(x,y,z)dxdydz = \int_a^b dx \int_{y_1(x)}^{y_2(x)} dy \int_{z_{\overline{F}}(x,y)}^{z_{\underline{F}}(x,y)} f(x,y,z)dz$$

这时的三次积分次序为"先 z、再 y、后 x".

当 D_{xy} 为 Y 型区域 $\{(x,y)|c \le y \le d, x_1(y) \le x \le x_2(y)]$，这时三重积分可化为"先 z、再 x、后 y"的三次积分，即

$$\iiint_{\Omega} f(x,y,z)dxdydz = \int_c^d dy \int_{x_1(y)}^{x_2(y)} dx \int_{z_{\overline{F}}(x,y)}^{z_{\underline{F}}(x,y)} f(x,y,z)dz$$

如果选择先积 x，又对应两种积分次序，同样先积 y 也对应两种积分次序，所以三重积分化为三次积分时可有六种次序，但因为 Ω 往 xoy 面上投影，区域 D_{xy} 比较容易想像它的形状，因而在应用中我们通常选择先积 z.

例 1　计算 $I = \iiint_{\Omega} xzdxdydz$，其中 Ω 是由平面 $x = 0$，$y = 0$，$z = 0$ 及 $x + y + z = 1$ 围成的闭区域.

解　（1）投影　把 Ω 投影到 xoy 面得到投影区域

$D_{xy} = \{(x,y)|0 \le x \le 1, 0 \le y \le 1 - x\}$（如果立体区域 Ω 的图形不好画，则画出投影区域 D_{xy} 的图形也可顺利计算积分），（图 9 - 2）.

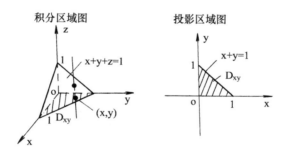

图 9 - 2

（2）穿针　在 D_{xy} 内任取一点 (x,y) 作直线平行 Z 轴，从平面 $z = 0$ 穿入 Ω，从 $z = 1 - x - y$ 穿出 Ω.

（3）化为三次积分

$$\iiint_{\Omega} xzdxdydz = \int_0^1 dx \int_0^{1-x} dy \int_0^{1-x-y} xzdz = \int_0^1 dx \int_0^{1-x} \frac{1}{2}x(1 - x - y)^2 dy$$

$$= -\frac{1}{6}\int_0^1 x(1 - x - y)^3 \Big|_0^{1-x} dx = \frac{1}{6}\int_0^1 (x - 3x^2 + 3x^3 - x^4)dx = \frac{1}{120}$$

2. "先二后一"法（切片法）

设 Ω 为空间闭区域，Ω 看成

$$\Omega = \{(x,y,z)|c_1 \le z \le c_2, (x,y) \in D_z\}$$

其中 D_z 是在任意的竖坐标 z 处 $(c_1 \le z \le c_2)$ 作平行于 xoy 的平面，截 Ω 所得的一个平面闭区域（切片法的来由），则

$$\iiint\limits_{\Omega} f(x,y,z)\,dxdydz = \int_{c_1}^{c_2} dz \iint\limits_{D_z} f(x,y,z)\,dxdy$$

即把三重积分分两步,第一步先固定 z,计算二重积分 $\iint\limits_{D_z} f(x,y,z)\,dxdy$,其结果为 z 的函数,再对此结果从 c_1 到 c_2 计算定积分,这种方法称为"先二后一"法或"切片法".

同样的道理可作平行于 yoz 平面(或 zox 平面)的平面截立体 Ω,得到另外次序的积分,这里就不再一一赘述了.

在直角坐标系下计算三重积分,大多数都用"穿针法",对"切片法"举下列两个例题,请读者总结一下,什么情况下用"切片法"会简化三重积分的计算呢?

例 2 计算三重积分 $I = \iiint\limits_{\Omega} z\,dxdydz$,其中 Ω 为三个坐标面及 $2x + y + z = 1$ 围成的闭区域(图 9 − 3).

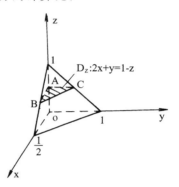

图 9 − 3

解 在 z 轴上任取一点 $(0,0,z)$,过此点作平面平行于 xoy 面,截 Ω 得一三角形平面区域 D_z,固定 z 时,

AC 长度:$1 - z$

AB 长度:$\dfrac{1}{2}(1 - z)$

所以三角形 D_z 的面积 $= \dfrac{1}{4}(1 - z)^2$,则

$$I = \iiint\limits_{\Omega} z\,dxdydz = \int_0^1 z\,dz \iint\limits_{D_z} dxdy = \int_0^1 \frac{1}{4}z(1 - z)^2\,dz = \frac{1}{48}$$

例 3 计算 $I = \iiint\limits_{\Omega}\left(\dfrac{x^2}{a^2} + \dfrac{y^2}{b^2} + \dfrac{z^2}{c^2}\right)dxdydz$,其中 Ω 是椭球体 $\left\{(x,y,z)\ \middle|\ \dfrac{x^2}{a^2} + \dfrac{y^2}{b^2} + \dfrac{z^2}{c^2} \leqslant 1,\right.$ $a、b、c > 0\}$.

解 因为

$$I = \frac{1}{a^2}\iiint\limits_{\Omega} x^2\,dxdydz + \frac{1}{b^2}\iiint\limits_{\Omega} y^2\,dxdydz + \frac{1}{c^2}\iiint\limits_{\Omega} z^2\,dxdydz$$

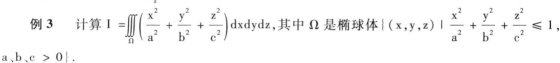

为了计算 $\iiint\limits_{\Omega} z^2\,dxdydz$,过点 $(0,0,z)(-c \leqslant z \leqslant c)$ 作平面平行于 xoy 面,截 Ω 的截面是一椭圆区域 D_z

$$D_z = \left\{(x,y)\ \middle|\ \frac{x^2}{a^2} + \frac{y^2}{b^2} \leqslant 1 - \frac{z^2}{c^2}\right\}$$

而这个椭圆的面积

$$S(D_z) = \pi \cdot \sqrt{a^2\left(1 - \frac{z^2}{c^2}\right)} \cdot \sqrt{b^2\left(1 - \frac{z^2}{c^2}\right)} = \pi ab\left(1 - \frac{z^2}{c^2}\right)$$

所以

$$\iiint\limits_{\Omega} z^2 dxdydz = \int_{-c}^{c} z^2 dz \iint\limits_{D_z} dxdy = \int_{-c}^{c} \pi abz^2 \left(1 - \frac{z^2}{c^2}\right) dz$$

$$= \frac{2\pi ab}{c^2} \int_0^c (c^2 z^2 - z^4) dz = \frac{4}{15} \pi abc^3$$

同理作平行于 yoz 的平面得到

$$\iiint\limits_{\Omega} x^2 dxdydz = \frac{4}{15} \pi a^3 bc$$

作平行于 zox 的平面得到

$$\iiint\limits_{\Omega} y^2 dxdydz = \frac{4}{15} \pi ab^3 c$$

所以

$$I = \iiint\limits_{\Omega} \left(\frac{x^2}{a^2} + \frac{y^2}{b^2} + \frac{z^2}{c^2}\right) dxdydz = 3 \times \frac{4}{15} \pi abc = \frac{4}{5} \pi abc$$

习题 9 - 1

1. 如果三重积分 $\iiint\limits_{\Omega} f(x,y,z) dxdydz$ 的被积函数 $f(x,y,z) = f_1(x) f_2(y) f_3(z)$，且 D 为矩形

区域 $D = \{(x,y,z) \mid a_1 \leqslant x \leqslant a_2, b_1 \leqslant y \leqslant b_2, c_1 \leqslant z \leqslant c_2\}$，则

$$\iiint\limits_{\Omega} f(x,y,z) dv = \left(\int_{a_1}^{a_2} f_1(x) dx\right) \left(\int_{b_1}^{b_2} f_2(y) dy\right) \left(\int_{c_1}^{c_2} f_3(z) dz\right).$$

2. 选择适当的方法计算下列三重积分.

(1) $\iiint\limits_{\Omega} x dxdydz$，其中 Ω 为三个坐标面及平面 $x + 2y + z = 1$ 围成的闭区域.

(2) $\iiint\limits_{\Omega} \frac{1}{x^2 + y^2} dxdydz$，其中 Ω 为由 $x = 1, x = 2, z = 0, y = x$ 与 $z = y$ 围成的闭区域.

(3) $\iiint\limits_{\Omega} z dxdydz$，其中 Ω 是由锥面 $z = \frac{1}{3}\sqrt{x^2 + y^2}$ 与平面 $z = 1$ 围成的闭区域.

(4) $\iiint\limits_{\Omega} xyz dxdydz$，其中 Ω 为球面 $x^2 + y^2 + z^2 = 1$ 及三个坐标面所围成的第一卦限的闭区域.

3. 求下列立体的体积.

(1) 由曲面 $z = x^2 + y^2$ 及平面 $z = 1$ 所围成立体.

(2) 由曲面 $z = x^2 + 2y^2$ 及 $z = 2 - x^2$ 所围成立体.

第二节　柱面坐标与球面坐标下三重积分的计算

* 一、三重积分变量替换

和二重积分变量替换类似，三重积分也有变量替换公式，定理如下：

定理 1　设 f(x,y,z) 在空间有界闭区域 Ω 上连续，变换 T：x = x(u,v,w)，y = y(u,v,w)，z = z(u,v,w) 把 uvw 空间中的闭区域 Ω′ 一对一地变换成 xyz 空间的闭区域 Ω，并满足

（1）函数 x(u,v,w)，y(u,v,w)，z(u,v,w) 及它们的一阶偏导数在 Ω′ 上连续．

（2）在 Ω′ 上变换 T 的雅可比行列式

$$J = J(u,v,w) = \begin{vmatrix} \dfrac{\partial x}{\partial u} & \dfrac{\partial x}{\partial v} & \dfrac{\partial x}{\partial w} \\[2mm] \dfrac{\partial y}{\partial u} & \dfrac{\partial y}{\partial v} & \dfrac{\partial y}{\partial w} \\[2mm] \dfrac{\partial z}{\partial u} & \dfrac{\partial z}{\partial v} & \dfrac{\partial z}{\partial w} \end{vmatrix} \neq 0 \quad (u,v,w) \in \Omega'$$

则有三重积分换元公式

$$\iiint\limits_{\Omega} f(x,y,z)\,dxdydz = \iiint\limits_{\Omega'} f(x(u,v,w),y(u,v,w),z(u,v,w)) \mid J \mid dudvdw$$

二、柱面坐标下计算三重积分

1. 柱面坐标变换

定义 1　变换 T：x = rcosθ，y = rsinθ，z = z（其中 $0 \leq r < +\infty$，$0 \leq \theta \leq 2\pi$，$-\infty < z < +\infty$）称为柱面坐标变换，它把 rθz 空间变为 xyz 空间．三维数组 (r,θ,z) 称为空间点的柱面坐标．

在直角坐标中，把 xoy 面换为极坐标 roθ，此极坐标与 z 轴一起就形成柱面坐标．

下列三种曲面在柱面坐标下，方程最为简单

以 z 轴为轴的圆柱面：r = 常数

过 z 轴的半平面：θ = 常数

与 xoy 面平行的平面：z = 常数．

2. 三重积分在柱面坐标变换下换元公式

柱面坐标变换的雅可比行列式

$$J = J(r,\theta,z) = \begin{vmatrix} \cos\theta & -r\sin\theta & 0 \\ \sin\theta & r\cos\theta & 0 \\ 0 & 0 & 1 \end{vmatrix} = r$$

但与极坐标变换一样，柱面坐标变换不是一对一的，并且当 r = 0 时，J(r,θ,z) = 0．我们仍可用类似于极坐标变换下二重积分换元公式的办法证明

$$\iiint\limits_{\Omega} f(x,y,z)\,dv = \iiint\limits_{\Omega'} f(r\cos\theta,r\sin\theta,z)\,rdrd\theta dz$$

Ω' 是 Ω 在柱面坐标变换下的原像，此公式称为柱面坐标下三重积分换元公式.

在具体应用时，往往先把三重积分 $\iiint\limits_{\Omega} f(x,y,z)\,dv$ 化为"先一后二"的积分次序

$$\iiint\limits_{\Omega} f(x,y,z)\,dv = \iint\limits_{D_{xy}} dxdy \int_{z_{\overline{F}}(x,y)}^{z_{\perp}(x,y)} f(x,y,z)\,dz.$$

再在 D_{xy} 上用极坐标变换计算，这个过程实质上就是三重积分在柱面坐标变换下的计算过程.

例 1　求 $I = \iiint\limits_{\Omega}(x^2+y^2)\,dv$，其中 Ω 是由曲面 $x^2+y^2=2z$ 及平面 $z=2$ 所围闭区域.

解　Ω 在 xoy 面上的投影区域 $D_{xy} = \{(x,y)\,|\,x^2+y^2 \le 4\}$ 先用"先一后二"法

$$原式 = \iint\limits_{D_{xy}} dxdy \int_{\frac{x^2+y^2}{2}}^{2}(x^2+y^2)\,dz$$

再对 D_{xy} 用极坐标变换 $x=r\cos\theta$，$y=r\sin\theta$

$$I = \int_0^{2\pi} d\theta \int_0^2 dr \int_{\frac{r^2}{2}}^{2} r^3\,dz$$

$$= \int_0^{2\pi} d\theta \int_0^2 r^3\left(2 - \frac{r^2}{2}\right)dr = \frac{16}{3}\pi$$

三、球面坐标下计算三重积分

1. **球面坐标变换**

定义 2　变换 T：$\begin{cases} x = r\sin\varphi\cos\theta & 0 \le r < +\infty \\ y = r\sin\varphi\sin\theta & 0 \le \varphi \le \pi \\ z = r\cos\varphi & 0 \le \theta \le 2\pi \end{cases}$　称为球面坐

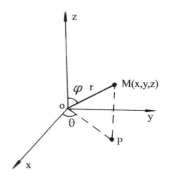

图 9 - 4

标变换，它把 $r\varphi\theta$ 空间变换为 xyz 空间. 三维数组 (r,φ,θ) 称为空间点的球面坐标.

若点 $M(x,y,z)$ 是 xyz 空间上任意一点，M 的球面坐标 (r,φ,θ) 的实际含义是：

r：表示点 M 与原点 O 的距离.

φ：表示 OM 与 z 轴正向的夹角.

θ：表示 OP 与 x 轴正向的夹角，P 是 M 在 xoy 面上的投影.

在球面坐标中下列三种曲面方程较为简单.

以原点为球心的球面：$r=$ 常数

以原点为顶点，z 轴为轴的圆锥面：$\varphi=$ 常数

过 z 轴的半平面：$\theta=$ 常数

2. **三重积分在球面坐标变换下换元公式**

在球面坐标变换下

$$J = J(r,\varphi,\theta) = \begin{vmatrix} \sin\varphi\cos\theta & r\cos\varphi\cos\theta & -r\sin\varphi\sin\theta \\ \sin\varphi\sin\theta & r\cos\varphi\sin\theta & r\sin\varphi\cos\theta \\ \cos\varphi & -r\sin\varphi & 0 \end{vmatrix} = r^2\sin\varphi$$

同样地，球面坐标变换也不是一对一的，且 $r = 0$ 或 $\varphi = 0$，π 时 $J(r,\varphi,\theta) = 0$，用类似极坐标的方法同样可证明下面换元公式成立.

$$\iiint\limits_{\Omega} f(x,y,z)\mathrm{d}v = \iiint\limits_{\Omega'} f(r\sin\varphi\cos\theta, r\sin\varphi\sin\theta, r\cos\varphi) r^2\sin\varphi\,\mathrm{d}r\mathrm{d}\varphi\mathrm{d}\theta$$

其中 Ω' 是 Ω 在球面坐标变换下的原像. 这个公式称为三重积分在球面坐标变换下的换元公式.

特别地，在球面坐标下若区域 Ω' 可写成

$$\Omega' = \{(r,\varphi,\theta) \mid \theta_1 \leqslant \theta \leqslant \theta_2, \varphi_1(\theta) \leqslant \varphi \leqslant \varphi_2(\theta), r_1(\varphi,\theta) \leqslant r \leqslant r_2(\varphi,\theta)\},$$ 则

$$\iiint\limits_{\Omega} f(x,y,z)\mathrm{d}v = \int_{\theta_1}^{\theta_2}\mathrm{d}\theta\int_{\varphi_1(\theta)}^{\varphi_2(\theta)}\mathrm{d}\varphi\int_{r_1(\varphi,\theta)}^{r_2(\varphi,\theta)} f(r\sin\varphi\cos\theta, r\sin\varphi\sin\theta, r\cos\varphi) r^2\sin\varphi\,\mathrm{d}r$$

当积分区域 Ω 是由球面或锥面围成的闭区域，被积函数含有 $x^2 + y^2 + z^2$ 时用球面坐标变换可简化三重积分的计算.

例2　求 $I = \iiint\limits_{\Omega}(x^2 + y^2 + z^2)\mathrm{d}v$，其中 Ω 是球心在 z 轴上、半径为 1 且过原点的球面与顶点在原点、半顶角为 $\dfrac{\pi}{4}$ 的球面的内接锥面所围立体（如图 9 - 5）.

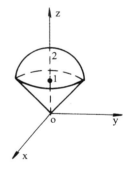

图 9 - 5

解　因为球心在 $(0,0,1)$，半径为 1，所以球面的方程为

$$x^2 + y^2 + (z - 1)^2 = 1$$

在球面坐标变换下其方程为

$$r = 2\cos\varphi$$

内接圆锥面的顶点在原点 O，其轴与 z 轴重合，则该锥面在球面坐标下的方程为 $\varphi = \dfrac{\pi}{4}$，积分区域 Ω 可表示为

$$\Omega = \left\{(r,\varphi,\theta) \mid 0 \leqslant \theta \leqslant 2\pi, 0 \leqslant \varphi \leqslant \frac{\pi}{4}, 0 \leqslant r \leqslant 2\cos\varphi\right\}$$

所以

$$V = \iiint\limits_{\Omega} r^2 \cdot r^2\sin\varphi\,\mathrm{d}r\mathrm{d}\varphi\mathrm{d}\theta = \int_0^{2\pi}\mathrm{d}\theta\int_0^{\frac{\pi}{4}}\mathrm{d}\varphi\int_0^{2\cos\varphi} r^4\sin\varphi\,\mathrm{d}r$$

$$= \int_0^{2\pi}\mathrm{d}\theta\int_0^{\frac{\pi}{4}}\frac{32}{5}\cos^5\varphi\sin\varphi\,\mathrm{d}\varphi = \frac{28}{15}\pi.$$

习题 9 – 2

1. 用柱面坐标变换计算三重积分.

(1) $\iiint\limits_{\Omega}(x^2 + y^2)\,\mathrm{d}x\mathrm{d}y\mathrm{d}z$，其中 Ω 是由曲面 $z = 2(x^2 + y^2)$ 和 $z = 4$ 围成的立体.

(2) $\iiint\limits_{\Omega}z\,\mathrm{d}x\mathrm{d}y\mathrm{d}z$，其中 Ω 是由 $z = \sqrt{x^2 + y^2}$ 与 $z = \sqrt{1 - x^2 - y^2}$ 所围成的立体.

2. 用球面坐标变换计算下列三重积分.

(1) $\iiint\limits_{\Omega}z^2\,\mathrm{d}x\mathrm{d}y\mathrm{d}z$，其中 $\Omega = \{(x,y,z) \mid x^2 + y^2 + z^2 \leqslant 4$ 且 $x^2 + y^2 + z^2 \leqslant 4z\}$.

(2) $\iiint\limits_{\Omega}(x^2 + y^2)\,\mathrm{d}x\mathrm{d}y\mathrm{d}z$，其中 $\Omega = \{(x,y,z) \mid x^2 + y^2 + z^2 \leqslant 1\}$.

3. 选用适当的坐标变换计算下列三重积分.

(1) $\iiint\limits_{\Omega}yz\,\mathrm{d}x\mathrm{d}y\mathrm{d}z$，其中 Ω 是由柱面 $y^2 + z^2 = 1$ 及平面 $x = 0, x = 1, y = 0, z = 0$ 围成的在第一卦限内区域.

(2) $\iiint\limits_{\Omega}e^{\sqrt{x^2+y^2+z^2}}\,\mathrm{d}x\mathrm{d}y\mathrm{d}z$，其中 Ω 是由球面 $x^2 + y^2 + z^2 = 1$ 围成立体在第一卦限内区域.

(3) $\iiint\limits_{\Omega}(x^2 + y^2)\,\mathrm{d}x\mathrm{d}y\mathrm{d}z$，其中 $\Omega = \{(x,y,z) \mid 1 \leqslant x^2 + y^2 + z^2 \leqslant 4\}$.

第三节　第一类曲面积分

一、第一类曲面积分的定义

定义 1　若空间曲面 S 的边界由分段光滑曲线围成，且 S 上各点处都有切平面，当点在曲面上连续移动时，切平面也连续转动，我们称 S 为光滑曲面。

定义 2　设 S 是空间光滑有界曲面，函数 $f(x,y,z)$ 在 S 上有界，把 S 任意分割成 n 个小曲面 ΔS_k（ΔS_k（$k = 1, 2, \cdots, n$）称为 S 的一个分割 T），把第 k 个小曲面的面积也记为 ΔS_k. 在 ΔS_k 内任取一点 (ξ_k, η_k, ζ_k)，令 d_k 是 ΔS_k 的直径，且 $d = \max\limits_{1 \leqslant k \leqslant n}\{d_k\}$，当 $d \to 0$ 时，若和式极限

$$\lim_{d \to 0}\sum_{k=1}^{n}f(\xi_k, \eta_k, \zeta_k)\Delta S_k$$

存在，则把此极限值称为函数 $f(x,y,z)$ 在 S 上的第一类曲面积分（或称为在 S 上对面积的曲面积分），记为 $\iint\limits_{S}f(x,y,z)\,\mathrm{d}S$，即

$$\iint\limits_{S} f(x,y,z)\,dS = \lim_{d\to 0}\sum_{k=1}^{n} f(\xi_k,\eta_k,\zeta_k)\,\Delta S_k$$

其中 $f(x,y,z)$ 称为被积函数，S 称为积分曲面. 与第一类曲线积分类似，第一类曲面积分有相应的性质及第一类曲面积分存在的充分和必要条件，请读者仿照写出。

二、第一类曲面积分的计算

1. 曲面的面积元素

设曲面 S 由方程 $z = f(x,y)$ 给出，D 为曲面 S 在 xoy 面上的投影区域，函数 $f(x,y)$ 在 D 上具有连续的偏导数，我们来求出曲面 S 的面积元素 dS.

在闭区域 D 上任取一直径很小的闭区域 $d\sigma$（记其面积也为 $d\sigma$），在 $d\sigma$ 内任取一点 $A(x,y)$，对应 S 上的点 $B(x,y,f(x,y))$，在 B 处记 S 的切平面为 T，以小闭区域 $d\sigma$ 的边界为准线作母线平行于 z 轴的柱面，这柱面在曲面 S 上截一小片曲面（记其面积 ΔA），在切平面 T 上截一小平面（记其面积为 ΔS），因为 $d\sigma$ 的直径很小，因而 $\Delta A \approx \Delta S$. 设 B 处曲面 S 向上的法向量与 z 轴的夹角为 γ，而 B 处方向向上的法向量为

$$\{-f_x',\ -f_y',\ 1\}$$

则

$$\cos\gamma = \frac{1}{\sqrt{1+f_x'^2+f_y'^2}}$$

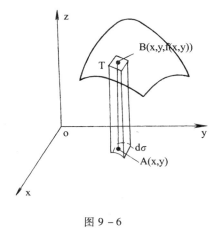

图 9 – 6

又因为 $d\sigma \approx \Delta S \cdot \cos\gamma$，所以

$$\Delta A \approx \Delta S \approx \frac{d\sigma}{\cos\gamma} = \sqrt{1+f_x'^2+f_y'^2}\,d\sigma,\ (\cos r \neq 0)$$

我们把 $\sqrt{1+f_x'^2+f_y'^2}\,d\sigma$ 称为曲面 S 的曲面面积元素，记为 dS. 在直角坐标系下，曲面面积元素

$$dS = \sqrt{1+f_x'^2+f_y'^2}\,dxdy$$

这个表达式实质上就是曲面面积元素 dS 与平面面积元素 dxdy 的关系式.

若曲面 S 的方程为 $x = g(y,z)$ 或 $y = h(z,x)$ 时，曲面面积元素可表示为

$$dS = \sqrt{1+g_y'^2+g_z'^2}\,dydz$$

$$dS = \sqrt{1+h_z'^2+h_x'^2}\,dzdx$$

由第一类曲面积分的定义和曲面面积元素不难得到曲面面积的计算公式.

$$S = \iint\limits_{S} dS = \iint\limits_{D} \sqrt{1+f_x'^2+f_y'^2}\,dxdy$$

其中光滑曲面 S 的方程 $z = f(x,y)$，$(x,y)\in D$.

2. 第一类曲面积分的计算.

定理 1 设有光滑曲面 $S: z = z(x,y)$，D_{xy} 是 S 在 xoy 面上的投影区域，$f(x,y,z)$ 是 S 上的连续函数，则

$$\iint_S f(x,y,z)dS = \iint_{D_{xy}} f(x,y,z(x,y)) \sqrt{1 + z_x'^2 + z_y'^2}\, dxdy$$

即把第一类曲面积分转化成二重积分再计算，这个方法也称为计算第一类曲面积分的代入法.

此定理的证明与第一类曲线积分计算公式的证明完全类似，在这里略去.

上述公式表明，计算第一类曲面积分的代入法同样有三个过程：

（1）先把曲面 S 投影到 xoy 面上，得区域 D_{xy}.

（2）把曲面方程 z = z(x,y) 代入被积函数 f(x,y,z(x,y))

（3）把曲面面积元素 dS 换为平面面积元素 dxdy

$$dS = \sqrt{1 + z_x'^2 + z_y'^2}\, dxdy$$

把这三个过程简称为"一投、二代、三换".

当曲面 S 的方程为 x = x(y,z) 或 y = y(z,x) 时，可写出相应的计算公式，所不同的是曲面 S 的投影方向有所变化.

和曲线积分一样，我们把在封闭曲面 S 上的积分记为 $\oiint_S f(x,y,z)dS$.

例 1 计算第一类曲面积分 $I = \iint_S f(x,y,z)dS$，其中 S 为抛物面 $z = 2 - (x^2 + y^2)$ 在 xoy 面上方的部分，

（1）$f(x,y,z) = 1$

（2）$f(x,y,z) = x^2 + y^2$

解 S 在 xoy 面上的投影区域 D_{xy}：$x^2 + y^2 \leqslant 2$

$$dS = \sqrt{1 + z_x'^2 + z_y'^2}\, dxdy = \sqrt{1 + 4x^2 + 4y^2}\, dxdy$$

（1）$\displaystyle \iint_S 1 \cdot dS = \iint_{D_{xy}} \sqrt{1 + 4x^2 + 4y^2}\, dxdy = \int_0^{2\pi} d\theta \int_0^{\sqrt{2}} \sqrt{1 + 4r^2} \cdot rdr = \frac{13}{3}\pi$

由前面的讨论知 $\frac{13}{3}\pi$ 实质上是该抛物面在 xoy 面上方部分的面积.

（2）$\displaystyle \iint_S (x^2 + y^2)dS = \iint_{D_{xy}} (x^2 + y^2) \sqrt{1 + 4x^2 + 4y^2}\, dxdy$

$$= \int_0^{2\pi} d\theta \int_0^{\sqrt{2}} r^3 \sqrt{1 + 4r^2}\, dr = \frac{149}{30}\pi$$

例 2 计算 $I = \iint_S (x^2 + y^2)dS$，其中 S 是由锥面 $z = \sqrt{x^2 + y^2}$ 及平面 z = 1 围成区域的整个边界曲面.

解 曲面 S 由两个曲面 S_1 和 S_2 组成，S_1 是圆锥体的侧面，方程 $z = \sqrt{x^2 + y^2}$，S_2 是圆锥体底面方程 z = 1.

S_1 和 S_2 在 xoy 面上的投影都是 $D_{xy} = \{(x,y) | x^2 + y^2 \leqslant 1\}$.

S_1 的面积元素

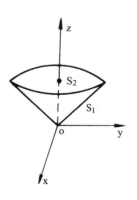

图 9 - 7

$$dS = \sqrt{1 + \frac{x^2}{x^2 + y^2} + \frac{y^2}{x^2 + y^2}}\, dxdy = \sqrt{2}\, dxdy$$

S_2 的面积元素 $dS = \sqrt{1 + 0^2 + 0^2}\, dxdy = dxdy$

所以

$$\begin{aligned}
\iint\limits_{S}(x^2 + y^2)\, dS &= \iint\limits_{S_1}(x^2 + y^2)\, dS + \iint\limits_{S_2}(x^2 + y^2)\, dS \\
&= \iint\limits_{D_{xy}}(x^2 + y^2)\sqrt{2}\, dxdy + \iint\limits_{D_{xy}}(x^2 + y^2)\, dxdy \\
&= (1 + \sqrt{2})\int_0^{2\pi}d\theta\int_0^1 r^3 dr = \frac{1 + \sqrt{2}}{2}\pi
\end{aligned}$$

习题 9 - 3

用代入法计算下列第一类曲面积分.

1. $\iint\limits_{S}\dfrac{1}{z}dS$,其中 S 是球面 $x^2 + y^2 + z^2 = 4$ 被平面 $z = 1$ 所截的顶部.

2. $\iint\limits_{S}(x + y + z)\, dS$,其中 S 是上半球面 $x^2 + y^2 + z^2 = a^2, z \geq 0$.

3. $\iint\limits_{S}\dfrac{1}{x^2 + y^2}dS$,其中 S 是柱面 $x^2 + y^2 = 1$,被 $z = -2, z = 2$ 所截取的部分.

4. $\iint\limits_{S}yz\, ds$,其中 S 是 $x + y + z = 1$ 在第一卦限部分.

5. $\iint\limits_{S}(z + 5x + 4y)\, dS$,其中 S 是平面 $\dfrac{x}{4} + \dfrac{y}{5} + \dfrac{z}{20} = 1$ 在第一卦限部分.

6. $\iint\limits_{S}(xy + yz + zx)\, dS$,其中 S 为锥面 $z = \sqrt{x^2 + y^2}$ 被柱面 $x^2 + y^2 = 2ax$ 所截的有限部分 $(a > 0)$.

7. $\oiint\limits_{S}(x + y + z)\, dS$,其中 S 是由三个坐标面与 $x + y + z = 1$ 围成的区域的外表面.

8. $\oiint\limits_{S}\ln(1 + x^2 + y^2)\, dS$,其中 S 是由锥面 $z = \sqrt{x^2 + y^2}$ 和平面 $z = 1$ 围成区域的整个边界曲面.

第四节 第二类曲面积分

一、曲面侧的概念

设连通曲面 S 处处存在连续变动的法线，P 为 S 上一点，点 P 处的法线有两个方向，取定其中一个为正向，另一个就是负向. 过 P 在 S 内任作一条不超出 S 边界的闭曲线 L，有下面关于曲面侧的定义.

定义 1 当 P 点处法线沿 L 连续变动最后回到 P 点时，法线方向不变，则称曲面 S 是双侧曲面，若法线方向相反，则称 S 是单侧曲面，定义了侧的曲面称为有向曲面. 例如

双侧曲面：球面、平面、抛物面等等. 我们生活中碰到的大多数曲面都是双侧曲面.

单侧曲面：Möbius（默比乌斯）带. 它的构造方法是，取一矩形长纸带 ABCD（图 9 – 8），将一端 DC 扭转 180° 后与 AB 粘合在一起（图 9 – 9）.

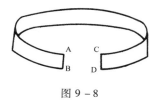

图 9 – 8

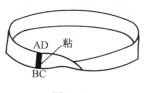

图 9 – 9

通常由 $z = z(x, y)$ 表示的曲面都是双侧曲面. 关于双侧曲面的侧我们还有以下更详细的规定.

1. 曲面法向量正向与 z 轴正向夹角成锐角的一侧，称为上侧. 与 z 轴正向夹角成钝角的一侧，称为下侧.

2. 曲面法向量正向与 x 轴正向夹角成锐角的一侧，称为前侧，与 x 轴正向夹角成钝角的一侧，称为后侧.

3. 曲面法向量正向与 y 轴正向夹角成锐角的一侧称为右侧，与 y 轴正向夹角成钝角的一侧称为左侧.

4. 当曲面为封闭曲面时，法线正方向向内指的一侧为内侧，向外指的一侧为外侧.

通常规定上侧、前侧、右侧、外侧为曲面的正侧，而下侧、后侧、左侧、内侧为曲面的负侧.

二、第二类曲面积分的定义

1. 流向曲面一侧的流量

设有一密度为 1 的流体，它的速度场为

$$\vec{v}(x, y, z) = P(x, y, z)\vec{i} + Q(x, y, z)\vec{j} + R(x, y, z)\vec{k}$$

S 是速度场中的一片有向曲面，函数 P(x, y, z)，Q(x, y, z)，R(x, y, z) 都在 S 上连续，下面

我们来求单位时间内从 S 的负侧流向正侧（图 9 – 10 中从左侧到右侧）的流量.

把曲面 S 划分成 n 个小曲面 ΔS_1，ΔS_2，$\cdots$，ΔS_n（形成 S 的一个分割），ΔS_k 是第 k 块小曲面，其面积也记为 ΔS_k，在 ΔS_k 的正侧内任取一点 (ξ_k, η_k, ζ_k)，记该点处单位法向量.

$$\vec{n}_k = \{\cos\alpha_k, \cos\beta_k, \cos\gamma_k\}$$

α_k，β_k，γ_k 与点 (ξ_k, η_k, ζ_k) 有关，则单位时间内经过 ΔS_k 的流量近似等于

$$\vec{v}(\xi_k, \eta_k, \zeta_k) \cdot \vec{n}_k \Delta S_k$$
$$= [P(\xi_k, \eta_k, \zeta_k)\cos\alpha_k + Q(\xi_k, \eta_k, \zeta_k)\cos\beta_k + R(\xi_k, \eta_k, \zeta_k)\cos\gamma_k]\Delta S_k$$

我们记 $\Delta S_k\cos\alpha_k$、$\Delta S_k\cos\beta_k$、$\Delta S_k\cos\gamma_k$ 分别为 $\Delta S_{k_{yz}}$、$\Delta S_{k_{zx}}$、$\Delta S_{k_{xy}}$，也称为 ΔS_k 分别在坐标面 yoz，zox，xoy 上投影面积（可取正值也可取负值），则单位时间内由小曲面 ΔS_k 的负侧流向正侧的流量近似等于

$$\Phi_k = P(\xi_k, \eta_k, \zeta_k)\Delta S_{k_{yz}} + Q(\xi_k, \eta_k, \zeta_k)\Delta S_{k_{zx}} + R(\xi_k, \eta_k, \zeta_k)\Delta S_{k_{xy}}$$

故单位时间内由曲面 S 的负侧流向正侧的总流量

$$\Phi = \lim_{d \to 0} \sum_{i=1}^{n} \{P(\xi_k, \eta_k, \zeta_k)\Delta S_{k_{yz}} + Q(\xi_k, \eta_k, \zeta_k)\Delta S_{k_{zx}} + R(\xi_k, \eta_k, \zeta_k)\Delta S_{k_{xy}}\}$$

其中 $d = \max\limits_{1 \leqslant k \leqslant n}\{\Delta S_k \text{ 的直径}\}$. 显然 Φ 与曲面 S 的侧有关，如果流体从正侧流向负侧，与上式相差一个 "–" 号. 上式出现的三个 "和式极限" 就是我们下面要定义的第二类曲面积分.

2. 第二类曲面积分的定义

定义 2 设 S 为光滑的有向曲面，P、Q、R 是定义在 S 上的有界函数，在 S 所指定一侧任作一分割 T，它把 S 分成 n 个小曲面，设第 k 个小曲面记为 ΔS_k，其面积也记为 ΔS_k，在 ΔS_k 内任取一点 (ξ_k, η_k, ζ_k)，若令 ΔS_k 指定侧在点 (ξ_k, η_k, ζ_k) 的单位法向量为 $(\cos\alpha_k, \cos\beta_k, \cos\gamma_k)$，再记

$$\Delta S_{k_{yz}} = \Delta S_k\cos\alpha_k, \ \Delta S_{k_{zx}} = \Delta S_k\cos\beta_k, \ \Delta S_{k_{xy}} = \Delta S_k\cos\gamma_k,$$

令 $d = \max\limits_{1 \leqslant k \leqslant n}\{\Delta S_k \text{ 的直径}\}$，若和式极限

$$\lim_{d \to 0} \sum_{k=1}^{n} P(\xi_k, \eta_k, \zeta_k)\Delta S_{k_{yz}},$$
$$\lim_{d \to 0} \sum_{k=1}^{n} Q(\xi_k, \eta_k, \zeta_k)\Delta S_{k_{zx}},$$
$$\lim_{d \to 0} \sum_{k=1}^{n} R(\xi_k, \eta_k, \zeta_k)\Delta S_{k_{xy}}$$

存在，则称这些极限值分别为函数 P、Q、R 在曲面 S 指定一侧上的第二类曲面积分，分别记为

$$\iint\limits_{S} P(x,y,z)\,dydz, \iint\limits_{S} Q(x,y,z)\,dzdx, \iint\limits_{S} R(x,y,z)\,dxdy.$$

或者称为在 S 指定一侧上 P 对 y，z 坐标的曲面积分（或 Q 对 z，x 坐标，R 对 x，y 坐标的曲面积分），所以第二类曲面积分也称为对坐标的曲面积分.

通过求流体通过曲面 S 的流量的例子，我们看到上面的三个积分常以组合形式出现，简

记为

$$\iint\limits_{S} Pdydz + Qdzdx + Rdxdy$$

其中 P、Q、R 称为被积函数，S 称为积分曲面. 显然若一流体的速度场 $\vec{v} = \{P, Q, R\}$，则单位时间内流向 S 指定侧的流量

$$\Phi = \iint\limits_{S} Pdydz + Qdzdx + Rdxdy$$

3. 第二类曲面积分的性质

第二类曲面积分与第二类曲线积分有完全类似的性质，这里列举 2 个重要性质.

（1）若曲面 S 分成曲面 S_1，S_2，$\cdots$，S_n，则

$$\iint\limits_{S} Pdydz + Qdzdx + Rdxdy = \sum_{k=1}^{n} \iint\limits_{S_k} Pdydz + Qdzdx + Rdxdy$$

称为第二类曲面积分对曲面 S 具有可加性.

（2）设 S 为有向曲面，记 S^- 或 $-S$ 表示与 S 取相反侧的同一块曲面，则

$$\iint\limits_{S} Pdydz + Qdzdx + Rdxdy = - \iint\limits_{S^-} Pdydz + Qdzdx + Rdxdy$$

也就是说计算第二类曲面积分时，一定要注意题目中所给的曲面的侧！

三、第二类曲面积分的计算

定理 1 设 $R(x, y, z)$ 是定义在光滑曲面 S：$z = z(x, y)$，$(x, y) \in D_{xy}$ 上的连续函数，则

$$\iint\limits_{S} R(x, y, z)dxdy = \pm \iint\limits_{D_{xy}} R(x, y, z(x, y))dxdy$$

当 S 取上侧时取"＋"号，当 S 取下侧时取"－"号. D_{xy} 是曲面 S 在 xoy 面上的投影区域.

证 一方面由第二类曲面积分的定义

$$\iint\limits_{S} R(x, y, z)dxdy = \lim_{d \to 0} \sum_{k=1}^{n} R(\xi_k, \eta_k, \zeta_k) \Delta S_{k_{xy}}$$

其中 $d = \max\limits_{1 \leq k \leq n} \{\Delta S_k$ 的直径$\}$.

另一方面因为 $R(x, y, z)$ 在 S 上连续，$z(x, y)$ 在 D_{xy} 上连续，所以 $R(x, y, z(x, y))$ 在 D_{xy} 上连续，其在 D_{xy} 上的二重积分存在. S 的任一分割投影到 xoy 面上构成 D_{xy} 的分割，设 D_{xy} 的分割的第 k 小块记为 ΔD_k，其面积也记为 ΔD_k，由二重积分定义

$$\iint\limits_{D_{xy}} R(x, y, z(x, y))dxdy = \lim_{\lambda \to 0} \sum_{k=1}^{n} R(\xi_k, \eta_k, z(\xi_k, \eta_k)) \Delta D_k$$

其中 $\lambda = \max\limits_{1 \leq k \leq n} \{\Delta D_k$ 的直径$\}$. 显然 $\Delta S_{k_{xy}} = \pm \Delta D_k$，且当 d→0 时，λ→0，所以

$$\iint\limits_{S} R(x, y, z)dxdy = \pm \iint\limits_{D_{xy}} R(x, y, z(x, y))dxdy$$

类似地若曲面 S 由方程 $x = x(y, z)$ 给出时

$$\iint\limits_{S} P(x, y, z)dydz = \pm \iint\limits_{D_{yz}} P[x(y, z), y, z]dydz$$

（前侧取"＋"，后侧取"－"）

曲面 S 由方程 y = y(z,x)给出时

$$\iint\limits_{S} Q(x,y,z)dzdx = \pm \iint\limits_{D_{zx}} Q[x,y(z,x),z]dzdx$$

（右侧取"＋"，左侧取"－"）

  总之在计算第二类曲面积分时，题目中给出曲面 S 的侧是正侧，计算公式就定为"＋"号，给出的曲面 S 的侧是负侧，计算公式就定为"－"号．因此把第二类曲面积分化为二重积分计算时也有三个过程：

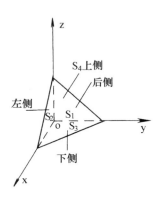

图 9 - 11

  （1）先把曲面 S 投影到坐标面上．若要计算 $\iint\limits_{S} Pdydz(\iint\limits_{S} Qdzdx$

或 $\iint\limits_{S} Rdxdy)$ 就把 S 投影到 yoz 面(zox 面或 xoy 面)上．

  （2）把曲面方程代入被积函数．

  （3）根据题目中给出曲面 S 的侧，定"＋"号还是"－"号．

  把上述三个过程简称为"一投、二代、三定"，也称为计算第二类曲面积分的代入法．第一类曲面积分和第二类曲面积分的代入法的区别在第三步，第一类曲面积分是把 dS 换为平面面积元素，而第二类曲面积分是定正负号．

  例 1 计算第二类曲面积分 $I = \iint\limits_{S} xydydz + yzdzdx + xzdxdy$，其中 S 为由 x = 0，y = 0，z = 0 和 x + y + z = 1 所围四面体的外侧．

  解 这对四面体的表面 S 可分为四个有向曲面．

S_1：x = 0 后侧

S_2：y = 0 左侧

S_3：z = 0 下侧

S_4：x + y + z = 1 上侧

先计算 $\iint\limits_{S} xzdxdy$，因为

$$\iint\limits_{S} xzdxdy = \iint\limits_{S_1} xzdxdy + \iint\limits_{S_2} xzdxdy + \iint\limits_{S_3} xzdxdy + \iint\limits_{S_4} xzdxdy$$

因为在 S_1 上 x = 0，在 S_3 上 z = 0，所以 $\iint\limits_{S_1} xzdxdy = 0 = \iint\limits_{S_3} xzdxdy$．在 S_2 上 y = 0,则 dxdy = 0，

则 $\iint\limits_{S_2} xzdxdy = 0$．所以

$$\iint\limits_{S} xzdxdy = \iint\limits_{S_4} xzdxdy$$

又 S_4 在 xoy 面上投影区域 $D_{xy} = \{(x,y)|0 \leq x \leq 1,0 \leq y \leq 1 - x\}$，$S_4$ 取上侧，定号为"＋"，由代入法

$$\iint\limits_S xzdxdy = \iint\limits_{D_{xy}} x(1 - x - y)dxdy = \int_0^1 xdx \int_0^{1-x} (1 - x - y)dy = \frac{1}{24}$$

同理 $\quad \iint\limits_S xydydz = \frac{1}{24}, \iint\limits_S yzdzdx = \frac{1}{24}$

所以 $\qquad I = 3 \times \frac{1}{24} = \frac{1}{8}$

例 2 计算 $(1) \; I = \iint\limits_S zdxdy, (2)I = \iint\limits_S xdydz$，其中 S 是上半球面 $x^2 + y^2 + z^2 = 1(z \geq 0)$，取下侧.

解 （1）S 在 xoy 面上投影区域 $D_{xy}: x^2 + y^2 \leq 1$，把 S 的方程 $z = \sqrt{1 - x^2 - y^2}$ 代入被积函数；又因为 S 取下侧，所以定号为 "–"，即

$$I = \iint\limits_S zdxdy = - \iint\limits_{D_{xy}} \sqrt{1 - x^2 - y^2}dxdy = - \int_0^{2\pi} d\theta \int_0^1 \sqrt{1 - r^2} \cdot rdr = - \frac{2}{3}\pi.$$

（2）S 投影到 yoz 平面上其投影区域 D_{yz} 是半圆域 $y^2 + z^2 \leq 1(z \geq 0)$，但这时曲面 S 的方程 $x = \pm \sqrt{1 - y^2 - z^2}$，所以应把 S 分成前后两片.

前片 S_1: $x = \sqrt{1 - y^2 - z^2}$，$(y, z) \in D_{yz}$，后侧，定号 "–"

后片 S_2: $x = - \sqrt{1 - y^2 - z^2}$，$(y, z) \in D_{yz}$，前侧，定号 "+"

所以

$$\iint\limits_S xdydz = \iint\limits_{S_1} xdydz + \iint\limits_{S_2} xdydz$$

$$= - \iint\limits_{D_{yz}} \sqrt{1 - y^2 - z^2}dydz + \iint\limits_{D_{yz}} (- \sqrt{1 - y^2 - z^2})dydz$$

$$= - 2\int_0^\pi d\theta \int_0^1 \sqrt{1 - r^2} \cdot rdr = - \frac{2}{3}\pi.$$

这两道题虽然结果一样，但由代入法计算时，计算过程有很大差异，计算（1）时不用分片，但计算（2）时必须分片.

四、第一类与第二类曲面积分的联系

虽然第一类曲面积分与第二类曲面积分的定义和物理背景不同，但在一定条件下，可以建立它们之间的联系.

定理 2 设 S 是有向曲面，方程为 $z = z(x, y)$，$(x, y) \in D_{xy}$，$z(x, y)$ 在 D_{xy} 上具有一阶连续偏导数，$R(x, y, z)$ 在 S 上连续，不论 S 取正侧还是负侧总有

$$\iint\limits_S R(x, y, z)dxdy = \iint\limits_S R(x, y, z)\cos\gamma dS$$

其中 $\cos\gamma$ 是 S 上任一点 (x, y, z) 处法向量的方向余弦在 z 轴上分量.

证 不妨假设 S 取上侧（正侧），由第二类曲面积分的代入法

$$右 = \iint\limits_S R(x, y, z)dxdy = \iint\limits_{D_{xy}} R(x, y, z(x, y))dxdy$$

这时曲面 S 在(x,y,z)处的法向量 $\vec{n} = \{-z_x', -z_y', 1\}$，则

$$\cos\gamma = \frac{1}{\sqrt{1 + z_x'^2 + z_y'^2}}$$

由曲面面积元素 dS 与平面面积元素 dxdy 的关系

$$左 = \iint\limits_{S} R(x,y,z)\cos\gamma dS = \iint\limits_{D_{xy}} R(x,y,z(x,y)) \frac{1}{\sqrt{1 + z_x'^2 + z_y'^2}} dS$$

$$= \iint\limits_{D_{xy}} R(x,y,z(x,y)) dxdy$$

所以
$$\iint\limits_{S} R(x,y,z) dxdy = \iint\limits_{S} R(x,y,z)\cos\gamma dS$$

若 S 取下侧（负侧），由代入法

$$右 = \iint\limits_{S} R(x,y,z) dxdy = -\iint\limits_{D_{xy}} R(x,y,z(x,y)) dxdy$$

这时 S 在(x,y,z)处法向量 $\vec{n} = \{z_x', z_y', -1\}$，所以

$$\cos\gamma = \frac{-1}{\sqrt{1 + z_x'^2 + z_y'^2}}$$

$$左 = \iint\limits_{S} R(x,y,z)\cos\gamma dS = -\iint\limits_{D_{xy}} R(x,y,z(x,y)) \frac{1}{\sqrt{1 + z_x'^2 + z_y'^2}} dS$$

$$= -\iint\limits_{D_{xy}} R(x,y,z(x,y)) dxdy$$

所以不论 S 取上侧还是下侧总有

$$\iint\limits_{S} R(x,y,z) dxdy = \iint\limits_{S} R(x,y,z)\cos\gamma dS$$

同理
$$\iint\limits_{S} P(x,y,z) dydz = \iint\limits_{S} P(x,y,z)\cos\alpha dS$$

$$\iint\limits_{S} Q(x,y,z) dzdx = \iint\limits_{S} Q(x,y,z)\cos\beta dS$$

组合在一起，不论 S 取正侧还是负侧总有

$$\iint\limits_{S} Pdydz + Qdzdx + Rdxdy = \iint\limits_{S} (P\cos\alpha + Q\cos\beta + R\cos\gamma) dS$$

其中 $\{\cos\alpha, \cos\beta, \cos\gamma\}$ 是有向曲面 S 在点(x,y,z)处法向量的方向余弦.

令 $\vec{v} = \{P,Q,R\}$，$\vec{n} = \{\cos\alpha, \cos\beta, \cos\gamma\}$，则上述关系也可用向量形式写为

$$\iint\limits_{S} \vec{v} \cdot d\vec{S} = \iint\limits_{S} \vec{v} \cdot \vec{n} dS = \iint\limits_{S} \vec{v}_n dS$$

其中 $\vec{v}_n$ 是 $\vec{v}$ 在 $\vec{n}$ 上投影，$d\vec{S} = \vec{n} dS = \{dydz, dzdx, dxdy\}$ 称为有向曲面元. 显然

$$dS = \frac{dydz}{\cos\alpha} = \frac{dzdx}{\cos\beta} = \frac{dxdy}{\cos\gamma}$$

因而在进行第二类曲面积分时，dydz，dzdx 和 dxdy 之间可相互转化，从而达到简化计算的目的.

例 3 计算 $I = \iint\limits_{S} xdydz - zdxdy$，其中 S 是旋转抛物面 $z = x^2 + y^2$ 介于 $z = 0$ 及 $z = 1$ 之间部分，取下侧.

解 为了避免向不同的坐标面投影，我们可利用

$$\frac{dydz}{\cos\alpha} = \frac{dxdy}{\cos\gamma}$$

把积分全部化为对坐标 x，y 的积分. 因为取下侧，所以 $z = x^2 + y^2$ 在 (x,y,z) 处的法向量

$$\vec{n} = \{z'_x, z'_y, -1\} = \{2x, 2y, -1\}$$

所以

$$\cos\alpha = \frac{2x}{\sqrt{1 + 4x^2 + 4y^2}}, \cos\gamma = \frac{-1}{\sqrt{1 + 4x^2 + 4y^2}}$$

所以

$$\iint\limits_{S} xdydz - zdxdy = \iint\limits_{S} x \cdot \frac{\cos\alpha}{\cos\gamma} dxdy - zdxdy = \iint\limits_{S} (-2x^2 - z)dxdy$$

设 S 在 xoy 面上的投影为 D_{xy}，显然 $D_{xy} = \{(x,y) \mid x^2 + y^2 \leqslant 1\}$，由代入法

$$I = \iint\limits_{S} (-2x^2 - z)dxdy = -\iint\limits_{D_{xy}} [-2x^2 - (x^2 + y^2)]dxdy$$

$$= \iint\limits_{D_{xy}} 2x^2 dxdy + \iint\limits_{D_{xy}} (x^2 + y^2)dxdy = 2\int_0^{2\pi} d\theta \int_0^1 r^3 \cos^2\theta dr + \int_0^{2\pi} d\theta \int_0^1 r^3 dr$$

$$= \frac{\pi}{2} + \frac{\pi}{2} = \pi$$

习题 9 – 4

1. 用代入法求下列第二类曲面积分.

(1) $\iint\limits_{S} xyzdxdy$，其中 S 是球面 $x^2 + y^2 + z^2 = 1$，在 $x \geqslant 0, y \geqslant 0$ 部分，取球面外侧.

(2) $\iint\limits_{S} zdxdy + xdydz + ydzdx$，其中 S 是由柱面 $x^2 + y^2 = 1$ 和 $x = 0, y = 0, z = 0$ 及 $z = 3$ 所围在第一卦限立体的外表面，取外侧.

(3) $\iint\limits_{S} (x + y)dydz + (y + z)dzdx + (z + x)dxdy$，其中 S 是以原点为中心，边长为 a 的立方体表面，取内侧.

(4) $\iint\limits_{S} f(x)dydz + g(y)dzdx + h(z)dxdy$，其中 S 是长方体 $\{(x,y,z) \mid 0 \leqslant x \leqslant a, 0 \leqslant y \leqslant b, 0 \leqslant z \leqslant c\}$ 的外表面，取外侧.

2. 求下列流速场 $\vec{v}(x,y,z)$ 在单位时间内从曲面 S 内侧流向外侧的总流量.

（1）$\vec{v} = \{1, y, 0\}$，S 是球面 $x^2 + y^2 + z^2 = 4$

（2）$\vec{v} = \{x, y, z\}$，S 是 $x = 0$，$y = 0$，$z = 0$，$x + y + z = 1$ 所围立体的整个边界曲面.

3. 把第二类曲面积分 $I = \iint\limits_{S} xdydz + ydzdx + zdxdy$ 化为第一类曲面积分，再计算出结果.

（1）S 是平面 $x + y + 2z = 2$ 在第一卦限部分下侧.

（2）S 是抛物面 $z = 4 - x^2 - y^2$ 在 xoy 面上方的部分，取上侧.

4. 把第二类曲面积分

$$I = \iint\limits_{S} \left[x + \sqrt{x^2 + y^2 + z^2} \right] dydz$$
$$+ \left[y + 2\sqrt{x^2 + y^2 + z^2} \right] dzdx + \left[z + \sqrt{x^2 + y^2 + z^2} \right] dxdy$$

全部化为对坐标 x，y 的曲面积分，再计算其值. 其中 S 是曲面 $x - y + z = 1$ 在第四卦限部分上侧.

第五节　高斯公式与斯托克斯公式

在第九章介绍了描述沿封闭的平面曲线的积分与其围成平面区域上二重积分关系的平面格林公式，自然会想到沿封闭曲面积分与其围成空间区域上三重积分是否也有类似的关系，或者空间曲线上的积分与其所张成曲面上的积分又有什么关系？这就是本节要介绍的高斯公式和斯托克斯公式.

一、高斯公式

高斯公式描述的是沿封闭曲面的积分与其围成空间闭区域上三重积分的关系，有时也称为空间格林公式.

定理 1　设分片光滑的有向闭曲面 S 围成空间闭区域 Ω，函数 $P(x, y, z)$，$Q(x, y, z)$，$R(x, y, z)$ 在 Ω 上具有连续的一阶偏导数，则有

$$\oiint\limits_{S} Pdydz + Qdzdx + Rdxdy = \pm \iiint\limits_{\Omega} \left(\frac{\partial P}{\partial x} + \frac{\partial Q}{\partial y} + \frac{\partial R}{\partial z} \right) dxdydz \tag{1}$$

或　　$$\oiint\limits_{S} (P\cos\alpha + Q\cos\beta + R\cos\gamma) dS = \pm \iiint\limits_{\Omega} \left(\frac{\partial P}{\partial x} + \frac{\partial Q}{\partial y} + \frac{\partial R}{\partial z} \right) dxdydz \tag{2}$$

S 取外侧公式取"+"号，S 取内侧公式取"－"号.

证　显然只需证公式（1）即可. 先证明当 S 取外侧时

$$\oiint\limits_{S} Rdxdy = \iiint\limits_{\Omega} \frac{\partial R}{\partial z} dxdydz.$$

设闭区域 Ω 在 xoy 面上的投影区域为 D_{xy}，假定穿过 Ω 内部且平行于 z 轴的直线与 Ω 的边界曲面 S 的交点不多于两个（若多于两个，可引入辅助面把 Ω 分为有限个闭区域，满足此条件），以 D_{xy} 边界曲线为准线，母线平行于 z 轴作柱面穿过 Ω，截 S 为上下两片曲面，分

别记为 S_1，S_2（图 $9-12$），柱面夹在 S_1 与 S_2 之间部分记为
S_3，并设

$$S_1:\ z=z_1(x,y)\quad (x,y)\in D_{xy}\quad \text{取上侧}$$

$$S_2:\ z=z_2(x,y)\quad (x,y)\in D_{xy}\quad \text{取下侧}$$

$$S_3:\text{柱面，取外侧}$$

一方面由三重积分"先一后二"的计算方法

$$\iiint\limits_{\Omega}\frac{\partial R}{\partial z}\mathrm{d}x\mathrm{d}y\mathrm{d}z=\iint\limits_{D_{xy}}\mathrm{d}x\mathrm{d}y\int_{z_2(x,y)}^{z_1(x,y)}\frac{\partial R}{\partial z}\mathrm{d}z$$

$$=\iint\limits_{D_{xy}}[\,R(x,y,z_1(x,y))-R(x,y,z_2(x,y))\,]\mathrm{d}x\mathrm{d}y$$

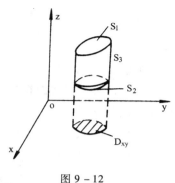

图 $9-12$

另一方面由曲面积分的性质及代入法

$$\oiint\limits_{S}R(x,y,z)\mathrm{d}x\mathrm{d}y=\oiint\limits_{S_1+S_2+S_3}R(x,y,z)\mathrm{d}x\mathrm{d}y$$

$$=\iint\limits_{D_{xy}}R(x,y,z_1(x,y))\mathrm{d}x\mathrm{d}y-\iint\limits_{D_{xy}}R(x,y,z_2(x,y))\mathrm{d}x\mathrm{d}y+0$$

因为 S_3 在 xoy 面上投影区域面积为 0，因而 $\iint\limits_{S_3}R(x,y,z)\mathrm{d}x\mathrm{d}y=0$.

所以

$$\oiint\limits_{S}R(x,y,z)\mathrm{d}x\mathrm{d}y=\iiint\limits_{\Omega}\frac{\partial R}{\partial z}\mathrm{d}x\mathrm{d}y\mathrm{d}z$$

同理可证 $\displaystyle\oiint\limits_{S}P(x,y,z)\mathrm{d}y\mathrm{d}z=\iiint\limits_{\Omega}\frac{\partial P}{\partial x}\mathrm{d}x\mathrm{d}y\mathrm{d}z$

$$\oiint\limits_{S}Q(x,y,z)\mathrm{d}z\mathrm{d}x=\iiint\limits_{\Omega}\frac{\partial Q}{\partial y}\mathrm{d}x\mathrm{d}y\mathrm{d}z$$

三式相加即得高斯公式.

从上面的证明不难看出，当 S 取内侧时，S_1 取下侧，S_2 取上侧，推导的结果多个
"$-$"号.

对于较复杂的闭区域 Ω，我们可通过添加辅助面的方法仿照格林公式的证法证明高斯公式，这里省略不再赘述.

当封闭曲面 S 由多个曲面构成时，选用高斯公式可简化计算.

例 1　计算 $I=\oiint\limits_{S}(x+y)\mathrm{d}y\mathrm{d}z+(y+z)\mathrm{d}z\mathrm{d}x+(z+x)\mathrm{d}x\mathrm{d}y$，其中 S 是 $x=0,y=0,z=0$，
$x=2,y=2,z=2$ 六个平面围成立体 Ω 的外表面，取外侧.

解　S 共有 6 个面组成，用代入法的话要分 6 次代入，但用高斯公式则非常简单.

$$I=\iiint\limits_{\Omega}\Big[\frac{\partial(x+y)}{\partial x}+\frac{\partial(y+z)}{\partial y}+\frac{\partial(z+x)}{\partial z}\Big]\mathrm{d}x\mathrm{d}y\mathrm{d}z$$

$$=3\iiint\limits_{\Omega}\mathrm{d}x\mathrm{d}y\mathrm{d}z=3\times2^3=24$$

例 2 分别用代入法和高斯公式法计算曲面积分 $I = \iint\limits_{S} x^2 dydz + y^2 dzdx + z^2 dxdy$，其中 S 是锥面 $x^2 + y^2 = z^2$ 介于 $z = 0$ 及 $z = 1$ 之间部分，取下侧.

解法 1 代入法

首先把第二类曲面积分 I 统一为对坐标 x，y 的积分. 锥面方程为 $x^2 + y^2 - z^2 = 0$，所以锥面上任意点 (x，y，z) 处取下侧的法向量

$$\vec{n} = \{2x, 2y, -2z\}$$

则法向量的方向余弦

$$\cos\alpha = \frac{x}{\sqrt{x^2 + y^2 + z^2}} \quad \cos\beta = \frac{y}{\sqrt{x^2 + y^2 + z^2}} \quad \cos\gamma = \frac{-z}{\sqrt{x^2 + y^2 + z^2}}$$

所以由

$$dS = \frac{dydz}{\cos\alpha} = \frac{dzdx}{\cos\beta} = \frac{dxdy}{\cos\gamma}$$

得到

$$dydz = -\frac{x}{z}dxdy \quad dzdx = -\frac{y}{z}dxdy$$

设 S 在 xoy 面上的投影记为 D_{xy}，则 $D_{xy} = \{(x,y) | x^2 + y^2 \leqslant 1\}$

所以

$$I = \iint\limits_{S} \left(-\frac{x^3}{z} - \frac{y^3}{z} + z^2 \right) dxdy$$

$$= -\iint\limits_{D_{xy}} \left[-\frac{x^3}{\sqrt{x^2 + y^2}} - \frac{y^3}{\sqrt{x^2 + y^2}} + (x^2 + y^2) \right] dxdy$$

因为 D_{xy} 关于 y 轴或 x 轴对称，而 $\dfrac{x^3}{\sqrt{x^2 + y^2}}$，$\dfrac{y^3}{\sqrt{x^2 + y^2}}$ 分别关于 x 或 y 是奇函数，因而

$$\iint\limits_{D_{xy}} \frac{x^3}{\sqrt{x^2 + y^2}} dxdy = 0 = \iint\limits_{D_{xy}} \frac{y^3}{\sqrt{x^2 + y^2}} dxdy$$

所以

$$I = -\iint\limits_{D_{xy}} (x^2 + y^2) dxdy = -\int_0^{2\pi} d\theta \int_0^1 r^3 dr = -\frac{\pi}{2}$$

解法 2 高斯公式法

因为曲面 S 不封闭，所以要用高斯公式必须添加辅助面，令

S_1：$z = 1(x^2 + y^2 \leqslant 1)$，取上侧，则 S_1 与 S 组成一取外侧的封闭曲面，应用高斯公式

$$\oiint\limits_{S+S_1} x^2 dydz + y^2 dzdx + z^2 dxdy$$

$$= \iiint\limits_{\Omega} 2(x + y + z) dxdydz$$

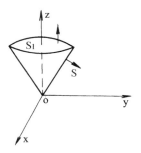

图 9 - 13

$$= 2 \iint\limits_{D_{xy}} dxdy \int_{\sqrt{x^2+y^2}}^1 (x + y + z) dz$$

$$= 2 \iint\limits_{D_{xy}} \left[(x + y)(1 - \sqrt{x^2 + y^2}) + \frac{1}{2}(1 - x^2 - y^2) \right] dxdy$$

因为 $x(1 - \sqrt{x^2 + y^2})$ 和 $y(1 - \sqrt{x^2 + y^2})$ 分别关于 x, y 是奇函数, 而 D_{xy} 关于 y 轴和 x 轴对称, 所以

$$\iint\limits_{D_{xy}} x(1 - \sqrt{x^2 + y^2}) dxdy = 0 = \iint\limits_{D_{xy}} y(1 - \sqrt{x^2 + y^2}) dxdy$$

所以

$$\oiint\limits_{S+S_1} x^2 dydz + y^2 dzdx + z^2 dxdy = \iint\limits_{D_{xy}} (1 - x^2 - y^2) dxdy$$

$$= \int_0^{2\pi} d\theta \int_0^1 (1 - r^2) rdr = \frac{\pi}{2}$$

又因为

$$\iint\limits_{S_1} x^2 dydz + y^2 dzdx + z^2 dxdy = \iint\limits_{S_1} z^2 dxdy = \iint\limits_{D_{xy}} dxdy = \pi$$

所以 $\qquad I = \frac{\pi}{2} - \pi = -\frac{\pi}{2}$

二、斯托克斯公式

斯托克斯公式建立了空间封闭曲线上积分与其所张曲面上积分的关系, 也可看成平面格林公式的推广.

定理 2 设 L 为分段光滑空间有向闭曲线, S 是以 L 为边界的分片有向光滑曲面, 函数 $P(x,y,z)$, $Q(x,y,z)$, $R(x,y,z)$ 在曲面 S 上 (包括边界) 具有一阶连续偏导数, 则有

$$\oint_L Pdx + Qdy + Rdz$$

$$= \pm \iint\limits_S \left(\frac{\partial R}{\partial y} - \frac{\partial Q}{\partial z} \right) dydz + \left(\frac{\partial P}{\partial z} - \frac{\partial R}{\partial x} \right) dzdx + \left(\frac{\partial Q}{\partial x} - \frac{\partial P}{\partial y} \right) dxdy$$

有时为了记忆方便也写为

$$\oint_L Pdx + Qdy + Rdz = \pm \iint\limits_S \begin{vmatrix} dydz & dzdx & dxdy \\ \dfrac{\partial}{\partial x} & \dfrac{\partial}{\partial y} & \dfrac{\partial}{\partial z} \\ P & Q & R \end{vmatrix} = \pm \iint\limits_S \begin{vmatrix} \cos\alpha & \cos\beta & \cos\gamma \\ \dfrac{\partial}{\partial x} & \dfrac{\partial}{\partial y} & \dfrac{\partial}{\partial z} \\ P & Q & R \end{vmatrix} dS$$

当 L 的正向与 S 的侧符合右手规则时, 公式取 " + " 号, 反之取 " - " 号.

证 先证 $\iint\limits_S \dfrac{\partial P}{\partial z} dzdx - \dfrac{\partial P}{\partial y} dxdy = \oint_L Pdx$

设曲面 S 可用方程 $z = z(x,y)$ 表示 (若不能以 $z = z(x,y)$ 表示, 就用一些光滑曲线把 S 分割成若干块, 使每小块可用这种形式表示), S 及其边界曲线 L 在 xoy 面上的投影分别为

D_{xy} 和 $\tilde{L}$，不妨设 L 取正向，由右手规则 S 应取上侧，一方面由第二类曲线积分代入法及格林公式有

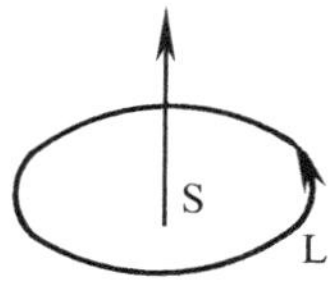

图 9 - 14

$$\oint_L P dx = \oint_{\tilde{L}} P(x,y,z(x,y)) dx$$

$$= - \iint_{D_{xy}} \frac{\partial}{\partial y} P(x,y,z(x,y)) dxdy = - \iint_{D_{xy}} \left[\frac{\partial P}{\partial y} + \frac{\partial P}{\partial z} \cdot \frac{\partial z}{\partial y} \right] dxdy$$

另一方面，因为 S 取上侧，S 上任一点 (x,y,z) 处法向量 $\{-z_x', -z_y', 1\}$，其方向余弦

$$\cos\alpha = \frac{-z_x'}{\sqrt{1 + z_x'^2 + z_y'^2}} \quad \cos\beta = \frac{-z_y'}{\sqrt{1 + z_x'^2 + z_y'^2}} \quad \cos\gamma = \frac{1}{\sqrt{1 + z_x'^2 + z_y'^2}}$$

所以

$$z_y' = \frac{\partial z}{\partial y} = - \frac{\cos\beta}{\cos\gamma} \quad dzdx = \frac{\cos\beta}{\cos\gamma} dxdy = - \frac{\partial z}{\partial y} dxdy$$

所以

$$\iint_S \frac{\partial P}{\partial z} dzdx - \frac{\partial P}{\partial y} dxdy = \iint_S \left[\frac{\partial P}{\partial z} \cdot \left(- \frac{\partial z}{\partial y} \right) - \frac{\partial P}{\partial y} \right] dxdy$$

$$= - \iint_S \left[\frac{\partial P}{\partial y} + \frac{\partial P}{\partial z} \cdot \frac{\partial z}{\partial y} \right] dxdy = - \iint_{D_{xy}} \left[\frac{\partial P}{\partial y} + \frac{\partial P}{\partial z} \cdot \frac{\partial z}{\partial y} \right] dxdy$$

所以当 L 的正向与 S 的侧符合右手规则时

$$\oint_L P dx = \iint_S \frac{\partial P}{\partial z} dzdx - \frac{\partial P}{\partial y} dxdy$$

同理把曲面 S 表示为 $x = x(y,z)$ 或 $y = y(z,x)$ 时，可证

$$\oint_L Q dy = \iint_S \frac{\partial Q}{\partial x} dxdy - \frac{\partial Q}{\partial z} dydz$$

$$\oint_L R dz = \iint_S \frac{\partial R}{\partial y} dydz - \frac{\partial R}{\partial x} dzdx$$

三式相加得到斯托克斯公式.

当 L 的正向与 S 的侧符合左手系时，不难从上面的证明看出公式多个 " – " 号，请读者自己证之.

当空间的封闭曲线由多条曲线组成时，逐条曲线代入太麻烦，最好用斯托克斯公式.

例 3　计算曲线积分

$$I = \oint_L (y - z) dx + (z - x) dy + (x - y) dz$$

其中 L 是用平面 $x + y + z = \frac{3}{2}$ 截立体 $\{(x,y,z) | 0 \le x,y,z \le 1\}$ 的表面所得截痕，若从 x 轴正向看去，取逆时针方向（图 9 - 15）.

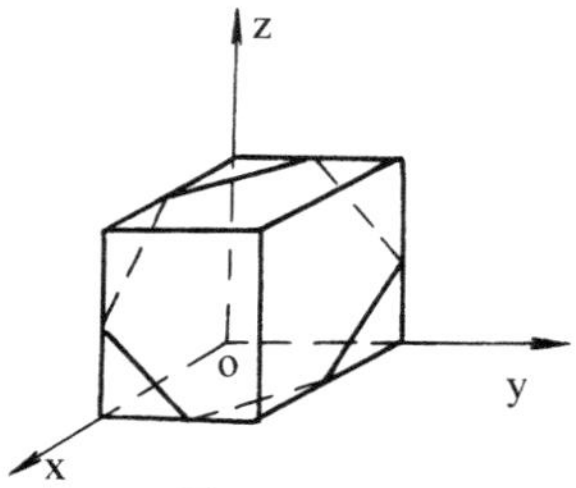

图 9 - 15

解　L 由 6 条曲线组成，用斯托克斯公式来计算. 由右手规则，平面 $x + y + z = \frac{3}{2}$ 被 L 所围部分上侧为 S，其向上法向量 $\vec{n} = \{1,1,1\}$，

所以
$$\cos\alpha = \cos\beta = \cos\gamma = \frac{1}{\sqrt{3}}$$

由斯托克斯公式

$$I = \iint_S \begin{vmatrix} \dfrac{1}{\sqrt{3}} & \dfrac{1}{\sqrt{3}} & \dfrac{1}{\sqrt{3}} \\ \dfrac{\partial}{\partial x} & \dfrac{\partial}{\partial y} & \dfrac{\partial}{\partial z} \\ y - z & z - x & x - y \end{vmatrix} dS = -\frac{6}{\sqrt{3}} \iint_S dS$$

图 9 - 16

$$= -\frac{6}{\sqrt{3}} \iint_{D_{xy}} \sqrt{1+1+1}\, dxdy = -6 \cdot D_{xy} \, 面积 = -6\left(1 - 2 \times \frac{1}{8}\right) = -\frac{9}{2}.$$

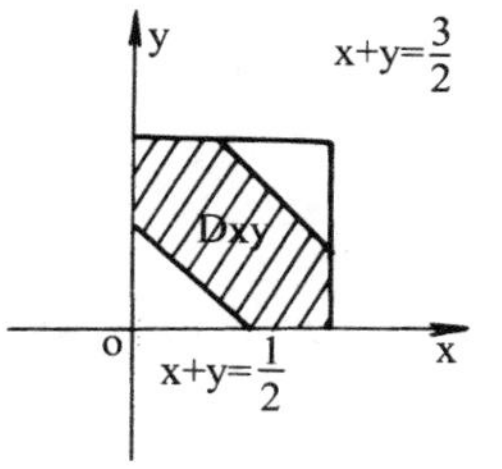

其中 D_{xy} 是 S 在 xoy 面上投影区域（如图 9 - 16）.

习题 9 - 5

1. 利用高斯公式计算下列曲面积分.

（1）$\oiint_S y(x-z)dydz + x^2 dzdx + (y^2 + xz)dxdy$，其中 S 是边长为 a 的正方体表面，且 $0 \leqslant x, y, z \leqslant a$，取外侧.

（2）$\oiint_S x^3 dydz + y^3 dzdx + z^3 dxdy$，其中 S 是单位球面 $x^2 + y^2 + z^2 = 1$，取外侧.

（3）$\iint_S xdydz + ydzdx + zdxdy$，其中 S 是上半球面 $z = \sqrt{a^2 - x^2 - y^2}$，取外侧.

（4）$\iint_S yzdzdx + 2dxdy$，其中 S 是球面 $x^2 + y^2 + z^2 = 4$ 的外侧在 $z \geqslant 0$ 的部分.

（5）$\iint_S (x^3 + az^2)dydz + (y^3 + ax^2)dzdx + (z^3 + ay^2)dxdy$，其中 S 为上半球面 $z = \sqrt{a^2 - x^2 - y^2}$ 的上侧.

（6）$\oiint_S 2xzdydz + yzdzdx - z^2 dxdy$，其中 S 是由曲面 $z = \sqrt{x^2 + y^2}$ 与 $z = \sqrt{2 - x^2 - y^2}$ 围成立体表面外侧.

（7）$\iint_S (2x + z)dydz + zdxdy$，其中 S 为 $z = x^2 + y^2 (0 \leqslant z \leqslant 1)$，取上侧.

（8）$\iint_S 2x^3 dydz + 2y^3 dzdx + 3(z^2 - 1)dxdy$，其中 S 是曲面 $z = 1 - x^2 - y^2 (z \geqslant 0)$ 上侧.

2. 利用斯托克斯公式计算下列曲线积分.

（1）$\oint_L (2y + z)dx + (x - z)dy + (y - x)dz$，其中 L 为平面 $x + y + z = 1$ 与各坐标面的交线，取逆时针方向.

（2）$\oint_L y dx + z dy + x dz$，其中 L 为圆周 $\begin{cases} x^2 + y^2 + z^2 = a^2 \\ x + y + z = 0 \end{cases}$，从 x 轴正向看去，取逆时针方向.

（3）$\oint_L (x^2 y^3 dx + dy + z dz)$，其中 L 为椭圆 $\begin{cases} y^2 + z^2 = 1 \\ x = y \end{cases}$ 正向.

（4）$\oint_L (z - y) dx + (x - z) dy + (x - y) dz$，其中 L 是曲线 $\begin{cases} x^2 + y^2 = 1 \\ x - y + z = 2 \end{cases}$ 从 z 轴正向往 z 轴负向看 L 的方向是顺时针的.

（5）$\oint_L (y^2 - z^2) dx + (2z^2 - x^2) dy + (3x^2 - y^2) dz$，其中 L 是平面 $x + y + z = 2$ 与柱面 $|x| + |y| = 1$ 的交线，从 z 轴正向看去，L 为逆时针方向.

第六节 场 论 初 步

在第七章中我们已经简单介绍了数量场和向量场的概念，在本节中我们将以物理为背景介绍三个场及与这三个场有关的三个量，并从物理的角度重新阐释高斯公式与斯托克斯公式.

一、梯度场与方向导数

在第七章已经介绍过了，这里只简单回顾一下.

1. 设 $u(x,y,z)$ 是一个数量函数，向量函数

$$\mathrm{grad}\ \vec{u} = \left\{ \frac{\partial u}{\partial x}, \frac{\partial u}{\partial y}, \frac{\partial u}{\partial z} \right\}$$

称为函数 $u(x,y,z)$ 的梯度，由梯度给出的向量场称为梯度场.

2. 方向导数 $\dfrac{\partial u}{\partial l}$ 在梯度方向取最大值.

二、散度场与流量 （或通量）

1. 散度与流量的定义

定义 1　设空间闭区域 Ω 上有向量场 $\vec{A}(x,y,z) = \{ P(x,y,z), Q(x,y,z), R(x,y,z) \}$，对于 Ω 内任意一点 (x,y,z)，定义数量场

$$\frac{\partial P}{\partial x} + \frac{\partial Q}{\partial y} + \frac{\partial R}{\partial z}$$

称它为向量场 $\vec{A}$ 在 (x,y,z) 处的散度，记为 $\mathrm{div}\ \vec{A}(x,y,z)$，由散度确定的数量场称为散度场.

定义 2　若 Ω 的边界曲面为 S，则把数值

$$\oiint\limits_{S} \vec{A} \cdot d\vec{S} = \oiint\limits_{S} Pdydz + Qdzdx + Rdxdy$$

称为向量场 $\vec{A}(x,y,z)$ 通过曲面 S 向着指定侧的流量（或称为通量），记为 Φ.

2. 物理背景下的高斯公式

有了散度和流量的概念，显然高斯公式可写为

$$\Phi = \oiint\limits_{S} \vec{A} \cdot d\vec{S} = \iiint div\vec{A}.dv \qquad S 取外侧$$

即高斯公式在物理背景下的解释就是：通过封闭曲面 S 从内向外的流量等于散度在 S 围成立体上的三重积分.

3. 散度含义

由积分中值定理，流量

$$\Phi = \oiint\limits_{S} \vec{A} \cdot d\vec{S} = \iiint\limits_{\Omega} div\vec{A}dv = div\vec{A}(M)V$$

其中 M 为 Ω 内某点，V 是 Ω 的体积，则

$$div\vec{A}(M) = \frac{\Phi}{V}$$

当 Ω 缩向一点 M_0 时（记为 $\Omega \to M_0$），M 也趋向 M_0，则

$$div\vec{A}(M_0) = \lim_{\Omega \to M_0} \frac{\Phi}{V}$$

即某点 M_0 处的散度实质上就是流量对体积的变化率，有时也称为向量场 $\vec{A}$ 在 M_0 处的流量密度.

当 $div\vec{A}(M_0) > 0$ 时，说明每单位时间内有一定数量流体从这点流出，称这点为"源".

当 $div\vec{A}(M_0) < 0$ 时，说明每单位时间内有一定数量流体在这一点被吸收，称这点为"汇".

若对 Ω 内每一点 M 都有 $div\vec{A}(M) = 0$，则称 $\vec{A}$ 为无源场.

三、旋度场与环流量

1. 旋度场与环流量的定义

定义 3 设 $\vec{A}(x,y,z) = \{P(x,y,z), Q(x,y,z), R(x,y,z)\}$ 为空间区域 Ω 上的向量函数，对 Ω 上任一点 (x,y,z) 定义向量函数

$$\left\{ \frac{\partial R}{\partial y} - \frac{\partial Q}{\partial z}, \frac{\partial P}{\partial z} - \frac{\partial R}{\partial x}, \frac{\partial Q}{\partial x} - \frac{\partial P}{\partial y} \right\}$$

或用行列式记为

$$\begin{vmatrix} \vec{i} & \vec{j} & \vec{k} \\ \frac{\partial}{\partial x} & \frac{\partial}{\partial y} & \frac{\partial}{\partial z} \\ P & Q & R \end{vmatrix}$$

称此向量函数为 $\vec{A}$ 在(x,y,z)处的旋度，由旋度确定的向量场称为旋度场，记为 $rot\,\vec{A}$.

定义 4 设 L 是任一封闭曲线，把数值

$$\oint_L \vec{A} \cdot d\vec{s} = \oint_L Pdx + Qdy + Rdz$$

称为向量 $\vec{A}(x,y,z)$沿闭曲线 L 的环流量，记为 Γ.

2. 物理背景下的斯托克斯公式

有了旋度和环流量的概念，显然斯托克斯公式可写为

$$\Gamma = \oint_L \vec{A} \cdot d\vec{s} = \iint_S rot\vec{A} \cdot d\vec{S}$$

其中 $d\vec{s}$是有向弧长元素$\{dx,dy,dz\}$，$d\vec{S}$ 是有向面积元素 $\{dydz,\ dzdx,\ dxdy\}$. 即物理背景下的斯托克斯公式就是：流体在曲面边界 L 正向上的环流量等于速度场的旋度在 L 所张曲面 S 上的第二类曲面积分.

3. 旋度与环流量的含义

环流量实质上表示的是流速为 $\vec{A}$ 的流体在单位时间内沿曲线 L 的流体总量，而旋度反映了流体沿 L 时旋转的强弱程度. 当$rot\,\vec{A}=0$时，说明流体流动时不形成旋涡，这时也称 $\vec{A}$ 是无旋场.

习题 9 – 6

1. 求下列向量场的散度及穿过曲面 S 流向指定侧的流量.

(1) $\vec{A} = yz\,\vec{i} + xz\,\vec{j} + xy\,\vec{k}$，S 为圆柱 $x^2 + y^2 \leqslant a^2 (0 \leqslant z \leqslant h)$ 的全表面，流向外侧.

(2) $\vec{A} = x^2\vec{i} + y^2\vec{j} + z^2\vec{k}$，S 为$\dfrac{1}{8}$球面 $x^2 + y^2 + z^2 = 1$，$x,y,z > 0$，取上侧.

(3) $\vec{A} = y^2 z\,\vec{i} + x^2 y\,\vec{j} - xz^2\vec{k}$，S 为立方体 $0 \leqslant z \leqslant 1$，$0 \leqslant y \leqslant 1$，$0 \leqslant x \leqslant 1$ 的全表面，取外侧.

(4) $\vec{A} = (x + 2z)\vec{i} + (z - y)\vec{j} + (x^2 + 2z)\vec{k}$，S 是以点$(1,2,3)$为球心，半径为 2 的球面，取外侧.

2. 求下列向量场的旋度及沿封闭曲线 L 沿指定方向的环流量.

(1) $\vec{A} = -y\,\vec{i} + x\,\vec{j} + c\,\vec{k}$（c 为常数），L 是圆周 $\begin{cases} (x-2)^2 + y^2 = 1 \\ z = 0 \end{cases}$ 取逆时针方向.

(2) $\vec{A} = 2y\,\vec{i} + 3x\,\vec{j} - z^2\vec{k}$，L 是圆周 $x^2 + y^2 + z^2 = 9$，$z = 0$，从 z 轴正向看去，取逆时针方向.

(3) $\vec{A} = (y - z)\vec{i} + (z - x)\vec{j} + (x - y)\vec{k}$，L 为椭圆 $\begin{cases} x^2 + y^2 = 1 \\ x + 2z = 1, \end{cases}$ 从 x 轴正向看去，取逆时针方向.

（4）$\vec{A} = 3y \vec{i} - xz \vec{j} + yz^2 \vec{k}$，L 是圆周 $x^2 + y^2 = 2z$，$z = 2$，从 z 轴正向看去，取逆时针方向.

第七节 积 分 应 用

在第五章中我们介绍了一元定积分的应用，现在我们又陆续学了二重积分、三重积分、第一类及第二类曲线积分、第一类及第二类曲面积分等多种形式，关于这些积分的应用我们在此节一起给出. 许多公式读者不难通过这几种积分不同的"和式极限"定义式——导出，这里就不再一一给出公式的推导，只是分类介绍如下（以下我们假定涉及到的积分都存在）.

一、积分在几何学上应用

当被积函数为"1"时，积分值往往代表一定的几何量，如弧长、面积、体积等.

1. 曲线段 L 的弧长：$s = \int_L ds$（对平面曲线和空间曲线都适用）.

2. 曲面 S 的面积：$S = \iint_S dS$（对平面薄片和空间曲面薄片都适用）.

3. 空间立体 Ω 的体积：$V = \iiint_\Omega dv$

例1 求空间曲线 L：$x = b\theta$，$y = a\cos\theta$，$z = a\sin\theta$ 上对应 θ 从 0 到 π 的一段弧长.

解 $s = \int_L ds = \int_0^\pi \sqrt{x'^2 + y'^2 + z'^2} d\theta$

$\quad = \int_0^\pi \sqrt{b^2 + a^2\sin^2\theta + a^2\cos^2\theta} d\theta = \sqrt{a^2 + b^2}\,\pi$

例2 求半径为 R 的球的表面积.

解 设上半球面 S 的方程 $z = \sqrt{R^2 - x^2 - y^2}$，则

$$\frac{\partial z}{\partial x} = \frac{-x}{\sqrt{R^2 - x^2 - y^2}} \qquad \frac{\partial z}{\partial y} = \frac{-y}{\sqrt{R^2 - x^2 - y^2}}$$

因为 S 在 xoy 面上的投影区域为 $D = \{(x,y) \mid x^2 + y^2 \leqslant R^2\}$，而 $\dfrac{\partial z}{\partial x}$，$\dfrac{\partial z}{\partial y}$ 在 D 的边界线上无意义，所以我们令

$$D_1 = \{(x,y) \mid x^2 + y^2 \leqslant b^2, 0 < b < R\}$$

先求 D_1 对应的上半球面部分 S_1 的面积 A_1，再令 $b \to R$，就得到半球面面积 A

$$A_1 = \iint_{S_1} dS = \iint_{D_1} \sqrt{1 + z_x'^2 + z_y'^2}\, dxdy = \iint_{D_1} \frac{R}{\sqrt{R^2 - x^2 - y^2}} dxdy$$

$$= R \int_0^{2\pi} d\theta \int_0^b \frac{r}{\sqrt{R^2 - r^2}} dr = 2\pi(R - \sqrt{R^2 - b^2})R$$

所以 $\qquad A = \lim_{b \to R} A_1 = 2\pi R^2$

整个球的表面积为 $4\pi R^2$.

例 3 求由曲面 $z = x^2 + 2y^2$ 及 $z = 6 - 2x^2 - y^2$ 所围立体 Ω 的体积.

解 因为两曲面的交线 $\begin{cases} z = x^2 + 2y^2 \\ z = 6 - 2x^2 - y^2 \end{cases}$ 在 xoy 面上的投影为 $\begin{cases} x^2 + y^2 = 2 \\ z = 0 \end{cases}$，所以立体 Ω 在

xoy 面上的投影区域 $D_{xy} = \{(x, y) \mid x^2 + y^2 \leqslant 2\}$，则

$$V = \iiint\limits_{\Omega} dv = \iint\limits_{D_{xy}} dxdy \int_{x^2 + 2y^2}^{6 - 2x^2 - y^2} dz = \iint\limits_{D_{xy}} (6 - 3x^2 - 3y^2) dxdy$$

$$= 3 \int_0^{2\pi} d\theta \int_0^{\sqrt{2}} (2 - r^2) r dr = 6\pi$$

二、积分在物理学上的应用

1. 构件质量

（1）曲线构件 L 的质量 $m = \int_L \rho ds$.

ρ 是 L 的线密度. 当 L 为直线段、平面曲线段或空间曲线段时，ρ 可以是一元函数、二元函数或三元函数.

（2）曲面构件 S 的质量 $m = \iint\limits_{S} \rho dS$.

ρ 是 S 的面密度. 当 S 为平面构件或曲面构件时，ρ 可以是二元函数或三元函数.

（3）立体构件 Ω 的质量 $m = \iiint\limits_{\Omega} \rho dv$

ρ 是立体构件 Ω 的密度，是一个三元函数.

从上面三个求质量的公式，可以概括出一句简单的话"密度的积分就是质量".

2. 构件的质心

先介绍对一个质点系求质心的坐标公式.

设空间有 n 个质点，它们分别位于 (x_1, y_1, z_1)，(x_2, y_2, z_2)，…，(x_n, y_n, z_n) 处，质量分别为 m_1，m_2，…，m_n，由力学知识，该质点系的质心坐标

$$\begin{cases} \bar{x} = \dfrac{\sum\limits_{i=1}^{n} m_i x_i}{M} \\[3mm] \bar{y} = \dfrac{\sum\limits_{i=1}^{n} m_i y_i}{M} \\[3mm] \bar{z} = \dfrac{\sum\limits_{i=1}^{n} m_i z_i}{M} \end{cases} \qquad 其中 \ M = \sum_{i=1}^{n} m_i$$

有了上述结论，利用元素法不难推导出下列构件质心的公式，其中 ρ 仍分别线密度、面

密度、密度.

（1）曲线构件 L 的质心（$M = \int_L \rho ds$）.

$$\overline{x} = \frac{\int_L x\rho ds}{M} \qquad \overline{y} = \frac{\int_L y\rho ds}{M} \qquad \overline{z} = \frac{\int_L z\rho ds}{M}$$

（2）曲面构件 S 的质心（$M = \iint\limits_S \rho dS$）.

$$\overline{x} = \frac{\iint\limits_S x\rho dS}{M} \qquad \overline{y} = \frac{\iint\limits_S y\rho dS}{M} \qquad \overline{z} = \frac{\iint\limits_S z\rho dS}{M}$$

（3）立体构件 Ω 的质心（$M = \iiint\limits_\Omega \rho dv$）.

$$\overline{x} = \frac{\iiint\limits_\Omega x\rho dv}{M} \qquad \overline{y} = \frac{\iiint\limits_\Omega y\rho dv}{M} \qquad \overline{z} = \frac{\iiint\limits_\Omega z\rho dv}{M}$$

特别地当 ρ 是常数时（即构件是匀质的），曲面构件 S 是 xoy 面上一薄片（其面积也记为 S），则质心坐标

$$\overline{x} = \frac{1}{S}\iint\limits_S xdxdy \qquad \overline{y} = \frac{1}{S}\iint\limits_S ydxdy$$

立体构件 Ω（体积记为 V）的质心坐标

$$\overline{x} = \frac{1}{V}\iiint\limits_\Omega xdv \qquad \overline{y} = \frac{1}{V}\iiint\limits_\Omega ydv \qquad \overline{z} = \frac{1}{V}\iiint\limits_\Omega zdv$$

此时质心坐标与 ρ 无关，即与所用材料无关，只与构件 S 或 Ω 的形状有关，因此 ρ 是常数时的质心也形象地称为 "形心".

例 4 设 S 为抛物面 $z = 2 - (x^2 + y^2)$ 在 xoy 面上方部分，求 S 的形心.

解 先计算 S 的面积

$$S = \iint\limits_S dS = \iint\limits_{D_{xy}} \sqrt{1 + z_x^2 + z_y^2}\,dxdy = \iint\limits_{x^2+y^2 \leqslant 2} \sqrt{1 + 4x^2 + 4y^2}\,dxdy$$

$$= \int_0^{2\pi} d\theta \int_0^{\sqrt{2}} \sqrt{1 + 4r^2} \cdot rdr = \frac{13}{3}\pi$$

由对称性 $\overline{x} = 0 = \overline{y}$，则

$$\overline{z} = \frac{1}{S}\iint\limits_S zdS = \frac{3}{13\pi}\iint\limits_{D_{xy}}(2 - x^2 - y^2)\sqrt{1 + 4x^2 + 4y^2}\,dxdy$$

$$= \frac{3}{13\pi}\Big[\int_0^{2\pi} d\theta \int_0^{\sqrt{2}} 2r\sqrt{1 + 4r^2}\,dr - \int_0^{2\pi} d\theta \int_0^{\sqrt{2}} r^3\sqrt{1 + 4r^2}\,dr\Big]$$

$$= \frac{3}{13\pi}\Big[\frac{26\pi}{3} - \pi\int_0^2 t\sqrt{1 + 4t}\,dt\Big] \quad (\text{令 } r^2 = t)$$

$$= \frac{3}{13\pi}\left[\frac{26\pi}{3} - \frac{149\pi}{30}\right] = \frac{111}{130}$$

所以质心为 $\left(0,0,\frac{111}{130}\right)$.

例 5 设球体占有闭区域 $\Omega = \{(x,y,z)\,|\,x^2 + y^2 + z^2 \leqslant 2Rz\}$，它在球体内任一点 (x,y,z) 处密度 $\rho = x^2 + y^2 + z^2$，求这个球体的质心.

解 先求球体的质量

$$M = \iiint\limits_{\Omega}\rho\mathrm{d}v = \iiint\limits_{\Omega}(x^2 + y^2 + z^2)\mathrm{d}v = \int_0^{2\pi}\mathrm{d}\theta\int_0^{\frac{\pi}{2}}\mathrm{d}\varphi\int_0^{2R\cos\varphi} r^4\sin\varphi\mathrm{d}r = \frac{32}{15}\pi R^5$$

由对称性 $\bar{x} = 0 = \bar{y}$，则

$$\bar{z} = \frac{1}{M}\iiint\limits_{\Omega}z\rho\mathrm{d}v = \frac{15}{32\pi R^5}\int_0^{2\pi}\mathrm{d}\theta\int_0^{\frac{\pi}{2}}\mathrm{d}\varphi\int_0^{2R\cos\varphi} r^5\sin\varphi\cos\varphi\mathrm{d}r = \frac{5}{4}R$$

所以质心为 $\left(0,0,\frac{5}{4}R\right)$.

3. 构件对坐标轴的转动惯量

设空间有 n 个质点，它们分别位于 (x_1,y_1,z_1)，(x_2,y_2,z_2)，$\cdots$，(x_n,y_n,z_n) 处，质量分别为 m_1，m_2，$\cdots$，m_n，由力学知识，该质点系分别对 x 轴，y 轴，z 轴的转动惯量

$$I_x = \sum_{i=1}^{n}(y_i^2 + z_i^2)m_i \qquad I_y = \sum_{i=1}^{n}(x_i^2 + z_i^2)m_i, I_z = \sum_{i=1}^{n}(x_i^2 + y_i^2)m_i$$

若质点系分布于 xoy 面上，对 x 轴，y 轴的转动惯量分别为

$$I_x = \sum_{i=1}^{n}y_i^2 m_i \qquad I_y = \sum_{i=1}^{n}x_i^2 m_i$$

利用元素法不难写出构件对坐标轴的转动惯量公式. 为了方便只写出构件对 x 轴的转动惯量公式，其他的读者可自己写出，其中 ρ 仍为线密度、面密度或密度.

（1）曲线构件 L 对 x 轴的转动惯量：$I_x = \int_L(y^2 + z^2)\rho\mathrm{d}s$

（2）曲面构件 S 对 x 轴的转动惯量：$I_x = \iint\limits_{S}(y^2 + z^2)\rho\mathrm{d}S$

（3）立体构件 Ω 对 x 轴的转动惯量：$I_x = \iiint\limits_{\Omega}(y^2 + z^2)\rho\mathrm{d}v$

例 6 求由 $z = 0$，$z = x^2 + y^2$ 和 $x^2 + y^2 = a^2$ 所围立体 Ω 对 z 轴的转动惯量，其密度 ρ 为常数.

解 $$I_z = \iiint\limits_{\Omega}(x^2 + y^2)\rho\mathrm{d}v = \rho\iint\limits_{D_{xy}}(x^2 + y^2)\mathrm{d}x\mathrm{d}y\int_0^{x^2+y^2}\mathrm{d}z$$

$$= \rho\iint\limits_{D_{xy}}(x^2 + y^2)^2\mathrm{d}x\mathrm{d}y = \rho\int_0^{2\pi}\mathrm{d}\theta\int_0^a r^5\mathrm{d}r = \frac{1}{3}\pi\rho a^6$$

其中 D_{xy} 是 Ω 在 xoy 面上投影.

例 7 设均匀薄片在 xoy 面上所占区域为 $S = \left\{(x,y)\,|\,\dfrac{x^2}{a^2} + \dfrac{y^2}{b^2} \leqslant 1\right\}$，其面密度 $\rho = 1$，求

S 对 x 轴的转动惯量.

解 $I_x = \iint\limits_S y^2 dxdy$

用广义极坐标变换 $x = ar\cos\theta$，$y = br\sin\theta$，则

$$I_x = \int_0^{2\pi} d\theta \int_0^1 b^2 r^2 \sin^2\theta \cdot abr dr = \frac{1}{4}\pi ab^3$$

4. 构件对质点的引力

因为引力的计算较为麻烦，公式没有一定的规律，读者只要学好元素法，不难求出各种构件对质点的引力. 在这里我们通过一道例题来介绍如何求空间一立体 Ω 对立体外一质点 $M_0(x_0, y_0, z_0)$ 的引力，如果遇到其他求引力问题，读者可借鉴此题元素法的解题思想.

例 8 设半径为 R 的匀质球体，密度为 ρ，占有空间区域 $\Omega = \{(x, y, z) \mid x^2 + y^2 + z^2 \leq R^2\}$，求它对质量为 m 位于 $M_0(0, 0, a)(a > R)$ 处质点的引力.

解 由对称性知 $F_x = F_y = 0$，下面由元素法来求 F_z.

在球体内任取一点 $M(x, y, z)$，作小立体 Δv 包含 M（此小立体体积也记为 Δv），则 Δv 对 M_0 的引力元素的大小（方向由 M_0 指向 M）

$$dF = G \cdot \frac{m\rho\Delta v}{|MM_0|^2} = G\frac{m\rho\Delta v}{[x^2 + y^2 + (z-a)^2]}$$

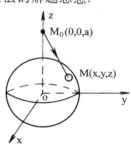

图 9 - 17

其在 z 轴上的分量元素为

$$dF_z = dF\cos\gamma = G \cdot \frac{m\rho\Delta v}{[x^2 + y^2 + (z-a)^2]} \cdot \frac{z-a}{\sqrt{x^2 + y^2 + (z-a)^2}}$$

$$= Gm\rho \cdot \frac{z-a}{[x^2 + y^2 + (z-a)^2]^{3/2}}\Delta v$$

所以

$$F_z = Gm\rho\iiint\limits_\Omega \frac{z-a}{[x^2 + y^2 + (z-a)^2]^{3/2}}dv$$

用"切片法"

$$F_z = Gm\rho\int_{-R}^R (z-a)dz\iint\limits_{D_z} \frac{1}{[x^2 + y^2 + (z-a)^2]^{3/2}}dxdy$$

$$= Gm\rho\int_{-R}^R (z-a)dz\int_0^{2\pi} d\theta\int_0^{\sqrt{R^2-z^2}} \frac{r}{[r^2 + (z-a)^2]^{3/2}}dr$$

$$= 2\pi Gm\rho\int_{-R}^R (z-a)\left(\frac{-1}{z-a} - \frac{1}{\sqrt{R^2 - 2az + a^2}}\right)dz$$

$$= 2\pi Gm\rho\left[-2R + \int_{-R}^R \frac{-(z-a)}{\sqrt{R^2 - 2az + a^2}}dz\right]$$

$$= 2\pi Gm\rho \left[-2R + \frac{1}{a} \int_{-R}^{R} (z-a) d(\sqrt{R^2 - 2az + a^2}) \right]$$

$$= 2\pi Gm\rho \left[-2R + 2R - \frac{2R^3}{3a^2} \right] = -G\frac{Mm}{a^2}$$

其中 $M = \frac{4}{3}\pi R^3 \rho$ 是球的质量. 这个结果表明匀质球体对球外一质点的引力等于把球当质点看待两质点间的引力.

以上是重积分及第一类曲线和第一类曲面积分在物理上应用, 而第二类曲线和第二类曲面积分在物理上的应用已经介绍过, 只把结果列于此.

5. 变力沿曲线 L 做的功: $W = \int_L \vec{F} \cdot d\vec{s}$

6. 流量与环流量: $\Phi = \iint_S \vec{A} \cdot d\vec{S}, \Gamma = \oint_L \vec{A} \cdot d\vec{s}$

习题 9 – 7

1. 求下列曲线段的弧长.

（1）曲线 $y = \mathrm{ch}x$ 从 $x = 0$ 到 $x = \ln 2$ 的弧段.

（2）曲线 $x = z^2$, $y = \frac{4}{3} z^{\frac{3}{2}}$ 从 $(0,0,0)$ 到 $\left(1, \frac{8}{3}, 1\right)$ 的弧段.

2. 求下列曲面的面积.

（1）抛物面 $2z = x^2 + y^2$ 被锥面 $z = \sqrt{x^2 + y^2}$ 所割下部分.

（2）锥面 $z^2 = 3(x^2 + y^2)$ 被抛物面 $z = x^2 + y^2$ 所截得的曲面.

3. 求下列立体的体积.

（1）由 $z = 4 - x^2 - y^2$ 和 $z = 0$ 围成立体.

（2）由锥面 $z = \sqrt{x^2 + y^2}$ 和抛物面 $z = x^2 + y^2$ 所围立体.

（3）由 $z = x^2 + y^2$ 和 $z = 2x$ 所围立体.

4. 求下列构件的质量.

（1）半径为 a, 中心角为 2φ 的圆弧, 线密度 $\rho = x^2 + y^2$.

（2）由 $y = x^2$, $x = 2$, $y = 1$ 围成 xoy 面上平面薄片, 其面密度 $\rho = x^2 + y^2$.

（3）$x^2 + y^2 + z^2 \leqslant 4$, $x \geqslant 0$, $y \geqslant 0$, $z \geqslant 0$ 立体区域, 密度 $\rho = xyz$.

5. 求下列构件的质心坐标.

（1）由 $y^2 = 2x$ 和 $y = x$ 围成的平面区域, 密度 ρ 为常数.

（2）一半球壳的外半径为 a, 内半径为 b, 其密度与到底部的距离的平方成正比.

6. 求下列构件的转动惯量.

（1）曲线 $y = \sin x (0 \leqslant x \leqslant \pi)$ 和 x 轴围成一个区域, 其密度为 1, 求对 y 轴的转动惯量.

（2）球体 $x^2 + y^2 + z^2 \leqslant a^2$, 密度 ρ 为常数, 求对 z 轴的转动惯量.

（3）由锥面 $z^2 = 3(x^2 + y^2)$ 及 $z = 0$ 和 $z = 3$ 围成的封闭曲面, 密度 $\rho = 1$, 对 z 轴的转动惯量.

第十章 无 穷 级 数

早在大约公元前 450 年，古希腊有一位名叫 Zeno 的学者，曾提出"Achilles（传说中的希腊英雄）追赶乌龟"这一在数学发展史上产生过重大影响的悖论.

设乌龟在 Achilles 前面 S_1 米处向前爬行，Achilles 在后面追赶，当 Achilles 花了 t_1 秒时间，跑完 S_1 米时，乌龟已向前爬了 S_2 米；当 Achilles 再花 t_2 秒时间，跑完 S_2 米时，乌龟又向前爬了 S_3 米……这样的过程可以一直继续下去，因此 Achilles 永远也追不上乌龟.

这一结论显然有悖于常识，没有人会怀疑，Achilles 必将在某一 T 秒时间内，跑了 S 米后追上乌龟. Zeno 的诡辩之处在于把有限的时间 T（或距离 S）分割成无穷段 $t_1, t_2 \cdots$（或 $S_1, S_2 \cdots$），从而使"追—爬—追—爬"的过程将随时间的流逝而永无止境. 事实上，$t_1 + t_2 + \cdots + t_n + \cdots$（或 $S_1 + S_2 + \cdots + S_n + \cdots$），尽管相加的项有无限个，但它们的和却是有限数 T（或 S）. 也就是说，经过时间 T 秒，Achilles 跑完 S 米后，追上了乌龟.

本章即论述这无限个数相加的问题，它是高等数学的一个重要组成部分，是表示函数、研究函数的性质以及进行数值计算的一种工具.

第一节 常数项级数的概念

一、常数项级数的定义

设无穷多个数 $u_1, u_2, \cdots, u_n, \cdots$，写成和式

$$u_1 + u_2 + \cdots + u_n + \cdots$$

简记为 $\sum\limits_{n=1}^{\infty} u_n$，称为（常数项）无穷级数，简称（常数项）级数. 其中第 n 项 u_n 称为级数的一般项.

上述级数的定义只是一个形式上的相加，这种加法是不是具有"和数"，这个"和数"是否有确切意义？这就要求有如下的概念：级数 $\sum\limits_{n=1}^{\infty} u_n$ 的"部分和数列" $\{S_n\}$：

$$S_1 = u_1, S_2 = u_1 + u_2, \cdots, S_n = u_1 + u_2 + \cdots + u_n, \cdots.$$

定义 1　如果级数 $\sum\limits_{n=1}^{\infty} u_n$ 的部分和数列 $\{S_n\}$ 有极限 S，即

$$\lim_{n \to \infty} S_n = S$$

则称级数 $\sum\limits_{n=1}^{\infty} u_n$ 收敛，S 称为此级数的和，记为

$$S = u_1 + u_2 + \cdots + u_n + \cdots$$

如果 $\{S_n\}$ 没有极限，则称级数 $\sum\limits_{n=1}^{\infty} u_n$ 发散.

只有当级数收敛时，无穷个数相加才有意义，其部分和 S_n 是级数的和 S 的近似值，它们的差值

$$r_n = S - S_n = u_{n+1} + u_{n+2} + \cdots$$

称为级数的余项.

例 1 无穷级数

$$\sum_{n=1}^{\infty} aq^{n-1} = a + aq + \cdots + aq^{n-1} + \cdots$$

称为几何级数（或等比级数），其中 $a \neq 0$，q 称为级数的公比. 试讨论此级数的收敛性.

解 （1）设 $|q| \neq 1$，由于

$$S_n = a + aq + \cdots + aq^{n-1} = \frac{a}{1-q} - \frac{aq^n}{1-q}$$

如果 $|q| < 1$，则

$$\lim_{n \to \infty} S_n = \frac{a}{1-q}$$

所以，当 $|q| < 1$ 时，几何级数收敛，其和为 $\frac{a}{1-q}$，余项是 $\frac{aq^n}{1-q}$.

如果 $|q| > 1$，则

$$\lim_{n \to \infty} S_n = \infty$$

所以，当 $|q| > 1$ 时，几何级数发散，它没有和.

（2）如果 $q = 1$，则级数成为

$$a + a + \cdots + a + \cdots$$

由于 $S_n = na$，则 $\lim\limits_{n \to \infty} S_n = \infty$，所以它发散.

（3）如果 $q = -1$，则级数成为

$$a - a + a - a + \cdots + a - a + \cdots$$

当 n 为偶数时，$S_n = 0$；当 n 为奇数时，$S_n = a$；故当 $n \to \infty$ 时，S_n 没有极限，它发散.

综上所述，几何级数 $\sum\limits_{n=1}^{\infty} aq^{n-1}$ 当 $|q| < 1$ 时收敛，其和为 $\frac{a}{1-q}$；当 $|q| \geqslant 1$ 时发散.

例 2 判定级数

$$\sum_{n=1}^{\infty} \ln \frac{n+1}{n} = \ln \frac{2}{1} + \ln \frac{3}{2} + \cdots + \ln \frac{n+1}{n} + \cdots$$

的敛散性.

解 由于 $\ln \dfrac{n+1}{n} = \ln(n+1) - \ln n \quad (n = 1, 2, \cdots)$

得到　$S_n = \ln \dfrac{2}{1} + \ln \dfrac{3}{2} + \cdots + \ln \dfrac{n+1}{n}$

$$= (\ln 2 - \ln 1) + (\ln 3 - \ln 2) + \cdots + (\ln(n+1) - \ln n) = \ln(n+1)$$

因此　$\lim\limits_{n \to \infty} S_n = \lim\limits_{n \to \infty} \ln(n+1) = +\infty$

所以级数发散.

二、级数的基本性质

性质 1　如果级数 $\sum\limits_{n=1}^{\infty} u_n$、$\sum\limits_{n=1}^{\infty} v_n$ 分别收敛于和 S、W，则级数 $\sum\limits_{n=1}^{\infty}(u_n \pm v_n)$ 也收敛，且其和为 $S \pm W$.

证　设级数 $\sum\limits_{n=1}^{\infty} u_n$、$\sum\limits_{n=1}^{\infty} v_n$ 的部分和分别为 S_n、W_n，

$S_n = u_1 + u_2 + \cdots + u_n$，且 $\lim\limits_{n \to \infty} S_n = S$

$W_n = v_1 + v_2 + \cdots + v_n$，且 $\lim\limits_{n \to \infty} W_n = W$

则级数 $\sum\limits_{n=1}^{\infty}(u_n \pm v_n)$ 的部分和

$$T_n = (u_1 \pm v_1) + (u_2 \pm v_2) + \cdots + (u_n \pm v_n)$$
$$= (u_1 + u_2 + \cdots + u_n) \pm (v_1 + v_2 + \cdots + v_n)$$
$$= S_n \pm W_n$$

因此　$\lim\limits_{n \to \infty} T_n = \lim\limits_{n \to \infty}(S_n \pm W_n) = S \pm W$

所以　$\sum\limits_{n=1}^{\infty}(u_n \pm v_n) = S \pm W = \sum\limits_{n=1}^{\infty} u_n \pm \sum\limits_{n=1}^{\infty} v_n$.

性质 2　如果级数 $\sum\limits_{n=1}^{\infty} u_n$ 收敛于和 S，则它的各项同乘以一个常数 k 所得的级数 $\sum\limits_{n=1}^{\infty} ku_n$ 也收敛，且其和为 kS.

证　设级数 $\sum\limits_{n=1}^{\infty} u_n$ 的部分和为 S_n，即

$$S_n = u_1 + u_2 + \cdots + u_n$$

且　$\lim\limits_{n \to \infty} S_n = S$

设级数 $\sum\limits_{n=1}^{\infty} ku_n$ 的部分和为 W_n，则

$$W_n = ku_1 + ku_2 + \cdots + ku_n = k(u_1 + u_2 + \cdots + u_n) = kS_n$$

因此　$\lim\limits_{n \to \infty} W_n = \lim\limits_{n \to \infty} kS_n = kS$

所以　$\sum\limits_{n=1}^{\infty} ku_n = kS = k \sum\limits_{n=1}^{\infty} u_n$.

由于 $W_n = kS_n$，所以，如果 S_n 没有极限，则 W_n 也没有极限. 因此，级数的每一项同乘一个不为 0 的常数后，其敛散性不变.

性质 3　在级数中去掉、加上或改变有限项，级数的敛散性不变.

证 只需证明 "在级数的前面部分去掉或加上有限项，不会改变级数的收敛性"，因为其他情形（即在级数中任意去掉、加上或改变有限项的情形）都可以看成在级数的前面部分先去掉有限项，然后再加上有限项的结果.

设将级数

$$u_1 + u_2 + \cdots + u_k + u_{k+1} + \cdots + u_{k+n} + \cdots$$

的前 k 项去掉，则得级数

$$u_{k+1} + u_{k+2} + \cdots + u_{k+n} + \cdots.$$

于是新得的级数的部分和为

$$T_n = u_{k+1} + u_{k+2} + \cdots + u_{k+n} = S_{k+n} - S_k,$$

其中 S_{k+n} 是原来级数的前 $k+n$ 项的和. 因为 S_k 是常数，所以当 $n \to \infty$ 时，T_n 与 S_{k+n} 或者同时具有极限，或者同时没有极限.

类似地，可以证明在级数的前面加上有限项，不会改变级数的收敛性.

性质 4 如果级数 $\sum\limits_{n=1}^{\infty} u_n$ 收敛，则对这级数的项任意加括号后所成的级数

$$(u_1 + \cdots + u_{n_1}) + (u_{n_1+1} + \cdots + u_{n_2}) + \cdots + (u_{n_{k-1}+1} + \cdots + u_{n_k}) + \cdots$$

仍收敛，且其和不变.

证 设级数 $\sum\limits_{n=1}^{\infty} u_n$ 的部分和数列为 $\{S_n\}$，则加括号后的级数的部分和数列 $\{A_n\}$ 有

$$A_1 = u_1 + u_2 + \cdots + u_{n_1} = S_{n_1}$$

$$A_2 = (u_1 + \cdots + u_{n_1}) + (u_{n_1+1} + \cdots + u_{n_2}) = S_{n_2}$$

$$\cdots\cdots$$

$$A_k = (u_1 + \cdots + u_{n_1}) + (u_{n_1+1} + \cdots + u_{n_2}) + \cdots + (u_{n_{k-1}+1} + \cdots + u_{n_k}) = S_{n_k}$$

$$\cdots\cdots$$

可见，$\{A_n\}$ 是 $\{S_n\}$ 的一个子数列，故由 $\{S_n\}$ 的收敛性立即得 $\{A_n\}$ 也收敛，且其极限值相同.

注 （1）加括号后的级数为收敛时，不能断言原来未加括号的级数收敛. 例如级数

$$1 - 1 + 1 - 1 + \cdots$$

加括号后成为

$$(1 - 1) + (1 - 1) + \cdots$$

它收敛于零，但原来未加括号的级数是发散的.

（2）性质 4 的逆否命题成立. 即带有括号的级数发散，则去掉括号后的级数仍发散.

性质 5（收敛的必要条件） 如果级数 $\sum\limits_{n=1}^{\infty} u_n$ 收敛，则它的一般项 $u_n \to 0 (n \to \infty)$.

证 设 $\sum\limits_{n=1}^{\infty} u_n$ 的部分和数列为 $\{S_n\}$，且 $\lim\limits_{n \to \infty} S_n = S$，

由于 $u_n = S_n - S_{n-1}$

得 $\lim\limits_{n \to \infty} u_n = \lim\limits_{n \to \infty} (S_n - S_{n-1}) = S - S = 0$

由此性质知，如果 $u_n \nrightarrow 0$，那么立即可以断言 $\sum\limits_{n=1}^{\infty} u_n$ 是发散的.

注　$u_n \to 0$ 只是级数收敛的必要条件，不是充分条件.

例如级数

$$\sum_{n=1}^{\infty} n^S = 1^S + 2^S + \cdots + n^S + \cdots \quad (s > 0)$$

由于 $\lim_{n \to \infty} n^S = \infty (s > 0)$，所以它发散.

又例如级数

$$1 + \underbrace{\frac{1}{2} + \frac{1}{2}}_{\text{共2项}} + \underbrace{\frac{1}{3} + \frac{1}{3} + \frac{1}{3}}_{\text{共3项}} + \cdots + \underbrace{\frac{1}{n} + \frac{1}{n} + \cdots + \frac{1}{n}}_{\text{共}n\text{项}} + \frac{1}{n+1} + \cdots$$

它的一般项 $u_n \to 0 (n \to \infty)$，但此级数是发散的，这是因为，如果这个级数是收敛的，那么加括号后的级数

$$1 + \left(\frac{1}{2} + \frac{1}{2}\right) + \left(\frac{1}{3} + \frac{1}{3} + \frac{1}{3}\right) + \cdots + \left(\frac{1}{n} + \cdots + \frac{1}{n}\right) + \left(\frac{1}{n+1} + \cdots\right) + \cdots$$

也应该是收敛的，但此级数中，每个括号内的数相加后等于1，因而它是发散的.

*三、柯西收敛原理

定理1.1　（柯西收敛原理）　级数 $\sum_{n=1}^{\infty} u_n$ 收敛的充分必要条件为：对于任意给定的正数 ε，总存在自然数 N，使得当 $n > N$ 时，对于任意的自然数 p，都成立着

$$|u_{n+1} + u_{n+2} + \cdots + u_{n+p}| < \varepsilon$$

证　设级数 $\sum_{n=1}^{\infty} u_n$ 的部分和为 S_n，因为

$$|u_{n+1} + u_{n+2} + \cdots + u_{n+p}| = |S_{n+p} - S_n|$$

所以由数列的柯西收敛原理，即得本定理.

例3　利用收敛原理判定级数 $\sum_{n=1}^{\infty} \frac{1}{n^2}$ 的收敛性.

解　因为对任何自然数 p

$$
\begin{aligned}
|S_{n+p} - S_n| &= \frac{1}{(n+1)^2} + \frac{1}{(n+2)^2} + \cdots + \frac{1}{(n+p)^2} \\
&< \frac{1}{n(n+1)} + \frac{1}{(n+1)(n+2)} + \cdots + \frac{1}{(n+p-1)(n+p)} \\
&= \left(\frac{1}{n} - \frac{1}{n+1}\right) + \left(\frac{1}{n+1} - \frac{1}{n+2}\right) + \cdots + \left(\frac{1}{n+p-1} - \frac{1}{n+p}\right) \\
&= \frac{1}{n} - \frac{1}{n+p} < \frac{1}{n}
\end{aligned}
$$

于是对任意 $\varepsilon > 0$，存在 $N = \left[\frac{1}{\varepsilon}\right]$，当 $n > N$ 时，对任何 $p = 1, 2, \cdots$，总成立

$$|S_{n+p} - S_n| < \frac{1}{n} < \varepsilon$$

按收敛原理，级数 $\sum_{n=1}^{\infty} \frac{1}{n^2}$ 收敛.

习题 10 – 1

1. 讨论下列级数的敛散性.

（1）$\sum\limits_{n=1}^{\infty}(\sqrt{n+1}-\sqrt{n})$

（2）$\left(\dfrac{1}{2}+\dfrac{1}{3}\right)+\left(\dfrac{1}{2^2}+\dfrac{1}{3^2}\right)+\cdots+\left(\dfrac{1}{2^n}+\dfrac{1}{3^n}\right)+\cdots$

（3）$1+\dfrac{2}{3}+\dfrac{3}{5}+\cdots+\dfrac{n}{2n-1}+\cdots$

（4）$\dfrac{1}{1\cdot4}+\dfrac{1}{4\cdot7}+\cdots+\dfrac{1}{(3n-2)(3n+1)}+\cdots$

（5）$\cos\dfrac{\pi}{3}+\cos\dfrac{\pi}{4}+\cos\dfrac{\pi}{5}+\cdots$

*2. 利用柯西收敛原理判别下列级数的敛散性.

（1）$a_0+a_1q+a_2q^2+\cdots+a_nq^n+\cdots,|q|<1,|a_n|\leqslant A,(n=0,1,2\cdots)$

（2）$1+\dfrac{1}{2}-\dfrac{1}{3}+\dfrac{1}{4}+\dfrac{1}{5}-\dfrac{1}{6}+\cdots$

第二节　常数项级数敛散性的判别法

一、正项级数及其敛散性的判别法

定义 1　如果级数 $\sum\limits_{n=1}^{\infty}u_n$ 的各项都是非负实数，即 $u_n\geqslant0,n=1,2,3,\cdots$，则称此级数为正项级数.

显然，正项级数的部分和数列 $\{S_n\}$ 是单调增加的，即

$$S_1\leqslant S_2\leqslant\cdots\leqslant S_{n-1}\leqslant S_n\leqslant\cdots$$

根据单调数列的性质，可以得到：

定理 1　正项级数 $\sum\limits_{n=1}^{\infty}u_n$ 收敛的充分必要条件是：它的部分和数列 $\{S_n\}$ 有界.

由定理 1，可以建立一个基本判别法.

定理 2（比较判别法）　如果两个正项级数 $\sum\limits_{n=1}^{\infty}u_n$ 和 $\sum\limits_{n=1}^{\infty}v_n$ 之间成立着这样的关系：存在常数 $c>0$，使

$$u_n\leqslant cv_n,(n=1,2,3,\cdots)$$

或者自某项以后（即存在 N，当 n > N）成立以上关系式，那么：

（1）当级数 $\sum\limits_{n=1}^{\infty}v_n$ 收敛时，级数 $\sum\limits_{n=1}^{\infty}u_n$ 也收敛.

（2）当级数 $\sum\limits_{n=1}^{\infty}u_n$ 发散时，级数 $\sum\limits_{n=1}^{\infty}v_n$ 也发散.

证 设 $S_n = u_1 + u_2 + \cdots + u_n$，$W_n = v_1 + v_2 + \cdots + v_n$，因为 $u_n \leqslant c v_n$，所以 $S_n \leqslant c W_n$．由定理 1 知：

（1）如果 $\displaystyle\sum_{n=1}^{\infty} v_n$ 收敛，则 W_n 有界，因此 S_n 也有界，所以 $\displaystyle\sum_{n=1}^{\infty} u_n$ 收敛．

（2）如果 $\displaystyle\sum_{n=1}^{\infty} u_n$ 发散，则 S_n 无界，因此 W_n 也无界，所以 $\displaystyle\sum_{n=1}^{\infty} v_n$ 发散．

例 1 判断调和级数

$$\sum_{n=1}^{\infty} \frac{1}{n} = 1 + \frac{1}{2} + \frac{1}{3} + \cdots + \frac{1}{n} + \cdots$$

的敛散性．

解
$$\sum_{n=1}^{\infty} \frac{1}{n} = 1 + \frac{1}{2} + \frac{1}{3} + \cdots + \frac{1}{n} + \cdots$$
$$= \left(1 + \frac{1}{2}\right) + \left(\frac{1}{3} + \frac{1}{4}\right) + \left(\frac{1}{5} + \frac{1}{6} + \frac{1}{7} + \frac{1}{8}\right) + \cdots$$

它的各项均大于级数

$$\frac{1}{2} + \left(\frac{1}{4} + \frac{1}{4}\right) + \left(\frac{1}{8} + \frac{1}{8} + \frac{1}{8} + \frac{1}{8}\right) + \cdots$$
$$= \frac{1}{2} + \frac{1}{2} + \frac{1}{2} + \cdots$$

的对应项，而后一个级数是发散的，所以由比较判别法知此级数发散．

例 2 讨论 p—级数

$$\sum_{n=1}^{\infty} \frac{1}{n^p} = 1 + \frac{1}{2^p} + \frac{1}{3^p} + \cdots + \frac{1}{n^p} + \cdots$$

的敛散性．

解 当 $p \leqslant 1$ 时，$\dfrac{1}{n^p} \geqslant \dfrac{1}{n}$．由 $\displaystyle\sum_{n=1}^{\infty} \frac{1}{n}$ 发散知，级数 $\displaystyle\sum_{n=1}^{\infty} \frac{1}{n^p}$ 发散．

当 $p > 1$ 时，考虑 p 一级数前 n 顶部分和（n 足够大）

$$S_n = 1 + \frac{1}{2^p} + \frac{1}{3^p} + \cdots + \frac{1}{n^p}$$

$$= 1 + \underbrace{\left(\frac{1}{2^p} + \frac{1}{3^p}\right)}_{2\text{项}} + \underbrace{\left(\frac{1}{4^p} + \frac{1}{5^p} + \frac{1}{6^p} + \frac{1}{7^p}\right)}_{2^2\text{项}} + \cdots + \underbrace{\left(\cdots + \frac{1}{n^p}\right)}{}$$

$$\leqslant 1 + \underbrace{\left(\frac{1}{2^p} + \frac{1}{2^p}\right)}_{2\text{项}} + \underbrace{\left(\frac{1}{4^p} + \frac{1}{4^p} + \frac{1}{4^p} + \frac{1}{4^p}\right)}_{2^2\text{项}} + \cdots + \underbrace{\left(\frac{1}{2^{kp}} + \cdots + \frac{1}{2^{kp}}\right)}_{2^k\text{项}}$$

后一级数是公比 $q = \dfrac{1}{2^{p-1}} < 1$ 的等比级数部分和，是有界的．因此 S_n 有界，所以此级数 $\displaystyle\sum_{n=1}^{\infty} \frac{1}{n^p}$ 收敛．

定理 3 （比较判别法的极限形式）设正项级数 $\sum\limits_{n=1}^{\infty} u_n$、$\sum\limits_{n=1}^{\infty} v_n$，如果 $\lim\limits_{n\to\infty}\dfrac{u_n}{v_n}=l,(0<l<+\infty)$，则级数 $\sum\limits_{n=1}^{\infty} u_n$，$\sum\limits_{n=1}^{\infty} v_n$ 同时收敛或同时发散.

证 利用极限存在的定义，取 $\varepsilon=\dfrac{l}{2}(l>0)$，则存在 N，当 $n>N$ 时成立着

$$\left(l-\frac{l}{2}\right)v_n < u_n < \left(l+\frac{l}{2}\right)v_n$$

再利用比较判别法，便证明了结论.

例 3 判别级数 $\sum\limits_{n=1}^{\infty}\sin\dfrac{1}{n}$ 的敛散性.

解 因为 $\lim\limits_{n\to\infty}\dfrac{\sin\dfrac{1}{n}}{\dfrac{1}{n}}=1$，而级数 $\sum\limits_{n=1}^{\infty}\dfrac{1}{n}$ 是发散的，由比较判别法知，级数 $\sum\limits_{n=1}^{\infty}\sin\dfrac{1}{n}$ 也发散.

例 4 判别级数 $\sum\limits_{n=1}^{\infty}\dfrac{n+3}{2n^3-n}$ 的敛散性.

解 因为

$$\lim_{n\to\infty}\frac{n+3}{2n^3-n}\Big/\frac{1}{n^2}=\frac{1}{2}$$

而级数 $\sum\limits_{n=1}^{\infty}\dfrac{1}{n^2}$ 是收敛的，由比较判别法知，级数 $\sum\limits_{n=1}^{\infty}\dfrac{n+3}{2n^3-n}$ 也收敛.

定理 4 （达朗贝尔判别法）若正项级数 $\sum\limits_{n=1}^{\infty} u_n$ 的后项与前项之比值的极限等于 q，即

$$\lim_{n\to\infty}\frac{u_{n+1}}{u_n}=q,$$

则当 $q<1$ 时级数收敛；$q>1\left(\text{或}\lim\limits_{n\to\infty}\dfrac{u_{n+1}}{u_n}=\infty\right)$ 时级数发散；$q=1$ 时级数可能收敛也可能发散.

证 （1）如果 $q<1$，则由极限的定义可知，对 $\varepsilon=\dfrac{1-q}{2}>0$ 必存在正整数 N，当 $n\geqslant N$ 时有

$$\frac{u_{n+1}}{u_n}<q+\varepsilon=\frac{1+q}{2}=l<1$$

因此 $u_{N+1}<lu_N$

$\qquad u_{N+2}<lu_{N+1}<l^2u_N$

$\qquad \cdots\cdots$

$\qquad u_n<lu_{n-1}<\cdots<l^{n-N}u_N$

$\qquad \cdots\cdots$

由于 $0 < l < 1$ 时，几何级数 $\sum\limits_{n=N+1}^{\infty} u_N l^{n-N}$ 收敛，所以由比较判别法知 $\sum\limits_{n=N+1}^{\infty} u_n$ 收敛，再由性质 3 知，级数 $\sum\limits_{n=1}^{\infty} u_n$ 收敛.

（2）如果 $q > 1$，则对 $\varepsilon = \dfrac{q-1}{2} > 0$ 必存在 N，当 $n \geq N$ 时有

$$\frac{u_{n+1}}{u_n} > q - \varepsilon = \frac{q+1}{2} > 1$$

即当 $n \geq N$ 时有

$$0 < u_N < u_{N+1} < u_{N+2} < \cdots < u_n < u_{n+1} < \cdots$$

因此当 $n \to \infty$ 时，所给级数的一般项 u_n 不趋于 0，所以级数发散.

（3）如果 $q = 1$，级数可能收敛也可能发散，不能用此法判定级数的敛散性.

例 5 判别级数 $\sum\limits_{n=1}^{\infty} \dfrac{\alpha^n}{n^s}(s > 0, \alpha > 0)$ 的敛散性.

解 因为

$$\lim_{n\to\infty} \frac{u_{n+1}}{u_n} = \lim_{n\to\infty} \frac{\alpha^{n+1}}{(n+1)^s} \cdot \frac{n^s}{\alpha^n} = \alpha \cdot \lim_{n\to\infty} \left(\frac{n}{n+1}\right)^s = \alpha$$

因此，当 $\alpha < 1$ 时级数收敛. 当 $\alpha > 1$ 时级数发散. 而当 $\alpha = 1$ 时级数 $\sum\limits_{n=1}^{\infty} \dfrac{1}{n^s}$ 为 s—级数，可由例 2 得到其敛散性.

定理 5 （柯西判别法）设 $\sum\limits_{n=1}^{\infty} u_n$ 为正项级数，如果它的一般项 u_n 的 n 次根的极限等于 q，即

$$\lim_{n\to\infty} \sqrt[n]{u_n} = q,$$

则当 $q < 1$ 时级数收敛，$q > 1$（或 $\lim\limits_{n\to\infty} \sqrt[n]{u_n} = +\infty$）时级数发散，$q = 1$ 时级数可能收敛也可能发散.

证 （1）如果 $q < 1$，根据极限定义，对于一个适当小的正数 ε，存在自然数 m，当 $n \geq m$ 时，有不等式

$$\sqrt[n]{u_n} < q + \varepsilon = r < 1，即 u_n < r^n$$

由于等比级数 $\sum\limits_{n=1}^{\infty} r^n$（公比 $r < 1$）收敛，由比较判别法知级数 $\sum\limits_{n=1}^{\infty} u_n$ 收敛.

（2）如果 $q > 1$，根据极限定义，对于一个适当小的正数 ε，存在自然数 m，当 $n \geq m$ 时，有不等式

$$\sqrt[n]{u_n} > q - \varepsilon > 1 \ 即 \ u_n > 1$$

于是 $\lim\limits_{n\to\infty} u_n \neq 0$，因此级数 $\sum\limits_{n=1}^{\infty} u_n$ 发散.

（3）如果 $q = 1$，仍以 p—级数为例，

$$\sqrt[n]{u_n} = \left(\frac{1}{\sqrt[n]{n}}\right)^P \to 1 \,(n \to \infty)$$

（因为 $\lim\limits_{x \to +\infty} x^{\frac{1}{x}} = 1$，故 $\lim\limits_{n \to \infty} n^{\frac{1}{n}} = 1$），这说明当 $q = 1$ 时级数可能收敛也可能发散.

例 6　判别级数 $\sum\limits_{n=1}^{\infty} \alpha^n \,(\alpha \geq 0)$ 的敛散性.

解　因为

$$\lim\limits_{n \to \infty} \sqrt[n]{\alpha^n} = \alpha$$

按照柯西判别法，当 $\alpha < 1$ 时级数收敛，当 $\alpha > 1$ 时级数发散，而当 $\alpha = 1$ 时，级数为 $1 + 1 + \cdots$，显然是发散的.

二、交错级数与任意项级数

定义 2　凡正负项相间的级数，也就是形如

$$u_1 - u_2 + u_3 - u_4 + \cdots + (-1)^{n+1} u_n + \cdots$$

的级数，其中 $u_n > 0 \,(n = 1, 2, \cdots)$，称为交错级数.

对于交错级数，有下面的简单定理.

定理 6　（莱布尼兹定理）如果交错级数 $\sum\limits_{n=1}^{\infty} (-1)^{n+1} u_n$ 满足

（1）$u_{n+1} \leq u_n \,(n = 1, 2, \cdots)$；

（2）$\lim\limits_{n \to \infty} u_n = 0$，

则级数收敛，且其和 $S \leq u_1$，其余项 r_n 的绝对值 $|R_n| \leq u_{n+1}$.

证　将级数的前 $2k$ 项写成下面两种形式：

$$S_{2k} = (u_1 - u_2) + (u_3 - u_4) + \cdots + (u_{2k-1} - u_{2k})$$

及

$$S_{2k} = u_1 - (u_2 - u_3) - (u_4 - u_5) - \cdots - (u_{2k-2} - u_{2k-1}) - u_{2k}$$

由条件（1），可知两式中所有括号内的差都非负.

由第一式可知 S_{2k} 随 k 增大而增大，由第二式可知 $S_{2k} \leq u_1$，根据极限存在准则，得到

$$\lim\limits_{k \to \infty} S_{2k} = S \leq u_1$$

再由 $S_{2k+1} = S_{2k} + u_{2k+1}$ 及条件（2）得到

$$\lim\limits_{k \to \infty} S_{2k+1} = \lim\limits_{k \to \infty} S_{2k} + \lim\limits_{k \to \infty} u_{2k+1} = S + 0 = S$$

因此，无论 n 是奇数或偶数，只要 n 无限增大，S_n 总趋于同一极限 S，所以交错级数收敛，且其和 $S \leq u_1$. 如果以 S_n 作为级数和 S 的近似值，则误差 $|r_n| \leq u_{n+1}$，因为

$$|r_n| = u_{n+1} - u_{n+2} + \cdots$$

也是一个交错级数，并且满足收敛条件，所以其和小于级数的第一项，即 $|r_n| \leq u_{n+1}$.

例 7　判别交错级数的敛散性.

$$\sum\limits_{n=1}^{\infty} (-1)^{n-1} \frac{1}{n} = 1 - \frac{1}{2} + \frac{1}{3} - \frac{1}{4} + \cdots + \frac{(-1)^{n-1}}{n} + \cdots$$

解　此级数满足条件

（1）$u_n = \dfrac{1}{n} > \dfrac{1}{n+1} = u_{n+1}(n = 1,2,\cdots)$ 及 （2）$\lim\limits_{n \to \infty} u_n = \lim\limits_{n \to \infty} \dfrac{1}{n} = 0$，

所以它收敛，其和 S 小于 $u_1 = 1$. 如果取前 n 项的和 $S_n = \sum\limits_{k=1}^{n} \dfrac{(-1)^{k-1}}{k}$ 作为 S 的近似值，则 $|r_n| < \dfrac{1}{n+1}$.

　　正项级数的判别法较易使用，能否利用它对任意项级数的敛散性先做一个粗略的判断呢？

　　定义 3　如果级数 $\sum\limits_{n=1}^{\infty} |u_n|$ 收敛，则称级数 $\sum\limits_{n=1}^{\infty} u_n$ 绝对收敛. 如果级数 $\sum\limits_{n=1}^{\infty} u_n$ 收敛而 $\sum\limits_{n=1}^{\infty} |u_n|$ 发散，则称级数 $\sum\limits_{n=1}^{\infty} u_n$ 条件收敛.

　　绝对收敛和收敛之间有着下面的重要关系：

　　定理 7　如果级数 $\sum\limits_{n=1}^{\infty} u_n$ 绝对收敛，则级数 $\sum\limits_{n=1}^{\infty} u_n$ 必定收敛.

　　证　设级数 $\sum\limits_{n=1}^{\infty} u_n$ 绝对收敛，也就是 $\sum\limits_{n=1}^{\infty} |u_n|$ 收敛. 按照柯西收敛原理，对任意 $\varepsilon > 0$，存在 N，当 $n > N$ 时，对一切自然数 p 成立着

$$|u_{n+1}| + |u_{n+2}| + \cdots + |u_{n+p}| < \varepsilon$$

于是

$$|u_{n+1} + u_{n+2} + \cdots + u_{n+p}| \leqslant |u_{n+1}| + |u_{n+2}| + \cdots + |u_{n+p}| < \varepsilon$$

再根据柯西收敛原理，级数 $\sum\limits_{n=1}^{\infty} u_n$ 收敛.

　　从定义可见，判别一个级数 $\sum\limits_{n=1}^{\infty} u_n$ 是否绝对收敛，实际就是判别正项级数 $\sum\limits_{n=1}^{\infty} |u_n|$ 的敛散性. 但当级数 $\sum\limits_{n=1}^{\infty} |u_n|$ 为发散时，只能断定 $\sum\limits_{n=1}^{\infty} u_n$ 非绝对收敛，而不能断定它必发散. 例如 $\sum\limits_{n=1}^{\infty} \left| \dfrac{(-1)^{n+1}}{n} \right|$ 虽然是发散的，但 $\sum\limits_{n=1}^{\infty} \dfrac{(-1)^{n+1}}{n}$ 却是收敛的. 因此当我们判断出级数 $\sum\limits_{n=1}^{\infty} |u_n|$ 发散时，还得进一步重新判断级数 $\sum\limits_{n=1}^{\infty} u_n$ 的敛散性.

　　但当我们运用达朗贝尔判别法和柯西判别法来判别正项级数 $\sum\limits_{n=1}^{\infty} |u_n|$ 而获得 $\sum\limits_{n=1}^{\infty} |u_n|$ 发散时，却可以断言，级数 $\sum\limits_{n=1}^{\infty} u_n$ 也发散. 这是因为利用柯西判别法和达朗贝尔判别法来判定一个正项级数 $\sum\limits_{n=1}^{\infty} |u_n|$ 为发散时，是根据这个级数的一般项 $|u_n|$ 当 $n \to \infty$ 时不趋于零，因此对级数 $\sum\limits_{n=1}^{\infty} u_n$ 而言，它的一般项当 $n \to \infty$ 时也不会趋于零，所以级数 $\sum\limits_{n=1}^{\infty} u_n$ 是发散的.

　　例 8　判别级数 $\sum\limits_{n=1}^{\infty} \dfrac{\sin na}{n^2}$ 的收敛性.

解 因为 $\left|\dfrac{\sin na}{n^2}\right| \leqslant \dfrac{1}{n^2}$，而级数 $\displaystyle\sum_{n=1}^{\infty} \dfrac{1}{n^2}$ 收敛，所以级数 $\displaystyle\sum_{n=1}^{\infty} \left|\dfrac{\sin na}{n^2}\right|$ 也收敛. 从而 $\displaystyle\sum_{n=1}^{\infty} \dfrac{\sin na}{n^2}$ 绝对收敛.

例 9 判别级数 $\displaystyle\sum_{n=1}^{\infty} (-1)^n \dfrac{1}{2^n} \left(1 + \dfrac{1}{n}\right)^{n^2}$ 的收敛性.

解 由 $|u_n| = \dfrac{1}{2^n} \left(1 + \dfrac{1}{n}\right)^{n^2}$，有 $\sqrt[n]{|u_n|} = \dfrac{1}{2} \left(1 + \dfrac{1}{n}\right)^n \to \dfrac{1}{2} e \ (n \to \infty)$，而 $\dfrac{1}{2} e > 1$，可知 $|u_n| \nrightarrow 0 (n \to \infty)$，因此级数 $\displaystyle\sum_{n=1}^{\infty} (-1)^n \dfrac{1}{2^n} \left(1 + \dfrac{1}{n}\right)^{n^2}$ 发散.

无论是绝对收敛级数还是条件收敛级数都具有本节提出的 5 个性质，除了这些性质以外，绝对收敛级数有很多性质是条件收敛级数所没有的，下面给出关于绝对收敛级数的两个性质.

***定理 8** 绝对收敛级数经改变项的位置后构成的级数也收敛，且与原级数有相同的和（即绝对收敛级数具有可交换性）.

证 （1）先证定理对于收敛的正项级数是正确的.

考虑改变项的位置后的级数 $\displaystyle\sum_{n=1}^{\infty} u_n'$ 的部分和 S_k'. 因为
$$u_1' = u_{n_1}, u_2' = u_{n_2}, \cdots, u_k' = u_{n_k}$$
所以，取 n 大于所有下标 $n_1, n_2, \cdots, n_k$ 后，显然有：
$$S_k' = u_1' + u_2' + \cdots + u_k' \leqslant u_1 + u_2 + u_3 + \cdots + u_n = S_n$$
又由于正项级数 $\displaystyle\sum_{n=1}^{\infty} u_n = S$，于是对一切 k 成立
$$S_k' \leqslant S$$
按照正项级数收敛的基本定理，$\displaystyle\sum_{n=1}^{\infty} u_n'$ 也收敛，设其和为 S'，故有 $S' \leqslant S$.

另一方面，级数 $\displaystyle\sum_{n=1}^{\infty} u_n$ 也可以视为级数 $\displaystyle\sum_{n=1}^{\infty} u_n'$ 的更序级数. 由上面的结论，故又有 $S \leqslant S'$，得知 $S = S'$

（2）再证定理对一般的绝对收敛级数是正确的.

设级数 $\displaystyle\sum_{n=1}^{\infty} |u_n|$ 收敛. 令
$$v_n = \dfrac{1}{2}(u_n + |u_n|) \quad (n = 1, 2, \cdots)$$
显然 $v_n \geqslant 0$ 且 $v_n \leqslant |u_n| (n = 1, 2, \cdots)$. 由比较判别法知级数 $\displaystyle\sum_{n=1}^{\infty} v_n$ 收敛. 而 $u_n = 2v_n - |u_n|$，故有
$$\sum_{n=1}^{\infty} u_n = \sum_{n=1}^{\infty} (2v_n - |u_n|) = \sum_{n=1}^{\infty} 2v_n - \sum_{n=1}^{\infty} |u_n|$$

若级数 $\sum\limits_{n=1}^{\infty} u_n$ 改变项的位置后的级数为 $\sum\limits_{n=1}^{\infty} u_n'$，则相应地 $\sum\limits_{n=1}^{\infty} v_n$ 改变为 $\sum\limits_{n=1}^{\infty} v_n'$，$\sum\limits_{n=1}^{\infty} |u_n|$ 改变为 $\sum\limits_{n=1}^{\infty} |u_n'|$，由（1）证得的结论可知

$$\sum_{n=1}^{\infty} v_n = \sum_{n=1}^{\infty} v_n', \quad \sum_{n=1}^{\infty} |u_n| = \sum_{n=1}^{\infty} |u_n'|$$

所以

$$\sum_{n=1}^{\infty} u_n' = \sum_{n=1}^{\infty} 2v_n' - \sum_{n=1}^{\infty} |u_n'| = \sum_{n=1}^{\infty} 2v_n - \sum_{n=1}^{\infty} |u_n| = \sum_{n=1}^{\infty} u_n$$

最后，我们来讨论级数的乘法运算．主要是回答这样的问题：在什么条件下，两级数相乘可以像有限项和一样来逐项相乘？

设两个收敛级数 $\sum\limits_{n=1}^{\infty} u_n$ 和 $\sum\limits_{n=1}^{\infty} v_n$，仿照有限项和数乘积的规则，这里也同样作出这两个级数的项的所有可能成对的乘积 $u_k v_i(k,i=1,2,3,\cdots)$，这些乘积也就是：

$$u_1 v_1, u_1 v_2, u_1 v_3, \cdots, u_1 v_i, \cdots$$
$$u_2 v_1, u_2 v_2, u_2 v_3, \cdots, u_2 v_i, \cdots$$
$$\cdots\cdots$$
$$u_k v_1, u_k v_2, u_k v_3, \cdots, u_k v_i, \cdots$$
$$\cdots\cdots$$

这些乘积可以用很多的方式将它们排列成一个数列．例如可以按"对角线法"或按"正方形法"将它们排列成图 10 - 1 形状的数列．

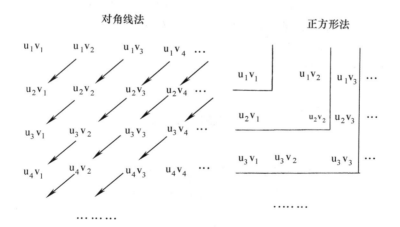

图 10 - 1

（对角线法）　$u_1 v_1; u_1 v_2, u_2 v_1; u_1 v_3, u_2 v_2, u_3 v_1; \cdots$
（正方形法）　$u_1 v_1; u_1 v_2, u_2 v_2, u_2 v_1; u_1 v_3, u_2 v_3, u_3 v_3, u_3 v_2, u_3 v_1; \cdots$

把上面排列好的数列用加号相连，就组成无穷级数．如果是按照对角线法所组成的级数 $\sum\limits_{n=1}^{\infty} c_n$，这里，一般项 c_n 是

$$c_n = u_1 v_n + u_2 v_{n-1} + u_3 v_{n-2} + \cdots + u_{n-1} v_2 + u_n v_1$$

我们称级数 $\sum\limits_{n=1}^{\infty} c_n$ 为两级数 $\sum\limits_{n=1}^{\infty} u_n$ 和 $\sum\limits_{n=1}^{\infty} v_n$ 的柯西乘积.

*定理 9 （绝对收敛级数的乘法）设级数 $\sum\limits_{n=1}^{\infty} u_n$ 和 $\sum\limits_{n=1}^{\infty} v_n$ 都绝对收敛，其和分别为 U 和 V，则它们的柯西乘积也是绝对收敛的，且其和为 UV.

证 考虑把柯西乘积中的括号去掉后所成的级数

$$u_1 v_1 + u_1 v_2 + u_2 v_1 + \cdots + u_1 v_n + \cdots$$

如果此级数绝对收敛且其和为 W，则由收敛级数的基本性质 4 及比较收敛法可知，原级数即柯西乘积也绝对收敛且其和为 W. 因此只要证明去括号后的级数绝对收敛且其和 W = UV 即可.

（1）先证去括号后的级数绝对收敛.

设 W_m 为此级数的前 m 项分别取绝对值后所成的和，又设

$$\sum_{n=1}^{\infty} |u_n| = A, \quad \sum_{n=1}^{\infty} |v_n| = B,$$

则显然有

$$W_m \leqslant \sum_{n=1}^{\infty} |u_n| \cdot \sum_{n=1}^{\infty} |v_n| \leqslant A \cdot B$$

由此可见单调增加数列 $\{W_m\}$ 不超过定数 AB，所以级数绝对收敛.

（2）再证此级数的和 W = UV.

把级数的各项位置重新排列并加上括号使它成为按"正方形法"所排列组成的级数.

$$u_1 v_1 + (u_1 v_2 + u_2 v_2 + u_2 v_1) + \cdots + (u_1 v_n + u_2 v_n + \cdots + u_n v_n + u_n v_{n-1} + \cdots + u_n v_1) + \cdots$$

根据定理 8 及收敛级数的性质 4，此级数不改变绝对收敛性，而这个级数的前 n 项和恰为

$$(u_1 + u_2 + \cdots + u_n) \cdot (v_1 + v_2 + \cdots + v_n) = U_n \cdot V_n$$

因此 $\quad W = \lim\limits_{n \to \infty} U_n \cdot V_n = UV$

习题 10 – 2

1. 用比较判别法或比较判别法的极限形式判别下列级数的敛散性.

（1）$\sum\limits_{n=1}^{\infty} \dfrac{1}{\sqrt{n^2+n}}$ （2）$\sum\limits_{n=1}^{\infty} \dfrac{1}{n \cdot \sqrt[n]{n}}$

（3）$\sum\limits_{n=1}^{\infty} 2^n \sin \dfrac{\pi}{3^n}$ （4）$\sum\limits_{n=1}^{\infty} \dfrac{1}{1+a^n} (a>1)$

2. 用达朗贝尔判别法判别下列级数的敛散性.

（1）$\sum\limits_{n=1}^{\infty} \dfrac{n^n}{n!}$ （2）$\sum\limits_{n=1}^{\infty} \dfrac{x^n}{(1+x)(1+x^2)\cdots(1+x^n)} (x \geqslant 0)$

（3）$\sum\limits_{n=1}^{\infty} \dfrac{2^n \cdot n!}{n^n}$ （4）$\sum\limits_{n=1}^{\infty} \dfrac{3^n}{n \cdot 2^n}$

3. 用柯西判别法判别下列级数的敛散性.

(1) $\sum_{n=1}^{\infty} \left(\frac{n}{2n+1} \right)^n$

(2) $\sum_{n=1}^{\infty} \frac{1}{[\ln(n+1)]^n}$

(3) $\sum_{n=1}^{\infty} \left(\frac{n}{3n-1} \right)^{2n-1}$

(4) $\sum_{n=1}^{\infty} \left(\frac{b}{a_n} \right)^n$，其中 $a_n \to a(n \to \infty), a_n, b, a$ 均为正数

4. 讨论下列交错级数的敛散性.

(1) $\frac{1}{2} - \frac{3}{10} + \frac{1}{2^2} - \frac{3}{10^3} + \frac{1}{2^3} - \frac{3}{10^5} + \cdots$

(2) $\sum_{n=2}^{\infty} (-1)^{n-1} \frac{\ln n}{n}$

(3) $\sum_{n=1}^{\infty} (-1)^{n+1} \frac{n}{(n+1)^2}$

(4) $\frac{1}{\sqrt{2}-1} - \frac{1}{\sqrt{2}+1} + \frac{1}{\sqrt{3}-1} - \frac{1}{\sqrt{3}+1} + \cdots + \frac{1}{\sqrt{n}-1} - \frac{1}{\sqrt{n}+1} + \cdots$

5. 讨论下列级数哪些是绝对收敛，哪些是条件收敛.

(1) $\sum_{n=1}^{\infty} (-1)^{n-1} \frac{n^3}{2^n}$

(2) $\sum_{n=1}^{\infty} \frac{\sin(2^n x)}{n!}$

(3) $\sum_{n=1}^{\infty} \frac{(-1)^{n+1}}{\sqrt[n]{n}}$

(4) $\sum_{n=1}^{\infty} (-1)^{n+1} \frac{2^n \sin^{2n} x}{n}$

第三节　幂　级　数

一、函数项级数的概念

定义 1　设 $u_n(x)(n=1,2,3,\cdots)$ 是定义在实数集 I 上的函数，将这无穷个函数的"和"

$$\sum_{n=1}^{\infty} u_n(x) = u_1(x) + u_2(x) + \cdots + u_n(x) + \cdots$$

称为定义在 I 上的（函数项）无穷级数，简称（函数项）级数，并称

$$S_n(x) = \sum_{k=1}^{n} u_k(x)$$

是这一级数的前 n 项部分和.

如果对 I 中的一点 x_0，常数项级数

$$\sum_{n=1}^{\infty} u_n(x_0) = u_1(x_0) + u_2(x_0) + \cdots + u_n(x_0) + \cdots$$

收敛，我们就说函数项级数在 x_0 点收敛，否则就说它在 x_0 点发散. 函数项级数所有收敛点的全体称为它的收敛域，所有发散点的全体称为它的发散域.

对于收敛域内的任意一个 x，函数项级数成为一收敛的常数项级数，因而有一确定的和

S. 因此，在收敛域上，函数项级数的和是 x 的函数记为 S(x)，称 S(x) 为函数项级数的和函数，此函数的定义域就是级数的收敛域，且写成：

$$\sum_{n=1}^{\infty} u_n(x) = S(x)$$

并且有

$$\lim_{n \to \infty} S_n(x) = S(x)$$

仍把 $r_n(x) = S(x) - S_n(x)$ 称为函数项级数的余项，于是有 $\lim_{n \to \infty} r_n(x) = 0$

例如级数

$$\sum_{n=0}^{\infty} x^n = 1 + x + x^2 + \cdots$$

在 $x = (-1, 1)$ 内收敛，其和为 $\dfrac{1}{1-x}$. 这就表明，函数项级数在某点 x 的收敛问题实质上是常数项级数的收敛问题.

二、幂级数及其性质

定义 2 形如

$$\sum_{n=0}^{\infty} a_n(x - x_0)^n = a_0 + a_1(x - x_0) + a_2(x - x_0)^2 + \cdots + a_n(x - x_0)^n + \cdots$$

的级数，称为 $(x - x_0)$ 的幂级数. 其中 $a_0, a_1, \cdots, a_n, \cdots$，均是常数，称为幂级数的系数. 它的部分和是多项式，它的一般项为 $a_n(x - x_0)^n (n = 0, 1, 2, \cdots)$. 幂级数是一种比较简单的函数项级数，因而具有一些特殊的性质.

当 $x_0 = 0$ 时，原幂级数变为

$$\sum_{n=0}^{\infty} a_n x^n = a_0 + a_1 x + a_2 x^2 + \cdots + a_n x^n + \cdots$$

称为 x 的幂级数，它的每一项都是 x 的幂函数. 只要对所得的结果做一个平移 $x = t - x_0$，就可以推广到 $x_0 \neq 0$ 的情况. 因此下面主要讨论 $x_0 = 0$ 时的幂级数.

现在的问题是：对于一个给定的幂级数，它的收敛域与发散域是怎样的？即 x 取数轴上哪些点时幂级数收敛，取哪些点时幂级数发散？这就是幂级数的收敛性问题.

定理 1 （阿贝尔定理）如果级数 $\sum_{n=0}^{\infty} a_n x^n$ 在 $x = x_0 (x_0 \neq 0)$ 时收敛，则适合不等式 $|x| < |x_0|$ 的一切 x 使这幂级数绝对收敛. 反之，如果级数 $\sum_{n=0}^{\infty} a_n x^n$ 在 $x = x_0$ 时发散，则适合不等式 $|x| > |x_0|$ 的一切 x 使这幂级数发散.

证 设 x_0 是幂级数的收敛点，即级数

$$a_0 + a_1 x_0 + a_2 x_0^2 + \cdots + a_n x_0^n + \cdots$$

收敛，由级数收敛的必要条件知

$$\lim_{n \to \infty} a_n x_0^n = 0$$

又由极限性质知，存在一个常数 M，使得

$$|a_n x_0^n| \leq M, (n = 0, 1, 2, \cdots)$$

这样幂级数的一般项的绝对值为

$$\left| a_n x^n \right| = \left| a_n x_0^n \frac{x^n}{x_0^n} \right| = \left| a_n x_0^n \right| \cdot \left| \frac{x}{x_0} \right|^n \leqslant M \left| \frac{x}{x_0} \right|^n$$

因为 $|x| < |x_0|$ 时，等比级数 $\sum\limits_{n=0}^{\infty} M \left| \dfrac{x}{x_0} \right|^n$ 的公比 $\left| \dfrac{x}{x_0} \right| < 1$，故等比级数收敛，由比较收敛法知 $\sum\limits_{n=0}^{\infty} \left| a_n x^n \right|$ 收敛，也就是级数 $\sum\limits_{n=0}^{\infty} a_n x^n$ 绝对收敛.

定理的第二部分可用反证法证明. 倘若幂级数当 $x = x_0$ 时发散而有一点 x_1 适合 $|x_1| > |x_0|$ 使级数收敛，则根据定理的第一部分知，级数在 $x = x_0$ 时应收敛，这与已知矛盾. 定理得证.

设给定幂级数在数轴上不仅有收敛点（不仅是原点）也有发散点. 现在从原点沿数轴向右方走，最初只遇到收敛点，然后就只遇到发散点. 这两部分的界点可能是收敛点也可能是发散点. 从原点向左方走也是如此，且两个界点 P 与 P′分居原点两侧，到原点的距离是一样的（图10 - 2）.

图 10 - 2

从以上的几何说明，有以下推论：

推论 如果幂级数 $\sum\limits_{n=0}^{\infty} a_n x^n$ 不是仅在 $x = 0$ 一点收敛，也不是在整个数轴上都收敛，则必有一个完全确定的正数 R 存在，使得

（1）当 $|x| < R$ 时，幂级数绝对收敛；

（2）当 $|x| > R$ 时，幂级数发散；

（3）当 $x = R$ 与 $x = -R$ 时，幂级数可能收敛也可能发散.

正数 R 通常叫做幂级数的收敛半径区间 $(-R, R)$ 称为收敛区间. 由幂级数在 $x = \pm R$ 处的收敛性就可以确定它在区间 $(-R, R)$、$[-R, R)$、$(-R, R]$ 或 $[-R, R]$ 上收敛，叫做幂级数的收敛域.

如果幂级数除点 $x = 0$ 外，对一切 $x \neq 0$ 都发散，则规定 $R = 0$，此时幂级数的收敛域为点 $x = 0$. 如果幂级数对任何 x 都收敛，则记作 $R = +\infty$，此时收敛域为 $(-\infty, +\infty)$.

求幂级数收敛域的步骤是：首先求出收敛半径 R，如果 $0 < R < +\infty$，则再判断 $x = \pm R$ 时级数的敛散性，最后写出收敛域.

关于幂级数的收敛半径求法，有下面的定理.

定理 2 如果幂级数

$$\sum_{n=0}^{\infty} a_n x^n = a_0 + a_1 x + a_2 x^2 + \cdots + a_n x^n + \cdots$$

的系数满足条件 $a_n \neq 0$，且

$$\lim_{n \to \infty} \left| \frac{a_{n+1}}{a_n} \right| = \rho$$

则这幂级数的收敛半径为

$$R = \begin{cases} \dfrac{1}{\rho}, & \rho \neq 0 \\ +\infty, & \rho = 0 \\ 0 & \rho = +\infty \end{cases}$$

证 将级数的各项取绝对值，得正项级数

$$\sum_{n=0}^{\infty} |a_n x^n| = |a_0| + |a_1 x| + |a_2 x^2| + \cdots + |a_n x^n| + \cdots.$$

这级数相邻两项之比为

$$\frac{|a_{n+1} x^{n+1}|}{|a_n x^n|} = \left|\frac{a_{n+1}}{a_n}\right| |x|$$

如果 $\lim\limits_{n\to\infty} \left|\dfrac{a_{n+1}}{a_n}\right| = \rho(\rho \neq 0)$ 存在，由达朗贝尔判别法，则当 $\rho |x| < 1$ 即 $|x| < \dfrac{1}{\rho}$ 时，正项级数收敛，从而幂级数绝对收敛；当 $\rho |x| > 1$ 即 $|x| > \dfrac{1}{\rho}$ 时，正项级数发散并且从某一个 n 开始 $|a_{n+1} x^{n+1}| > |a_n x^n|$，因此一般项 $|a_n x^n|$ 不能趋于零，所以 $a_n x^n$ 也不能趋于零，从而幂级数发散. 于是收敛半径 $R = \dfrac{1}{\rho}$.

（2）如果 $\rho = 0$，则对任何 $x \neq 0$，有

$$\frac{|a_{n+1} x^{n+1}|}{|a_n x^n|} \to 0 (n \to \infty),$$

所以正项级数收敛，从而幂级数绝对收敛. 于是 $R = +\infty$.

（3）如果 $\rho = +\infty$，则对于除 $x = 0$ 外的其他一切 x 值，幂级数必发散，否则由定理 1 知道将有点 $x \neq 0$ 使正项级数收敛，于是 $R = 0$.

例 1 求幂级数

$$\sum_{n=1}^{\infty} \frac{(-1)^{n-1} x^n}{n} = x - \frac{x^2}{2} + \frac{x^3}{3} - \cdots + (-1)^{n-1} \frac{x^n}{n} + \cdots$$

的收敛半径与收敛域.

解 由于

$$\rho = \lim_{n\to\infty} \left|\frac{a_{n+1}}{a_n}\right| = \lim_{n\to\infty} \frac{\dfrac{1}{n+1}}{\dfrac{1}{n}} = \lim_{n\to\infty} \frac{n}{n+1} = 1$$

所以收敛半径 $R = \dfrac{1}{\rho} = 1$

当 $x = -1$，它成为调和级数 $\sum\limits_{n=1}^{\infty} \dfrac{(-1)^{2n-1}}{n} = -\sum\limits_{n=1}^{\infty} \dfrac{1}{n}$，发散；

当 $x = 1$，它成为交错级数 $\sum\limits_{n=1}^{\infty} \dfrac{(-1)^{n-1}}{n}$，收敛.

所以，收敛域为 $(-1, 1]$.

例 2　求幂级数

$$\sum_{n=0}^{\infty} \frac{x^n}{n!} = 1 + x + \frac{1}{2!}x^2 + \cdots + \frac{1}{n!}x^n + \cdots$$

的收敛域.

解　由于

$$\rho = \lim_{n \to \infty} \left| \frac{a_{n+1}}{a_n} \right| = \lim_{n \to \infty} \frac{\frac{1}{(n+1)!}}{\frac{1}{n!}} = \lim_{n \to \infty} \frac{1}{n+1} = 0,$$

所以收敛半径 $R = +\infty$，从而收敛域是 $(-\infty, +\infty)$.

例 3　求幂级数 $\displaystyle\sum_{n=0}^{\infty} n! \, x^n$ 的收敛域 $(0! = 1)$.

解　由于

$$\rho = \lim_{n \to \infty} \left| \frac{a_{n+1}}{a_n} \right| = \lim_{n \to \infty} \frac{(n+1)!}{n!} = +\infty,$$

所以收敛半径 $R = 0$，即级数仅在 $x = 0$ 处收敛.

例 4　求幂级数 $\displaystyle\sum_{n=1}^{\infty} \frac{(2x+1)^n}{n}$ 的收敛域.

解　令 $t = 2x + 1$，则级数为 $\displaystyle\sum_{n=1}^{\infty} \frac{t^n}{n}$，由于

$$\rho = \lim_{n \to \infty} \left| \frac{a_{n+1}}{a_n} \right| = \lim_{n \to \infty} \frac{\frac{1}{n+1}}{\frac{1}{n}} = \lim_{n \to \infty} \frac{n}{n+1} = 1$$

收敛半径 $R = \dfrac{1}{\rho} = 1$，

当 $|t| = |2x+1| < 1$ 时绝对收敛，即 $-1 < 2x+1 < 1$，即 $-1 < x < 0$

当 $x = -1$ 时，它成为交错级数 $\displaystyle\sum_{n=1}^{\infty} \frac{(-1)^n}{n}$，收敛；

当 $x = 0$ 时，它成为调和级数 $\displaystyle\sum_{n=1}^{\infty} \frac{1}{n}$，发散. 所以收敛域为 $[-1, 0)$.

例 5　求幂级数 $\displaystyle\sum_{n=0}^{\infty} \frac{(2n)!}{(n!)^2} x^{2n}$ 的收敛半径.

解　因级数缺少奇次幂的项，故不能直接用定理 2，因此根据达朗贝尔判别法来求收敛半径：

$$\lim_{n \to \infty} \left| \frac{a_{n+1}}{a_n} \right| = \lim_{n \to \infty} \left| \frac{[2(n+1)]!}{[(n+1)!]^2} x^{2(n+1)} \bigg/ \frac{(2n)!}{(n!)^2} x^{2n} \right| = 4|x|^2$$

当 $4|x^2| < 1$ 即 $|x| < \dfrac{1}{2}$ 时级数收敛；当 $4|x|^2 > 1$ 即 $|x| > \dfrac{1}{2}$ 时级数发散.

所以收敛半径 $R = \dfrac{1}{2}$.

对于幂级数可以定义四则运算.

设幂级数 $\sum\limits_{n=0}^{\infty} a_n x^n = a_0 + a_1 x + \cdots + a_n x^n + \cdots$ 及 $\sum\limits_{n=0}^{\infty} b_n x^n = b_0 + b_1 x + \cdots + b_n x^n + \cdots$ 分别在区间$(-R,R)$及$(-R',R')$内收敛,对此定义:

加法:$\sum\limits_{n=0}^{\infty} a_n x^n + \sum\limits_{n=0}^{\infty} b_n x^n = \sum\limits_{n=0}^{\infty} (a_n + b_n) x^n$

减法:$\sum\limits_{n=0}^{\infty} a_n x^n - \sum\limits_{n=0}^{\infty} b_n x^n = \sum\limits_{n=0}^{\infty} (a_n - b_n) x^n$

根据收敛级数的性质1、2,上面两式在$(-R,R)$与$(-R',R')$中较小的区间内成立.

乘法:$\left(\sum\limits_{n=0}^{\infty} a_n x^n \right) \cdot \left(\sum\limits_{n=0}^{\infty} b_n x^n \right)$

即为两个幂级数的柯西乘积,可以证明上式在$(-R,R)$与$(-R',R')$中较小的区间内成立.

除法:$\dfrac{a_0 + a_1 x + \cdots + a_n x^n + \cdots}{b_0 + b_1 x + \cdots + b_n x^n + \cdots} = c_0 + c_1 x + \cdots + c_n x^n + \cdots$

这里假设$b_0 \neq 0$.为了决定系数$c_0, c_1, \cdots, c_n, \cdots$,可以将级数 $\sum\limits_{n=0}^{\infty} b_n x^n$ 与 $\sum\limits_{n=0}^{\infty} c_n x^n$ 相乘,并令乘积中各项的系数分别等于级数 $\sum\limits_{n=0}^{\infty} a_n x^n$ 中同次幂的系数,即得:

$$a_0 = b_0 c_0,$$
$$a_1 = b_1 c_0 + b_0 c_1,$$
$$a_2 = b_2 c_0 + b_1 c_1 + b_0 c_2,$$
$$\cdots\cdots$$

由这些方程就可以顺序地求出$c_0, c_1, \cdots, c_n, \cdots$.

相除后所得的幂级数 $\sum\limits_{n=0}^{\infty} c_n x^n$ 的收敛区间可能比原来两级数的收敛区间小得多.

下面给出幂级数和函数的几个性质,但不予证明.

性质1 设幂级数 $\sum\limits_{n=0}^{\infty} a_0 x^n$ 的收敛半径为$R(R>0)$,则其和函数$S(x)$在区间$(-R,R)$内连续.如果幂级数在$x=R$(或$x=-R$)也收敛,则和函数$S(x)$在$(-R,R]$(或$[-R,R)$)连续.

性质2 设幂级数 $\sum\limits_{n=0}^{\infty} a_n x^n$ 的收敛半径为$R(R>0)$,则其和函数$S(x)$在区间$(-R,R)$内是可导的,且有逐项求导公式

$$S'(x) = \left(\sum_{n=0}^{\infty} a_n x^n \right)' = \sum_{n=0}^{\infty} (a_n x^n)' = \sum_{n=1}^{\infty} n a_n x^{n-1},$$

其中$|x|<R$,逐项求导后所得到的幂级数和原级数有相同的收敛半径.

反复应用上述结论可得:若幂级数 $\sum\limits_{n=0}^{\infty} a_n x^n$ 的收敛半径为R,则它的和函数$S(x)$在区间$(-R,R)$内具有任意阶导数.

性质 3 设幂级数 $\sum\limits_{n=0}^{\infty} a_n x^n$ 的收敛半径为 $R(R>0)$，则其和函数 $S(x)$ 在区间 $(-R,R)$ 内是可积的，且有逐项积分公式：

$$\int_0^x S(x)dx = \int_0^x \Big[\sum_{n=0}^{\infty} a_n x^n \Big] dx = \sum_{n=0}^{\infty} \int_0^x a_n x^n dx = \sum_{n=0}^{\infty} \frac{a_n}{n+1} x^{n+1}$$

其中 $|x| < R$，逐项积分后所得到的幂级数和原级数有相同的收敛半径.

例 6 求幂级数 $\sum\limits_{n=1}^{\infty} nx^{n-1}$ 的收敛域及和函数，并求级数 $\sum\limits_{n=1}^{\infty} \dfrac{n}{2^n}$ 的和.

解 由

$$\lim_{n\to\infty} \left| \frac{a_{n+1}}{a_n} \right| = \lim_{n\to\infty} \frac{n+1}{n} = 1$$

得到收敛半径 $R = 1$.

当 $x = 1$，级数成为 $\sum\limits_{n=1}^{\infty} n$，一般项不趋于 0，因此它发散. 同理，当 $x = -1$ 级数也发散. 所以收敛域为 $(-1,1)$.

设和函数为

$$S(x) = 1 + 2x + 3x^2 + \cdots + nx^{n-1} + \cdots$$

两边由 0 到 x 积分，得

$$\int_0^x S(t)dt = x + x^2 + x^3 + \cdots + x^n + \cdots = \frac{x}{1-x} = \frac{1}{1-x} - 1$$

两边对 x 求导，即得 $S(x)$

$$\frac{d}{dx} \int_0^x S(t)dt = \left(\frac{1}{1-x} - 1 \right)' = \frac{1}{(1-x)^2}$$

所以 $\quad S(x) = \sum\limits_{n=1}^{\infty} nx^{n-1} = \dfrac{1}{(1-x)^2}$

取 $x = \dfrac{1}{2}$，则有

$$\sum_{n=1}^{\infty} n \left(\frac{1}{2} \right)^{n-1} = \frac{1}{\left(1 - \dfrac{1}{2} \right)^2} = 4$$

所以 $\quad \sum\limits_{n=1}^{\infty} n \left(\dfrac{1}{2} \right)^n = \dfrac{1}{2} \cdot 4 = 2$

例 7 求级数 $\sum\limits_{n=1}^{\infty} (-1)^{n-1} \dfrac{x^n}{n}$ 的和函数. 并求 $\sum\limits_{n=1}^{\infty} (-1)^{n-1} \dfrac{1}{n}$ 的和.

解 令 $S(x) = \sum\limits_{n=1}^{\infty} (-1)^{n-1} \dfrac{x^n}{n}$，易得其收敛域为 $(-1,1]$

求导得 $\quad S'(x) = \sum\limits_{n=1}^{\infty} (-1)^{n-1} x^{n-1} = \dfrac{1}{1+x} \quad x \in (-1,1)$

$\therefore S(x) = \displaystyle\int_0^x s'(t)dt + S(0) = \int_0^x \frac{1}{1+t}dt = \ln(1+x) \quad x \in (-1,1)$

由和函数 $S(x)$ 在端点处的单侧连续性得到

$$S(x) = \ln(1 + x) \quad x \in (-1, 1]$$

所以 $\quad \sum_{n=1}^{\infty} (-1)^{n-1} \frac{1}{n} = \ln2$

习题 10 - 3

1. 求下列幂级数的收敛域.

(1) $\sum_{n=1}^{\infty} \frac{(2x)^n}{n!}$

(2) $\sum_{n=1}^{\infty} \frac{\ln(n+1)}{n+1} x^{n+1}$

(3) $\sum_{n=1}^{\infty} (-1)^n \frac{x^n}{n^2}$

(4) $\sum_{n=1}^{\infty} \frac{x^n}{n \cdot 3^n}$

(5) $\sum_{n=1}^{\infty} (-1)^n \frac{x^{2n+1}}{2n+1}$

(6) $\sum_{n=1}^{\infty} \frac{(x-5)^n}{\sqrt{n}}$

(7) $\sum_{n=1}^{\infty} \frac{x^{n^2}}{2^n}$

(8) $\sum_{n=1}^{\infty} \frac{3^n + (-2)^n}{n} (x+1)^n$

2. 求下列幂级数的和函数.

(1) $\sum_{n=1}^{\infty} \frac{x^{4n+1}}{4n+1}$

(2) $\sum_{n=1}^{\infty} \frac{x^{2n-1}}{2n-1}$

(3) $\sum_{n=1}^{\infty} n^2 x^{n-1}$

(4) $\sum_{n=1}^{\infty} (-1)^{n+1} \frac{x^{n+1}}{n(n+1)}$

第四节　函数的幂级数展开及其应用

一、函数的幂级数展开

幂级数不仅形式简单，而且有很多特殊的性质. 显而易见，如果一个函数在某一区间上能够表示成一个幂级数，将给理论上讨论其性质带来极大的方便，同时也具有重要的应用价值. 下面我们就来讨论函数可以表示成幂级数的条件，以及在这些条件满足时如何将函数表示成幂级数.

首先，假若函数 $f(x)$ 在某点 x_0 及其某一邻域 $(x_0 - \delta, x_0 + \delta)$ 内能表示为幂级数，也就是在 $(x_0 - \delta, x_0 + \delta)$ 内恒有

$$f(x) = a_0 + a_1(x - x_0) + \cdots + a_n(x - x_0)^n + \cdots$$

也就是说，$\sum_{n=0}^{\infty} a_n(x - x_0)^n$ 在这个邻域上的和函数为 $f(x)$. 根据幂级数的逐项可导性，$f(x)$

在此邻域中必定有任意阶的导数，并且

$$f^{(n)}(x) = n!\, a_n + \frac{(n+1)!}{1!}a_{n+1}(x - x_0) + \cdots \quad (n = 0, 1, 2 \cdots)$$

令 $x = x_0$，得到

$$f(x_0) = a_0, f'(x_0) = 1!a_1, f''(x_0) = 2!a_2, \cdots$$

这说明了函数 $f(x)$ 在 x_0 点的幂级数展开式的系数为

$$a_n = \frac{f^{(n)}(x_0)}{n!} \qquad (n = 0, 1, 2, \cdots)$$

这时 $\quad f(x) = f(x_0) + f'(x_0)(x - x_0) + \frac{f''(x_0)}{2!}(x - x_0)^2 + \cdots + \frac{f^{(n)}(x_0)}{n!}(x - x_0)^n + \cdots$

也就是说，系数 $\{a_n\}$ 由和函数惟一确定.

现在要问：如果 $f(x)$ 在 x_0 点的某个邻域 $(x_0 - \delta, x_0 + \delta)$ 内有任意阶导数，是否一定成立

$$f(x) = f(x_0) + f'(x_0)(x - x_0) + \frac{f''(x_0)}{2!}(x - x_0)^2 + \cdots + \frac{f^{(n)}(x_0)}{n!}(x - x_0)^n + \cdots$$

回答是否定的. 例如

$$f(x) = \begin{cases} e^{-\frac{1}{x^2}}, & x \neq 0 \\ 0, & x = 0 \end{cases}$$

可以验证它在原点的任何一个邻域内有任意阶导数，并且对任何 n，$f^{(n)}(0) = 0$，将它代入上述表示式的右端

$$f(0) + f'(0)x + \cdots + \frac{f^{(n)}(0)}{n!}x^n + \cdots$$

得到系数全为零的幂级数. 因而整个右端为零，但当 $x \neq 0$ 时，它显然不等于 $f(x)$. 那么，在怎样的条件下，一个任意阶可导的函数能够表示为一个幂级数呢？

$$设\ R_n(x) = f(x) - \left[f(x_0) + f'(x_0)(x - x_0) + \cdots + \frac{f^{(n)}(x_0)}{n!}(x - x_0)^n \right]$$

由级数收敛的概念知道，如果在某个区间 $(x_0 - R, x_0 + R)$ 内 $R_n(x) \to 0 (n \to \infty)$，那么

$$f(x) = f(x_0) + f'(x_0)(x - x_0) + \cdots + \frac{f^{(n)}(x_0)}{n!}(x - x_0)^n + \cdots$$

就是函数 $f(x)$ 的幂级数展开，上式右端的幂级数称为 $f(x)$ 的泰勒级数. 因此有下面的定理：

定理 1 设函数 $f(x)$ 在点 x_0 的某一邻域 $U(x_0)$ 内具有各阶导数，则 $f(x)$ 在该邻域内能展开成泰勒级数的充分必要条件是 $f(x)$ 的泰勒公式中的余项 $R_n(x)$ 当 $n \to \infty$ 时的极限为零，即

$$\lim_{n \to \infty} R_n(x) = 0 \qquad (x \in U(x_0))$$

证 先证必要性. 设 $f(x)$ 在 $U(x_0)$ 内能展开为泰勒级数，即

$$f(x) = f(x_0) + f'(x_0)(x - x_0) + \frac{f''(x_0)}{2!}(x - x_0)^2 + \cdots + \frac{f^{(n)}(x_0)}{n!}(x - x_0)^n + \cdots$$

对一切 $x \in U(x_0)$ 成立. 我们把 $f(x)$ 的 n 阶泰勒公式写成

$$f(x) = S_{n+1}(x) + R_n(x),$$

其中 $S_{n+1}(x)$ 是 $f(x)$ 的泰勒级数的前 $(n+1)$ 项之和，

因为 $\lim\limits_{n\to\infty} S_{n+1}(x) = f(x)$

所以

$$\lim_{n\to\infty} R_n(x) = \lim_{n\to\infty} \left[f(x) - S_{n+1}(x) \right] = f(x) - f(x) = 0$$

这就证明了条件的必要性.

再证充分性. 设 $\lim\limits_{n\to\infty} R_n(x) = 0$ 对一切 $x \in U(x_0)$ 成立，由 $f(x)$ 的 n 阶泰勒公式有

$$S_{n+1}(x) = f(x) - R_n(x)$$

则 $\lim\limits_{n\to\infty} S_{n+1}(x) = \lim\limits_{n\to\infty} \left[f(x) - R_n(x) \right] = f(x)$

即 $f(x)$ 的泰勒级数在 $U(x_0)$ 内收敛，并且收敛于 $f(x)$. 因此条件是充分的. 定理证毕.

在实际应用中，为了简单起见，往往取 $x_0 = 0$，这时的泰勒级数

$$f(0) + \frac{f'(0)}{1!}x + \frac{f''(0)}{2!}x^2 + \cdots$$

称为函数 $f(x)$ 的麦克劳林级数.

由上面的讨论可知，一个函数 $f(x)$ 对区间 $U(x_0)$ 内的特定值 x_0，是否可以展开成为一个幂级数，取决于它的各阶导数在 $x = x_0$ 时是否存在，以及当 $n\to\infty$ 时，余项 $R_n(x)$ 是否趋于 0. 可以按照下列步骤将 $f(x)$ 展开成幂级数：

（1）求出 $f(x)$ 在 $x = 0$ 的各阶导数值 $f^{(n)}(0)$，若函数在 $x = 0$ 的某阶导数不存在，则 $f(x)$ 不能展为幂级数.

（2）写出幂级数，并求出其收敛域.

（3）考察在收敛区间内余项 $R_n(x)$ 的极限

$$\lim_{n\to\infty} \frac{f^{(n+1)}(\theta x)}{(n+1)!} x^{n+1}$$

是否为 0，若为 0 则幂级数在此收敛域内等于函数 $f(x)$，若不为 0，幂级数虽然收敛，但它的和不是 $f(x)$.

例 1 $f(x) = e^x$ 的幂级数展开.

解 因为 $f^{(n)}(x) = e^x$，所以 $f^{(n)}(0) = 1$，得

$$e^x = 1 + x + \frac{1}{2!}x^2 + \cdots + \frac{1}{n!}x^n + \frac{e^{\theta x}}{(n+1)!}x^{n+1}$$

其收敛区间为 $(-\infty, +\infty)$. 因为对任意固定的 x，$e^{\theta x}$ 在 1 与 e^x 之间变动，从而 $n\to\infty$ 时，$e^{\theta x}$ 保持有界，另一方面当 $n\to\infty$ 时，$\dfrac{x^{n+1}}{(n+1)!} \to 0$，因此

$$\lim_{n\to\infty} R_n(x) = \lim_{n\to\infty} \frac{e^{\theta x}}{(n+1)!} x^{n+1} = 0.$$

这就证明了 $e^x = 1 + x + \dfrac{x^2}{2!} + \dfrac{x^3}{3!} + \cdots$ $\quad (-\infty < x < \infty)$

例 2 $f(x) = \sin x$ 的幂级数展开.

解 $f^{(n)}(x) = \sin\left(\dfrac{n\pi}{2} + x\right)$.

因此 $f(0) = 0, f'(0) = 1, f''(0) = 0, f'''(0) = -1, \cdots$,

$$f^{(2m)}(0) = 0, f^{(2m+1)}(0) = (-1)^m$$

取 $n = 2k+2$，因为

$$f^{(2k+2)}(0) = 0, f^{(2k+3)}(x) = \sin\left(\frac{2k+3}{2}\pi + x\right)$$

故

$$\sin x = x - \frac{x^3}{3!} + \frac{x^5}{5!} - \frac{x^7}{7!} + \cdots + (-1)^k \frac{x^{2k+1}}{(2k+1)!} + \sin\left(\frac{2k+3}{2}\pi + \theta x\right)\frac{x^{2k+3}}{(2k+3)!}$$

但对任一 x，由于正弦函数的有界性，得到

$$\lim_{k\to\infty} R_{2k+2}(x) = \lim_{k\to\infty} \sin\left(\frac{2k+3}{2}\pi + \theta x\right)\frac{x^{2k+3}}{(2k+3)!} = 0$$

从而

$$\sin x = x - \frac{x^3}{3!} + \frac{x^5}{5!} - \frac{x^7}{7!} + \cdots, \quad (-\infty < x < \infty).$$

例 3 求 $\cos x$ 的幂级数展开式.

解 可以直接用上例的方法求，也可对上例中 $\sin x$ 的幂级数直接逐项求导得

$$\cos x = 1 - \frac{x^2}{2!} + \frac{x^4}{4!} - \frac{x^6}{6!} + \cdots, \quad (-\infty < x < \infty)$$

例 4 $f(x) = \ln(1+x)$ 的幂级数展开式.

解 因为

$$f'(x) = \frac{1}{1+x}$$

而 $\frac{1}{1+x}$ 是收敛的等比级数 $\sum_{n=0}^{\infty}(-1)^n x^n$ ($-1 < x < 1$) 的和函数

$$\frac{1}{1+x} = 1 - x + x^2 - x^3 + \cdots + (-1)^n x^n + \cdots \quad (-1 < x < 1),$$

所以将上式从 0 到 x 逐项积分，得

$$\ln(1+x) = x - \frac{x^2}{2} + \frac{x^3}{3} - \frac{x^4}{4} + \cdots + (-1)^n \frac{x^{n+1}}{n+1} + \cdots \quad (-1 < x \leqslant 1)$$

上式展开式对 $x = 1$ 也成立，这是因为上式右端的幂级数当 $x = 1$ 时收敛，而 $\ln(1+x)$ 在 $x = 1$ 处有定义且连续.

例 5 二项式 $(1+x)^m$ 的幂级数展式，其中 m 为任意常数.

解 设 $f(x) = (1+x)^m$，则 $f'(x) = m(1+x)^{m-1}$，

$$f''(x) = m(m-1)(1+x)^{m-2},$$

$$\cdots\cdots$$

$$f^{(n)}(x) = m(m-1)(m-2)\cdots(m-n+1)(1+x)^{m-n}$$

$$\cdots\cdots$$

所以 $f(0) = 1, f'(0) = m, f''(0) = m(m-1), \cdots,$

$$f^{(n)}(0) = m(m-1)\cdots(m-n+1),$$

$$\cdots\cdots,$$

于是得级数

$$1 + mx + \frac{m(m-1)}{2!}x^2 + \cdots + \frac{m(m-1)\cdots(m-n+1)}{n!}x^n + \cdots$$

这级数相邻两项的系数之比的绝对值

$$\left|\frac{a_{n+1}}{a_n}\right| = \left|\frac{m-n}{n+1}\right| \to 1 \quad (n \to \infty),$$

因此，对于任意常数 m 这级数在开区间 $(-1,1)$ 内收敛.

此处 $R_n(x)$ 的余项表示式为

$$R_n(x) = \frac{m(m-1)\cdots(m-n)}{n!}x^{n+1}\left(\frac{1-\theta}{1+\theta x}\right)^n(1+\theta x)^{m-1}$$

由级数收敛知，它的一般项趋于零，即

$$\lim_{n \to \infty}\frac{m(m-1)\cdots(m-n)}{n!}x^{n+1} = 0$$

再从 $x > -1$ 时 $0 \le 1-\theta < 1+\theta x$ 得出

$$0 \le \left(\frac{1-\theta}{1+\theta x}\right)^n < 1$$

又因为 $0 \le x < 1$ 时，$1 \le (1+\theta x) < 1+x$，而 $-1 < x \le 0$ 时 $1+x < 1+\theta x \le 1$. 故不论 x 为 $(-1,1)$ 中哪一点，$(1+\theta x)^{m-1}$ 恒在两个不依赖于 n 的数 1 和 $(1+x)^{m-1}$ 之间，也就是说，当 $n \to \infty$ 时，它保持有界.

综上所述，我们得到当 $-1 < x < 1$ 时

$$\lim_{n \to \infty} R_n(x) = 0.$$

亦即在 $-1 < x < 1$ 时，恒有

$$(1+x)^m = 1 + mx + \frac{m(m-1)}{2!}x^2 + \cdots + \frac{m(m-1)\cdots(m-n+1)}{n!}x^n + \cdots$$

例 6 将函数 $\dfrac{1}{1+x^2}$ 展开成 x 的幂级数.

解 因为

$$\frac{1}{1-x} = 1 + x + x^2 + \cdots + x^n + \cdots \quad (-1 < x < 1)$$

把 x 换成 $-x^2$，得

$$\frac{1}{1+x^2} = 1 - x^2 + x^4 - \cdots + (-1)^n x^{2n} + \cdots \quad (-1 < x < 1).$$

例 7 将函数 $\sin x$ 展开成 $\left(x - \dfrac{\pi}{4}\right)$ 的幂级数.

解 因为

$$\sin x = \sin\left[\frac{\pi}{4} + \left(x - \frac{\pi}{4}\right)\right] = \sin\frac{\pi}{4}\cos\left(x - \frac{\pi}{4}\right) + \cos\frac{\pi}{4}\sin\left(x - \frac{\pi}{4}\right)$$

$$= \frac{\sqrt{2}}{2}\left[\cos\left(x - \frac{\pi}{4}\right) + \sin\left(x - \frac{\pi}{4}\right)\right],$$

并且有

$$\cos\left(x - \frac{\pi}{4}\right) = 1 - \frac{\left(x - \frac{\pi}{4}\right)^2}{2!} + \frac{\left(x - \frac{\pi}{4}\right)^4}{4!} - \cdots \quad (-\infty < x < +\infty),$$

$$\sin\left(x - \frac{\pi}{4}\right) = \left(x - \frac{\pi}{4}\right) - \frac{\left(x - \frac{\pi}{4}\right)^3}{3!} + \frac{\left(x - \frac{\pi}{4}\right)^5}{5!} - \cdots (-\infty < x < +\infty),$$

所以

$$\sin x = \frac{\sqrt{2}}{2}\left[1 + \left(x - \frac{\pi}{4}\right) - \frac{\left(x - \frac{\pi}{4}\right)^2}{2!} - \frac{\left(x - \frac{\pi}{4}\right)^3}{3!} + \cdots\right]$$

$$(-\infty < x < +\infty).$$

例 8 将函数 $f(x) = \dfrac{1}{x^2 + 4x + 3}$ 展开成 $(x - 1)$ 的幂级数.

解 因为

$$f(x) = \frac{1}{x^2 + 4x + 3} = \frac{1}{(x+1)(x+3)} = \frac{1}{2(1+x)} - \frac{1}{2(3+x)}$$

$$= \frac{1}{4\left(1 + \frac{x-1}{2}\right)} - \frac{1}{8\left(1 + \frac{x-1}{4}\right)},$$

而

$$\frac{1}{4\left(1 + \frac{x-1}{2}\right)} = \frac{1}{4}\left[1 - \frac{x-1}{2} + \frac{(x-1)^2}{2^2} - \cdots + (-1)^n \frac{(x-1)^n}{2^n} + \cdots\right]$$

$$(-1 < x < 3),$$

$$\frac{1}{8\left(1 + \frac{x-1}{4}\right)} = \frac{1}{8}\left[1 - \frac{x-1}{4} + \frac{(x-1)^2}{4^2} - \cdots + (-1)^n \frac{(x-1)^n}{4^n} + \cdots\right]$$

$$(-3 < x < 5),$$

所以

$$f(x) = \frac{1}{x^2 + 4x + 3} = \sum_{n=0}^{\infty} (-1)^n \left(\frac{1}{2^{n+2}} - \frac{1}{2^{2n+3}}\right)(x-1)^n$$

$$(-1 < x < 3).$$

二、函数幂级数展开式的应用

有了函数的幂级数展开式，就可用它来进行近似计算，即在展开式有效区间上，函数值可以近似地利用这个级数按精确度要求计算出来.

例 9 求 e 的近似值准确到六位小数.

解 首先决定究竟取多少项才能达到所要的精确度. 由于

$$e = 1 + 1 + \frac{1}{2!} + \frac{1}{3!} + \cdots$$

故若一直取到 $\dfrac{1}{n!}$，则级数的余和

$$
\begin{aligned}
R_n &= \frac{1}{(n+1)!} + \frac{1}{(n+2)!} + \cdots \\
&= \frac{1}{(n+1)!}\left[1 + \frac{1}{n+2} + \frac{1}{(n+2)(n+3)} + \cdots\right] \\
&< \frac{1}{(n+1)!}\left\{1 + \frac{1}{n+1} + \frac{1}{(n+1)^2} + \cdots\right\} = \frac{1}{n \cdot n!}
\end{aligned}
$$

经过计算知道，只要取 n = 9，并取七位小数进行计算，可得

$$e \approx 2.718281$$

例 10　计算 $I = \displaystyle\int_0^1 e^{-x^2}dx$，使其误差不超过 10^{-4}.

解　首先将

$$e^{-x^2} = 1 - \frac{x^2}{1!} + \frac{x^4}{2!} - \frac{x^6}{3!} + \cdots$$

从 0 到 1 积分，得到

$$I = 1 - \frac{1}{3} + \frac{1}{10} - \frac{1}{42} + \frac{1}{216} - \frac{1}{1320} + \frac{1}{9360} - \frac{1}{75600} + \cdots$$

这是交错级数，它的余和的绝对值小于余和第一项的绝对值，现由于 $\dfrac{1}{75600} < 1.5 \times 10^{-5} <$

10^{-4}，故取前七项即可，经计算可得 $I \approx 0.7486$

例 11　利用 $\sin x \approx x - \dfrac{x^3}{3!}$ 求 $\sin 9°$ 的近似值，并估计误差.

解　首先把角度化成弧度，

$$9° = \frac{\pi}{180} \times 9(\text{弧度}) = \frac{\pi}{20}(\text{弧度}),$$

从而　$\sin\dfrac{\pi}{20} \approx \dfrac{\pi}{20} - \dfrac{1}{3!}\left(\dfrac{\pi}{20}\right)^3$.

其次估计这个近似值的精确度. 在 $\sin x$ 的幂级数展开式中令 $x = \dfrac{\pi}{20}$，得

$$\sin\frac{\pi}{20} = \frac{\pi}{20} - \frac{1}{3!}\left(\frac{\pi}{20}\right)^3 + \frac{1}{5!}\left(\frac{\pi}{20}\right)^5 - \frac{1}{7!}\left(\frac{\pi}{20}\right)^7 + \cdots.$$

等式右端是一个收敛的交错级数，且各项的绝对值单调减少. 取它的前两项之和作为 $\sin\dfrac{\pi}{20}$

的近似值，其误差为

$$|r_2| \leqslant \frac{1}{5!}\left(\frac{\pi}{20}\right)^5 < \frac{1}{120} \cdot (0.2)^5 < \frac{1}{300000}.$$

因此取　$\dfrac{\pi}{20} \approx 0.157080, \left(\dfrac{\pi}{20}\right)^3 \approx 0.003876$

于是得　$\sin 9° \approx 0.15643$.

这时误差不超过 10^{-5}.

以上讨论级数的一般项均为实数项，如果为复数项，又如何定义收敛等性质呢？

设有复数项级数

$$(u_1 + iv_1) + (u_2 + iv_2) + \cdots + (u_n + iv_n) + \cdots,$$

其中 $u_n, v_n (n = 1, 2, \cdots)$ 为实常数或实函数. 如果实部所构成的级数，

$$u_1 + u_2 + \cdots + u_n + \cdots$$

收敛于 u，且虚部所构成的级数

$$v_1 + v_2 + \cdots + v_n + \cdots$$

收敛于 v，则说复数项级数收敛于 $u + iv$.

如果复数项级数各项的模所构成的级数

$$\sqrt{u_1^2 + v_1^2} + \sqrt{u_2^2 + v_2^2} + \cdots + \sqrt{u_n^2 + v_n^2} + \cdots$$

收敛，则称复数项级数绝对收敛.

如果复数项级数绝对收敛，由于

$$|u_n| \leqslant \sqrt{u_n^2 + v_n^2}, |v_n| \leqslant \sqrt{u_n^2 + v_n^2} \quad (n = 1, 2, \cdots)$$

那么实部与虚部分别构成的级数均绝对收敛，从而复数项级数收敛.

考察复数项级数

$$1 + z + \frac{1}{2!}z^2 + \cdots + \frac{1}{n!}z^n + \cdots \quad (z = x + iy)$$

可以证明此级数在整个复平面上是绝对收敛的. 在 x 轴上 $(z = x)$ 它表示指数函数 e^x，在整个复平面上我们用它来定义复变量指数函数 e^z，于是 e^z 定义为

$$e^z = 1 + z + \frac{1}{2!}z^2 + \cdots + \frac{1}{n!}z^n + \cdots \quad (|z| < \infty)$$

当 $x = 0$ 时，z 为纯虚数 iy，上式成为

$$e^{iy} = 1 + iy + \frac{1}{2!}(iy)^2 + \frac{1}{3!}(iy)^3 + \cdots + \frac{1}{n!}(iy)^n + \cdots$$

$$= 1 + iy - \frac{1}{2!}y^2 - i\frac{1}{3!}y^3 + \frac{1}{4!}y^4 + i\frac{1}{5!}y^5 - \cdots$$

$$= \left(1 - \frac{1}{2!}y^2 + \frac{1}{4!}y^4 - \cdots\right) + i\left(y - \frac{1}{3!}y^3 + \frac{1}{5!}y^5 - \cdots\right)$$

$$= \cos y + i\sin y$$

把 y 换写为 x，即

$$e^{ix} = \cos x + i\sin x$$

这就是欧拉公式.

应用欧拉公式，复数 z 可以表示为指数形式：

$$z = r(\cos\theta + i\sin\theta) = re^{i\theta}$$

其中 $r = |z|$ 是 z 的模，$\theta = \arg z$ 是 z 的辐角 （图 10 - 3）

在上述欧拉公式中把 x 换为 $-x$，又有

$$e^{-ix} = \cos x - i\sin x$$

与欧拉公式相加，相减，得

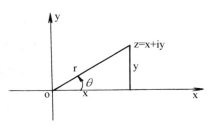

图 10 - 3

$$\begin{cases} \cos x = \dfrac{e^{ix} + e^{-ix}}{2} \\ \sin x = \dfrac{e^{ix} - e^{-ix}}{2i} \end{cases}$$

这两个式子也称为欧拉公式.

最后，由定义式

$$e^z = 1 + z + \frac{1}{2!}z^2 + \cdots + \frac{1}{n!}z^n + \cdots \quad (\,|z| < \infty\,)$$

并利用幂级数的乘法，不难验证

$$e^{z_1 + z_2} = e^{z_1} \cdot e^{z_2}$$

特别地

$$e^{x+iy} = e^x \cdot e^{iy} = e^x(\cos y + i\sin y).$$

习题 10 − 4

1. 将下列函数展成 x 的幂级数，并求展开式成立的区间.

(1) $\dfrac{e^x - e^{-x}}{2}$　　　　　　　　(2) $\sin^2 x$

(3) $\ln(a+x)\,(a>0)$　　　　　(4) $\dfrac{x}{x^2 - x - 2}$

(5) $\dfrac{x}{\sqrt{1+x^2}}$　　　　　　　　(6) $\dfrac{1}{a-x}(a \neq 0)$

2. 展开 $\dfrac{d}{dx}\left(\dfrac{e^x - 1}{x}\right)$ 为 x 的幂级数，并推出 $1 = \displaystyle\sum_{n=1}^{\infty} \dfrac{n}{(n+1)!}$.

3. 将下列函数展开成 $(x-1)$ 的幂级数.

(1) $\ln x$　　　　　(2) $\cos^2 x$　　　　　(3) $\sqrt{x^3}$

4. 求下列函数的幂级数展开式，并求出收敛半径.

(1) $\displaystyle\int_o^x \dfrac{\sin t}{t}dt$　　　　(2) $\displaystyle\int_o^x \cos t^2 dt$

5. 将函数 $f(x) = \dfrac{1}{x}$ 展开成 $(x-3)$ 的幂级数.

6. 将函数 $f(x) = \dfrac{1}{x^2 + 3x + 2}$ 展开成 $(x+4)$ 的幂级数.

7. 利用函数的幂级数展开求下列各数的近似值.

(1) $\sqrt[5]{245}$（误差不超过 0.0001）

(2) $\ln 2$（误差不超过 0.0001）

(3) $\sin 18°$（误差不超过 0.0001）

(4) $\sqrt{e}$（误差不超过 0.001）

8. 利用被积函数的幂级数展开式求下列定积分的近似值.

(1) $\int_0^1 \dfrac{\sin x}{x} dx$ (误差不超过 0.0001)

(2) $\int_0^{0.1} \cos\sqrt{x}\, dx$ (误差不超过 0.0001)

(3) $\int_{0.1}^1 \dfrac{e^x}{x} dx$ (误差不超过 0.001)

*第五节 函数项级数的一致收敛性

我们知道，有限个连续函数的和仍为连续函数，有限个可导函数之和仍为可导函数，并且其和的导数等于每一个函数的导数之和. 对于积分也有类似的性质. 但对于函数项级数 $\sum\limits_{n=0}^{\infty} u_n(x)$ 因其为无穷个函数之和，是否也具有这些性质呢？回答是不一定. 例

$$\sum_{n=1}^{\infty} u_n(x) = x + (x^2 - x) + (x^3 - x^2) + \cdots$$

它的每一项在 $0 \le x \le 1$ 上都连续，其 n 次部分和为 $S_n(x) = x^n$. 因而和函数

$$S(x) = \begin{cases} 0, 0 \le x \le 1 \ \text{时} \\ 1, x = 1 \ \text{时} \end{cases}$$

很明显，$S(x)$ 在 $x = 1$ 不连续，因此，它不是 $[0,1]$ 上的连续函数. 这个例子还告诉我们，上述级数的每一项都在 $[0,1]$ 可导，但它的和函数 $S(x)$ 在 $x = 1$ 不可导.

这就提出这样一个问题：设级数 $\sum\limits_{n=1}^{\infty} u_n(x)$ 在 X 上收敛于 $S(x)$，又设级数的每一项 $u_n(x)$ 在 X 上连续，在什么条件下才可以保证其和 $S(x)$ 也在 X 上连续？对于求导和求积分，也有类似的问题. 为此必须引进下面的函数项级数的一致收敛性概念.

函数列 $\{S_n(x)\}$ 或函数项级数 $\sum\limits_{n=1}^{\infty} u_n(x)$ 在 X 上收敛于 $S(x)$，也就是在 X 上每一点 x_0 收敛于 $S(x_0)$. 按数列极限的定义，对任意的 $\varepsilon > 0$，对任意点 x_0 都能找到正整数 N，使当 $n > N$ 时恒有

$$|S_n(x_0) - S(x)| < \varepsilon$$

(对函数项级数，此式还可写为 $|R_n(x)| = \left| \sum\limits_{k=n+1}^{\infty} u_k(x_0) \right| < \varepsilon$).

这种 N 一般来说不仅依赖 ε，也依赖 x_0，记为 $N(\varepsilon, x_0)$. 一致收敛要求找到只依赖 ε 而不依赖 x_0 的 $N(\varepsilon)$，于是给出下面的定义：

定义 1 设有函数列 $\{S_n(x)\}$ $\left(\text{函数项级数} \sum\limits_{n=1}^{\infty} u_n(x) \right)$. 若对任意 $\varepsilon > 0$，存在只依赖 ε 的正整数 $N(\varepsilon)$，使 $n > N(\varepsilon)$ 时，不等式

$$|S_n(x) - S(x)| < \varepsilon$$

$\left(\text{对函数项级数，此式也可写为} |R_n(x)| = \left| \sum_{k=n+1}^{\infty} u_k(x) < \varepsilon \right. \right)$ 对 X 上一切 x 成立，则称
$\{S_n(x)\} \left(\sum_{n=1}^{\infty} u_n(x) \right)$ 在 X 上一致收敛于 s(x).

例 1 $S_n(x) = \dfrac{x}{1 + n^2 x^2}$ 在 x = (-∞ , +∞) 一致收敛.

解 $S(x) = \lim_{n\to\infty} S_n(x) = \lim_{n\to\infty} \dfrac{x}{1 + n^2 x^2} = 0,$

由于

$$|S_n(x) - S(x)| = \frac{|x|}{1 + n^2 x^2} = \frac{1}{2n} \cdot \frac{2n|x|}{1 + n^2 x^2} \leq \frac{1}{2n}$$

因之只要取 $N(\varepsilon) = \left[\dfrac{1}{2\varepsilon} \right]$ 即可.

这个函数列的图形为图10-4，由图可知，只要 N 相当大，从第 N 项以后，在(-∞ , ∞)内每一条曲线 y = $S_n(x)$ 整个位于曲线 y = S(x) + ε 和 y = S(x) - ε 之间，这也是一般的一致收敛函数列或一致收敛级数的几何解释（图10-5）.

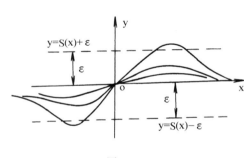

图 10 - 4

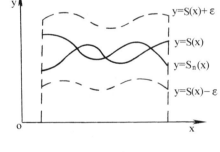

图 10 - 5

例 2 研究函数列
$$x + (x^2 - x) + \cdots + (x^n - x^{n-1}) + \cdots$$
在区间[0,1]上的一致收敛性.

解 令 $S_n(x) = x^n$
$$S(x) = \lim_{n\to\infty} S_n(x) = \lim_{n\to\infty} x^n = 0,$$

对于任意一个自然数 n, 取 $x_n = \dfrac{1}{\sqrt[n]{2}}$, 于是

$$S_n(x_n) = x_n{}^n = \frac{1}{2},$$

但 $S(x_n) = 0$, 从而

$$|S_n(x_n) - S(x_n)| = \frac{1}{2}$$

所以只要取 $\varepsilon<\dfrac{1}{2}$，不论 n 多大，在 $[0,1]$ 内总存在这样的点 x_n，使得 $|R_n(x_n)|>\varepsilon$，因此所给级数在 $[0,1]$ 内不一致收敛.

可是对于任意正数 r<1，这级数在 $[0,r]$ 上一致收敛. 这是因为当 x=0 时，显然
$$|R_n(x)|=x^n<\varepsilon$$

当 $0<x\leqslant r$ 时，要使 $x^n<\varepsilon$（不妨设 $\varepsilon<1$），只要 $n\ln x<\ln\varepsilon$ 或 $n>\dfrac{\ln\varepsilon}{\ln x}$，而 $\dfrac{\ln\varepsilon}{\ln x}$ 在 $(0,r]$ 上的最大值为 $\dfrac{\ln\varepsilon}{\ln r}$，故取自然 $N\geqslant\dfrac{\ln\varepsilon}{\ln r}$，则当 n>N 时，对 $[0,r]$ 上的一切 x 都有 $x^n<\varepsilon$.

如何判别一个级数是不是一致收敛呢？这里，我们介绍一个最常用的重要判别法.

定理 1 （魏尔斯特拉斯判别法）若对充分大的 n，恒有实数 a_n，使 $|u_n(x)|\leqslant a_n$ 对 X 上任意的 x 都成立，并且数项级数 $\sum\limits_{n=1}^{\infty}a_n$ 收敛，则 $\sum\limits_{n=1}^{\infty}u_n(x)$ 在 X 上一致收敛.

证 由 $\sum\limits_{n=1}^{\infty}a_n$ 的收敛性，对任给的 $\varepsilon>0$，可得 $N(\varepsilon)$，使 $n>N(\varepsilon)$ 时
$$a_{n+1}+a_{n+2}+\cdots+a_{n+P}<\varepsilon \quad (P=1,2,\cdots)$$
但对 X 上一切的 x，我们有
$$|u_{n+1}(x)+\cdots+u_{n+P}(x)|\leqslant|u_{n+1}(x)|+\cdots+|u_{n+P}(x)|$$
$$\leqslant a_{n+1}+\cdots+a_{n+P}<\varepsilon.$$
因此函数项级数 $\sum\limits_{n=1}^{\infty}u_n(x)$ 在 X 上一致收敛.

例 3 证明级数
$$\sum_{n=1}^{\infty}\frac{\sin n^2 x}{n^2}=\frac{\sin x}{1^2}+\frac{\sin 2^2 x}{2^2}+\cdots+\frac{\sin n^2 x}{n^2}+\cdots$$
在 $(-\infty,+\infty)$ 上一致收敛.

证 因为在 $(-\infty,+\infty)$ 内
$$\left|\frac{\sin n^2 x}{n^2}\right|\leqslant\frac{1}{n^2} \quad (n=1,2,3,\cdots)$$

而 $\sum\limits_{n=1}^{\infty}\dfrac{1}{n^2}$ 收敛，故由魏尔斯特拉斯判别法，所给级数在 $(-\infty,+\infty)$ 内一致收敛.

有了一致收敛的概念，就可以回答上面提出的问题. 一致收敛级数有如下基本性质.

定理 2 若在 $[a,b]$ 上，级数 $\sum\limits_{n=1}^{\infty}u_n(x)$ 的各项 $u_n(x)$ 都连续，且 $\sum\limits_{n=1}^{\infty}u_n(x)$ 在区间 $[a,b]$ 上一致收敛于 $S(x)$，则 $S(x)$ 在 $[a,b]$ 上也连续.

证 设 $\sum\limits_{n=1}^{\infty}u_n(x)$ 的 n 次部分和 $S_n(x)$，由于 $S_n(x)$ 在 $[a,b]$ 上一致收敛于 $S(x)$，故对 $\varepsilon>0$ 可得 N，使
$$|S_N(x)-S(x)|<\frac{\varepsilon}{3} \quad (a\leqslant x\leqslant b)$$
对 $[a,b]$ 上任一点 α，显然有

$$|S_N(\alpha) - S(\alpha)| < \frac{\varepsilon}{3}$$

现由 $S_N(x)$ 在点 α 的连续性, 可得存在 $\eta > 0$, 使 $|x - \alpha| < \eta$ 时

$$|S_N(x) - S_N(\alpha)| < \frac{\varepsilon}{3}$$

于是当 $|x - \alpha| < \eta$ 时

$$|S(x) - S(\alpha)| \leqslant |S(x) - S_N(x)| + |S_N(x) - S_N(\alpha)|$$
$$+ |S_N(\alpha) - S(\alpha)| < \varepsilon$$

这样便证明了定理.

定理 3　设 $\sum\limits_{n=1}^{\infty} u_n(x)$ 在 $[a,b]$ 上一致收敛于 $S(x)$, 且每一 $u_n(x)$ 都在 $[a,b]$ 上连续, 则

级数 $\sum\limits_{n=1}^{\infty} u_n(x)$ 在 $[a,b]$ 上可以逐项积分, 即

$$\sum_{n=1}^{\infty} \int_a^b u_n(x)\,dx = \int_a^b S(x)\,dx = \int_a^b \sum_{n=1}^{\infty} u_n(x)\,dx$$

又在 $[a,b]$ 上, 函数项级数 $\sum\limits_{n=1}^{\infty} \int_a^x u_n(t)\,dt$ 也一致收敛于 $\int_a^x S(t)\,dt$.

证　$\sum\limits_{n=1}^{\infty} u_n(x)$ 的 n 次部分和 $S_n(x)$, 由定义对任给的 $\varepsilon > 0$, 可得 $N(\varepsilon)$, 使 $n > N(\varepsilon)$ 时

$$|S_n(x) - S(x)| < \varepsilon \quad (a \leqslant x \leqslant b)$$

现由于 $S_n(x)$ 及 $S(x)$ 连续, 故它们在 $[a,b]$ 上的积分存在, 且当 $n > N$ 时

$$\left| \int_a^b S_n(x)\,dx - \int_a^b S(x)\,dx \right| \leqslant \int_a^b \left| S_n(x) - S(x) \right| dx < \varepsilon(b - a)$$

又若将积分上限 b 换为 x, 则当 $a \leqslant x \leqslant b$ 时上式仍旧成立. 证毕.

定理 4　若在 $[a,b]$ 上, $\sum\limits_{n=1}^{\infty} u_n(x)$ 的每一项都有连续导数 $u_n'(x)$, 且 $\sum\limits_{n=1}^{\infty} u_n'(x)$ 一致收敛

于 $T(x)$, 又 $\sum\limits_{n=1}^{\infty} u_n(x)$ 收敛于 $S(x)$, 则 $S'(x) = T(x)$, 即

$$\frac{d}{dx} \sum_{n=1}^{\infty} u_n(x) = \sum_{n=1}^{\infty} \frac{d}{dx} u_n(x)$$

且 $\sum\limits_{n=1}^{\infty} u_n(x)$ 一致收敛于 $S(x)$.

证　将函数项级数转化为数列, $\sum\limits_{n=1}^{\infty} u_n(x)$ 的部分和 $S_n(x)$, 由 $\{S_n(x)\}$ 来证明.

由于 $S_n'(x)$ 一致收敛于 $T(x)$, 故由定理 2.5 知 $T(x)$ 连续, 由定理 2.6

$$\int_a^x T(t)\,dt = \lim_{n \to \infty} \int_a^x S_n'(t)\,dt$$
$$= \lim_{n \to \infty} \{S_n(x) - S_n(a)\} = S(x) - S(a)$$

由于左边的导数存在, 故 $S'(x)$ 存在且 $T(x) = S'(x)$,

又从

$$S_n(x) = S_n(a) + \int_a^x S_n'(t) dt$$

及定理 2.6 即得 $S_n(x)$ 的一致收敛性.

下面讨论幂级数的一致收敛性.

定理 5 若 $\sum_{n=0}^{\infty} a_n x^n$ 的收敛半径为 R, 则此级数在 $(-R, R)$ 内的任一闭区间 $[a, b]$ 上一致收敛.

证 设 $\xi = \max\{|a|, |b|\}$, 由于在 $[a, b]$ 上任一点 x, 恒有 $|a_n x^n| \leqslant |a_n \xi^n|$ 而 $\sum_{n=0}^{\infty} a_n \xi^n$ 绝对收敛, 按魏尔斯特拉判别法即得定理.

进一步还可证明, 若 $\sum_{n=0}^{\infty} a_n x^n$ 在收敛区间的端点收敛, 则一致收敛的区间可扩大到包含端点.

关于幂级数和函数的连续性及逐项积分的结论, 由定理 5, 2 和 3 立即可得. 关于逐项求导的结论, 重新叙述如下.

定理 6 若幂级数 $\sum_{n=0}^{\infty} a_n x^n$ 的收敛半径为 R, 则其和函数 $S(x)$ 在 $(-R, R)$ 内可导, 且有逐项求导公式

$$S'(x) = \left(\sum_{n=0}^{\infty} a_n x^n \right)' = \sum_{n=1}^{\infty} n a_n x^{n-1},$$

逐项求导后所得到的幂级数与原级数有相同的收敛半径.

证 先证级数 $\sum_{n=1}^{\infty} n a_n x^{n-1}$ 在 $(-R, R)$ 内收敛.

在 $(-R, R)$ 内任意取定 x, 再选定 x_1, 使得 $|x| < x_1 < R$, 记 $q = \dfrac{|x|}{x_1} < 1$, 则

$$|n a_n x^{n-1}| = n \left| \frac{x}{x_1} \right|^{n-1} \cdot \frac{1}{x_1} |a_n x_1^n| = n q^{n-1} \cdot \frac{1}{x_1} |a_n x_1^n|,$$

由达朗贝尔判别法知级数 $\sum_{n=1}^{\infty} n q^{n-1}$ 收敛, 于是

$$n q^{n-1} \to 0 \quad (n \to \infty),$$

故数列 $\{n q^{n-1}\}$ 有界, 必有 $M > 0$, 使

$$n q^{n-1} \cdot \frac{1}{x_1} \leqslant M \quad (n = 1, 2, \cdots).$$

又 $0 < x_1 < R$, 级数 $\sum_{n=1}^{\infty} |a_n x_1^n|$ 收敛, 由比较判别法即得级数 $\sum_{n=1}^{\infty} n a_n x^{n-1}$ 收敛.

由定理 5, 级数 $\sum_{n=1}^{\infty} n a_n x^{n-1}$ 在 $(-R, R)$ 内的任一闭区间 $[a, b]$ 上一致收敛, 故幂级数 $\sum_{n=1}^{\infty} a_n x^n$ 在 $[a, b]$ 上适合第二节定理 7 条件, 从而可逐项求导. 再由 $[a, b]$ 在 $(-R, R)$ 内的任意性, 即得幂级数 $\sum_{n=1}^{\infty} a_n x^n$ 在 $(-R, R)$ 内可逐项求导.

设幂级数 $\sum\limits_{n=1}^{\infty} na_n x^{n-1}$ 的收敛半径为 R'. 上面已证得 $R \leqslant R'$, 将此幂级数在 $[0,x]$ $(|x| < R')$ 上逐项积分即得 $\sum\limits_{n=1}^{\infty} a_n x^n$, 因逐项积分所得级数的收敛半径不会缩小, 即 $R' \leqslant R$, 于是 $R' = R$. 定理证毕.

习题 10 – 5

1. 讨论下列函数序列在所示区域内的一致收敛性.

(1) $S_n(x) = \sqrt{x^2 + \dfrac{1}{n^2}}$ $(-\infty < x < \infty)$

(2) $S_n(x) = \sin\dfrac{x}{n}$ (i) $-1 < x < 1$ (ii) $-\infty < x < \infty$

(3) $S_n(x) = x^n - x^{2n}$ $0 \leqslant x \leqslant 1$ (4) $S_n(x) = \dfrac{nx}{1 + nx}$ $0 \leqslant x \leqslant 1$

2. 讨论下列级数的一致收敛性.

(1) $\sum\limits_{n=0}^{\infty} (1-x) x^n$ $0 \leqslant x \leqslant 1$ (2) $\sum\limits_{n=1}^{\infty} \dfrac{(-1)^{n-1} x^2}{(1 + x^2)^n}$ $-\infty < x < +\infty$

3. 利用魏尔斯特拉斯判别法证明下列级数的一致收敛性.

(1) $\sum\limits_{n=1}^{\infty} \dfrac{\sin nx}{\sqrt[3]{n^4 + x^4}}$ $-\infty < x < +\infty$ (2) $\sum\limits_{n=1}^{\infty} \dfrac{(-1)^n (1 - e^{-nx})}{n^2 + x^2}$ $0 \leqslant x < +\infty$

(3) $\sum\limits_{n=1}^{\infty} \dfrac{e^{-nx}}{n!}$ $|x| < 10$ (4) $\sum\limits_{n=1}^{\infty} x^2 e^{-nx}$ $0 \leqslant x < +\infty$

*第六节　傅立叶级数

古往今来, 从阿基米德开始的众多大数学家, 一直在孜孜不倦地寻找用简单函数较好地近似代替复杂函数的途径. 但在微积分发明之前, 这个问题一直没能获得本质上的突破.

人们最熟悉的简单函数无非两类: 幂函数和三角函数. 英国数学家泰勒 (Taylor) 在 17 世纪初找到了用幂函数 (无限) 线性组合表示一般解析函数 $f(x)$ 的方法. 在实际问题中, 总是使用了泰勒级数的部分和, 即 $f(x)$ 的 n 次泰勒多项式

$$f(x) \approx f(x_0) + f'(x_0)(x - x_0) + \frac{f''(0)}{2!}(x - x_0)^2 + \cdots + \frac{f^{(n)}(x_0)}{n!}(x - x_0)^n$$

这样做, 不仅要求 $f(x)$ 具有 $n+1$ 阶导数, 这个条件是过于苛刻 (特别是在发现了许多不可导甚至不连续的重要函数之后); 而且泰勒多项式仅在 x_0 附近与 $f(x)$ 吻合得较为理想, 也就是说, 它只有局部性质.

直到 18 世纪中叶，法国数学家和工程师傅立叶（Fourier）才找到另一类简单函数——三角函数的无限线性组合形式表示有限区间上的一般函数 $f(x)$ 的方法，即把 $f(x)$ 展开成所谓的傅立叶级数. 与泰勒展开相比，傅立叶展开对于 $f(x)$ 的要求宽容得多，并且它的部分和在整个区间都与 $f(x)$ 吻合得较为理想. 本节主要研究如何把函数展开成傅立叶级数即三角级数.

一、三角级数（傅立叶级数）

正弦函数是一种常见而简单的周期函数. 在物理学中，我们已经知道最简单的波是谐波
$$y = A\sin(\omega t + \varphi)$$
它是一个以 $\dfrac{2\pi}{\omega}$ 为周期的正弦函数. 其中 A 是振幅，ω 是角频率，φ 为初相，y 表示动点的位置，t 表示时间. 其他非正弦的周期函数，如矩形波，锯齿形波等往往都可以用一系谐波的迭加表示出来. 这就是说，一个周期为 T 的波 $f(t)$，在一定条件下可以把它写成

$$f(t) = A_0 + \sum_{n=1}^{\infty} A_n\sin(n\omega t + \varphi_n) = A_0 + \sum_{n=1}^{\infty} a_n\cos n\omega t + b_n\sin n\omega t$$

其中 $A_n\sin(n\omega t + \varphi_n) = a_n\cos n\omega t + b_n\sin n\omega t$ 是 n 阶谐波，$\omega = \dfrac{2\pi}{T}$. 我们称上式右端的级数是由 $f(t)$ 所确定的三角级数即傅立叶级数.

如同讨论幂级数一样，我们必须讨论三角级数的收敛问题，以及给定周期为 2π 的周期函数如何把它展开成三角级数. 为此，首先介绍三角函数系的正交性.

三角函数系
$$\{1, \cos x, \sin x, \cos 2x, \sin 2x, \cdots, \cos nx, \sin nx, \cdots\}$$

其中每一个函数在长为 2π 的区间上定义，其中任何两个不同的函数的乘积沿区间上的积分等于零，而每个函数自身平方的积分非零. 我们称这个函数系在长为 2π 的区间上具有正交性. 以后为确定起见，区间常取为 $[-\pi, \pi]$ 或 $[0, 2\pi]$. 即

$$\int_{-\pi}^{\pi} \cos nx\, dx = 0 \qquad (n = 1, 2, 3, \cdots)$$

$$\int_{-\pi}^{\pi} \sin nx\, dx = 0 \qquad (n = 1, 2, 3, \cdots)$$

$$\int_{-\pi}^{\pi} \sin kx\cos nx\, dx = 0 \qquad (k, n = 1, 2, 3, \cdots)$$

$$\int_{-\pi}^{\pi} \cos kx\cos nx\, dx = 0 \qquad (k, n = 1, 2, 3, \cdots, k \neq n)$$

$$\int_{-\pi}^{\pi} \sin kx\sin nx\, dx = 0 \qquad (k, n = 1, 2, 3, \cdots, k \neq n)$$

$$\int_{-\pi}^{\pi} 1^2\, dx = 2\pi$$

$$\int_{-\pi}^{\pi} \sin^2 nx\, dx = \pi$$

$$\int_{-\pi}^{\pi} \cos^2 nx\, dx = \pi \qquad (n = 1, 2, 3, \cdots)$$

以上等式，都可以通过计算定积分，利用三角函数公式来验证，例如，当 $k \neq n$ 时，有

$$\int_{-\pi}^{\pi} \cos kx \cos nx dx = \frac{1}{2} \int_{-\pi}^{\pi} [\cos(k+n)x + \cos(k-n)x] dx$$

$$= \frac{1}{2} \left[\frac{\sin(k+n)x}{k+n} + \frac{\sin(k-n)x}{k-n} \right]_{-\pi}^{\pi}$$

$$= 0 \quad (k, n = 1, 2, 3, \cdots, k \neq n)$$

$$\int_{-\pi}^{\pi} \cos^2 nx dx = \int_{-\pi}^{\pi} \frac{1 + \cos 2nx}{2} dx = \pi$$

二、函数的傅立叶级数展开

1. 设函数 $f(x)$ 已展开为全区间上的一致收敛的三角级数：

$$f(x) = \frac{a_0}{2} + \sum_{k=1}^{\infty} (a_k \cos kx + b_k \sin kx)$$

那么系数 $a_0, a_1, b_1, \cdots$ 与函数 $f(x)$ 之间存在着怎样的关系？也就是说如何利用 $f(x)$ 来表示 $a_0, a_1, b_1, \cdots$？为此对右边级数逐项积分，因为此级数一致收敛是可以逐项积分的.

$$\int_{-\pi}^{\pi} f(x) dx = \int_{-\pi}^{\pi} \frac{a_0}{2} dx + \sum_{k=1}^{\infty} \left[a_k \int_{-\pi}^{\pi} \cos kx dx + b_k \int_{-\pi}^{\pi} \sin kx dx \right]$$

由三角函数的正交性，

$$\int_{-\pi}^{\pi} f(x) dx = \int_{-\pi}^{\pi} \frac{a_0}{2} dx = \frac{a_0}{2} \cdot 2\pi$$

即 $\quad a_0 = \frac{1}{\pi} \int_{-\pi}^{\pi} f(x) dx$

2. 设 n 是任一正整数，对 $f(x)$ 的展开式的两边乘以 $\cos nx$，再逐项积分得到

$$\int_{-\pi}^{\pi} f(x) \cos nx dx = \frac{a_0}{2} \int_{-\pi}^{\pi} \cos nx dx + \sum_{k=1}^{\infty} \left[a_k \int_{-\pi}^{\pi} \cos kx \cos nx dx + b_k \int_{-\pi}^{\pi} \sin kx \cos nx dx \right]$$

$$= \int_{-\pi}^{\pi} a_n \cos^2 nx dx = a_n \pi$$

即 $\quad a_n = \frac{1}{\pi} \int_{-\pi}^{\pi} f(x) \cos nx dx$

同样 $f(x)$ 两边同乘 $\sin nx$，得

$$b_n = \frac{1}{\pi} \int_{-\pi}^{\pi} f(x) \sin nx dx$$

由于当 $n = 0$ 时，a_n 的表达式正好给出 a_0，因此得到欧拉—傅立叶公式：

$$a_n = \frac{1}{\pi} \int_{-\pi}^{\pi} f(x) \cos nx dx \quad (n = 0, 1, 2, \cdots)$$

$$b_n = \frac{1}{\pi} \int_{-\pi}^{\pi} f(x) \sin nx dx \quad (n = 1, 2, \cdots)$$

如果上式中的积分都存在，由它们定出的系数 $a_0, a_1, b_1, \cdots$ 叫做函数 $f(x)$ 的傅立叶系数，将这些系数代入所设，

$$\frac{a_0}{2} + \sum_{n=1}^{\infty} (a_n \cos nx + b_n \sin nx)$$

叫做函数 $f(x)$ 的傅立叶级数.

对于函数 $f(x)$ 尽管通过积分作出傅立叶级数，但还不能断定它是收敛的，并且即使它在一点 x 收敛了，还不一定收敛于函数值 $f(x)$. 下面叙述一个收敛定理，它给出关于上述问题的一个重要结论.

定理 1 （收敛定理，狄立克莱充分条件）设 $f(x)$ 是周期为 2π 的周期函数，如果它满足：

（1）在一个周期内连续或只有有限个第一类间断点；

（2）在一个周期内至多只有有限个极值点，则 $f(x)$ 的傅立叶级数收敛，且

当 x 是 $f(x)$ 的连续点时，级数收敛于 $f(x)$；

当 x 是 $f(x)$ 的间断点时，级数收敛于 $\dfrac{1}{2}[f(x-0) + f(x+0)]$.

由此，只要函数在 $[-\pi, \pi]$ 上至多有有限个第一类间断点，并且不作无限次振动，函数的傅立叶级数在连续点处就收敛于该点的函数值，在间断点处收敛于该点左极限与右极限的算术平均值. 可见，函数展开成傅立叶级数的条件比展开成幂级数的条件低得多.

例 1 设 $f(x)$ 是周期为 2π 的函数，它在 $[-\pi, \pi)$ 上的表达式为 $f(x) = \begin{cases} 1, & x \in [-\pi, 0) \\ 0, & x \in [0, \pi) \end{cases}$，将 $f(x)$ 展开为傅立叶级数.

解 先计算 $f(x)$ 的傅立叶系数.

$$a_0 = \frac{1}{\pi} \int_{-\pi}^{\pi} f(x) \, dx = \frac{1}{\pi} \int_{-\pi}^{0} dx = 1$$

对 $n = 1, 2, \cdots$

$$a_n = \frac{1}{\pi} \int_{-\pi}^{\pi} f(x) \cos nx \, dx = \frac{1}{\pi} \int_{-\pi}^{0} \cos nx \, dx = \frac{1}{n\pi} \sin nx \Big|_{-\pi}^{0} = 0$$

$$b_n = \frac{1}{\pi} \int_{-\pi}^{\pi} f(x) \sin nx \, dx = \frac{1}{\pi} \int_{-\pi}^{0} \sin nx \, dx = -\frac{1}{n\pi} \cos nx \Big|_{-\pi}^{0} = \frac{(-1)^n - 1}{n\pi}$$

于是得到 $f(x)$ 的 Fourier 级数

$$f(x) \sim \frac{1}{2} + \frac{1}{\pi} \sum_{n=1}^{\infty} \frac{(-1)^n - 1}{n} \sin nx$$

$$= \frac{1}{2} - \frac{2}{\pi} \left[\sin x + \frac{\sin 3x}{3} + \frac{\sin 5x}{5} + \cdots + \frac{\sin(2n+1)x}{2n+1} + \cdots \right]$$

因为 $f(x)$ 满足狄利克雷条件，所以

当 $x \neq k\pi$ 时 $(k = 0, \pm 1, \pm 2, \cdots)$

$$f(x) = \frac{1}{2} - \frac{2}{\pi} \left[\sin x + \frac{\sin 3x}{3} + \cdots + \frac{\sin(2n+1)x}{2n+1} + \cdots \right]$$

当 $x = k\pi$ 时 $(k = 0, \pm 1, \pm 2, \cdots)$

$$\frac{1}{2} - \frac{2}{\pi} \left[\sin x + \frac{\sin 3x}{3} + \cdots + \frac{\sin(2n+1)x}{2n+1} + \cdots \right] = \frac{1}{2} \neq f(x)$$

$f(x)$ 的傅立叶级数的和函数 $S(x)$ 图形在电工学中称为方波（如图 10-6）上式表明它是一系列正弦波的叠加.

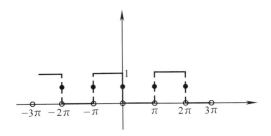

图 10 - 6

例 2 设 $f(x)$ 是周期为 2π 的函数，且在 $[-\pi,\pi)$ 上的表达式为，

$$f(x) = \begin{cases} c_1, & -\pi \leq x < 0 \\ c_2, & 0 < x < \pi \end{cases}$$

试将 $f(x)$ 展开为傅立叶级数.

解 当 $c_1 = 0$ 时，这周期函数表示矩形波，如例 1. 当 $c_1 \neq 0$ 时

$$a_0 = \frac{1}{\pi}\int_{-\pi}^{\pi} f(x)\,dx = \frac{1}{\pi}\Big[\int_{-\pi}^{0} c_1\,dx + \int_{0}^{\pi} c_2\,dx\Big] = c_1 + c_2$$

$$a_n = \frac{1}{\pi}\Big[\int_{-\pi}^{0} c_1\cos nx\,dx + \int_{0}^{\pi} c_2\cos nx\,dx\Big] = 0$$

$$b_n = \frac{1}{\pi}\Big[\int_{-\pi}^{0} c_1\sin nx\,dx + \int_{0}^{\pi} c_2\sin nx\,dx\Big]$$

$$= \frac{\big[(-1)^n - 1\big]}{\pi n}(c_1 - c_2) = \begin{cases} 0, & n \text{ 为偶数} \\ \dfrac{2(c_2 - c_1)}{\pi n}, & n \text{ 为奇数} \end{cases}$$

因为 $f(x)$ 满足狄利克雷条件，所以

$$f(x) = \frac{c_1 + c_2}{2} + \frac{2(c_2 - c_1)}{\pi}\Big[\sin x + \frac{\sin 3x}{3} + \cdots + \frac{\sin(2n+1)x}{2n+1} + \cdots\Big]$$
$$(x \neq k\pi, k = 0, \pm 1, \pm 2, \cdots)$$

当 $x = k\pi, k = 0, \pm 1, \pm 2, \cdots$ 时，级数收敛于 $\dfrac{c_1 + c_2}{2}$.

例 3 将函数

$$f(x) = \begin{cases} -x, & -\pi \leq x < 0 \\ x, & 0 \leq x < \pi \end{cases}$$

展开为傅立叶级数.

解 所给函数在区间 $[-\pi,\pi)$ 上满足收敛定理的条件，因为只给出 $[-\pi,\pi)$ 上表达式，所以先拓广为周期函数（图 10 - 7），它在每一点 x 处都连续，因此拓广的周期函数的傅立叶级数在 $[-\pi,\pi)$ 上收敛于 $f(x)$.

$$a_0 = \frac{1}{\pi}\int_{-\pi}^{\pi} f(x)\,dx = \frac{1}{\pi}\int_{-\pi}^{0}(-x)\,dx + \frac{1}{\pi}\int_{0}^{\pi} x\,dx = \frac{1}{\pi}\Big[-\frac{x^2}{2}\Big]_{-\pi}^{0} + \frac{1}{\pi}\Big[\frac{x^2}{2}\Big]_{0}^{\pi} = \pi$$

$$a_n = \frac{1}{\pi}\int_{-\pi}^{\pi} f(x)\cos nx\,dx = \frac{1}{\pi}\int_{-\pi}^{0}(-x)\cos nx\,dx + \frac{1}{\pi}\int_{0}^{\pi} x\cos nx\,dx$$

$$= -\frac{1}{\pi}\left[\frac{x\sin nx}{n} + \frac{\cos nx}{n^2}\right]_{-\pi}^{0} + \frac{1}{\pi}\left[\frac{x\sin nx}{n} + \frac{\cos nx}{n^2}\right]_{0}^{\pi}$$

$$= \frac{2}{n^2\pi}(\cos n\pi - 1) = \begin{cases} -\dfrac{4}{n^2\pi}, n = 1,3,5,\cdots \\ 0, n = 2,4,6,\cdots \end{cases}$$

$$b_n = \frac{1}{\pi}\int_{-\pi}^{\pi} f(x)\sin nx dx = \frac{1}{\pi}\int_{-\pi}^{0}(-x)\sin nx dx + \frac{1}{\pi}\int_{0}^{\pi} x\sin nx dx$$

$$= -\frac{1}{\pi}\left[-\frac{x\cos nx}{n} + \frac{\sin nx}{n^2}\right]_{-\pi}^{0} + \frac{1}{\pi}\left[-\frac{x\cos nx}{n} + \frac{\sin nx}{n^2}\right]_{0}^{\pi}$$

$$= 0 \ (n = 1,2,3,\cdots)$$

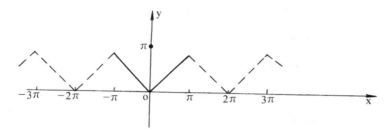

图 10 - 7

将求得的系数代入展式，得到 $f(x)$ 的傅立叶展式为

$$f(x) = \frac{\pi}{2} - \frac{4}{\pi}\left(\cos x + \frac{1}{3^2}\cos 3x + \frac{1}{5^2}\cos 5x + \cdots\right), x \in [-\pi, \pi)$$

利用这个展开式，可以求出几个特殊级数的和. 当 $x = 0$ 时，$f(0) = 0$，于是由这个展开式得出

$$\frac{\pi^2}{8} = 1 + \frac{1}{3^2} + \frac{1}{5^2} + \cdots$$

设

$$\sigma = 1 + \frac{1}{2^2} + \frac{1}{3^2} + \frac{1}{4^2} + \cdots$$

$$\sigma_1 = 1 + \frac{1}{3^2} + \frac{1}{5^2} + \cdots\left(= \frac{\pi^2}{8}\right)$$

$$\sigma_2 = \frac{1}{2^2} + \frac{1}{4^2} + \frac{1}{6^2} + \cdots$$

$$\sigma_3 = 1 - \frac{1}{2^2} + \frac{1}{3^2} - \frac{1}{4^2} + \cdots$$

因为

$$\sigma_2 = \frac{\sigma}{4} = \frac{\sigma_1 + \sigma_2}{4}$$

所以

$$\sigma_2 = \frac{\sigma_1}{3} = \frac{\pi^2}{24}$$

$$\sigma = \sigma_1 + \sigma_2 = \frac{\pi^2}{8} + \frac{\pi^2}{24} = \frac{\pi^2}{6}$$

又 $$\sigma_3 = 2\sigma_1 - \sigma = \frac{\pi^2}{4} - \frac{\pi^2}{6} = \frac{\pi^2}{12}.$$

三、函数的正弦或余弦级数展开

一般说来，函数的傅立叶级数既含有正弦项，又含有余弦项. 但是由上面的一些例子可以看出一些函数的傅立叶级数仅含有正弦项或常数项和余弦项. 这个原因可由下面定理说明.

定理 2 设 $f(x)$ 是周期为 2π 的函数，在一个周期上可积，则

（1）当 $f(x)$ 为奇函数时，它的傅立叶系数为

$$a_n = 0 \qquad n = (0,1,2,\cdots)$$

$$b_n = \frac{2}{\pi} \int_0^\pi f(x)\sin nx dx, (n = 1,2,3,\cdots)$$

（2）当 $f(x)$ 为偶函数时，它的傅立叶系数为

$$a_n = \frac{2}{\pi} \int_0^\pi f(x)\cos nx dx \qquad (n = 0,1,2,\cdots)$$

$$b_n = 0 \qquad\qquad (n = 1,2,3,\cdots)$$

证 设 $f(x)$ 为奇函数，即 $f(-x) = -f(x)$，由傅立叶公式有

$$a_n = \frac{1}{\pi} \int_{-\pi}^\pi f(x)\cos nx dx = \frac{1}{\pi} \int_{-\pi}^0 f(x)\cos nx dx + \frac{1}{\pi} \int_0^\pi f(x)\cos nx dx$$

利用定积分换元法，在右边的第一个积分中以 $-x$ 代 x，然后对调积分的上下限同时更换它的符号，得

$$a_n = \frac{1}{\pi} \int_\pi^0 f(-x)\cos(-nx) d(-x) + \frac{1}{\pi} \int_0^\pi f(x)\cos nx dx$$

$$= -\frac{1}{\pi} \int_0^\pi f(x)\cos nx dx + \frac{1}{\pi} \int_0^\pi f(x)\cos nx dx$$

$$= 0 \quad (n = 0,1,2,3,\cdots)$$

同理

$$b_n = \frac{1}{\pi} \int_{-\pi}^\pi f(x)\sin nx dx$$

$$= \frac{1}{\pi} \int_{-\pi}^0 f(x)\sin nx dx + \frac{1}{\pi} \int_0^\pi f(x)\sin nx dx$$

$$= \frac{1}{\pi} \int_\pi^0 f(-x)\sin(-nx) d(-x) + \frac{1}{\pi} \int_0^\pi f(x)\sin nx dx$$

$$= \frac{1}{\pi} \int_0^\pi f(x)\sin nx dx + \frac{1}{\pi} \int_0^\pi f(x)\sin nx dx$$

$$= \frac{2}{\pi} \int_0^\pi f(x)\sin nx dx \quad (n = 1,2,3,\cdots)$$

也就是说，如果 $f(x)$ 为奇函数，它的傅立叶级数是只含有正弦项的正弦级数

$$\sum_{n=1}^{\infty} b_n \sin nx$$

如果 $f(x)$ 为偶函数，它的傅立叶级数是只含有常数项和余弦项的余弦级数

$$\frac{a_0}{2} + \sum_{n=1}^{\infty} a_n \cos nx$$

例 4 设 $f(x)$ 是周期为 2π 的周期函数，它在 $[-\pi, \pi)$ 上的表达式为

$$f(x) = \begin{cases} -1, & -\pi \leqslant x < 0 \\ 1, & 0 \leqslant x < \pi \end{cases}$$

将 $f(x)$ 展开成傅立叶级数.

解 所给函数满足收敛定理的条件，它在点 $x = k\pi, (k = 0, \pm 1, \pm 2, \cdots)$ 处不连续，在其他点处连续，从而由收敛定理知道 $f(x)$ 的傅立叶级数收敛，并且当 $x = k\pi$ 时级数收敛于

$$\frac{-1 + 1}{2} = 0$$

当 $x \neq k\pi$ 时级数收敛于 $f(x)$，和函数的图形如图 10 - 8.

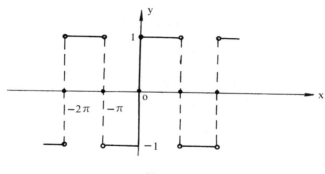

图 10 - 8

计算傅立叶系数如下：

因 $f(x)$ 为奇函数，故由公式知 $a_n = 0, (n = 0, 1, \cdots)$

$$b_n = \frac{2}{\pi} \int_0^\pi \sin nx \, dx = \frac{2}{\pi} \left[-\frac{\cos nx}{n} \right]_0^\pi = \frac{2}{\pi}(1 - \cos n\pi)$$

$$= \frac{2}{n\pi}[1 - (-1)^n] = \begin{cases} \frac{4}{n\pi}, & n = 1, 3, 5, \cdots \\ 0', & n = 2, 4, 6, \cdots \end{cases}$$

则 $f(x)$ 的傅立叶级数展开式为

$$f(x) = \frac{4}{\pi} \left[\sin x + \frac{1}{3}\sin 3x + \cdots + \frac{1}{2k-1}\sin(2k-1)x + \cdots \right]$$

$$(x \neq k\pi \quad k = 0, \pm 1, \pm 2, \cdots).$$

例 5 将周期函数

$$u(t) = E \left| \sin \frac{t}{2} \right|$$

展开成傅立叶级数，其中 E 是正的常数.

解 所给函数满足收敛定理的条件，它在整个数轴上连续（图 10 - 9），因此 u(t)的傅立叶级数处处收敛于 u(t).

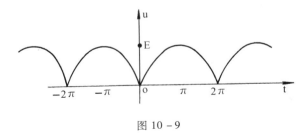

图 10 - 9

因为 u(t)为偶函数，所以有 $b_n = 0$,

$$a_n = \frac{2}{\pi}\int_0^\pi u(t)\cos nt dt = \frac{2}{\pi}\int_0^\pi E\sin\frac{t}{2}\cos nt dt$$

$$= \frac{E}{\pi}\int_0^\pi \left[\sin\left(n+\frac{1}{2}\right)t - \sin\left(n-\frac{1}{2}\right)t\right]dt$$

$$= \frac{E}{\pi}\left[-\frac{\cos\left(n+\frac{1}{2}\right)t}{n+\frac{1}{2}} + \frac{\cos\left(n-\frac{1}{2}\right)t}{n-\frac{1}{2}}\right]_0^\pi$$

$$= \frac{E}{\pi}\left[\frac{1}{n+\frac{1}{2}} - \frac{1}{n-\frac{1}{2}}\right] = -\frac{4E}{(4n^2-1)\pi} \qquad (n = 0,1,2,\cdots).$$

则 u(t)的傅立叶级数展开式为

$$u(t) = \frac{4E}{\pi}\left(\frac{1}{2} - \frac{1}{3}\cos t - \frac{1}{15}\cos 2t - \cdots - \frac{1}{4n^2-1}\cos nt - \cdots\right)$$

在实际应用中，有时还需要把定义在区间 $[0,\pi]$ 上的函数展开求正弦级数或余弦级数.

根据前面讨论的结果，这类问题可以按如下的方法展开：设函数 f(x)定义在区间 $[0,\pi]$ 上并且满足收敛定理的条件，我们在开区间 $(-\pi,0)$ 内补充函数 f(x)的定义，得到定义在 $(-\pi,\pi]$ 上的函数 F(x)，使它在 $(-\pi,\pi)$ 上成为奇函数或偶函数. 按这种方式拓广函数定义域的过程称为奇延拓或偶延拓，然后将 F(x)展开成傅立叶级数，这个级数必定是正弦级数或余弦级数. 再限制在 $[0,\pi]$ 上，此时 $F(x)\equiv f(x)$，这样便得到 f(x)的正弦级数或余弦级数.

例 6 将函数 $f(x) = x + 1 (0 \leqslant x \leqslant \pi)$ 分别展开成正弦级数和余弦级数.

解 先求正弦级数. 为此对 f(x)进行奇延拓如图 10 - 10，有

$$b_n = \frac{2}{\pi}\int_0^\pi f(x)\sin nx dx = \frac{2}{\pi}\int_0^\pi (x+1)\sin nx dx$$

$$= \frac{2}{\pi}\left[-\frac{x\cos nx}{n} + \frac{\sin nx}{n^2} - \frac{\cos nx}{n}\right]_0^\pi$$

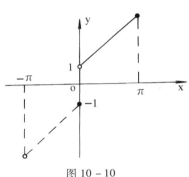

图 10 - 10

$$= \frac{2}{n\pi}(1 - \pi\cos n\pi - \cos n\pi)$$

$$= \begin{cases} \frac{2}{\pi} \cdot \frac{\pi + 2}{n}, & n = 1,3,5,\cdots \\ -\frac{2}{n}, & n = 2,4,6,\cdots \end{cases}$$

于是得

$$x + 1 = \frac{2}{\pi}\left[(\pi + 2)\sin x - \frac{\pi}{2}\sin 2x + \frac{1}{3}(\pi + 2)\sin 3x - \frac{\pi}{4}\sin 4x + \cdots\right]$$

$$(0 < x < \pi)$$

在端点 $x = 0$ 及 $x = \pi$ 处，级数的和显然为零，它不代表原来函数 $f(x)$ 的值.

再求余弦级数. 为此对 $f(x)$ 进行偶延拓，当 $0 \leqslant x \leqslant \pi$ 时，$f(x)$ 连续如图 $10 - 11$，有

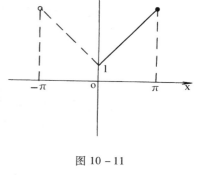

$$a_n = \frac{2}{\pi}\int_0^\pi (x + 1)\cos nx\,dx$$

$$= \frac{2}{\pi}\left[\frac{x\sin nx}{n} + \frac{\cos nx}{n^2} + \frac{\sin nx}{n}\right]_0^\pi$$

$$= \frac{2}{n^2\pi}(\cos n\pi - 1)$$

$$= \begin{cases} 0, & n = 2,4,6,\cdots \\ -\frac{4}{n^2\pi}, & n = 1,3,5,\cdots \end{cases}$$

图 $10 - 11$

$$a_0 = \frac{2}{\pi}\int_0^\pi (x + 1)\,dx = \frac{2}{\pi}\left[\frac{x^2}{2} + x\right]_0^\pi = \pi + 2$$

得

$$x + 1 = \frac{\pi}{2} + 1 - \frac{4}{\pi}\left(\cos x + \frac{1}{3^2}\cos 3x + \frac{1}{5^2}\cos 5x + \cdots\right) \qquad (0 \leqslant x \leqslant \pi).$$

习题 **10 - 6**

1. 设 $f(x)$ 是周期为 2π 的周期函数，它在 $[-\pi, \pi)$ 上的表达式为

$$f(x) = \begin{cases} -\dfrac{\pi}{2}, & -\pi \leqslant x \leqslant -\dfrac{\pi}{2} \\ x, & -\dfrac{\pi}{2} \leqslant x < \dfrac{\pi}{2} \\ \dfrac{\pi}{2}, & \dfrac{\pi}{2} \leqslant x < \pi \end{cases}$$

将 $f(x)$ 展开成傅立叶级数.

2. 将下列函数在 $[-\pi, \pi]$ 上展开成傅立叶级数.

（1）$f(x) = 3\sin x + 4\cos x$ （2）$f(x) = \dfrac{x^2}{2} - \pi^2$

（3）$f(x) = |\cos x|$

（4）$f(x) = \begin{cases} ax, & x \in [-\pi, 0) \\ bx, & x \in [0, \pi). \end{cases}$（a,b 为常数,且 a > b > 0）

（5）$f(x) = \begin{cases} e^x, & -\pi \leqslant x < 0 \\ 1, & 0 \leqslant x \leqslant \pi \end{cases}$

3. 设周期函数 f（x） 的周期为 2π，证明 f（x） 的傅立叶系数为

$$a_n = \frac{1}{\pi} \int_0^{2\pi} f(x)\cos nx\,dx \quad (n = 0,1,2,\cdots)$$

$$b_n = \frac{1}{\pi} \int_0^{2\pi} f(x)\sin nx\,dx \quad (n = 1,2,\cdots).$$

4. 将下列函数展开成正弦级数.

（1）$f(x) = e^{-2x}, \ x \in [0, \pi]$ （2）$f(x) = \begin{cases} 2x, & x \in \left[0, \dfrac{\pi}{2}\right) \\ \pi, & x \in \left[\dfrac{\pi}{2}, \pi\right] \end{cases}$

5. 将下列函数展开成余弦级数.
（1）$f(x) = x(\pi - x), x \in [0, \pi]$ （2）$f(x) = e^x, x \in [0, \pi]$
6. 将函数 $f(x) = 2x^2 (0 \leqslant x \leqslant \pi)$ 分别展开成正弦级数和余弦级数.

*第七节 周期为 T 的函数的傅立叶级数展开

以上讨论的函数周期都是 2π，但在实际问题中有许多任意周期的函数. 因此，下面讨论以 T 为周期的函数的傅立叶级数.

定理 1 设周期为 T 的周期函数 f(x) 满足收敛定理的条件，则它的傅立叶级数展开式为

$$f(x) = \frac{a_0}{2} + \sum_{n=1}^{\infty} \left(a_n \cos \frac{2n\pi x}{T} + b_n \sin \frac{2n\pi x}{T} \right)$$

其中系数 a_n, b_n 为

$$a_n = \frac{2}{T} \int_{-\frac{T}{2}}^{\frac{T}{2}} f(x)\cos n\omega x\,dx, \omega = \frac{2\pi}{T} \qquad b_n = \frac{2}{T} \int_{-\frac{T}{2}}^{\frac{T}{2}} f(x)\sin n\omega x\,dx$$

当 f(x) 为奇函数时，

$$f(x) = \sum_{n=1}^{\infty} b_n \sin \frac{2n\pi x}{T},$$

其中系数 b_n 为

$$b_n = \frac{4}{T} \int_0^{\frac{T}{2}} f(x)\sin n\omega x\,dx \quad (n = 1,2,3,\cdots)$$

当 $f(x)$ 为偶函数时，

$$f(x) = \frac{a_0}{2} + \sum_{n=1}^{\infty} a_n \cos\frac{2n\pi x}{T}$$

其中系数 a_n 为

$$a_n = \frac{4}{T}\int_0^{\frac{T}{2}} f(x)\cos n\omega x dx, (n = 0,1,2,\cdots)$$

证 作变换 $x = \frac{T}{2\pi}\xi$，于是区间 $\left[-\frac{T}{2}, \frac{T}{2}\right]$ 变换成 $[-\pi, \pi]$，那么

$$\varphi(\xi) = f\left(\frac{T}{2\pi}\xi\right) = f(x)$$

是周期为 2π 的周期函数，并且它满足收敛定理的条件，于是有

$$\varphi(\xi) = \frac{a_0}{2} + \sum_{n=1}^{\infty} a_n\cos n\xi + b_n\sin n\xi$$

其中

$$a_n = \frac{1}{\pi}\int_{-\pi}^{\pi} \varphi(\xi)\cos n\xi d\xi = \frac{2}{T}\int_{-\frac{T}{2}}^{\frac{T}{2}} f(x)\cos n\omega \xi d\xi, \omega = \frac{2\pi}{T}$$

$$b_n = \frac{2}{T}\int_{-\frac{T}{2}}^{\frac{T}{2}} f(x)\sin n\omega x dx$$

类似地，可以证明定理的其余部分.

例1 设 $f(x)$ 在 $[-1,1)$ 上的表达式为 $f(x) = \begin{cases} 0, x \in [-1,0] \\ x^2, x \in [0,1) \end{cases}$，试将 $f(x)$ 在 $[-1,1)$ 上展开为傅立叶级数.

解 在上面的公式中令 $T = 2$，计算 $f(x)$ 的傅立叶系数：

$$a_0 = \frac{2}{T}\int_{-\frac{T}{2}}^{\frac{T}{2}} f(x)dx = \int_0^1 x^2 dx = \frac{1}{3}$$

对 $n = 1, 2, \cdots$，利用分部积分法

$$a_n = \frac{2}{T}\int_{-\frac{T}{2}}^{\frac{T}{2}} f(x)\cos\frac{2n\pi x}{T} dx = \int_0^1 x^2\cos n\pi x dx = \frac{2 \cdot (-1)^n}{n^2\pi^2}$$

$$b_n = \frac{2}{T}\int_{-\frac{T}{2}}^{\frac{T}{2}} f(x)\sin\frac{2n\pi x}{T} dx = \int_0^1 x^2\sin n\pi x dx = \frac{(-1)^{n+1}}{n\pi} + \frac{2 \cdot [(-1)^n - 1]}{n^3\pi^3}$$

因为 $f(x)$ 延拓后在 $x = \pm 1$ 处不连续，于是得到 $f(x)$ 的傅立叶级数在 $x \in (-1,1)$ 时收敛于 $f(x)$，即

$$f(x) = \frac{1}{6} + \frac{2}{\pi^2}\sum_{n=1}^{\infty} \frac{(-1)^n}{n^2}\cos n\pi x + \frac{1}{\pi}\sum_{n=1}^{\infty} \left[\frac{(-1)^{n+1}}{n} + 2\frac{(-1)^{n-1}}{n^3\pi^2}\right]\sin n\pi x$$

$$x \in (-1,1)$$

当 $x = -1$ 时，级数收敛于 $\frac{1}{2}$

例2 将函数 $M(x) = \begin{cases} \dfrac{px}{2} & ,0 \leqslant x < \dfrac{l}{2} \\ \dfrac{p(l-x)}{2} & ,\dfrac{l}{2} \leqslant x \leqslant l \end{cases}$ 展开成正弦级数.

解 $M(x)$ 是定义在 $[0,l]$ 上的函数，要将它展开成正弦级数，必须对 $M(x)$ 进行奇延拓，计算延拓后的函数的傅立叶系数：

$$b_n = \frac{2}{l} \int_0^l M(x) \sin\frac{n\pi x}{l} dx$$

$$= \frac{2}{l}\Big[\int_0^{\frac{l}{2}} \frac{px}{2} \sin\frac{n\pi x}{l} dx + \int_{\frac{l}{2}}^l \frac{p(l-x)}{2} \sin\frac{n\pi x}{l} dx \Big].$$

对上式右端的第二项，令 $t = l - x$，则

$$b_n = \frac{l}{2}\Big[\int_0^{\frac{l}{2}} \frac{px}{2} \sin\frac{n\pi x}{l} dx + \int_{\frac{l}{2}}^0 \frac{pt}{2} \sin\frac{n\pi(l-t)}{l} (-dt) \Big]$$

$$= \frac{2}{l}\Big[\int_0^{\frac{l}{2}} \frac{px}{2} \sin\frac{n\pi x}{l} dx + (-1)^{n+1} \int_0^{\frac{l}{2}} \frac{pt}{2} \sin\frac{n\pi t}{l} dt \Big].$$

当 $n = 2,4,6,\cdots$ 时，$b_n = 0$；当 $n = 1,3,5,\cdots$ 时，

$$b_n = \frac{4p}{2l} \int_0^{\frac{l}{2}} x\sin\frac{n\pi x}{l} dx = \frac{2pl}{n^2\pi^2} \sin\frac{n\pi}{2}.$$

于是得

$$M(x) = \frac{2pl}{\pi^2}\Big(\sin\frac{\pi x}{l} - \frac{1}{3^2}\sin\frac{3\pi x}{l} + \frac{1}{5^2}\sin\frac{5\pi x}{l} - \cdots \Big)$$

$$(0 \leqslant x \leqslant l)$$

习题 10 – 7

1. 将下列函数在指定区间上展开成傅立叶级数.

(1) $f(x) = x^2, x \in [-2\pi, 2\pi]$

(2) $f(x) = \begin{cases} x & , -1 \leqslant x < 0 \\ 1 & , 0 \leqslant x < \dfrac{1}{2} \\ -1 & , \dfrac{1}{2} \leqslant x < 1 \end{cases}$

(3) $f(x) = \begin{cases} e^{3x}, x \in [-1,0) \\ 0 , x \in [0,1) \end{cases}$

2. 将下列函数分别展开成正弦级数和余弦级数.

(1) $f(x) = \begin{cases} x & ,0 \leqslant x < \dfrac{l}{2} \\ l-x & ,\dfrac{l}{2} \leqslant x \leqslant l \end{cases}$

(2) $f(x) = x^2, (0 \leqslant x \leqslant 2)$

第十一章　常微分方程

由牛顿（Newton，1642—1727）和莱布尼兹（Leibniz，1646—1716）所创立的微积分，是人类科学史上划时代的重大发现，而微积分的产生与发展，和人们求解常微分方程的需要有密切关系. 所谓**常微分方程**，就是联系着自变量，未知函数，以及未知函数的导数的方程. 物理学，化学，生物学，工程技术和某些社会科学中的大量问题，一旦加以精确的数学描述，往往会出现常微分方程. 所谓**常微分方程求解**，就是常微分方程建立以后，对它进行研究，找出未知函数的过程. 我们介绍的是常微分方程，今后我们把常微分方程简称为"微分方程"，有时更简称为"方程". 本章主要介绍微分方程的一些基本概念和几种常用的微分方程的解法.

第一节　常微分方程的基本概念

微分方程有着深刻而生动的实际背景，在本书中我们将通过几何、力学及物理学中的几个具体例子来说明微分方程的基本概念.

例 1　一曲线通过点 $(1，2)$，且在该曲线上任一点 $M(x,y)$ 处的切线的斜率为 $2x$，求这曲线的方程.

解　设所求曲线的方程为 $y = y(x)$. 根据导数的几何意义，可知未知函数 $y = y(x)$ 应满足关系式

$$\frac{dy}{dx} = 2x \tag{1}$$

此外，未知函数 $y = y(x)$ 还应满足下列条件：

$$x = 1 \text{ 时}, y = 2 \tag{2}$$

把（1）式两端积分，得

$$y = \int 2x dx \quad 即 \quad y = x^2 + C \tag{3}$$

其中 C 是任意常数.

把条件 "$x = 1$ 时，$y = 2$" 代入（3）式，得

$$2 = 1^2 + C$$

由此定出 $C = 1$. 把 $C = 1$ 代入（3）式，即得所求曲线方程：

$$y = x^2 + 1 \tag{4}$$

例 2 我们将质量为 m 的物体,以初速 v_0 垂直向上抛出,假设物体在空气中受到的阻力与物体运动的速度成正比. 试求其运动规律.

解 为了描述这个运动,如图 11 − 1 建立坐标系. 取物体运动时所沿的垂直于地面的直线为 x 轴, x 轴与地面的交点 O 为坐标原点,且规定背离地心的方向为 x 轴的正向.

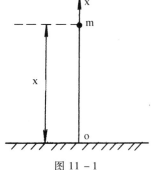

图 11 − 1

设物体在时刻 t 的位置坐标为 x(t),于是物体运动的瞬时速度 v 和瞬时加速度 a 可分别表示为

$$v = \frac{dx}{dt}, a = \frac{d^2x}{dt^2}$$

显然,我们现在不能直接找出 x 关于 t 的函数关系式(即物体的运动规律),但是我们可以根据牛顿第二运动定律

$$ma = F \tag{5}$$

及所设条件,得到 x(t) 应满足的关系式.

(5)式中的 F 表示物体所受外力的合力. 由假设条件,物体受重力及空气阻力两种力的作用. 由于重力与 x 轴正向相反,故所受重力在 x 轴上的投影应为 $F_1 = -mg$,其中 g 是重力加速度;由于阻力与运动速度成正比,且阻力方向与速度方向相反,故阻力在 x 轴上的投影应为 $F_2 = -k\dfrac{dx}{dt}$,其中常数 k > 0 为阻尼系数. 从而物体所受外力的合力在 x 轴上的投影为 $F = F_1 + F_2 = -\left(mg + k\dfrac{dx}{dt}\right)$,将 $a = \dfrac{d^2x}{dt^2}$ 及 $F = -\left(mg + k\dfrac{dx}{dt}\right)$ 代入 (5) 式,得到

$$m\frac{d^2x}{dt^2} = -\left(mg + k\frac{dx}{dt}\right)$$

或者

$$\frac{d^2x}{dt^2} + \frac{k}{m}\frac{dx}{dt} = -g \tag{6}$$

这就是上抛运动规律 x = x(t) 所满足的微分方程.

现在仅讨论 k = 0 的情形,即讨论物体在真空中的运动情况. 此时方程变为

$$\frac{d^2x}{dt^2} = -g \tag{7}$$

对 (7) 式作两次积分,分别得到

$$\frac{dx}{dt} = -gt + C_1 \tag{8}$$

$$x = -\frac{1}{2}gt^2 + C_1 t + C_2 \tag{9}$$

其中 C_1, C_2 为任意常数.

显然,物体的运动状态 x = x(t),应与物体的初始状态,即起始时刻 t = 0 时的初始位置和初始速度

$$x(0) = x_0, x'(0) = v_0 \tag{10}$$

有关. 因为从不同高度, 以不同速度抛出的物体, 其运动状态当然是有差别的. 条件 (10) 称为初始条件. 于是, 我们现在的问题归结为求微分方程 (7) 满足初始条件 (10) 的未知函数 x(t).

将 (10) 代入 (8) 及 (9), 得到

$$C_1 = v_0, C_2 = x_0$$

将所得 C_1, C_2 代入 (9) 式, 最后得到物体在真空中的运动规律为

$$x = x_0 + v_0 t - \frac{1}{2} g t^2, 0 \le t \le T \tag{11}$$

其中 T 为物体落地时间.

上述两个例子中的关系式 (1) 和 (6) 都含有未知函数的导数, 它们都是常微分方程. 一般地, 凡是联系着自变量 x, 这个自变量的未知函数 y = y(x), 及其直到 n 阶导数在内的函数方程

$$F(x, y, y', \cdots, y^{(n)}) = 0 \tag{12}$$

叫做**常微分方程**, 其中导数实际出现的最高阶数 n 叫做常微分方程 (12) 的**阶**. 把微分方程冠以 "常" 字, 指的是未知函数是一元的. 如果未知函数是多元的, 叫做**偏微分方程**. 例如

$$x \frac{\partial u}{\partial x} + y \frac{\partial u}{\partial y} = u$$

就是一阶偏微分方程, 其中 u 为未知函数, x, y 都是自变量.

方程 (1) 和 (6) 分别为一阶、二阶的常微分方程. 方程

$$y^{(4)} - 4y''' + 10y'' - 12y' + 5y = \sin 2x$$

是四阶微分方程.

一般地, n 阶微分方程的形式是

$$F(x, y, y', \cdots, y^{(n)}) = 0 \tag{13}$$

其中 F 是 n + 2 个变量的函数. 这里必须指出, 在方程 (13) 中, $y^{(n)}$ 是必须出现的, 而 x, $y, y', \cdots, y^{(n-1)}$ 等变量则可以不出现. 例如 n 阶微分方程

$$y^{(n)} + 1 = 0$$

如果能从方程 (13) 中解出最高阶导数, 得微分方程

$$y^{(n)} = f(x, y, y', \cdots, y^{(n-1)}) \tag{14}$$

以后我们讨论的方程都是已解出最高阶导数的方程或能解出最高阶导数的方程, 且 (14) 式右端的函数 f 在所讨论的范围内连续.

由前面的例子我们看到, 在研究某些实际问题时, 首先要建立微分方程, 然后找出满足微分方程的函数 (解微分方程). 就是说, 找出这样的函数, 使其代入微分方程能使该方程成为恒等式, 这个函数就叫该**微分方程的解**. 确切地说, 设函数 y = φ(x) 在区间 I 上连续, 且有直到 n 阶的导数, 如果在区间 I 上,

$$F[x, \varphi(x), \varphi'(x), \cdots, \varphi^{(n)}(x)] \equiv 0$$

那么函数 y = φ(x) 就叫做微分方程 (13) 在区间 I 上的解.

例如，函数（3）和（4）都是微分方程（1）的解；函数（9）和（11）都是微分方程（7）的解.

简单地说，所谓微分方程的解是指这样的函数，将它代入方程后，能使方程变为恒等式.

例 3 试验证函数 $y = \tan x, x \in \left(-\dfrac{\pi}{2}, \dfrac{\pi}{2} \right)$ 是方程 $\dfrac{dy}{dx} = 1 + y^2$ 的解.

解 显然 $y = \tan x$ 在区间 $\left(-\dfrac{\pi}{2}, \dfrac{\pi}{2} \right)$ 上可导，将 $y = \tan x$ 及 $\dfrac{dy}{dx} = \sec^2 x = 1 + \tan^2 x$ 代入方程后，有

$$1 + \tan^2 x \equiv 1 + \tan^2 x$$

所以，$y = \tan x$ 是该方程的解.

如果微分方程的解中含有任意常数，且任意常数的个数与微分方程的阶数相同[①]，这样的解叫做**微分方程的通解**. 例如，函数（3）是方程（1）的通解；函数（9）是方程（7）的通解.

由于通解中含有任意常数，所以它还不能完全确定地反映某一客观事物的规律性. 要完全准确地反映客观事物的规律性，必须确定这些常数的值. 为此，要根据问题的实际情况，提出确定这些常数的条件.

设微分方程中的未知函数为 $y = y(x)$，如果微分方程是一阶的，通常用来确定任意常数的条件是：

$$x = x_0 \text{ 时}, y = y_0,$$

或 $\quad y|_{x=x_0} = y_0,$

其中 x_0、y_0 都是给定的值；如果微分方程是二阶的，通常用来确定任意常数的条件是：

$$x = x_0 \text{ 时}, y = y_0, y' = y_0',$$

或 $\quad y|_{x=x_0} = y_0, y'|_{x=x_0} = y_0',$

其中 x_0、y_0 及 y_0' 都是给定的值. 上述这种条件叫做**初始条件**.

我们把满足初始条件的方程的解称为**特解**，也就是说，特解中不再包含任意常数. 例如，（4）式是方程（1）满足初始条件（2）的特解；（11）式是方程（7）满足初始条件（10）的特解.

求微分方程 $y' = f(x, y)$ 满足初始条件 $y|_{x=x_0} = y_0$ 的特解，叫做一阶微分方程的**初值问题**，记作

$$\begin{cases} y' = f(x, y) \\ y|_{x=x_0} = y_0 \end{cases} \tag{15}$$

微分方程的解的图形是一条曲线，叫做**微分方程的积分曲线**. 初值问题（15）的几何意义，就是求微分方程的通过点 (x_0, y_0) 的那条积分曲线. 二阶微分方程的初值问题

---

① 这里所说的任意常数是相互独立的，也就是，它们不能合并而使得任意常数的个数减少（参看本章第四节关于函数的线性相关性）.

$$\begin{cases} y'' = f(x, y, y') \\ y|_{x=x_0} = y_0, \ y'|_{x=x_0} = y_0' \end{cases}$$

的几何意义，是求微分方程的通过点 (x_0, y_0) 且在该点处的切线斜率为 y_0' 的那条积分曲线.

例 4　验证函数 $x = C_1 \cos kt + C_2 \sin kt$ 是微分方程 $\dfrac{d^2 x}{dt^2} + k^2 x = 0$ 的通解. 其中 C_1, C_2 是任意常数，试求满足初始条件 $x|_{t=0} = A, \dfrac{dx}{dt}|_{t=0} = 0$ 的特解.

解　将条件"$t = 0$ 时，$x = A$"代入方程式得 $C_1 = A$

所给函数的导数

$$\frac{dx}{dt} = -kC_1 \sin kt + kC_2 \cos kt \tag{16}$$

将条件"$t = 0$ 时，$\dfrac{dx}{dt} = 0$"代入（17）式，得 $C_2 = 0$

把 C_1, C_2 的值代入函数式，就得所求的特解为 $x = A \cos kt$

习题 11－1

1. 试说出下列各微分方程的阶数.

（1）$(y')^2 - \sin y + 4x = 0$

（2）$x^2 y'' - xy' + y = 0$

（3）$xy''' + 2y' + xy = \cos x$

（4）$\dfrac{dy}{dx} = y \tan x + 7x^3$

（5）$L \dfrac{d^2 \rho}{dt^2} - R \left(\dfrac{d\rho}{dt} \right)^3 + QC = 0$

2. 试验证下列各函数是否为所给微分方程的解.

（1）$y = C_1 e^{kx} + C_2 e^{-kx}, \ y'' - k^2 y = 0 \ (C_1, C_2$ 为任意常数)

（2）$y = \dfrac{\sin x}{x}, \ xy' + y = \cos x$

（3）$y = x^2 e^x, \ y'' - 2y' + y = 0$

（4）$y = -\dfrac{f(x)}{g(x)}, \ y' = \dfrac{g'(x)}{f(x)} y^2 - \dfrac{f'(x)}{g(x)}$

（5）$x^2 - xy + y^2 = C, \ (x - 2y) y' = 2x - y$

3. 在下列各题中，确定函数关系式中所含的参数，使函数满足所给的初始条件：

（1）$x^2 - y^2 = C, \ y|_{x=0} = 5$

（2）$y = C_1 \sin(x - C_2), \ y|_{x=\pi} = 1, \ y'|_{x=\pi} = 0$

（3）$y = (C_1 + C_2 x) e^{2x}, \ y|_{x=0} = 0, \ y'|_{x=0} = 1$

4. 试建立具有下列性质的曲线所满足的微分方程.

（1）曲线上任一点的切线在 y 轴上的截距，等于该点坐标和的 $\dfrac{1}{n}$ 倍；

（2）曲线上点 $P(x, y)$ 处的法线与 x 轴的交点为 Q，且线段 PQ 被 y 轴平分.

第二节　分离变量方程与齐次方程

一、分离变量方程

我们讨论一阶微分方程

$$y' = f(x,y) \tag{1}$$

的一些解法.

一阶微分方程有时也写成如下的对称形式

$$P(x,y)dx + Q(x,y)dy = 0 \tag{2}$$

方程（2）中，变量 x 与 y 对称，它既可看作是以 x 为自变量，y 为未知函数的方程

$$\frac{dy}{dx} = -\frac{P(x,y)}{Q(x,y)}（这时 Q(x,y) \neq 0）$$

也可以看作是以 y 为自变量，x 为未知函数的方程

$$\frac{dx}{dy} = -\frac{Q(x,y)}{P(x,y)}（这时 P(x,y) \neq 0）$$

第一节的例 1 中，一阶微分方程

$$\frac{dy}{dx} = 2x$$

或

$$dy = 2xdx$$

两端积分后得到这个方程的通解为

$$y = x^2 + C（C 为任意常数）$$

但对于一阶微分方程

$$\frac{dy}{dx} = 2xy^2 \tag{3}$$

就不能像上面那样用直接对两端积分的方法求出它的通解. 原因是方程（3）的右端含有未知函数 y，积分

$$\int 2xy^2 dx$$

求不出来. 为解决这个困难，在方程（3）的两端同时乘以 $\dfrac{dx}{y^2}$，使方程（3）变为

$$\frac{dy}{y^2} = 2xdx$$

这样，变量 x 与 y 已分离在等式的两端，然后两端积分得

$$-\frac{1}{y} = x^2 + C$$

或　　　　$y = -\dfrac{1}{x^2 + C}$ 　　　　　　　　　　　　　　　　　　　　　　　　　(4)

其中 C 是任意常数.

可以验证，函数（4）确实满足一阶微分方程（3），且含有一个任意常数，所以它是方程（3）的通解.

一般地，如果一个一阶微分方程能写成

$$g(y)\,dy = f(x)\,dx \tag{5}$$

的形式，就是说，能把微分方程写成一端只含 y 的函数和 dy，另一端只含 x 的函数和 dx，那么原方程就称为**分离变量的微分方程**.

假定方程（5）中的函数 g(y) 和 f(x) 是连续的. 设 y = φ(x) 是方程（5）的解，将它代入（5）中得到恒等式

$$g[\varphi(x)]\varphi'(x)\,dx = f(x)\,dx$$

将上式两端积分，并由 y = φ(x) 引入变量 y，得

$$\int g(y)\,dy = \int f(x)\,dx$$

设 G(y) 和 F(x) 依次为 g(y), f(x) 的原函数，于是有

$$G(y) = F(x) + C \tag{6}$$

因此，方程（5）的解满足关系式（6）. 反之，如果 y = φ(x) 是由关系式（6）所确定的隐函数，那么在 g(y) ≠ 0 的条件下，y = φ(x) 也是方程（5）的解，事实上，由隐函数的求导法可知，当 g(y) ≠ 0 时，

$$\varphi'(x) = \frac{F'(x)}{G'(y)} = \frac{f(x)}{g(y)}$$

这就表示函数 y = φ(x) 满足方程（5）. 所以，在方程（5）中，若 g(y) 和 f(x) 是连续的，且 g(y) ≠ 0，那么（5）式两端积分后得到的关系式（6）就叫微分方程（5）的**隐式解**. 又由于关系式（6）中含有任意常数，因此（6）式所确定的隐函数是方程（5）的通解，所以（6）式叫做微分方程（5）的**隐式通解**.

例 1　求解微分方程

$$\frac{dy}{dx} = -\frac{(x^2 + 1)(y^2 - 1)}{xy}. \tag{7}$$

解　当 $y^2 - 1 \neq 0$ 时，用它除（7）式两端，即得等价的方程

$$\frac{y}{y^2 - 1}\,dy = -\frac{(x^2 + 1)}{x}\,dx$$

再积分上式，得到

$$\frac{1}{2}\ln|y^2 - 1| = -\frac{1}{2}x^2 - \ln|x| + C_1$$

由此推出　　$x^2 e^{x^2}|y^2 - 1| = e^{C_2}$　$(C_2 = 2C_1)$

亦即　　　　$y^2 = 1 + Ce^{-x^2}/x^2$　　（其中 $C = \pm e^{C_2} \neq 0$） 　　　　　　　(8)

此外，若 $y^2 - 1 = 0$，可得到特解 y = ±1，如果允许（8）式中的 C 取零值，则特解 y =

± 1 可含于（8）式中，因此方程（7）的通解为 $y^2 = 1 + Ce^{-x^2}/x^2$，其中 C 为任意常数.

例 2 放射性元素铀由于不断地有原子放射出微粒子而变成其他元素，铀的含量就不断减少，这种现象叫做**衰变**. 由原子物理学知道，铀的衰变速度与当时未衰变的原子含量 M 成正比，已知 $t = 0$ 时铀的含量为 M_0，求在衰变过程中铀含量 $M(t)$ 随时间 t 变化的规律.

解 铀的衰变速度就是 $M(t)$ 对时间 t 的导数 $\dfrac{dM}{dt}$. 由于铀的衰变速度与其含量成正比，得微分方程为

$$\frac{dM}{dt} = -\lambda M \tag{9}$$

其中 $\lambda > 0$ 是常数，叫做**衰变系数**，λ 前置负号是由于当 t 增加时 M 单调减少，即 $\dfrac{dM}{dt} < 0$ 的缘故.

按题意，初始条件为

$$M \big|_{t=0} = M_0$$

方程（9）是可分离变量的，分离变量后得

$$\frac{dM}{M} = -\lambda dt$$

两端积分 $\displaystyle\int \frac{dM}{M} = \int (-\lambda)\,dt$，

以 $\ln C$ 表示任意常数，考虑到 $M > 0$，得

$$\ln M = -\lambda t + \ln C,$$

即 $\qquad M = Ce^{-\lambda t}$.

这就是方程（8）的通解. 以初始条件代入上式，得

$$M_0 = Ce^0 = C$$

所以 $\qquad M = M_0 e^{-\lambda t}$

这就是所求铀的衰变规律. 由此可见，铀的含量随时间的增加而按指数规律衰减（图 11-2）.

例 3 物体在空气中的下落与特技跳伞.

我们假设质量为 m 的物体在空气中下落，空气阻力与物体速度的平方成正比，阻尼系数为 $k > 0$. 沿垂直地面向下的方向取定坐标轴 x，由牛顿第二运动定律推出微分方程

$$m\frac{dx^2}{dt^2} = mg - k\left(\frac{dx}{dt}\right)^2$$

记 $v = \dfrac{dx}{dt}$，则方程变为

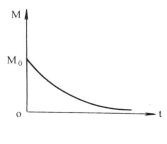

图 11-2

$$\frac{dv}{dt} = g - \frac{k}{m}v^2 \quad (v > 0).$$

这是一个分离变量的方程. 当因子 $g - \frac{k}{m}v^2 \neq 0$ 时，可由

$$\frac{dv}{g - \frac{k}{m}v^2} = dt$$

的积分得到通解

$$v = \sqrt{\frac{mg}{k}\frac{Ce^{2at} - 1}{Ce^{2at} + 1}} \quad (t \geq 0) \tag{10}$$

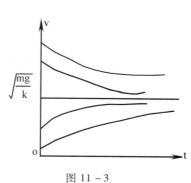

其中 $a = \sqrt{\frac{kg}{m}}$，而 C 为任意常数；当 $g - \frac{k}{m}v^2 = 0$ 时，可得

到特解 $v = \sqrt{\frac{mg}{k}}$. 由方程（10）容易作出这积分曲线关系

的图形，见图 11 - 3.

图 11 - 3

如果考虑初值条件 $v(0) = v_0$（即下落的初速度），则
（10）式中的任意常数由下式确定

$$C = \frac{v_0 + \sqrt{\frac{mg}{k}}}{v_0 - \sqrt{\frac{mg}{k}}}.$$

现在考虑特技跳伞问题. 假设跳伞员开伞前的阻尼系数为 k_1，开伞后的阻尼系数为 k_2，
$k_1 \ll k_2$. 从开始跳伞到开伞的时间为 T，则跳伞员下降速度曲线如图 11 - 4 所示. 容易看出，

只要开伞后有足够的降落时间，落地速度将近似等于 $\sqrt{\frac{mg}{k_2}}$，其中 k_2 是由降落伞的设计来调

节的，以保证落地的安全.

设 $v = f(t)$ 为降落伞下降的速度函数（见图
11 - 4），而跳伞高度为 H_0，则 $H_0 = \int_0^{T_1} f(t) dt$，

其中 T_1 为落地时间. 因此，落地速度为 $v_1 = f(T_1)$. 特技跳伞就要求在给定的高度 H_0 下掌握开
伞时间 T，使得降落时间 T_1 为最小，而且有安全
的落地速度 v_1. 这是一个有趣的数学问题.

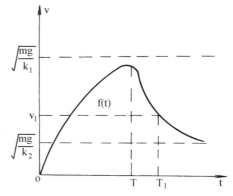

图 11 - 4

二、齐次方程的类型

这种方程的类型有很多，这里我们只介绍两
种简单的类型：

1. 如果一阶微分方程

$$\frac{dy}{dx} = f(x,y) = g\left(\frac{y}{x}\right) \tag{11}$$

中的函数 $f(x,y)$ 可写成 $\frac{y}{x}$ 的函数，即 $f(x,y) = g\left(\frac{y}{x}\right)$，则称这个方程为齐次方程，这里 $g(u)$ 是 u 的连续函数，例如

$$(xy - y^2)dx - (x^2 - 2xy)dy = 0$$

是齐次方程，因为

$$f(x,y) = \frac{xy - y^2}{x^2 - 2xy} = \frac{\dfrac{y}{x} - \left(\dfrac{y}{x}\right)^2}{1 - 2\left(\dfrac{y}{x}\right)} = g\left(\frac{y}{x}\right).$$

下面说明方程（11）的求解方法，此方法的要点是利用变量代换将方程（11）化为分离变量方程.

作变量代换

$$u = \frac{y}{x} \tag{12}$$

即 $y = ux$，于是

$$\frac{dy}{dx} = x\frac{du}{dx} + u \tag{13}$$

将（12），（13）代入方程（11），则方程（11）就变为

$$x\frac{du}{dx} + u = g(u)$$

整理后得

$$\frac{du}{dx} = \frac{g(u) - u}{x} \tag{14}$$

如果 $g(u) - u \neq 0$，则方程（14）是分离变量方程，可按分离变量的方法求解，然后代回原来的变量，即可得原方程的解.

若有 $u = u_0$ 使得 $g(u_0) - u_0 = 0$，则 $u = u_0$ 是方程（14）的解，从而 $y = u_0 x$ 是方程（11）的解.

例1 求解微分方程 $\dfrac{dy}{dx} = \dfrac{x + y}{x - y}$.

解 这显然是一个齐次方程. 因此，令 $y = ux$，得到

$$x\frac{du}{dx} + u = \frac{1 + u}{1 - u}$$

亦即

$$\frac{1 - u}{1 + u^2}du = \frac{dx}{x}$$

两端积分，得

$$\arctan u - \ln \sqrt{1 + u^2} = \ln | x | - \ln C$$

（任意常数 C > 0）．从而

$$| x | \sqrt{1 + u^2} = Ce^{\arctan u}$$

以 $u = \dfrac{y}{x}$ 代回上式，就得所给方程的通解为

$$\sqrt{x^2 + y^2} = Ce^{\arctan\frac{y}{x}}.$$

注　如果用极坐标 $x = r\cos\theta, y = r\sin\theta$，则得到较简单的形式

$$r = Ce^{\theta}$$

这是以原点为焦点的螺线族（焦点的定义以后再介绍）．

例 2　有旋转曲面形状的凹镜，假设由旋转轴上一点 O 发出的一切光线经此凹镜反射后都与旋转轴平行（探照灯内的凹镜就是这样的），求这旋转曲面的方程．

解　取旋转轴为 x 轴，光源所在之处取作原点 O，取通过旋转轴的任一平面为 xOy 坐标面，这平面截此旋转面得曲线 L（图 11 - 5）．按曲线 L 的对称性，我们可以只在 y > 0 的范围内求 L 的方程．设点 M(x, y) 为 L 上的任一点，点 O 发出的某条光线经点 M 反射后是一条与 x 轴平行的直线 MS．又设过点 M 的切线 AT 与 x 轴的夹角为 α．根据题意，∠SMT = α．另一方面，∠OMA 是入射角的余角，∠SMT 是反射角的余角，于是由光学中的反射定律有 ∠OMA = ∠SMT = α．从而 AO = OM，但 AO = AP − OP = PMcot α − OP = $\dfrac{y}{y'}$ − x，而 OM = $\sqrt{x^2 + y^2}$．于是得微分方程

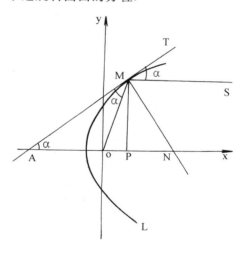

图 11 - 5

$$\frac{y}{y'} - x = \sqrt{x^2 + y^2}$$

把 x 看作未知函数，把 y 看作自变量，当 y > 0 时，上式即为

$$\frac{dx}{dy} = \frac{x}{y} + \sqrt{\left(\frac{x}{y}\right)^2 + 1}$$

这是齐次方程．令 $\dfrac{x}{y} = v$，则 $x = yv, \dfrac{dx}{dy} = v + y\dfrac{dv}{dy}$，代入上式，得

$$v + y\frac{dv}{dy} = v + \sqrt{v^2 + 1}$$

即　　$$y\frac{dv}{dy} = \sqrt{v^2 + 1}$$

分离变量，得 $\dfrac{\mathrm{d}v}{\sqrt{v^2+1}}=\dfrac{\mathrm{d}y}{y}$.

积分，得 $\ln(v+\sqrt{v^2+1})=\ln|y|-\ln C.$ （C > 0）

或 $v+\sqrt{v^2+1}=\dfrac{y}{C}$ （C 可正，可负）.

由 $\left(\dfrac{y}{C}-v\right)^2=v^2+1$

得 $\dfrac{y^2}{C^2}-\dfrac{2yv}{C}=1$

以 yv = x 代入上式，得

$$y^2=2C\left(x+\dfrac{C}{2}\right)$$

这是以 x 轴为轴，焦点在原点的抛物线，它绕 x 轴旋转所得旋转抛物面的方程为

$$y^2+z^2=2C\left(x+\dfrac{C}{2}\right)$$

这就是所要求的旋转曲面方程.

如果凹镜底面的直径是 d，从顶点到底面的距离是 h，则以 $x+\dfrac{C}{2}=h$ 及 $y=\dfrac{d}{2}$ 代入 $y^2=$

$2C\left(x+\dfrac{C}{2}\right)$，得 $C=\dfrac{d^2}{8h}$. 这时旋转抛物面的方程为

$$y^2+z^2=\dfrac{d^2}{4h}\left(x+\dfrac{d^2}{16h}\right)$$

*2. 讨论形如

$$\dfrac{\mathrm{d}y}{\mathrm{d}x}=f\left(\dfrac{ax+by+c}{mx+ny+l}\right)$$

的方程，这里设 a,b,c,m,n,l 为常数.

当 c = l = 0 时，它是齐次方程. 因此可用变换 $u=\dfrac{y}{x}$ 求解. 当 l 和 c 不全为零时，分如

下两种情形讨论：

（1）$\Delta=an-bm\neq0$，此时可选常数 α 和 β 使得

$a\alpha+b\beta+c=0$

$m\alpha+n\beta+l=0$

取自变量和未知函数的（平移）变换

$x=\xi+\alpha,y=\eta+\beta$

则原方程可化为 ξ 与 η 的方程

$$\dfrac{\mathrm{d}\eta}{\mathrm{d}\xi}=f\left(\dfrac{a\xi+b\eta}{m\xi+n\eta}\right)$$

这已是齐次方程. 因此, 只要令 $u = \dfrac{\eta}{\xi}$, 即可把它化为分离变量的方程.

（2）$\Delta = an - bm = 0$

此时有 $\dfrac{m}{a} = \dfrac{n}{b} = \lambda$, 因此原方程化为

$$\frac{dy}{dx} = f\left(\frac{ax + by + c}{\lambda(ax + by) + l}\right)$$

令 $v = ax + by$ 为新的未知函数, x 仍为自变量, 则方程化为

$$\frac{dv}{dx} = a + bf\left(\frac{v + c}{\lambda v + l}\right)$$

它是一个变量分离方程.

在求得上述分离变量方程的解以后, 只要再把原变量代回即可得原方程的解.

例 3 求解方程 $\dfrac{dy}{dx} = \dfrac{x - y + 1}{x + y - 3}$. （15）

解 解方程组

$$\begin{cases} x - y + 1 = 0 \\ x + y - 3 = 0 \end{cases}$$

得 $x = 1, y = 2$, 令 $x = \xi + 1, y = \eta + 2$, 代入方程（15）得

$$\frac{d\eta}{d\xi} = \frac{\xi - \eta}{\xi + \eta} \tag{16}$$

再令 $u = \eta / \xi$, 即 $\eta = u\xi$, 则上式化为

$$\frac{d\xi}{\xi} = \frac{1 + u}{1 - 2u - u^2} du$$

两边积分得

$$\ln\xi^2 = -\ln|u^2 + 2u - 1| + C'$$

因此

$$\xi^2(u^2 + 2u - 1) = \pm e^{C'}$$

记 $\pm e^{C'} = C_1$, 并代回原变量得

$$(y - 2)^2 + 2(x - 1)(y - 2) - (x - 1)^2 = C_1$$

此外, 容易验证

$$u^2 + 2u - 1 = 0$$

即

$$\eta^2 + 2\xi\eta - \xi^2 = 0$$

也是方程（16）的解, 因此方程（15）的通解为

$$y^2 + 2xy - x^2 - 6y - 2x = C$$

其中 C 为任意常数.

习题 11 − 2

1. 求解下列微分方程.

（1）$\dfrac{dy}{dx} = \dfrac{x^2}{y}$

（2）$xy' - y\ln y = 0$

（3）$\dfrac{dy}{dx} = \dfrac{x^2}{y(1 + x^3)}$

（4）$\sqrt{1 - x^2}\, y' = \sqrt{1 - y^2}$

（5）$\dfrac{dy}{dx} = 1 + x + y^2 + xy^2$

（6）$(e^{x+y} - e^x)dx + (e^{x+y} + e^y)dy = 0$

（7）$\dfrac{dy}{dx} = 10^{x+y}$

（8）$\cos x \sin y\, dx + \sin x \cos y\, dy = 0$

2. 求下列微分方程满足所给初始条件的特解：

（1）$y' = e^{2x-y}$, $y\big|_{x=0} = 0$

（2）$y^2 dx + (x + 1)dy = 0$, $y\big|_{x=0} = 1$

（3）$\sin 2x\, dx + \cos 3y\, dy = 0$, $y\left(\dfrac{\pi}{2}\right) = \dfrac{\pi}{3}$

（4）$\cos y\, dx + (1 + e^{-x})\sin y\, dy = 0$, $y\big|_{x=0} = \dfrac{\pi}{4}$

3. 质量为 1g（克）的质点受外力作用作直线运动，这外力和时间成正比、和质点运动的速度成反比. 在 $t = 10\text{s}$ 时，速度等于 50cm/s，外力为 $4\text{g}\cdot\text{cm/s}^2$，问从运动开始经过了一分钟后的速度是多少？

4. 有一盛满了水的圆锥形漏斗，高为 10cm，顶角为 $60°$，漏斗下面有面积为 0.5cm^2 的孔，求水面高度变化的规律及流完所需的时间.

5. 一曲线通过点 $(2，3)$，它在两坐标轴间的任一切线线段均被切点所平分，求这曲线方程.

6. 求解下列齐次方程.

（1）$xy' - y - \sqrt{y^2 - x^2} = 0$

（2）$x\dfrac{dy}{dx} = y\ln\dfrac{y}{x}$

（3）$(x^3 + y^3)dx - 3xy^2 dy = 0$

（4）$\left(1 + 2e^{\frac{x}{y}}\right)dx + 2e^{\frac{x}{y}}\left(1 - \dfrac{x}{y}\right)dy = 0$

（5）$y' = \dfrac{x}{y} + \dfrac{y}{x}$, $y\big|_{x=1} = 2$

（6）$(x^2 + 2xy - y^2)dx + (y^2 + 2xy - x^2)dy = 0$, $y\big|_{x=1} = 1$

7. 设有连结点 $O(0,0)$ 和 $A(1,1)$ 的一段向上凸的曲线弧 $\overparen{OA}$，对于 $\overparen{OA}$ 上任一点 $P(x,y)$，曲线弧 $\overparen{OP}$ 与直线段 $\overline{OP}$ 所围图形的面积为 x^2，求曲线弧 $\overparen{OA}$ 的方程.

8*. 化下列方程为齐次方程，并求出通解.

（1）$(2x - 5y + 3)dx - (2x + 4y - 6)dy = 0$

（2）$(x + y)dx + (3x + 3y - 4)dy = 0$　　　　（3）$\dfrac{dy}{dx} = \dfrac{2x - y + 1}{x - 2y + 1}$

第三节　一阶线性微分方程和全微分方程

一、一阶线性微分方程

形如

$$\frac{dy}{dx} + P(x)y = Q(x) \tag{1}$$

的方程称为**一阶线性微分方程**，这里假设 $P(x), Q(x)$ 在考虑的区间上是 x 的连续函数. 如果 $Q(x) \equiv 0$，方程（1）变为

$$\frac{dy}{dx} + P(x)y = 0 \tag{2}$$

方程（2）称为一阶齐次线性方程；如果 $Q(x) \not\equiv 0$，方程（1）称为一阶非齐次线性方程. 并且通常把方程（2）叫做对应于方程（1）的齐次线性方程. 方程（2）是可分离变量的，分离变量后得

$$\frac{dy}{y} = -P(x)dx$$

两端积分，得

$$\ln |y| = -\int P(x)dx + C_1$$

或　　　　$y = Ce^{-\int P(x)dx}$　　$(C = \pm e^{C_1})$ （3）

这是对应的齐次线性方程（2）的通解.

现在讨论非齐次线性方程（1）的通解求法. 不难看出，方程（2）是方程（1）的特殊情形，两者既有联系又有区别. 因此可以设想它们的解也应该有一定的联系而又有区别. 我们试图利用方程（2）的通解（3）的形式去求出方程（1）的通解. 显然，如果（3）中的 C 恒保持为常数，它不可能是（1）的解. 我们设想在（3）中，将常数 C 变易为 x 的待定函数 $C(x)$，使它满足方程（1），从而求出 $C(x)$，为此，令

$$y = C(x)e^{-\int P(x)dx} \tag{4}$$

求导后得到

$$\frac{dy}{dx} = \frac{dC(x)}{dx}e^{-\int P(x)dx} - C(x)P(x)e^{-\int P(x)dx} \tag{5}$$

将（4）、（5）代入（1）得到

$$\frac{dC(x)}{dx} = Q(x)e^{\int P(x)dx}$$

积分后得到

$$C(x) = \int Q(x) e^{\int P(x)dx} dx + \widetilde{C} \tag{6}$$

这里 $\widetilde{C}$ 为任意常数, 将 (6) 代入 (4) 得到

$$y = e^{-\int P(x)dx} \left(\int Q(x) e^{\int P(x)dx} dx + \widetilde{C} \right) \tag{7}$$

这是方程 (1) 的通解.

将 (7) 式改写成两项之和

$$y = \widetilde{C} e^{-\int P(x)dx} + e^{-\int P(x)dx} \int Q(x) e^{\int P(x)dx} dx$$

上式右端第一项是对应的齐次线性方程 (2) 的通解, 第二项是非齐次线性方程 (1) 的一个特解 (在 (1) 的通解 (7) 中取 $\widetilde{C} = 0$ 便得到这个特解). 由此可知, 一阶非齐次线性方程的通解等于对应的齐次方程的通解与非齐次方程的一个特解之和.

例 1 求方程 $(x+1)\dfrac{dy}{dx} - ny = e^x (x+1)^{n+1}$ 的通解, 这里 n 为常数.

解 将方程改写为

$$\frac{dy}{dx} - \frac{n}{x+1} y = e^x (x+1)^n \tag{8}$$

首先求齐次线性方程 $\dfrac{dy}{dx} - \dfrac{n}{x+1} y = 0$ 的通解, 从 $\dfrac{dy}{y} = \dfrac{n}{x+1} dx$ 得到齐次线性方程的通解

$$y = C(x+1)^n$$

其次应用常数变易法求非齐次线性方程的通解. 为此, 在上式中把 C 看成为 x 的待定系数 C(x), 即

$$y = C(x)(x+1)^n \tag{9}$$

微分之, 得到

$$\frac{dy}{dx} = \frac{dC(x)}{dx} (x+1)^n + n(x+1)^{n-1} C(x) \tag{10}$$

以 (9) 和 (10) 代入 (8), 得到

$$\frac{dC(x)}{dx} = e^x$$

积分之, 求得

$$C(x) = e^x + \widetilde{C}$$

因此, 以所求的 C(x) 代入 (9), 即得原方程的通解

$$y = (x+1)^n (e^x + \widetilde{C})$$

这里 $\widetilde{C}$ 是任意常数.

例 2 有一个电路如图 11-6 所示, 其中电源电动势为 $E = E_m \sin\omega t$ (E_m, ω 都是常量), 电阻 R 和电感 L 都是常量. 求电流 i(t).

解 （ⅰ）列方程　由电学知道，当电流变化时，L 上有感应电动势 $-L\dfrac{di}{dt}$. 由回路电压定律得出

$$E - L\dfrac{di}{dt} - iR = 0,$$

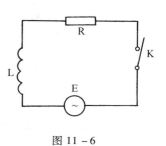

图 11 – 6

即

$$\dfrac{di}{dt} + \dfrac{R}{L}i = \dfrac{E}{L}.$$

把 $E = E_m\sin\omega t$ 代入上式，得

$$\dfrac{di}{dt} + \dfrac{R}{L}i = \dfrac{E_m}{L}\sin\omega t \qquad (11)$$

未知函数 $i(t)$ 应满足方程（11）. 此外，设开关 K 闭合的时刻为 $t = 0$，这时 $i(t)$ 还应满足初始条件

$$i\big|_{t=0} = 0 \qquad (12)$$

（ⅱ）解方程　方程（11）是一个非齐次线性方程. 可以先求出对应的齐次方程的通解，然后用常数变易法求非齐次方程的通解. 但是，也可以直接应用通解公式（7）来求解. 这里 $P(t) = \dfrac{R}{L}, Q(t) = \dfrac{E_m}{L}\sin\omega t$，代入公式（7），得

$$i(t) = e^{-\frac{R}{L}t}\left(\int \dfrac{E_m}{L}e^{\frac{R}{L}t}\sin\omega t\,dt + C\right)$$

应用分部积分法，得

$$\int e^{\frac{R}{L}t}\sin\omega t = \dfrac{e^{\frac{R}{L}t}}{R^2 + \omega^2 L^2}(RL\sin\omega t - \omega L^2\cos\omega t)$$

将上式代入前式并化简，得方程（11）的通解

$$i(t) = \dfrac{E_m}{R^2 + \omega^2 L^2}(R\sin\omega t - \omega L\cos\omega t) + Ce^{-\frac{R}{L}t},$$

其中 C 为任意常数.

将初始条件（12）代入上式，得

$$C = \dfrac{\omega L E_m}{R^2 + \omega^2 L^2}$$

因此，所求函数 $i(t)$ 为

$$i(t) = \dfrac{\omega L E_m}{R^2 + \omega^2 L^2}e^{-\frac{R}{L}t} + \dfrac{E_m}{R^2 + \omega^2 L^2}(R\sin\omega t - \omega L\cos\omega t) \qquad (13)$$

为了便于说明（13）式所反映的物理现象，下面把 $i(t)$ 中第二项的形式稍加改变.

$$令\ \cos\varphi = \dfrac{R}{\sqrt{R^2 + \omega^2 L^2}},\sin\varphi = \dfrac{\omega L}{\sqrt{R^2 + \omega^2 L^2}}$$

于是（13）式可写成

$$i(t) = \frac{\omega L E_m}{R^2 + \omega^2 L^2} e^{-\frac{R}{L}t} + \frac{E_m}{\sqrt{R^2 + \omega^2 L^2}} \sin(\omega t - \varphi)$$

其中 $\quad \varphi = \arctan \dfrac{\omega L}{R}$

当 t 增大时，上式右端第一项（叫做暂态电流）逐渐衰减而趋于零；第二项（叫做稳态电流）是正弦函数，它的周期和电动势的周期相同，而相角落后 φ.

二、伯努利方程

形如

$$\frac{dy}{dx} + P(x)y = Q(x)y^n \qquad (14)$$

的方程称为**伯努利方程**，n 为常数，而且 $n \neq 0$ 和 1.

当 n = 0 或 n = 1 时，这是线性微分方程. 当 $n \neq 0$，$n \neq 1$ 时，这方程不是线性的，但是通过变量的代换，便可把它化为线性的.

以 y^n 除方程（14）的两端，得

$$y^{-n}\frac{dy}{dx} + P(x)y^{1-n} = Q(x)$$

容易看出，上式左端第一项与 $\dfrac{d}{dx}(y^{1-n})$ 只差一个常数因子 $1-n$，因此我们引入新的未知函数

$$z = y^{1-n}$$

那么 $\quad \dfrac{dz}{dx} = (1-n)y^{-n}\dfrac{dy}{dx}$

用 $(1-n)$ 乘方程（14）的两端，再通过上述代换便得线性方程

$$\frac{dz}{dx} + (1-n)P(x)z = (1-n)Q(x)$$

求出这方程的通解后，以 y^{1-n} 代 z 便得到伯努利方程的通解.

例 3 求方程 $\dfrac{dy}{dx} = 6\dfrac{y}{x} - xy^2$ 的通解.

解 这是 n = 2 时的伯努利方程，令 $z = y^{-1}$ 算得

$$\frac{dz}{dx} = -y^{-2}\frac{dy}{dx}$$

代入原方程得到

$$\frac{dz}{dx} = -\frac{6}{x}z + x$$

这是线性方程，求得它的通解为

$$z = \frac{C}{x^6} + \frac{x^2}{8}$$

代回原来的变量 y，得到

$$\frac{1}{y} = \frac{C}{x^6} + \frac{x^2}{8}$$

或者

$$\frac{x^6}{y} - \frac{x^8}{8} = C$$

这就是原方程的通解，此外，方程还有解 $y = 0$.

在上节中，对于齐次方程 $y' = f\left(\dfrac{y}{x}\right)$，我们通过变量代换 $y = xu$，把它化为可分离变量的方程，然后分离变量，经积分求得通解. 在本节中，对于一阶非齐次线性方程

$$y' + P(x)y = Q(x)$$

我们通过解对应的齐次线性方程找到变量代换

$$y = C(x)e^{-\int P(x)\,dx}$$

利用这一代换，把非齐次线性方程化为可分离变量的方程，然后经积分求得通解. 对于伯努利方程

$$y' + P(x)y = Q(x)y^n$$

我们通过变量代换 $y^{1-n} = z$，把它化为线性方程，然后按线性方程的解法求得通解.

利用变量代换（因变量的变量代换或自变量的变量代换），把一个微分方程化为变量可分离的方程，或化为已经知其求解步骤的方程，这是解微分方程最常用的方法. 下面再举一个例子.

例 4　解方程 $\dfrac{dy}{dx} = \dfrac{1}{x+y}$.

解　若把所给方程变形为

$$\frac{dx}{dy} = x + y$$

即为一阶线性方程，则按一阶线性方程的解法可求得通解.

也可用变量代换来解所给方程：

令 $x + y = u$，则 $y = u - x, \dfrac{dy}{dx} = \dfrac{du}{dx} - 1$. 代入原方程，得

$$\frac{du}{dx} - 1 = \frac{1}{u}, \frac{du}{dx} = \frac{u+1}{u}$$

分离变量，得

$$\frac{u}{u+1}du = dx$$

两端积分，得

$$u - \ln|u+1| = x + C$$

以 $u = x + y$ 代入上式，即得

$$y - \ln|x+y+1| = C$$

或 $x = C_1 e^y - y - 1, (C_1 = \pm e^{-C})$

三、全微分方程

一个一阶微分方程写成

$$P(x,y)dx + Q(x,y)dy = 0 \tag{15}$$

形式后，如果它的左端恰好是某一函数 $u = u(x,y)$ 的全微分：

$$du(x,y) = P(x,y)dx + Q(x,y)dy,$$

那么方程（15）就叫做**全微分方程**，这里

$$\frac{\partial u}{\partial x} = P(x,y), \frac{\partial u}{\partial y} = Q(x,y)$$

而方程（15）就是

$$du(x,y) = 0 \tag{15'}$$

如果 $y = \varphi(x)$ 是方程（15）的解，那么这解满足方程（15'），故有

$$du[x,\varphi(x)] \equiv 0$$

因此 $u[x,\varphi(x)] \equiv C$

这表示方程（15）的解 $y = \varphi(x)$ 是由方程 $u(x,y) = C$ 所确定的隐函数.

此外，如果方程 $u(x,y) = C$ 确定一个可微的隐函数 $y = \varphi(x)$，则

$$u[x,\varphi(x)] \equiv C$$

上式两端对 x 求导，得

$$\frac{\partial u}{\partial x} + \frac{\partial u}{\partial y} \cdot \frac{dy}{dx} = 0$$

即 $P(x,y)dx + Q(x,y)dy = 0$

这表示由方程 $u(x,y) = C$ 所确定的隐函数是方程（15）的解.

因此，如果方程（15）的左端是函数 $u(x,y)$ 的全微分，那么

$$u(x,y) = C$$

就是全微分方程（15）的隐式通解，其中 C 是任意常数.

由第八章的讨论可知，当 $P(x,y)$，$Q(x,y)$ 在单连通域 G 内具有一阶连续偏导数时，要使方程（15）是全微分方程，其充要条件是

$$\frac{\partial P}{\partial y} = \frac{\partial Q}{\partial x} \tag{16}$$

在区域 G 内恒成立，且当此条件满足时，全微分方程（15）的通解为

$$u(x,y) = \int_{x_0}^{x} P(x,y)dx + \int_{y_0}^{y} Q(x_0,y)dy = C \tag{17}$$

其中 x_0, y_0 是在区域 G 内适当选定的点 $M_0(x_0, y_0)$ 的坐标.

例5　求 $(3x^2 + 6xy^2)dx + (6x^2y + 4y^3)dy = 0$ 的通解.

解　这里 $P(x,y) = 3x^2 + 6xy^2$，$Q(x,y) = 6x^2y + 4y^3$，这时

$$\frac{\partial P}{\partial y} = 12xy = \frac{\partial Q}{\partial x}$$

因此方程是全微分方程，由第八章所学凑全微的方法得

$$u(x,y) = x^3 + 3x^2y^2 + y^4.$$

于是，方程的通解为

$$x^3 + 3x^2y^2 + y^4 = C.$$

当条件（16）不能满足时，方程（15）就不是全微分方程. 这时如果有一个适当的函数 $\mu = \mu(x,y)(\mu(x,y) \neq 0)$，使方程（15）在乘上 $\mu(x,y)$ 后所得的方程

$$\mu Pdx + \mu Qdy = 0$$

是全微分方程，则函数 $\mu(x,y)$ 叫做方程（15）的**积分因子**.

积分因子在比较简单的情形下，可以凭观察得到；一般说来，求积分因子不是件容易的事.

例如，方程

$$ydx - xdy = 0$$

不是全微分方程，但由于 $d\left(\dfrac{x}{y}\right) = \dfrac{ydx - xdy}{y^2}$，可知 $\dfrac{1}{y^2}$ 是一个积分因子. 不难验证，$\dfrac{1}{xy}$ 和 $\dfrac{1}{x^2}$ 也都是积分因子. 乘上任何一个然后积分，便能得到所求方程的通解

$$\frac{x}{y} = C$$

又如，方程

$$y^2(x - 3y)dx + (1 - 3y^2x)dy = 0$$

也不是全微分方程，但将它的各项重新合并，得

$$y^2[xdx - 3(xdy + ydx)] + dy = 0,$$

即

$$y^2[xdx - 3d(xy)] + dy = 0$$

这时可以看出 $\dfrac{1}{y^2}$ 为积分因子，乘上积分因子后，方程为

$$xdx - 3d(xy) + \frac{dy}{y^2} = 0$$

积分后得通解

$$\frac{1}{2}x^2 - 3xy - \frac{1}{y} = C.$$

此外，一阶线性微分方程

$$y' + P(x)y = Q(x) \tag{18}$$

也可用积分因子的方法来求解. 以积分因子 $\mu(x) = e^{\int P(x)dx}$ 乘以方程（18）两边，得

$$y'e^{\int P(x)dx} + yP(x)e^{\int P(x)dx} = Q(x)e^{\int P(x)dx}$$

即

$$y'e^{\int P(x)dx} + y[e^{\int P(x)dx}]' = Q(x)e^{\int P(x)dx}$$

也就是，$[ye^{\int P(x)dx}]' = Q(x)e^{\int P(x)dx}$

两端积分，得通解

$$ye^{\int P(x)dx} = \int Q(x)\,e^{\int P(x)dx}dx + C$$

即 $$y = e^{-\int P(x)dx}\left[\int Q(x)\,e^{\int P(x)dx}dx + C\right]$$

习题 11 − 3

1. 求下列方程的解.

（1）$\dfrac{dy}{dx} = y + \sin x$

（2）$xy' + y = x^2 + 3x + 2$

（3）$\dfrac{dy}{dx} - \dfrac{n}{x}y = e^x x^n$，n 为常数

（4）$y\ln y\,dx + (x - \ln y)dy = 0$

（5）$\dfrac{dy}{dx} = \dfrac{y}{x + y^3}$

（6）$(x - 2)\dfrac{dy}{dx} = y + 2(x - 2)^3$

（7）$\dfrac{dy}{dx} = \dfrac{1}{xy + x^3 y^3}$

（8）$\dfrac{dy}{dx} + \dfrac{y}{x} = \dfrac{\sin x}{x}, y\big|_{x=\pi} = 1$

（9）$\dfrac{dy}{dx} - \dfrac{1}{1 - x^2}y = 1 + x, y(0) = 1$

（10）$\dfrac{dy}{dx} + y\cot x = 5e^{\cos x}, y\big|_{x=\frac{\pi}{2}} = -4$

2. 设有一质量为 m 的质点作直线运动. 从速度等于零的时刻起，有一个与运动方向一致，大小与时间成正比（比例系数为 K_1）的力作用于它，此外还受一与速度成正比（比例系数为 K_2）的阻力作用. 求质点运动的速度与时间的函数关系.

3. 设曲线积分 $\displaystyle\int_L yf(x)dx + [2xf(x) - x^2]dy$ 在右半平面$(x > 0)$内与路径无关，其中 $f(x)$ 可导，且 $f(1) = 1$，求 $f(x)$.

4. 通过适当的变量代换求下列方程的解.

（1）$\dfrac{dy}{dx} = 3xy + xy^2$

（2）$\dfrac{dy}{dx} + y = y^2(\cos x - \sin x)$

（3）$\dfrac{dy}{dx} = x^3 y^3 - xy$

（4）$xdy - [y + xy^3(1 + \ln x)]dx = 0$

（5）$\dfrac{dy}{dx} = \dfrac{1}{x - y} + 1$

（6）$xy' + y = y(\ln x + \ln y)$

（7）$y' = y^2 + 2(\sin x - 1)y + \sin^2 x - 2\sin x - \cos x + 1$

（8）$y(xy + 1)dx + x(1 + xy + x^2 y^2)dy = 0$

5. 判别下列方程中哪些是全微分方程，并求全微分方程的通解.

（1）$(x^2 + y)dx + (x - 2y)dy = 0$

（2）$e^y dx + (xe^y - 2y)dy = 0$

（3）$(y - 3x^2)dx - (4y - x)dy = 0$

（4）$y(x - 2y)dx - x^2 dy = 0$

（5）$2(3xy^2 + 2x^3)dx + 3(2yx^2 + y^2)dy = 0$

（6）$(1 + e^{2\theta})d\rho + 2\rho e^{2\theta}d\theta = 0$

（7）$(x^2 + y^2)dx + xydy = 0$

6. 利用积分因子法求解下列方程.

（1）$(x + y)(dx - dy) = dx + dy$　　　　（2）$ydx - xdy = (x^2 + y^2)dx$

（3）$(y - x^2)dx - xdy = 0$　　　　（4）$2ydx - 3xy^2dx - xdy = 0$

（5）$y' - y\tan x = x$　　　　（6）$xy' + 2y = 4\ln x$

7. 验证 $\dfrac{1}{xy[f(xy) - g(xy)]}$ 是微分方程 $yf(xy)dx + xg(xy)dy = 0$ 的积分因子，并求下列方程的通解.

（1）$y(2xy + 1)dx + x(1 + 2xy - x^3y^3)dy = 0$

（2）$y(x^2y^2 + 2)dx + x(2 - 2x^2y^2)dy = 0$

第四节　高阶微分方程

所谓**高阶微分方程**，就是二阶及二阶以上的微分方程. 对于有些高阶微分方程，我们可以通过代换把它化成较低阶的方程来求解. 我们把通过变量代换把高阶方程化为阶数较低的方程再进行求解的解方程的方法称为**降阶法**. 下面介绍两类可降阶的方程类型及所采用的变量代换.

一、不显含 $y, y', \cdots, y^{(k-1)}$ 的方程 $(k \leq n)$

n 阶微分方程

$$F(y^{(k)}, y^{(k+1)}, \cdots, y^{(n)}) = f(x) \quad (k \leq n) \tag{1}$$

的右端仅含有自变量 x. 容易看出，只要把 $y^{(k)}$ 作为新的未知函数，那么（1）式就是新未知函数的 $n - k$ 阶方程. 即，令 $y^{(k)} = z$，则方程（1）就变为

$$F(z, z', \cdots, z^{(n-k)}) = f(x) \quad (k \leq n) \tag{2}$$

如果能求得方程（2）的通解

$$z = \varphi(x, C)（其中 C 为任意常数）$$

则　　　　$y^{(k)} = \varphi(x, C)$

把上式经过 k 次积分得到

$$y = \psi(x, C')　（其中 C'为任意常数）$$

可以验证，上式就是方程（1）的通解.

例 1　求微分方程 $y''' = xe^x$ 的通解.

解　这是一个三阶微分方程，对此方程接连积分三次，得

$$y'' = xe^x - e^x + C,$$

$$y' = xe^x - 2e^x + Cx + C_2,$$

$$y = xe^x - 3e^x + C_1x^2 + C_2x + C_3 \quad \left(C_1 = \dfrac{C}{2}\right),$$

这就是所求的通解.

例 2　求解方程

$$\frac{d^5 y}{dx^5} - \frac{1}{x}\frac{d^4 y}{dx^4} = 0 \tag{3}$$

解 令 $z = \dfrac{d^4 y}{dx^4}$，则方程（3）就化为 $\dfrac{dz}{dx} - \dfrac{1}{x}z = 0$

积分后，得 $z = Cx$，即 $\dfrac{d^4 y}{dx^4} = Cx$ $\tag{4}$

则方程（4）经过 4 次积分后可得原方程（3）的通解.

$$y = C_1 x^5 + C_2 x^3 + C_3 x^2 + C_4 x + C_5$$

其中 $C_1, C_2, \cdots, C_5$ 是任意常数.

二、$y'' = f(x($ 或 $y), y')$ 类型的方程

这种类型的方程解法和我们介绍的第一种类型有些类似，在这个二阶方程中，我们通常令 $y' = p$，具体解法下面介绍. $y'' = f(x($ 或 $y), y')$ 这类方程当然可以分两种情形介绍.

1. 方程 $y'' = f(x, y')$，它的右端不显含未知函数 y. 若设 $y' = p$，则

$$y'' = \frac{dp}{dx} = p'$$

则 $y'' = f(x, y')$ 就成为 $p' = f(x, p)$

这就把二阶方程变成一个关于变量 x, p 的一阶微分方程. 设其通解为 $p = \varphi(x, C)$

即 $\qquad \dfrac{dy}{dx} = \varphi(x, C)$

对它进行积分，则原方程 $y'' = f(x, y')$ 的通解为

$$y = \int \varphi(x, C) dx + C'$$

例 3 求微分方程 $xy'' + y' = 0$，满足初始条件 $y\big|_{x=1} = 1, y'\big|_{x=1} = 2$ 的特解.

解 所给方程是 $y'' = f(x, y')$ 型的，令 $y' = p, y'' = p' = \dfrac{dp}{dx}$，代入方程并分离变量后，得

$$\frac{dp}{p} = -\frac{dx}{x}，两端积分，得 p = \frac{C}{x}$$

即 $\qquad y' = \dfrac{C}{x}$

由条件 $y'\big|_{x=1} = 2$，得 $C = 2$

所以 $\qquad y' = \dfrac{2}{x}$

两端再积分，得 $y = 2\ln|x| + C_1$，由条件 $y\big|_{x=1} = 1$，得 $C_1 = 1$

于是，所求的特解为 $y = 2\ln|x| + 1$

例 4 设有一均匀、柔软的绳索，两端固定，绳索仅受重力的作用而下垂. 试问该绳索在平衡状态下是怎样的曲线？

解 设绳索的最低点为 A. 取 y 轴通过点 A 铅直向上，并取 x 轴水平向右且 $|OA|$ 等于

某个定值（这个定值将在以后说明）. 设绳索曲线方程为 $y = y(x)$. 绳索上从点 A 到点 M(x, y) 的一段弧 $\overset{\frown}{AM}$ 的长设为 s. 假定绳索的线密度为 ρ（常数），则弧 $\overset{\frown}{AM}$ 的重量为 ρgs. 由于绳子是柔软的，因而在点 A 处的张力沿水平的切线方向，大小设为 H；在点 M 处的张力沿该点处的切线方向，设倾角为 θ，其大小为 T（图 11 – 7）. 因作用于弧段 $\overset{\frown}{AM}$ 的外力相互平衡，把作用于弧 $\overset{\frown}{AM}$ 上的力沿铅直及水平两方向分解，得

$$T\sin\theta = \rho gs, \; T\cos\theta = H$$

即　　　　$\tan\theta = \dfrac{1}{a}s, \; \left(a = \dfrac{H}{\rho g} \right)$

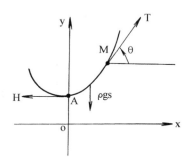

图 11 – 7

由于 $\tan\theta = y'$，$s = \displaystyle\int_0^x \sqrt{1 + y'^2}\,dx$，代入上式，得

$$y' = \frac{1}{a}\int_0^x \sqrt{1 + y'^2}\,dx$$

将上式两端对 x 求导，得 $y = y(x)$ 所满足的微分方程

$$y'' = \frac{1}{a}\sqrt{1 + y'^2} \tag{5}$$

取原点 O 到点 A 的距离为定值 a，即 $|OA| = a$，那么初始条件为

$$y\big|_{x=0} = a, \; y'\big|_{x=0} = 0.$$

设 $y' = p$，则 $y'' = \dfrac{dp}{dx}$，代入方程（5），并分离变量，得

$$\frac{dp}{\sqrt{1 + p^2}} = \frac{dx}{a}$$

两端积分，得

$$\text{arsh}\; p = \frac{x}{a} + C \tag{6}$$

把条件 $y'\big|_{x=0} = p\big|_{x=0} = 0$ 代入（6）式，得 $C = 0$

于是（9）式变为 $\text{arsh}\; p = \dfrac{x}{a}$

即　　　　$y' = \text{sh}\;\dfrac{x}{a}.$

积分上式两端，得 $y = a\,\text{ch}\,\dfrac{x}{a} + C_1.$

把条件 $y\big|_{x=0} = 0$ 代入上式，得 $C_1 = 0$

于是该绳索的形状可由曲线方程 $y = a\,\text{ch}\,\dfrac{x}{a} = \dfrac{a}{2}\left(e^{\frac{x}{a}} + e^{-\frac{x}{a}} \right)$ 来表示. 这曲线叫做悬链线.

2. 方程

$$y'' = f(y, y') \tag{7}$$

中不显含有自变量 x. 下面我们来求出它的解，令 $y' = p$，利用复合函数的求导法则，得

$$y'' = \frac{\mathrm{d}p}{\mathrm{d}x} = \frac{\mathrm{d}p}{\mathrm{d}y} \cdot \frac{\mathrm{d}y}{\mathrm{d}x} = p \cdot \frac{\mathrm{d}p}{\mathrm{d}y}.$$

则方程（7）变为

$$p \cdot \frac{\mathrm{d}p}{\mathrm{d}y} = f(y,p).$$

这样就把二阶方程变为关于 y、p 的一阶微分方程．并设它的通解为

$$p = y' = \varphi(y,C)$$

积分后便得方程（7）的通解为

$$\int \frac{\mathrm{d}y}{\varphi(y,C)} = x + C_1.$$

例 5　求解方程 $yy'' + (y')^2 = 0$.

解　令 $y' = p$，则 $y'' = p \cdot \dfrac{\mathrm{d}p}{\mathrm{d}y}$，于是原方程化为

$$yp \frac{\mathrm{d}p}{\mathrm{d}y} + p^2 = 0$$

则得到

$$p = 0 \quad 或 \quad y \frac{\mathrm{d}p}{\mathrm{d}y} + p = 0$$

积分后，得

$$y' = p = \frac{C}{y}.$$

所以，$y^2 = C_1 x + C_2 (C_1 = 2C)$ 就是原方程的解.

在上面的内容中，我们介绍了两种容易降阶的高阶微分方程的求解方法．事实上，在实际问题中应用得较多的是高阶线性微分方程．在以下的内容中，我们就以二阶线性微分方程为主来讨论高阶线性微分方程.

三、二阶线性微分方程的概念

我们先举个例子来引入二阶线性微分方程

例 6　设有一弹簧，它的上端固定，下端挂一个质量为 m 的物体．如图 $11-8$，取 x 轴铅直向下，并取物体的平衡位置为坐标原点．物体以初速度 $v_0 \neq 0$ 离开平衡位置作上下振动．在振动过程中，物体的位置 x 随时间 t 变化，即 x 是 t 的函数：$x = x(t)$．要确定物体的振动规律，就要求出函数 $x = x(t)$.

由力学知道，弹簧使物体回到平衡位置的弹性恢复力 f（不包含在平衡位置时和重力 mg 相平衡的那部分弹性力）和物体离开平衡位置的位移 x 成正比：

$$f = -Cx \quad （其中 C 为弹簧的弹性系数）$$

另外，物体在运动过程中还受到阻尼介质的阻力作用，阻力 R 的大小

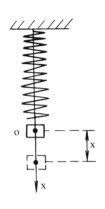

图 $11-8$

与物体运动的速度成正比，则有

$$R = -\mu \frac{dx}{dt} \quad （\mu \text{ 为比例系数}）$$

根据上述关于物体受力情况的分析，由牛顿第二定律得

$$m \frac{d^2x}{dt^2} = -Cx - \mu \frac{dx}{dt}$$

记 $2n = \dfrac{\mu}{m}, k^2 = \dfrac{C}{m}$，则上式化为

$$\frac{d^2x}{dt^2} + 2n \frac{dx}{dt} + k^2x = 0 \tag{8}$$

这就是在有阻尼的情况下，物体的**自由振动微分方程**.

如果物体在振动过程中还受铅直干扰力 $F = H\sin pt$ 的作用，则有

$$\frac{d^2x}{dt^2} + 2n \frac{dx}{dt} + k^2x = h\sin pt \tag{9}$$

其中 $h = \dfrac{H}{m}$，这就是**强迫振动的微分方程**.

我们把下面这种形式

$$\frac{d^2y}{dx^2} + P(x) \frac{dy}{dx} + Q(x)y = f(x) \tag{10}$$

的方程叫做**二阶线性微分方程**. 方程（9）就是二阶线性微分方程，方程（8）就是方程（10）的特殊情形：$f(x) = 0$. 在工程技术的其他许多问题中，也会遇到上述类型的微分方程. 当方程（10）的右端 $f(x) \equiv 0$ 时，方程叫做齐次的；当 $f(x) \not\equiv 0$ 时，方程叫做非齐次的.

方程（9）是二阶非齐次线性微分方程，而方程（8）就是二阶齐次线性微分方程.

要进一步讨论例 1 中的问题，就需要解二阶线性微分方程. 为此，下面来讨论二阶线性微分方程解的一些性质，这些性质可以推广到 n 阶线性方程.

$$y^{(n)} + a_1(x)y^{(n-1)} + \cdots + a_{n-1}(x)y' + a_n(x)y = f(x)$$

四、线性微分方程解的结构

我们先来讨论二阶齐次线性方程

$$y'' + P(x)y' + Q(x)y = 0 \tag{11}$$

性质 1（叠加原理） 如果函数 $y_1(x), y_2(x)$ 是方程（11）的两个解，则它们的线性组合

$$C_1y_1(x) + C_2y_2(x) = y \tag{12}$$

也是方程（11）的解，其中 C_1, C_2 是任意常数.

叠加起来的解（11）虽含有 C_1 与 C_2 两个任意常数，但不一定是方程（11）的通解.

例如，设 $y_1(x)$ 是方程（11）的一个解，则 $y_2(x) = 4y_1(x)$ 也是（11）的解. 则

$$y = C_1y_1(x) + 4C_2y_1(x) = Cy_1(x) \quad （C = C_1 + 4C_2）$$

显然不是（11）的通解.

那么，怎样（12）式才能是方程（11）的通解呢？为解决这个问题，我们需要引入一个新的概念. 即所谓的线性相关与线性无关.

定义 1 设 $y_1(x), y_2(x), \cdots, y_n(x)$ 为定义在区间 $a \leqslant x \leqslant b$ 上的 n 个函数向量，如果存在一组不全为零的常数 $C_1, C_2, \cdots, C_n$，使得对所有的 $x \in [a, b]$ 有

$$C_1 y_1(x) + C_2 y_2(x) + \cdots + C_n y_n(x) \equiv 0$$

则称此 n 个函数向量在区间 $a \leqslant x \leqslant b$ 上是**线性相关**的；否则就称此 n 个函数向量在区间 $a \leqslant x \leqslant b$ 上是**线性无关**的.

例如，函数 $\sin 2x$，$\cos x \sin x$ 在整个实数域是线性相关的. 因为取 $C_1 = 1, C_2 = -2$，就有恒等式

$$\sin 2x - 2\cos x \sin x \equiv 0$$

又如，函数 $1, x, x^2$ 在任何区间 (a, b) 内是线性无关的. 因为如果 C_1, C_2, C_3 不全为零，那么在该区间内至多只有两个 x 值能使

$$C_1 + C_2 x + C_3 x^2$$

为零；要使它恒为零，必须 C_1, C_2, C_3 全为零.

由上述定义可知，如果是两个函数，它们相关与否，只要看它们之比是否为常数：若比为常数，那么它们就线性相关；否则就线性无关.

有了线性无关的定义后，我们就有如下关于二阶齐次线性微分方程（11）的通解结构定理.

性质 2（通解结构定理） 如果 $y_1(x)$ 与 $y_2(x)$ 是方程（11）的两个线性无关的特解，那么

$$y = C_1 y_1(x) + C_2 y_2(x) \quad (C_1 、 C_2 \text{ 是任意常数}) \tag{13}$$

就是方程（11）的通解. 且方程（11）的任一解均可由（13）表示，这时 C_1、C_2 为相应的确定常数.

例如，方程 $y'' - 4xy' + (4x^2 - 2)y = 0$ 是二阶齐次线性方程. 容易验证，$y_1 = e^{x^2}, y_2 = xe^{x^2}$ 是所给方程的两个解，且 $\dfrac{y_2}{y_1} = \dfrac{xe^{x^2}}{e^{x^2}} = x \not\equiv$ 常数，即它们是线性无关的. 因此上述方程的通解为

$$y = (C_1 + C_2 x)e^{x^2}.$$

性质 2 可以推广到 n 阶齐次线性方程.

性质 2′ 如果 $y_1(x), y_2(x), \cdots, y_n(x)$ 是 n 阶齐次线性方程

$$y^{(n)} + a_1(x)y^{(n-1)} + \cdots + a_{n-1}(x)y' + a_n(x)y = 0$$

的 n 个线性无关的解，那么，此方程的通解为

$$y = C_1 y_1(x) + C_2 y_2(x) + \cdots + C_n y_n(x)$$

其中 $C_1, C_2, \cdots, C_n$ 为任意常数.

在第三节中我们已经知道，一阶非齐次线性微分方程的通解由两部分组成：一部分是对应的齐次方程的通解；另一部分是非齐次方程本身的一个特解. 实际上，对二阶及更高阶的非齐次线性微分方程的通解也有同样的结构.

性质 3 设 $Y_1(x)$ 是二阶非齐次线性方程（10）的一个特解，$Y(x)$ 是方程（10）对应

的齐次方程（11）的通解，那么

$$y = Y(x) + Y_1(x)$$

（14）

是二阶非齐次线性微分方程（10）的通解.

证 把方程（14）代入方程（10）的左端，得

$$(Y'' + Y_1'') + P(x)(Y' + Y_1') + Q(x)(Y + Y_1)$$

$$= [Y'' + P(x)Y' + Q(x)Y] + [Y_1'' + P(x)Y_1' + Q(x)Y_1]$$

因为 Y 是方程（11）的解，Y_1 是方程（10）的解，所以第一个括号内恒为零，第二个括号内恒等于 f(x). 这样，$y = Y + Y_1$ 使（10）式两端恒等. 即（14）式是方程（10）的解. 而对应的齐次方程（11）的通解 $Y = C_1y_1 + C_2y_2$ 中 C_1, C_2 为任意常数，所以 $y = Y_1 + Y$ 中也含有两个任意常数，从而它就是方程（10）的通解.

非齐次线性微分方程（10）的特解也可由下述定理求出.

性质 3′（叠加原理） 设方程（10）的右端 f(x) 是 n 个函数之和

$$y'' + P(x)y' + Q(x)y = f_1(x) + f_2(x) + \cdots + f_n(x)$$

（15）

而 $Y_i(x)(i = 1, 2, \cdots, n)$ 是方程

$$y'' + P(x)y' + Q(x)y = f_i(x)$$

的特解，则 $Y_1(x) + Y_2(x) + \cdots + Y_n(x)$ 就是原方程的特解.

*五、常数变易法

在解一阶非齐次线性方程时，我们用了常数变易法，这一方法也适合高阶线性方程. 下面我们就以二阶线性方程为例来讨论.

若令

$$Y(x) = C_1y_1(x) + C_2y_2(x) \quad （其中 C_1、C_2 为任意常数）$$

为齐次方程（11）的通解，那么就可用如下的常数变易法来求非齐次方程（10）的通解：

令 $y = C_1(x)y_1(x) + C_2(x)y_2(x)$

（16）

要使 $C_1(x)$ 与 $C_2(x)$ 所表示的函数 y 满足非齐次方程（10），则 $C_1(x)$ 与 $C_2(x)$ 不仅要满足方程（10），还要满足另一个方程才能把它确定下来.

对（16）式求导，得

$$y' = C_1'y_1 + C_1y_1' + C_2'y_2 + C_2y_2'.$$

为了使 y″ 中不含 C_1'' 和 C_2''，可设

$$C_1'y_1 + C_2'y_2 = 0,$$

（17）

则 $y'' = C_1'y_1' + C_1y_1'' + C_2'y_2' + C_2y_2''$

把 y, y′, y″ 代入方程（10），整理后，得

$$C_1'y_1' + C_2'y_2' + (y_1'' + Py_1' + Qy_1)C_1 + (y_2'' + Py_2' + Qy_2)C_2 = f$$

由于 y_1, y_2 是齐次方程（11）的解，故上式为

$$C_1'y_1' + C_2'y_2' = f$$

（18）

由（17），（18）可知，当系数行列式

$$\omega = \begin{vmatrix} y_1 & y_2 \\ y_1' & y_2' \end{vmatrix} \neq 0$$

时，有

$$C_1' = -\frac{y_2 f}{\omega}, C_2' = \frac{y_1 f}{\omega}$$

假定 f(x) 连续，对上述两式积分，得

$$C_1(x) = C_1 + \int \left(-\frac{y_2 f}{\omega}\right) dx, C_2(x) = C_2 + \int \frac{y_1 f}{\omega} dx$$

于是，非齐次方程（10）的通解是

$$y = \left(C_1 - \int \frac{y_2 f}{\omega} dx\right) y_1(x) + \left(C_2 + \int \frac{y_1 f}{\omega} dx\right) y_2(x)$$

例 7 已知齐次线性方程 $y'' + y = 0$ 的通解为 $Y(x) = C_1 \cos x + C_2 \sin x$，求非齐次线性方程 $y'' + y = \sec x$ 的通解.

解 令 $y(x) = C_1(x) \cos x + C_2(x) \sin x$，则由常数变易法，由

$$\begin{cases} C_1'(x) \cos x + C_2'(x) \sin x = 0 \\ C_1'(x)(-\sin x) + C_2'(x) \cos x = \sec x \end{cases}$$

解得 $\quad C_1'(x) = -\tan x, C_2'(x) = 1$

即 $\quad C_1(x) = \ln|\cos x| + C_1, \quad C_2(x) = x + C_2$

于是所求非齐次方程的通解为

$$y(x) = (C_1 + \ln|\cos x|) \cos x + (C_2 + x) \sin x$$

如果我们只知道齐次方程（11）的一个不恒为零的解 $y_1(x)$，则利用变换 $y = C_1(x) y_1(x)$，就可把非齐次方程（10）化为一阶线性方程. 再按一阶线性方程的解法，求得其方程（10）的通解.（具体过程不再详述）

习题 11 - 4

1. 求下列各微分方程的解.

（1）$y^3 y'' = 1$

（2）$y'' = \dfrac{1}{1 + x^2}$

（3）$y''' = x e^x$

（4）$y y'' + 1 = y'^2$

（5）$y'' = \dfrac{2x}{1 + x^2} y'$

（6）$y'' = \dfrac{1}{\sqrt{y}}$

（7）$y'' - a y'^2 = 0, y\big|_{x=0} = 0, y'\big|_{x=0} = -1$

（8）$y'' = e^{2y}, y\big|_{x=0} = y'\big|_{x=0} = 0$

（9）$y'' + (y')^2 = 1, y\big|_{x=0} = 0, y'\big|_{x=0} = 0$

2. 设有一质量为 m 的物体，在空中由静止开始下落，如果空气阻力为 $R = c^2 v^2$（其中 c 为常数，v 为物体运动的速度），试求物体下落的距离 s 与时间 t 的函数关系.

3. 验证下列函数组在定义区间内哪些是线性相关的，哪些是线性无关的？

（1）$e^{2x}; 3 e^{2x}$ 　　　　　　　（2）$\cos x, \sin x$

（3）$e^{ax}, e^{bx} (a \neq b)$　　　　（4）$e^x \cos 2x, e^x \sin 2x$

（5）$1, \cos^2 x, \sin^2 x$

4. 验证 $y_1 = 2x + 1, y_2 = e^x$ 都是方程 $(2x - 1)y'' - (2x + 1)y' + 2y = 0$ 的解，并写出该方程的通解.

5. 验证：（以下的 C_1，C_2 均为任意常数）

（1）$y = C_1 x + C_2 e^x - (x^2 + x + 1)$ 是方程 $(x - 1)y'' - xy' + y = (x - 1)^2$ 的通解；

（2）$y = C_1 \cos 3x + C_2 \sin 3x + \dfrac{1}{32}(4x\cos x + \sin x)$ 是方程 $y'' + 9y = x\cos x$ 的通解；

（3）$y = C_1 x^2 + C_2 x^2 \ln x$ 是方程 $x^2 y'' - 3xy' + 4y = 0$ 的通解；

（4）$y = C_1 e^x + C_2 e^{-x} + C_3 \cos x + C_4 \sin x - x^2$ 是方程 $y^{(4)} - y = x^2$ 的通解.

6*. 已知齐次线性方程 $x^2 y'' - xy' + y = 0$ 的通解为 $Y(x) = C_1 x + C_2 x \ln|x|$，求非齐次线性方程 $x^2 y'' - xy' + y = x$ 的通解.

第五节　常系数线性微分方程

$$y^{(n)} + a_1 y^{(n-1)} + \cdots + a_{n-1} y' + a_n y = f(x) \tag{1}$$

其中 $a_i (i = 1, 2, \cdots, n)$ 均为常数，$f(x)$ 是连续函数，则方程（1）称为 n 阶常系数非齐次线性方程. 若 $f(x) \equiv 0$，即

$$y^{(n)} + a_1 y^{(n-1)} + \cdots + a_{n-1} y' + a_n y = 0 \tag{2}$$

称为 n 阶常系数齐次线性方程. 若 $a_i (i = 1, 2, \cdots, n)$ 不全为常数，称（2）为 n 阶变系数齐次线性方程.

一、欧拉待定指数函数法

下面我们来研究 n 阶常系数齐次线性方程（2）的通解，在此之前我们先来讨论二阶常系数齐次线性方程

$$y'' + py' + qy = 0, \tag{3}$$

其中 p、q 是常数.

方程（3）的求解问题，可以归结为代数方程的求根问题. 下面我们就介绍求方程（3）通解的欧拉待定指数函数法.

回顾一阶常系数齐次线性方程

$$\frac{dy}{dx} + ay = 0$$

我们知道它有形如 $y = e^{-ax}$ 的解，且其通解就是 $y = Ce^{-ax}$. 这启发我们对于方程（3）也去试求指数函数形式的解

$$y = e^{\lambda x}$$

其中 λ 是待定常数，可以是实数，也可以是复数. 注意到

$$\lambda^2 e^{\lambda x} + \lambda p e^{\lambda x} + q e^{\lambda x} = 0$$

即　　　　$\lambda^2 + \lambda p + q = 0$　　　　　　　　　　　　　　　　　　　（4）

是 λ 的二次多项式. 我们容易知道，$y = e^{\lambda x}$ 是方程（3）的解的充要条件是：λ 是代数方程（4）的根. 因此，方程（4）将起着预示方程（3）的解的特性的作用，称它为方程（3）的特征方程，其根称为特征根.

特征方程（4）的两个根 λ_1、λ_2 为

$$\lambda_{1,2} = \frac{-p \pm \sqrt{p^2 - 4q}}{2}$$

下面我们就根据特征根的不同情况分别讨论.

1. 当 $p^2 - 4q > 0$ 时，λ_1、λ_2 是两个不相等的实根，且

$$\lambda_1 = \frac{-p + \sqrt{p^2 - 4q}}{2}, \lambda_2 = \frac{-p - \sqrt{p^2 - 4q}}{2}$$

由上面的讨论知道，$y_1 = e^{\lambda_1 x}, y_2 = e^{\lambda_2 x}$ 是方程（3）的两个解，且 $\dfrac{y_2}{y_1} = \dfrac{e^{\lambda_2 x}}{e^{\lambda_1 x}} = e^{(\lambda_2 - \lambda_1)x} \not\equiv 常数，$

所以方程（3）的通解为

$$y = C_1 e^{\lambda_1 x} + C_2 e^{\lambda_2 x}（其中 C_1, C_2 为任意常数）.$$

2. 当 $p^2 - 4q = 0$ 时，λ_1，λ_2 是两个相等的实根，且

$$\lambda_1 = \lambda_2 = -\frac{p}{2}.$$

这时，若令 $y_1 = e^{\lambda_1 x}$ 为方程（3）的其中一个解，为了得出方程（3）的通解，还需找出另一个解 y_2，且要求 $\dfrac{y_2}{y_1} \not\equiv 常数.$

设 $\dfrac{y_2}{y_1} = C(x)$，即 $y_2 = y_1 C(x)$，下面通过求 $C(x)$ 来求出 $y_2(x)$.

将 $y_2(x)$ 求导，得

$$y_2' = C'(x)y_1 + C(x)y_1'$$
$$= e^{\lambda_1 x}[C'(x) + \lambda_1 C(x)]$$
$$y_2'' = e^{\lambda_1 x}[C''(x) + 2\lambda_1 C'(x) + \lambda_1^2 C(x)]$$

将 y_2, y_2', y_2'' 代入方程（3）并整理，得

$$C''(x) + (2\lambda_1 + p)C'(x) + (\lambda_1^2 + p\lambda_1 + q)C(x) = 0.$$

因 λ_1 是特征方程（4）的二重根，因此 $\lambda_1^2 + p\lambda_1 + q = 0$，且 $2\lambda_1 + p = 0$，于是得

$$C''(x) = 0$$

因为只需 $C(x)$ 是不恒等于常数就行，所以我们不妨设 $C(x) = x$. 则 $y_2(x) = xy_1(x) = xe^{\lambda_1 x}$. 从而微分方程（3）的通解为

$$y = C_1 e^{\lambda_1 x} + C_2 x e^{\lambda_1 x} = (C_1 + C_2 x)e^{\lambda_1 x}$$

3. 当 $p^2 - 4q < 0$ 时，λ_1，λ_2 是一对共轭复根，且

$$\lambda_1 = \alpha + i\beta, \lambda_2 = \alpha - i\beta,$$

其中 $\alpha = -\dfrac{p}{2}, \beta = \dfrac{\sqrt{4q - p^2}}{2}$

此时，$y_1 = e^{(\alpha+i\beta)x}, y_2 = e^{(\alpha-i\beta)x}$ 是方程（3）的两个解，它们是复值函数形式. 为了得出实值函数形式，我们用欧拉公式，得

$$e^{(\alpha+i\beta)x} = e^{\alpha x}(\cos\beta x + i\,\sin\beta x)$$
$$e^{(\alpha-i\beta)x} = e^{\alpha x}(\cos\beta x - i\,\sin\beta x).$$

因复值函数 y_1 与 y_2 共轭，且方程（3）的解符合叠加原理，所以可求得方程（3）的两个实值解

$$e^{\alpha x}\cos\beta x = \frac{1}{2}\left[e^{(\alpha+i\beta)x} + e^{(\alpha-i\beta)x}\right]$$

$$e^{\alpha x}\sin\beta x = \frac{1}{2i}\left[e^{(\alpha+i\beta)x} - e^{(\alpha-i\beta)x}\right]$$

且 $\dfrac{e^{\alpha x}\cos\beta x}{e^{\alpha x}\sin\beta x} = \cot\beta x \neq$ 常数，所以微分方程（3）的通解为

$$y = e^{\alpha x}(C_1\cos\beta x + C_2\sin\beta x)$$

由以上我们可以总结出求二阶常系数齐次线性微分方程

$$y'' + py' + q = 0 \tag{3}$$

的通解有三步：

第一步　求出方程（3）的特征方程

$$\lambda^2 + p\lambda + q = 0. \tag{4}$$

第二步　求出特征方程（3）的两个根 λ_1 与 λ_2.

第三步　根据特征方程（4）的两个根的不同情形，写出方程（3）的通解.

例 1　求方程 $\dfrac{d^2y}{dx^2} - 5\dfrac{dy}{dx} + 6y = 0$ 的通解.

解　特征方程为

$$\lambda^2 - 5\lambda + 6 = 0$$

或　　　$(\lambda - 2)(\lambda - 3) = 0$

从而特征根为 $\lambda_1 = 2, \lambda_2 = 3$，故通解为

$$y = C_1 e^{2x} + C_2 e^{3x}$$

其中 C_1，C_2 为任意常数.

例 2　求方程 $4y'' + 4y' + y = 0$，满足初始条件 $y\big|_{x=0} = 2, y'\big|_{x=0} = 0$ 的特解：

解　所给方程的特征方程为

$$4\lambda^2 + 4\lambda + 1 = 0,$$

从而特征根为 $\lambda_1 = \lambda_2 = -\dfrac{1}{2}$，是两个相等的实根，故通解为

$$y = e^{-\frac{1}{2}x}(C_1 + C_2 x)$$

把条件 $y\big|_{x=0} = 2$ 代入上式，得 $C_1 = 2$，从而

$$y = e^{-\frac{1}{2}x}(2 + C_2 x)$$

且

$$y' = e^{-\frac{1}{2}x}\left(-\frac{1}{2}C_2 x + C_2 - 1\right)$$

把条件 $y'\big|_{x=0} = 0$ 代入上式, 得 $C_2 = 1$. 于是所求特解为

$$y = e^{-\frac{1}{2}x}(2 + x)$$

例 3 求微分方程 $\dfrac{d^2 x}{dt^2} + 6\dfrac{dx}{dt} + 13x = 0$ 的通解.

解 所给方程的特征方程为

$$\lambda^2 + 6\lambda + 13 = 0$$

其根 $\lambda_1 = -3 + 2i, \lambda_2 = -3 - 2i$ 为一对共轭复根. 因此所求通解为

$$x = e^{-3t}(C_1 \cos 2t + C_2 \sin 2t)$$

其中 C_1, C_2 为任意常数.

例 4 在第四节例 6 中, 设物体受弹簧的恢复力 f 和阻力 R 的作用, 且在初时 t = 0 时的位置 $x = x_0$, 初始速度 $\dfrac{dx}{dt}\bigg|_{t=0} = v_0$, 求反映物体运动规律的函数 $x = x(t)$.

解 就是要找满足有阻尼的自由振动方程

$$\frac{d^2 x}{dt^2} + 2n\frac{dx}{dt} + k^2 x = 0 \tag{5}$$

及初始条件 $x\big|_{t=0} = x_0, \dfrac{dx}{dt}\bigg|_{t=0} = v_0$ 的特解.

方程 (5) 的特征方程为 $\lambda^2 + 2n\lambda + k^2 = 0$, 根为

$$\lambda = -n \pm \sqrt{n^2 - k^2}.$$

我们就按 $n > k, n = k, n < k$ 三种不同情形分别进行讨论.

（ⅰ）大阻尼情形: $n > k$.

特征方程的根 $\lambda_1 = -n + \sqrt{n^2 - k^2}, \lambda_2 = -n - \sqrt{n^2 - k^2}$ 是两个不相等的实根, 所以方程 (5) 的通解为

$$x = C_1 e^{(-n + \sqrt{n^2 - k^2})t} + C_2 e^{(-n - \sqrt{n^2 - k^2})t} \tag{6}$$

其中任意常数 C_1, C_2 可由初始条件确定.

从 (6) 式可看出, 使 x = 0 的 t 值最多只有一个, 即物体最多穿越平衡位置一次, 物体不再有振动现象. 又当 t→ +∞ 时, x→0. 因此, 物体随时间 t 的增大而趋于平衡位置. 函数 (6) 图形如图 11 - 9 所示 (假定 $x_0 > 0$, $v_0 > 0$).

（ⅱ）临界阻尼情形: $n = k$.

特征方程的根 $\lambda_1 = \lambda_2 = -n$ 是两个相等的根, 所以方程 (5) 的通解为

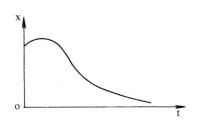

图 11 - 9

$$x = e^{-nt}(C_1 + C_2 t),$$

其中 C_1，C_2 为任意常数，由初始条件来确定. 由上式也可看出，在临界阻尼情形下，使 $x = 0$ 的 t 值最多只有一个，因此物体也不再有振动现象. 又由于

$$\lim_{t \to +\infty} te^{-nt} = \lim_{t \to +\infty} \frac{t}{e^{nt}} = \lim_{t \to +\infty} \frac{1}{ne^{nt}} = 0$$

可以看出，当 $t \to +\infty$ 时，$x \to 0$. 因此在临界阻尼情况下，物体也随时间 t 的增大而趋于平衡位置.

（ⅲ）小阻尼情形：$n < k$.

特征方程的根 $\lambda = -n \pm i\omega$，$(\omega = \sqrt{k^2 - n^2})$ 是一对共轭复根，所以方程（5）的通解为

$$x = e^{-nt}(C_1 \cos\omega t + C_2 \sin\omega t).$$

由初始条件，得 $C_1 = x_0$，$C_2 = \dfrac{v_0 + nx_0}{\omega}$，因此所求特解为

$$x = e^{-nt}\left(x_0 \cos\omega t + \frac{v_0 + nx_0}{\omega}\sin\omega t\right). \tag{7}$$

令　　　$x_0 = A\sin\varphi$，$\dfrac{v_0 + nx_0}{\omega} = A\cos\varphi$，$(0 \leqslant \varphi < 2\pi)$

则（7）式可写成

$$x = Ae^{-nt}\sin(\omega t + \varphi), \tag{8}$$

其中　　$A = \sqrt{x_0^2 + \dfrac{(v_0 + nx_0)^2}{\omega^2}}$，$\tan\varphi = \dfrac{x_0 \omega}{v_0 + nx_0}$.

从（8）式看出，物体的运动是周期 $T = \dfrac{2\pi}{\omega}$ 的振动. 但与简谐振动不同，它的振幅 Ae^{-nt} 随时间 t 的增大而逐渐减小. 因此，物体随时间 t 的增大而趋于平衡位置.

函数（8）的图形如图 11 - 10 所示（图中假定 $x_0 = 0$，$v_0 > 0$）.

上面我们所讨论的二阶常系数齐次线性微分方程所用的方法及方程的通解形式，可推广到 n 阶常系数齐次线性方程.

$$y^{(n)} + a_1 y^{(n-1)} + \cdots + a_{n-1} y' + a_n y = 0 \quad (2)$$

如同讨论二阶常系数齐次线性方程一样，令 $y = e^{\lambda x}$，并把 $y = e^{\lambda x}$ 代入方程（2），整理得

$$\lambda^n + a_1 \lambda^{n-1} + \cdots + a_{n-1}\lambda + a_n = 0 \tag{9}$$

如果选取 λ 是 n 次代数方程（9）的根，那么函数 $y = e^{\lambda x}$ 就是方程（2）的一个解. 方程（9）叫做方程（2）的特征方程.

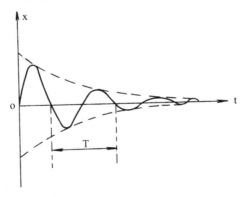

图 11 - 10

从代数学知道，n 次代数方程有 n 个根（重根按重数计算）. 而特征方程的每个根都对应着通解中的一项，且每项各含一个任意常数. 这样就得到 n 阶常系数齐次线性微分方程的

通解：

$$y = C_1 y_1 + C_2 y_2 + \cdots + C_n y_n$$

例 5 求方程 $\dfrac{d^4 x}{dt^4} - x = 0$ 的通解.

解 特征方程为

$$\lambda^4 - 1 = 0$$

其根为 $\lambda_1 = 1, \lambda_2 = -1, \lambda_3 = i, \lambda_4 = -i.$

故方程通解为

$$x = C_1 e^t + C_2 e^{-t} + C_3 \cos t + C_4 \sin t$$

其中 C_1, C_2, C_3, C_4 为任意常数.

例 6 求解方程 $y''' + y = 0.$

解 特征方程 $\lambda^3 + 1 = 0$ 的根为 $\lambda_1 = -1, \lambda_{2,3} = \dfrac{1}{2} \pm \dfrac{\sqrt{3}}{2} i.$

故通解为

$$y = C_1 e^{-x} + e^{\frac{1}{2}x} \left(C_2 \cos \frac{\sqrt{3}}{2} x + C_3 \sin \frac{\sqrt{3}}{2} x \right)$$

其中 C_1, C_2, C_3 为任意常数.

*二、非齐次线性方程·比较系数法

现在讨论常系数非齐次线性方程（1）的求解问题. 由前面的知识我们知道，方程（1）的通解等于其对应的齐次方程（2）的通解与它本身的一个特解之和. 如果用特征根的办法求出方程（2）的通解和用常数变易法求出一个特解. 这样的方法是相当繁琐的，而且往往会遇到积分的困难，对于某些较常见的简单的 $f(x)$，如指数函数、正弦函数、多项式函数，以及上述这些函数的组合，还有较简单的方法来求（1）的特解，这就是下面要介绍的比较系数法. 这种方法的特点是只用代数方法即可求得（1）的特解，即将求解微分方程的问题转化为某一代数问题来处理，因而比较简便.

我们先来讨论二阶常系数非齐次线性微分方程

$$l(y) = y'' + py' + qy = f(x), \text{（其中 } p \text{、} q \text{ 是常数）} \tag{10}$$

的解法.

类型 I

设 $l(y) = f(x) = e^{rx}(b_0 x^m + b_1 x^{m-1} + \cdots + b_{m-1} x + b_m) = e^{rx} Q_m(x)$，其中 $b_0, b_1, \cdots, b_m, r$ 为常数，且 $b_0 \neq 0$，此时方程（10）具有什么形状的特解呢？由于 $f(x)$ 是多项式与指数函数的乘积，而多项式与指数函数乘积的导数仍然是多项式与指数函数的乘积，因此我们推测特解为 $y^* = e^{rx} p(x)$（其中 $p(x)$ 是某个多项式），且

$$y^{*'} = e^{rx} [rp(x) + p'(x)]$$

$$y^{*''} = e^{rx} [r^2 p(x) + 2rp'(x) + p''(x)]$$

把 $y^*, y^{*'}, y^{*''}$ 代入方程（10）并整理，得

$$p''(x) + (2r+p)p'(x) + (r^2 + pr + q)p(x) = Q_m(x) \tag{11}$$

（ⅰ）若 $r^2 + pr + q \neq 0$，即 r 不是方程（3）的特征方程 $r^2 + pr + q = 0$ 的根．由于 $Q_m(x)$ 是一个 m 次多项式，要使等式（11）成立，那么可令 $p(x)$ 为另一个 m 次多项式 $p_m(x)$；

$$p_m(x) = b_0'x^m + b_1'x^{m-1} + \cdots + b_{m-1}'x + b_m'$$

代入（11）式，比较等式两端 x 同次幂的系数，就可以得到以 $b_0, b_1, \cdots, b_m$ 为未知数的 $m+1$ 个方程的联立方程组．从而可以定出这些 $b_i'(i = 0, 1, \cdots, m)$，并得到所求的特解 $y^* = e^{rx}p_m(x)$．

（ⅱ）若 $r^2 + pr + q = 0$ 但 $2r + p \neq 0$，即 r 是 $r^2 + pr + q = 0$ 的单根，要使（11）式成立，那么 $p'(x)$ 必须是 m 次多项式，令

$$p(x) = xp_m(x)$$

可用同样的办法来确定 $p_m(x)$ 的系数 $b_i'(i = 0, 1, 2, \cdots, m)$．

（ⅲ）若 $r^2 + pr + q = 0$ 且 $2r + p = 0$，即 r 是特征方程 $r^2 + pr + q = 0$ 的重根，要使等式（11）成立，则 $p''(x)$ 必须是 m 次多项式，此时可令

$$p(x) = x^2 p_m(x)$$

并用同样的方法来确定 $p_m(x)$ 的系数．若要推广到 n 阶常系数非齐次线性微分方程（1），r 是特征方程（9）的 k 重根，则方程（1）的特解就为

$$y^* = x^k p_m(x) \cdot e^{rx}$$

其中 k 是特征方程（9）的根 λ 的重复次数（若 r 不是特征方程的根，k 取为 0；若 r 是特征方程的 s 重根，k 取为 s）．

例 7　求方程 $x'' + x = t^2 + t$ 的通解．

解　其对应的齐线性方程为 $x'' + x = 0$，因特征方程为 $\lambda^2 + 1 = 0$，特征根为 $\lambda_{1,2} = \pm i$，故通解为

$$x = C_1 \cos t + C_2 \sin t$$

因 $r = 0$ 不是特征根，所以原方程有形如

$$x^* = B_0 t^2 + B_1 t + B_2$$

的特解，其中 B_0, B_1, B_2 为待定常数，把它代入原方程得

$$B_0 t^2 + B_1 t + B_2 + 2B_0 = t^2 + t$$

比较上式两端 t 的同次幂的系数，得

$$\begin{cases} B_0 = 1 \\ B_1 = 1 \\ B_2 + 2B_0 = 0 \end{cases}$$

解得 $B_0 = B_1 = 1, B_2 = -2$，故特解 $x^* = t^2 + t - 2$，因此原方程的通解为

$$x = C_1 \cos t + C_2 \sin t + t^2 + t - 2$$

例 8　求方程 $y'' - 2y' - 3y = e^{-x}(x-5)$ 的通解．

解　其对应的齐次线性方程为

$$y'' - 2y' - 3y = 0$$

特征方程为

$$\lambda^2 - 2\lambda - 3 = 0$$

特征根为 $\lambda_1 = 3, \lambda_2 = -1$. 故线性齐次方程的通解为

$$y = C_1 e^{3x} + C_2 e^{-x}$$

因 $r = -1$ 是单根，所以原方程有形如

$$y^* = x(B_0 x + B_1) e^{-x}$$

的特解. 由于

$$y^{*'} = e^{-x} [-B_0 x^2 + (2B_0 - B_1) x + B_1]$$

$$y^{*''} = e^{-x} [B_0 x^2 + (B_1 - 4B_0) x + 2B_0 - 2B_1]$$

把 $y^{*'}, y^{*''}$ 代入原方程，整理后得

$$-8B_0 x + 2B_0 - 4B_1 = x - 5$$

比较上式两端 x 的同次幂的系数，得

$$\begin{cases} -8B_0 = 1 \\ 2B_0 - 4B_1 = -5 \end{cases}$$

解之得 $B_0 = -\dfrac{1}{8}, B_1 = \dfrac{19}{16}$，故得 $y^* = xe^{-x} \left(-\dfrac{x}{8} + \dfrac{19}{16} \right)$.

因此原方程的通解为

$$y = C_1 e^{3x} + C_2 e^{-x} + xe^{-x} \left(-\dfrac{x}{8} + \dfrac{19}{16} \right).$$

类型 II

$$l(y) = f(x) = [A(x) \cos\beta x + B(x) \sin\beta x] e^{\alpha x} \tag{12}$$

其中 α, β 为实常数，而 $A(x), B(x)$ 是带实系数的 x 多项式，其中一个的次数为 m，而另一个的次数不超过 m. 易见，当 $\beta = 0$ 时，方程（12）就是类型 I，当 $\beta \neq 0$ 时，我们设法把类型 II 转化为类型 I.

我们先介绍一个引理：

引理 1 若方程

$$\frac{d^n y}{dx^n} + a_1 \frac{d^{n-1} y}{dx^{n-1}} + \cdots + a_{n-1} \frac{dy}{dx} + a_n y = f_1(x) + f_2(x) i$$

有复值解 $y = g_1(x) + i g_2(x)$，这里 $a_i (i = 1, 2, \cdots, n)$ 及 $f_1(x), f_2(x)$ 都是实函数，那么这个解的实部 $g_1(x)$ 和虚部 $g_2(x)$ 分别是方程

$$\frac{d^n y}{dx^n} + a_1 \frac{d^{n-1} y}{dx^{n-1}} + \cdots + a_{n-1} \frac{dy}{dx} + a_n y = f_1(x)$$

和

$$\frac{d^n y}{dx^n} + a_1 \frac{d^{n-1} y}{dx^{n-1}} + \cdots + a_{n-1} \frac{dy}{dx} + a_n y = f_2(x)$$

的解.

首先用公式

$$\cos\beta x = \frac{1}{2} (e^{i\beta x} + e^{-i\beta x}), \sin\beta x = \frac{1}{2i} (e^{i\beta x} - e^{-i\beta x})$$

可把（12）式中的 $f(x)$ 表示为

$$f(x) = \frac{A(x) + iB(x)}{2}e^{(\alpha - i\beta)x} + \frac{A(x) - iB(x)}{2}e^{(\alpha + i\beta)x}$$

根据上述引理和非齐线性方程的叠加原理，方程

$$l(y) = f_1(x) = \frac{A(x) + iB(x)}{2}e^{(\alpha - i\beta)x}$$

与

$$l(y) = f_2(x) = \frac{A(x) - iB(x)}{2}e^{(\alpha + i\beta)x}$$

的解之和必为方程（12）的解.

注意到 $\overline{f_1(x)} = f_2(x)$ 易知，若 y_1 为 $l(y) = f_1(x)$ 的解，则 $\overline{y_1}$ 必为 $l(y) = f_2(x)$ 的解，因此直接利用类型 I 的结果，就可得到如下结论：

（i）若 $r = \alpha \pm i\beta$ 不是特征根，则方程（12）有如下形式的特解

$$y^* = p_m(x)e^{(\alpha - i\beta)x} + \overline{p_m(x)}e^{(\alpha + i\beta)x}$$

即

$$y^* = \left[p_m^{(1)}(x)\cos\beta x + p_m^{(2)}(x)\sin\beta x\right]e^{\alpha x}$$

（ii）若 $r = \alpha \pm i\beta$ 是 k 重特征根，则方程（12）有如下形式的特解

$$y^* = x^k\left[p_m(x)e^{(\alpha - i\beta)x} + \overline{p_m(x)}e^{(\alpha + i\beta)x}\right]$$

即

$$y^* = x^k\left[p_m^{(1)}(x)\cos\beta x + p_m^{(2)}(x)\sin\beta x\right]e^{\alpha x}$$

其中 $p_m(x)$ 为 x 的 m 次多项式，$\overline{p_m(x)}$ 表示与 $p_m(x)$ 成共轭的 m 次多项式. $p_m^{(1)}(x) = 2R_e\{P_m(x)\}$（$R_e$ 表示实部），$p_m^{(2)}(x) = 2I_m\{p_m(x)\}$（$I_m$ 表示虚部）.

值得注意的是，即使 $A(x)$，$B(x)$ 中有一个恒为零，方程（12）的特解形式仍不能改变. 如当 $A(x) \equiv 0$ 时，不能在特解中设 $p_m^{(1)}(x) \equiv 0$.

例9　求方程 $y'' - 2y' + 3y = e^{-x}\cos x$ 的通解.

解　其对应的齐次线性方程为

$$y'' - 2y' + 3y = 0$$

因而特征方程为 $\lambda^2 - 2\lambda + 3 = 0$，特征根为 $\lambda_{1,2} = 1 \pm \sqrt{2}i$. 故线性齐次方程的通解为

$$y = (C_1\cos\sqrt{2}x + C_2\sin\sqrt{2}x)e^x$$

因 $r = \alpha \pm i\beta = -1 \pm i$ 不是特征根，故原方程有形如

$$y^* = (A\cos x + B\sin x)e^{-x}$$

的特解. 代入方程化简后得

$$e^{-x}\left[(5A - 4B)\cos x + (4A + 5B)\sin x\right] = e^{-x}\cos x.$$

比较等式两端同类项的系数得

$$\begin{cases} 5A - 4B = 1 \\ 4A + 5B = 0 \end{cases}$$

解之得 $A = \dfrac{5}{41}$，$B = -\dfrac{4}{41}$，从而 $y^* = \dfrac{1}{41}e^{-x}(5\cos x - 4\sin x)$. 故原方程的通解为

$$y = (C_1\cos\sqrt{2}x + C_2\sin\sqrt{2}x)e^x + \frac{1}{41}e^{-x}(5\cos x - 4\sin x).$$

注 类型 II 的特殊情形

$$f(x) = A(x)e^{\alpha x}\cos\beta x \ 或 \ f(x) = B(x)e^{\alpha x}\sin\beta x$$

可用另一种更简便的方法——复数法求解，下面通过具体的例子说明解题过程.

例 10 用复数法求解方程 $x'' + 4x' + 4x = \cos 2t$.

解 易知对应的齐次线性方程的通解为

$$x = (C_1 + C_2 t)e^{-2t}$$

为求非齐次线性方程的一个特解，我们先求方程

$$x'' + 4x' + 4x = e^{2it}$$

的特解. 这属于类型 I，而 $r = 2i$ 不是特征根. 故可设特解为 $x^* = Ae^{2it}$. 将它代入方程并消去因子 e^{2it} 得 $8iA = 1$，即 $A = -\dfrac{i}{8}$，$x^* = -\dfrac{i}{8}e^{2it} = -\dfrac{i}{8}\cos 2t + \dfrac{1}{8}\sin 2t$，得它的实部 $R_e(x^*) = \dfrac{1}{8}\sin 2t$. 由引理 1，这就是原方程的特解. 于是原方程的通解为

$$x = (C_1 + C_2 t)e^{-2t} + \frac{1}{8}\sin 2t$$

习题 11 - 5

1. 求下列微分方程的解.

(1) $x'' + 2x' + 10x = 0$ 　　　　(2) $y'' - 2y' - 3y = 0$

(3) $y'' + 2ay' + y = 0$（a 为实常数） 　　(4) $y'' - 2y' + 5y = 0$

(5) $\dfrac{d^2 s}{dt^2} + 2\dfrac{ds}{dt} + s = 0, s\big|_{t=0} = 4, s'\big|_{t=0} = -2$

(6) $x'' - 2x' + 2x = 0, x(\pi) = -2, x'(\pi) = -3$

2. 在图 11 - 11 所示的电路中先将开关 K 拨向 A，达到稳定状态后再将开关 K 拨向 B，求电压 $u_C(t)$ 及电流 $i(t)$. 已知 $E = 20v, C = 0.5 \times 10^{-6}F$（法），$L = 0.1H$（亨），$R = 2000\Omega$.

3. 求解下列方程：

(1) $y'' - 2y' + 5y = 25x^2 + 12$

(2) $y'' - 2y' - 3y = 3x + 1$

(3) $y'' - 5y' + 6y = xe^{2x}$

(4) $x'' - 2x' + 3x = e^{-t}\sin t$ 　　　(5) $y'' + y = x\cos 2x$

(6) $x'' + 9x = 6e^{3t}, x(0) = x'(0) = 0$

(7) $y'' - 10y' + 9y = e^{2x}, y\big|_{x=0} = \dfrac{6}{7}, y'\big|_{x=0} = \dfrac{33}{7}$

4. 设函数 $x(t)$ 具有连续的二阶导数且 $x'(0) = 0$，试由方程

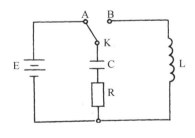

图 11 - 11

$$x(t) = 1 - \frac{1}{5} \int_0^t [x''(\tau) + 4x(\tau)] d\tau$$

确定函数 $x(t)$.

*第六节　变系数线性方程和常系数线性方程组

一、欧拉方程

形式为

$$x^n \frac{d^n y}{dx^n} + a_1 x^{n-1} \frac{d^{n-1} y}{dx^{n-1}} + \cdots + a_{n-1} x \frac{dy}{dx} + a_n y = 0 \tag{13}$$

的方程称为**欧拉方程**，这里 $a_i (i=1,2,\cdots,n)$ 为常数. 此方程可以通过变量代换化为常系数齐次线性方程，因而求解问题也就可以解决.

作变换

$$x = e^t, t = \ln x$$

直接计算得到

$$\frac{dy}{dx} = \frac{dy}{dt} \cdot \frac{dt}{dx} = e^{-t} \frac{dy}{dt}$$

$$\frac{d^2 y}{dx^2} = e^{-t} \frac{d}{dt} \left(e^{-t} \frac{dy}{dt} \right) = e^{-2t} \left(\frac{d^2 y}{dt^2} - \frac{dy}{dt} \right)$$

用数学归纳法不难证明：对一切自然数 k 均有关系式

$$\frac{d^k y}{dx^k} = e^{-kt} \left(\frac{d^k y}{dt^k} + \beta_1 \frac{d^{k-1} y}{dt^{k-1}} + \cdots + \beta_{k-1} \frac{dy}{dt} \right)$$

其中 $\beta_i (i=1,2,\cdots,k-1)$ 都是常数，于是

$$x^k \frac{d^k y}{dx^k} = \frac{d^k y}{dt^k} + \beta_1 \frac{d^{k-1} y}{dt^{k-1}} + \cdots + \beta_{k-1} \frac{dy}{dt}$$

将上述关系式代入方程（13），得到常系数齐次线性方程

$$\frac{d^n y}{dt^n} + b_1 \frac{d^{n-1} y}{dt^{n-1}} + \cdots + b_{n-1} \frac{dy}{dt} + b_n y = 0 \tag{14}$$

其中 $b_1, b_2, \cdots, b_n$ 是常数，用第五节所介绍的方法求出方程（14）的通解，再代回原来的变量($t = \ln|x|$)就可得到方程（13）的通解.

例1　求方程 $x^2 \frac{d^2 y}{dx^2} + 5x \frac{dy}{dx} + 4y = 0$ 的通解.

解　此为欧拉方程，令 $x = e^t$，则原方程可化为

$$\frac{d^2 y}{dt^2} + 4 \frac{dy}{dt} + 4y = 0 \tag{15}$$

其特征方程为 $\lambda^2 + 4\lambda + 4 = 0$，特征根为 $\lambda_1 = \lambda_2 = -2$，故方程（15）的通解为

$$y = (C_1 + C_2 t) e^{-2t}$$

换回原来的自变量 x，得原方程的通解为

$$y = (C_1 + C_2 \ln |x|) x^{-2}.$$

二、二阶线性方程的幂级数解法

二阶变系数齐次线性方程

$$\frac{d^2 y}{dx^2} + p(x) \frac{dy}{dx} + q(x) y = 0 \tag{16}$$

在数学，物理，工程技术，天文等方面有着巨大的应用价值，这就促使人们去探索除代数方法以外的其他方法. 幂级数是表示函数，并借以研究函数性质及进行计算的有力工具. 能否把微分方程的解表示成某种幂级数形式；并通过它们的级数展开式来研究解的性质？这里我们只做初步的介绍，下面列举的两个定理也不予以证明.

定理 1　若 $p(x), q(x)$ 都能展成 $(x - x_0)$ 的幂级数，且在 $|x - x_0| < R$ 时，则方程（16）有形如

$$y = \sum_{n=0}^{\infty} a_n (x - x_0)^n$$

的特解.

定理 2　若 $p(x), q(x)$ 具有如下性质：在 $(x - x_0) < R$ 内 $xp(x)$ 和 $x^2 q(x)$ 均能展成 $(x - x_0)$ 的幂级数，则方程（16）有形如

$$y = (x - x_0)^\alpha \sum_{n=0}^{\infty} a_n (x - x_0)^n$$

的特解. 此时 $a_0 \neq 0$，α 是一个待定常数.

例 2　求 $y'' - xy = 0$ 的通解.

解　显然方程满足定理 1 的条件，可假定它有级数解

$$y = a_0 + a_1 x + \cdots + a_n x^n + \cdots$$

将它对 x 微分两次得

$$y'' = 2 \cdot 1 \cdot a_2 + 3 \cdot 2 a_3 x + \cdots + n(n-1) a_n x^{n-2}$$

将 y 及 y″的表达式代入原方程，得

$$[2 \cdot 1 \cdot a_2 + 3 \cdot 2 \cdot a_3 + \cdots + n(n-1) a_n x^{n-2} + (n+1) n a_{n+1} x^{n-1} + (n+2)(n+1) a_{n+2} x^n$$
$$+ \cdots] - x[a_0 + a_1 x + \cdots + a_n x^n + \cdots] \equiv 0$$

比较等式两端的 x 同次幂的系数，得

$$2 \cdot 1 \cdot a_2 = 0, 3 \cdot 2 \cdot a_3 - a_0 = 0, 4 \cdot 3 \cdot a_4 - a_1 = 0, 5 \cdot 4 \cdot a_5 - a_2 = 0, \cdots$$

从而

$$a_2 = 0, a_3 = \frac{a_0}{3 \cdot 2}, a_4 = \frac{a_1}{4 \cdot 3}, a_5 = \frac{a_2}{5 \cdot 4}, \cdots$$

或一般地可推得

$$a_{3k} = \frac{a_0}{2 \cdot 3 \cdot 5 \cdot 6 \cdots (3k-1) \cdot 3k},$$

$$a_{3k+1} = \frac{a_1}{3 \cdot 4 \cdot 6.7 \cdots 3k \cdot (3k+1)}$$

$$a_{3k+2} = 0 \quad (k = 1, 2, 3, \cdots)$$

其中 a_0, a_1 是任意的, 因而

$$y = a_0 \left[1 + \frac{x^3}{2 \cdot 3} + \frac{x^6}{2 \cdot 3 \cdot 5 \cdot 6} + \cdots + \frac{x^{3n}}{2 \cdot 3 \cdot 5 \cdot 6 \cdots (3n-1) \cdot 3n} + \cdots \right]$$

$$+ a_1 \left[x + \frac{x^4}{3 \cdot 4} + \frac{x^7}{3 \cdot 4 \cdot 6 \cdot 7} + \frac{x^{3n+1}}{3 \cdot 4 \cdot 6 \cdot 7 \cdots 3n \cdot (3n+1)} + \cdots \right]$$

为所要求的解.

例 3 求贝塞尔 (BesseL) 方程

$$x^2 y'' + x y' + (x^2 - n^2) y = 0$$

在 $x = 0$ 点邻域内的幂级数解, 其中 n 为常数.

解 将方程改写为

$$y'' + \frac{1}{x} y' + \frac{x^2 - n^2}{x^2} y = 0$$

显见, 它满足定理 2 的条件, 且 $xp(x) = 1, x^2 q(x) = x^2 - n^2$, 按 x 展成幂级数的收敛区间为 $-\infty < x < +\infty$, 因此, 方程有形如

$$y = \sum_{k=0}^{\infty} a_k x^{\alpha+k} \tag{17}$$

的解, 这里 $a_0 \neq 0$, a_k 和 α 是待定常数. 将 (17) 代入方程得

$$x^2 \sum_{k=0}^{\infty} (\alpha+k)(\alpha+k+1) a_k x^{\alpha+k-2} + x \sum_{k=0}^{\infty} (\alpha+k) a_k x^{\alpha+k-1} + (x^2 - n^2) \sum_{k=0}^{\infty} a_k x^{\alpha+k} = 0$$

把 x 的同幂次归在一起, 上式变为

$$\sum_{k=0}^{\infty} \left[(\alpha+k)(\alpha+k-1) + (\alpha+k) - n^2 \right] a_k x^{\alpha+k} + \sum_{k=0}^{\infty} a_k x^{\alpha+k+2} = 0$$

令各项系数为零, 得一系列代数方程

$$\begin{cases} a_0 (\alpha^2 - n^2) = 0 \\ a_1 \left[(\alpha+1)^2 - n^2 \right] = 0 \\ a_k \left[(\alpha+k)^2 - n^2 \right] + a_{k-2} = 0 (k = 2, 3, \cdots) \end{cases} \tag{18}$$

因 $a_0 \neq 0$, 故从 (18) 的第一个方程得 α 的两个值

$$\alpha = n \ \text{及} \ \alpha = -n$$

当 $\alpha = n$ 时, 考虑方程的一个特解. 把 $\alpha = n$ 代入 (18) 式, 得

$$a_1 = 0, a_k = -\frac{a_{k-2}}{k(2n+k)}, k = 2, 3, \cdots$$

即

$$a_{2k-1} = 0, k = 1, 2, \cdots$$

$$a_{2k} = (-1)^k \frac{a_0}{2^{2k} \cdot k! \cdot (n+1) \cdot (n+2) \cdots (n+k)} \quad k = 1, 2, \cdots$$

因此，在 $\alpha = n > 0$ 时，得贝塞尔方程的解

$$y_1 = a_0 x^n + \sum_{k=1}^{\infty} (-1)^k \frac{a_0}{2^{2k} \cdot k! \, (n+1)(n+2)\cdots(n+k)} x^{2k+n}$$

若将任意常数 a_0 取为 $a_0 = \dfrac{1}{2^n \Gamma(n+1)}$，其中 $\Gamma(p) = \int_0^{\infty} e^{-x} \cdot p^{p-1} dx$，我们知道在 $p > 0$ 时，$\Gamma(p+1) = p\Gamma(p)$，这个解就具有更加简单的形式

$$y_1 = \sum_{k=0}^{\infty} \frac{(-1)^k \left(\dfrac{x}{2}\right)^{sk+n}}{k! \Gamma(n+k+1)}$$

通常称上述级数为 n 阶第一类贝塞尔函数，并用 $J_n(x)$ 表示.

当 $\alpha = -n < 0$ 时，完全可类似得到

$$\begin{cases} a_{2k+1} = 0 \\ a_{2k} = (-1)^k \dfrac{a_0}{2^{2k} k! \, \Gamma(-n+1)(-n+2)\cdots(-n+k)} \\ \quad (n \text{ 不为非负整数}) k = 1, 2, \cdots \end{cases}$$

若取 $a_0 = \dfrac{1}{2^{-n} \Gamma(-n+1)}$，这时得到 $-n$ 阶第一类贝塞尔函数

$$y_2 = \sum_{k=0}^{\infty} \frac{(-1)^k \cdot \left(\dfrac{x}{2}\right)^{sk-n}}{k! \Gamma(-n+k+1)} = J_{-n}(x) \quad (n \text{ 不为非负整数})$$

因 $y_1(x)$ 和 $y_2(x)$ 当 $x \neq 0$ 时都收敛且线性无关，于是贝塞尔方程的通解为

$$y = C_1 J_n(x) + C_2 J_{-n}(x)$$

其中 C_1，C_2 为任意常数.

　　顺便提一下，幂级数方法也适用于高阶齐次线性与非齐次线性方程，读者若感兴趣的话可参阅其他教程.

三、常系数线性方程组的解法举例

　　前面我们讨论的是由一个微分方程求解一个未知函数的情形. 实际上，还会遇到几个方程联立起来共同确定几个具有同一自变量的函数情形. 这些联立起来的方程称为**方程组**，如果方程组中的每一个方程都是常系数线性微分方程，这种方程组就叫做**常系数线性微分方程组**.

　　对于常系数线性方程组，可用下述方法来求解：

　　（i）从方程组中消去一些未知函数及其各阶导数，得到只含有一个未知函数的高阶常系数线性方程.

　　（ii）解此高阶方程，求出满足该方程的未知函数.

（iii）把已求得的函数代入方程组，一般说来，不必经过积分就可求出其余的未知函数.

例 1 解微分方程组

$$\begin{cases} \dfrac{dx}{dt} + 3x - y = 0, x\big|_{t=0} = 1 & (19) \\[3mm] \dfrac{dy}{dt} - 8x + y = 0, y\big|_{t=0} = 4. & (20) \end{cases}$$

解 这里含有两个未知函数 $x(t), y(t)$ 的由两个一阶常系数线性方程组成的方程组. 设法消去未知函数 $x(t)$，由（20）式得

$$x = \frac{1}{8}\left(\frac{dy}{dt} + y\right) \tag{21}$$

对上式求导，有

$$\frac{dx}{dt} = \frac{1}{8}\left(\frac{dy}{dt} + \frac{d^2 y}{dt^2}\right)$$

把 $x, \dfrac{dx}{dt}$ 代入（19）式并化简后得 $\dfrac{d^2 y}{dt^2} + 4\dfrac{dy}{dt} - 5y = 0$

这是一个二阶常系数线性方程，它的通解是

$$y = C_1 e^t + C_2 e^{-5t}$$

把上式代入（21）式，得 $x = -\dfrac{1}{2}C_2 e^{-5t} + \dfrac{1}{4}C_1 e^t$

把初始条件 $x\big|_{t=0} = 1, y\big|_{t=0} = 4$ 代入 x，y，得

$$\begin{cases} 4 = C_1 + C_2 \\[2mm] 1 = -\dfrac{1}{2}C_2 + \dfrac{1}{4}C_1 \end{cases}$$

由此求得 $C_1 = 4, C_2 = 0$

于是所给方程组满足初始条件的解为

$$\begin{cases} x = e^t \\ y = 4e^t \end{cases}$$

例 2 解微分方程组

$$\begin{cases} \dfrac{d^2 x}{dt^2} + \dfrac{dy}{dt} - x = e^t \\[3mm] \dfrac{d^2 y}{dt^2} + \dfrac{dx}{dt} + y = 0. \end{cases}$$

解 用记号 D 表示 $\dfrac{d}{dt}$，则方程组可记作

$$\begin{cases} (D^2 - 1)x + Dy = e^t & (22) \\[2mm] Dx + (D^2 + 1)y = 0 & (23) \end{cases}$$

消去一个未知数 x，可作如下运算

$(22) - (23) \times D$: $-x - D^3 y = e^t$ $\qquad (24)$

$(22) + (23) \times D$: $(-D^4 + D^2 + 1) y = De^t$ $\qquad (25)$

即 $(-D^4 + D^2 + 1) y = e^t$.

上式为四阶非齐次线性方程，其特征方程为

$$-\lambda^4 + \lambda^2 + 1 = 0$$

特征根为 $\quad \lambda_{1,2} = \pm \alpha = \pm \sqrt{\dfrac{1 + \sqrt{5}}{2}}, \lambda_{3,4} = \pm i\beta = \pm i \sqrt{\dfrac{\sqrt{5} - 1}{2}}.$

容易求得一个特解 $y^* = e^t$，于是得 y 的通解为

$$y = C_1 e^{-\alpha t} + C_2 e^{\alpha t} + C_3 \cos\beta t + C_4 \sin\beta t + e^t \qquad (26)$$

再求 x. 把上式代入（24）式，得

$$x = \alpha^3 C_1 e^{-\alpha t} - \alpha^3 C_2 e^{\alpha t} - \beta^3 C_3 \sin\beta + \beta^3 C_4 \cos\beta t - 2e^t \qquad (27)$$

将 x，y 两个函数联立起来，就是所求方程组的通解

$$\begin{cases} x = \alpha^3 C_1 e^{-\alpha t} - \alpha^3 C_2 e^{\alpha t} - \beta^3 C_3 \sin\beta t + \beta^3 C_4 \cos\beta t - 2e^t \\ y = C_1 e^{-\alpha t} + C_2 e^{\alpha t} + C_3 \cos\beta t + C_4 \sin\beta t + e^t \end{cases}$$

值得注意的是，在求得一个未知函数的通解以后，再求另一个未知函数的通解时，一般不再积分（积分就会出现新的任意常数，从（26），（27）可知两式中的任意常数之间有着确定的关系）.

习题 11－6

1. 求下列欧拉方程的解.

（1）$t^2 x'' + tx' - x = 0$

（2）$(t + 1)^2 x'' + 3(t + 1) x' + x = 0$

（3）$x^2 y'' + xy' - 4y = x^3$

（4）$x^2 y'' - xy' + 4y = x\sin(\ln x)$

2. 试用幂级数求下列方程的解.

（1）$y' - xy - x = 1$

（2）$\dfrac{d^2 x}{dt^2} + x\cos t = 0, x\big|_{t=0} = a, \dfrac{dx}{dt}\Big|_{t=0} = 0.$

（3）$(1 - x)y' + y = 1 + x, y\big|_{x=0} = 0$

3. 求下列方程组的解.

（1）$\begin{cases} \dfrac{dy}{dx} = z \\ \dfrac{dz}{dx} = y \end{cases}$

（2）$\begin{cases} \dfrac{dx}{dt} + 5x + y = e^t \\ \dfrac{dy}{dt} - x - 3y = e^{2t} \end{cases}$

（3）$\begin{cases} 2\dfrac{dx}{dt} - 4x + \dfrac{dy}{dt} - y = e^t, x\big|_{t=0} = \frac{3}{2} \\ \dfrac{dx}{dt} + 3x + y = 0, y\big|_{t=0} = 0 \end{cases}$

附录一　几种常用的曲线

（1）概率曲线

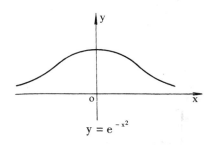

$$y = e^{-x^2}$$

（2）笛卡儿叶形线

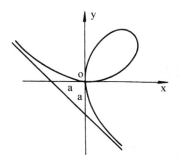

$$x^3 + y^3 - 3axy = 0 \quad 或 \quad \begin{cases} x = \dfrac{3at}{1+t^3} \\[3mm] y = \dfrac{3at^2}{1+t^3} \end{cases}$$

（3）星形线（内摆线的一种）

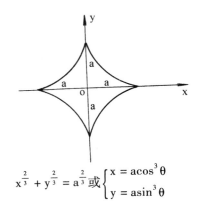

$$x^{\frac{2}{3}} + y^{\frac{2}{3}} = a^{\frac{2}{3}} \text{或} \begin{cases} x = a\cos^3\theta \\ y = a\sin^3\theta \end{cases}$$

（4）摆线

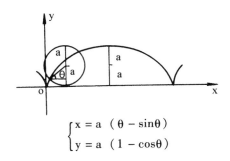

$$\begin{cases} x = a\ (\theta - \sin\theta) \\ y = a\ (1 - \cos\theta) \end{cases}$$

（5）心形线（外摆线的一种）

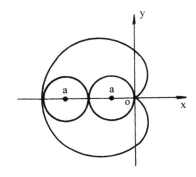

$$x^2 + y^2 + ax = a\ \sqrt{x^2 + y^2} \text{或} \rho = a\ (1 - \cos\theta)$$

（6）阿基米德螺线

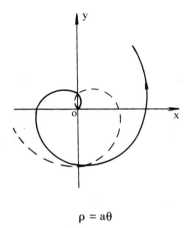

$$\rho = a\theta$$

（7）对数螺线

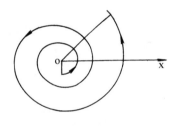

$$\rho = e^{a\theta}$$

（8）双曲螺线

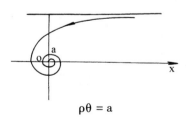

$$\rho\theta = a$$

（9） 伯努利双纽线

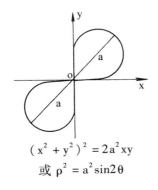

$$(x^2 + y^2)^2 = 2a^2xy$$

$$\text{或 } \rho^2 = a^2\sin2\theta$$

（10） 伯努利双纽线

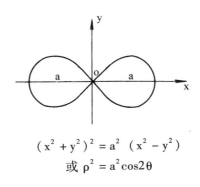

$$(x^2 + y^2)^2 = a^2 (x^2 - y^2)$$

$$\text{或 } \rho^2 = a^2\cos2\theta$$

（11） 三叶玫瑰线

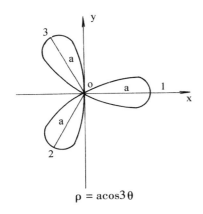

$$\rho = a\cos3\theta$$

（12） 三叶玫瑰线

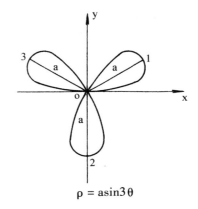

$$\rho = a\sin3\theta$$

附录二 习题答案

第一章

习题 1-1

1. （1）不同   （2）相同   （3）不同   （4）相同   （5）不同

2. （1）$f(0)=2$，$f\left(\dfrac{1}{x}\right)=\dfrac{|1-2x|}{1+x}\cdot\dfrac{x}{|x|}$ （2）$f(x^2)=x^4+1$

$[f(x)]^2=x^4+2x^2+1$ （3）1

3. （1）奇   （2）偶   （3）非奇非偶   （4）奇

5. （1）是 $T=2\pi$ （2）是 $T=2$ （3）不是   （4）是 $T=\pi$

6. （1）$y=-\sqrt{1-x^2}$ $(0\leqslant x\leqslant 1)$ （2）$y=\dfrac{1+x}{1-x}$

  （3）$y=\log_2\left(\dfrac{x}{1-x}\right)$ （4）$y=e^{x-1}-2$

7. $f[f(x)]=\dfrac{x}{1-2x}$ $D=\left\{x\mid x\neq\dfrac{1}{2},\ x\neq 1\right\}$

习题 1-2

1. （1）$(-3,3)$ （2）$[-1,3]$

  （3）$(-\infty,1)$ （4）$\overset{\infty}{\underset{k=0}{\cup}}[4k^2\pi^2,(2k+1)^2\pi^2]$

2. $f[g(x)]=2^{2x}$ $g[f(x)]=2^{x^2}$

3. $f(x)+g(x)=\begin{cases}x^2+x+1 & x\geqslant 1\\ 2x & 0\leqslant x<1\\ 0 & x<0\end{cases}$

5. $L(Q)=24Q-\dfrac{Q^2}{3}-100$

6. $R(Q)=\begin{cases}20Q & 0\leqslant Q\leqslant 800\\ 18Q+1600 & 800<Q\leqslant 1000\end{cases}$

7. $f(x)=\dfrac{ab}{x}+\dfrac{c}{2}x$ $(0<x\leqslant a)$

习题 1 - 3

1. （1） $y_n = \dfrac{n}{2n-1} \to \dfrac{1}{2}$ （2） $y_n = (-1)^n \dfrac{1}{2^n} \to 0$

　 （3） $y_n = \dfrac{1+(-1)^n}{2n} \to 0$ （4） $y_n = (-1)^n n$ 发散

2. （1） $\lim\limits_{n\to\infty} y_n = 0$ （2）发散 $(y_{2k-1} \to 1, y_{2k} \to -1)$

5. $\{y_n\}$ ： $\dfrac{1}{2}, \dfrac{1}{2^2}, \dfrac{1}{2^3}, \cdots, \dfrac{1}{2^n}, \cdots \lim\limits_{n\to\infty} \dfrac{1}{2^n} = 0$

习题 1 - 4

2. $f(0-0) = -1$ ， $f(0+0) = 1$ ， $\lim\limits_{x\to 0} f(x)$ 不存在

3. （1）不存在　　　　　　（2）存在，极限为 1

　 （3）不存在　　　　　　（4）存在，极限为 0

　 （5）不存在　　　　　　（6）存在，极限为 0

　 （7）存在，极限为 1　　（8）不存在

习题 1 - 5

1. 提示：取 $\varepsilon = \dfrac{A-B}{2} > 0$

2. 提示：用反证法及上题结论

3. 提示：取 $\varepsilon = \dfrac{|A|}{2} > 0$

习题 1 - 6

1. （1） $x \to 0$ （2） $x \to 2$ 或 $x \to 3$

　 （3） $x \to \infty$ 或 $x \to \left(k\pi + \dfrac{\pi}{2}\right)^{-1}$ ， $k = 0, \pm 1, \pm 2, \cdots$

　 （4） $x \to 0$ （5） $x \to 1^+$ （6） $x \to 2^-$ 或 $x \to -\infty$

2. （1） $x \to 1$ 或 $x \to -1$ （2） $x \to +\infty$ 或 $x \to -1^+$

　 （3） $x \to 0^+$　　　　　　　 （4） $x \to -1^+$ 或 $x \to +\infty$

3. $\lim\limits_{x\to -\infty} a^x = 0$ $\lim\limits_{x\to +\infty} a^x = +\infty$

4. 无界，不是无穷大量.

5. （1） 0   （2） 0

习题 1 - 7

1. （1） -1 （2） 3   （3） 0   （4） ∞ （5） $\dfrac{3}{5}$ （6） 2   （7） $3x^2$

（8）n　（9）$\dfrac{1}{2}$　（10）2　（11）2　（12）1　（13）0　（14）6^5

（15）∞　（16）$\dfrac{1}{5}$

2. （1）1　（2）1　（3）$\dfrac{1}{6}$　（4）$\dfrac{\pi}{2}$　（5）2　（6）1　（7）1

3. （1）1　（2）5

4. （1）不存在　（2）－1

5. （1）1，1　（2）$y = \begin{cases} 1 & x=0 \\ 0 & x\neq 0 \end{cases}$，　0

　　（3）不能，因为当 x≠0 时，u＝1，不满足定理4的条件.

习题 1－8

2. （1）$\dfrac{2}{3}$　（2）1　（3）2　（4）x　（5）0　（6）$\dfrac{1}{2}$

3. （1）e^6　（2）e^2　（3）$e^{-\frac{1}{n}}$　（4）e^{-1}　（5）$e^{\frac{1}{2}}$　（6）e^{-1}

习题 1－9

1. （1）同阶不等价　　（2）等价无穷小
2. （1）同阶不等价　　（2）高阶无穷小
5. （1）0（当 m＜n 时），1（当 m＝n 时），∞（当 m＞n 时）

　　（2）$\dfrac{1}{2}$

习题 1－10

1. （1）x＝2 为可去间断点，x＝3 为无穷间断点

　　（2）当 k≠0 时，x＝kπ 为无穷间断点，x＝0 和 $x=k\pi+\dfrac{\pi}{2}$ 为可去间断点

　　（3）x＝0 为振荡间断点

　　（4）x＝1 为跳跃间断点，x＝3 为连续点

2. （1）0　（2）αβ
3. （1）a＝－1，b＝－1　（2）a＝1，b＝0

习题 1－11

1. （1）在（－∞，∞）内连续　（2）在（－∞，0）∪（0＋∞）内连续
2. （1）a＝1，b＝－1　（2）a＝1，b＝0

3. （1）$\dfrac{2}{\pi}$　（2）0　（3）$\dfrac{1}{3}$　（4）0

习题 1 - 12

4. 提示：只须证 $m \leqslant \dfrac{f(x_1) + f(x_2) + \cdots + f(x_n)}{n} \leqslant M$

第二章

习题 2 - 1

1. （1） $-f'(x_0)$ （2） $2f'(x_0)$ （3） $2af'(x_0)$

2. （1） $6x^5$ （2） $\dfrac{2}{3}x^{-\frac{1}{3}}$ （3） $-0.8x^{-1.8}$ （4） $\dfrac{16}{3}x^{\frac{13}{3}}$ （5） $\dfrac{31}{15}x^{\frac{16}{15}}$ （6） $\dfrac{7}{8}x^{-\frac{1}{8}}$

3. （1） $-\dfrac{1}{4}$ （2） $\dfrac{\sqrt{2}}{2}$ （3） $3\ln 3$ （4） $\dfrac{2}{\ln 2}$

4. -10 5. 48

7. 切线方程 $6x + 12y - 6\sqrt{3} - \pi = 0$

   法线方程 $12x - 6y + 3\sqrt{3} - 2\pi = 0$

8. $x - y + 1 = 0$

9. $\left(\dfrac{\sqrt{3}}{2}, \dfrac{1}{4} \right)$, $\left(-\dfrac{\sqrt{3}}{2}, \dfrac{1}{4} \right)$

10. $x = \dfrac{2}{3}$

11. （1）在 $x = 0$ 处连续，不可导 （2）在 $x = 0$ 处连续，且可导
    （3）在 $x = 0$ 处连续，不可导 （4）在 $x = 1$ 处连续，不可导

12. $a = \dfrac{1}{4}$, $b = 1$

13. $\sqrt{e}$

习题 2 - 2

3. 不一定

4. 仅当 $\varphi(a) = 0$ 时可导

5. （1） $3x^2 + \dfrac{4}{3}x^{-\frac{1}{3}} - 2^x \ln 2 + 3e^x$ （2） $-\dfrac{1}{x^2} + \dfrac{10}{x^3} + \dfrac{3}{x^4}$

   （3） $-\dfrac{1}{2\sqrt{x}} - \dfrac{1}{2x\sqrt{x}}$ （4） $x\sin x + x^2 \cos x$

   （5） $2x\tan x\ln x + x^2 \sec^2 x\ln x + x\tan x$ （6） $\dfrac{2x^2 - 2x + 2}{(1 - x^2)^2}$

$(7)\dfrac{2}{x(1-\ln x)^2}$

$(8)-\dfrac{1+x}{\sqrt{x}(1-x)^2}$

$(9)\dfrac{x^2}{(\cos x+x\sin)^2}$

$(10)\,e^\varphi\sin\varphi+e^\varphi\cos\varphi$

6. $(1)\,f'(1)=-8\quad f'(2)=0\quad f'(3)=0$

$(2)-\dfrac{1}{18}\quad(3)\dfrac{\sqrt{2}}{4}\left(1+\dfrac{\pi}{2}\right)$

7. $(1)\dfrac{x}{x+1}\quad(2)\dfrac{1}{1+e^x}$

8. $(1)\,9(3x+5)^2(5x+4)^5+25(3x+5)^3(5x+4)^4$

$(2)\dfrac{1}{(1-x^2)(\sqrt{1-x^2})}$

$(3)\dfrac{100x^{99}}{(1+x)^{101}}$

$(4)\dfrac{1}{x^2}e^{-\frac{1}{x}}$

$(5)-\dfrac{1}{x^2}\sin\dfrac{2}{x}e^{-\cos^2\frac{1}{x}}$

$(6)\dfrac{-1}{(1+x)\sqrt{1-x^2}}e^{\sqrt{\frac{1-x}{1+x}}}$

$(7)\dfrac{6}{x\ln x\ln(\ln^3 x)}$

$(8)\dfrac{1}{\sqrt{1+x^2}}$

$(9)\,\sec x$

$(10)\dfrac{1}{2\sqrt{x+\sqrt{x+\sqrt{x}}}}\left[1+\dfrac{1+2\sqrt{x}}{4\sqrt{x}(\sqrt{x+\sqrt{x}})}\right]$

$(11)\dfrac{2\arcsin\dfrac{x}{2}}{\sqrt{4-x^2}}$

$(12)\dfrac{1}{(1+x)\sqrt{2x(1-x)}}$

$(13)\,n\sin^{n-1}x\cos(n+1)x\quad(14)(2x+1)e^{x^2+x-2}\cos e^{x^2+x-2}$

$(15)\,2xe^{-2x}\cos 3x-2x^2e^{-2x}\cos 3x-3x^2e^{-2x}\sin 3x$

$(16)\,\arcsin\dfrac{x}{2}$

$(17)\dfrac{1}{(1-x^2)+\sqrt{1-x^2}}$

$(18)\left(\dfrac{a}{b}\right)^x(\ln a-\ln b)-\left(\dfrac{b}{x}\right)^{b+1}+\left(\dfrac{x}{a}\right)^{a-1}$

$(19)\dfrac{2}{a}\left[\sec^2\dfrac{x}{a}\tan\dfrac{x}{a}-\csc^2\dfrac{x}{a}\cot\dfrac{x}{a}\right]$

$(20)-\dfrac{\cos x}{1+\sin^2 x}\sin x$

$(21)-2(3x^2+1)\sin(x^3+x)\cos(x^3+x)\cos[\cos^2(x^3+x)]$

$(22)\,0$

$(23)\,\sec^2 x$

$(24)\dfrac{(\cos 2x)(\sin 2x)^3}{2}$ $\qquad$ $(25)\dfrac{6\sin x(1-\cos x)^2}{(1+\cos x)^4}$

$(26)-\dfrac{\sin\sqrt{x}}{2\sqrt{x}}-\dfrac{\sin x}{2\sqrt{\cos x}}-\dfrac{\sin\sqrt{x}}{4\sqrt{x}\sqrt{\cos\sqrt{x}}}$ $\qquad$ $(27)\dfrac{2}{x\sqrt{1+x^2}}$

$(28)a^{a^x}\ln a\cdot a^x\ln a+a^{x^a}\ln a\cdot ax^{a-1}+a^a\cdot x^{a^a-1}$

$(29)\dfrac{4}{(e^x+e^{-x})^2}$ $\quad$ $(30)-\dfrac{1}{2}\cos x(1-\sin x)^{-\frac{1}{2}}e^{(1-\sin x)\frac{1}{2}}$

9. $(1)2xf^2(x^2)+4x^3f(x^2)f'(x^2)$

$(2)f'(\sin x)\cos x\sin f(x)+f(\sin x)\cos f(x)\cdot f'(x)$

$(3)[e^xf'(e^x)+f'(x)f(e^x)]e^{f(x)}$

$(4)0$

10. $f[\varphi'(x)]=e^{4x}$ $\quad$ $f'[\varphi(x)]=2e^{2x^2}$ $\quad$ $\{f[\varphi(x)]\}'=4xe^{2x^2}$

11. $(1)f'(x)=\begin{cases}\dfrac{1}{x-1} & x<0\\[2mm]-1 & x=0\\[1mm]-\cos x & x>0\end{cases}$

$(2)f'(x)=\begin{cases}\arctan\dfrac{1}{x^2}-\dfrac{2x^2}{1+x^4} & x\neq 0\\[3mm]\dfrac{\pi}{2} & x=0\end{cases}$

习题 2 - 3

1. $(1)\dfrac{y(1-x)}{x(y-1)}$ $\qquad$ $(2)\dfrac{-e^y}{1+xe^y}$

$(3)\dfrac{ay-x^2}{y^2-ax}$ $\qquad$ $(4)-\sqrt[3]{\dfrac{y}{x}}$

$(5)\dfrac{1+y^2}{y^2}$ $\qquad$ $(6)\dfrac{-2x\cos(x^2+y^2)-\sin(x+y)}{2y\cos(x^2+y^2)+\sin(x+y)}$

$(7)\dfrac{x+y}{x-y}$ $\qquad$ $(8)-\dfrac{y}{2x\ln x}$

2. -1

3. 切线方程为：$x+y-8=0$ $\qquad$ 法线方程为：$x-y=0$

4. $(1)x^{\cos x}\left(\dfrac{\cos x}{x}-\sin x\ln x\right)$ $\qquad$ $(2)\left(\dfrac{x}{1+x}\right)^x\left(\ln\dfrac{x}{1+x}+\dfrac{1}{1+x}\right)$

$(3)\dfrac{\ln\sin y+y\tan x}{\ln\cos x-x\cot y}$ $\qquad$ $(4)(\sin x)^{\cos x}\left[1+x\left(\dfrac{\cos^2 x}{\sin x}-\sin x\ln\sin x\right)\right]$

$(5) x \sqrt{\dfrac{(1-x)(2-x)}{(x-3)(x-4)}} \left[\dfrac{1}{x} - \dfrac{1}{2(1-x)} - \dfrac{1}{2(2-x)} \right.$

$\left. \qquad\qquad - \dfrac{1}{2(x-3)} - \dfrac{1}{2(x-4)} \right]$

$(6) \dfrac{\sqrt{x+2}\,(3-x)^4}{(x+1)^5} \left[\dfrac{1}{2(x+2)} - \dfrac{4}{3-x} - \dfrac{5}{x+1} \right]$

$(7) \left[\dfrac{a_1}{x-a_1} + \dfrac{a_2}{x-a_2} + \cdots + \dfrac{a_n}{x-a_n} \right] (x-a_1)^{a_1} (x-a_2)^{a_2} \cdots (x-a_n)^{a_n}$

5.　$(1) \dfrac{\cos\theta - \theta\sin\theta}{1 - \sin\theta - \theta\cos\theta}$　　　　　　　　$(2) -\tan t$

　　$(3) \dfrac{2t}{1-t^2}$　　　　　　　　　　$(4) \dfrac{\sin t(\sin t + \cos t)}{\cos t(\cos t - \sin t)}$

6.　$-\dfrac{2}{\pi}$

7.　(1) 切线方程为：$(2-\sqrt{3})x + y + (1-\sqrt{3})e^{\frac{\pi}{3}} = 0$

　　　法线方程为：$(\sqrt{3}-2)y + x + (1-\sqrt{3})e^{\frac{\pi}{3}} = 0$

　　(2) 切线方程为：$x + y - 1 = 0$　　法线方程为：$x - y - 3 = 0$

　　(3) 切线方程为：$x - ey - e = 0$　　法线方程为：$ex + y + 1 = 0$

10.　$800\pi \, \text{cm}^3/\text{s}$　　　　　　11.　$144\pi \, \text{m}^2/\text{s}$

12.　$\dfrac{17}{4} \, \text{m/s}$　　　　　　　13.　$v = -\dfrac{16}{25} \, \text{cm/min}$

习题 2－4

1.　$(1) 4 - \dfrac{1}{x^2}$　　　　　　　　$(2) \dfrac{6x(2x^3-1)}{(x^3+1)^3}$

　　$(3) 2x(2x^2-3)e^{-x^2}$　　　　　　$(4) 3x(1-x^2)^{-\frac{5}{2}}$

　　$(5) 2\arctan x + \dfrac{2x}{1+x^2}$　　　　$(6) -\dfrac{x}{(1+x^2)^{3/2}}$

2.　e^{-3}

3.　$(1) 6xf'(x^3) + 9x^4 f''(x^3)$　　　　$(2) e^{-x}f'(e^{-x}) + e^{-2x}f''(e^{-x})$

　　$(3) e^{f(x)}\{f''(x) + [f'(x)]^2\}$　　　　$(4) \dfrac{f''(x)f(x) - [f'(x)]^2}{[f(x)]^2}$

4.　$(1) -2\csc^2(x+y)\cot^3(x+y)$　　　$(2) -\dfrac{b^4}{a^2 y^3}$

　　$(3) \dfrac{e^{x+y}}{(1-e^{x+y})^3}$　　　　　$(4) \dfrac{2x^2 y^2 [2x^4(1-y^2) + 3(1+y^2)^2]}{y(1+y^2)^3}$

$(5)\dfrac{1}{8}$ $\qquad\qquad\qquad\qquad (6)\dfrac{1}{4\pi^2}$

5. $(1)\dfrac{3}{4}\dfrac{b}{a^2 t}$ $\qquad\qquad (2)\dfrac{2}{e^t(\cos t - \sin t)^3}$

$\quad (3)\dfrac{3}{4(1-t)}$ $\qquad\qquad (4)\dfrac{1}{f''(t)}$

6. $(1)2^{n-1}\sin\left[2x+(n-1)\dfrac{\pi}{2}\right]$ $\qquad (2)(-1)^{n-1}ne^{-x}+(-1)^n xe^{-x}$

$\quad (3)(-1)^n\dfrac{(n-2)!}{x^{n-1}}(n\geqslant 2)$ $\qquad (4)\dfrac{(-1)^n 2\cdot n!}{(1+x)^{n+1}}$

7. $(1)-25\cdot 2^{50}\pi$ $\qquad (2)2^{20}e^{2x}(x^2+20x+95)$

习题 2 - 5

2. $(1)(2x\sin x + x^2\cos x)dx$ $\qquad (2)\dfrac{1}{(x^2+1)\sqrt{x^2+1}}dx$

$\quad (3)2(e^{2x}-e^{-2x})dx$ $\qquad (4)\dfrac{\cos x}{|\cos x|}dx$

$\quad (5)e^{\sin(x^2+\sqrt{x})}\cos(x^2+\sqrt{x})\left(2x+\dfrac{1}{2\sqrt{x}}\right)dx$

$\quad (6)6\sec^3 2x\tan 2x\,dx$ $\qquad (7)\dfrac{4x}{1+2x^2}dx$

$\quad (8)\dfrac{-2x}{1+x^4}dx$ $\qquad (9)(a\sin bx + b\cos bx)e^{ax}dx$

$\quad (10)x^{\arcsin x}\left(\dfrac{1}{\sqrt{1-x^2}}\ln x + \dfrac{\arcsin x}{x}\right)dx$

3. $(1)\dfrac{x+y}{x-y}dx$ $\quad (2)\dfrac{2-yx^{y-1}}{1+x^y\ln x}dx$ $\quad (3)\dfrac{4x^3 y}{2y^2+3}dx$

4. $\Delta v = 30.301\ 厘米^3, dv = 30\ 厘米^3$

5. $(1)\dfrac{(1-x)\varphi'(x)+\varphi(x)}{(1-x)^2}dx$

$\quad (2)\left[-2f'(1-2x)+e^{f(x)}f'(x)\right]dx$

7. $(1)0.87476$ $\quad (2)0.7954$ $\quad (3)-0.002$ $\quad (4)2.0017$

$\quad (5)3.0048$ $\quad (6)2.9907$

8. $\dfrac{2}{3}\%$

9. $0.03355\ 克$

第三章

习题 3 - 1

1. (1) $\dfrac{-4+\sqrt{37}}{3}$ (2) $\dfrac{\pi}{2}$

   (3) 不满足 (4) 0

2. (1) $\sqrt{\dfrac{4}{\pi}-1}$ (2) $e-1$

   (3) 不满足

3. $\dfrac{\pi}{4}$

4. 有分别位于区间 $(1,2),(2,3)$ 及 $(3,4)$ 内的三个根.

习题 3 - 2

1. (1) 2 (2) 2 (3) $\dfrac{m}{n}a^{m-n}$

   (4) $\dfrac{1}{3}$ (5) $-\dfrac{1}{8}$ (6) 1

   (7) 1 (8) 3 (9) 0

   (10) ∞ (11) 1 (12) ∞

   (13) $\dfrac{1}{2}$ (14) 0 (15) 1

   (16) $\dfrac{1}{\sqrt[6]{e}}$ (17) 1 (18) 1

   (19) $\dfrac{1}{2}$ (20) $(a_1 a_2 \cdots a_n)^{\frac{1}{n}}$

2. (1) 2 (2) $\dfrac{1}{6}$

3. $\dfrac{1}{2}f'(0)$

习题 3 - 3

1. (1) $xe^x = x + x^2 + \dfrac{x^3}{2!} + \cdots + \dfrac{x^n}{(n-1)!} + \dfrac{(n+\theta x+1)}{(n+1)!}e^{\theta x}x^{n+1}$ $(0<\theta<1)$

   $xe^x = x + x^2 + \dfrac{x^3}{2!} + \cdots + \dfrac{x^n}{(n-1)!} + o(x^n)$

  (2) $\sqrt{1+x} = 1 + \dfrac{x}{2} - \dfrac{x^2}{2^2 2!} + \cdots + (-1)^{n-1}\dfrac{(2n-3)!!\ x^n}{2^n n!}$

   $+ (-1)^n \dfrac{(2n-1)!!\ x^{n+1}}{2^{n+1}(n+1)!}(1+\theta x)^{-\frac{2n+1}{2}}$ $(0<\theta<1)$

$$\sqrt{1+x} = 1 + \frac{x}{2} - \frac{x^2}{2^2 2!} + \cdots + (-1)^{n-1} \frac{(2n-3)!!}{2^n n!} x^n + o(x^n)$$

$$(3) \ln\sqrt{\frac{1+x}{1-x}} = x + \frac{x^3}{3} + \cdots + \frac{[(-1)^{n-1}+1]x^n}{2n}$$

$$+ \frac{x^{n+1}}{2(n+1)} \left[\frac{(-1)^n}{(1+\theta x)^{n+1}} + \frac{1}{(1-\theta x)^{n+1}} \right]$$

$$\ln\sqrt{\frac{1+x}{1-x}} = x + \frac{x^3}{3} + \cdots + \frac{[(-1)^{n-1}+1]x^n}{2n} + o(x^n)$$

2. $(1)\sqrt{x} = \sqrt{2}\left[1 + \frac{(x-2)}{4} - \frac{(x-2)^2}{32} + \frac{(x-2)^3}{128} \right] + o[(x-2)^3]$

$(2) e^{2x} = e^2\left[1 + 2(x-1) + \frac{2^2(x-1)^2}{2!} + \frac{2^3(x-1)^3}{3!} \right]$

$$+ o[(x-1)^3]$$

$(3)\ln\cos x = -\frac{1}{2}\ln 2 - \left(x - \frac{\pi}{4}\right) - \left(x - \frac{\pi}{4}\right)^2 - \frac{2}{3}\left(x - \frac{\pi}{4}\right)^3$

$$+ o\left[\left(x - \frac{\pi}{4}\right)^3 \right]$$

3. $(1) -\frac{1}{12}$ $(2)\frac{1}{4}$ $(3) -1$ $(4)\frac{1}{3}$

4. $(1)\sqrt[3]{30} \approx 3.10725$ $|R_3| \leqslant 1.88 \times 10^{-5}$

$(2)(1.1)^{1.2} \approx 1.12117$ $|R_3| \leqslant 1.44 \times 10^{-6}$

5. 二阶 $\sin 31° \approx \frac{1}{2} + \frac{\sqrt{3}}{2} \cdot \frac{\pi}{180} - \frac{1}{4} \cdot \left(\frac{\pi}{180}\right)^2 \approx 0.512662$

习题 3 - 4

1. (1)在$(-\infty,1) \cup (2,+\infty)$上单调增加,在$(1,2)$上单调减少

   (2)在$(-\infty,0) \cup (2,+\infty)$上单调增加,在$(0,1) \cup (1,2)$上单调减少

   (3)在$(-\infty,+\infty)$上单调增加

   (4)在$(\frac{1}{2},+\infty)$上单调增加,在$(0,\frac{1}{2})$上单调减少

   (5)在$(-\infty,-2) \cup (0,+\infty)$上单调增加,在$(-2,0)$上单调减少

   (6)在$(-\infty,0) \cup (0,\frac{1}{4})$上单调减少,在$(\frac{1}{4},+\infty)$上单调增加

4. (1)在$x = e^{-\frac{1}{2}}$处取得极小值$-\frac{1}{2e}$

   (2)在$x = 1$处取得极大值1,在$x = -1$处取得极小值-1

   (3)在$x = -1$处取得极大值2,在$x = 1$处取得极小值-2

   (4)在$x = \frac{1}{5}$处取得极大值$\frac{3456}{3125}$,在$x = 1$处取得极小值0

   (5)在$x = 0$处取得极小值0

(6)在 $x = -1$ 处取得极大值 0,在 $x = 1$ 处取得极小值 $-3\sqrt[3]{4}$

5. (1)最大值 $f(-1) = 3$ 最小值 $f(3) = -61$

  (2)最大值 $f(0) = \dfrac{\pi}{4}$ 最小值 $f(1) = 0$

  (3)最大值 $f(e) = e$ 最小值 $f(1) = 0$

  (4)最大值 $f(3) = \sqrt[3]{9}$ 最小值 $f(0) = f(2) = 0$

  (5)最小值 $f(-3) = 27$

  (6)最大值 $f(-10) = 132$,最小值 $f(1) = f(2) = 0$

6. $a = 2$ 在 $x = \dfrac{\pi}{3}$ 处有极大值 $\sqrt{3}$

7. $a = 2$ $b = -3$ $c = -12$ $d = 1$

8. $a = -\dfrac{2}{3}$ $b = -\dfrac{1}{6}$

  在 $x = 2$ 处取得极大值 $\dfrac{4}{3} - \dfrac{2}{3}\ln2$,在 $x = 1$ 处取得极小值 $\dfrac{5}{6}$

9. 底边长 6 米,高 3 米

10. 底宽为 $\sqrt{\dfrac{40}{4 + \pi}} \approx 2.366$ 米

11. D 选在距 A 点 15 公里处

12. 2 小时

13. 每年生产 3 百台时,利润最大,最大利润为 $\dfrac{5}{2}$ 万元.

14. $P = 17.5$ 元时,有最大利润,最大利润为 6250 元.

15. 20 批

习题 3－5

1. (1)在 $(-\infty, 0) \cup \left(\dfrac{2}{3}, +\infty\right)$ 内凹,在 $\left(0, \dfrac{2}{3}\right)$ 内凸,$(0, 1)$,$\left(\dfrac{2}{3}, \dfrac{11}{27}\right)$ 为拐点

  (2)在 $(-\sqrt{3}, 0) \cup (\sqrt{3}, +\infty)$ 内凹,在 $(-\infty, -\sqrt{3}) \cup (0, \sqrt{3})$ 内凸,$\left(-\sqrt{3}, -\dfrac{\sqrt{3}}{2}\right)$,$(0, 0)$、$\left(\sqrt{3}, \dfrac{\sqrt{3}}{2}\right)$ 为拐点

  (3)在 $\left(-\infty, -\dfrac{1}{\sqrt{2}}\right) \cup \left(\dfrac{1}{\sqrt{2}}, +\infty\right)$ 内凹,在 $\left(-\dfrac{1}{\sqrt{2}}, \dfrac{1}{\sqrt{2}}\right)$ 内凸,$\left(-\dfrac{1}{\sqrt{2}}, e^{-\frac{1}{2}}\right)$、$\left(\dfrac{1}{\sqrt{2}}, e^{-\frac{1}{2}}\right)$ 为拐点

  (4)在 $(-\infty, 0) \cup (0, +\infty)$ 内凸,没有拐点

  (5)在 $(1, +\infty)$ 内凹,在 $(0, 1)$ 内凸,$(1, -7)$ 为拐点

  (6)在 $(-\infty, 0) \cup \left(\dfrac{1}{4}, +\infty\right)$ 内凹,在 $\left(0, \dfrac{1}{4}\right)$ 内凸 $(0, 0)$,$\left(\dfrac{1}{4}, -\dfrac{3}{16\sqrt[3]{16}}\right)$ 为拐点

4. $a = -\dfrac{3}{2}, b = \dfrac{9}{2}$

5. $k = \pm\dfrac{\sqrt{2}}{8}$

习题 3 - 6

1. （1）$x = -1, x = 5, y = 0$ （2）$y = x \pm \dfrac{\pi}{2}$

   （3）$y = 0, x = 0$ （4）$y = x + \dfrac{1}{e}, x = -\dfrac{1}{e}, x = 0$

习题 3 - 7

1. $k = 2$ $R = \dfrac{1}{2}$

2. $k = \dfrac{1}{4a}$ $R = 4a$

3. $(3, -2)$ $R = 2\sqrt{2}$ $(x - 3)^2 + (y + 2)^2 = 8$

4. $\rho g - \dfrac{8\rho v^2 h}{l^2}$

第四章

习题 4 - 1

1. （1）$\dfrac{1}{3}x^3 + \dfrac{3}{2}x^2 + 2x + C$ （2）$-\dfrac{1}{x} - 2\ln|x| + x + C$

   （3）$\dfrac{2}{7}x^{\frac{7}{2}} - \dfrac{1}{4}x^4 + \dfrac{2}{3}x^3 + \dfrac{2}{3}x^{\frac{3}{2}} - \dfrac{1}{2}x^2 + 2x + C$

   （4）$-\dfrac{2}{3}x^{-\frac{3}{2}} - \dfrac{1}{\ln 2}2^x + \ln|x| + C$

   （5）$2(x - \arctan x) + C$ （6）$\dfrac{1}{2}x^2 - 3x + C$

   （7）$2x - \dfrac{5}{\ln 2 - \ln 3}\left(\dfrac{2}{3}\right)^x + C$ （8）$e^x + \dfrac{1}{\ln 3} \cdot 3^x + \dfrac{3^x e^x}{\ln 3 + 1} + C$

   （9）$\dfrac{1}{2}(x + \sin x) + C$ （10）$-\cot x - x + C$

   （11）$-\cot x - \tan x + C$ （12）$\sec x + \tan x + C$

   （13）$3\arctan x + 5\arcsin x + C$ （14）$\dfrac{4}{7}x^{\frac{7}{4}} + 4x^{-\frac{1}{4}} + C$

2. $y = \ln|x| + 1$

习题 **4 - 2**

1. $(1) \dfrac{1}{8}(3+2x)^4 + C$

$(2) -\dfrac{1}{3}\sqrt{2-3x^2} + C$

$(3) \dfrac{1}{2}e^{x^2+2x+5} + C$

$(4) \cos\dfrac{1}{x} + C$

$(5) \dfrac{2}{3}(2+\ln x)^{\frac{3}{2}} + C$

$(6) \arctan e^x + C$

$(7) \dfrac{1}{3}\cos^3 x - \cos x + C$

$(8) \dfrac{1}{3}\sec^3 x - \sec x + C$

$(9) -\dfrac{10^{\arccos x}}{\ln 10} + C$

$(10) (\arctan\sqrt{x})^2 + C$

$(11) \dfrac{1}{2}(\ln\tan x)^2 + C$

$(12) -\dfrac{1}{x\ln x} + C$

$(13) \dfrac{3}{2}(\sin x - \cos x)^{\frac{2}{3}} + C$

$(14) \dfrac{1}{2}\ln|x^2 - 2\cos x| + C$

$(15) \dfrac{1}{3}\ln\left|\dfrac{x-1}{x+2}\right| + C$

$(16) \dfrac{1}{\sqrt{2}}\arctan\dfrac{x+1}{\sqrt{2}} + C$

$(17) 2\arctan\sqrt{x} + C$

$(18) \arcsin\dfrac{x+1}{\sqrt{6}} + C$

$(19) -\dfrac{1}{24}\ln\left(1+\dfrac{4}{x^6}\right) + C$

$(20) \pm\arccos\dfrac{1}{x} + C$

$(21) \dfrac{3}{10}(\sqrt[3]{x+2})^{10} - \dfrac{12}{7}(\sqrt[3]{x+2})^7 + 3(\sqrt[3]{x+2})^4 + C$

$(22) 2\sqrt{x} - 4\cdot\sqrt[4]{x} + 4\ln(1+\sqrt[4]{x}) + C$

$(23) 2\arctan\sqrt{\dfrac{1-x}{1+x}} + \ln\left|\dfrac{\sqrt{1-x}-\sqrt{1+x}}{\sqrt{1-x}+\sqrt{1+x}}\right| + C$

$(24) \dfrac{x}{\sqrt{1+x^2}} + C$

2. $(1) 2\arcsin\sqrt{x} + C$

$(2) \ln|\sqrt{x^2+2x+2} + x + 1| + C$

$(3) \dfrac{1}{2}\arcsin x^2 + C$

$(4) \ln|x-2+\sqrt{x^2-4x}| + C$

习题 **4 - 3**

1. $-\dfrac{1}{4}xe^{-4x} - \dfrac{1}{16}e^{-4x} + C$

2. $-\dfrac{1}{x}\ln^2 x - \dfrac{2}{x}\ln x - \dfrac{2}{x} + C$

3. $x\tan x + \ln|\cos x| - \dfrac{1}{2}x^2 + C$

4. $\frac{1}{3}x^3\arctan x - \frac{1}{6}x^2 + \frac{1}{6}\ln(1+x^2) + C$

5. $\frac{1}{2}e^{-x}(\sin x - \cos x) + C$

6. $\frac{1}{2}\sec x\tan x + \frac{1}{2}\ln|\sec x + \tan x| + C$

7. $\frac{1}{2}x^2\arcsin x - \frac{1}{4}\arcsin x + \frac{1}{4}x\sqrt{1-x^2} + C$

8. $\frac{1}{4}x^2 - \frac{1}{4}x\sin 2x - \frac{1}{8}\cos 2x + C$

9. $\frac{1}{2}x^2 e^{x^2} - \frac{1}{2}e^{x^2} + C$

10. $x\ln(x + \sqrt{1+x^2}) - \sqrt{1+x^2} + C$

11. $x(\arccos x)^2 - 2\sqrt{1-x^2}\arccos x - 2x + C$

12. $\frac{1}{2}x[\sin(\ln x) + \cos(\ln x)] + C$

13. $\tan x \cdot \ln\sin x - x + C$

14. $-2x\sqrt{x}\cos\sqrt{x} + 6x\sin\sqrt{x} + 12\sqrt{x}\cos\sqrt{x} - 12\sin\sqrt{x} + C$

习 题 4 - 4

1. $\frac{1}{2}x^2 - \frac{9}{2}\ln(9+x^2) + C$

2. $2\ln|x+5| + \ln|x-2| + C$

3. $\frac{1}{2}\ln(x^2+2x+5) - \arctan\frac{x+1}{2} + C$

4. $\frac{1}{2}\ln|x^2-1| - \frac{1}{x+1} + C$

5. $2\ln|x+1| - \ln|x^2-x+1| + 2\sqrt{3}\arctan\frac{2x-1}{\sqrt{3}} + C$

6. $\ln|x| - \frac{1}{2}\ln|x+1| - \frac{1}{4}\ln(x^2+1) - \frac{1}{2}\arctan x + C$

7. $-\frac{x+1}{x^2+x+1} - \frac{4}{\sqrt{3}}\arctan\frac{2x+1}{\sqrt{3}} + C$

8. $\frac{\sqrt{2}}{8}\ln\frac{x^2+\sqrt{2}x+1}{x^2-\sqrt{2}x+1} + \frac{\sqrt{2}}{4}\arctan(\sqrt{2}x+1) + \frac{\sqrt{2}}{4}\arctan(\sqrt{2}x-1) + C$

9. $\frac{1}{7}\cos^7 x - \frac{1}{5}\cos^5 x + C$

10. $\frac{1}{5}\tan^5 x + C$

11. $\frac{1}{128}(3x - \sin 4x + \frac{\sin 8x}{8}) + C$

12. $-\dfrac{1}{4}(\sin x)^{-4}+(\sin x)^{-2}+\ln|\sin x|+C$

13. $-\dfrac{1}{8}\sin 4x+\dfrac{1}{4}\sin 2x+C$

14. $\dfrac{1}{14}\sin(7x+4)+\dfrac{1}{6}\sin(3x-2)+C$

15. $-\dfrac{1}{2}\cos x+\cos\dfrac{x}{2}+C$

16. $-\dfrac{3}{4}(\cos x)^{\frac{4}{3}}+\dfrac{3}{5}(\cos x)^{\frac{10}{3}}-\dfrac{3}{16}(\cos x)^{\frac{16}{3}}+C$

17. $\dfrac{1}{2}\arctan(\sin^2 x)+C$

18. $\dfrac{1}{2\sqrt{3}}\arctan\left(\dfrac{2}{\sqrt{3}}\tan x\right)+C$

19. $\tan x-\sec x+C$

20. $\dfrac{1}{\sqrt{5}}\arctan\left(\dfrac{3\tan\frac{x}{2}+1}{\sqrt{5}}\right)+C$

第五章

习题 5−1

1. (1) $\dfrac{1}{2}$　(2) $\dfrac{1}{4}\pi a^2$

2. (1) $5\le\int_2^3(x^2+1)dx\le10$　(2) $-2e^2\le\int_2^0 e^{x^2-x}dx\le-2e^{-\frac{1}{4}}$

3. (1) $\int_0^1 xdx\ge\int_0^1 x^2dx$　(2) $\int_1^2\ln xdx\ge\int_1^2\ln^2 xdx$

(3) $\int_1^4\ln(1+x)dx\le\int_1^4 xdx$　(4) $\int_0^{\frac{\pi}{2}}xdx\ge\int_0^{\frac{\pi}{2}}\sin xdx$

4. (1) $\int_0^1\sqrt{1+x}\,dx$ 或 $\int_1^2\sqrt{x}\,dx$　(2) $\int_0^1 x^2dx$

(3) $\int_0^1\dfrac{1}{1+x^2}dx$　(4) $\int_0^1\sin\pi xdx$ 或 $\dfrac{1}{\pi}\int_0^\pi\sin xdx$

习题 5−2

1. (1) $2x\sqrt{2+x^2}$　(2) $\dfrac{3x^2}{\sqrt{1+x^6}}-\dfrac{2x}{\sqrt{1+x^4}}$

(3) $-e^{-x^2}$　(4) $(x\ln x)^2(\ln x+1)+\cos^2 x\sin x$

2. (1) 1　(2) 2

3. $-\dfrac{\cos x}{2e^{(2y+1)^2}}$

4. 连续、可导

5. $\Phi(x) = \begin{cases} 0 & x < 0 \\ \dfrac{1}{2}(1 - \cos x) & 0 \leqslant x \leqslant \pi \\ 1 & x > \pi \end{cases}$

6. $\dfrac{1}{e+1} + \ln\dfrac{e+1}{e}$

7. (1) $3\ln3$ (2) 1 (3) $\dfrac{2}{3}\pi$

   (4) $\dfrac{4}{5}$ (5) $\ln(1 + \sqrt{2})$ (6) $2(\sqrt{3} - 1)$

   (7) $2\left(1 - \dfrac{\pi}{4}\right)$ (8) $-\ln(\sqrt{6} - \sqrt{3})$ (9) $2\sqrt{2}$

   (10) $\dfrac{\pi}{2}$ (11) $-\dfrac{3}{\ln3} - \dfrac{2}{\ln^2 3}$ (12) $-\dfrac{1}{2}(e^\pi + 1)$

   (13) $\dfrac{1}{4}(1 - 3e^{-2})$ (14) $\dfrac{1}{2}e(\sin1 - \cos1) + \dfrac{1}{2}$

   (15) $\dfrac{1}{2}\left(\dfrac{\pi}{2} - 1\right)$ (16) $\dfrac{e}{1+e} + \ln\dfrac{2}{e+1}$ (17) $-\dfrac{1}{2}\ln2$

   (18) $2\cos1 + 4\sin1 - 4$ (19) $\dfrac{1}{2}[\sqrt{2} - \ln(\sqrt{2} + 1)]$

   (20) $\ln\left[\dfrac{3}{4}(1 + e)\right] - \dfrac{3}{4} - \dfrac{1}{1+e}$

9. $\dfrac{4}{\pi} - 1$

习题 5 - 3

1. (1) 发散 (2) 2 (3) $\dfrac{1}{5}$

   (4) 1 (5) $\dfrac{\sqrt{2}}{4}\left(\dfrac{\pi}{2} - \arctan\dfrac{\sqrt{2}}{2}\right)$ (6) $\ln2 - \dfrac{1}{2}$

   (7) 1 (8) 发散 (9) $\dfrac{\pi}{2}$

   (10) π

2. (1) 收敛 (2) 发散 (3) 收敛 (4) 收敛
   (5) 发散 (6) 收敛 (7) 收敛 (8) 发散

3. (1) $\dfrac{15}{8}\sqrt{\pi}$ (2) $\dfrac{16}{315}$ (3) $\dfrac{\sqrt{\pi}}{4}$ (4) $\dfrac{3}{16}\pi$

4. $p > 0, q > 0$ 时收敛.

习题 5 - 4

1. (1) $4 - 3\ln3$ (2) $10\dfrac{2}{3}$ (3) 2 (4) $10\dfrac{2}{3}$

2. $3\pi a^2$　　3. $\dfrac{3}{2}\pi a^2$　　4. $\dfrac{5\pi}{24}-\dfrac{\sqrt{3}}{4}$

5. (1) $\dfrac{e^2-1}{2e}$　　(2) $\dfrac{38}{3}$　　(3) $6a$　　(4) $\dfrac{3}{2}\pi a$

6. (1) $\dfrac{15}{2}\pi,\dfrac{124}{5}\pi$　(2) $4\pi^2$　　(3) 9π

7. (1) $S_{\min}=S\left(\dfrac{1}{\sqrt{2}}\right)=\dfrac{2-\sqrt{2}}{6}$　　(2) $V_x=\dfrac{\sqrt{2}+1}{30}\pi$

8. $\dfrac{1}{16}\pi\rho gH^3$　　9. $91500(\text{J})$　　10. $1.65(\text{N})$ 或 $168\rho g$

11. $16:\left(2\pi+\dfrac{2}{3}\right)$　　12. $\dfrac{2Gm\rho}{R}\sin\dfrac{\varphi}{2}$　　13. $\dfrac{Gm\rho l}{a(l+a)}$

第六章

习题 6 – 1

2. $5\vec{a}-11\vec{b}+7\vec{c}$

3. $\overrightarrow{MA}=-\dfrac{1}{2}(\vec{a}+\vec{b}),\ \overrightarrow{MB}=-\dfrac{1}{2}(\vec{b}-\vec{a}),\ \overrightarrow{MC}=\dfrac{1}{2}(\vec{a}+\vec{b})$

$\overrightarrow{MD}=\dfrac{1}{2}(\vec{b}-\vec{a})$

7. $\{-4,3,3\}$　　8. $\pm\dfrac{1}{11}\{6,7,-6\}$

9. $|\overrightarrow{M_1M_2}|=2$　$\cos\alpha=-\dfrac{1}{2},\cos\beta=-\dfrac{\sqrt{2}}{2},\cos\gamma=\dfrac{1}{2},\alpha=\dfrac{2}{3}\pi,\beta=\dfrac{3}{4}\pi,\gamma=\dfrac{\pi}{3}$

11. $\dfrac{3\sqrt{3}}{2}$　　12. $(-2,3,0)$

习题 6 – 2

2. (1) 3　(2) -18　(3) $\dfrac{\sqrt{21}}{14}$

3. (1) $\dfrac{\pi}{3}$　(2) $-\dfrac{\sqrt{6}}{2}$

4. $\mu=2\lambda$　5. $\pm\dfrac{1}{\sqrt{17}}\{3,-2,-2\}$

6. (1) $\{48,30,-6\}$　(2) $\{0,-1,-1\}$　(3) 2

8. (1) $3\sqrt{6}$　(2) $\dfrac{3\sqrt{21}}{7},\dfrac{3\sqrt{462}}{77}$　　9. 2

11. (1) 共面　(2) 不共面

习题 6 – 3

1. $z^2 - 2x - 6y + 2z + 11 = 0$

2. $\left(x + \dfrac{2}{3}\right)^2 + (y + 1)^2 + \left(z + \dfrac{4}{3}\right)^2 = \left(\dfrac{2}{3}\sqrt{29}\right)^2$

3. $(1)(x - 2)^2 + (y + 1)^2 + (z - 3)^2 = 36$

   $(2)(x - 1)^2 + (y - 3)^2 + (z + 2)^2 = 14$

   $(3)(x - 3)^2 + (y + 1)^2 + (z - 1)^2 = 21$

4. $(1)(3, -4, -1), 4$ $(2)(-1, 2, 0), 9$

5. $(1)y^2 + z^2 = 5x$ $(2)x^2 + y^2 + z^2 = 9$

   $(3)4x^2 - 9y^2 - 9z^2 = 36, 4x^2 - 9y^2 + 4z^2 = 36$

8. (1)双曲抛物面 (2)母线平行于 z 轴的椭圆柱面 (3)旋
转双曲面 (4)椭圆锥面 (5)旋转抛物面 (6)母线平行于 x 轴的抛物柱面

习题 6 – 4

3. $(1)x = \dfrac{3\sqrt{2}}{2}\cos t$ $y = \dfrac{3\sqrt{2}}{2}\cos t$ $z = 3\sin t (0 \leqslant t \leqslant 2\pi)$

   $(2)x = 1 + \sqrt{3}\cos t$ $y = \sqrt{3}\sin t$ $z = 0$ $(0 \leqslant t \leqslant 2\pi)$

4. $(1)\begin{cases} \dfrac{x^2}{4} + (y - 2)^2 = 1 \\ z = 2 \end{cases}$ $(2)x - 3 = \dfrac{y - 1}{-2} = \dfrac{z}{4}$

5. $x^2 + 2y^2 = 16$

6. $(1)\begin{cases} x^2 + 20y^2 - 24x = 116 \\ z = 0 \end{cases}$ $(2)\begin{cases} 2x^2 + y^2 - 2x = 8 \\ z = 0 \end{cases}$

7. $\begin{cases} x^2 + y^2 = a^2 \\ z = 0 \end{cases}$ $\begin{cases} y = a\sin\dfrac{z}{b} \\ x = 0 \end{cases}$ $\begin{cases} x = a\cos\dfrac{z}{b} \\ y = 0 \end{cases}$

8. $\begin{cases} x^2 + y^2 \leqslant 4 \\ z = 0 \end{cases}$ $\begin{cases} y^2 \leqslant z \leqslant 4 \\ x = 0 \end{cases}$ $\begin{cases} x^2 \leqslant z \leqslant 4 \\ y = 0 \end{cases}$

9. $\begin{cases} 3x^2 + 2y^2 \leqslant 16 \\ z = 0 \end{cases}$

   $\begin{cases} \left\{(y, z) \mid -\sqrt{8} \leqslant y \leqslant \sqrt{8}, |y| \leqslant z \leqslant \sqrt{16 - y^2}\right\} \\ x = 0 \end{cases}$

   $\begin{cases} \left\{(x, z) \mid -\sqrt{\dfrac{16}{3}} \leqslant x \leqslant \sqrt{\dfrac{16}{3}}, |x| \leqslant z \leqslant \sqrt{16 - 2x^2}\right\} \\ y = 0 \end{cases}$

习题 6 – 5

1. $2x - 2y + z - 8 = 0$ 2. $4x - 3y + 2z - 7 = 0$

3. $x - 3y - 2z = 0$

5. （1）$x + 2 = 0$　（2）$x + 3y = 0$　（3）$9y - z - 2 = 0$

6. $12x + 8y + 19z + 24 = 0$　　　　7. $\theta = \dfrac{\pi}{4}$

8. （1）$m = 3, n = -4$　（2）$m = -\dfrac{1}{7}$

9. $(0, 0, -2)$ 或 $\left(0, 0, -\dfrac{82}{13}\right)$

10. $(x - 3)^2 + (y + 5)^2 + (z + 2)^2 = 56$

习题 6 − 6

1. $\dfrac{x - 4}{2} = \dfrac{y + 1}{1} = \dfrac{z - 3}{5}$　　2. $\dfrac{x + 3}{1} = \dfrac{y}{-1} = \dfrac{z - 1}{0}$

3. $\dfrac{x - 2}{6} = \dfrac{y + 3}{-3} = \dfrac{z + 5}{-5}$　　4. $\dfrac{x}{-2} = \dfrac{y - 2}{3} = \dfrac{z - 4}{1}$

5. （1）垂直　（2）平行

6. （1）$m = -1$　（2）$m = 4, n = -8$,

7. $(1, 0, -1), \dfrac{\pi}{6}$　　8. $16x - 14y - 11z - 65 = 0$　　9. $x - 8y - 13z + 9 = 0$

10. $\left(-\dfrac{5}{3}, \dfrac{2}{3}, \dfrac{2}{3}\right)$　　11. $\dfrac{20}{11}\sqrt{2}$

第七章

习题 7 − 1

1. （1）$\{(x, y) \mid y \geqslant 0, x \geqslant \sqrt{y}\}$

　　（2）$\{(x, y) \mid |x| \leqslant 1, |y| \geqslant 1\}$

　　（3）$\{(x, y) \mid 4 < x^2 + y^2 < 16\}$

　　（4）$\{(x, y) \mid y > x, x \geqslant 0, x^2 + y^2 < 1\}$

　　（5）$\left\{(x, y) \mid x > 0, y < \dfrac{x}{2} \text{ 或 } x < 0, y > \dfrac{x}{2}\right\}$

　　（6）$\{(x, y) \mid x^2 + y^2 - z^2 \geqslant 0, x^2 + y^2 \neq 0\}$

2. （1）$\dfrac{10}{3}$　　（2）$-\dfrac{1}{4}$　　（3）0　　（4）1　　（5）0

6. $\{(x, y) \mid y^2 = 2x\}$

习题 7 − 2

1. $f'_x(x, y) = \begin{cases} \dfrac{y^3}{(x^2 + y^2)^{\frac{3}{2}}}, & x^2 + y^2 \neq 0 \\ 0, & x^2 + y^2 = 0 \end{cases}$

$$f'_y(x,y) = \begin{cases} \dfrac{x^3}{(x^2+y^2)^{\frac{3}{2}}} & x^2+y^2 \neq 0 \\ 0 & x^2+y^2 = 0 \end{cases}$$

2. （1）$z'_x = 2xy + y^2 + 1 \qquad z'_y = x^2 + 2xy + 1$

（2）$z'_x = ye^{xy} \qquad\qquad z'_y = xe^{xy}$

（3）$z'_x = -\dfrac{2x\sin x^2}{y} \qquad z'_y = -\dfrac{\cos x^2}{y^2}$

（4）$z'_x = \dfrac{y^2}{(x^2+y^2)^{\frac{3}{2}}} \qquad z'_y = -\dfrac{xy}{(x^2+y^2)^{\frac{3}{2}}}$

（5）$z'_x = y[\cos(xy) - \sin(2xy)] \qquad z'_y = x[\cos(xy) - \sin(2xy)]$

（6）$z'_x = \dfrac{1}{1+x^2} \qquad\qquad z'_y = \dfrac{1}{1+y^2}$

（7）$z'_x = -\dfrac{y}{x^2}\sin(xy)\sec^2\dfrac{y}{x} + y\cos(xy)\tan\dfrac{y}{x}$

$\qquad z'_y = \dfrac{1}{x}\sin(xy)\sec^2\dfrac{y}{x} + x\cos(xy)\tan\dfrac{y}{x}$

（8）$u'_x = \dfrac{y}{xz}u \qquad u'_y = \dfrac{\ln x}{z}u, \qquad u'_z = -\dfrac{y\ln x}{z^2}u$

（9）$u'_x = \dfrac{y^z}{x}u \qquad u'_y = zy^{z-1}\ln x \cdot u \qquad u'_z = y^z\ln x\ln y \cdot u$

（10）$u'_x = \dfrac{z}{x}\left(\dfrac{x}{y}\right)^z \qquad u'_y = -\dfrac{z}{y}\left(\dfrac{x}{y}\right)^z \qquad u'_z = \left(\dfrac{x}{y}\right)^z \cdot \ln\dfrac{x}{y}$

6. （1）$\dfrac{\partial^2 z}{\partial x^2} = \dfrac{2xy}{(x^2+y^2)^2} \qquad \dfrac{\partial^2 z}{\partial y^2} = -\dfrac{2xy}{(x^2+y^2)^2}$

$\qquad \dfrac{\partial^2 z}{\partial x\partial y} = \dfrac{y^2-x^2}{(x^2+y^2)^2}$

（2）0

（3）$e^{xyz}(1 + 3xyz + x^2y^2z^2)$

7. （1）$\dfrac{x\,dx + y\,dy}{1+x^2+y^2}$

（2）$e^{x+y}[\sin y(\cos x - \sin x)\,dx + \cos x(\cos y + \sin y)\,dy]$

（3）$\left[y\sin\dfrac{1}{\sqrt{x^2+y^2}} - \dfrac{x^2 y}{(x^2+y^2)^{3/2}}\cos\dfrac{1}{\sqrt{x^2+y^2}}\right]dx +$

$\qquad \left[x\sin\dfrac{1}{\sqrt{x^2+y^2}} - \dfrac{xy^2}{(x^2+y^2)^{3/2}}\cos\dfrac{1}{\sqrt{x^2+y^2}}\right]dy$

（4）$\dfrac{-(x\,dx + y\,dy + z\,dz)}{\sqrt{a^2-x^2-y^2-z^2}} \qquad$ （5）$e^{xyz}(yz\,dx + xz\,dy + xy\,dz)$

（6）$x^y y^z z^x \left[\left(\dfrac{y}{x} + \ln z \right) dx + \left(\dfrac{z}{y} + \ln x \right) dy + \left(\dfrac{x}{z} + \ln y \right) dz \right]$

8.（1）-0.2 （2）$0.25e$

9.（1）2.95 （2）108.9 （3）0.50235

10. $14.8m^3$，$13.632m^3$

11. $0.124cm$

习题 7 - 3

1.（1）$z'_x = \dfrac{2x}{y^2} \ln(3x - 2y) + \dfrac{3x^2}{y^2(3x - 2y)}$

$z'_y = -\dfrac{2x^2}{y^3} \ln(3x - 2y) - \dfrac{2x^2}{y^2(3x - 2y)}$

（2）$e^{\sin x - 2x^3}(\cos x - 6x^2)$ （3）$2\sin 2t$

（4）$\dfrac{\partial z}{\partial x} = 2xf'_1 + ye^{xy}f'_2$ $\dfrac{\partial z}{\partial y} = -2yf'_1 + xe^{xy}f'_2$

（5）$\dfrac{\partial^2 z}{\partial x^2} = y^2 f''_{11} + 4xy f''_{12} + 4x^2 f''_{22} + 2f'_2$

$\dfrac{\partial^2 z}{\partial x \partial y} = f'_1 + xy(f''_{11} + 4f''_{22}) + 2(x^2 + y^2)f''_{12}$

（6）$\dfrac{\partial u}{\partial x} = \dfrac{1}{y}f'_1$ $\dfrac{\partial u}{\partial y} = -\dfrac{x}{y^2}f'_1 + \dfrac{1}{z}f'_2$ $\dfrac{\partial u}{\partial z} = -\dfrac{y}{z^2}f'_2$

5.（1）$-\dfrac{xy^2 - y}{x^2 y + x}$ （2）$-\dfrac{e^x - y^2}{\cos y - 2xy}$

（3）$\dfrac{x + y}{x - y}$ （4）$z'_x = \dfrac{yz}{e^z - xy}$ $z'_y = \dfrac{xz}{e^z - xy}$

（5）$z'_x = \dfrac{1}{1 + \ln z - \ln y}$ $z'_y = \dfrac{z}{y(1 + \ln z - \ln y)}$

$z''_{xy} = \dfrac{\ln z - \ln y}{y(1 + \ln z - \ln y)^3}$

8.（1）$\dfrac{dy}{dx} = -\dfrac{x(6z + 1)}{2y(3z + 1)}$ $\dfrac{dz}{dx} = \dfrac{x}{3z + 1}$

（2）$\dfrac{\partial u}{\partial x} = \dfrac{1 - 12v}{1 - 8uv}$ $\dfrac{\partial v}{\partial x} = \dfrac{2u - 3}{1 - 8uv}$ $(1 - 8uv \neq 0)$

$\dfrac{\partial u}{\partial y} = -\dfrac{2(1 + 2v)}{1 - 8uv}$ $\dfrac{\partial v}{\partial y} = -\dfrac{4u + 1}{1 - 8uv}$

（3）$\dfrac{\partial u}{\partial x} = \dfrac{-uf'_1(2yvg'_2 - 1) - f'_2 \cdot g'_1}{(xf'_1 - 1)(2yvg'_2 - 1) - f'_2 \cdot g'_1}$，

$\dfrac{\partial u}{\partial y} = \dfrac{f'_2(v^2 g'_2 - 2vyg'_2 + 1)}{(xf'_1 - 1)(2yvg'_2 - 1) - f'_2 g'_1}$

$$\frac{\partial v}{\partial x} = \frac{g'_1 \cdot (xf'_1 + uf'_1 - 1)}{(xf'_1 - 1)(2yvg'_2 - 1) - f'_2 g'_1},$$

$$\frac{\partial v}{\partial y} = \frac{-v^2 g'_2 (xf'_1 - 1) + f'_2 g'_1}{(xf'_1 - 1)(2yvg'_2 - 1) - f'_2 g'_1}$$

（4）$\dfrac{\partial u}{\partial x} = \cos\dfrac{v}{u}$　　　$\dfrac{\partial u}{\partial y} = \sin\dfrac{v}{u}$

$$\frac{\partial v}{\partial x} = -\sin\frac{v}{u} + \frac{v}{u} \cdot \cos\frac{v}{u} \qquad \frac{\partial v}{\partial y} = \cos\frac{v}{u} + \frac{v}{u} \cdot \sin\frac{v}{u}$$

习题 7 - 4

1. $\dfrac{x - \dfrac{\pi}{2}}{2} = \dfrac{y - 3}{-2} = \dfrac{z - 1}{3}$

2. $P_1(-1, 1, -1)$　$P_2\left(-\dfrac{1}{3}, \dfrac{1}{9}, -\dfrac{1}{27}\right)$

3. 切线方程 $\dfrac{x - 1}{16} = \dfrac{y - 1}{9} = \dfrac{z - 1}{-1}$

　　法平面方程 $16x + 9y - z = 24$

4. （1）切平面方程：$2x - 2y + 4z = \pi$

　　　法线方程：$\dfrac{x - 1}{1} = \dfrac{y - 1}{-1} = \dfrac{z - \dfrac{\pi}{4}}{2}$

　　（2）切平面方程 $x + 2y = 4$　　法线方程 $\dfrac{x - 2}{1} = \dfrac{y - 1}{2} = \dfrac{z}{0}$

　　（3）切平面方程 $x + y - 4z = 0$

　　　　法线方程 $\dfrac{x - 2}{1} = \dfrac{y - 2}{1} = \dfrac{z - 1}{-4}$

　　（4）切平面方程 $ax_0 x + by_0 y + cz_0 z = 1$

　　　　法线方程 $\dfrac{x - x_0}{ax_0} = \dfrac{y - y_0}{by_0} = \dfrac{z - z_0}{cz_0}$

5. $P_0(-3, -1, 3)$　$\dfrac{x + 3}{1} = \dfrac{y + 1}{3} = \dfrac{z - 3}{1}$

6. 5

7. $\dfrac{2}{\sqrt{\dfrac{x_0^2}{a^4} + \dfrac{b_0^2}{b^4} + \dfrac{z_0^2}{c^4}}}$

8. $\text{grad} u = \{12, 14, -12\}$，$|\text{grad} u| = 22$

9. $\left\{ \dfrac{-xz}{(x^2 + y^2 + z^2)^{3/2}}, \dfrac{-yz}{(x^2 + y^2 + z^2)^{3/2}}, \dfrac{x^2 + y^2}{(x^2 + y^2 + z^2)^{3/2}} \right\}$

习题 7 – 5

1. $1 - \dfrac{1}{2}(x^2 - y^2)$

2. $(x + 1)^2 + (x + 1)(y - 1) + (y - 1)^2 + 2(x + 1) - (y - 1)$

3. $x + y - \dfrac{1}{2}(x + y)^2 + \dfrac{1}{3}(x + y)^3 + r_3$

 $r_3 = \dfrac{1}{4!} \dfrac{(x + y)^4}{(1 + \theta x + \theta y)^4} \qquad (0 < \theta < 1)$

4. $1 + (x + y) + \dfrac{1}{2!}(x + y)^2 + \dfrac{1}{3!}(x + y)^3 + \cdots + \dfrac{1}{n!}(x + y)^n + r_n$

 $r_n = \dfrac{e^{\theta(x + y)}}{(n + 1)!}(x + y)^{n+1} \qquad (0 < \theta < 1)$

5. （1）极小值为 $f(0,3) = -9$ （2）极大值为 $f(2, -2) = 8$

6. 极大值 $z = \dfrac{1}{4}$

7. $\dfrac{|Ax_0 + By_0 + Cz_0 + D|}{\sqrt{A^2 + B^2 + C^2}}$

8. $r = \sqrt{\dfrac{S}{3\pi}} \quad h = 2\sqrt{\dfrac{S}{3\pi}} \quad v = \sqrt{\dfrac{S^3}{27\pi^3}}$

9. 长 $\dfrac{2}{3}P$ 宽 $\dfrac{1}{3}P$

第八章

习题 8 – 1

3. （1）$\iint\limits_{D} e^{(x+y)^2} d\sigma > \iint\limits_{D} e^{(x+y)^3} d\sigma$

 （2）$\iint\limits_{D} \ln(x + y) d\sigma > \iint\limits_{D} [\ln(x + y)]^2 d\sigma$

 （3）$\iint\limits_{D_1} (x + y)^2 d\sigma > \iint\limits_{D_2} (x + y)^2 d\sigma$

4. （1）$36\pi \le I \le 100\pi$ （2）$\dfrac{100}{51} \le I \le 2$

472 高 等 数 学

习题 8 – 2

1. （1）$\int_0^1 dx \int_0^{1-x} f(x,y)dy \quad \int_0^1 dy \int_0^{1-y} f(x,y)dy$

   （2）$\int_0^1 dx \int_{1-x}^{\sqrt{1-x^2}} f(x,y)dy \quad \int_0^1 dy \int_{1-y}^{\sqrt{1-y^2}} f(x,y)dx$

   （3）$\int_{-1}^0 dx \int_{-1-x}^{1+x} f(x,y)dy + \int_0^1 dx \int_{x-1}^{1-x} f(x,y)dy$

   $\int_{-1}^0 dy \int_{-1-y}^{1+y} f(x,y)dx + \int_0^1 dy \int_{-1+y}^{1-y} f(x,y)dx$

   （4）$\int_{-1}^1 dx \int_{\sqrt{1-x^2}}^{\sqrt{4-x^2}} f(x,y)dy + \int_{-1}^1 dx \int_{-\sqrt{4-x^2}}^{-\sqrt{1-x^2}} f(x,y)dy$

   $+ \int_{-2}^{-1} dx \int_{-\sqrt{4-x^2}}^{\sqrt{4-x^2}} f(x,y)dy + \int_1^2 dx \int_{-\sqrt{4-x^2}}^{\sqrt{4-x^2}} f(x,y)dy$

   $\int_1^2 dy \int_{-\sqrt{4-y^2}}^{\sqrt{4-y^2}} f(x,y)dx + \int_{-2}^{-1} dy \int_{-\sqrt{4-y^2}}^{\sqrt{4-y^2}} f(x,y)dx$

   $+ \int_{-1}^1 dy \int_{-\sqrt{4-y^2}}^{-\sqrt{1-y^2}} f(x,y)dx + \int_{-1}^1 dy \int_{\sqrt{1-y^2}}^{\sqrt{4-y^2}} f(x,y)dx$

2. （1）$\dfrac{6}{55}$ （2）$\dfrac{128}{105}$ （3）$\dfrac{1}{2}$ （4）$5\dfrac{5}{8}$

3. （1）$\int_1^2 dx \int_0^{4-x^2} f(x,y)dy$

   （2）$\int_0^1 dy \int_{2-y}^{1+\sqrt{1-y^2}} f(x,y)dx$

   （3）$\int_{-1}^0 dy \int_{-\sqrt{1-y^2}}^{\sqrt{1-y^2}} f(x,y)dx + \int_0^1 dy \int_{-\sqrt{1-y}}^{\sqrt{1-y}} f(x,y)dx$

   （4）$\int_0^1 dy \int_{\sqrt{y}}^{3-2y} f(x,y)dx$

4. （1）$\dfrac{8}{3}a^4$ （2）$\dfrac{16}{3}R^3$

习题 8 – 3

1. （1）$\dfrac{e-e^{-1}}{4}$ （2）$2\ln3$

2. （1）$\int_0^\pi d\theta \int_0^{4\sin\theta} f(r\cos\theta,r\sin\theta)rdr$

   （2）$\int_0^{2\pi} d\theta \int_1^3 f(r\cos\theta,r\sin\theta)rdr$

   （3）$\int_0^{\frac{\pi}{2}} d\theta \int_0^{\frac{2}{\cos\theta+\sin\theta}} f(r\cos\theta,r\sin\theta)rdr$

3. （1）$\dfrac{15}{2}\pi$ （2）$\dfrac{\pi}{4}[\,2\ln 2 - 1\,]$ （3）$\dfrac{\pi}{2}$

4. $\dfrac{3}{2}\pi$

习题 8 − 4

1. $\dfrac{7\sqrt{2}}{2}$ 2. 9   3. $\left(2 + \dfrac{\pi}{2}\right)e^2 - 2$ 4. $\dfrac{256}{15}a^3$

5. $\dfrac{38}{5}$ 6. 4   7. $1\dfrac{1}{8}$ 8. $2\pi a^2$

习题 8 − 5

1. （1）$-\dfrac{4}{3}a^3$ （2）0   （3）（i）1   （ii）1   （iii）1

    （4）$-\dfrac{87}{4}$ （5）$t_0(\sin t_0 - \cos t_0) + \sin t_0 + \cos t_0 - 1$

    （6）-4

2. （1）$2\pi(\pi b^2 - a^2)$ （2）$2\pi b(a + \pi b)$

3. $mg(Z_2 - Z_1)$

4. $\displaystyle\int_L \left(\dfrac{P}{\sqrt{1 + 4x^2}} + \dfrac{2xQ}{\sqrt{1 + 4x^2}} \right)\mathrm{d}s$

5. $\displaystyle\int_L \dfrac{1}{\sqrt{1 + 16x^2 + 81x^4}}(P + 4xQ + 9x^2 R)\mathrm{d}s$

习题 8 − 6

1. （1）64π （2）-8 （3）$\dfrac{1}{4}\pi^2$ （4）$\dfrac{1}{8}\pi ma^2$

2. （1）5   （2）$x^2\cos y + y^2\cos x$ （3）$\displaystyle\int_2^1 f(x)\,\mathrm{d}x + \int_1^2 g(y)\,\mathrm{d}y$

3. （1）$x^2 y + C$ （2）$x^2 y - xy^3 + \dfrac{1}{2}x^2 + C$ （3）$x^3\cos y + y^3\cos x + C$

4. （1）$\dfrac{1}{2}x^2 + 2xy + \dfrac{1}{2}y^2 + C$ （2）$(x - y + 1)e^{x+y} + ye^x + C$

第九章

习题 9 − 1

2. （1）$\dfrac{1}{48}$ （2）$\dfrac{1}{2}\ln 2$ （3）$\dfrac{9}{4}\pi$ （4）$\dfrac{1}{48}$

3. （1）$\dfrac{1}{2}\pi$　　（2）π

习题 9 - 2

1. （1）$\dfrac{8}{3}\pi$　　（2）$\dfrac{\pi}{8}$

2. （1）$\dfrac{59}{15}\pi$　　（2）$\dfrac{8}{15}\pi$

3. （1）$\dfrac{1}{8}$　　（2）$\dfrac{\pi}{2}(e-2)$　　（3）$\dfrac{248}{15}\pi$

习题 9 - 3

1. $4\pi\ln2$　　2. πa^3　　3. 8π　　4. $\dfrac{\sqrt{3}}{24}$　　5. $200\sqrt{42}$

6. $\dfrac{64}{15}\sqrt{2}\,a^4$　　7. $1+\dfrac{\sqrt{3}}{2}$　　8. $(1+\sqrt{2})(2\ln2-1)\pi$

习题 9 - 4

1. （1）$\dfrac{2}{15}$　　（2）$\dfrac{9}{4}\pi$　　（3）$-3a^3$

  （4）$bc[f(a)-f(0)]+ac[g(b)-g(0)]+ab[h(c)-h(0)]$

2. （1）$\dfrac{32}{3}\pi$　　（2）$\dfrac{1}{2}$

3. （1）-2　　（2）24π

4. $\dfrac{1}{2}$

习题 9 - 5

1. （1）a^4　　（2）$\dfrac{12}{5}\pi$　　（3）$2\pi a^3$　　（4）12π

  （5）$\dfrac{29}{20}\pi a^5$　　（6）$\dfrac{\pi}{2}$　　（7）$-\dfrac{\pi}{2}$　　（8）$-\pi$

2. （1）$\dfrac{3}{2}$　　（2）$-\sqrt{3}\pi a^2$　　（3）0　　（4）-2π

  （5）-24

习题 9 - 6

1. （1）$\operatorname{div}\overrightarrow{A}=0$　　$\Phi=0$

（2）div $\vec{A} = 2x + 2y + 2z$　$\Phi = \dfrac{3}{8}\pi$

（3）div $\vec{A} = x^2 - 2xz$　$\Phi = -\dfrac{1}{6}$

（4）div $\vec{A} = 2$　$\Phi = \dfrac{64}{3}\pi$

2.（1）rot $\vec{A} = 2\vec{k}$　$\Gamma = 2\pi$

（2）rot $\vec{A} = \vec{k}$　$\Gamma = 9\pi$

（3）rot $\vec{A} = -2(\vec{i} + \vec{j} + \vec{k})$　$\Gamma = -3\pi$

（4）rot $\vec{A} = (z^2 + x)\vec{i} - (z + 3)\vec{k}$　$\Gamma = -20\pi$

习题 9 - 7

1.（1）$\dfrac{3}{4}$　（2）2

2.（1）$\dfrac{2\pi}{3}(5\sqrt{5} - 1)$　　（2）6π

3.（1）8π　（2）$\dfrac{\pi}{6}$　（3）$\dfrac{\pi}{2}$

4.（1）$2\varphi a^3$　（2）$\dfrac{1006}{105}$　（3）$\dfrac{4}{3}$

5.（1）$\left(\dfrac{4}{5}, 1\right)$　（2）$\left(0, 0, \dfrac{5(a^6 - b^6)}{8(a^5 - b^5)}\right)$

6.（1）$\pi^2 - 4$　（2）$\dfrac{8}{15}\pi\rho a^5$　（3）$\dfrac{27}{2}\pi$

第十章

习题 10 - 1

1.（1）发散　（2）收敛　（3）发散　（4）收敛
　（5）发散
2.（1）收敛　（2）发散

习题 10 - 2

1.（1）发散　（2）发散　（3）收敛　（4）收敛
2.（1）发散　（2）收敛　（3）收敛　（4）发散
3.（1）收敛　（2）收敛　（3）收敛
　（4）$a > b$ 时收敛，$a < b$ 时发散　$a = b$ 时不一定

4. （1）收敛 （2）收敛 （3）收敛 （4）发散

5. （1）绝对收敛 （2）绝对收敛 （3）发散

    （4）$2\sin^2 x < 1$ 时绝对收敛，$2\sin^2 x = 1$ 时条件收敛，$2\sin^2 x > 1$ 时发散.

习题 $10-3$

1. （1）$(-\infty, +\infty)$ （2）$[-1,1)$ （3）$[-1,1]$

    （4）$[-3,3)$ （5）$[-1,1]$ （6）$[4,6)$

    （7）$[-1,1]$ （8）$\left[-\dfrac{4}{3}, -\dfrac{2}{3}\right)$

2. （1）$s(x) = \dfrac{1}{4}\ln\dfrac{1+x}{1-x} + \dfrac{1}{2}\arctan x - x \quad x \in (-1,1)$

    （2）$s(x) = \dfrac{1}{2}\ln\dfrac{1+x}{1-x} \quad x \in (-1,1)$

    （3）$s(x) = \dfrac{1+x}{(1-x)^3} \quad x \in (-1,1)$

    （4）$s(x) = \begin{cases}(x+1)\ln(1+x) - x & x \in (-1,1] \\ 1 & x = -1\end{cases}$

习题 $10-4$

1. （1）$\displaystyle\sum_{n=0}^{\infty} \dfrac{x^{2n+1}}{(2n+1)!}(-\infty < x < +\infty)$

    （2）$\displaystyle\sum_{n=1}^{\infty} (-1)^{n+1}\dfrac{4^n x^{2n}}{2\cdot(2n)!}(-\infty < x < +\infty)$

    （3）$\ln a + \displaystyle\sum_{n=0}^{\infty} (-1)^n \dfrac{x^{n+1}}{(n+1)a^{n+1}}(-a < x \leqslant a)$

    （4）$\dfrac{1}{3}\displaystyle\sum_{n=0}^{\infty}\left[(-1)^n - \dfrac{1}{2^n}\right]x^n(-1 < x < 1)$

    （5）$x - \dfrac{1}{2}x^3 + \dfrac{1}{2}\cdot\dfrac{3}{4}x^5 + \cdots + (-1)^n\dfrac{(2n-1)!!}{(2n)!!}x^{2n+1} + \cdots \qquad (-1 < x < 1)$

    （6）$\displaystyle\sum_{n=0}^{\infty}\dfrac{x^n}{a^{n+1}}, (|x| < |a|)$

2. $\displaystyle\sum_{n=1}^{\infty}\dfrac{n}{(n+1)!}x^{n-1}(x \neq 0)$

3. （1）$\displaystyle\sum_{n=1}^{\infty}(-1)^{n-1}\dfrac{(x-1)^n}{n}, (0 < x \leqslant 2)$

    （2）$\dfrac{1}{2} + \dfrac{1}{2}\left[\cos 2\displaystyle\sum_{n=0}^{\infty}(-1)^n\dfrac{[2(x-1)]^{2n}}{(2n)!} - \sin 2\displaystyle\sum_{n=0}^{\infty}(-1)^n\dfrac{[2(x-1)]^{2n+1}}{(2n+1)!}\right.$,

                                                   $(-\infty < x < +\infty)$

(3) $1 + \dfrac{3}{2}(x-1) + \dfrac{3}{2^3}(x-1)^2 + \displaystyle\sum_{n=3}^{\infty}(-1)^n\dfrac{3(2n-5)!!}{n!2^n}(x-1)^n,$

$(0 < x < 2)$

4. (1) $\displaystyle\sum_{n=0}^{\infty}\dfrac{(-1)^nx^{2n+1}}{(2n+1)(2n+1)!}$, $(R = +\infty)$

　(2) $\displaystyle\sum_{n=0}^{\infty}\dfrac{(-1)^nx^{4n+1}}{(4n+1)(2n)!}$, $(R = +\infty)$

5. $\displaystyle\sum_{n=0}^{\infty}(-1)^n\dfrac{(x-3)^n}{3^{n+1}}$ $(0 < x \leqslant 6)$

6. $\displaystyle\sum_{n=0}^{\infty}\left(\dfrac{1}{2^{n+1}} - \dfrac{1}{3^{n+1}}\right)(x+4)^n(-6 < x < -2)$

7. (1) 3.0049　　　(2) 0.6931　　　(3) 0.3090　　　(4) 1.625

8. (1) 0.9461　　　(2) 0.9975　　　(3) 3.450

习题 10 – 5

1. (1) 一致收敛　　　(2) (i) 一致收敛　　 (ii) 非一致收敛
　(3) 非一致收敛　　　(4) 非一致收敛
2. (1) 非一致收敛　　　(2) 一致收敛
3. (1) 一致收敛　　　(2) 一致收敛
　(3) 一致收敛　　　(4) 一致收敛

习题 10 – 6

1. $f(x) = \displaystyle\sum_{n=1}^{\infty}\left[\dfrac{2}{n^2\pi}\sin\dfrac{n\pi}{2} - \dfrac{(-1)^n}{n}\right]\sin nx$, $(x \neq (2k-1)\pi, k = \pm1, \pm2, \cdots)$

2. (1) $f(x) = 4\cos x + 3\sin x$, $x \in [-\pi, \pi]$

　(2) $f(x) = \dfrac{-5\pi^2}{6} + \displaystyle\sum_{n=1}^{\infty}\dfrac{(-1)^n2}{n^2}\cos nx$, $x \in [-\pi, \pi]$

　(3) $f(x) = \dfrac{2}{\pi} + \displaystyle\sum_{n=1}^{\infty}\dfrac{2\cos\dfrac{n\pi}{2}}{\pi}\left[\dfrac{1}{n+1} - \dfrac{1}{n-1}\right]\cos nx, x \in [-\pi, \pi]$

　(4) $f(x) = \dfrac{b-a}{4}\pi + \displaystyle\sum_{n=1}^{\infty}\left\{\dfrac{[1-(-1)^n]}{n^2\pi}(a-b)\cos nx + \dfrac{(-1)^{n-1}(a+b)}{n}\sin nx\right\}$,

$x \in (-\pi, \pi)$

　(5) $f(x) = \dfrac{1+\pi-e^{-\pi}}{2\pi} + \dfrac{1}{\pi}\displaystyle\sum_{n=1}^{\infty}\left\{\dfrac{1-(-1)^ne^{-\pi}}{1+n^2}\cos nx - \left[\dfrac{n+(-1)^nne^{-\pi}}{1+n^2} - \dfrac{[1-(-1)^n]}{n}\right]\sin nx\right\}$,

$x \in (-\pi, \pi)$

4. (1) $f(x) = \displaystyle\sum_{n=1}^{\infty}\dfrac{2n[1-(-1)^ne^{-2\pi}]}{\pi(n^2+4)}\sin nx, x \in (0, \pi)$

(2) $f(x) = \sum\limits_{n=1}^{\infty} \left[\dfrac{4}{n^2\pi}\sin\dfrac{n\pi}{2} - (-1)^n \dfrac{2}{n} \right]\sin nx, \ x \in (0,\pi)$

5. (1) $f(x) = \dfrac{\pi^2}{6} - \sum\limits_{n=1}^{\infty} \dfrac{2}{n^2}[1 + (-1)^n]\cos nx, x \in [0,\pi]$

  或 $f(x) = \dfrac{\pi^2}{6} - \sum\limits_{k=1}^{\infty} \dfrac{1}{2k^2}\cos(2kx), x \in [0,\pi]$

  (2) $f(x) = \dfrac{e^\pi - 1}{\pi} + \sum\limits_{n=1}^{\infty} \dfrac{2}{\pi(n^2+1)}[(-1)^n e^\pi - 1]\cos nx, x \in [0,\pi]$

6. $f(x) = \dfrac{2}{3}\pi^2 + \sum\limits_{n=1}^{\infty} (-1)^n \dfrac{8}{n^2}\cos nx \quad x \in [0,\pi]$

  $f(x) = \left[\left(\dfrac{8}{\pi n^3} - \dfrac{4\pi}{n} \right)(-1)^n - \dfrac{8}{\pi n^3} \right]\sin nx, \ x \in [0,\pi)$

习题 10 - 7

1. (1) $f(x) = \dfrac{4\pi^2}{3} + \sum\limits_{n=1}^{\infty} \dfrac{(-1)^n 16}{n}\cos\dfrac{nx}{2}, \ x \in [-2\pi,2\pi]$

  (2) $f(x) = -\dfrac{1}{4} + \sum\limits_{n=1}^{\infty} \left\{ \left[\dfrac{1-(-1)^n}{n^2\pi^2} + \dfrac{2\sin\dfrac{n\pi}{2}}{n\pi} \right]\cos n\pi x + \dfrac{1}{n\pi}\left[1 - 2\cos\dfrac{n\pi}{2} \right]\sin n\pi x \right\}$

  $x \in [-1,0) \cup \left(0,\dfrac{1}{2} \right) \cup \left(\dfrac{1}{2},1 \right)$

  (3) $f(x) = \dfrac{1-e^{-3}}{6} + \sum\limits_{n=1}^{\infty} \left\{ \dfrac{3[1-(-1)^n e^{-3}]}{n^2\pi^2 + 9}\cos n\pi x - \dfrac{n\pi[1-(-1)^n e^{-3}]}{n^2\pi^2 + 9}\sin n\pi x \right\}$

  $x \in (-1,0) \cup (0,1)$

2. (1) $f(x) = \dfrac{l}{4} + \sum\limits_{n=1}^{\infty} \dfrac{2l}{n^2\pi^2}\left[2\cos\dfrac{n\pi}{2} - (-1)^n - 1 \right]\cos\dfrac{n\pi x}{l}, x \in [0,l]$

  $f(x) = \sum\limits_{n=1}^{\infty} \dfrac{4l}{n^2\pi^2}\sin\dfrac{n\pi}{2}\sin\dfrac{n\pi x}{l}, \ x \in [0,l]$

  (2) $f(x) = \dfrac{4}{3} + \sum\limits_{n=1}^{\infty} \dfrac{(-1)^n 16}{n^2\pi^2}\cos\dfrac{n\pi x}{2}, x \in [0,2]$

  $f(x) = \sum\limits_{n=1}^{\infty} \left[\dfrac{(-1)^n 8}{n\pi}\left(\dfrac{2}{n^2\pi^2} - 1 \right) - \dfrac{16}{n^3\pi^3} \right]\sin\dfrac{n\pi x}{2}, \ x \in [0,2)$

第十一章

习题 11 - 1

1. (1) 一阶   (2) 二阶   (3) 三阶   (4) 一阶
  (5) 二阶

2. （1）是 （2）是 （3）不是 （4）是 （5）是

3. （1）$y^2 - x^2 = 25$ （2）$y = -\cos x$ （3）$y = xe^{2x}$

4. （1）$y' = \dfrac{n-1}{n} \dfrac{y}{x} - \dfrac{1}{n}$ （2）$yy' + 2x = 0$

<h2 style="text-align:center">习 题 11 - 2</h2>

1. （1）$3y^2 - 2x^3 = C$ （2）$y = e^{Cx}$

（3）$3y^2 - 2\ln|1 + x^3| = C$ （4）$\arcsin y = \arcsin x + C$

（5）$y = \tan\left(x + \dfrac{1}{2}x^2 + C\right)$ （6）$(e^x + 1)(e^y - 1) = C$

（7）$10^{-y} + 10^x = C$ （8）$\sin x \sin y = C$

2. （1）$e^y = \dfrac{1}{2}(e^{2x} + 1)$ （2）$y = \dfrac{1}{1 + \ln|1 + x|}$

（3）$2\sin 3y - 3\cos 2x = 3$ （4）$(1 + e^x)\sec y = 2\sqrt{2}$

3. $V = \sqrt{72500} \approx 269.3(\text{cm/s})$

4. $t = -0.0305 h^{\frac{5}{2}} + 9.64$，水流完所需的时间约为 10s.

5. $xy = 6$

6. （1）$y + \sqrt{y^2 - x^2} = Cx^2$ （2）$y = xe^{Cx + 1}$

（3）$x^3 - 2y^3 = Cx$ （4）$2ye^{\frac{x}{y}} + x = C$

（5）$y^2 = 2x^2(\ln x + 2)$ （6）$x^2 + y^2 = x + y$

7. 所求$\overset{\frown}{OA}$的方程为 $y = x(1 - 4\ln x)$.

8*. （1）$(x - 4y + 3)(2x + y - 3)^2 = C$

（2）$x + 3y + 2\ln|x + y - 2| = C$

（3）$x^2 + y^2 - xy + x - y = C$

<h2 style="text-align:center">习 题 11 - 3</h2>

1. （1）$y = Ce^x - \dfrac{1}{2}(\sin x + \cos x)$ （2）$y = \dfrac{1}{3}x^2 + \dfrac{3}{2}x + 2 + \dfrac{C}{x}$

（3）$y = x^n(e^x + C)$ （4）$2x\ln y = \ln^2 y + C$

（5）$2x = Cy + y^3$ （6）$y = (x - 2)^3 + C(x - 2)$

（7）$(1 - x^2 + x^2 y^2)e^{y^2} = Cx^2$ （8）$y = \dfrac{\pi - 1 - \cos x}{x}$

（9）$y = \dfrac{1}{2}\left|\dfrac{1+x}{1-x}\right|^{\frac{1}{2}}(\arcsin x + x\sqrt{1 - x^2} + 2)$

（10）$y\sin x + 5e^{\cos x} = 1$

2. $v = \dfrac{k_1}{k_2}t - \dfrac{k_1 m}{k_2^2}\left(1 - e^{-\frac{k_2}{m}t}\right)$

3. $f(x) = \dfrac{2}{3}x + \dfrac{1}{3\sqrt{x}}$

4. (1) $\dfrac{3}{2}x^2 + \ln\left|1 + \dfrac{3}{y}\right| = C$ (2) $\dfrac{1}{y} = -\sin x + Ce^x$

   (3) $y^2(x^2 + 1 + Ce^{x^2}) = 1$ $y = 0$ (4) $\dfrac{x^2}{y^2} = -\dfrac{2}{3}x^3\left(\dfrac{2}{3} + \ln x\right) + C$

   (5) $(x - y)^2 = -2x + C$ (6) $y = \dfrac{1}{x}e^{Cx}$

   (7) $y = 1 - \sin x - \dfrac{1}{x + C}$ (8) $2x^2y^2\ln|y| - 2xy - 1 = Cx^2y^2$

5. (1) $x^3 + 3xy - 3y^2 = C$ (2) $xe^y - y^2 = C$

   (3) $x^3 - xy + 2y^2 = C$ (4) 不是全微分方程

   (5) $x^4 + 3x^2y^2 + y^3 = C$ (6) $l(1 + e^{2\theta}) = C$

   (7) 不是全微分方程

6. (1) $x - y = \ln|x + y| + C$ (2) $\arctan\dfrac{x}{y} = x + C$

   (3) $y = x(C - x)$ (4) $\dfrac{x^2}{y} - x^3 = C$

   (5) $y = x\tan x + 1 + C\sec x$ (6) $y = 2\ln x - 1 + Cx^{-2}$

7. (1) $x = Cy^2 e^{\frac{1}{x^2y^2}}$ (2) $\dfrac{3xy + 1}{x^3y^3} + 3\ln|y| = C$

习题 11 - 4

1. (1) $C_1 y^2 - 1 = (C_1 x + C_2)^2$

   (2) $y = x\arctan x - \dfrac{1}{2}\ln(1 + x^2) + C_1 x + C_2$

   (3) $y = e^x(x - 3) + C_1 x^2 + C_2 x + C_3$

   (4) $y = C_1 \mathrm{sh}\left(\dfrac{x}{C_1} + C_2\right)$, (此时 $y' > 1$)

或 $y = -C_1 \mathrm{sh}\left(\dfrac{x}{C_1} + C_2\right)$, (此时 $y' < -1$)

   (5) $y = C_1\left(x + \dfrac{1}{3}x^3\right) + C_2$

   (6) $x + C_2 = \pm\left[\dfrac{2}{3}(\sqrt{y} + C_1)^{\frac{3}{2}} - 2C_1\sqrt{\sqrt{y} + C_1}\right]$

   (7) $y = -\dfrac{1}{a}\ln(ax + 1)$ (8) $y = \ln\sec x$

   (9) $y = \ln\mathrm{ch}x$

2.　$s = \dfrac{m}{C^2} \text{lnch} \left(\sqrt{\dfrac{g}{m}} Ct \right)$

3.　（1）线性相关　　　（2）线性无关　　　（3）线性无关

　　（4）线性无关　　　（5）线性相关

4.　$y = C_1 e^x + C_2 (2x + 1)$

6*.　$y = C_1 x + C_2 x \ln |x| + \dfrac{1}{2} x \ln^2 |x|$

<h3 style="text-align:center">习题 11 − 5</h3>

1.　（1）$x = (C_1 \cos 3t + C_2 \sin 3t) e^{-t}$　　　　（2）$y = C_1 e^{-x} + C_2 e^{3x}$

　　（3）$|a| > 1$ 时，$y = C_1 e^{(-a + \sqrt{a^2 - 1})x} + C_2 e^{(-a - \sqrt{a^2 - 1})x}$

　　　　$|a| = 1$ 时，$y = (C_1 + C_2 x) e^{-ax}$

　　　　$|a| < 1$ 时，$y = e^{-ax}(C_1 \cos \sqrt{1 - a^2}\, x + C_2 \sin \sqrt{1 - a^2}\, x)$

　　（4）$y = e^x (C_1 \cos 2x + C_2 \sin 2x)$　　　　（5）$s = (4 + 2t) e^{-t}$

　　（6）$x = e^{t - \pi}(2\cos t + \sin t)$

2.　$u_c(t) = \dfrac{10}{9}(19 e^{-10^3 t} - e^{-1.9 \times 10^4 t}) \, (\text{v})$

　　$i(t) = \dfrac{19}{18} \times 10^{-2}(-e^{-10^3 t} + e^{-1.9 \times 10^4 t}) \, (\text{A})$

3.　（1）$y = e^x(C_1 \cos 2x + C_2 \sin 2x) + 5x^2 + 4x + 2$

　　（2）$y = C_1 e^{3x} + C_2 e^{-x} - x + \dfrac{1}{3}$

　　（3）$y = C_1 e^{2x} + C_2 e^{3x} - \dfrac{1}{2}(x^2 + 2x) e^{2x}$

　　（4）$x = e^t(C_1 \cos \sqrt{2}\, t + C_2 \sin \sqrt{2}\, t) + \dfrac{1}{41}(4\cos t + 5\sin t) e^{-t}$

　　（5）$y = C_1 \cos x + C_2 \sin x - \dfrac{1}{3} x \cos 2x + \dfrac{4}{9} \sin 2x$

　　（6）$x = \dfrac{1}{3}(e^{3t} - \cos 3t - \sin 3t)$　　　　（7）$y = \dfrac{1}{2}(e^{ax} + e^x) - \dfrac{1}{7} e^{2x}$

4.　$x = \dfrac{1}{3}(4 e^{-t} - e^{-4t})$

<h3 style="text-align:center">习题 11 − 6</h3>

1.　（1）$x = C_1 t + C_2 \dfrac{1}{t}$　　　　　　　　（2）$x = \dfrac{1}{1 + t}(C_1 + C_2 \ln |t + 1|)$

　　（3）$y = C_1 x^2 + C_2 x^{-2} + \dfrac{1}{5} x^3$

（4） $y = x\left[C_1\cos(\sqrt{3}\ln x) + C_2\sin(\sqrt{3}\ln x) \right] + \dfrac{1}{2}x\sin(\ln x)$

2. （1） $y = Ce^{\frac{x^2}{2}} - 1 + \left[x + \dfrac{x^3}{3!!} + \cdots + \dfrac{x^{2n-1}}{(2n-1)!!} + \cdots \right]$

（2） $x = a\left(1 - \dfrac{t^2}{2!} + \dfrac{2}{4!}t^4 - \dfrac{9}{6!}t^6 + \dfrac{55}{8!}t^8 + \cdots \right)$

（3） $y = x + \dfrac{1}{1.2}x^2 + \dfrac{x^3}{2.3} + \dfrac{1}{3.4}x^4 + \cdots$

3. （1） $\begin{cases} y = C_1 e^x + C_2 e^{-x} \\ z = C_1 e^x - C_2 e^{-x} \end{cases}$

（2） $\begin{cases} x = C_1 e^{(-1+\sqrt{15})t} + C_2 e^{(-1-\sqrt{15})t} + \dfrac{2}{11}e^t + \dfrac{1}{6}e^{2t} \\ y = (-4 - \sqrt{15})C_1 e^{(-1+\sqrt{15})t} \\ \qquad - (4 - \sqrt{15})C_2 e^{(-1-\sqrt{15})t} - \dfrac{e^t}{11} - \dfrac{7}{6}e^{2t} \end{cases}$

（3） $\begin{cases} x = 2\cos t - 4\sin t - \dfrac{1}{2}e^t \\ y = 14\sin t - 2\cos t + 2e^t \end{cases}$